Android 自定义控件高级进阶与精彩实例

启舰◎著

電子工業出版社
Publishing House of Electronics Industry
北京•BEIJING

内 容 简 介

本书专注于介绍 Android 自定义控件进阶知识，并通过精彩的案例对各种绘制、动画技术进行了糅合讲解，读者可以通过本书从宏观层面、源码层面对 Android 自定义控件建立完整的认识。本书主要内容有 3D 特效的实现、高级矩阵知识、消息处理机制、派生类型的选择方法、多点触控及辅助类、RecyclerView 的使用方法及 3D 卡片的实现、动画框架 Lottie 的讲解与实战等。

本书适合中高级从业者对 Android 自定义控件相关知识进行查漏补缺和深入学习。

图书在版编目（CIP）数据

Android 自定义控件高级进阶与精彩实例 / 启舰著. —北京：电子工业出版社，2021.1
ISBN 978-7-121-40208-1

Ⅰ. ①A… Ⅱ. ①启… Ⅲ. ①移动终端－应用程序－程序设计 Ⅳ. ①TN929.53

中国版本图书馆 CIP 数据核字(2020)第 247990 号

责任编辑：付　睿
印　　刷：三河市君旺印务有限公司
装　　订：三河市君旺印务有限公司
出版发行：电子工业出版社
　　　　　北京市海淀区万寿路 173 信箱　　邮编 100036
开　　本：787×1092　1/16　印张：36.75　字数：894 千字
版　　次：2021 年 1 月第 1 版
印　　次：2021 年 1 月第 1 次印刷
定　　价：129.00 元

凡所购买电子工业出版社图书有缺损问题，请向购买书店调换。若书店售缺，请与本社发行部联系，联系及邮购电话：（010）88254888，88258888。

质量投诉请发邮件至 zlts@phei.com.cn，盗版侵权举报请发邮件至 dbqq@phei.com.cn。

本书咨询联系方式：010-51260888-819，faq@phei.com.cn。

前言

对我而言，2018 年注定是不平凡的一年。那年 7 月份，创业一年的我，把公司卖了，几个小伙伴都各自找到了新去处。也是在那年 7 月份，我的第一本书出版了，书名叫《Android 自定义控件开发入门与实战》，一年过去后，这本书在各大售书平台上的好评率高达 99%，同年年底我也有幸获得了电子工业出版社博文视点公司颁发的优秀作者奖杯。

原本我不打算将 Android 自定义控件相关内容整理成书，因为纸质媒介很难完美地表达出动画的效果和色彩。不过，电子工业出版社的付睿编辑给予了极大的帮助，经过协调，尝试使用二维码的方式来展示动画和丰富的色彩。想必，很少有图书大量使用二维码吧。正是这些二维码，在很大程度上降低了自定义控件的讲解难度，付编辑的小小创新提议是我这本自定义控件图书能顺利出版的基石。在《Android 自定义控件开发入门与实战》一书出版后，我收到了很多同学的勘误和反馈，非常感谢大家的热心帮助，是你们使后来者能够少走弯路。

当然，《Android 自定义控件开发入门与实战》一书涉及的知识点非常多而繁杂。很多同学反馈，内容过于基础，没有综合应用和精彩实例；没有涉及手势、消息处理等相关知识；对自定义控件派生类型的讲解不够深入。非常感谢大家的热心反馈，如果不是你们的意见和建议，将不会有《Android 自定义控件高级进阶与精彩实例》这本书的诞生。

写过博客的同学都知道，写博文很耗时，有时为了能完整地讲明白一个技术，需要深入源码、了解原理。而且了解得越深越会发现，很多知识点网上也没有。写书更是如此，一般情况下，若你要输出一碗水的知识，你所储备的知识量要达到一桶水那么多，不然无法做到深入浅出。无疑，写书也很耗时，一本好的技术书，没有一年时间很难写出来。对于这本书，我用了近一年半的时间来搜集资料和撰写内容，自定义控件高级进阶的知识实在是太多了。对我来说，有针对性地把 Android 自定义控件的核心知识输出给大家，是一个很大的挑战。

读过我第一本书的读者应该知道，我喜欢在每章开头加一小段激励自己和他人的话，因为学习新知识是痛苦的，希望这些话能激发你内心对成功的渴望，让你坚持学下去。

本书将知识内容严格限制在高级进阶范围内，所以在《Android 自定义控件开发入门与实战》一书中讲解过的知识，都没有在本书中详细讲解，默认大家已经有所了解。可以说，本书建立在第一本书《Android 自定义控件开发入门与实战》的基础上，如果有对 Android 自定义控件不够了解的同学，或者在阅读本书时觉得有障碍的同学，请先阅读《Android 自定义控件开发入门与实战》一书来补充基础知识。本书中凡涉及《Android 自定义控件开发入门与实战》这本书的知识时，都会给出具体的章节编号，大家可以自行查阅。

本书第 1 章讲解了 3D 特效的实现，使大家开篇就能看到比较炫酷的 Android 自定义控件效果。第 2 章补充了第一本书中没有讲解到的矩阵相关知识，在第一本书中只讲解了色彩矩阵，而除了色彩矩阵，还有位置矩阵。第 3 章主要解答了很多同学关于如何选择派生类型的疑惑，选择继承自 View，还是 ViewGroup，还是它们的子控件呢？在这章中都有详细的讲解。第 4、5、6 章中主要对辅助类进行了讲解，比如消息处理、多点触控等内容。第 7 章和第 8 章详细讲解了常用的 RecyclerView 的使用方法及精彩控件。第 9 章选取了几个实例，以对学习过的 Android 自定义控件相关知识进行实践。第 10 章则讲解了最新的动画框架 Lottie 的使用方法，这个框架能极大地缩短自定义控件的开发时长，提高开发效率。

然而不安分的人无论什么时候都是不安分的。在接触的小伙伴多了以后，我发现很多人对行业规则和行业本身的认知并不深刻，这导致很多在校大学生，甚至工作几年的小伙伴们，经常非常迷茫。因此，在本书完成之际，我开始做公众号，取名“启舰杂谈”。在这个公众号里，我把自己个人多年的经历、见解化成文字分享给大家，希望能影响一些人，使更多的人少走弯路。每个人的人生都是不同的，每个人的成功也必然是多种多样的。我可能无法告诉你，怎么做才能成功，但我可以告诉你，怎么做肯定是不行的。

感谢 vivo，使我在这一年中无论从技术上还是管理水平上，都取得了长足的进步。感谢我的同事们，跟你们在一起工作真的很开心。感谢灰灰，我最好的朋友，感谢你多年来的支持与鼓励，以及当年毅然决然陪我创业的信任。感谢超超，真的很想念青岛上学时与你同窗的日子。感谢我的妻子聂倩，是你包揽了照顾孩子的任务，这才使我有充足的时间完成这本书。感谢妈妈，如果不是你帮我照顾整个家，我们也不可能生活得如此惬意。感谢我的女儿雯雯，爸爸的天使，你使我有了奋斗的目标和方向，爸爸永远爱你。宝贝女儿，你是跟着爸爸的第一本书一起诞生的，而在第二本书完成时，你已经 3 岁了。

最后，将我当年辞职创业时送给自己的一句话也送给大家：**当你回首往事时，不以虚度年华而悔恨，不以碌碌无为而羞耻，那你就可以骄傲地跟自己讲，你不负此生。**

读者服务

微信扫码回复：40208

- 获取本书配套源码资源和“参考资料”文档[①]
- 获取共享文档、线上直播、技术分享等免费资源
- 加入 Android 读者交流群，与更多读者互动
- 获取博文视点学院在线课程、电子书 20 元代金券

① 请访问 http://www.broadview.com.cn/40208 下载本书提供的附加参考资料。正文中提及链接[1]、链接[2]等时，可在下载的“参考资料”文档中进行查询。

目录

第 1 章

3D 特效

你要相信，梦里能到达的地方，总有一天，脚步也能到达。

1.1 3D 特效概述

在 Android 中，总能看到一些非常酷炫的 3D 特效，很多人觉得它们很难，在本章中我们就来“啃啃这块硬骨头”。本章将主要介绍位置坐标系变换的相关操作，其中关于 Matrix 操作的部分可能有些难以理解，但不用太担心，在本章中不会过多涉及 Matrix 操作，而是主要通过其辅助类 Camera 来完成 3D 变换的。在后续的章节中，我们才会具体讲解 Matrix 操作的用法。下面就带大家领略两个非常酷炫的 3D 特效。

注意：以下两个项目均非我原创，书中留有如何查找它们的方法，有需要的读者可以自行查找并加以了解，在此感谢项目作者做出的贡献。

小米时钟效果：当手指触碰时钟时，该时钟会出现 3D 偏转效果，而且会随着手指的移动转向不同的角度，如图 1-1 所示。

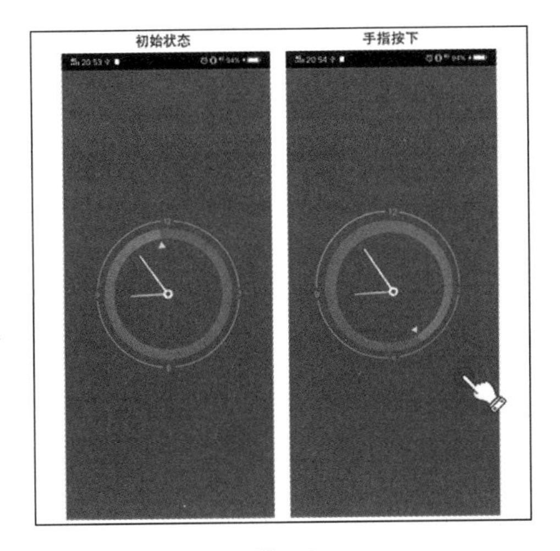

扫码查看动态效果图

图 1-1

项目地址：请移步 GitHub 并搜索 MiClockView。

3D 翻转效果：这里有一个 Container 组件，其可以包裹任何控件，以实现被包裹控件的 3D 翻转效果，比如实现翻转输入账号信息的效果，如图 1-2 所示。

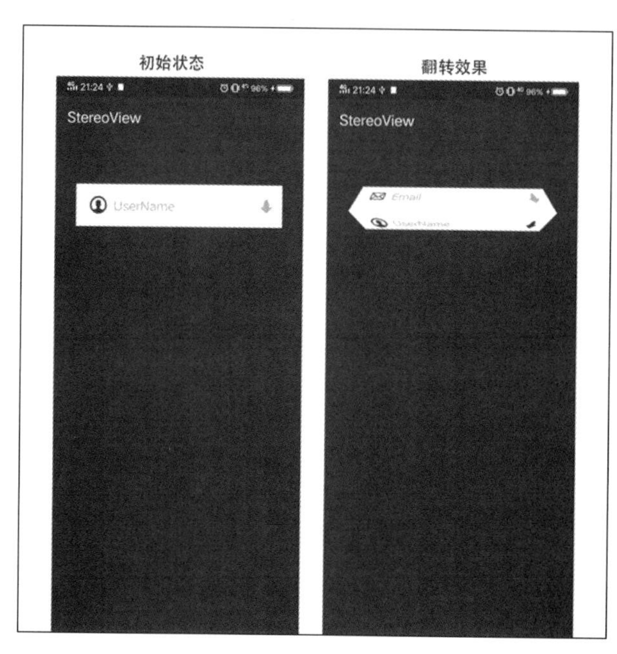

扫码查看动态效果图

图 1-2

这个 Container 组件也可以包裹图片，以实现翻转、浏览图片的效果，如图 1-3 所示。

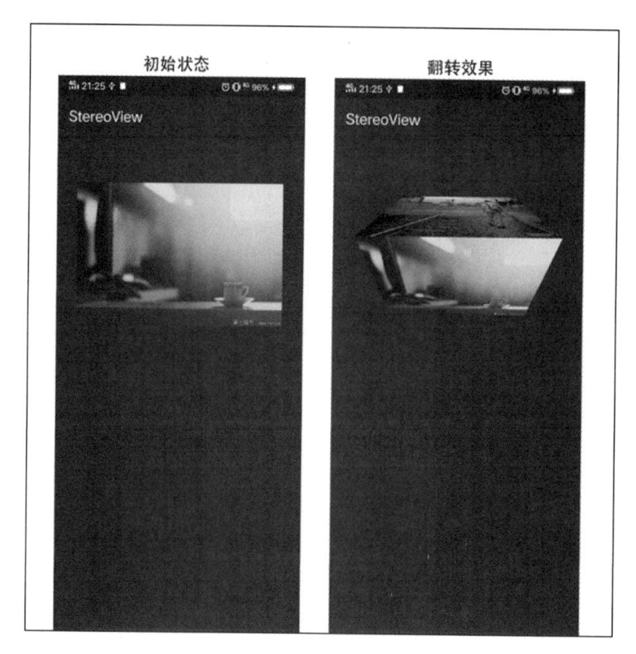

扫码查看动态效果图

图 1-3

项目地址：请移步 GitHub 并搜索 StereoView。

GitHub 上还有很多优秀的 3D 翻转效果控件，这里就不再一一列举了，大家感兴趣的话，可以自己去找找。在掌握了本章的内容以后，大家就可以读懂这些控件的源码了。

1.1.1　2D 坐标系与 3D 坐标系

1．2D 坐标系

在 2D 和 3D 的概念中，D 是单词 Dimension 的缩写，所以 2D 坐标系也叫二维坐标系，3D 坐标系也叫三维坐标系。

我们经常会使用 2D 坐标系，在手机屏幕上使用的坐标系就是 2D 坐标系，如图 1-4 所示。

图 1-4 中的紫色区域表示手机屏幕，绿色区域表示屏幕上的 View 控件。以屏幕左上角为原点的坐标系，是 2D 坐标系中的绝对坐标系。同时，还有一种以 View 控件的左上角为原点的坐标系，其被称为相对坐标系。有关绝对坐标系和相对坐标系的概念将在 4.3 节中进行详细的讲解。无论是绝对坐标系还是相对坐标系，都可以定位屏幕上的位置，都只有 *X* 轴和 *Y* 轴两个维度，所以它们都是 2D（二维）坐标系。

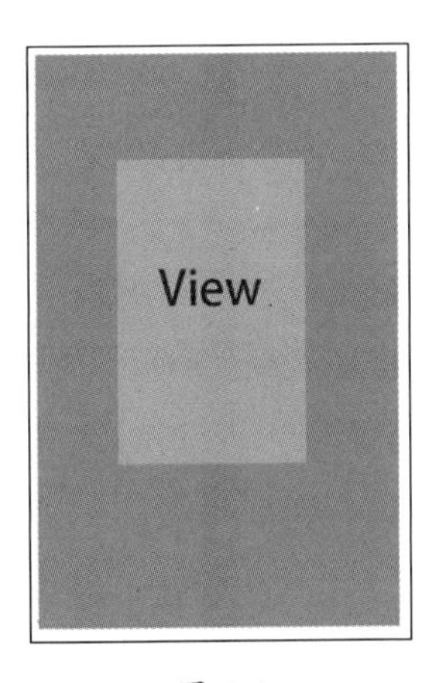

扫码查看彩色图

图 1-4

2．3D 坐标系

（1）左手坐标系与右手坐标系

3D 坐标系分为左手坐标系和右手坐标系，如图 1-5 所示。

- **左手坐标系**：伸出左手，让拇指和食指成“L”形，拇指向上，食指向前，其余的手指向右，这样就建立了一个左手坐标系。拇指、食指和其余手指分别代表 *X*、*Y*、*Z* 轴的正方向。
- **右手坐标系**：伸出右手，让拇指和食指成“L”形，拇指向上，食指向前，其余的手指向左，这样就建立了一个右手坐标系。拇指、食指和其余手指同样分别代表 *X*、*Y*、*Z* 轴的正方向。

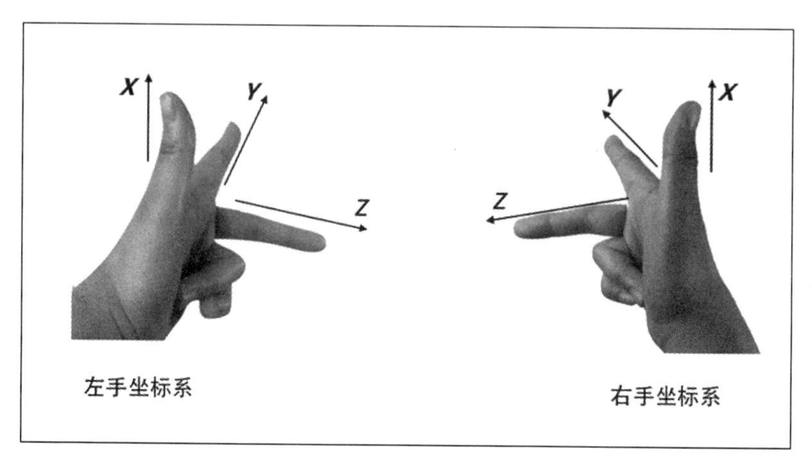

图 1-5

可以看出，左手坐标系与右手坐标系的区别就在于 Z 轴的正方向刚好相反。在数学中，右手坐标系用得多；在计算机中，左手坐标系用得多。

注意：以下讲到 3D 坐标系时，不再说明是左手坐标系还是右手坐标系，默认使用的都是左手坐标系。

（2）3D 坐标系的方向

屏幕上的 3D 坐标系与 2D 坐标系没有一点儿关系，下面是 2D 坐标系和 3D 坐标系的示意图，如图 1-6 所示。

同样是屏幕和控件 View，但在 3D 坐标系中，X 轴是向右的，Y 轴并不是沿着屏幕向下的，而是沿着屏幕向上的，Z 轴是垂直屏幕向屏幕里的。

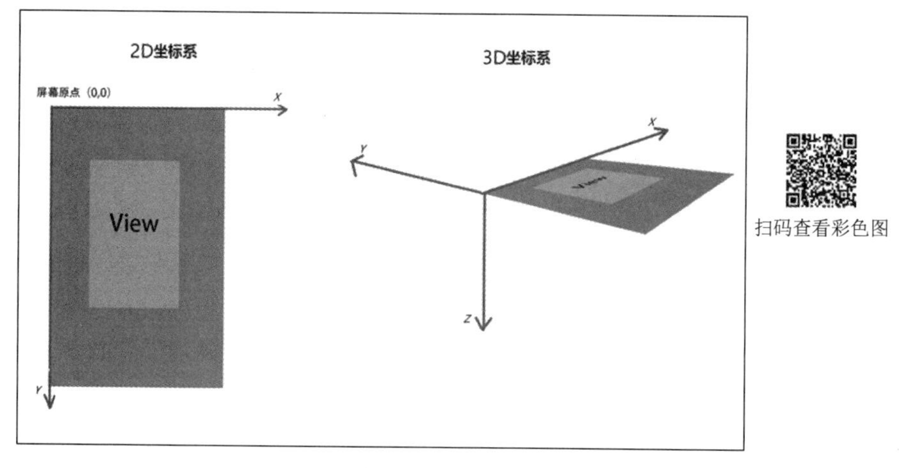

图 1-6

3．3D 坐标系与屏幕的关系

我们知道，屏幕本身是二维的，那么 3D 坐标系与屏幕有什么关系呢？怎么在一个二维的屏幕上显示三维物体呢？

这个过程其实非常像用手机拍照。用手机拍照就是将一个三维物体投影到一个二维平面上，形成一个二维的像。这个拍照与成像的过程恰好就是通过屏幕显示三维物体的过程。

下面就以拍照为例来讲解如何在照片上成像。

手机成像原理相对复杂，本节将略去翻转成像、相机坐标系等概念，若感兴趣的读者想要了解手机成像的完整过程，请自行查阅相关资料。

手机的成像原理可以简化为图 1-7（以下描述为了方便理解而进行了简化和抽象，真实的手机成像原理请读者查阅相关资料）。人眼通过屏幕看到的物体在屏幕上所成的像，就是我们最终拍照留下来的二维图像。以人眼为原点，与物体上各点的连线，都会从屏幕穿过，可以将连线从屏幕穿过时所形成的图像视为我们最终拍照留下的二维图像。

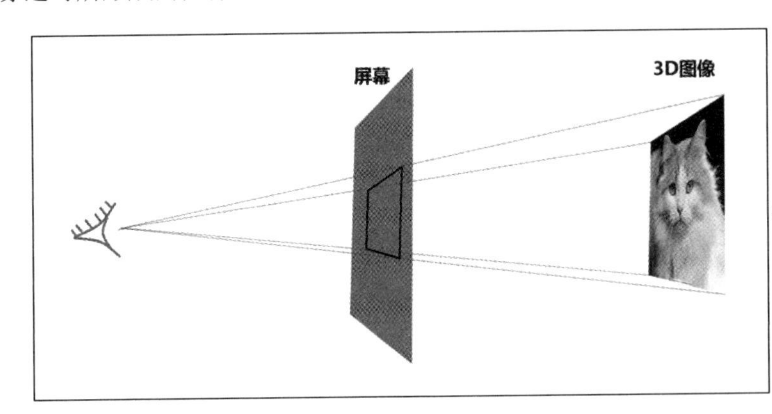

扫码查看彩色图

图 1-7

其实对于手机，有一个 Camera 的概念，Camera 可直译为摄像机，这个 Camera 相当于观察虚拟 3D 世界的眼睛。根据上面所述，Camera 与物体各点的视觉连线在屏幕上的交点所成的图像可视为三维物体在屏幕上的二维成像。当我们让三维物体动起来（或者移动 Camera）的时候，屏幕上所成的图像就会发生变化，看起来就像屏幕上显示的是三维物体。

1.1.2　Android 中的 Camera 类

前面提到过，在 Android 中有一个 Camera 的概念，这个 Camera 相当于观察虚拟 3D 世界的眼睛。

在 Android 中观察 View 的 Camera 位于屏幕外，默认情况下 Android 中 Camera 的位置与屏幕的关系可以扫码查看右侧效果图，其中灰色部分是手机屏幕，白色部分是上面的 View。

扫码查看动态效果图

从效果图可以看出，Android 中拍摄物体的虚拟摄像机是位于屏幕外的，它的位置如图 1-8 所示。

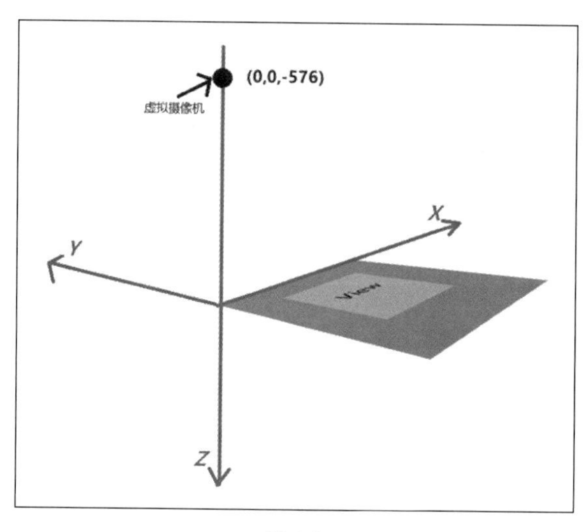

图 1-8

Camera 位于 Android 3D 坐标系的(0,0,−576)位置。与 2D 坐标系一样，3D 坐标系也分屏幕坐标系和 View 坐标系（也叫视图坐标系），区别在于坐标系原点的位置。屏幕坐标系的原点在屏幕的左上角，而 View 坐标系的原点在 View 的左上角。

如图 1-8 所示的坐标系的原点在屏幕的左上角，所以是 3D 屏幕坐标系。有关屏幕坐标系和 View 坐标系的区别、联系、何时使用的具体讲解，请参考 4.3 节“坐标系”。

在本章之后的实例讲解中，全部使用的是 View 坐标系。也就是说，坐标系原点在 View 的左上角，Camera 的位置位于 3D View 坐标系的(0,0,−576)处。

Camera 在 Android 中由一个单独的类来表示，即 android.graphics.Camera 类。需要注意，这个类专门针对 Android 中默认的 Camera，用于移动、旋转 Camera 等动作。另外，还有一个同名的 Camera 类，用于手机拍照，类名是 android.hardware.Camera。

下面就来看看 Camera 类中提供的一些基本函数，然后尝试初步使用它们。

1. 基本函数

基本函数就是 save 和 restore 函数，其主要作用是保存当前状态和恢复到上一次保存的状态，这两个函数通常是成对使用的，常用格式如下：

```
camera.save();          // 保存状态
…                       // 具体操作
camera.restore();       // 回滚状态
```

Camera 类的用法与 Canvas 类的用法完全相同，都使用 save 和 restore 函数来执行保存和恢复操作。save 和 restore 函数的具体用法此处不会细讲，感兴趣的读者可参考《Android 自定义控件开发入门与实战》一书的 1.4 节。

2. 应用于 Canvas

我们来思考一个问题：Camera 表示摄像机，在改变 Camera 位置以后，要怎么将 Camera

表现在 Canvas 上呢？要知道屏幕上的所有图像都是通过 Canvas 画出来的。

答案就是使用 Matrix 操作。Camera 在完成了坐标变换以后，可以计算出 Canvas 具体应该如何变换的矩阵，然后将这个矩阵应用于 Canvas。这样，Canvas 画出来的内容就是 Camera 变换以后的样子了。

将 Camera 应用于 Canvas 有如下两个函数，分别进行介绍。

函数一：通过 Camera.getMatrix(matrix)

完整的函数声明如下：

```
void getMatrix(Matrix matrix)
```

该函数的具体用法如下：

```
Matrix matrix = new Matrix();
camera.save();
…//各种 Camera 操作
camera.getMatrix(matrix);
camera.restore();

canvas.save();
canvas.setMatrix(matrix);
…//Canvas 的绘图操作
canvas.restore();
```

可以看到，上面的代码中先利用 camera.getMatrix(matrix)函数获得了 Camera 变换坐标，然后系统计算出 Canvas 应该如何变换的矩阵，以应对 Camera 的变换。

然后在 Canvas 绘图前，调用 canvas.setMatrix(Matrix matrix)函数。

函数二：通过 Camera.applyToCanvas(canvas)

完整的函数声明如下：

```
void applyToCanvas(Canvas canvas)
```

这个函数省去了上面函数那些让人觉得麻烦的步骤，而是直接将计算出的矩阵应用于 Canvas。

该函数的具体用法如下：

```
canvas.save();
camera.save();
…//各种 Camera 操作
camera.applyToCanvas(canvas);
camera.restore();


…//Canvas 的绘图操作
canvas.restore();
```

这里的代码相对比较简单，但是需要注意，为了防止原来的 Canvas 改变，需要在调用 camera.applyToCanvas(canvas)函数前，使用 save 函数保存原始的 Canvas，而在使用完 Canvas

以后，再使用 restore 函数来将 Canvas 还原至初始状态。

1.1.3 构造 Camera 类使用实例

在具体了解 Camera 类有哪些函数以前，我们先来写一个 demo，为讲解 Camera 类的具体函数做准备。

demo 的效果如图 1-9 所示。

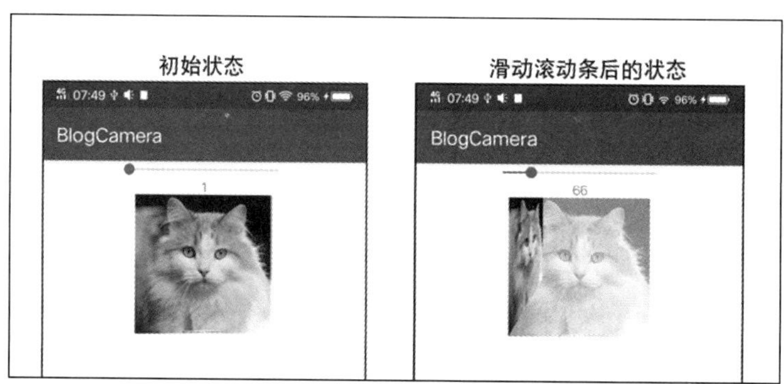

扫码查看动态效果图

图 1-9

1. 布局架构

从图 1-9 可以看出，这里的布局非常简单，自上而下分别是 3 个控件（activity_translate.xml）：

```
<?xml version="1.0" encoding="utf-8"?>
<LinearLayout
    xmlns:android="http://schemas.android.com/apk/res/android"
    xmlns:tools="http://schemas.android.com/tools"
    android:layout_width="match_parent"
    android:layout_height="match_parent"
    android:gravity="center_horizontal|top"
    android:orientation="vertical"
    tools:context=".TranslateActivity">

    <SeekBar
        android:id="@+id/btn_progress"
        android:layout_width="200dp"
        android:layout_height="wrap_content"
        android:min="1"
        android:max="360"/>
    <TextView
        android:id="@+id/tv_progress"
        android:layout_width="wrap_content"
        android:layout_height="wrap_content" />

    <com.testcamera.harvic.blogcamera.CameraImageView
        android:id="@+id/camera_img"
        android:layout_width="wrap_content"
```

```
        android:layout_height="wrap_content"
        android:src="@mipmap/cat"/>
</LinearLayout>
```

自上而下的第 1 个控件是拖动条，值的范围是 1~360，用于为自定义控件 CameraImageView 设置值。第 2 个控件是 TextView，用于实时显示当前拖动条的数值。第 3 个控件是 CameraImageView，这是一个自定义控件，能够显示图片且根据拖动条当前的值来自动更新状态。

然后，看看在 Activity 中是如何进行处理的：

```
public class TranslateActivity extends AppCompatActivity {
    private SeekBar mSeekBar;
    private CameraImageView mCameraImageView;
    private TextView mTv;
    @Override
    protected void onCreate(Bundle savedInstanceState) {
        super.onCreate(savedInstanceState);
        setContentView(R.layout.activity_translate);
        mCameraImageView = findViewById(R.id.camera_img);
        mTv = findViewById(R.id.tv_progress);

        mSeekBar = findViewById(R.id.btn_progress);
        mSeekBar.setOnSeekBarChangeListener(new OnSeekBarChangeListener() {
            @Override
            public void onProgressChanged(SeekBar seekBar, int progress, boolean
fromUser) {
                mCameraImageView.setProgress(progress);
                mTv.setText(progress+"");
            }

            @Override
            public void onStartTrackingTouch(SeekBar seekBar) {

            }

            @Override
            public void onStopTrackingTouch(SeekBar seekBar) {

            }
        });

    }
}
```

上面的代码处理逻辑也非常简单，只是实时监听 SeekBar 的变化。当拖动条的位置发生变化时，将变化的值同时赋给控件 TextView 和 CameraImageView。

在了解了大概的流程之后，下面来看看 CameraImageView 是如何实现的。

2. CameraImageView 的实现

首先，根据效果来观察 CameraImageView 继承自什么控件。

因为 CameraImageView 的功能是显示 ImageView，通过更改绘制时的 Canvas 来实现图像的变化，所以其最简单的实现方式是通过继承自 ImageView 来实现。

当然，也可以通过继承自 View 来实现，但若通过 View 实现的话，需要自己画 Bitmap，也需要自己编写 onMeasure、onLayout 等函数来实现测量和布局功能。

这里的代码比较简单，下面直接列出，并对重要部分进行讲解：

```
public class CameraImageView extends ImageView {
    private Bitmap mBitmap;
    private Paint mPaint;
    private Camera camera = new Camera();
    private Matrix matrix = new Matrix();
    private int mProgress;
    public CameraImageView(Context context) {
        super(context);
        init();
    }

    public CameraImageView(Context context, @Nullable AttributeSet attrs) {
        super(context, attrs);
        init();
    }

    public CameraImageView(Context context, @Nullable AttributeSet attrs, int
defStyleAttr) {
        super(context, attrs, defStyleAttr);
        init();
    }
    private void init(){
        mBitmap = BitmapFactory.decodeResource(getResources(),R.mipmap.cat);
        mPaint = new Paint();
        mPaint.setAntiAlias(true);
    }

    public void setProgress(int progress){
        mProgress = progress;
        postInvalidate();
    }


    @Override
    protected void onDraw(Canvas canvas) {
        camera.save();
        canvas.save();

        mPaint.setAlpha(100);
        canvas.drawBitmap(mBitmap,0,0,mPaint);
        camera.rotateY(mProgress);
        camera.applyToCanvas(canvas);
        camera.restore();
```

```
        super.onDraw(canvas);
        canvas.restore();
    }
}
```

首先，开始时主要做一些初始化工作，比如加载图片等。

然后，对外暴露设置 progress 的函数：

```
public void setProgress(int progress){
    mProgress = progress;
    postInvalidate();
}
```

其中会先把 progress 保存起来，然后调用 postInvalidate 函数来刷新界面。至于 postInvalidate 与 invalidate 的区别，我已经在《Android 自定义控件开发入门与实战》一书中多次提到，这里就不再赘述了。

最后，也是最复杂的部分，即 onDraw 函数。在 onDraw 函数中，首先将 Camera 与 Canvas 的状态保存下来，以便后面需要时进行恢复：

```
camera.save();
canvas.save();
```

从图 1-9 可以看出，在自定义控件中，其实有两张图片，下层是一张半透明的图片，用于显示图片的原始位置，而上层的图片才会随着 Camera 的变化而旋转。

所以，这里分 3 步进行处理。第 1 步，在下层画一张半透明的图片：

```
mPaint.setAlpha(100);
canvas.drawBitmap(mBitmap,0,0,mPaint);
```

第 2 步，旋转画布，并应用于 Canvas：

```
camera.rotateY(mProgress);
camera.applyToCanvas(canvas);
camera.restore();
```

第 3 步，利用 ImageView 自带的显示图片的函数 super.onDraw(canvas)，在已经旋转过的 Canvas 上绘图，此时绘制出来的图就是显示在上层的旋转过的图片了：

```
super.onDraw(canvas);
canvas.restore();
```

需要注意，在使用 Canvas 和 Camera 后，都需要调用各自的 restore 函数来恢复到原始位置，避免这次的变更影响到下次。

这样，本节开篇时描述的效果就实现了。在 1.2 节中，我们将基于这个例子来讲解 Camera 类中的各个函数。

1.2 Camera 类用法详解

在了解了如何使用 Camera 类以后，再来看看 Camera 类具有的操作 Camera 的函数。本节会对这些函数进行简单的讲解，而后面还会使用具体的示例进行讲解。

1.2.1 平移

平移函数如下：

```
void translate (float x, float y, float z)
```

和 2D 平移函数类似，只不过本节介绍的这个函数中多出了一个维度，从只能在 2D 平面上平移变为在 3D 空间内平移。

参数介绍如下。

- float x：*X* 轴上的偏移量。
- float y：*Y* 轴上的偏移量。
- float z：*Z* 轴上的偏移量。

1. 沿 *X* 轴平移

如果我们将 1.1 节示例中的旋转代码改为：

```
camera.translate(mProgress,0,0);
```

此时，完整的 onDraw 函数代码如下：

```
protected void onDraw(Canvas canvas) {
    camera.save();
    canvas.save();

    mPaint.setAlpha(100);
    canvas.drawBitmap(mBitmap,0,0,mPaint);

    camera.translate(mProgress,0,0);

    camera.applyToCanvas(canvas);
    camera.restore();

    super.onDraw(canvas);
    canvas.restore();
}
```

完整的 onDraw 函数代码仅在本节中列出，后续的相关代码中都将只改变 camera.translate (mProgress,0,0);这行代码。

效果如图 1-10 所示。

可能有的读者会想，camera.translate(5,0,0)是什么意思呢？是 Camera 正向移动 5 px，还是物体正向移动 5 px 呢？

其实 Camera 类的各个函数操作的并不是摄像机，而是物体，我们看到的是移动物体之后屏幕上图像的变化。

比如，camera.translate(5,0,0)表示的移动与拍摄过程如图 1-11 所示。

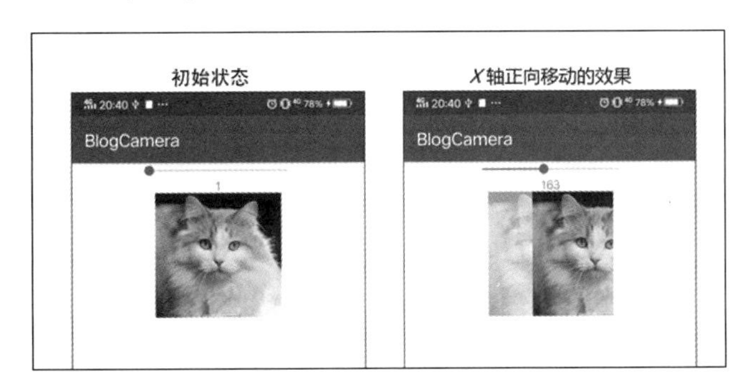

扫码查看动态效果图

图 1-10

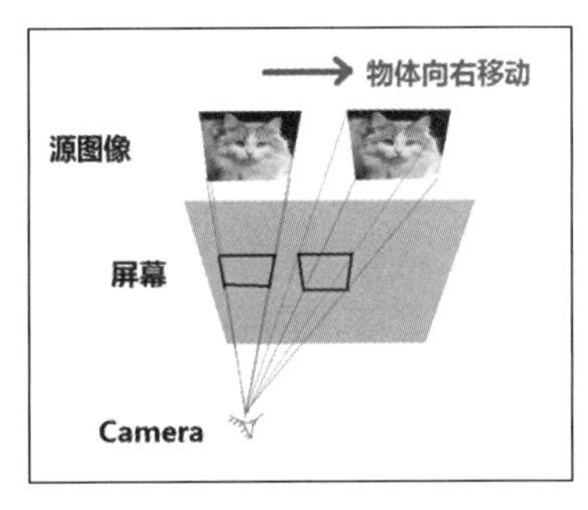

扫码查看彩色图

图 1-11

从图 1-11 可以看到，在物体向右移动之后，屏幕上形成的二维图像（如黑框所示）也向右移动了。这刚好与效果图中的效果相对应。

2. 沿 Y 轴平移

同样地，如果沿着 Y 轴移动，可以将示例中的移动代码改为：

```
camera.translate(0,mProgress,0);
```

对应的效果如图 1-12 所示。

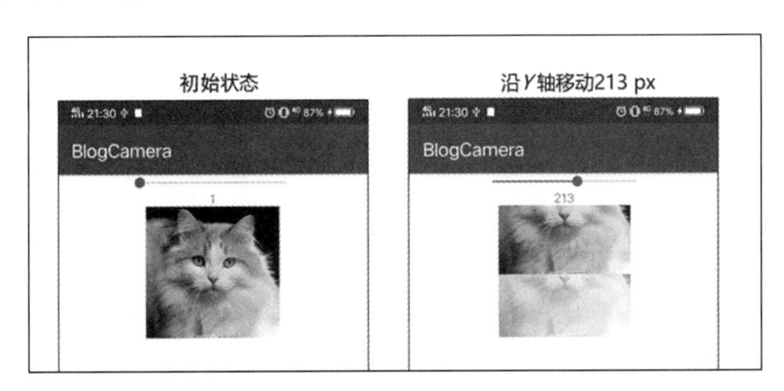

扫码查看动态效果图

图 1-12

原理如图 1-13 所示。

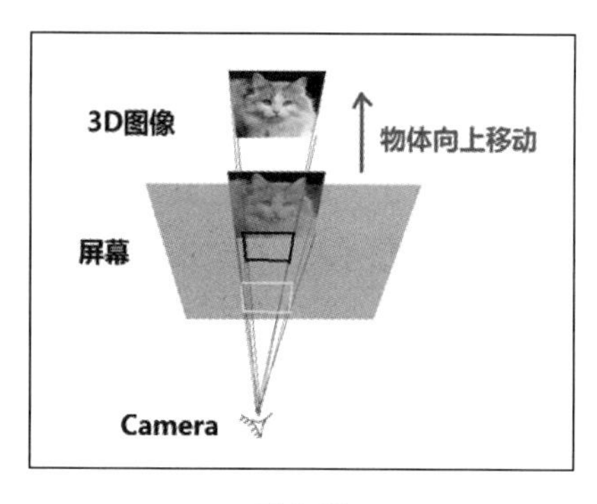

图 1-13

可以看到，在物体向上移动后，屏幕上对应的二维图像也向上移动了（黄框移动到黑框位置），这就解释了为什么会出现效果图中的效果。

3. 沿 Z 轴平移

（1）沿 *Z* 轴正方向平移

沿 *Z* 轴平移的效果比较特殊，它能实现图像的放大与缩小，我们先来看看效果。如果把示例中的移动代码改为：

```
camera.translate(0,0,mProgress);
```

即沿 *Z* 轴的正方向从 1 px 移动到 360 px，效果如图 1-14 所示。

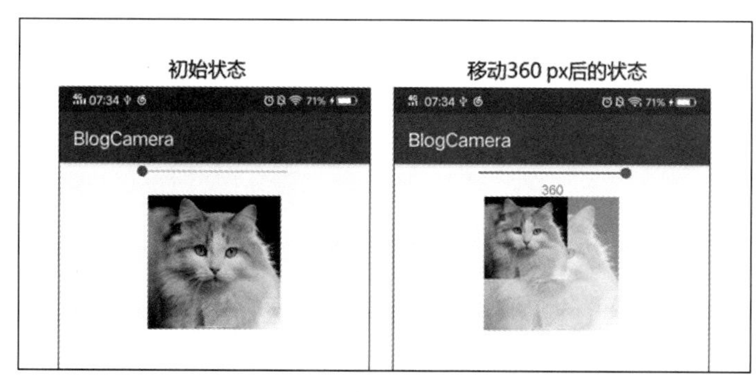

图 1-14

在图 1-14 中，首先，随着物体沿 *Z* 轴正方向移动距离的增大，图像逐渐变小。其次，虽然图像在变小，但图像左上角在屏幕上的位置始终不变。下面就分别讲解这两个现象的原因。

随着物体沿 *Z* 轴正方向移动距离的增大，图像逐渐变小，原理图如图 1-15 所示。

从图 1-15 可以看出，源图像在屏幕上对应的是黑框位置，在图像向 *Z* 轴正方向移动后，其在屏幕上对应的是黄框位置。随着图像沿 *Z* 轴离屏幕越来越远，图像和 Camera 的连线与屏幕的交点所形成的图像越来越小。这一点不难理解，就像图 1-16 中的铁轨。

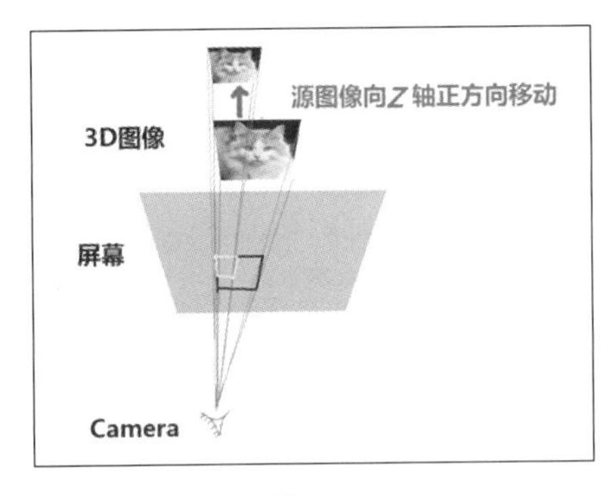

图 1-15

图 1-16

我们都知道两条铁轨之间的距离是完全相同的，但随着铁轨的远离，两条铁轨之间的距离看起来越来越小。

关于第二个现象，为什么屏幕上图像的左上角位置始终不变呢？

前面曾经提到过 Camera 的位置在 3D 坐标系的(0,0,−576)处，其投影到 View 上位于 View 的左上角处，所以当图像远离 Camera 时，都是以左上角为原点来缩小的，如图 1-17 所示。

图 1-17

（2）沿 Z 轴负方向平移

相反地，如果我们让物体沿 Z 轴负方向移动，即将示例中的移动代码改为：

```
camera.translate(0,0,-2*mProgress);
```

需要注意，为了更好地演示效果，这里不仅取了负号而且乘以了 2，*Z* 轴负方向的最大移动距离变为−720，效果如图 1-18 所示。

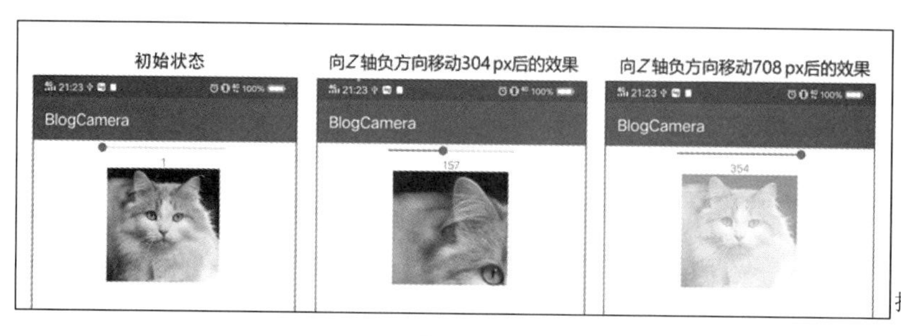

扫码查看动态图

图 1-18

从图 1-18 可以看出，随着物体向 *Z* 轴负方向移动，图像逐渐变大，但在达到一定的大小后，图像却突然不见了。

在这里读者可能会产生两个疑问：

- 为什么图像会变大呢？
- 为什么图像会消失呢？

首先，对于第一个问题，随着物体向 *Z* 轴负方向移动，图像逐渐变大，这是因为 Camera 在 *Z* 轴上位于−576 px 处，所以当物体向 *Z* 轴负方向移动时，其实是距离 Camera 越来越近了，当然图像会越来越大。而且，当图像大到一定程度时，我们就只能看到其中一部分。同样地，由于 Camera 投影到 View 上时位于 View 的左上角，所以图像在变大的过程中仍然是以左上角为原点变大的。

但当物体移动到 Camera 位置时，就看不到物体了，这时的表现是屏幕上没有对应的图像。这一点其实也很好理解，你可以拿着一个水杯，将其由远及近地靠近你的一只眼睛，当水杯跟你的眼睛平齐时，即水杯在耳朵位置时，你就看不到水杯了。

到这里，有关 3D 效果中的平移就介绍完了。相对而言，3D 效果中的平移理解起来困难一些，我们可以用生活中的例子来演示这个效果。比如，你把眼睛当作 Camera，用一个物体来模拟 View，在眼前来回移动这个物体，这样就可以辅助理解 camera.translate 相关参数的意义与效果。

1.2.2 旋转

旋转是 3D 动画的核心效果，但因为单个 View 是没有厚度的，所以通过它制作出来的旋转效果并不算是真正的 3D 效果，而是伪 3D 效果。但我们可以像开始介绍的 StereoView 控件一样，通过多个 View 的组合旋转来实现看起来更真实的 3D 效果。

```
// (API 12)可以控制 View 同时绕 X、Y、Z 轴旋转，这种效果可以由下面几种函数组合实现
void rotate (float x, float y, float z);
```

```
// 控制 View 绕单个坐标轴旋转
void rotateX (float deg);
void rotateY (float deg);
void rotateZ (float deg);
```

旋转的函数总共有 4 个，其中 rotate(float x, float y, float z)可以同时指定 3 个维度的旋转角度，但它是 API 12 后才加入的新函数，而其他 3 个函数都只能一次绕一个维度旋转，它们在 API 1 时就已经存在。当然，如果你需要在 API 12 之前同时绕多个维度旋转，可以多次调用旋转函数。

1. 绕 *X* 轴旋转

将示例中的 Camera 操作代码改为：

```
camera.rotateX(mProgress);
```

效果如图 1-19 所示。

扫码查看动态图

图 1-19

因为 3D 坐标系的原点位于 View 的左上角，所以，当图像绕 *X* 轴旋转时，是直接绕 *X* 轴旋转的。但是，在旋转到 90° 时，就看不到图像了。

首先，绕 *X* 轴的正方向旋转，如图 1-20 所示。

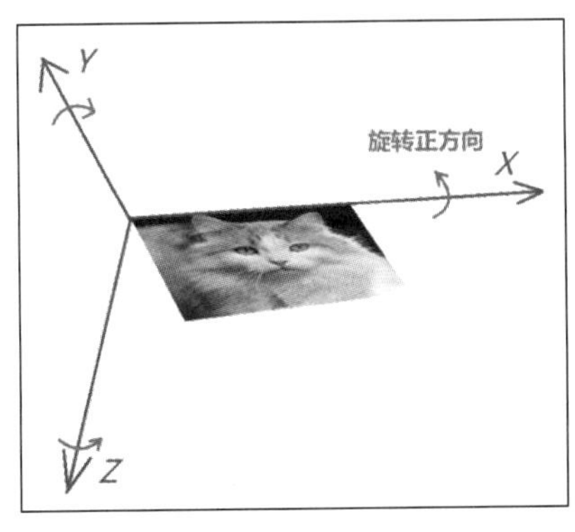

扫码查看彩色图

图 1-20

图 1-20 展示了 *X*、*Y*、*Z* 轴各自的旋转正方向，在后面的 demo 效果图中，我们也可以具体查看。

旋转过程中的示意图如图 1-21 所示。

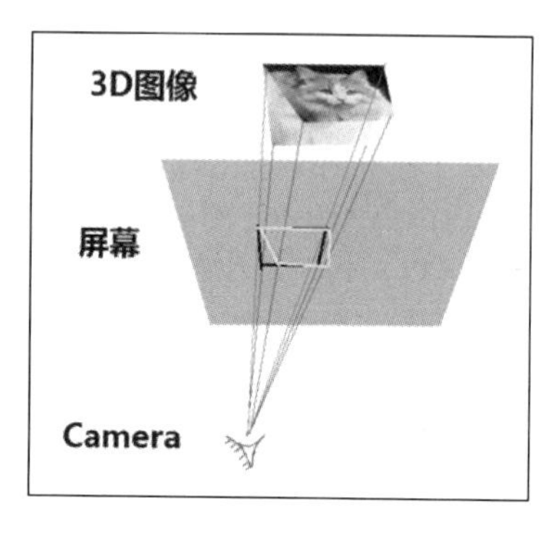

扫码查看彩色图

图 1-21

图 1-21 显示了旋转前和旋转后屏幕上图像的示意图。原始图像是黑框，旋转后的图像是黄框。大家也可以拿一张纸在摄像机前旋转并模拟这个过程，以更好地理解旋转功能。

因为 Camera 的位置在(0,0,−576)处，也就是说 Camera 在 3D 坐标系 *Z* 轴上的−576 px 处，当图像旋转到 90° 时，Camera 与图像在一个平面上，这时屏幕上的效果就是在图像旋转 90° 以后（大于 90° 且小于 270° ）什么也看不到了。

2. 绕 *Y* 轴旋转

将 demo 的代码改为：

```
camera.rotateY(mProgress);
```

效果如图 1-22 所示。

扫码查看动态效果图

图 1-22

从图 1-22 可以看出，图像默认是绕 *Y* 轴旋转的，在旋转 90° 以后（大于 90° 且小于 270° ），Camera 与图像在一个平面上，图像与屏幕的 View 区域没有交集，所以不显示任何内容。

3. 绕 *Z* 轴旋转

将 demo 的代码改为：

```
camera.rotateZ(mProgress);
```

效果如图 1-23 所示。

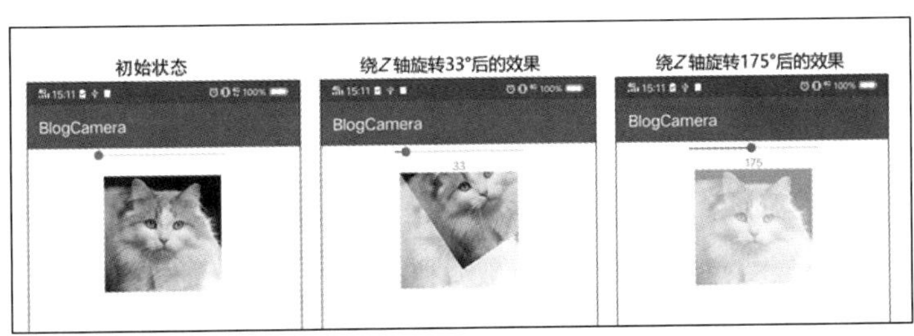

扫码查看动态效果图

图 1-23

同样地，以坐标系原点为中心绕 Z 轴旋转。在图像旋转 90° 以后（大于 90° 且小于 270°），图像就与 View 没有交集了，所以屏幕上没有任何图像，即屏幕上不显示任何内容。

4．调整旋转中心点

扫码查看动态效果图

从上面的效果可以看出，默认都是围绕 X、Y、Z 轴旋转的，有时我们想实现翻转卡片的效果，扫码查看右侧效果图。

在这个示例中，很明显，旋转中心点变为了图像中心点。那么怎么调整旋转中心点呢？

如果我们想将默认的 3D 坐标系中心点调整到(x,y)位置，只需要在获取矩阵后，通过下面的代码将中心点位置调整到(x,y)位置：

```
matrix.preTranslate(-x, -y);
matrix.postTranslate(x, y);
```

有关这段代码，我们会放在第 2 章讲解位置矩阵时详细说明，在这里，大家只要会用就行。但需要特别注意的一点是，这里是通过后期改变矩阵的值来改变旋转中心点的，并没有改变原始 Camera 的位置，Camera 在 View 所在的 2D 坐标系中的投影位置依然在 View 的左上角(0,0)处。

比如，我们修改一下 demo 中的代码，将旋转中心点改为图像中心点：

```
protected void onDraw(Canvas canvas) {
    camera.save();
    canvas.save();

    mPaint.setAlpha(100);
    canvas.drawBitmap(mBitmap,0,0,mPaint);

    camera.rotateX(mProgress);

    camera.getMatrix(matrix);

    // 调整中心点位置
    int centerX = getWidth()/2;
    int centerY = getHeight()/2;
    matrix.preTranslate(-centerX, -centerY);
    matrix.postTranslate(centerX, centerY);

    canvas.setMatrix(matrix);
```

```
    camera.restore();

    super.onDraw(canvas);
    canvas.restore();
}
```

这段代码比较好理解，只是在操作了 Camera 以后，通过 camera.getMatrix(matrix)获取对应操作的 matrix 数组，然后通过调整旋转中心点的代码，将旋转中心点调整到图像中心点。

调整中心点后绕 X 轴旋转的效果如图 1-24 所示。

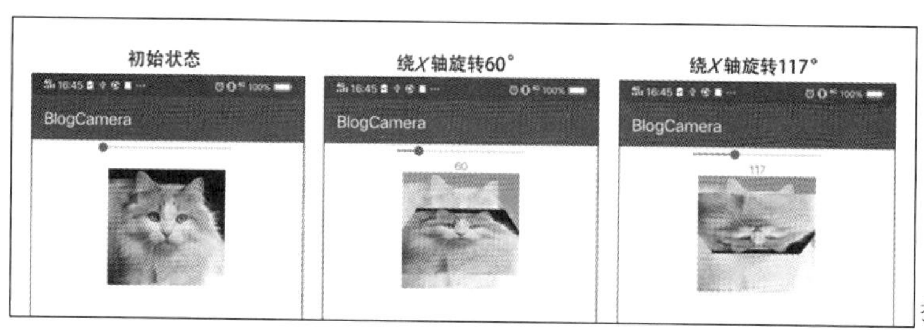

扫码查看动态效果图

图 1-24

同样地，调整旋转中心点到图像中心点后，绕 Y 轴旋转的效果如图 1-25 所示。

扫码查看动态效果图

图 1-25

最后，再来看看在调整旋转中心点到图像中心点后，绕 Z 轴旋转的效果如图 1-26 所示。

扫码查看动态效果图

图 1-26

1.2.3 改变 Camera 的位置

在 API≥15 时，Camera 类新增了几个函数来获取和改变 Camera 的位置：

```
//分别获取 Camera 在 X、Y、Z 轴上的坐标值
float getLocationX()
float getLocationY()
float getLocationZ()
//设置 Camera 的位置
void setLocation(float x, float y, float z)
```

1．Camera 的坐标单位

这里有一个非常奇怪的问题，那就是 Camera 的坐标单位不是 px，而是其每个单位表示 72 px。

这个单位的表示函数可以在 Android 底层的图像引擎 Skia 中找到。在 Skia 中，Camera 的位置单位是英寸，1 英寸可换算为 72 px，而在 Android 中把这个换算函数照搬了过来。这个换算函数是固定的，不会随着手机分辨率的改变而变化。

比如，我们在 onDraw 中通过日志获取 Camera 默认的位置信息，代码如下：

```
protected void onDraw(Canvas canvas) {
    camera.save();
    canvas.save();

    float x = camera.getLocationX();
    float y = camera.getLocationY();
    float z = camera.getLocationZ();
    Log.d("qijian","Location x:"+x +"  y:"+y +"  z:"+z);

    ...
}
```

日志如图 1-27 所示。

```
c.blogcamera D/qijian: Location x:0.0  y:0.0  z:-8.0
c.blogcamera D/qijian: Location x:0.0  y:0.0  z:-8.0
c.blogcamera D/qijian: Location x:0.0  y:0.0  z:-8.0
c.blogcamera D/qijian: Location x:0.0  y:0.0  z:-8.0
```

图 1-27

可以看到，在默认的情况下，Camera 的位置在 View 左上角外部，并且位于 *Z* 轴的−576 px 位置（−8×72=−576）。

2．更改 Camera 的位置

我们可以通过 void setLocation(float x, float y, float z)来设置 Camera 的位置。但需要注意的是，设置位置时，一个单位相当于 72 px，所以这里的参数值需要做单位变换。

假如我们将 Camera 的位置从默认的左上角外部移到图像中心点外部，代码如下：

```
protected void onDraw(Canvas canvas) {
    camera.save();
    canvas.save();
```

```
        mPaint.setAlpha(100);
        canvas.drawBitmap(mBitmap,0,0,mPaint);

        camera.rotateZ(mProgress);

        int centerX = getWidth()/2/72;
        int centerY = getHeight()/2/72;

        camera.setLocation(centerX,-centerY,camera.getLocationZ());

        camera.getMatrix(matrix);

        canvas.setMatrix(matrix);
        camera.restore();

        super.onDraw(canvas);
        canvas.restore();
    }
```

从上面的代码可以看出，我们通过 getWidth()/2 得到了中心点位置的坐标，然后除以 72 换算成英寸单位。需要注意的是，*Y* 轴的正方向是沿着屏幕向上的，所以，我们若要让 Camera 向下移动，需要将移动距离设置为-centerY。

效果如图 1-28 所示。

扫码查看动态效果图

图 1-28

这里有两点需要注意：

（1）当将 Camera 移到图像中心点外部以后，图像只显示右下角的四分之一，这是为什么呢？

（2）当将 Camera 移到图像中心点外部以后，图像的旋转中心仍在图像的左上角。Camera 的位置可以通过 setLocation 函数来改变，而如果我们想要改变 3D 坐标系的位置，则需要通过 Matrix 操作来实现。

下面的示意图展示了 Camera 从图像的左上角外部移到图像中心点外部的过程，如图 1-29 所示。

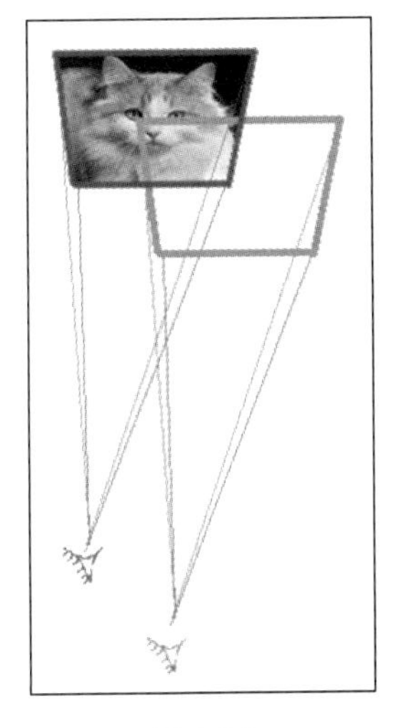

扫码查看彩色图

图 1-29

在图 1-29 中，红色框表示当 Camera 在图像左上角外部时显示的图像范围，此时，整个图像都可以得到显示；绿色框表示在 Camera 移到图像中心点外部以后，显示范围随着 Camera 移动的情况。从这个示意图可以看出，在 Camera 移到图像中心点外部以后，只能显示右下角部分的图像，与代码运行效果相同。

Camera 的移动与图像显示理解起来相对有些难度，大家可以把 A4 纸当作 View，把手机摄像头当作 Camera，通过移动手机摄像头来查看手机屏幕中显示内容的变化情况，两者的原理完全相同。

1.3　实现 3D 卡片翻转效果

在本节中，我们将通过前面学习的 Camera 类来进行实战操作。第一个例子实现了 3D 卡片翻转效果，可扫码查看右侧上面的效果图。

扫码查看动态效果图

项目地址：请移步 GitHub 并搜索 DialogFlipTest。

在本节中，将通过简单的示例来讲解实现原理，本节所实现的效果可扫码查看右侧下面的效果图。

扫码查看动态效果图

其实这个示例最初是 Google 给出的 API Demos 里的示例，具体路径为 src/com/example/ android/apis/animation/Rotate3dAnimation.java。其中具体讲解了 Rotate3dAnimation 的实现原理，为了方便起见，我会稍做修改，但最终的实现效果是完全相同的。

1.3.1　框架搭建

要实现 ImageView 的旋转，可使用如下两种函数。

- 第一种函数是继承自 ImageView 类，在 onDraw 函数中实现图像的翻转，比如 1.1 节中的示例。类似地，也可以继承自 LinearLayout 等容器类，同样在 dispatchDraw 函数中操作 Canvas，以实现其所包含的控件的旋转效果。
- 第二种函数是自定义 Animation，通过给 View 设置自定义的 Animation 来实现旋转效果。在这里，我们使用这种函数。

在框架阶段，我们做了一个非常简单的 demo，实现一张图片的来回切换，可扫码查看效果图。

如效果图所示，当点击按钮时，图像从 0° 旋转至 180° ，当再点击按钮时，图像会旋转回来。

扫码查看动态效果图

1. XML 布局

Activity 的布局非常简单，就是一个按钮和一个 ImageView，代码如下（activity_rotate_3d.xml）：

```
<?xml version="1.0" encoding="utf-8"?>
<LinearLayout
    xmlns:android="http://schemas.android.com/apk/res/android"
    xmlns:tools="http://schemas.android.com/tools"
    android:layout_width="match_parent"
    android:layout_height="match_parent"
    android:orientation="vertical"
    android:gravity="top|center_horizontal"
    tools:context=".Rotate3DActivity">

    <Button
        android:id="@+id/btn_open"
        android:layout_width="match_parent"
        android:layout_height="wrap_content"
        android:layout_margin="16dp"
        android:onClick="onClickView"
        android:text="翻转"
        android:textColor="@android:color/black"
        android:textSize="16sp"/>

    <LinearLayout
        android:id="@+id/content"
        android:layout_width="300dp"
        android:layout_height="200dp"
        android:layout_below="@id/btn_open"
        android:orientation="vertical"
        android:gravity="center_horizontal"
        android:layout_marginTop="16dp">

        <ImageView
            android:id="@+id/iv_logo"
            android:layout_width="match_parent"
            android:layout_height="match_parent"
```

```
        android:src="@mipmap/photo1"
        android:scaleType="centerCrop"/>
    </LinearLayout>

</LinearLayout>
```

大家可能会觉得，在 ImageView 的外围又包了一个 LinearLayout，这样做多此一举。是的，从这里来看，是没有必要，但后面我们会修改这个布局文件，到时候 LinearLayout 就有用了。为了讲解方便，此处提前进行布局。

需要注意 ImageView 外围所包装的 id 为 content 的 LinearLayout，注意它的位置，我们将会在后续的代码中用到。

2. Activity 代码

因为我们是通过自定义 Animation 来旋转控件的，所以肯定会在 onCreate 函数中对 Animation 进行初始化，然后在点击按钮时执行 startAnimation。

下面先列出完整的代码：

```
public class Rotate3DActivity extends AppCompatActivity {
    private View mContentRoot;

    private int duration = 600;
    private Rotate3dAnimation openAnimation;
    private Rotate3dAnimation closeAnimation;

    private boolean isOpen = false;
    @Override
    protected void onCreate(Bundle savedInstanceState) {
        super.onCreate(savedInstanceState);
        setContentView(R.layout.activity_rotate_3d);

        mContentRoot = findViewById(R.id.content);

        initOpenAnim();
        initCloseAnim();
    }


    private void initOpenAnim() {
        openAnimation = new Rotate3dAnimation(0, 180);
        openAnimation.setDuration(duration);
        openAnimation.setFillAfter(true);
    }

    private void initCloseAnim() {
        closeAnimation = new Rotate3dAnimation(180, 0);
        closeAnimation.setDuration(duration);
        closeAnimation.setFillAfter(true);
    }
```

```
    public void onClickView(View v) {
        if (openAnimation.hasStarted() && !openAnimation.hasEnded()) {
            return;
        }
        if (closeAnimation.hasStarted() && !closeAnimation.hasEnded()) {
            return;
        }

        if (isOpen) {
            mContentRoot.startAnimation(closeAnimation);
        }else {
            mContentRoot.startAnimation(openAnimation);
        }
        isOpen = !isOpen;
    }
}
```

在代码中，我们自定义的 Animation 叫 Rotate3dAnimation，具体实现会在后面详细讲解。

在 onCreate 函数中，是初始化环节：

```
protected void onCreate(Bundle savedInstanceState) {
    super.onCreate(savedInstanceState);
    setContentView(R.layout.activity_rotate_3d);

    mContentRoot =  findViewById(R.id.content);

    initOpenAnim();
    initCloseAnim();
}
```

注意这里的 mContentRoot，它就是 XML 中包裹 ImageView 的 LinearLayout，表示需要旋转的控件的根布局。

从效果图可以看出，从 0° 到 180° 和从 180° 到 0° ，是两个不同的动画过程，分别用 openAnimation 和 closeAnimation 来表示。下面只讲解 openAnimation 动画过程：

```
private void initOpenAnim() {
    openAnimation = new Rotate3dAnimation(0, 180);
    openAnimation.setDuration(duration);
    openAnimation.setFillAfter(true);
}
```

从这里大概可以看出，Rotate3dAnimation 有两个参数，分别是 fromDegrees 和 endDegrees。因为我们需要在完成动画之后，让 View 保持完成动画时的状态，所以要用到 setFillAfter(true) 函数。

3. 自定义 Animation 函数

该自定义 Animation 函数的主要作用是实现控件在中间位置从 fromDegrees 旋转到 endDegrees。关于如何重写 Animation 的函数，我们还没有讲解过。其实重写 Animation 的函数比较简单，主要是重写如下两个函数：

```
public class Rotate3dAnimation extends Animation {

    public Rotate3dAnimation(float fromDegrees, float endDegrees) {

    }
    @Override
    public void initialize(int width, int height, int parentWidth, int parentHeight)
{
        super.initialize(width, height, parentWidth, parentHeight);

        …// 在这里执行初始化操作

    }

    @Override
    protected void applyTransformation(float interpolatedTime, Transformation t)
{

        …// 执行自定义动画操作

        super.applyTransformation(interpolatedTime, t);
    }
}
```

上面就是自定义 Animation 的框架，其中主要涉及 3 个函数。

构造函数：

很明显，构造函数主要是为了传入一些参数，比如这里的 fromDegrees 和 endDegrees。

initialize:

initialize 函数会在执行动画前调用，参数中的 width、height 表示将要执行动画的 View 的宽和高，parentWidth、parentHeight 表示执行动画的 View 的父控件的宽和高。因为该函数会在执行动画前调用，所以一般会在该函数中执行一些初始化操作。

applyTransformation:

applyTransformation 函数最重要，它就是用来实现自定义 Animation 的函数，相关参数如下。

- float interpolatedTime：正在执行的 Animation 的当前进度，取值范围为 0~1。
- Transformation t：当前进度下，需要对控件应用的变换操作都保存在 Transformation 中。

我们知道一般通过 Animation.setDuration(long durationMillis) 来设置动画时长，在 applyTransformation 函数中，会将时长转化为进度来表示，这个进度就是 interpolatedTime，它是一个浮点数，取值范围为 0~1。

动画的进度一般是从 0 到 1，假设动画的最小更新进度为 0.001，即进度每隔 0.001 更新一次界面，每次更新界面都是通过调用 applyTransformation 函数来实现的。所以，在每次更新动画时，当前的动画进度就是这里的 interpolatedTime，而这个进度对应的需要对 View 控件所做的操作，全部保存在参数 Transformation t 中。

自定义 Animation 就是通过上面的步骤完成的，下面来看看如何实现 Rotate3dAnimation。

4．Rotate3dAnimation

Rotate3dAnimation 的代码比较简单，下面先全部列出，然后逐个讲解：

```
public class Rotate3dAnimation extends Animation {
    private final float mFromDegrees;
    private final float mEndDegree;

    private float mCenterX,mCenterY;
    private Camera mCamera;

    public Rotate3dAnimation(float fromDegrees, float endDegree) {
        mFromDegrees = fromDegrees;
        mEndDegree = endDegree;
    }

    @Override
    public void initialize(int width, int height, int parentWidth, int parentHeight)
{
        super.initialize(width, height, parentWidth, parentHeight);
        mCenterX = width/2;
        mCenterY = height/2;
        mCamera = new Camera();
    }

    @Override
    protected void applyTransformation(float interpolatedTime, Transformation t)
{
        float degrees = mFromDegrees + ((mEndDegree - mFromDegrees) *
interpolatedTime);

        mCamera.save();
        final Matrix matrix = t.getMatrix();
        mCamera.rotateY(degrees);
        mCamera.getMatrix(matrix);
        mCamera.restore();

        matrix.preTranslate(-mCenterX, -mCenterY);
        matrix.postTranslate(mCenterX, mCenterY);

        super.applyTransformation(interpolatedTime, t);
    }
}
```

首先，在构造函数中，传入两个参数 fromDegrees 和 endDegree，fromDegrees 表示开始旋转的角度，endDegree 表示结束旋转的角度。

然后，在 initialize 函数中执行初始化操作。根据 1.2 节的讲解可知，我们要围绕控件中心点旋转，因此需要获取控件中心点的位置坐标。所以，在初始化时，计算出控件中心点的位置坐标：

```
    public void initialize(int width, int height, int parentWidth, int parentHeight)
{
        super.initialize(width, height, parentWidth, parentHeight);
        mCenterX = width/2;
        mCenterY = height/2;
        mCamera = new Camera();
    }
```

最后，执行 applyTransformation 函数中的操作。其中，第 1 步，根据当前进度计算出当前的旋转角度：

```
float degrees = mFromDegrees + ((mEndDegree - mFromDegrees) * interpolatedTime);
```

第 2 步，利用 Camera 将图片绕 *Y* 轴旋转 degrees 的角度：

```
mCamera.save();
final Matrix matrix = t.getMatrix();
mCamera.rotateY(degrees);
mCamera.getMatrix(matrix);
mCamera.restore();
```

第 3 步，将旋转中心移到控件中心点位置：

```
matrix.preTranslate(-mCenterX, -mCenterY);
matrix.postTranslate(mCenterX, mCenterY);
```

第 4 步，调用 super.applyTransformation(interpolatedTime, t)来执行改变过的动画操作，以将操作最终体现在控件上。

到此，实现了我们想要的效果，可扫码查看效果图。

扫码查看动态效果图

1.3.2　效果改进

1. 图片缩放原理概述

从 1.3.1 节最后实现的效果图可以看出一个问题，翻转时的图像效果与 1.3.1 节开始时看到的效果不完全相同，不同点在于后面实现的翻转效果，翻转过程中图像很大，如图 1-30 所示。

而 1.3.1 节开始时看到的效果的翻转过程截图如图 1-31 所示。

可以看到，在图 1-31 中，翻转过程中的图像没有那么大，基本保持原大小不变。

从 1.2 节可以知道，图像旋转时的大小跟其与 *Z* 轴的距离有关，View 与 Camera 的距离越大，显示的图像越小。

所以，在图像从 0° 旋转到 180° 的过程中，图像与 Camera 的距离关系如图 1-32 所示。

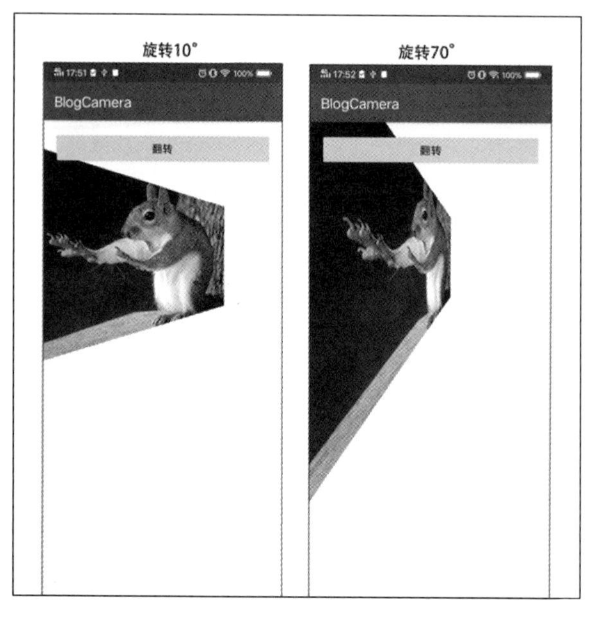

图 1-30

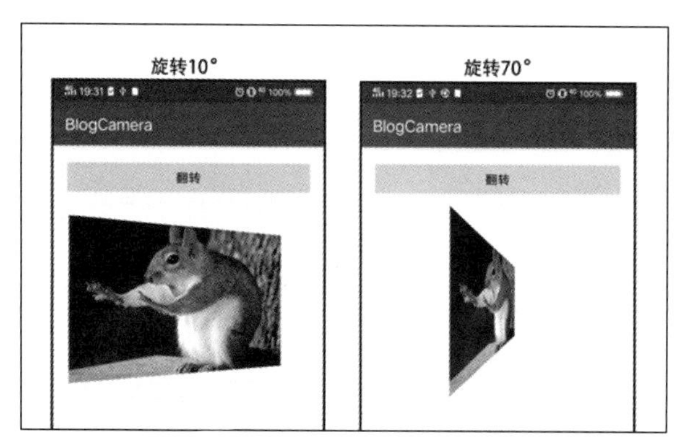

图 1-31

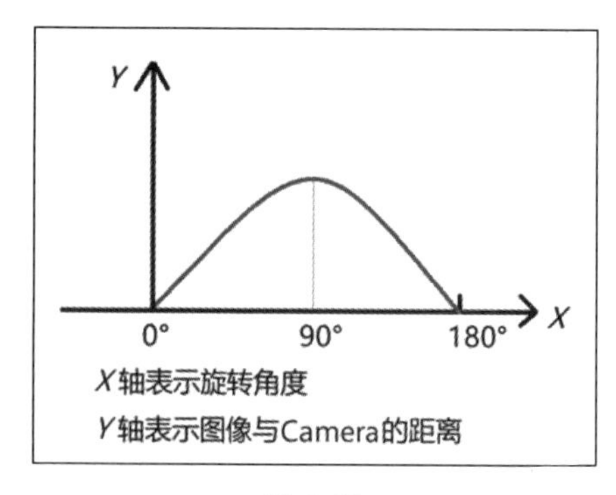

扫码查看彩色图

图 1-32

从当前的效果图可以看出，随着旋转角度的增加，倾斜之后的图像会变大，在旋转角度达到 90° 时图像最大。

同样地，要解决这个问题，就得随着图像变大，将 View 与 Camera 的距离增大，这样 View 就会变小。所以，这个 View 与 Camera 的距离变化过程就形成了上面的曲线。

当图像需要从 0° 旋转至 90° 时，View 与 Camera 的距离需要越来越大，并在旋转到 90° 时达到最大。而当图像需要从 90° 旋转至 180° 时，整个距离变化过程与从 0° 旋转至 90° 时的相反，这点从曲线的变化情况就可以看出。

因此需要将图像从 0° 至 180° 的整个旋转过程分为两段，从 0° 旋转至 90° 时执行下面的代码，使 View 与 Camera 的距离逐渐增大：

```
z = mDepthZ * interpolatedTime;
camera.translate(0.0f, 0.0f, z);
```

这里的 mDepthZ 是固定数值，默认值为 400。如果动画中图像的旋转角度区间就是从 0° 旋转至 90° ，那么 View 与 Camera 的距离会随着动画的播放越变越大，在旋转角度达到 90° 时距离达到最大，这与图 1-32 中的情况相同。

而在第 2 段过程中，即从 90° 旋转至 180° 时，整个 View 与 Camera 的距离变化情况就要反过来，在 90° 时距离达到最大，在 180° 时距离回归到初始值：

```
z = mDepthZ * (1.0f - interpolatedTime);
camera.translate(0.0f, 0.0f, z);
```

很明显，这段代码是符合要求的。所以，后面我们为了区分是从 0° 旋转至 90° 的逐渐增大曲线还是从 90° 旋转至 180° 的逐渐减小曲线，引入了一个 reverse 变量来进行标识。

2. 改造 Rotate3dAnimation

根据上面的原理，我们对 Rotate3dAnimation 函数进行改造，改造后的代码如下。下面先列出完整代码，然后详细讲解：

```
public class Rotate3dAnimation extends Animation {
    private final float mFromDegrees;
    private final float mEndDegree;
    private float mDepthZ = 400;
    private float mCenterX,mCenterY;
    private final boolean mReverse;
    private Camera mCamera;

    public Rotate3dAnimation(float fromDegrees, float toDegrees,
                             boolean reverse) {
        mFromDegrees = fromDegrees;
        mEndDegree = toDegrees;
        mReverse = reverse;
    }

    @Override
    public void initialize(int width, int height, int parentWidth, int parentHeight) {
        super.initialize(width, height, parentWidth, parentHeight);
        mCamera = new Camera();
        mCenterX = width/2;
```

```
        mCenterY = height/2;
    }

    @Override
    protected void applyTransformation(float interpolatedTime, Transformation t) {
        float degrees = mFromDegrees + ((mEndDegree - mFromDegrees) *
interpolatedTime);

        mCamera.save();
        float z;
        if (mReverse) {
            z = mDepthZ * interpolatedTime;
            mCamera.translate(0.0f, 0.0f, z);
        } else {
            z = mDepthZ * (1.0f - interpolatedTime);
            mCamera.translate(0.0f, 0.0f, z);
        }

        final Matrix matrix = t.getMatrix();
        mCamera.rotateY(degrees);
        mCamera.getMatrix(matrix);
        mCamera.restore();

        matrix.preTranslate(-mCenterX, -mCenterY);
        matrix.postTranslate(mCenterX, mCenterY);

        super.applyTransformation(interpolatedTime, t);
    }
}
```

首先看初始化函数，在初始化函数中有一个 boolean reverse 参数，这个参数用于标识曲线是逐渐增大的还是逐渐减小的。reverse 为 true 时，表示距离逐渐增大；reverse 为 false 时，表示距离逐渐减小。

然后在 applyTransformation 中，增加了沿 *Z* 轴移动的代码：

```
float z;
if (mReverse) {
    z = mDepthZ * interpolatedTime;
    mCamera.translate(0.0f, 0.0f, z);
} else {
    z = mDepthZ * (1.0f - interpolatedTime);
    mCamera.translate(0.0f, 0.0f, z);
}
```

很明显，当 mReverse 为 true 时，View 沿 *Z* 轴的移动距离随动画的播放而增大，在动画结束（interpolatedTime 等于 1）时达到最大。当 mReverse 为 false 时，View 沿 *Z* 轴的移动距离随动画的播放而减小，在动画结束时，View 沿 *Z* 轴的移动距离回归到 0。

3. 改造 Activity

因为我们把原本从 0° 旋转至 180° 的动画拆成了两段，所以需要先执行从 0° 旋转至 90°

的动画，结束后接着执行从 90° 旋转至 180° 的动画，即核心代码如下：

```
private void initOpenAnim() {
    openAnimation = new Rotate3dAnimation(0, 90, true);
    openAnimation.setDuration(duration);
    openAnimation.setFillAfter(true);
    openAnimation.setAnimationListener(new AnimationListener() {

        @Override
        public void onAnimationStart(Animation animation) {

        }

        @Override
        public void onAnimationRepeat(Animation animation) {

        }

        @Override
        public void onAnimationEnd(Animation animation) {
            mLogoIv.setVisibility(View.GONE);
            mDescTv.setVisibility(View.VISIBLE);

            Rotate3dAnimation rotateAnimation = new Rotate3dAnimation(90,
180,false);
            rotateAnimation.setDuration(duration);
            rotateAnimation.setFillAfter(true);
            mContentRl.startAnimation(rotateAnimation);
        }
    });
}
```

同样地，closeAnimation 先执行从 180° 旋转至 90° 的动画，结束后再执行从 90° 旋转至 0° 的动画。这里就不再列出相关代码了。

扫码查看动态效果图

通过扫码查看右侧的效果图可以看出，基本上完成了动画图像大小不变的旋转动作，但在图像旋转到 90° 的时候，会明显地卡一下，这是因为此处有一个停顿以便过渡到下一个动画过程，我们可以使用加速器来解决这个问题：

```
private void initOpenAnim() {
    openAnimation = new Rotate3dAnimation(0, 90,true);
    …
    openAnimation.setInterpolator(new AccelerateInterpolator());
    openAnimation.setAnimationListener(new AnimationListener() {
        @Override
        public void onAnimationEnd(Animation animation) {
            Rotate3dAnimation rotateAnimation = new Rotate3dAnimation(90,
180,false);
            …
            rotateAnimation.setInterpolator(new DecelerateInterpolator());
            mContentRoot.startAnimation(rotateAnimation);
        }
```

```
        ...
    });
}
```

由以上代码可见，从 0° 旋转至 90° 时使用加速器，从 90° 旋转至 180° 时使用减速器，在 90° 时旋转速度最快。同样地，closeAnimation 也使用加速器来解决这个问题，可扫码查看效果图。

扫码查看动态效果图

从效果图可以看到，这样就初步实现了 1.3 节开始时的效果，但还是有所不同，开始时的效果在旋转至 90° 后，显示的是另一张图像，这是怎么做到的呢？

1.3.3 正背面显示不同的内容

回顾下 1.3 节开始时的动画，扫码查看下面的效果图。可以看到，在图像旋转至 90° 时，ImageView 显示的图像变为另一张图像。

方案一：通过替换图像资源实现

因为我们已经将从 0° 至 180° 的旋转过程划分为从 0° 至 90° 和从 90° 至 180° 这两个过程，所以在 90° 时为 ImageView 替换图像，即可实现背面显示另一张图像的效果，可扫码查看效果图。

扫码查看动态效果图

首先，在点击“翻转”按钮的时候，给 ImageView 配置上初始图像：

```
    public void onClickView(View v) {
        ...
        if (isOpen) {

((ImageView)findViewById(R.id.iv_logo)).setImageResource(R.mipmap.photo2);
            mContentRoot.startAnimation(closeAnimation);
        }else {

((ImageView)findViewById(R.id.iv_logo)).setImageResource(R.mipmap.photo1);
            mContentRoot.startAnimation(openAnimation);
        }
        isOpen = !isOpen;
    }
```

然后，在 90° 时，开始下一个动画前，给 ImageView 配置上另一张图像：

```
    private void initOpenAnim() {
        openAnimation = new Rotate3dAnimation(0, 90,true);
        openAnimation.setDuration(duration);
        openAnimation.setFillAfter(true);
        openAnimation.setInterpolator(new AccelerateInterpolator());
        openAnimation.setAnimationListener(new AnimationListener() {
            @Override
            public void onAnimationEnd(Animation animation) {

((ImageView)findViewById(R.id.iv_logo)).setImageResource(R.mipmap.photo2);
                ...
```

```
            mContentRoot.startAnimation(rotateAnimation);
        }
        …
    });
}
```

整个代码的难度不大，这里就不再详述了。这样处理后，就实现了我们想要的效果。

方案二：使用多控件显示/隐藏实现

方案一只能解决同一个控件中显示不同内容的问题，但若要正背面显示不同的控件，就没办法了。

这时可以使用方案二，即在布局中引入两个ImageView控件，用从0°旋转至90°时显示一个控件而从90°旋转至180°时显示另一个控件的方式来实现。

将Activity的布局代码改为如下代码（activity_rotate_3d.xml）：

```
<?xml version="1.0" encoding="utf-8"?>
<LinearLayout
    xmlns:android="http://schemas.android.com/apk/res/android"
    xmlns:tools="http://schemas.android.com/tools"
    android:layout_width="match_parent"
    android:layout_height="match_parent"
    android:orientation="vertical"
    android:gravity="top|center_horizontal"
    tools:context=".Rotate3DActivity">

    <Button
        android:id="@+id/btn_open"
        android:layout_width="match_parent"
        android:layout_height="wrap_content"
        android:layout_margin="16dp"
        android:onClick="onClickView"
        android:text="翻转"
        android:textColor="@android:color/black"
        android:textSize="16sp"/>

    <LinearLayout
        android:id="@+id/content"
        android:layout_width="300dp"
        android:layout_height="200dp"
        android:layout_below="@id/btn_open"
        android:orientation="vertical"
        android:gravity="center_horizontal"
        android:layout_marginTop="16dp">

        <ImageView
            android:id="@+id/iv_logo"
            android:layout_width="match_parent"
            android:layout_height="match_parent"
            android:src="@mipmap/photo1"
            android:scaleType="centerCrop"/>
```

```
        <ImageView
            android:id="@+id/iv_logo_2"
            android:layout_width="match_parent"
            android:layout_height="match_parent"
            android:src="@mipmap/photo2"
            android:scaleType="centerCrop"
            android:visibility="gone"/>
    </LinearLayout>

</LinearLayout>
```

可见，相比原来的布局代码，这里在实现动画的容器（id 为 content 的 LinearLayout）中增加了一个 ImageView，它的资源是 photo2。然后在动画中，在 openAnimation 结束时，将 image1 隐藏并显示 image2，这时的动画效果就是切换到图片二了：

```
private void initOpenAnim() {
    openAnimation = new Rotate3dAnimation(0, 90,true);
    openAnimation.setDuration(duration);
    openAnimation.setFillAfter(true);
    openAnimation.setInterpolator(new AccelerateInterpolator());
    openAnimation.setAnimationListener(new AnimationListener() {
        …
        @Override
        public void onAnimationEnd(Animation animation) {
            ((ImageView)findViewById(R.id.iv_logo)).setVisibility(View.GONE);
            ((ImageView)findViewById(R.id.iv_logo_2)).setVisibility(View.VISIBLE);
            …
            mContentRoot.startAnimation(rotateAnimation);
        }
    });
}
```

同样地，在翻转动画中，在 closeAnimation 结束时，将 image2 隐藏并显示 image1，这时的动画效果就是切换到图片一了：

```
private void initCloseAnim() {
    closeAnimation = new Rotate3dAnimation(180, 90,true);
    closeAnimation.setDuration(duration);
    closeAnimation.setFillAfter(true);
    closeAnimation.setInterpolator(new AccelerateInterpolator());
    closeAnimation.setAnimationListener(new AnimationListener() {
        …
        @Override
        public void onAnimationEnd(Animation animation) {
            ((ImageView)findViewById(R.id.iv_logo)).setVisibility(View.VISIBLE);
            ((ImageView)findViewById(R.id.iv_logo_2)).setVisibility(View.GONE);
            …
            mContentRoot.startAnimation(rotateAnimation);
        }
    });
}
```

这样，ImageView 显示图像的功能就实现了，通过这种方式实现的控件可以实现正背面不同的布局效果，如图 1-33 所示。

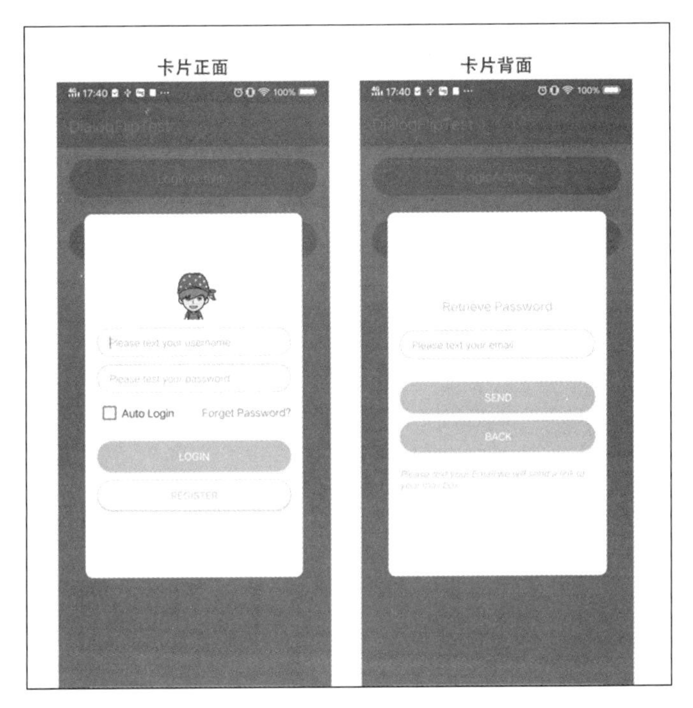

图 1-33

根据以上的原理，我们若要实现这个效果，只需要在图像旋转至 90° 时显示/隐藏不同的控件即可。

1.4　实现小米时钟的触摸倾斜效果

前面已经详细讲解了 Camera 类的使用函数，在本节的例子中，我们将学习 Camera 是如何与手势一起使用的。可扫码查看本节例子的效果图。

从效果图可以看出，这个效果主要有以下几个特性。

扫码查看动态效果图

（1）在手指按下时，钟表会倾斜一个角度，这个角度与手指按下的位置和钟表中心的距离相关。距离越大，钟表倾斜的角度越大；距离越小，钟表倾斜的角度越小。当然我们会设置一个最大倾斜角度，以防界面变得不可控。

（2）在手指移动时，图像的倾斜角度会随着手指的移动而改变。

（3）在抬起手指后，钟表会做出一个复位动画。很明显，复位时的动画使用的是 BounceInterpolator。

1.4.1 框架搭建

1. 如何继承

我们先考虑如何自定义这个控件，主要针对一个图像的 Camera 操作进行自定义，有如下 3 种方法。

- 方法一：继承自 View，每次改变 Camera 后，将图像重新画出。
- 方法二：继承自 ImageView，如 1.3 节中的操作，在调用 super.onDraw(canvas)前对 Camera 进行更改。
- 方法三：继承自 ViewGroup，在调用 dispatchDraw 函数中的 super.dispatchDraw(canvas)前，对 Camera 进行操作，这样就可以对 ViewGroup 中的所有子控件进行 Camera 变换了。

在这里，我们使用方法三。为了方便起见，可以继承自 LinearLayout、RelativeLayout 等已有的布局控件，这样就不必重写 onMeasure、onLayout 函数了，可以只关注需要重写的 dispatchDraw 函数。

2. 搭建框架

首先，自定义一个继承自 LinearLayout 的控件，取名为 ClockViewGroup。很明显，在这个例子中，主要是对它进行处理。下面搭建框架，先列出派生函数，不进行具体的实现：

```
public class ClockViewGroup extends LinearLayout {

    public ClockViewGroup(Context context) {
        super(context);
    }

    public ClockViewGroup(Context context, AttributeSet attrs) {
        super(context, attrs);
    }

    public ClockViewGroup(Context context, AttributeSet attrs, int defStyleAttr) {
        super(context, attrs, defStyleAttr);
    }
    …//暂略
}
```

在使用时，只需要在它内部包裹要操作的控件即可（activity_main.xml）：

```
<RelativeLayout xmlns:android="http://schemas.android.com/apk/res/android"
                android:layout_width="match_parent"
                android:layout_height="match_parent">

    <com.testcamera.harvic.blogcamera.ClockViewGroup
        android:gravity="center"
        android:orientation="vertical"
        android:background="#ff0000"
        android:layout_width="match_parent"
```

```
        android:layout_height="match_parent">

        <ImageView
            android:layout_gravity="center"
            android:layout_width="200dp"
            android:layout_height="200dp"
            android:src="@mipmap/clock"/>
    </com.testcamera.harvic.blogcamera.ClockViewGroup>

</RelativeLayout>
```

在使用时，在 Activity 中正常使用 XML 即可：

```
public class MainActivity extends Activity {

    @Override
    protected void onCreate(Bundle savedInstanceState) {
        super.onCreate(savedInstanceState);
        setContentView(R.layout.activity_main);
    }
}
```

可以看到，整体框架非常简单。接下来，对于所有手指触摸操作图像的代码，将在自定义的 ClockViewGroup 中实现。

1.4.2　实现 ClockViewGroup

1．绘制旋转后的控件

从效果图可以看出，在手指按下和滑动时，图片绕 *X* 轴和 *Y* 轴旋转了不同的角度，需要确定角度是多少，dispatchDraw 中旋转操作的代码如下。下面列出了完整代码，后面再分解讲述：

```
private int mCenterX;
private int mCenterY;
private float mCanvasRotateX = 0;
private float mCanvasRotateY = 0;
private Matrix mMatrixCanvas = new Matrix();
private Camera mCamera = new Camera();

protected void onSizeChanged(int w, int h, int oldw, int oldh) {
    super.onSizeChanged(w, h, oldw, oldh);
    mCenterX = w / 2;
    mCenterY = h / 2;
}

@Override
protected void dispatchDraw(Canvas canvas) {
    mMatrixCanvas.reset();

    mCamera.save();
    mCamera.rotateX(mCanvasRotateX);
    mCamera.rotateY(mCanvasRotateY);
```

```
    mCamera.getMatrix(mMatrixCanvas);
    mCamera.restore();

    //将中心点移到图像中心点
    mMatrixCanvas.preTranslate(-mCenterX, -mCenterY);
    mMatrixCanvas.postTranslate(mCenterX, mCenterY);


    canvas.save();
    canvas.setMatrix(mMatrixCanvas);
    super.dispatchDraw(canvas);
    canvas.restore();
}
```

从前面几节对 Camera 的处理可以知道，旋转需要有旋转中心，所以我们需要找到图像的中心点，这里的 mCenterX、mCenterY 就表示图像中心点的坐标值。

计算函数是，在 onSizeChanged 生命周期中，通过 w/2 和 h/2 来获取最新的控件宽度和高度，以计算出控件中心点位置。

另外，对于 ViewGroup 而言，肯定会调用 dispatchDraw 函数，而 onDraw 函数则不一定会被调用（只有 ViewGroup 定义了背景色时才会调用），所以一般会在 dispatchDraw 函数中处理绘图事件。

这里主要将 ViewGroup 中的控件旋转 mCanvasRotateX 和 mCanvasRotateY 角度，这里的代码与前面两节中的都一样，故不再赘述。

2. 捕捉按下、移动手势

在 ViewGroup 中，捕捉手势的方法很简单，只需要重写 onTouchEvent 函数即可。在这里，我们需要在 onTouchEvent 函数中根据用户的手指坐标计算出旋转角度（mCanvasRotateX、mCanvasRotateY）：

```
public boolean onTouchEvent(MotionEvent event) {
    float x = event.getX();
    float y = event.getY();

    int action = event.getActionMasked();
    switch (action) {
        case MotionEvent.ACTION_DOWN: {
            rotateCanvasWhenMove(x, y);
            return true;
        }
        case MotionEvent.ACTION_MOVE: {
            rotateCanvasWhenMove(x, y);
            return true;
        }
        …//ACTION_UP 暂略
    }
    return super.onTouchEvent(event);
}
```

可以看到，在 onTouchEvent 函数中只获取了手指的坐标位置，根据坐标位置计算出旋转角度是在 rotateCanvasWhenMove(x, y)中实现的，具体实现如下：

```
private static final float MAX_ROTATE_DEGREE = 20;

private void rotateCanvasWhenMove(float x, float y) {
    float dx = x - mCenterX;
    float dy = y - mCenterY;

    float percentX = dx / (getWidth() / 2);
    float percentY = dy / (getHeight() / 2);

    if (percentX > 1f) {
        percentX = 1f;
    } else if (percentX < -1f) {
        percentX = -1f;
    }
    if (percentY > 1f) {
        percentY = 1f;
    } else if (percentY < -1f) {
        percentY = -1f;
    }

    mCanvasRotateY = MAX_ROTATE_DEGREE * percentX;
    mCanvasRotateX = -(MAX_ROTATE_DEGREE * percentY);

    postInvalidate();
}
```

首先定义了一个常量 MAX_ROTATE_DEGREE = 20，用于表示最大旋转角度，然后利用 float percentX = dx / (getWidth() / 2);计算出 X 轴的旋转百分比，其计算原理如图 1-34 所示。

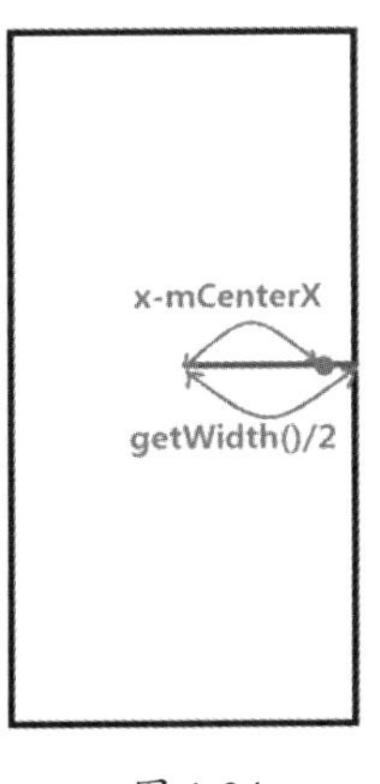

扫码查看彩色图

图 1-34

在图 1-34 中，红线表示中心点到屏幕边缘的距离，即半屏宽度，它的长度是 getWidth()/2，手指位置在红线上的绿点处。很明显，手指位置到中心点的距离是 x−mCenterX，所以 percentX 表示的就是手指位置到中心点的距离占半屏宽度的多少。为了保险起见，这里也设置了最大旋转角度，当 percentX 大于 1 时，按 1 算，以此来控制最大旋转角度：

```
    if (percentX > 1f) {
        percentX = 1f;
    } else if (percentX < -1f) {
        percentX = -1f;
    }
    if (percentY > 1f) {
        percentY = 1f;
    } else if (percentY < -1f) {
        percentY = -1f;
    }
```

最后，根据 percentX 计算出 mCanvasRotateY 和 mCanvasRotateX，并利用 postInvalidate 来更新界面即可。

因为我们在 dispatchDraw 函数中是用 mCanvasRotateY 和 mCanvasRotateX 来实现旋转的，所以改变它们之后再重绘，就可以实时更新旋转角度了。

3. 捕捉抬起手势

最后，当抬起手指的时候，需要让图像复位，但这里需要注意，旋转时会同时改变 rotateX 和 rotateY，所以在复位时，也需要同时将这两个变量复位：

```
    public boolean onTouchEvent(MotionEvent event) {
        int action = event.getActionMasked();
        switch (action) {
            …
            case MotionEvent.ACTION_UP: {
                startNewSteadyAnim();
                return true;
            }
        }
        return super.onTouchEvent(event);
    }
```

在抬起手指后，调用 startNewSteadyAnim 来实现复位动画，具体实现如下：

```
    private ValueAnimator mSteadyAnim;

    private void startNewSteadyAnim() {
        final String propertyNameRotateX = "mCanvasRotateX";
        final String propertyNameRotateY = "mCanvasRotateY";

        PropertyValuesHolder holderRotateX = PropertyValuesHolder.
ofFloat(propertyNameRotateX, mCanvasRotateX, 0);
        PropertyValuesHolder holderRotateY = PropertyValuesHolder.
ofFloat(propertyNameRotateY, mCanvasRotateY, 0);
        mSteadyAnim = ValueAnimator.ofPropertyValuesHolder(holderRotateX,
holderRotateY);
        mSteadyAnim.setDuration(1000);
        mSteadyAnim.setInterpolator(new BounceInterpolator());
        mSteadyAnim.addUpdateListener(new ValueAnimator.AnimatorUpdateListener() {
```

```
        @Override
        public void onAnimationUpdate(ValueAnimator animation) {
            mCanvasRotateX = (float) animation.
getAnimatedValue(propertyNameRotateX);
            mCanvasRotateY = (float) animation.
getAnimatedValue(propertyNameRotateY);
            postInvalidate();
        }
    });
    mSteadyAnim.start();
}
```

这里先声明了一个变量 ValueAnimator mSteadyAnim，用来做数值动画。因为我们需要同时对 rotateX 和 rotateY 两个变量进行复位，所以需要使用能够同时操作多个数值的 ValueAnimator 构造方式，也就是使用 PropertyValuesHolder 来构造 ValueAnimator 实例。

在《Android 自定义控件开发入门与实战》一书中，我们详细讲解过 ValueAnimator 和 ObjectAnimator，其中 PropertyValuesHolder 的使用方法是放在 ObjectAnimator 中讲解的，具体在该书的 4.1.1 节。

对于 ValueAnimator 使用 PropertyValuesHolder 的方法，与 ObjectAnimator 类似，也是先构造 PropertyValuesHolder 实例：

```
PropertyValuesHolder holderRotateX = PropertyValuesHolder.
ofFloat(propertyNameRotateX, mCanvasRotateX, 0);
PropertyValuesHolder holderRotateY = PropertyValuesHolder.
ofFloat(propertyNameRotateY, mCanvasRotateY, 0);
```

需要注意的是，onFloat 的函数声明如下：

```
PropertyValuesHolder ofFloat(String propertyName, float… values)
```

其中的参数说明如下。

- propertyName：属性名，在动画过程中，我们将使用属性名来获取对应的值。
- float... values：代表数据的变换过程，其中 3 个点表示可变长度参数列表，即可以传入用逗号间隔的多个值。在这里，我们只传入两个值（mCanvasRotateX, 0），表示数值的变化过程是从 mCanvasRotateX 变为 0。

然后，通过 ofPropertyValuesHolder 函数构造 ValueAnimator：

```
mSteadyAnim = ValueAnimator.ofPropertyValuesHolder(holderRotateX,
holderRotateY);
```

在这里，同时传入两个 PropertyValuesHolder 对象，表示 ValueAnimator 同时对这两个 PropertyValuesHolder 实例做动画。

然后，像其他 ValueAnimator 一样，通过监听 AnimatorUpdateListener 来实时获取动画过程中的 Value 值：

```
mSteadyAnim.addUpdateListener(new ValueAnimator.AnimatorUpdateListener() {
    @Override
    public void onAnimationUpdate(ValueAnimator animation) {
```

```
        mCanvasRotateX = (float) animation.getAnimatedValue(propertyNameRotateX);
        mCanvasRotateY = (float) animation.getAnimatedValue(propertyNameRotateY);
        postInvalidate();
    }
});
```

这里需要注意获取动画过程中值的方式，以 mCanvasRotateX 为例：

```
mCanvasRotateX = (float) animation.getAnimatedValue(propertyNameRotateX);
```

很明显，在构造 holderRotateX 时，我们指定的 propertyName 是 propertyNameRotateX，所以在动画过程中对应的值是通过指定这个属性名来获取的：

```
animation.getAnimatedValue(propertyNameRotateX)
```

就这样，动画完成了，此时可扫码查看效果图。

扫码查看动态效果图

这个效果图不太明显，但仔细看可以看出，在手指抬起后，图像在做动画的过程中，手指再按下和移动都是无效的。这是为什么呢？

4．实时响应手势信息

很显然，因为动画还没有结束，所以还在持续地执行动画的界面刷新操作。其实，在手指按下的时候，界面也改变了，只不过被后来的动画界面刷新操作给覆盖了，看不出来而已。所以，要做到实时响应手势信息，就需要在响应手势信息前先停掉动画。下面我们对 onTouchEvent 进行改造：

```
public boolean onTouchEvent(MotionEvent event) {
    float x = event.getX();
    float y = event.getY();

    int action = event.getActionMasked();
    switch (action) {
    case MotionEvent.ACTION_DOWN: {
        cancelSteadyAnimIfNeed();
        rotateCanvasWhenMove(x, y);
        return true;
    }
    …
    }
    return super.onTouchEvent(event);
}
```

很明显，我们在处理 ACTION_DOWN 消息时，如果有动画，就先取消动画，取消动画的具体实现如下：

```
private void cancelSteadyAnimIfNeed() {
    if (mSteadyAnim != null && (mSteadyAnim.isStarted() || mSteadyAnim.isRunning()))
{
        mSteadyAnim.cancel();
    }
}
```

到这里，完整的根据手势来变换控件的 ViewGroup 就完成了，实现效果如 1.4 节开始时的效果。从本例可见，Camera 与手势相结合并不困难，只需要在捕捉到手势信息之后，利用 postInvalidate 重绘界面，并在绘制界面时根据最新的值操作 Camera。

1.4.3　ClockViewGroup 应用

在前面的例子中，我们实现了 ClockViewGroup，它继承自 LinearLayout。很明显，它能包裹任何控件，并实现其中控件的手势操作。比如，我们对布局进行如下修改：

```
<RelativeLayout xmlns:android="http://schemas.android.com/apk/res/android"
            android:layout_width="match_parent"
            android:layout_height="match_parent">

    <com.testcamera.harvic.blogcamera.ClockViewGroup
       android:gravity="center"
       android:orientation="vertical"
       android:background="#ff0000"
       android:layout_width="match_parent"
       android:layout_height="match_parent">

       <ImageView
          android:layout_gravity="center"
          android:layout_width="200dp"
          android:layout_height="200dp"
          android:src="@mipmap/clock"/>

       <TextView
          android:layout_width="wrap_content"
          android:layout_height="wrap_content"
          android:text="花枝春满，天心月圆"/>
       <Button
          android:layout_width="match_parent"
          android:layout_height="wrap_content"
          android:text="test"
          android:padding="10dp"/>
    </com.testcamera.harvic.blogcamera.ClockViewGroup>

</RelativeLayout>
```

其中包裹了 3 个控件，可扫码查看效果图。

扫码查看动态效果图

到这里，有关 Camera 的基本使用方法就介绍完了。在第 2 章中，我们将具体讲解位置矩阵的使用方法。

第 2 章 位置矩阵

出身无法选择，人生可以。

敢于奋斗的人，心中不怕困难。

注意：本章内容与线性代数强相关，理解起来稍有难度。如果在初次阅读时看不懂的话，可以先跳过本章，而在完成其他章节的学习后，再回头来阅读。

在《Android 自定义控件开发入门与实战》的第 11 章中，我们已经接触过色彩矩阵 ColorMatrix，它是一个 4 行 5 列的矩阵。ColorMatrix 主要用于处理图像的颜色，执行偏移、替换等操作。在 Android 中，主要有两种类型的矩阵，分别是位置矩阵和色彩矩阵。顾名思义，位置矩阵主要用来操作控件位置，与变形有关。色彩矩阵就是 ColorMatrix。在本章中，我们主要讲解位置矩阵的用法。

2.1 位置矩阵概述

2.1.1 矩阵运算

在开始讲解位置矩阵的具体内容前，我们先温习一下矩阵的加、减、乘、除运算方法。

2.1.1.1 矩阵的加法与减法

1. 运算规则

设矩阵 $\boldsymbol{A}=\begin{pmatrix} a_{11} & \cdots & a_{1n} \\ \vdots & \ddots & \vdots \\ a_{m1} & \cdots & a_{mn} \end{pmatrix}$、$\boldsymbol{B}=\begin{pmatrix} b_{11} & \cdots & b_{1n} \\ \vdots & \ddots & \vdots \\ b_{m1} & \cdots & b_{mn} \end{pmatrix}$，则

$\boldsymbol{A}\pm\boldsymbol{B}=\begin{pmatrix} a_{11}\pm b_{11} & \cdots & a_{1n}\pm b_{1n} \\ \vdots & \ddots & \vdots \\ a_{m1}\pm b_{m1} & \cdots & a_{mn}\pm b_{mn} \end{pmatrix}$。简言之，两个矩阵相加减，即它们相同位置的元素相

加减。

注意：对于行数、列数都相等的两个矩阵（同型矩阵），加减法运算才有意义，即加减法运算才是可行的。

2．运算性质

满足交换律和结合律。

交换律：$\boldsymbol{A}+\boldsymbol{B}=\boldsymbol{B}+\boldsymbol{A}$

结合律：$(\boldsymbol{A}+\boldsymbol{B})+\boldsymbol{C}=\boldsymbol{A}+(\boldsymbol{B}+\boldsymbol{C})$

2.1.1.2　矩阵与数的乘法

1．运算规则

数 λ 乘以矩阵 $\boldsymbol{A}$，就是将数 λ 乘以矩阵 $\boldsymbol{A}$ 中的每一个元素，记为 $\lambda\boldsymbol{A}$ 或 $\boldsymbol{A}\lambda$。特别地，称 $-\boldsymbol{A}$ 为 $\boldsymbol{A}=(a_{ij})_{m\times s}$ 的负矩阵。

2．运算性质

满足结合律和分配律。

结合律：$(\lambda\mu)\boldsymbol{A}=\lambda(\mu\boldsymbol{A})$，$(\lambda+\mu)\boldsymbol{A}=\lambda\boldsymbol{A}+\mu\boldsymbol{A}$

分配律：$\lambda(\boldsymbol{A}+\boldsymbol{B})=\lambda\boldsymbol{A}+\lambda\boldsymbol{B}$

例：已知两个矩阵 $\boldsymbol{A}=\begin{bmatrix}3 & -1 & 2\\ 1 & 5 & 7\\ 2 & 4 & 5\end{bmatrix}$、$\boldsymbol{B}=\begin{bmatrix}7 & 5 & -2\\ 5 & 1 & 9\\ 4 & 2 & 1\end{bmatrix}$，满足矩阵方程 $\boldsymbol{A}+2\boldsymbol{X}=\boldsymbol{B}$，求未知矩阵 $\boldsymbol{X}$。

解：由已知条件可知，$\boldsymbol{X}=\dfrac{1}{2}(\boldsymbol{B}-\boldsymbol{A})=\dfrac{1}{2}\left(\begin{bmatrix}7 & 5 & -2\\ 5 & 1 & 9\\ 4 & 2 & 1\end{bmatrix}-\begin{bmatrix}3 & -1 & 2\\ 1 & 5 & 7\\ 2 & 4 & 5\end{bmatrix}\right)$

$$=\frac{1}{2}\begin{bmatrix}4 & 6 & -4\\ 4 & -4 & 2\\ 2 & -2 & -4\end{bmatrix}=\begin{bmatrix}2 & 3 & -2\\ 2 & -2 & 1\\ 1 & -1 & -2\end{bmatrix}$$

2.1.1.3　矩阵与矩阵的乘法

1．运算规则

设 $\boldsymbol{A}=(a_{ij})_{m\times s}$、$\boldsymbol{B}=(b_{ij})_{s\times n}$，则 $\boldsymbol{A}$ 与 $\boldsymbol{B}$ 的乘积是这样一个矩阵 $\boldsymbol{C}$:（1）行数与（左矩阵）$\boldsymbol{A}$ 相同，列数与（右矩阵）$\boldsymbol{B}$ 相同；（2）$\boldsymbol{C}$ 的第 i 行第 j 列元素 C_{ij} 是 $\boldsymbol{A}$ 的第 i 行元素与 $\boldsymbol{B}$ 的第 j 列元素对应相乘后取乘积之和。

定义：设 $\boldsymbol{A}$ 为 $m\times s$ 的矩阵，$\boldsymbol{B}$ 为 $s\times n$ 的矩阵，那么称 $m\times n$ 的矩阵 $\boldsymbol{C}$ 为矩阵 $\boldsymbol{A}$ 与 $\boldsymbol{B}$ 的

乘积，记作 $\boldsymbol{C}=\boldsymbol{AB}$，其中矩阵 $\boldsymbol{C}$ 中的第 i 行第 j 列元素可以表示为

$$(\boldsymbol{AB})_{ij}=\sum_{k=1}^{s}a_{ik}b_{kj}=a_{i1}b_{1j}+a_{i2}b_{2j}+\cdots+a_{ip}b_{pj}$$

矩阵乘法举例如下所示：

$$\boldsymbol{C}=\boldsymbol{AB}=\begin{pmatrix}1&2&3\\4&5&6\end{pmatrix}\begin{pmatrix}1&4\\2&5\\3&6\end{pmatrix}=\begin{pmatrix}1\times1+2\times3+3\times3&1\times4+2\times5+3\times6\\4\times1+5\times2+6\times3&4\times4+5\times5+6\times6\end{pmatrix}=\begin{pmatrix}14&32\\32&77\end{pmatrix}$$

矩阵乘法其实并不难，它的意思就是将第 1 个矩阵 $\boldsymbol{A}$ 的第 1 行与第 2 个矩阵 $\boldsymbol{B}$ 的第 1 列的元素分别相乘，得到的结果相加，将最终的值作为结果矩阵(1,1)位置（第 1 行第 1 列）的值。同样，$\boldsymbol{A}$ 矩阵的第 1 行与 $\boldsymbol{B}$ 矩阵的第 2 列的元素分别相乘，然后相加，将最终的值作为结果矩阵(1,2)位置（第 1 行第 2 列）的值。再如，$\boldsymbol{A}$ 矩阵的第 2 行与 $\boldsymbol{B}$ 矩阵的第 1 列的元素分别相乘，然后相加，将最终的值作为结果矩阵(2,1)位置（第 2 行第 1 列）的值。

这里主要说明了如下两个问题。

- $\boldsymbol{A}$ 矩阵的列数必须与 $\boldsymbol{B}$ 矩阵的行数相同，这样才能相乘。因为我们需要把 $\boldsymbol{A}$ 矩阵一行中的各个元素与 $\boldsymbol{B}$ 矩阵一列中的各个元素分别相乘，所以 $\boldsymbol{A}$ 矩阵的列数与 $\boldsymbol{B}$ 矩阵的行数必须相同。
- 矩阵 $\boldsymbol{A}$ 乘以矩阵 $\boldsymbol{B}$ 和矩阵 $\boldsymbol{B}$ 乘以矩阵 $\boldsymbol{A}$ 的结果必然是不一样的。

$$\boldsymbol{C}=\boldsymbol{AB}=\begin{pmatrix}1&2&3\\4&5&6\end{pmatrix}\begin{pmatrix}1&4\\2&5\\3&6\end{pmatrix}=\begin{pmatrix}1\times1+2\times3+3\times3&1\times4+2\times5+3\times6\\4\times1+5\times2+6\times3&4\times4+5\times5+6\times6\end{pmatrix}=\begin{pmatrix}14&32\\32&77\end{pmatrix}$$

$$\boldsymbol{D}=\boldsymbol{BA}=\begin{pmatrix}1&4\\2&5\\3&6\end{pmatrix}\begin{pmatrix}1&2&3\\4&5&6\end{pmatrix}=\begin{pmatrix}1\times1+4\times4&1\times2+4\times5&1\times3+4\times6\\2\times1+5\times4&2\times2+5\times5&2\times3+5\times6\\3\times1+6\times4&3\times2+6\times5&3\times3+6\times6\end{pmatrix}=\begin{pmatrix}17&22&27\\22&29&36\\27&36&45\end{pmatrix}$$

2. 运算性质（假设运算都是可行的）

（1）结合律：$(\boldsymbol{AB})\boldsymbol{C}=\boldsymbol{A}(\boldsymbol{BC})$

（2）分配律：$\boldsymbol{A}(\boldsymbol{B}\pm\boldsymbol{C})=\boldsymbol{AB}\pm\boldsymbol{AC}$（左分配律），$(\boldsymbol{B}\pm\boldsymbol{C})\boldsymbol{A}=\boldsymbol{BA}\pm\boldsymbol{CA}$（右分配律）

（3）$(\lambda\boldsymbol{A})\boldsymbol{B}=\lambda(\boldsymbol{AB})=\boldsymbol{A}(\lambda\boldsymbol{B})$

这里有一点需要特别注意，那就是矩阵与矩阵的乘法是不满足交换率的。在后面的操作中，我们也会看到前乘和后乘的区别，其主要原因就是因为不满足交换率。

2.1.2 位置矩阵简介

2.1.2.1 位置矩阵是几阶矩阵

在第 1 章中，我们经常通过 Matrix matrix = new Matrix()来创建一个位置矩阵，如果我们将

这个原始矩阵打印出来，它是这样的：

$$\begin{matrix} 1 & 0 & 0 \\ 0 & 1 & 0 \\ 0 & 0 & 1 \end{matrix}$$

很明显，这是一个三阶单位矩阵。

接下来，我们来大概地看看位置矩阵中具体每个位置（标志位）的值所代表的含义，大家可以先了解一下，后面会搭配代码细讲。

$$\begin{bmatrix} \text{MSCALE\_X} & \text{MSKEW\_X} & \text{MTRANS\_X} \\ \text{MSKEW\_Y} & \text{MSCALE\_Y} & \text{MTRANS\_Y} \\ \text{MPERSP\_0} & \text{MPERSP\_1} & \text{MPERSP\_2} \end{bmatrix}$$

下面以元素 MSCALE_X 为例来讲解一下其名称组成。

- 开头的 M：表示这是一个矩阵（Matrix）。
- 中间的 SCALE：表示这个位置数值的作用，SCALE 表示缩放，SKEW 表示错切，TRANS 表示平移（translate），PERSP 表示透视（perspective）。
- 下画线后的数值_X：主要用于补充中间的字母，以 MSCALE_X 为例，其表示在 *X* 轴方向上的缩放。另外，MSKEW_Y 表示在 *Y* 轴方向上的错切；而 MPERSP_0 比较特殊，表示透视时没有 *X*、*Y*、*Z* 轴的区分，而是以数值标识的。

2.1.2.2　Canvas 的 Translate 与 Matrix

下面将回顾一下 Canvas 的各个函数，看看在各个函数操作之后对应的矩阵是怎样变化的，初步了解一下位置矩阵的作用。

1. 沿 *X* 轴平移

如下面的代码所示，沿 *X* 轴平移 45：

```
Matrix matrix = new Matrix();
camera.save();
camera.translate(45,0,0);
camera.getMatrix(matrix);
Log.d("qijian",matrix.toShortString());
camera.restore();
```

此时打印出来的矩阵结果如下：

```
[1.0, 0.0, 45.0]
[0.0, 1.0, 0.0]
[0.0, 0.0, 1.0]
```

可以看到，在 MTRANS_X 位置上，原来的数字 0 变为了 45。

2. 沿 *Y* 轴平移

同样的代码，改为沿 *Y* 轴平移 45：

```
Matrix matrix = new Matrix();
camera.save();
camera.translate(0,45,0);
camera.getMatrix(matrix);
Log.d("qijian",matrix.toShortString());
camera.restore();
```

此时打印出来的矩阵结果如下：

```
[1.0, 0.0, 0.0]
[0.0, 1.0, -45.0]
[0.0, 0.0, 1.0]
```

同样地，在 MTRANS_Y 位置上，原来的数字 0 变为了-45，可见沿 *Y* 轴平移了 45，但是 Matrix 与 Camera 操作的数值是相反的。在 camera.translate(0,y,0)操作之后，所对应的矩阵在 MTRANS_Y 位置上的数值是-y。

大家需要注意，这里只是简单地讲解了位置矩阵中各个位置值的含义，在实际的工作中，并不会用数值变换的方法来直接操作矩阵。

3. 沿 *Z* 轴平移

很明显，在对位置矩阵各个位置的解释中，找不到 MTRANS_Z，这说明其不支持直接对 *Z* 轴平移，那么怎么通过 Matrix 操作来实现 Camera 沿 *Z* 轴平移的操作呢？

同样地，我们来做一个实验，沿 *Z* 轴平移 45，代码如下：

```
Matrix matrix = new Matrix();
camera.save();
camera.translate(0,0,45);
camera.getMatrix(matrix);
Log.d("qijian",matrix.toShortString());
camera.restore();
```

输出结果如下：

```
[0.92753625, 0.0, 0.0]
[0.0, 0.92753625, 0.0]
[0.0, 0.0, 1.0]
```

大家可能觉得很奇怪，我们要沿 *Z* 轴平移，那么为什么改变的是 MSCALE_X、MSCALE_Y 的值呢？大家可以回头看看第 1 章中演示的沿 *Z* 轴平移的效果，可扫码查看效果图。

扫码查看动态效果图

从效果图也可以看出，随着沿 *Z* 轴平移的距离增大，图像是逐渐变小的。所以，沿 *Z* 轴平移需要通过改变图像原大小来实现，这样也就可以理解为什么要改变 MSCALE_X、MSCALE_Y 的值了。此处不必深究值是如何获得的，因为我们不会用到这个公式，这里就不再详细讲解了。

2.1.2.3 Canvas 的 Rotate 与 Matrix

我们再来看看位置矩阵中各个位置代表的含义：

$$\begin{bmatrix} MSCALE\_X & MSKEW\_X & MTRANS\_X \\ MSKEW\_Y & MSCALE\_Y & MTRANS\_Y \\ MPERSP\_0 & MPERSP\_1 & MPERSP\_2 \end{bmatrix}$$

很明显，以上没有直接用 Rotate 标识的位置，因此肯定是通过其他方式来实现 Rotate 操作的。

下面以绕 *X* 轴旋转 45° 为例，看看对应的 Matrix 操作，代码如下：

```
Matrix matrix = new Matrix();
camera.save();
camera.rotateX(45);
camera.getMatrix(matrix);
Log.d("qijian",matrix.toShortString());
camera.restore();
```

对应的矩阵如下：

```
[1.0, 0.0, 0.0]
[0.0, 0.70710677, 0.0]
[0.0, -0.0012276159, 1.0]
```

可见，其中改变的是 MSCALE_Y 和 MPERSP_1。

同样地，绕 *Y* 轴和绕 *Z* 轴旋转也是通过改变其他标志位来实现的，这里就不再一一列举了。另外，有关的计算公式平常是用不到的，而且 Matrix 类中也有对应的函数。

从本节可以初步看出，位置矩阵中的各个标志位没有直接对 *Z* 轴操作的，都是直接对 *X*、*Y* 轴操作的。

这是因为 Matrix 是使用 2D 坐标系来操作控件的，而 Camera 则通过模拟 3D 坐标系，最终通过 Matrix 来实现虚拟的三维效果。在后面的章节中，Matrix 所使用的坐标系都是 2D 坐标系。

到这里，大家对位置矩阵就有了一个初步的认识。下面我们将讲解 Matrix 类中各个函数的用法。

2.2 Matrix 类中函数用法详解（一）

在本节中，我们将详细讲解位置矩阵 Matrix 类具有的各个函数及其用法。

注意：如果在使用 Matrix 类的函数时，发现效果与预期不同，请关闭硬件加速后重试。

2.2.1 基本函数

2.2.1.1 构造函数

Matrix 类的构造函数有如下两个：

```
public Matrix()
public Matrix(Matrix src)
```

第一个构造函数经常使用，用于直接创建一个单位矩阵：

$$\begin{bmatrix} 1 & 0 & 0 \\ 0 & 1 & 0 \\ 0 & 0 & 1 \end{bmatrix}$$

第二个构造函数则会利用一个已有的 Matrix 对象，复制出一个新的 Matrix 对象，其内部数据内容与已有的 Matrix 对象完全相同。

2.2.1.2 reset

reset 函数的声明如下：

```
public void reset()
```

该函数用于重置矩阵，重置的矩阵为单位矩阵。

2.2.1.3 setTranslate

setTranslate 函数的声明如下：

```
public void setTranslate(float dx, float dy)
```

该函数用于设置 X 轴和 Y 轴的移动距离。很明显，在 Matrix 中没有三维空间的概念，只有针对 X 轴和 Y 轴的操作方法，没有针对 Z 轴的操作方法。所以，Matrix 对应的是 2D 坐标系。

- dx：X 轴上的平移量。
- dy：Y 轴上的平移量。特别需要注意的是，Matrix 使用的是 2D 坐标系，在第 1 章中，我们讲解 2D 坐标系和 3D 坐标系时就提到过 2D 坐标系与 3D 坐标系的明显区别是，Y 轴的方向是完全相反的。下面将通过实例来证实。

下面对第 1 章中的示例进行改造，不再使用 Camera 来操作图像，而是直接使用 Matrix 的 setTranslate 函数来实现平移，代码如下：

```
private Matrix matrix = new Matrix();
protected void onDraw(Canvas canvas) {
    canvas.save();
    mPaint.setAlpha(100);
    canvas.drawBitmap(mBitmap,0,0,mPaint);

    matrix.reset();
    matrix.setTranslate(mProgress,0);
    canvas.setMatrix(matrix);

    super.onDraw(canvas);
    canvas.restore();
}
```

效果如图 2-1 所示。

扫码查看动态效果图

图 2-1

修改代码，改为沿 *Y* 轴平移：

```
matrix.setTranslate(0,mProgress);
```

效果如图 2-2 所示。

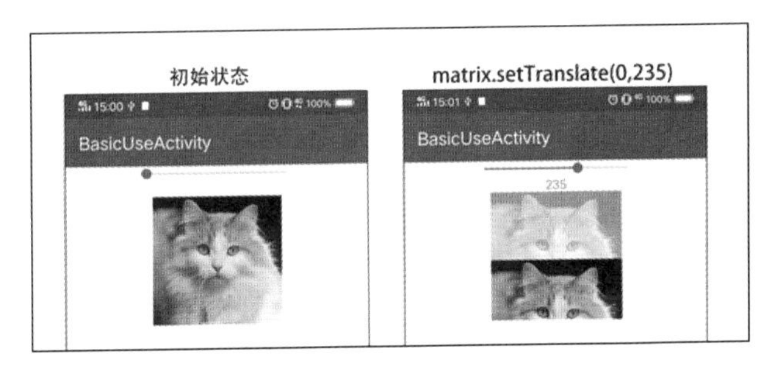

扫码查看动态效果图

图 2-2

我们回顾一下在使用 Camera 实现 *Y* 轴平移时的代码：

```
protected void onDraw(Canvas canvas) {
    camera.save();
    canvas.save();

    mPaint.setAlpha(100);
    canvas.drawBitmap(mBitmap,0,0,mPaint);

    camera.translate(0,mProgress,0);

    camera.applyToCanvas(canvas);
    camera.restore();

    super.onDraw(canvas);
    canvas.restore();
}
```

对应的效果如图 2-3 所示。

很明显，通过 Camera 和 Matrix 实现的沿 *Y* 轴平移的效果完全相反。下面来看看 2D 坐标系和 3D 坐标系的区别，如图 2-4 所示。

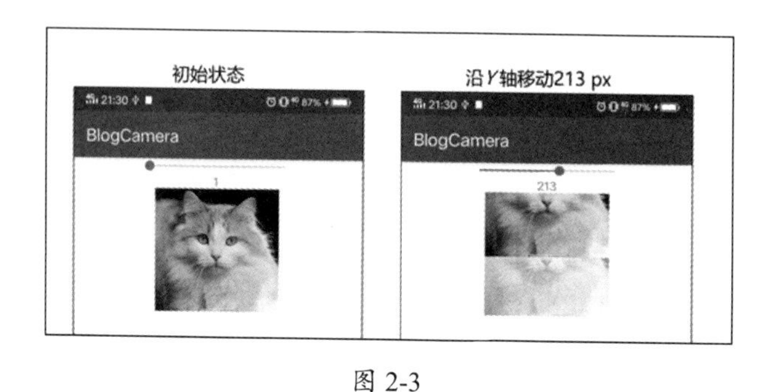

扫码查看动态效果图

图 2-3

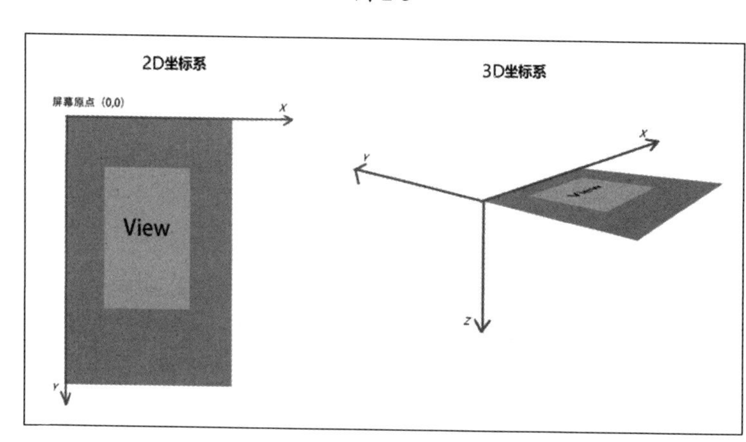

扫码查看彩色图

图 2-4

很明显，Matrix 是基于 2D 坐标系来进行位置变换的，而 Camera 是基于 3D 坐标系的。但经过 Camera 操作后展现的效果，最终还是通过 Matrix 来实现的。如果我们直接使用 Matrix 来操作控件位置变换操作，那么它使用的是 2D 坐标系。关于这一点，大家一定要分清。

2.2.1.4 setRotate

setRotate 函数的声明有如下两种形式：

```
public void setRotate(float degrees, float px, float py)
public void setRotate(float degrees)
```

该函数主要用于设置旋转角度，参数具体含义如下。

- float degrees：旋转角度。
- float px：旋转中心点的 *X* 坐标。
- float py：旋转中心点的 *Y* 坐标。

在第 2 个声明形式中是没有旋转中心点的，默认会围绕控件左上角原点进行旋转，比如下面的示例代码：

```
private Matrix matrix = new Matrix();
protected void onDraw(Canvas canvas) {
    canvas.save();
    mPaint.setAlpha(100);
    canvas.drawBitmap(mBitmap,0,0,mPaint);
```

```
    matrix.reset();
    matrix.setRotate(mProgress);
    canvas.setMatrix(matrix);

    super.onDraw(canvas);
    canvas.restore();
}
```

效果如图 2-5 所示。

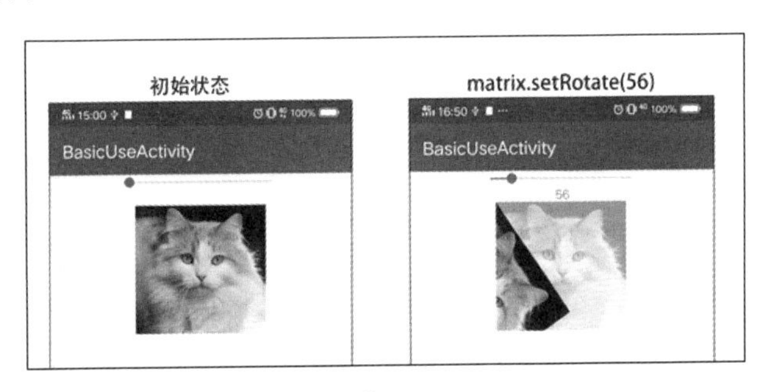

扫码查看动态效果图

图 2-5

可见，使用 matrix.setRotate(mProgress)实现的旋转操作，是以左上角为原点来进行旋转的。

假如，我们将旋转代码进行变换，以(50,50)为旋转中心点：

```
matrix.setRotate(mProgress,50,50);
```

效果如图 2-6 所示。

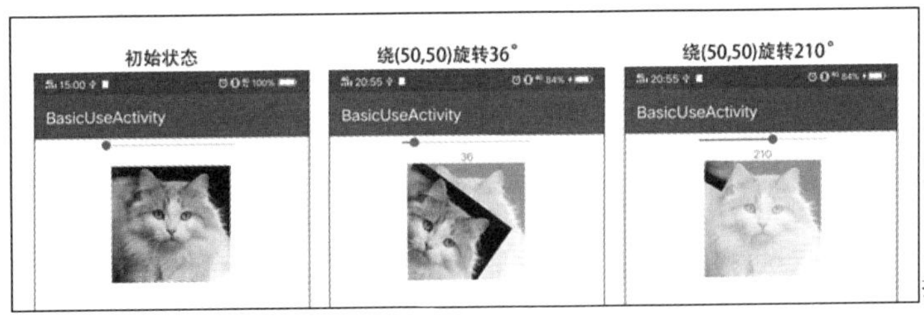

扫码查看动态效果图

图 2-6

2.2.1.5　其他 set 相关函数

在 Matrix 中，还有其他 set 相关函数，由于理解难度较大，这里先不提及，后面还会讲解。

2.2.2　前乘与后乘

在 Matrix 中，除了 set 系列的函数，还有 pre、post 系列的函数。

平移相关的函数有：

```
preTranslate(float dx, float dy)
postTranslate(float dx, float dy)
```

旋转相关的函数有：

```
boolean postRotate(float degrees)
boolean postRotate(float degrees, float px, float py)
boolean preRotate(float degrees)
boolean preRotate(float degrees, float px, float py)
```

另外，还有其他操作方法，虽然此处没有提及，但凡是 set 系列函数中有的功能，都有对应的 pre、post 系列函数。

2.2.2.1 前乘与后乘的定义

既然每个功能都有 pre、post 相关函数，那什么是 pre、post 呢？

前乘：

前乘相当于矩阵的右乘，如下方公式所示：

$$\boldsymbol{M}' = \boldsymbol{M} \bullet \boldsymbol{S}$$

M 表示原矩阵，***S*** 表示另一个乘数矩阵，***M'*** 表示结果矩阵。

很明显，前乘表示原矩阵在乘号的前面。

后乘：

后乘相当于矩阵的左乘，用很容易理解的方式来看，就是原矩阵在乘号的后面：

$$\boldsymbol{M}' = \boldsymbol{S} \bullet \boldsymbol{M}$$

同样地，***M*** 表示原矩阵，***S*** 表示另一个乘数矩阵，***M'*** 表示结果矩阵。

Pre 与 Post

以在原矩阵上使用 matrix.preTranslate(10,15)为例，那么矩阵的乘法次序如下：

$$\boldsymbol{M}' = \boldsymbol{M} \times \boldsymbol{T} = \boldsymbol{M} \times \begin{pmatrix} 1 & 0 & 10 \\ 0 & 1 & 12 \\ 0 & 0 & 1 \end{pmatrix}$$

在上面的公式中，Translate 操作对应的矩阵的缩写为 ***T***，很明显，前乘的操作方式是原矩阵在乘号前面。

同样地，如果我们在原矩阵上使用 matrix.postTranslate(10,15)，那么矩阵的乘法次序如下：

$$\boldsymbol{M}' = \boldsymbol{T} \times \boldsymbol{M} = \begin{pmatrix} 1 & 0 & 10 \\ 0 & 1 & 12 \\ 0 & 0 & 1 \end{pmatrix} \times \boldsymbol{M}$$

很明显，原矩阵在乘号的后面。

区分前乘和后乘的主要原因是，矩阵乘法不满足交换率。

再增加一点难度，如下面的伪代码，其中同时运用了多个 pre 和 post 运算，这时的运算顺序是什么样的呢？

```
Matrix matrix = new Matrix();
matrix.preTranslate(pivotX,pivotY);
matrix.preRotate(angle);
matrix.postTranslate(-pivotX, -pivotY);
```

假设 Translate 操作对应的矩阵为 $\boldsymbol{T}$，同样地，Rotate 操作对应的矩阵为 $\boldsymbol{R}$。

下面逐步分析这段代码对应的矩阵操作顺序。首先是第 1 步的代码：

```
Matrix matrix = new Matrix();
```

这一步创建了一个单位矩阵，假设该矩阵为 $\boldsymbol{M}$，此时的结果 $\boldsymbol{M}_1' = \boldsymbol{M}$，其中 $\boldsymbol{M}_1'$表示该步的结果矩阵。

然后是第 2 步的代码：

```
matrix.preTranslate(pivotX,pivotY);
```

在原结果矩阵上前乘一个 Translate 操作，假设该 Translate 操作对应的矩阵为 $\boldsymbol{T}_1$，整个运算过程如下：

$$\boldsymbol{M}_2' = \boldsymbol{M}_1' \times \boldsymbol{T}_1 = \boldsymbol{M} \times \boldsymbol{T}_1$$

其中 $\boldsymbol{M}_2'$是第 2 步代码执行完成后的结果矩阵。很明显，它等于当前的结果矩阵（$\boldsymbol{M}_1'$）前乘 $\boldsymbol{T}_1$ 矩阵。

接着是第 3 步代码：

```
matrix.preRotate(angle);
```

同样地，是在当前的结果矩阵（$\boldsymbol{M}_2'$）的基础上前乘 Rotate 操作，假设该 Rotate 操作对应的矩阵是 $\boldsymbol{R}$，整个运算过程如下：

$$\boldsymbol{M}_3' = \boldsymbol{M}_2' \times \boldsymbol{R} = \boldsymbol{M} \times \boldsymbol{T}_1 \times \boldsymbol{R}$$

$\boldsymbol{M}_3'$是第 3 步代码执行完成后的结果矩阵。

最后是第 4 步代码：

```
matrix.postTranslate(-pivotX, -pivotY);
```

表示在当前结果矩阵（$\boldsymbol{M}_3'$）的基础上后乘一个 Translate 操作，假设该 Translate 操作对应的矩阵是 $\boldsymbol{T}_2$，那么整个运算过程如下：

$$\boldsymbol{M}_4' = \boldsymbol{T}_2 \times \boldsymbol{M}_3' = \boldsymbol{T}_2 \times \boldsymbol{M} \times \boldsymbol{T}_1 \times \boldsymbol{R}$$

$\boldsymbol{M}_4'$是第 4 步代码执行后的结果矩阵。可知，$\boldsymbol{M}_4'$是整段代码执行后得到的最终矩阵。

上述换算过程演示了矩阵的前后乘关系，以及如何通过公式表示整个过程，这个过程在后期代码中非常重要，很多时候，我们需要知道如何将想法转换成公式，最终通过代码将公式写出来。

2.2.2.2 更改旋转中心点

在第 1 章中，我们经常会在所有操作结束之后，将操作的中心点移到图像的中心点，即通过如下代码来实现，下面就来讲解代码的实现原理：

```
Matrix matrix = new Matrix();

// 各种操作：旋转、缩放、错切等操作
…

matrix.preTranslate(-centerX, -centerY);
matrix.postTranslate(centerX, centerY);
```

首先，针对各种操作，有两条基本定理需要知晓。

（1）所有的操作（旋转、平移、缩放、错切等）默认都是以坐标系原点为基准点的。

（2）之前操作的坐标系状态会保留，并且影响后续的状态。

第 1 点可以根据第 1 章 Camera 的操作效果及前面的 Matrix 的操作效果可知。第 2 点是很明显的，我们每一步操作都基于前面所有操作的结果矩阵，这一点已经在 2.2.2.1 节讲过了。

基于这两条基本定理，可以推算出要基于某一点进行旋转需要如下步骤（所有操作中调整中心点的原理都是一样的，下面以旋转操作为例）。

- 先将坐标系原点移到指定位置，使用平移矩阵 $\boldsymbol{T}$。
- 对坐标系进行旋转，使用旋转矩阵 $\boldsymbol{R}$（围绕原点旋转）。
- 再将坐标系平移回原来的位置，使用平移矩阵 $-\boldsymbol{T}$。

从上面调整旋转中心点的过程可以看出，其实是先将坐标系的原点平移到指定位置，然后在这个位置上完成操作以后，再把坐标系的原点移回去。

因为我们在第 2 步中执行各个操作时，原点的位置已经改变，所以操作后得到的就是我们想要的图像状态。最后，将坐标系原点位置移回去，这是为了不改变原来的坐标系位置。

在第 1 章中，我们已经讲解过，在调整坐标系原点后，图像的显示位置就会发生变化，大家可以自行尝试。

根据上面的步骤，将其转换成矩阵相乘的公式，即下面的公式：

$$\boldsymbol{M}' = \boldsymbol{M} \times \boldsymbol{T} \times \boldsymbol{R} - \boldsymbol{T} = \boldsymbol{T} \times \boldsymbol{R} - \boldsymbol{T}$$

其中：$\boldsymbol{M}$ 为原始矩阵，是一个单位矩阵，$\boldsymbol{M}'$为结果矩阵，$\boldsymbol{T}$ 为平移操作矩阵，$\boldsymbol{R}$ 为旋转操作矩阵，$-\boldsymbol{T}$ 反向平移操作（即把坐标系原点移回的操作）矩阵。

如果按照公式将其写成伪代码，代码如下：

```
Matrix matrix = new Matrix();
matrix.preTranslate(pivotX,pivotY);
matrix.preRotate(angle);
matrix.preTranslate(-pivotX, -pivotY);
```

所以，如果对该代码进行扩展，改为任何操作改变坐标系原点的通用情况的话，矩阵乘法公式变为：

$$\boldsymbol{M'} = \boldsymbol{M} \times \boldsymbol{T} \times \cdots \times -\boldsymbol{T} = \boldsymbol{T} \times \cdots \times -\boldsymbol{T}$$

其原理也很简单，先通过平移操作将原点位置移到指定位置，然后对图像进行各种操作，操作完成后，再把原点位置移回去。

相应的代码如下：

```
Matrix matrix = new Matrix();
matrix.preTranslate(pivotX,pivotY);

// 各种操作，旋转、缩放、错切等，可以执行多次
…

matrix.preTranslate(-pivotX, -pivotY);
```

上面的代码逻辑非常简单，就是从前往后，每执行一个操作都使用一个 pre 函数，这样写虽然逻辑简单，但两个调整坐标系原点的平移函数——preTranslate 函数，一个在整个代码段的最前面，一个却在整个代码段的最后面，就公式而言不好记忆，所以通常采用这种写法：

```
Matrix matrix = new Matrix();

// 各种操作，旋转、缩放、错切等
…

matrix.preTranslate(-centerX, -centerY);
matrix.postTranslate(centerX, centerY);
```

即先做各种操作，然后使用 preTranslate 函数和 postTranslate 函数来操作。

这段代码所对应的公式如下：

$$\boldsymbol{M'} = \boldsymbol{T} \times \boldsymbol{M} \times \cdots \times -\boldsymbol{T} = \boldsymbol{T} \times \cdots \times -\boldsymbol{T}$$

因为 $\boldsymbol{M}$ 是单位矩阵，所以最终化简结果与上面采用两个 preTanslate 函数的结果是相同的。这完全利用了前乘与后乘的功能。

因此，pre 和 post 相关函数就是用于调整乘法顺序的，正常情况下应当以正向顺序构建出乘法公式，之后根据实际情况调整。

一般情况下，我们在确定矩阵公式以后，仅使用一种乘法（前乘或后乘）形式，这样的代码更容易理解，出问题时也容易排查。如果混用前乘和后乘，则会造成混乱，理解难度加大。但大家只需要理解了上述转换过程，无论别人如何混用前乘和后乘，对你来说都不是问题。

2.2.3　其他功能函数之缩放（Scale）

在理解了前乘和后乘的意义之后，我们继续讲解 2.2.1 节中没有讲解完的功能函数。

缩放功能涉及的函数有：

```
public void setScale(float sx, float sy)
public void setScale(float sx, float sy, float px, float py)
public boolean preScale(float sx, float sy)
public boolean preScale(float sx, float sy, float px, float py)
public boolean postScale(float sx, float sy)
public boolean postScale(float sx, float sy, float px, float py)
```

可以看到，函数名中除了有 set、pre、post 前缀的区别外，主要有两种声明方式，下面以 set 系列函数为例进行说明。

- float sx：代表 *X* 轴上的缩放比例，取值范围为(−∞,+∞)，其中+∞表示正向无穷大，−∞表示负向无穷大，所以(−∞,+∞)的意思是可以取数值区间里的任意值。
- float sy：代表 *Y* 轴上的缩放比例，取值范围仍为(−∞,+∞)。
- float px：代表缩放中心点的 *X* 坐标值。
- float py：代表缩放中心点的 *Y* 坐标值。

其中 sx 和 sy 最好理解，就是指常规的缩放比例。当缩放比例在-1<sx<1 时，缩放效果是缩小；当缩放比例在 sx>1 或者 sx<-1 时，缩放效果是放大。另外，缩放比例还有正值和负值的区别，缩放比例取负值时表示根据中心轴进行翻转。

px 和 py 比较难理解，它们表示缩放中心点的坐标值，在默认的情况下，缩放中心点位于图像左上角。而(px,py)表示的缩放中心点是什么意思呢？在缩放时，又是如何根据缩放中心点来进行缩放的呢？我们稍后一并分析。

2.2.3.1 Scale 函数的具体作用

在本节中，我们来看看 sx 与 sy 取不同值时的效果。

为了方便理解，我们以一个 demo 为例，新建一个自定义类 View，继承自类 View，其专门用于测试 Scale 函数的相关参数，该类被命名为 testScaleView，其实现如下面的代码所示。关于 onDraw 中的具体内容，我们会放在后面具体讲解。

```
public class testScaleView extends View {
    private Paint mPaint;
    public testScaleView(Context context) {
        super(context);
        init();
    }

    public testScaleView(Context context, @Nullable AttributeSet attrs) {
        super(context, attrs);
        init();
    }

    public testScaleView(Context context, @Nullable AttributeSet attrs, int
defStyleAttr) {
        super(context, attrs, defStyleAttr);
        init();
    }
```

```
    private void init(){
        mPaint = new Paint();
        mPaint.setStyle(Style.STROKE);
    }

    @Override
    protected void onDraw(Canvas canvas) {
        super.onDraw(canvas);
        canvas.save();
        RectF rect = new RectF(0,400,400,0);  // 矩形区域

        Matrix matrix = new Matrix();
        matrix.preTranslate(getWidth() / 2, getHeight() / 2);
        canvas.setMatrix(matrix);
        mPaint.setColor(Color.BLACK);
        canvas.drawRect(rect,mPaint);

        matrix.preScale(0.5f,0.5f);
        canvas.setMatrix(matrix);
        mPaint.setColor(Color.RED);
        canvas.drawRect(rect,mPaint);

        canvas.restore();
    }
}
```

在使用 testScaleView 时（activity_test_scale.xml）进行全屏展示：

```
<?xml version="1.0" encoding="utf-8"?>
<LinearLayout
    xmlns:android="http://schemas.android.com/apk/res/android"
    xmlns:tools="http://schemas.android.com/tools"
    android:layout_width="match_parent"
    android:layout_height="match_parent"
    android:orientation="vertical"
    tools:context=".TestScaleActivity">

    <com.testmatrix.harvic.blogmatrix.testScaleView
        android:layout_width="match_parent"
        android:layout_height="match_parent"/>

</LinearLayout>
```

效果如图 2-7 所示。

根据如图 2-7 所示的效果图，我们来重新看看在 onDraw 中具体执行了哪些操作。

扫码查看彩色图

图 2-7

1．移动坐标系原点位置

相关代码如下：

```
matrix.preTranslate(getWidth() / 2, getHeight() / 2);
```

因为 testScaleView 是全屏显示的，默认的坐标系原点位于 View 的左上角。为了方便理解，先将 View 的坐标系原点移到整个 View 的中心点位置。

2．绘制矩形

相关代码如下：

```
RectF rect = new RectF(0,400,400,0);   // 矩形区域
canvas.setMatrix(matrix);
mPaint.setColor(Color.BLACK);
canvas.drawRect(rect,mPaint);
```

根据最新的坐标系位置，绘制出矩形区域，如图 2-8 所示，图中标上了坐标系，方便读者理解。

此时画出来的是 RectF(0,400,400,0)这个矩形，即黑色方框。

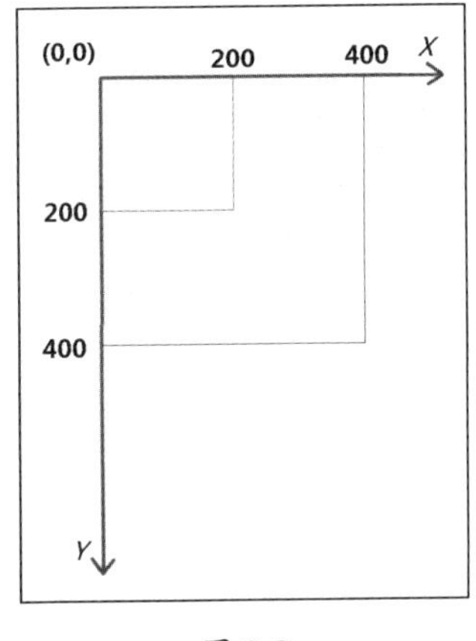

图 2-8

3．缩小标尺

相关代码如下：

```
matrix.preScale(0.5f,0.5f);
```

需要注意的是，matrix 中的所有操作都是针对坐标系的，比如上面的 translate 函数，在操作后，改变的是坐标系的原点位置。同样地，scale 操作同样针对的是坐标系上坐标轴的密度。需要注意，我们可以分别针对 *X* 轴和 *Y* 轴缩放标尺密度。

比如，这里的 preScale(0.5f,0.5f)就是将坐标系 *X* 轴的标尺密度缩小为原来的 50%，即原来 10 像素的宽度现在变为 5 像素的宽度，但它表示的仍是 10 个像素，变换过程如图 2-9 所示。

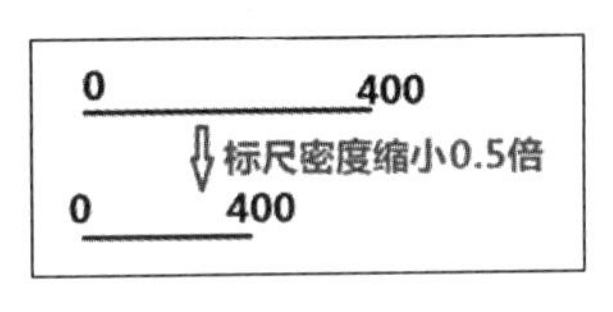

图 2-9

图 2-9 表示在标尺密度缩小为原来的 50%后，表示同样的数值仅需要原来一半的标尺宽度，这就是 Scale 函数的作用。

4．重画矩形

在缩小了标尺密度以后，我们重画 RectF(0,400,400,0)矩形：

```
canvas.setMatrix(matrix);
mPaint.setColor(Color.RED);
canvas.drawRect(rect,mPaint);
```

此时，所画的矩形就是在缩小密度后的标尺上绘制的，绘制的矩形就是效果图中的红色矩形框。

2.2.3.2　sx 与 sy 的取值

上面已经提到，sx 与 sy 的取值范围为(−∞,+∞)。当缩放比例在$-1 < sx < 1$时，效果是缩

小；当缩放比例在 sx > 1 或者 sx < −1 时，效果是放大。另外，还有正值和负值的区别，取负值时表示以中心轴进行翻转。

在前面，我们已经讲过 sx 和 sy 同时取 0.5 时的效果，而取值大于 1 时会出现放大的效果，这里就不再演示了。

下面着重演示一下，取负值时的效果。

我们将代码改为：

```
protected void onDraw(Canvas canvas) {
    super.onDraw(canvas);
    canvas.save();
    RectF rect = new RectF(0,400,400,0);   // 矩形区域

    Matrix matrix = new Matrix();
    matrix.preTranslate(getWidth() / 2, getHeight() / 2);
    canvas.setMatrix(matrix);
    mPaint.setColor(Color.BLACK);
    canvas.drawRect(rect,mPaint);

    matrix.preScale(-0.5f,0.5f);
    canvas.setMatrix(matrix);
    mPaint.setColor(Color.RED);
    canvas.drawRect(rect,mPaint);

    canvas.restore();
}
```

这里其实只改了一句代码：matrix.preScale(-0.5f,0.5f);，它的意思是不仅将 X 轴和 Y 轴的标尺密度同时缩小为原来的 50%，还将 *X* 轴的方向进行翻转，原理如图 2-10 所示。

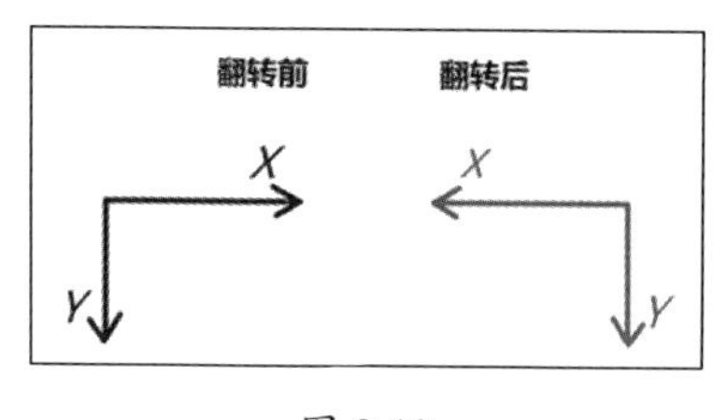

图 2-10

左图表示正常情况下的 *X* 轴与 *Y* 轴的正方向，右图表示 *X* 轴翻转后的 *X* 轴和 *Y* 轴的正方向。

在这种情况下的效果如图 2-11 所示。

效果图不难理解，黑框位置没变，红框在 *X* 轴上进行了翻转，这就是取负值时的效果。

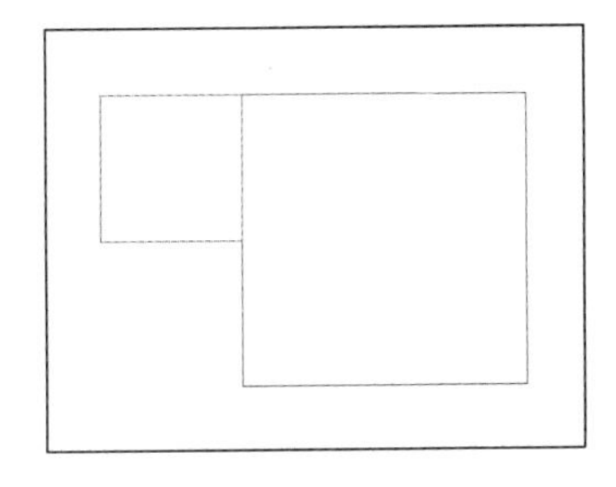

扫码查看彩色图

图 2-11

2.2.3.3　缩放中心点的作用

从各个函数的声明可以看到，除了 sx、sy 外，还有 px、py 两个值，比如：

```
public void setScale(float sx, float sy, float px, float py)
```

从前面的内容可以知道，px、py 表示缩放中心点的坐标值，但缩放中心点是什么意思呢？

因为 Matrix 的源码在 Android 中是用 C 语言实现的，但 Matrix 的具体实现与 Canvas 中操作位置的函数相对应，Canvas 中也有缩放函数，它们最终也是通过 Matrix 来实现的，Canvas 中的 scale 函数声明如下：

```
public void scale(float sx, float sy)
public void scale(float sx, float sy, float px, float py)
```

如果深入 Canvas 的 scale 函数的源码中，就可以看到它的具体实现：

```
public final void scale(float sx, float sy, float px, float py) {
    if (sx == 1.0f && sy == 1.0f) return;
    translate(px, py);
    scale(sx, sy);
    translate(-px, -py);
}
```

其实这就是 Matrix 的带有缩放中心点的 Scale 函数的具体实现，分为如下 3 步。

- 第 1 步：将坐标系移动到由 px、py 指定的位置。
- 第 2 步：根据 sx、sy 的值缩放坐标系。
- 第 3 步：反向移动(px,py)距离。

这里有一个陷阱需要注意。第 1 步和第 3 步是完全相反的操作，有些读者一马虎，会把坐标系原点移回原来的原点处。大家千万不要忘了还执行过第 2 步，第 2 步将坐标系进行了缩放，而这会导致在第 3 步中虽然移动了同样多的像素点，但所对应的坐标值根本不一样。参考上面红框与黑框的关系，这一点很容易理解。

下面，我们举一个例子：同样是上面的缩放例子，但此时，在 *X* 轴/*Y* 轴的标尺密度同时缩小为原来的 50%时，选定一个缩放中心点(400,400)，代码如下：

```
protected void onDraw(Canvas canvas) {
    super.onDraw(canvas);
    canvas.save();
    RectF rect = new RectF(0,400,400,0);    // 矩形区域
```

```
    Matrix matrix = new Matrix();
    matrix.preTranslate(getWidth() / 2, getHeight() / 2);
    canvas.setMatrix(matrix);
    mPaint.setColor(Color.BLACK);
    canvas.drawRect(rect,mPaint);

    matrix.preScale(0.5f,0.5f,400,400);
    canvas.setMatrix(matrix);
    mPaint.setColor(Color.RED);
    canvas.drawRect(rect,mPaint);

    canvas.restore();
}
```

此时的效果图如图 2-12 所示。

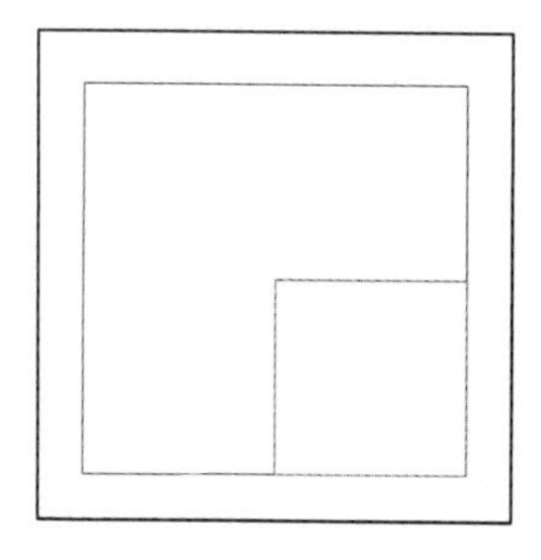

扫码查看彩色图

图 2-12

它的完整变换过程如图 2-13 所示。

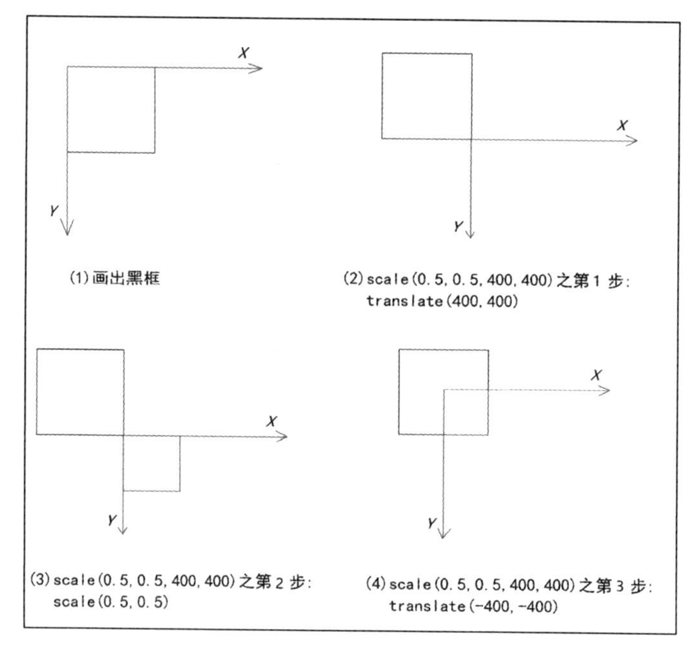

扫码查看彩色图

图 2-13

从图 2-13 可以清晰地看出，matrix.preScale(0.5f,0.5f,400,400)函数所对应的 3 步变换过程。需要注意的是，变换开始时，坐标系原点在黑框左上角，而当变换结束时，坐标系原点已经变到了黑框中心点位置。因此，这一点需要特别注意，在使用缩放功能中带有缩放中心点的函数时，会改变坐标系原点的位置。具体使用后，原点位置在哪呢？可以在所有操作结束后，利用 canvas.drawCircle(0,0,5,mPaint)函数，在坐标系原点位置画个圈。比如，我们在 Scale 操作结束后，利用该函数来画个圈，相关代码如下：

```
protected void onDraw(Canvas canvas) {
    super.onDraw(canvas);
    …

    matrix.preScale(0.5f,0.5f,400,400);
    canvas.setMatrix(matrix);
    mPaint.setColor(Color.RED);
    canvas.drawRect(rect,mPaint);

    // 在当前坐标系原点位置画个圈
    canvas.drawCircle(0,0,5,mPaint);

    canvas.restore();
}
```

效果如图 2-14 所示。

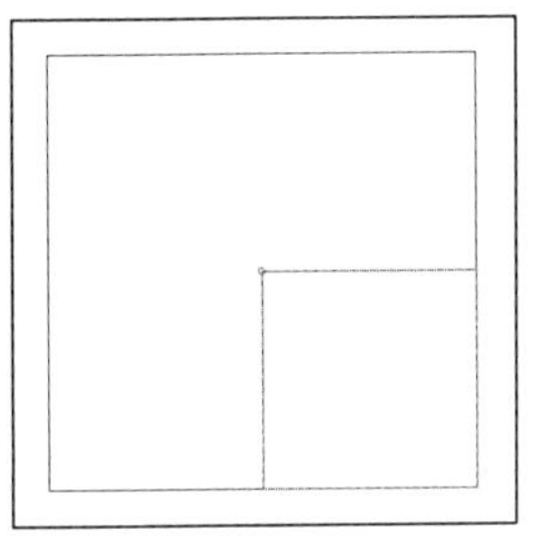

扫码查看彩色图

图 2-14

2.2.4 其他功能函数之错切（Skew）

2.2.4.1 错切的意义

在正常情况下，坐标系中的 X 轴与 Y 轴是相互垂直的，而错切的意思就是让某个轴倾斜。

***X* 轴错切（如图 2-15 所示）：**

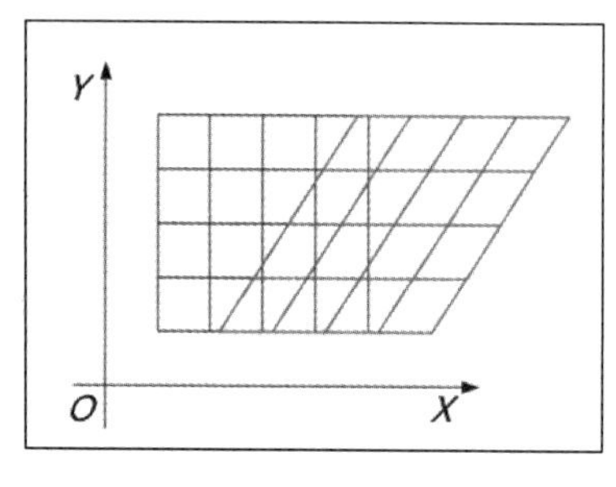

扫码查看彩色图

图 2-15

X 轴错切时，是保持坐标系的 Y 轴不变，X 轴的值做线性变换，表示如下：

$$x = x_0 + ky_0$$
$$y = y_0$$

可以看出，对应到每一个点上，y 坐标都没变，而 x 坐标都向后推了 ky_0 的距离。所对应的公式如下：

$$\begin{pmatrix} x \\ y \\ 1 \end{pmatrix} = \begin{pmatrix} 1 & k & 0 \\ 0 & 1 & 0 \\ 0 & 0 & 1 \end{pmatrix} \begin{pmatrix} x_0 \\ y_0 \\ 1 \end{pmatrix}$$

注意变量 k 所在的位置，前面我们讲解位置矩阵的各个标志位时，已经提过该位置的含义，其主要用于标识 SKEW_X：

$$\begin{bmatrix} \text{MSCALE\_X} & \text{MSKEW\_X} & \text{MTRANS\_X} \\ \text{MSKEW\_Y} & \text{MSCALE\_Y} & \text{MTRANS\_Y} \\ \text{MPERSP\_0} & \text{MPERSP\_1} & \text{MPERSP\_2} \end{bmatrix}$$

需要非常注意的是，在 X 轴上移动 ky_0 距离后，倾斜的是 Y 轴方向，X 轴方向上没有变化，从图 2-15 可以清晰地看出，斜率 k 表示 Y 轴方向上的倾斜程度。也就是说，在 X 轴错切后，改变的是 Y 轴方向上的斜率。

***Y* 轴错切（如图 2-16 所示）：**

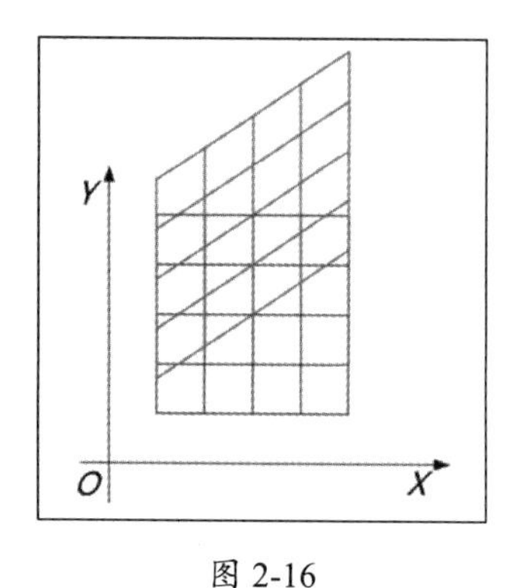

扫码查看彩色图

图 2-16

同样地，所对应的公式如下：

$$\begin{pmatrix} x \\ y \\ 1 \end{pmatrix} = \begin{pmatrix} 1 & 0 & 0 \\ k & 1 & 0 \\ 0 & 0 & 1 \end{pmatrix} \begin{pmatrix} x_0 \\ y_0 \\ 1 \end{pmatrix}$$

同理，在 *Y* 轴错切时，改变的是 *X* 轴方向上的斜率。

***X* 轴、*Y* 轴同时错切（如图 2-17 所示）：**

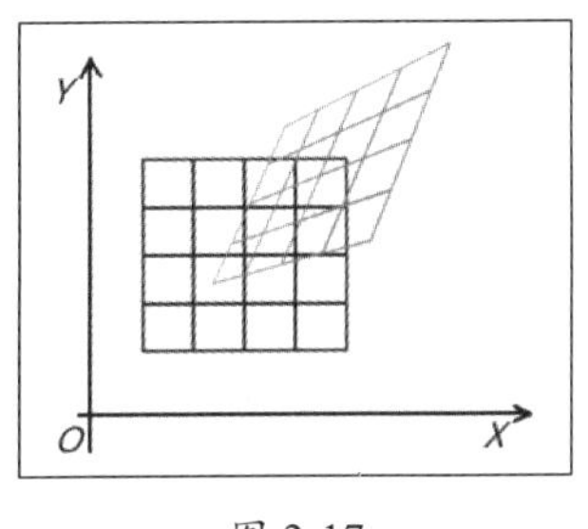

扫码查看彩色图

图 2-17

在 *X* 轴、*Y* 轴同时错切时，表示在 *X* 轴和 *Y* 轴方向上同时倾斜一个角度，很明显，两个倾斜角度是完全独立、各不相关的。

$$\begin{pmatrix} x \\ y \\ 1 \end{pmatrix} = \begin{pmatrix} 1 & m & 0 \\ n & 1 & 0 \\ 0 & 0 & 1 \end{pmatrix} \begin{pmatrix} x_0 \\ y_0 \\ 1 \end{pmatrix}$$

m 表示 *X* 轴方向上的错切值，*n* 表示 *Y* 轴方向上的错切值。

2.2.4.2　错切的用法

在了解了公式之后，下面来看看 Matrix 中 Skew 相关函数的声明及使用方法：

```
public void setSkew(float kx, float ky)
public void setSkew(float kx, float ky, float px, float py)
public boolean preSkew(float kx, float ky)
public boolean preSkew(float kx, float ky, float px, float py)
public boolean postSkew(float kx, float ky)
public boolean postSkew(float kx, float ky, float px, float py)
```

同样地，除了 set、pre、post 前缀的区别外，其实只有两种声明方式且涉及 4 个参数。

- float kx：将原坐标点在 *X* 轴方向上移动一定的距离，即在 *Y* 轴方向上倾斜一定的角度，kx 的值是倾斜角度的正切值。
- float ky：同样地，将原坐标点在 *Y* 轴方向上移动一定的距离，即在 *X* 轴方向上倾斜一定的角度，ky 的值是倾斜角度的正切值。
- float px：与 Scale 相关函数的参数一样，表示错切的中心点位置的 *x* 坐标值。
- float py：与 Scale 相关函数的参数一样，表示错切的中心点位置的 *y* 坐标值。

与 Scale 相关函数指定缩放中心点的意义相同，setSkew(float kx, float ky, float px, float py)所对应的操作如下：

```
translate(px, py);
skew(kx, ky);
translate(-px, -py);
```

同样需要注意的是，虽然第 1 步和第 3 步看起来是完全相反的平移，但因为第 2 步的错切操作改变了 X 轴和 Y 轴方向上的倾斜角度，所以在经过第 3 步后，会改变坐标系原点的位置。

下面对代码进行整改，将上例中的错切操作改为 matrix.preSkew(1,0)，即在 Y 轴方向上倾斜 45°：

```
protected void onDraw(Canvas canvas) {
    super.onDraw(canvas);
    canvas.save();
    RectF rect = new RectF(0, 200, 200, 0);  // 矩形区域

    Matrix matrix = new Matrix();
    matrix.preTranslate(getWidth() / 2, getHeight() / 2);
    canvas.setMatrix(matrix);
    mPaint.setColor(Color.BLACK);
    canvas.drawRect(rect, mPaint);

    matrix.preSkew(1,0);
    canvas.setMatrix(matrix);
    mPaint.setColor(Color.RED);
    canvas.drawRect(rect, mPaint);

    canvas.drawCircle(0, 0, 5, mPaint);

    canvas.restore();
}
```

效果如图 2-18 所示。

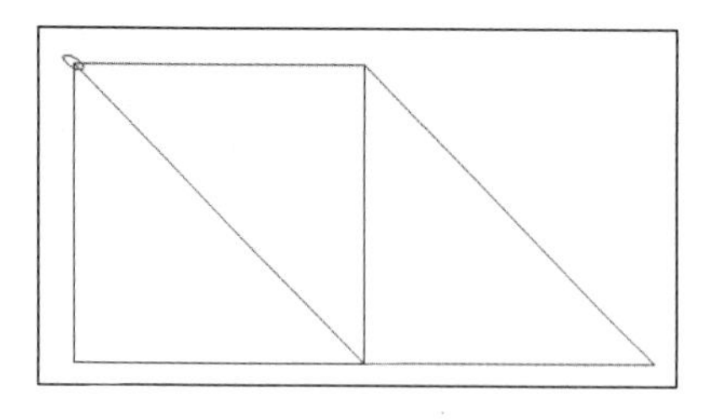

扫码查看彩色图

图 2-18

可以看出，由于 Matrix 操作的是坐标轴，所以在 Y 轴方向上倾斜 45° 时，所画矩形已经不是正常的矩形了，这是因为 Matrix 改变的是坐标轴方向上的倾斜角度。

下面再尝试一下 matrix.preSkew(1,0,200,200);：

```
protected void onDraw(Canvas canvas) {
    super.onDraw(canvas);
```

```
    ...

    matrix.preSkew(1,0,200,200);
    canvas.setMatrix(matrix);
    mPaint.setColor(Color.RED);
    canvas.drawRect(rect, mPaint);

    canvas.drawCircle(0, 0, 5, mPaint);
    canvas.restore();
}
```

这里什么都没有改变，只是单纯地使用了 Skew 相关函数有错切中心点的声明方式，错切中心点为(200,200)，效果如图 2-19 所示。

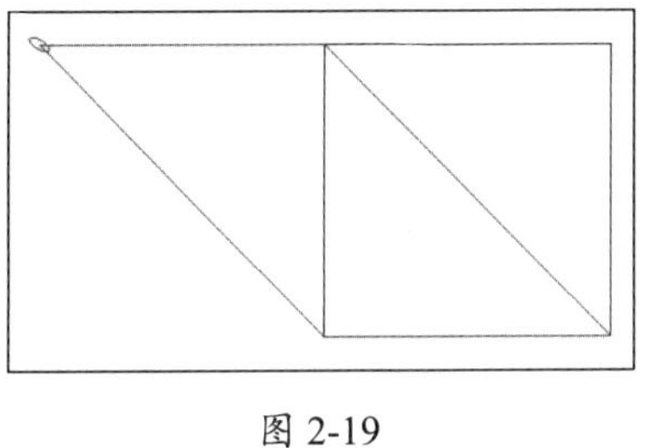

图 2-19

乍一看可能有点困惑，图 2-20 展示了以上完整的实现过程。

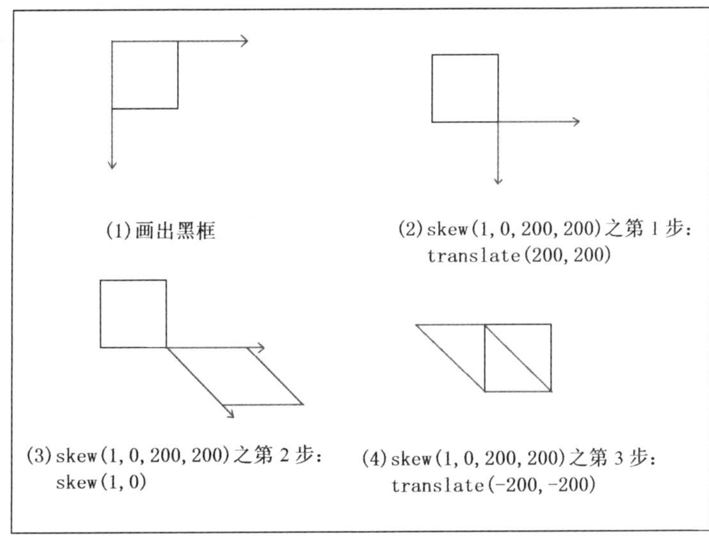

图 2-20

在第 4 步中，回移至点(−200,−200)可能会让读者产生疑问，下面我将这一步进行分解，如图 2-21 所示。

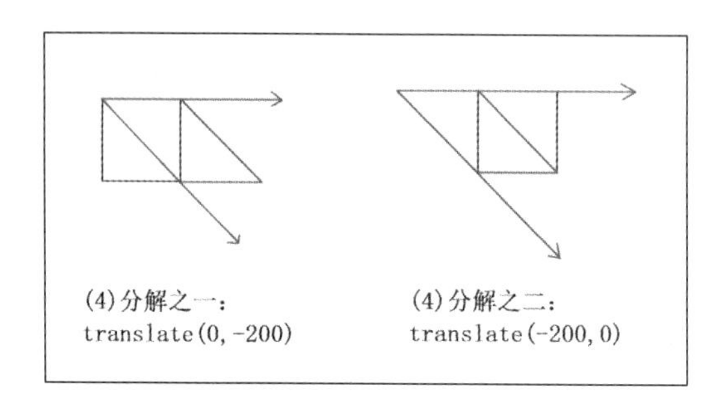

扫码查看彩色图

图 2-21

2.2.5 其他功能函数之 setSinCos

setSinCos 函数主要用于旋转操作，但它的函数声明比较特殊，如下所示：

```
public void setSinCos(float sinValue, float cosValue, float px, float py)
public void setSinCos(float sinValue, float cosValue)
```

- float sinValue：旋转角度的正弦值。
- float cosValue：旋转角度的余弦值。
- float px：旋转中心点的 x 坐标值。
- float py：旋转中心点的 y 坐标值。

关于旋转中心点(px,py)的意义，与上面介绍的各个中心点的意义是相同的，setSinCos(float sinValue, float cosValue, float px, float py)其实也执行的是下面 3 个步骤：

```
translate(px, py);
setSinCos(sinValue, cosValue);
translate(-px, -py);
```

在这里，我们就不重复讲解了，大家可以实际操作一下，然后利用画图解析的方式来复现一下它的操作步骤。

2.2.5.1 setSinCos 函数的意义

在调用 public void setSinCos(float sinValue, float cosValue)后，所形成的矩阵如下：

$$\begin{pmatrix} x \\ y \\ 1 \end{pmatrix} = \begin{pmatrix} \cos\theta & -\sin\theta & 0 \\ \sin\theta & \cos\theta & 0 \\ 0 & 0 & 1 \end{pmatrix} \begin{pmatrix} x_0 \\ y_0 \\ 1 \end{pmatrix}$$

这个矩阵形成的原理如下：假设有一个点 P，其相对坐标系原点顺时针旋转后的情形如图 2-22 所示，同时假定点 P 离坐标系原点的距离为 r。

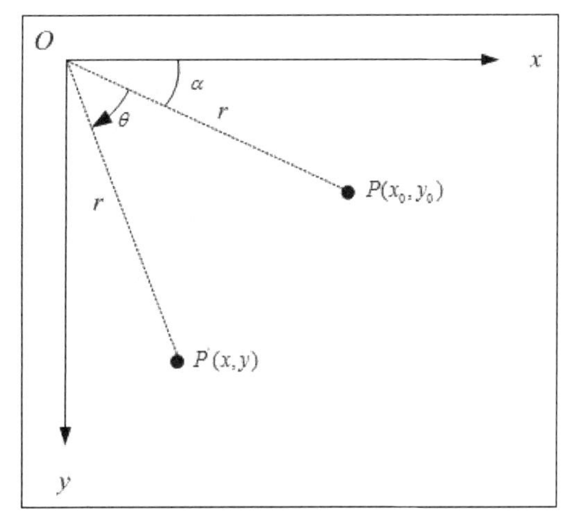

图 2-22

假设在未旋转前，点 P 所在的位置为(x_0,y_0)，而点 P 离坐标系原点的距离为 r，所以用 r 计算出来的(x_0,y_0)如下：

$$x_0 = r\cos\alpha$$
$$y_0 = r\sin\alpha$$

假设在点 P 旋转 θ 角度后，其新坐标用(x,y)表示：

$$x = r\cos(\alpha+\theta) = r\cos\alpha\cos\theta - r\sin\alpha\sin\theta = x_0\cos\theta - y_0\sin\theta$$
$$y = r\sin(\alpha+\theta) = r\sin\alpha\cos\theta + r\cos\alpha\sin\theta = y_0\cos\theta + x_0\sin\theta$$

转换为矩阵表示如下：

$$\begin{pmatrix} x \\ y \\ 1 \end{pmatrix} = \begin{pmatrix} \cos\theta & -\sin\theta & 0 \\ \sin\theta & \cos\theta & 0 \\ 0 & 0 & 1 \end{pmatrix}\begin{pmatrix} x_0 \\ y_0 \\ 1 \end{pmatrix}$$

所以，setSinCos 函数只是一种旋转方式。一般情况下，不怎么使用这个函数，而使用 Matrix 的 Rotate 相关函数。

2.2.5.2　setSinCos 函数的用法

下面演示一下 setSinCos 函数的用法，将示例代码改为：

```
protected void onDraw(Canvas canvas) {
    super.onDraw(canvas);
    canvas.save();
    RectF rect = new RectF(0, 200, 300, 0);
    //第 1 步，画黑框
    Matrix matrix = new Matrix();
    matrix.preTranslate(getWidth() / 2, getHeight() / 2);
    canvas.setMatrix(matrix);
    mPaint.setColor(Color.BLACK);
```

```
    canvas.drawRect(rect, mPaint);

    //第 2 步，组合 Matrix
    Matrix tmpMatrix = new Matrix();
    tmpMatrix.setSinCos(1, 0);
    matrix.preConcat(tmpMatrix);

    //第 3 步，画矩形
    canvas.setMatrix(matrix);
    mPaint.setColor(Color.RED);
    canvas.drawRect(rect, mPaint);

    canvas.drawCircle(0, 0, 5, mPaint);

    canvas.restore();
}
```

代码长了好多，下面逐步进行讲解。首先，第 1 步画黑框部分的代码没有变化，这里就不赘述了。需要注意的是，为了进行区分，将构造的 Rect 实例改为了矩形。

在第 2 步中，我们并没有直接使用 matrix.setSinCos 函数，而是先生成了一个 tmpMatrix，然后利用 matrix.preConcat 函数将旋转操作组合到原 Matrix 数组上，这是为什么呢？

因为 Matrix 的所有 setXXX 操作都会把原 Matrix 清空，然后执行所需的 set 操作。所以如果直接使用原来的 matrix.setSinCos 函数，就会发现 Matrix 原有的 Translate 操作都没有了。为了能让移动和旋转操作同时生效，需要使用 Matrix 组合数组的功能函数。我们在后面会讲到这些函数，也就是 matrix.preConcat(tmpMatrix)，它表示在原数组前乘 tmpMatrix，所得到的结果必然同时具有移动和旋转效果。

在第 3 步中，代码也没有变化，都是在操作坐标系之后重画黑框，下面来看看操作坐标系后的效果，如图 2-23 所示。

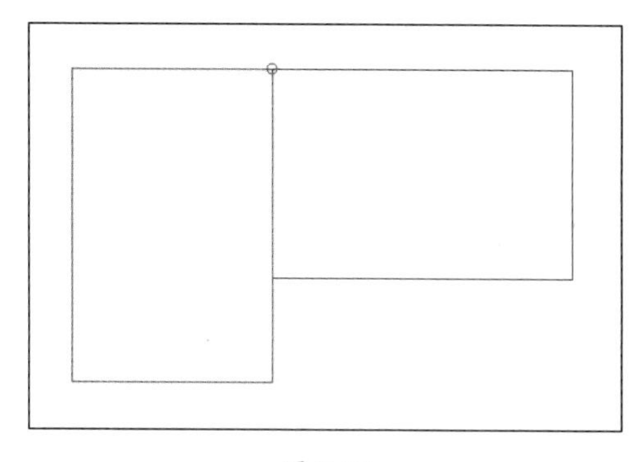

扫码查看彩色图

图 2-23

到这里，大概了解了 Matrix 中一些函数的用法，但 Matrix 中的函数不止这些，后面我们将继续讲解 Matrix 中其他函数的用法。

2.3 Matrix 类中函数用法详解（二）

在 2.2 节中，我们讲解了 Matrix 类的一些常用功能函数的用法，但还有其他的一些 Matrix 功能函数，在本节中我们将继续讲解。

注意：如果在使用 Matrix 类的功能函数时，发现函数效果不同，请关闭硬件加速重试。

2.3.1 mapPoints

mapPoint 函数的声明如下：

```
void mapPoints (float[] pts)
void mapPoints (float[] dst, float[] src)
void mapPoints (float[] dst, int dstIndex,float[] src, int srcIndex, int pointCount)
```

该函数的作用是计算出输入的系列点位置在当前矩阵变换情况下的新位置（因为点必然是由两个数值 *x*、*y* 组成的，所以参数中 float 数组的长度一般都是偶数，若为奇数，则最后一个元素不参与计算）。

2.3.1.1 void mapPoints(float[] pts)

void mapPoints(float[] pts)函数仅有一个参数 pts 数组，其作为参数用于传递原始数值，计算结果仍存放在 pts 数组中：

```
// 初始数据为 3 个点：(0, 0)、(80, 100)、(400, 300)
float[] pts = new float[]{0, 0, 80, 100, 400, 300};

// 构造一个矩阵，x 坐标缩小为原来的 50%
Matrix matrix = new Matrix();
matrix.setScale(0.5f, 1f);

// 输出计算之前 pts 数组中的原始数据
Log.i(TAG, "before: "+ Arrays.toString(pts));

// 调用 mapPoints 函数进行计算
matrix.mapPoints(pts);

// 输出计算之后 pts 数组中的数据
Log.i(TAG, "after : "+ Arrays.toString(pts));
```

输出结果如下：

```
before: [0.0, 0.0, 80.0, 100.0, 400.0, 300.0]
after : [0.0, 0.0, 40.0, 100.0, 200.0, 300.0]
```

在进行了 Matrix 映射后，得到 Matrix 操作后的各点位置并保存在 pts 数组中。可见，pts 既是输入参数，也是输出参数。

2.3.1.2 void mapPoints(float[] dst, float[] src)

void mapPoints(float[] dst, float[] src)函数中参数的意义如下。

- float[] dst：用于保存输出结果的数组。
- float[] src：原始点坐标数组。

在有两个参数时，就有入参和出参的区别了。src 作为参数传递原始数据，计算结果存放在 dst 数组中，src 不会发生变化，因为它不会改变原始点坐标数组的内容，所以一般用此函数较多。

示例代码如下：

```
// 初始数据为 3 个点：(0, 0)、(80, 100)、(400, 300)
float[] src = new float[]{0, 0, 80, 100, 400, 300};
float[] dst = new float[6];

// 构造一个矩阵，x 坐标缩小为原来的 50%
Matrix matrix = new Matrix();
matrix.setScale(0.5f, 1f);

// 输出计算之前的数据
Log.i(TAG, "before: src="+ Arrays.toString(src));
Log.i(TAG, "before: dst="+ Arrays.toString(dst));

// 调用 mapPoints 函数进行计算
matrix.mapPoints(dst,src);

// 输出计算之后的数据
Log.i(TAG, "after : src="+ Arrays.toString(src));
Log.i(TAG, "after : dst="+ Arrays.toString(dst));
```

在这里，分别将操作前和操作后的数组内容全部输出，结果如下：

```
before: src=[0.0, 0.0, 80.0, 100.0, 400.0, 300.0]
before: dst=[0.0, 0.0, 0.0, 0.0, 0.0, 0.0]
after : src=[0.0, 0.0, 80.0, 100.0, 400.0, 300.0]
after : dst=[0.0, 0.0, 40.0, 100.0, 200.0, 300.0]
```

2.3.1.3 void mapPoints (float[] dst, int dstIndex,float[] src, int srcIndex, int pointCount)

void mapPoints (float[] dst, int dstIndex,float[] src, int srcIndex, int pointCount)函数中参数的意义如下。

- float[] dst：目标数据。
- int dstIndex：目标数据存储位置起始下标。
- float[] src：原始数据。
- int srcIndex：原始数据存储位置起始下标。
- int pointCount：计算的点个数。

很明显，这个函数能够截取目标数组和原始数组中的一部分进行操作和存储，并不是对全部数组进行操作的。

示例：将第 2 个点、第 3 个点计算后得到的数据存储进 dst 数组最开始的位置。

```
// 初始数据为 3 个点：(0, 0)、(80, 100)、(400, 300)
float[] src = new float[]{0, 0, 80, 100, 400, 300};
float[] dst = new float[6];

// 构造一个矩阵，x 坐标缩小为原来的 50%
Matrix matrix = new Matrix();
matrix.setScale(0.5f, 1f);

// 输出计算之前的数据
Log.i(TAG, "before: src="+ Arrays.toString(src));
Log.i(TAG, "before: dst="+ Arrays.toString(dst));

// 调用 mapPoints 函数进行计算（最后一个参数值 2 表示两个点，即有 4 个数值，并非 2 个数值）
matrix.mapPoints(dst, 0, src, 2, 2);

// 输出计算之后的数据
Log.i(TAG, "after : src="+ Arrays.toString(src));
Log.i(TAG, "after : dst="+ Arrays.toString(dst));
```

输出结果如下：

```
before: src=[0.0, 0.0, 80.0, 100.0, 400.0, 300.0]
before: dst=[0.0, 0.0, 0.0, 0.0, 0.0, 0.0]
after : src=[0.0, 0.0, 80.0, 100.0, 400.0, 300.0]
after : dst=[40.0, 100.0, 200.0, 300.0, 0.0, 0.0]
```

2.3.2　其他 map 相关函数

除了 mapPoints 函数外，还有其他一系列 map 相关函数，都基于当前的矩阵，用于计算出当前操作下对应矩阵的值。

2.3.2.1　mapRadius

mapRadius 函数的声明如下：

```
float mapRadius (float radius)
```

该函数用于测量一个指定半径（radius）的圆在执行完当前矩阵变换后所对应的圆半径。因为我们通过 Scale 操作能够分别缩放 *X* 轴、*Y* 轴的标尺密度，所以圆经过操作后很可能变成椭圆，而此处测量的是平均半径。

示例如下：

```
float radius = 100;
float result = 0;

// 构造一个矩阵，x 坐标缩小为原来的 50%
Matrix matrix = new Matrix();
matrix.setScale(0.5f, 1f);

Log.i(TAG, "mapRadius: "+radius);
```

```
result = matrix.mapRadius(radius);

Log.i(TAG, "mapRadius: "+result);
```

输出结果如下：

```
mapRadius: 100.0
mapRadius: 70.71068
```

2.3.2.2 mapRect

mapRect 函数的声明如下：

```
boolean mapRect (RectF rect)

boolean mapRect (RectF dst, RectF src)
```

该函数用于获取源矩形 src 经 Matrix 操作后对应的矩形 dst。

同样地，当只有一个参数时，入参和出参是同一个变量。当有两个参数时，入参与出参不同。

返回值可用于判断矩形经过变换后的形状，即是否仍是矩形。

示例如下：

```
RectF rect = new RectF(400, 400, 1000, 800);

// 构造一个矩阵
Matrix matrix = new Matrix();
matrix.setScale(0.5f, 1f);
matrix.postSkew(1,0);

Log.i(TAG, "mapRadius: "+rect.toString());

boolean result = matrix.mapRect(rect);

Log.i(TAG, "mapRadius: "+rect.toString());
Log.e(TAG, "isRect: "+ result);
```

输出结果如下：

```
mapRadius: RectF(400.0, 400.0, 1000.0, 800.0)
mapRadius: RectF(600.0, 400.0, 1300.0, 800.0)
isRect: false
```

2.3.2.3 mapVectors

mapVectors 函数用于测量向量。向量是线性代数中的基本概念，该函数用得不多，所以这里就不扩展了，仅列举其用法：

```
void mapVectors (float[] vecs)
void mapVectors (float[] dst, float[] src)
void mapVectors (float[] dst, int dstIndex, float[] src, int srcIndex, int
vectorCount)
```

可以看到，mapVectors 函数与 mapPoints 函数的用法基本相同，可以直接参考上面的

mapPoints 函数。

2.3.3 setPolyToPoly

setPolyToPoly 函数的声明如下：

```
boolean setPolyToPoly (
      float[] src,             // 原始数组 src [x,y]，存储内容为一组点
      int srcIndex,            // 原始数组开始位置
      float[] dst,             // 目标数组 dst [x,y]，存储内容为一组点
      int dstIndex,            // 目标数组开始位置
      int pointCount)          // 测控点的数量，取值范围是 0~4
```

Poly 是 Polygon 的简写，代表多边形。setPolyToPoly 函数的作用是通过多点映射的方式来直接设置如何进行变换。“多点映射”的意思就是把指定的点移动到给定的位置，从而发生形变。

例如，(0, 0)→(100, 100)表示把(0, 0)位置的像素移动到(100, 100)位置。这是单点映射，单点映射可以实现平移，而多点映射则可以让绘制内容任意扭曲。

在参数中，float[] src 和 int srcIndex 定义了原始数组及其开始位置，而 float[] dst 和 int dstIndex 则定义了目标数组及其开始位置。

需要非常注意的是，这里不像上面的 map 相关函数，求在当前矩阵下原始数组的目标数组位置，这里的原始数组和目标数组都是有值的。

setPolyToPoly 函数主要用于图像的变换，根据图像 4 个点的映射来求出对应的 Matrix 数组。

假设 src 数组的内容是{0, 0, 400, 0, 0, 400, 400, 400}，它对应一个正方形图像的 4 个点，left-top 是(0, 0)、right-bottom 是(400, 400)，而它所要映射的 dst 数组的内容是{100, 200, 450, 440, 120, 720, 810, 940}，这 4 个点就很难想象了，如果画出来，会是下面这样的，如图 2-24 所示。

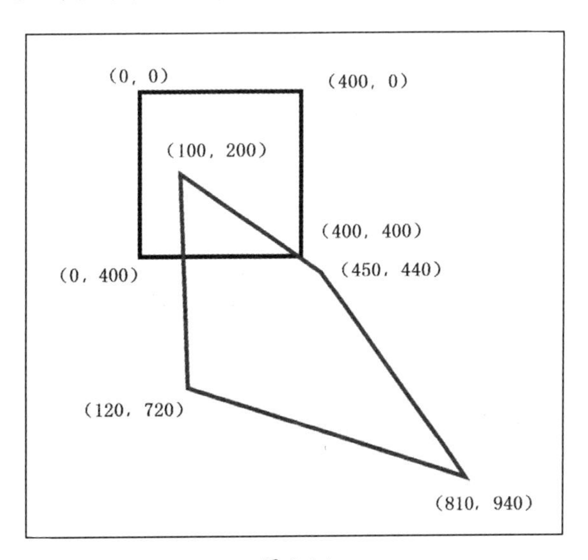

图 2-24

从图 2-24 可以看出，黑框及其标注表示 src 数组中的 4 个点所对应的正方形，而红框及其标注对应 dst 数组表示的四边形。

下面就利用这两个数组来看看 setPolyToPoly 函数的具体用法。

1. pointCount 取 1 时

当 pointCount 取 1 时，有如下示例：

```
Matrix matrix = new Matrix();
float[] src = {0, 0, 400, 0, 0, 400, 400, 400};
float[] dst = {100, 200, 450, 440, 120, 720, 810, 940};
matrix.setPolyToPoly(src,0,dst,0,1);

//根据映射所得的矩阵
Log.d("qijian","matrix:"+matrix.toShortString());

//根据矩阵，再次映射 src 数组，看看得到的数组与 dst 数组有什么样的关联
Log.d("qijian","before:"+arrayToString(src));
matrix.mapPoints(src);
Log.d("qijian"," after:"+arrayToString(src));
Log.d("qijian","  dst:"+arrayToString(dst));
```

这里总共分为 3 个步骤，分别介绍如下。

第 1 步，利用 setPolyToPoly 函数的映射关系求出 Matrix 数组：

```
Matrix matrix = new Matrix();
float[] src = {0, 0, 400, 0, 0, 400, 400, 400};
float[] dst = {100, 200, 450, 440, 120, 720, 810, 940};
matrix.setPolyToPoly(src,0,dst,0,1);
```

在 setPolyToPoly 函数中，pointCount 的取值为 1，表示仅映射一个点，即将原始数组中的(0,0)映射为(100,200)，而在该函数执行完之后，matrix 的值就是要完成两个点映射所需的矩阵，这个矩阵就是当前的 matrix。从最后的结果可以看出，这个矩阵如下：

$$\begin{pmatrix} 1 & 0 & 100 \\ 0 & 1 & 200 \\ 0 & 0 & 1 \end{pmatrix}$$

很容易知道，在这个矩阵的基础上，(0,0)点确实会被映射为(100,200)点。有关矩阵运算及位置矩阵中各个标志位的含义，在 2.1 节中已经详细介绍过，如果不了解的话，可以回顾一下。

第 2 步，根据 matrix，重新打印出换算后的点阵列表并进行对比。

为了看看 setPolyToPoly 函数中 pointCount 参数的具体作用，我们利用上面学到的 mapPoints 函数，在计算出来的 matrix 的基础上重新计算原始数组，然后与 dst 数组进行对比：

```
Log.d("qijian","before:"+arrayToString(src));
matrix.mapPoints(src);
Log.d("qijian"," after:"+arrayToString(src));
Log.d("qijian","  dst:"+arrayToString(dst));
```

输出结果如下：

```
matrix:[1.0, 0.0, 100.0][0.0, 1.0, 200.0][0.0, 0.0, 1.0]
before:0,0,400,0,0,400,400,400,
 after:100,200,500,200,100,600,500,600,
   dst:100,200,450,440,120,720,810,940,
```

扫码查看彩色图

after 数组是通过 matrix.mapPoints 生成的，通过将其与 dst 数组进行对比，可以看出，第 1 个点的坐标位置是完全相同的。这就是 pointCount 参数的意义，它的作用就是指定当前原始数组和目标数组中有几个点参与了映射。而 setPolyToPoly 函数的作用就是根据这些映射的点生成对应的矩阵。

2. pointCount 取 2 时

同样的代码，如果我们将 setPolyToPoly 函数中的 pointCount 值设为 2，即：

```
matrix.setPolyToPoly(src,0,dst,0,2);
```

此时的结果如下：

```
matrix:[0.875, -0.59999996, 100.0][0.59999996, 0.875, 200.0][0.0, 0.0, 1.0]
before:0,0,400,0,0,400,400,400,
 after:100,200,450,440,-139,550,210,790,
   dst:100,200,450,440,120,720,810,940,
```

扫码查看彩色图

同样地，从 after 与 dst 的对比可以看出，标红的两个点是完全相同的，而其他值是不对应的，这是因为 pointCount 为 2，在计算 matrix 时，只使用 src 与 dst 数组中的前两个点来映射，从而生成 matrix 矩阵。

3. pointCount 取 3 时

如果我们将 setPolyToPoly 函数中的 pointCount 值设为 3，即：

```
matrix.setPolyToPoly(src,0,dst,0,3);
```

此时的结果如下：

```
matrix:[0.875, 0.049999997, 100.0][0.59999996, 1.3, 200.0][0.0, 0.0, 1.0]
before:0,0,400,0,0,400,400,400,
 after:100,200,450,440,120,720,470,960,
   dst:100,200,450,440,120,720,810,940,
```

扫码查看彩色图

可见，在 after 与 dst 中，前 3 个点都是相互对应的。

4. pointCount 取 4 时

如果我们将 setPolyToPoly 函数中的 pointCount 值设为 4，即：

```
matrix.setPolyToPoly(src,0,dst,0,4);
```

此时的结果如下：

```
matrix:[1.25, -0.14999974, 100.0][0.9666665, 0.10000038, 200.0][8.3333324E-4, -0.0016666662, 1.0]
before:0,0,400,0,0,400,400,400,
 after:100,200,450,440,120,720,810,940,
   dst:100,200,450,440,120,720,810,940,
```

扫码查看彩色图

可见，此时的 after 与 dst 是完全相同的。setPolyToPoly 函数对控件和图像做变换，只需要知道 4 个点即可，pointCount 的最大取值即为 4。

5. pointCount 取 0 时

当 pointCount 取 0 时，表示 src 数组与 dst 数组中没有点相互映射，这表示原始矩阵只需要保持不变即可，即不会改变原矩阵的内容。我们前面说过，凡 set 系列函数都会将 matrix 中的原始矩阵内容清空，所以当 pointCount 为 0 时，调用 setPolyToPoly 函数后，matrix 会变为单位矩阵。

我们尝试一下，将 setPolyToPoly 中的 pointCount 值设为 0，即：

```
matrix.setPolyToPoly(src,0,dst,0,0);
```

此时的结果如下：

```
matrix:[1.0, 0.0, 0.0][0.0, 1.0, 0.0][0.0, 0.0, 1.0]
before:0,0,400,0,0,400,400,400,
  after:0,0,400,0,0,400,400,400,
    dst:100,200,450,440,120,720,810,940,
```

可以看到，matrix 所表示的矩阵是原始矩阵。before 与 after 两个数组的内容是完全相同的。这就说明了，当 pointCount 取 0 时，会将数组复原，反映到图像上则是将图像还原到初始状态。

2.3.4 setRectToRect

setRectToRect 函数的声明如下：

```
boolean setRectToRect (RectF src,              // 源区域
             RectF dst,                        // 目标区域
             Matrix.ScaleToFit stf)            // 缩放适配模式
```

简单来说，就是将源矩形的内容填充到目标矩形中，这个函数的作用是根据源矩形映射到目标矩形区域的时候，生成所需的矩阵。其原理与 setPolyToPoly 函数的相同，都是根据映射关系生成矩阵的函数。

然而在大多数情况下，源矩形和目标矩形的长宽比是不一致的，那么到底该如何填充呢？填充模式其实是由第 3 个参数 stf 来确定的。

ScaleToFit 是一个枚举类型，共包含 4 种模式，如表 2-1 所示。

表 2-1 ScaleToFit 包含的模式详情

模　式	摘　要
CENTER	居中，对 src 等比例缩放，将其居中放置在 dst 中
START	顶部，对 src 等比例缩放，将其放置在 dst 的左上角
END	底部，对 src 等比例缩放，将其放置在 dst 的右下角
FILL	充满，拉伸 src 的宽和高，使其完全填满 dst

下面来看看不同宽高比的 src 与 dst 在不同模式下是怎样的。

假设灰色部分是 dst，橙色部分是 src，由于是测试不同的宽高比，因此示例中让 dst 保持不变，观察两种宽高比的 src 在不同模式下的填充情况，如表 2-2 所示。

表 2-2　两种宽高比的 src 在不同模式下的填充情况

模　式	效　果
Src（原始状态）	
CENTER	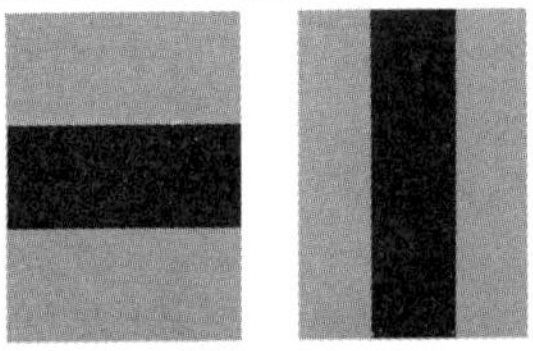
START	
END	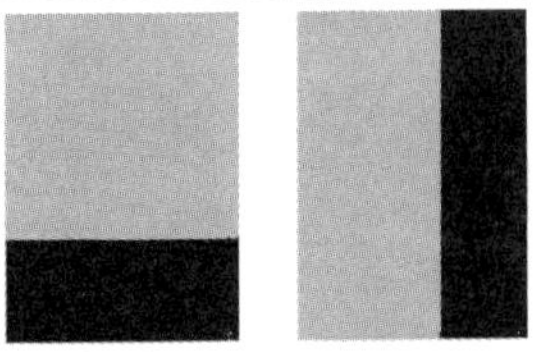
FILL	

下面给出居中示例的相关代码：

```
public class TestRectToRectView extends View {

    private int mViewWidth, mViewHeight;
    private Bitmap mBitmap;
    private Matrix mRectMatrix;

    public TestRectToRectView(Context context) {
        super(context);
        init();
    }

    public TestRectToRectView(Context context, @Nullable AttributeSet attrs) {
```

```
        super(context, attrs);
        init();
    }

    public TestRectToRectView(Context context, @Nullable AttributeSet attrs, int
defStyleAttr) {
        super(context, attrs, defStyleAttr);
        init();
    }

    private void init(){
        mBitmap = BitmapFactory.decodeResource(getResources(), R.mipmap.cat);
        mRectMatrix = new Matrix();
    }

    @Override
    protected void onSizeChanged(int w, int h, int oldw, int oldh) {
        super.onSizeChanged(w, h, oldw, oldh);
        mViewWidth = w;
        mViewHeight = h;

    }

    @Override
    protected void onDraw(Canvas canvas) {
        super.onDraw(canvas);
        // 将背景绘制为黄色
        canvas.drawColor(Color.YELLOW);

        RectF src= new RectF(0, 0, mBitmap.getWidth(), mBitmap.getHeight() );
        RectF dst = new RectF(0, 0, mViewWidth, mViewHeight );

        // 核心要点
        mRectMatrix.setRectToRect(src,dst, Matrix.ScaleToFit.CENTER);

        // 根据矩形绘制一个变换后的图像
        canvas.drawBitmap(mBitmap, mRectMatrix, new Paint());
    }
}
```

这段代码的核心点主要在 onDraw 函数中。为了观察 setRectToRect 函数的作用，我们先用 Canvas.drawColor(Color.YELLOW)来将整个 View 涂为黄色，以便清楚地看出 View 所占空间。接着，src 矩形是 Bitmap 原本的大小，dst 矩形的大小跟整个 View 一样。然后，利用 setRectToRect 将 Bitmap 放在 View 中，模式是 Matrix.ScaleToFit.CENTER，以生成对应的矩阵。

最后，根据 matrix 来绘图，效果如图 2-25 所示。

扫码查看彩色图

图 2-25

其实，很容易理解，这个函数的作用相当于我们把一个 Bitmap 放在一个 ImageView 中，Bitmap 会根据 ImageView 的不同模式进行缩放和摆放，而这里就是生成缩放和摆放位置的矩阵。

2.3.5　其他函数

2.3.5.1　rectStaysRect

rectStaysRect 函数的声明如下：

```
public boolean rectStaysRect()
```

该函数用于判断在矩形应用了当前的矩阵之后是否还是矩形。

假如通过矩阵进行了平移、缩放操作，则画布仅仅位置和大小改变，矩形变换后仍然为矩形，但假如通过矩阵进行了非 90° 倍数的旋转或者错切操作，则矩形变换后就不再是矩形了。前面的 mapRect 函数的返回值就是根据 rectStaysRect 来判断的。

2.3.5.2　isIdentity

isIdentity 函数的声明如下：

```
public boolean isIdentity()
```

该函数主要用于判断矩阵是否为单位矩阵。当我们利用 Matrix matrix = new Matrix()创建一个原始矩阵的时候，创建的矩阵就是单位矩阵：

$$\begin{bmatrix} 1 & 0 & 0 \\ 0 & 1 & 0 \\ 0 & 0 & 1 \end{bmatrix}$$

示例如下：

```
Matrix matrix = new Matrix();
Log.i(TAG,"isIdentity="+matrix.isIdentity());

matrix.postTranslate(200,0);

Log.i(TAG,"isIdentity="+matrix.isIdentity());
```

输出结果如下：

```
isIdentity=true
isIdentity=false
```

2.3.5.3 getValues

getValues 函数的声明如下：

```
public void getValues(float[] values)
```

float[] values 是入参同时也是出参，该函数会将它的矩阵元素逐个复制到 values 数组的前 9 位中。获取的矩阵元素位置与 values 数组索引的对应关系如下：

$$\begin{pmatrix} values[0] & values[1] & values[2] \\ values[3] & values[4] & values[5] \\ values[6] & values[7] & values[8] \end{pmatrix}$$

示例如下：

```
Matrix matrix = new Matrix();
matrix.setRotate(15);
matrix.preTranslate(100,200);

float[] values = new float[9];
matrix.getValues(values);

//组装 values 数组中的值
StringBuilder builder = new StringBuilder("");
for(float var:values){
    builder.append(var + " , ");
}
Log.d("qijian",matrix.toShortString());
Log.d("qijian",builder.toString());
```

这段代码比较简单，主要是组装一个矩阵，然后利用 matrix.toShortString 将矩阵打印出来，同时也利用 getValues 函数获取这个矩阵的元素并打印出来，进行对比，可以看到 values 数组元素的存储顺序与矩阵元素位置的对应关系。

输出结果如下：

```
[0.9659258, -0.25881904, 44.828773][0.25881904, 0.9659258, 219.06708][0.0, 0.0, 1.0]
0.9659258 , -0.25881904 , 44.828773 , 0.25881904 , 0.9659258 , 219.06708 , 0.0 , 0.0 , 1.0 ,
```

2.3.5.4　setValues

setValues 函数的声明如下：

```
void setValues (float[] values)
```

很明然，getValues 和 setValues 是一对函数。setValues 的参数是浮点型的一维数组，长度需要大于 9，复制数组的前 9 位元素并赋值给当前的矩阵。

2.3.5.5　set

set 函数的声明如下：

```
void set (Matrix src)
```

该函数没有返回值但有一个参数，作用是将参数 src 的数值复制到当前的矩阵中。如果参数为空，则重置当前矩阵，相当于 reset 函数起到的作用。

2.3.5.6　toString

toString 函数的声明如下：

```
public String toString()
```

该函数用于将矩阵转换为字符串：

```
Matrix{[1.0, 0.0, 0.0][0.0, 1.0, 0.0][0.0, 0.0, 1.0]}
```

2.3.5.7　toShortString

toShortString 函数的声明如下：

```
public String toShortString()
```

该函数用于将矩阵转换为短字符串：

```
[1.0, 0.0, 0.0][0.0, 1.0, 0.0][0.0, 0.0, 1.0]
```

2.3.5.8　hashCode

hashCode 函数的声明如下：

```
public int hashCode()
```

该函数用于获取矩阵的散列值。

2.3.5.9　equals

equals 函数的声明如下：

```
public boolean equals(Object obj)
```

该函数用于比较两个矩阵的元素是否相同。

2.3.6　Matrix 与 Canvas

前面已经基本介绍了 Matrix 具有的函数，在位置变换相关的类中，Canvas 与 Camera 都具有位置操作相关功能。

至于 Camera，我们已经详细介绍过，它主要用来执行 3D 坐标系中的操作，但最终是用 Matrix 来实现在屏幕上显示的。

而 Canvas 也具有一些操作位置函数，它直接利用 Matrix 来实现，Canvas 的这些函数如下。

移动相关：

```
public void translate(float dx, float dy)
```

缩放相关：

```
public void scale(float sx, float sy)
public final void scale(float sx, float sy, float px, float py)
```

旋转相关：

```
public void rotate(float degrees)
public final void rotate(float degrees, float px, float py)
```

错切相关：

```
public void skew(float sx, float sy)
```

矩阵相关：

```
// 前乘矩阵
public void concat(Matrix matrix)
// 设置矩阵
public void setMatrix(Matrix matrix)
```

可以看到，Canvas 中这些与位置相关的操作，都只是 Matrix 中操作的“缩影”，所以如果可以直接使用 Canvas 中的相关函数来实现变位、变换需求的话，可以直接使用；如果不能实现，则需要考虑自己操作 Matrix 来实现。

到这里，有关 Matrix 的基本用法就讲解完了。下面通过实例来看看 Matrix 的具体应用场景。

2.4 折叠布局实战（一）——核心原理

经过前面的学习，我们大概了解了 Matrix 所具有的功能。在第 1 章中，我们已经简单了解过如何通过 Matrix 来迁移旋转中心。下面就利用 Matrix 的 setPolyToPoly 函数来实现折叠布局效果，如图 2-26 所示。

可以看到，在这个效果中，菜单是可以折叠、展开和关闭的，而且在点击菜单上的菜单项以后，会有对应的 Toast 弹出。下面就一步步来实现这个折叠菜单吧。

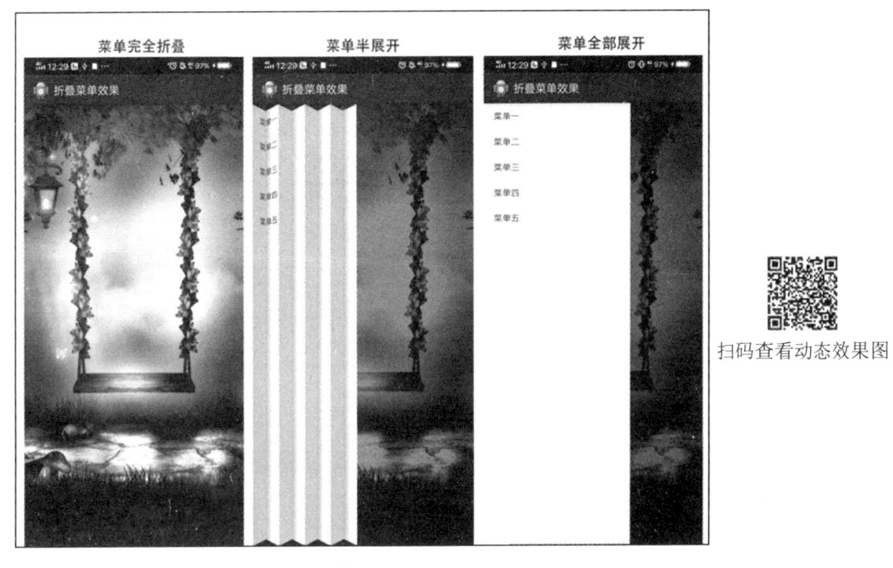

图 2-26

2.4.1　折叠原理概述

2.4.1.1　折叠原理

从图 2-26 可以看出，我们主要做的工作就是将原来平铺的菜单 View 画成折叠的样子，即如图 2-27 所示的样子。

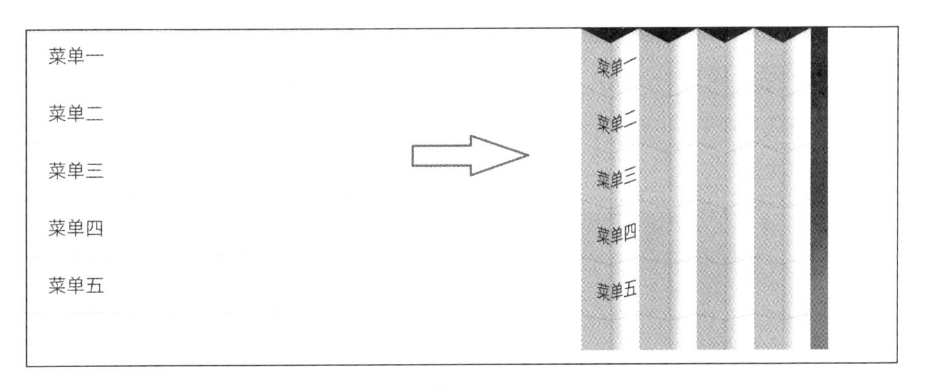

图 2-27

其实就是将菜单分为 8 份，每份按照不同的方式折叠，分成的 8 份如图 2-28 所示。

仔细分析可以发现，完整的折叠效果其实是第 1 份和第 2 份折叠效果的重复，我们只要弄明白第 1 份和第 2 份折叠效果的实现方式，整个菜单就能实现出来，第 1 份和第 2 份折叠效果如图 2-29 所示。

图 2-28

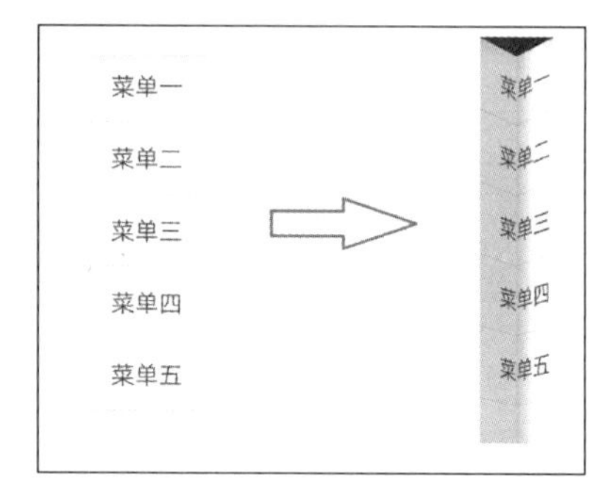

图 2-29

所以，这里主要解决如下 3 个问题。

- 折叠问题：很明显，折叠效果的实现是通过将菜单分为 8 份，每份调用 setPolyToPoly 函数来实现错切效果。
- 阴影问题：仔细看会发现，在折叠过程中，每份上都有阴影，第 1 份的阴影是半透明全灰的，而第 2 份的阴影是渐变的，从暗到亮，在《Android 自定义控件开发入门与实战》一书中已经讲过，线性渐变是通过 LinearGradient 来实现的。
- 截断显示的问题：上面虽然说到我们将菜单分为 8 份，每份调用 setPolyToPoly 函数来实现错切效果，但怎么在显示时只显示一份的内容呢？在 Canvas 中，可以通过 clipRect 来裁剪画布，只画出裁剪后的画布区域。

下面，先不考虑整个菜单的效果，就用一张图来尝试一步步实现折叠效果，看看针对单份是如何做的。

2.4.1.2　实现第 1 份的倾斜效果

我们先用如图 2-30 所示的左图中带有横线的图来表示菜单，其折叠效果如图 2-30 所示的右图的样子。

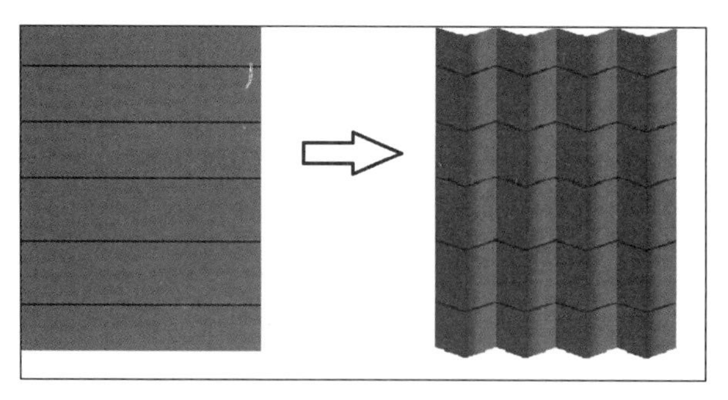

扫码查看彩色图

图 2-30

尝试做出第 1 份的倾斜效果，如图 2-31 所示。

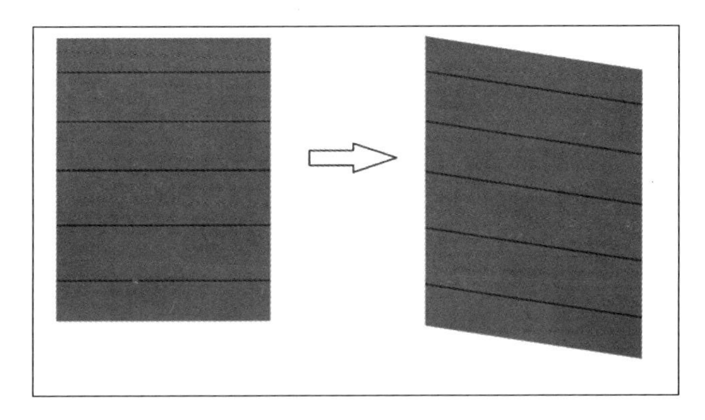

扫码查看彩色图

图 2-31

图 2-31 左图表示原图，右图表示第 1 份的倾斜效果。下面看看要实现这种倾斜效果的代码。首先看看所要实现的自定义控件的源码：

```
    public class PolyToPolyView extends View {
        private Bitmap mBitmap;
        private Matrix mMatrix;
        private static int sTransHeight = 100;
        public PolyToPolyView(Context context){
            super(context);
            init();
        }


        public PolyToPolyView(Context context, @Nullable AttributeSet attrs) {
            super(context, attrs);
            init();
        }

        public PolyToPolyView(Context context, @Nullable AttributeSet attrs, int
defStyleAttr) {
            super(context, attrs, defStyleAttr);
            init();
        }

        private init(){
            mBitmap = BitmapFactory.decodeResource(getResources(),
                    R.mipmap.sample);
            mMatrix = new Matrix();
            float[] src = { 0, 0,
                    mBitmap.getWidth(), 0,
                    mBitmap.getWidth(), mBitmap.getHeight(),
                    0, mBitmap.getHeight() };
            float[] dst = { 0, 0,
                    mBitmap.getWidth(), sTransHeight,
                    mBitmap.getWidth(), mBitmap.getHeight() + sTransHeight,
                    0, mBitmap.getHeight() };
            mMatrix.setPolyToPoly(src, 0, dst, 0, src.length >> 1);
```

```
    }

    @Override
    protected void onDraw(Canvas canvas)
    {
        super.onDraw(canvas);
        canvas.save();
        canvas.drawBitmap(mBitmap,0,0, null);
        canvas.restore();
    }
}
```

这段源码比较简单，整体逻辑就是根据图 2-32 所标注的图形，计算出变换后的 4 个点的目标坐标，然后利用 setPloyToPoly 函数计算出 Matrix，最后在画 Bitmap 时，对 Canvas 应用这个 Matrix 的过程。src 数组与 dst 数组所对应的坐标如图 2-32 所示。

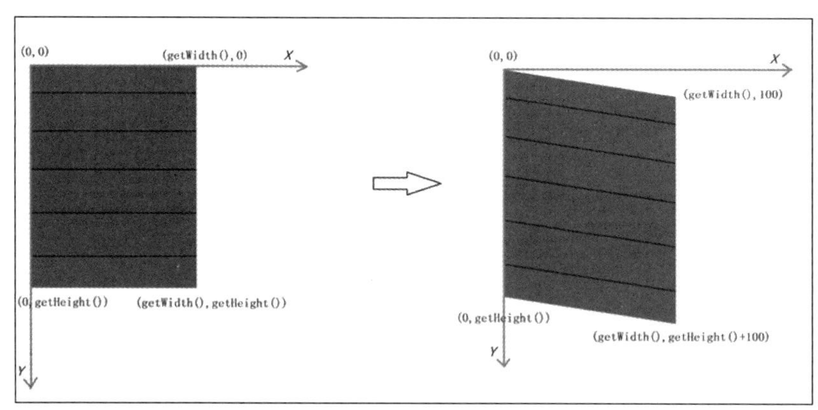

扫码查看彩色图

图 2-32

为了方便起见，这里直接指定图最右侧向下倾斜 100 px。我们先了解大概原理，后面会具体地根据公式讲解计算倾斜距离的方法。其中会用到资源 R.mipmap.sample，如图 2-33 所示。

在调用 setPolyToPoly 时，用到了 src.length >> 1，这其实是一个二进制位移操作，>>是右移操作符，>>1 表示在二进制状态下右移 1 位，作用与除以 2 所得的整数结果相同。这里 src.length 的值是 4，对应的二进制数是 100，在右移 1 位后，得到的二进制数是 10，对应的十进制数是 2。同样地，假设 src.length 的值是 9，对应的二进制数是 1001，右移 1 位后的二进制数是 100，即 4。所以右移 1 位后获得的值与除以 2 取整的值相同。

扫码查看彩色图

图 2-33

使用这个自定义控件比较简单，直接全屏展示即可（activity_set_rect_to_rect.xml）：

```
<?xml version="1.0" encoding="utf-8"?>
<LinearLayout
    xmlns:android="http://schemas.android.com/apk/res/android"
    android:layout_width="match_parent"
    android:layout_height="match_parent"
    android:orientation="vertical">
   <com.testmatrix.harvic.blogmatrix.basic_use_sample.TestRectToRectView
        android:layout_width="match_parent"
        android:layout_height="match_parent"/>

</LinearLayout>
```

2.4.1.3　只显示第 1 份

上面初步实现了第 1 份的倾斜效果，下面再来看看如何利用 Canvas.clipRect 实现只显示第 1 份，效果如图 2-34 所示。

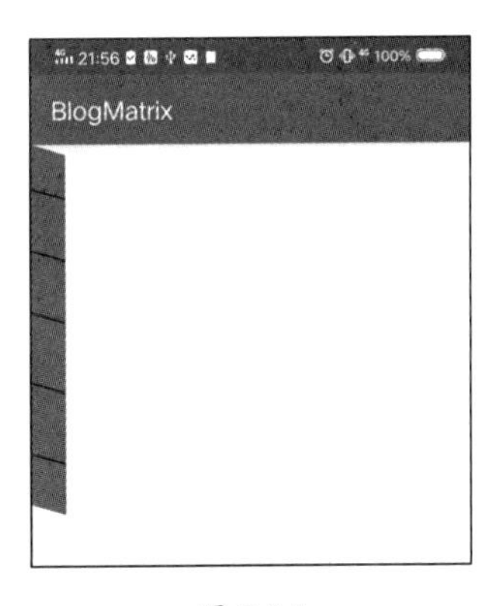

扫码查看彩色图

图 2-34

这里主要是利用 canvas.clipRect 函数来截取一部分图像进行显示，改动部分如下：

```
private static int sFoldsNum = 8;
private int mFoldWidth;

private void init(){
    mBitmap = BitmapFactory.decodeResource(getResources(),
            R.mipmap.sample);
    mFoldWidth = mBitmap.getWidth()/sFoldsNum;
    mMatrix = new Matrix();
    …
}
```

在初始化时，定义了两个变量，其中 sFoldsNum 表示有几个折叠部分，mFoldWidth 表示每个折叠部分的宽度。mFoldWidth 的计算方法也比较简单，使用 Bitmap 的 width/sFoldNum 即可。

最重要的是绘图时的操作：

```
protected void onDraw(Canvas canvas) {
```

```
    super.onDraw(canvas);
    canvas.save();
    Rect rect = new Rect(0,0,mFoldWidth,getHeight());
    canvas.setMatrix(mMatrix);
    canvas.clipRect(rect);
    canvas.drawBitmap(mBitmap,0,0, null);
    canvas.restore();
}
```

这段代码是核心内容，理解起来可能比较费劲。下面一句句代码来进行讲解。

首先，构造第 1 份所在矩形的位置：

```
Rect rect = new Rect(0,0,mFoldWidth,getHeight());
```

图 2-35 表示在坐标系没有被 Matrix 操作改变前，第 1 份的位置信息。

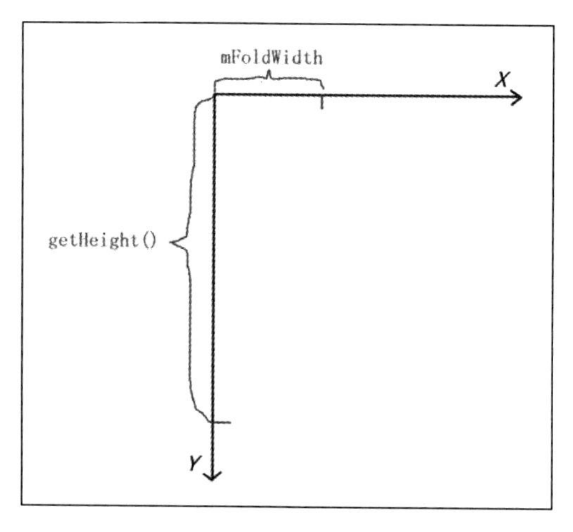

图 2-35

在执行了 Canvas.setMatrix(mMatrix)操作后，坐标系及第 1 份的位置关系如图 2-36 所示。

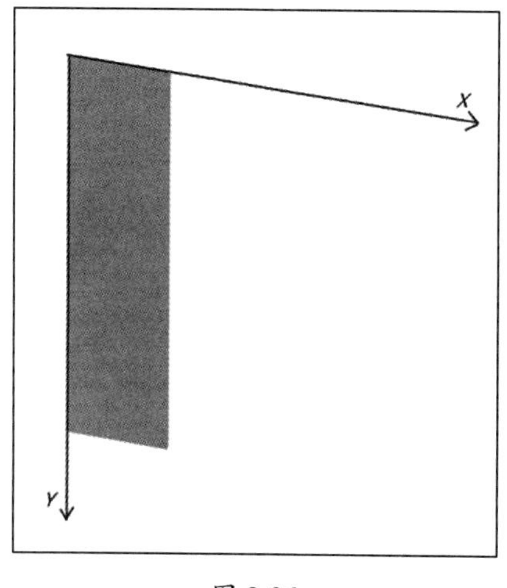

扫码查看彩色图

图 2-36

在图 2-36 中，绿色部分表示在 Canvas 经过 Matrix 变换以后，第 1 份在整个坐标系中的位置。需要注意的是，现在只是用绿色表示坐标系变换以后第 1 份的位置，其实到目前为止，还没有执行绘图操作。

然后，当调用 canvas.clipRect(rect)来裁剪画布时，需要注意，这里裁剪的画布就是第 1 份所占据的位置，也就是图 2-36 中的绿色区域。

注意，在利用 clipRect 裁剪画布后，画布就只有裁剪后的大小了。在后面会看到，虽然利用 canvas.drawBitmap 所画的是完整的图像，但由于画布的限制，因此只能显示画布所在区域和大小的那部分内容，不会展示其他部分。画布与所绘图像的合成过程如图 2-37 所示。

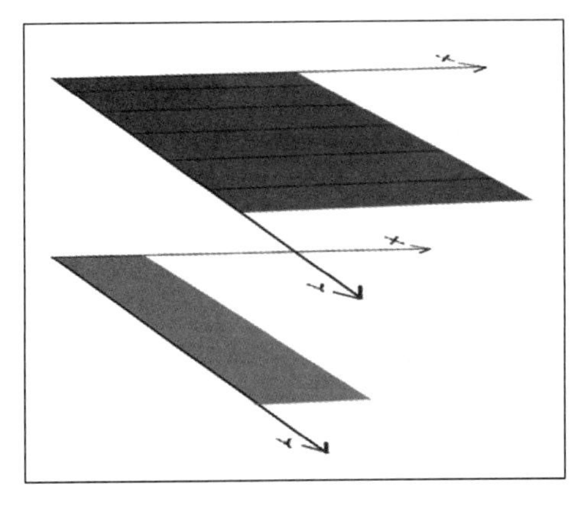

扫码查看彩色图

图 2-37

绿色区域表示画布所在位置及大小，而红色区域表示在调用 canvas.drawBitmap(mBitmap, mMatrix, null);后所画的完整图像。但正是因为画布区域被裁剪了，只有绿色区域大小，所以画出的图像也只有绿色区域那么大，所以此时画出来的效果如图 2-38 所示。

扫码查看彩色图

图 2-38

2.4.1.4　实现第 2 份的倾斜效果

在 2.4.1.3 节中，我们已经学习了如何实现第 1 份的倾斜和裁剪效果，下面再来学习一下如何实现第 2 份的倾斜和裁剪效果。在理解了第 1 份和第 2 份以后，我们就可以找出规律，进而利用公式来自动实现倾斜和裁剪效果。

图 2-39 展示了裁剪部分与完整部分的关系。

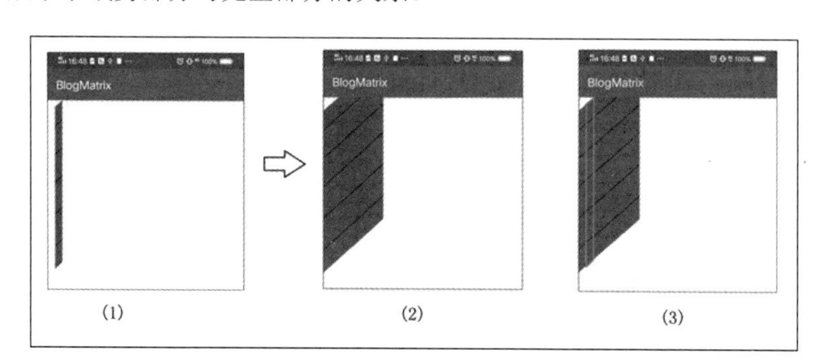

扫码查看彩色图

图 2-39

左图展示了在应用 Matrix 且裁剪画布后只显示第 2 份区域的情况。中间的图表示应用了 Matrix 后的完整图。而右图的绿色框区域，表示在该完整图中第 2 份所在的区域。

可以看到，在第 2 份的错切效果中，最难的地方是如何计算出 Matrix。

很显然，我们没办法知道错切后完整图 4 个顶点的坐标，但我们可以知道右图中绿色框框出的第 2 份的各个顶点的坐标，只要我们将正常情况下的第 2 份的区域映射到绿色框部分，即可求出对应的 Matrix。

下面讲解一下如何计算出 Matrix 的过程。图 2-40 展示了图原始状态时第 2 份的宽度 mFoldWidth 与错切后第 2 份宽度的关系。

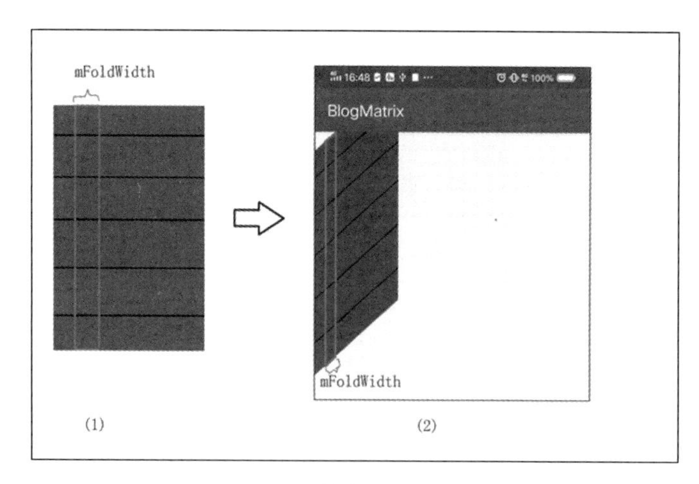

扫码查看彩色图

图 2-40

有一点大家必须弄清楚，Matrix 改变的是坐标系，所以图倾斜的根本原因是坐标系倾斜了，这样通过同样的坐标位置画出来的图才表现的是倾斜的。从 canvas.drawBitmap(mBitmap,0,0, null)函数可以看出，我们每次都是从(0,0)位置开始画的，而且图的位置也没有变，因为 Matrix 改变了坐标系，它使坐标系倾斜了，所以画同样的东西却看起来是倾斜的。

在图 2-40 中，右图中每份的宽度为 mFoldWidth，在上面的例子中，我们已经用过它。而在左图中，由于坐标系倾斜了，所以画出来的绿色矩形框也是倾斜的，此时的 mFoldWidth 已经是倾斜的了。

我们在计算 Matrix 时，需要输入 src 数组和 dst 数组，分别代表正常坐标系下图 2-40 左图和右图中矩形的顶点坐标。这一点一定要注意，dst 数组是在未应用 Matrix 的情况下，矩形 4 个顶点的坐标组合。即主要计算下面两张图中矩形顶点的坐标位置，以计算出 Matrix，如图 2-41 和图 2-42 所示。

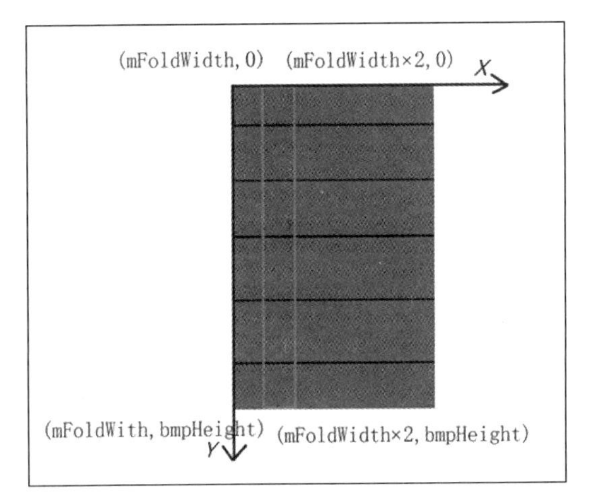

扫码查看彩色图

图 2-41

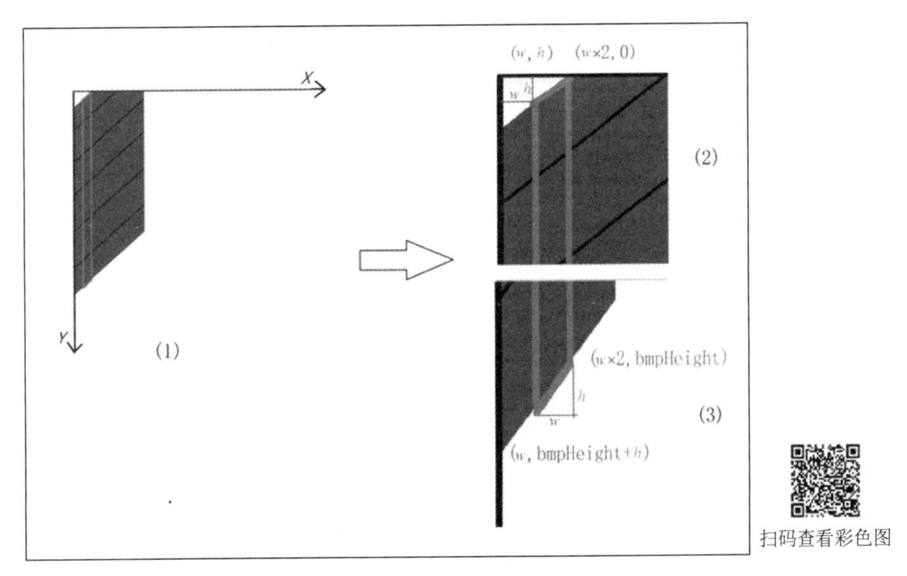

图 2-42

首先看 src 数组的计算过程，在这个数组中，每份宽度是 mFoldWidth，图的高度是 bmpHeight，所以从左上角以顺时针顺序取值时，很容易得出 src 数组如下：

```
float[] src = { mFoldWidth, 0,
```

```
                mFoldWidth *2, 0,
                mFoldWidth *2, mBitmap.getHeight(),
                mFoldWidth, mBitmap.getHeight() };
```

在图 2-42 中，图（1）展示了错切后的图在原始矩阵中计算 dst 数组的情况，将其分解为图（2）和图（3）。在图（2）中，假设图倾斜后在原始坐标系下，当前每份宽 w 高 h，那么左上角点的坐标就是(w, h)，顺时针第 2 个点的坐标是$(w\times2, 0)$，同样地，第 3 个点的坐标是$(w\times2, \text{bmpHeight})$，第 4 个点的坐标是$(w, \text{bmpHeight}+h)$。

计算出的 dst 数组如下：

```
float[] dst = { foldedItemWidth, depth,
      foldedItemWidth*2, 0,
      foldedItemWidth*2, mBitmap.getHeight(),
      foldedItemWidth, mBitmap.getHeight()+depth };
```

在这里，foldedItemWidth 表示折叠后每份的宽度，即图 2-42 中的 w，而 depth 即为图 2-42 中的 h。那么问题来了，如何计算 foldedItemWidth 和 depth 呢？

foldedItemWidth 其实比较容易计算，假如折叠后的总宽度是原宽度的 0.8 倍，那么 foldedItemWidth = bmpWidth × 0.8/sFoldsNum，其中 sFoldsNum 表示折叠了几次。

从最终的效果图可以看出，折叠后的宽度会跟随手指变动，所以，为了更新折叠后的宽度，我们使用一个系数 mFactor 参与计算，以便后期变动：

```
float mFactor = 0.8f;
int foldedItemWidth = (int) (mBitmap.getWidth() * mFactor / sFoldsNum);
```

图 2-43 截取了错切后第 2 份的上半部分，在原始坐标系下，depth 的计算方法如图中所示。

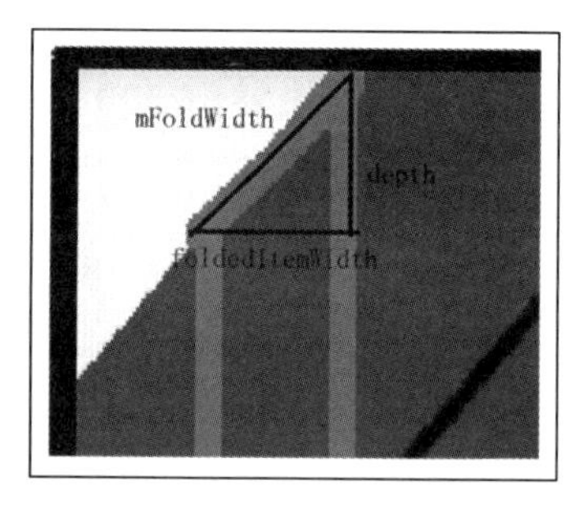

扫码查看彩色图

图 2-43

很明显，在图 2-43 所构成的直角三角形中，3 条边的长度满足勾股定理，所以计算公式如下：

$$\text{depth} = \sqrt{\text{mFoldWidth}^2 - \text{foldedItemWidth}^2}$$

以上公式可转化为如下代码：

```
float depth = (float) (Math.sqrt(mFoldWidth * mFoldWidth
      - foldedItemWidth * foldedItemWidth));
```

到这里，计算第 2 份相关数据的代码就结束了，此时的代码如下：

```
public class PolyToPolySample2View  extends View {
    private Bitmap mBitmap;
    private Matrix mMatrix;
    private static int sFoldsNum = 8;
    private int mFoldWidth;
    private float mFactor = 0.8f;

    public PolyToPolySample2View(Context context) {
        super(context);
        init();
    }


    public PolyToPolySample2View(Context context, @Nullable AttributeSet attrs) {
        super(context, attrs);
        init();
    }

    public PolyToPolySample2View(Context context, @Nullable AttributeSet attrs, int
defStyleAttr) {
        super(context, attrs, defStyleAttr);
        init();
    }

    private void init() {
        mBitmap = BitmapFactory.decodeResource(getResources(),
                R.mipmap.sample);
        mFoldWidth = mBitmap.getWidth() / sFoldsNum;

        int foldedItemWidth = (int) (mBitmap.getWidth() * mFactor / sFoldsNum);
        float depth = (float) (Math.sqrt(mFoldWidth * mFoldWidth
                - foldedItemWidth * foldedItemWidth));

        mMatrix = new Matrix();

        float[] src = { mFoldWidth, 0,
                mFoldWidth *2, 0,
                mFoldWidth *2, mBitmap.getHeight(),
                mFoldWidth, mBitmap.getHeight() };
        float[] dst = { foldedItemWidth, depth,
                foldedItemWidth*2, 0,
                foldedItemWidth*2, mBitmap.getHeight(),
                foldedItemWidth, mBitmap.getHeight()+depth };
        mMatrix.setPolyToPoly(src, 0, dst, 0, src.length >> 1);
    }

    @Override
    protected void onDraw(Canvas canvas) {
        super.onDraw(canvas);
        canvas.save();
        canvas.setMatrix(mMatrix);
```

```
        canvas.drawBitmap(mBitmap,0,0, null);
        canvas.restore();
    }
}
```

此时运行代码后的效果如图 2-44 所示。

图 2-44

2.4.1.5　只显示第 2 份

在实现了第 2 份的错切效果以后，再来看看如何实现只显示第 2 份。其实这里的原理与只显示第 1 份的原理是相同的，只需要找到第 2 份的 Rect，让它显示出来即可，代码如下：

```
protected void onDraw(Canvas canvas) {
    super.onDraw(canvas);
    canvas.save();
    Rect rect = new Rect(mFoldWidth, 0, mFoldWidth*2, getHeight());
    canvas.setMatrix(mMatrix);
    canvas.clipRect(rect);
    canvas.drawBitmap(mBitmap,0,0, null);
    canvas.restore();
}
```

完整处理及合成过程如图 2-45 所示。

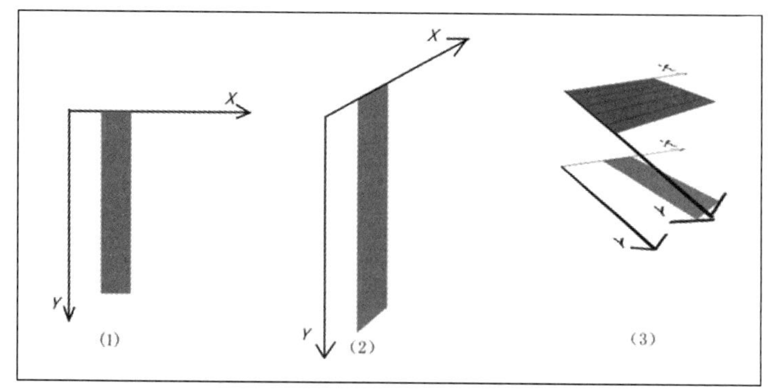

图 2-45

在图 2-45 中，图（1）表示，通过 Rect rect = new Rect(mFoldWidth, 0, mFoldWidth*2, getHeight());定位的第 2 份所在的位置区域。图（2）表示，通过 canvas.clipRect(rect);裁剪后的画布区域。图（3）表示，在调用 canvas.drawBitmap(mBitmap,0,0, null);绘图时，虽然绘制了完整 Bitmap，但由于画布的限制，所以最终将显示裁剪后的画布部分，此时的效果如图 2-46 所示。

扫码查看彩色图

图 2-46

2.4.2　实现完整折叠效果

2.4.2.1　核心原理

上面已经基本讲解了如何实现第 1 份和第 2 份的折叠和局部显示效果，但如何实现完整折叠效果呢？很明显，要实现完整折叠效果，需要动态地计算 src、dst 与 Matrix。

下面的代码展示了 src 数组的计算过程：

```
for (int i = 0;i<sFoldsNum;i++){
   int sLeft = mFoldWidth * i;
   int sRight = mFoldWidth * (i+1);
   float[] src = { sLeft , 0,
         sRight, 0,
         sRight, mBitmap.getHeight(),
         sLeft, mBitmap.getHeight() };
   …
}
```

在上面的代码中，sLeft 表示每份矩形区域左上角点的 X 轴坐标值，sRight 表示每份矩形区域右上角点的 X 轴坐标值，很容易计算出来。

接下来计算折叠后的各个点的位置，先来计算顶部的 9 个点的位置，如图 2-47 所示。

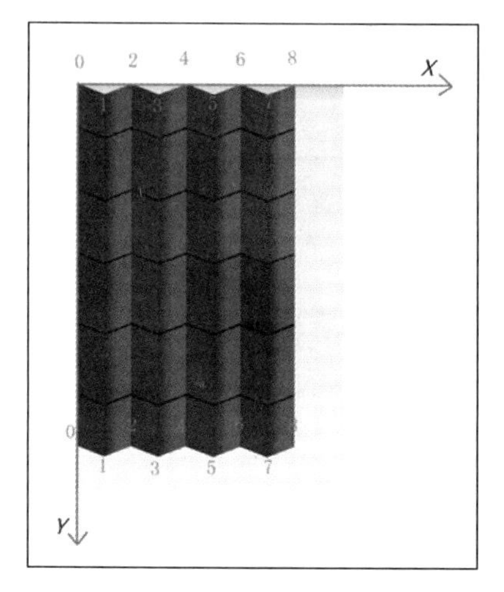

扫码查看彩色图

图 2-47

首先，看图 2-47 中顶部的 9 个点，对于 0、2、4、6、8 这些偶数索引点，它们的 y 坐标值都是 0，x 坐标值是 foldedItemWidth × i；对于 1、3、5、7 这些奇数索引点，它们的 y 坐标值都是 depth，x 坐标值是 foldedItemWidth × (i+1)。

然后，看底部的 9 个点，同样地，对于 0、2、4、6、8 这些偶数索引点，它们的 y 坐标值都是 bmpHeight，它们的 x 坐标值是 foldedItemWidth × i；对于 1、3、5、7 这些奇数索引点，它们的 y 坐标值都是 depth+bmpHeight，它们的 x 坐标值是 foldedItemWidth × (i+1)。

在图 2-48 中，我们对折叠部分进行拆分，拆分为 8 份，这与最开始讲解原理时分为 8 份一致。

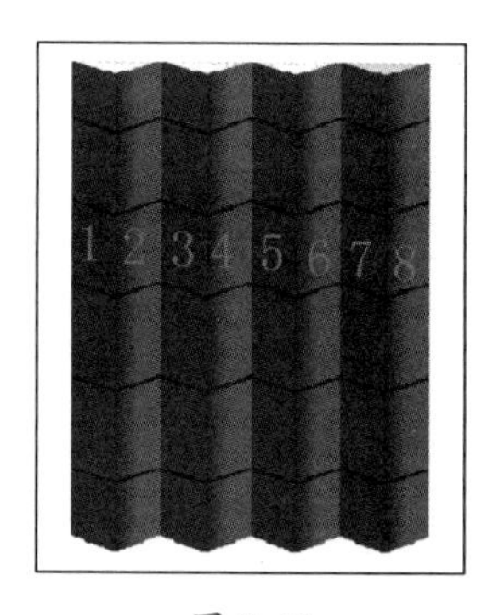

扫码查看彩色图

图 2-48

所以，对于图 2-48 中标记出的第 1、3、5、7 份矩形，它们的位置代码如下：

```
dst[0] = foldedItemWidth * i;
dst[1] = 0;
dst[2] = foldedItemWidth * (i + 1);
dst[3] = depth;
dst[4] = foldedItemWidth * (i + 1);
dst[5] = mBitmap.getHeight() + depth;
dst[6] = foldedItemWidth * i;
```

```
dst[7] = mBitmap.getHeight();
```

同样地，对于图 2-48 中标记出的第 2、4、6、8 份矩形，它们的位置代码如下：

```
dst[0] = foldedItemWidth * i;
dst[1] = depth;
dst[2] = foldedItemWidth * (i + 1);
dst[3] = 0;
dst[4] = foldedItemWidth * (i + 1);
dst[5] = mBitmap.getHeight();
dst[6] = foldedItemWidth * i;
dst[7] = mBitmap.getHeight()+depth;
```

然后将它们整合一下，假设变量 isEven 用于标记当前计算的是否是奇数索引点，比如当前计算的是第 1、3、5、6 份时，isEven 的值为 true，当计算其他份时，isEven 的值为 false。整合后的代码如下：

```
dst[0] = foldedItemWidth * i;
dst[1] = isEven ? 0 : depth;
dst[2] = foldedItemWidth * (i + 1);
dst[3] = isEven ? depth : 0;
dst[4] = foldedItemWidth * (i + 1);
dst[5] = isEven ? mBitmap.getHeight() + depth : mBitmap.getHeight();
dst[6] = foldedItemWidth * i;
dst[7] = isEven ? mBitmap.getHeight() : mBitmap.getHeight() + depth;
```

在理解了最难的部分以后，接着会把完整的实现代码列出来讲解一下。

2.4.2.2　代码讲解

首先来看 init 函数中的改造代码：

```
private float mFactor = 0.8f;
private Matrix[] mMatrices = new Matrix[sFoldsNum];

private void init() {
   for (int i = 0; i < sFoldsNum; i++) {
      mMatrices[i] = new Matrix();
   }
   mBitmap = BitmapFactory.decodeResource(getResources(),
         R.mipmap.sample);
   mFoldWidth = mBitmap.getWidth() / sFoldsNum;

   int foldedItemWidth = (int) (mBitmap.getWidth() * mFactor / sFoldsNum);
   float depth = (float) (Math.sqrt(mFoldWidth * mFoldWidth
         - foldedItemWidth * foldedItemWidth) / 2);

   for (int i = 0; i < sFoldsNum; i++) {
      //表示第几份，i==0 时，表示第 1 份
      boolean isEven = i % 2 == 0;

      int sLeft = mFoldWidth * i;
      int sRight = mFoldWidth * (i + 1);
      float[] src = {sLeft, 0,
```

```
                sRight, 0,
                sRight, mBitmap.getHeight(),
                sLeft, mBitmap.getHeight()};
        float[] dst = new float[sFoldsNum];

        dst[0] = foldedItemWidth * i;
        dst[1] = isEven ? 0 : depth;
        dst[2] = foldedItemWidth * (i + 1);
        dst[3] = isEven ? depth : 0;
        dst[4] = foldedItemWidth * (i + 1);
        dst[5] = isEven ? mBitmap.getHeight() + depth : mBitmap.getHeight();
        dst[6] = foldedItemWidth * i;
        dst[7] = isEven ? mBitmap.getHeight() : mBitmap.getHeight() + depth;
        mMatrices[i].setPolyToPoly(src, 0, dst, 0, src.length >> 1);
    }
}
```

除了上面已讲解的 src 数组与 dst 数组的计算过程外，还有如下几点需要注意。

首先，因为需要存储多份的 Matrix 实例，所以，需要利用数组进行保存，这里使用的是 mMatrices 数组。在创建数组时，需要注意，不是调用 Matrix[] mMatrices = new Matrix [sFoldsNum];创建数组就行了，还需要为数组中的每个 Matrix 对象创建实例，否则值都是 null。因此，在初始化时，就会轮询 mMatrices，并逐个实例化其中的每个元素。

然后，在 for 循环中，i 表示第几份的索引。第 1 份的索引是 0，第 2 份的索引是 1，……，第 8 份的索引是 7。可见，当计算奇数份时，索引是偶数。而 isEven 表示当前计算的是第几份，当 i % 2 == 0 时，表示当前计算的是奇数份，此时的 isEven 是 true。

对于其他代码，前面都已经讲过了，这里就不再赘述了。

下面看看 onDraw 函数的具体实现：

```
protected void onDraw(Canvas canvas) {
    super.onDraw(canvas);
    for (int i = 0; i < sFoldsNum; i++) {
        canvas.save();
        Rect rect = new Rect(mFoldWidth * i, 0, mFoldWidth * (i + 1), getHeight());
        canvas.setMatrix(mMatrices[i]);
        canvas.clipRect(rect);
        canvas.drawBitmap(mBitmap, 0, 0, null);
        canvas.restore();
    }
}
```

这里在绘图时，需要轮询每份并将它们画出来。每份所对应的矩形位置是 Rect rect = new Rect(mFoldWidth * i, 0, mFoldWidth * (i + 1), getHeight());，然后每份对应的 Matrix 是 mMatrices[i]。整个裁剪及逻辑代码都没有变化，只是需要轮询每份并分别给它们应用 Matrix。

此时的效果如图 2-49 所示。

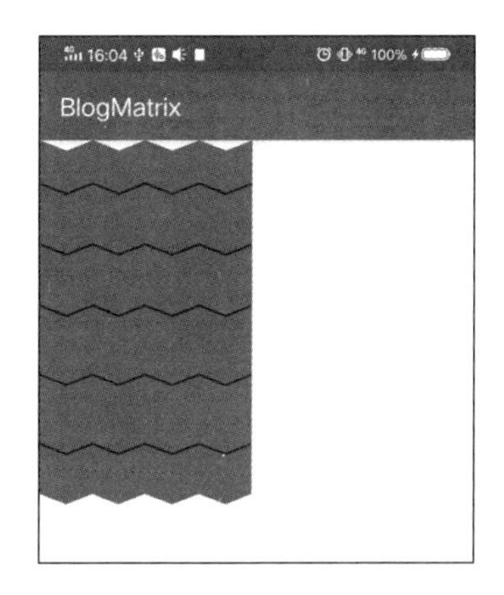

图 2-49

图 2-49 中的折叠效果看起来很奇怪，好像做出了折叠效果，但看起来不真实。下面将其与前面的折叠效果对比一下，如图 2-50 所示

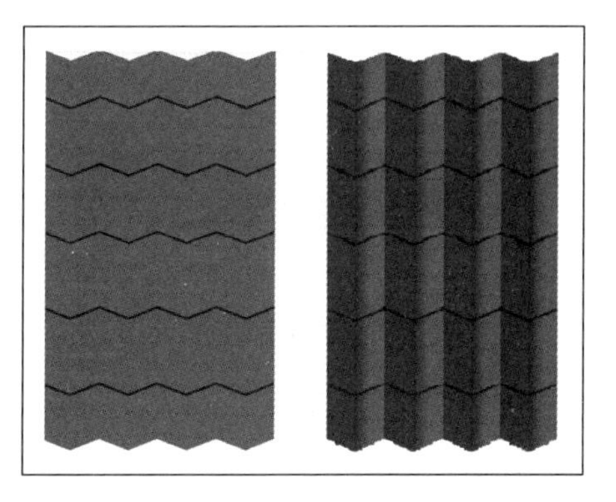

图 2-50

通过对比可以看出，已经实现了折叠效果，但因为没有添加阴影效果，所以看起来不真实。

2.4.3　添加阴影效果

2.4.3.1　基本实现

通过仔细观察图 2-50 中的右图效果，可以发现，所要添加的阴影其实包含两部分。

- 第 1、3、5、7 奇数份的阴影，需要完全覆盖这些份。
- 第 2、4、6、8 偶数份的阴影，是渐变阴影，即实现从折痕处的半透明黑到完全透明的渐变。

了解了上面的原理，下面就来看看具体的代码吧。首先，定义相关的 Paint 变量并初始化：

```
private Paint mSolidPaint = new Paint();
private Paint mShadowPaint = new Paint();
private LinearGradient mShadowGradientShader;
```

```
    private void init() {
        int alpha = (int) (255 * (1 - mFactor));
        mSolidPaint.setColor(Color.argb((int) (alpha * 0.8F), 0, 0, 0));
        mShadowPaint.setAlpha(alpha);

        …
    }
```

其中，mSolidPaint 是用来画完全覆盖奇数份的阴影的，mShadowPaint 是用来画偶数份的渐变阴影的。通过《Android 自定义控件开发入门与实战》一书的 7.5 节，我们知道线性渐变是通过 LinearGradient 实现的，所以还定义了一个 mShadowGradientShader 变量来实现渐变效果。

从动态效果可以看出，随着菜单的展开，阴影越来越淡，这种变淡的效果是通过调整 alpha 值来实现的，所以菜单越展开 alpha 值越小。转化为代码表述，就是 mFactor 值越大，alpha 值越小。所以，alpha 的计算公式为 int alpha = (int) (255 * (1 - mFactor));。

同样地，mSolidPaint 的颜色值是半透明的黑色，同时也随着 mFactor 值改变而改变，但很明显，mSolidPaint 的颜色值不能是全黑的，所以我们在 alpha 值的基础上乘以 0.8，以防 mSolidPaint 的值被设置为全黑。

最后，由于后面我们会构造从全黑到完全透明的渐变颜色，所以为了方便起见，直接给 mShadowPaint 设置 alpha 值即可。

下面再来看看 onDraw 中的操作代码：

```
    protected void onDraw(Canvas canvas) {
        super.onDraw(canvas);
        for (int i = 0; i < sFoldsNum; i++) {
            canvas.save();
            Rect rect = new Rect(mFoldWidth * i, 0, mFoldWidth * (i + 1), getHeight());
            canvas.setMatrix(mMatrices[i]);
            canvas.clipRect(rect);
            canvas.drawBitmap(mBitmap, 0, 0, null);

            //画阴影
            mShadowGradientShader = new LinearGradient(mFoldWidth * i, 0, mFoldWidth *
(i + 1), 0, Color.BLACK, Color.TRANSPARENT, TileMode.CLAMP);
            mShadowPaint.setShader(mShadowGradientShader);

            if (i % 2 == 0) {
                canvas.drawRect(mFoldWidth * i, 0, mFoldWidth * (i + 1),
mBitmap.getHeight(), mSolidPaint);
            } else {
                canvas.drawRect(mFoldWidth * i, 0, mFoldWidth * (i + 1),
mBitmap.getHeight(), mShadowPaint);
            }

            canvas.restore();
        }
```

```
    }
```

从代码可以看出，在 drawBitmap 之后开始绘制阴影。

对于奇数份，比较简单，直接利用 mSolidPaint 对整个区域进行填充即可：

```
    canvas.drawRect(mFoldWidth * i, 0, mFoldWidth * (i + 1), mBitmap.getHeight(),
mSolidPaint);
```

对于偶数份，会稍微麻烦一些，因为需要构造渐变效果。LinearGradient 中总共有 7 个参数，前 4 个参数表示从哪一点到哪一点来构造线性渐变效果，我们从区域的左上角点到右上角点进行线性渐变填充；后面的两个参数是 Color.BLACK 和 Color.TRANSPARENT，表示从哪个颜色渐变到哪个颜色，这里是从全黑到全透明地填充渐变颜色。最后需要设置平铺模式（TileMode），有几种平铺模式，效果各不相同。利用平铺模式也能实现一些有意思的效果，在《Android 自定义控件开发入门与实战》一书的 7.6 节有详细介绍。

在构造了 mShadowGradientShader（也就是在偶数份）之后，进行渐变填充：

```
    canvas.drawRect(mFoldWidth * i, 0, mFoldWidth * (i + 1), mBitmap.getHeight(),
mShadowPaint);
```

效果如图 2-51 所示。

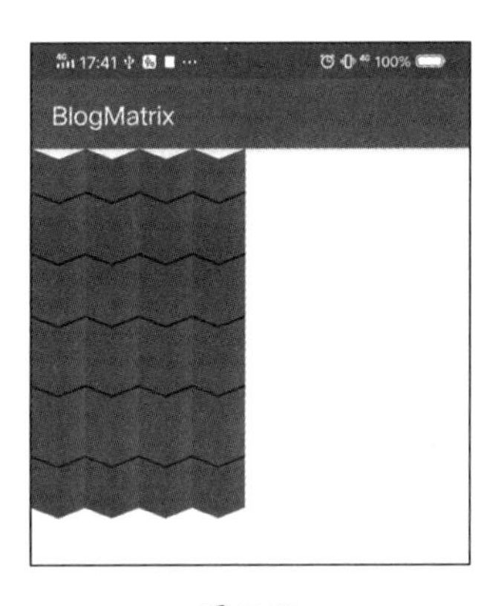

扫码查看彩色图

图 2-51

从图 2-51 可以看到，在添加了阴影之后，折叠效果就看起来正常了。

虽然以上代码逻辑比较容易理解，但需要在 onDraw 中创建 LinearGradient 对象，这是自定义控件时的“大忌”，因为 onDraw 函数很容易被触发，其不光在调用 invalidate 函数时会被触发，而且在将应用退到后台后再切换到前台时也可能被触发并进行重新绘制。因此，在很多种情况下都可能会触发重绘，而且随着代码逻辑的复杂度增加，onDraw 函数会执行多少次很难控制。正因为如此，一定不要在 onDraw 函数中创建对象，这样做的话，将增大 OOM 风险。下面就来看一下，在不创建对象的情况下，如何实现各份的渐变效果。

2.4.3.2　代码改进

若要实现不在 onDraw 函数中动态创建 LinearGradient 对象，那么我们只能在初始化时创建一次，然后在每次绘制时移动绘制矩形的位置。

因此，在初始化代码中做如下修改：

```
private void init() {
    …
    //初始化阴影相关变量
    int alpha = (int) (255 * (1 - mFactor));
    mShadowGradientShader = new LinearGradient(0, 0, mFoldWidth, 0,
            Color.BLACK, Color.TRANSPARENT, TileMode.CLAMP);
    mSolidPaint.setColor(Color.argb((int) (alpha * 0.8F), 0, 0, 0));
    mShadowPaint.setAlpha(alpha);
    mShadowPaint.setShader(mShadowGradientShader);
    …
}
```

在初始化时，先创建 mShadowGradientShader，其中的渐变区间使用第 1 份的区间大小。

在绘制代码中做如下修改：

```
protected void onDraw(Canvas canvas) {
    super.onDraw(canvas);
    for (int i = 0; i < sFoldsNum; i++) {
        canvas.save();
        …

        canvas.translate(mFoldWidth * i, 0);
        if (i % 2 == 0) {
            canvas.drawRect(0, 0, mFoldWidth, mBitmap.getHeight(), mSolidPaint);
        } else {
            canvas.drawRect(0, 0, mFoldWidth, mBitmap.getHeight(), mShadowPaint);
        }
        canvas.restore();
    }
}
```

首先，在绘制 Bitmap 后，利用 canvas.translate(mFoldWidth * i, 0);将坐标系原点移到当前要绘制矩形的左上角。

然后，根据不同的画笔，固定地画出当前要绘制的区域，此时的区域坐标为(0, 0, mFoldWidth, mBitmap.getHeight())。

绘制效果与 2.4.3.1 节的图 2-51 相同，这里就不再列出了。

到这里，介绍了有关折叠效果的核心实现方法。在 2.5 节中，我们将看看如何将折叠效果与手势结合起来，以实现动态折叠菜单的效果。

2.5 折叠布局实战（二）——折叠菜单

在 2.4 节中，我们已经初步了解了实现折叠菜单的原理，而在本节中，我们将实现两方面内容。首先，根据实现原理生成继承自 ViewGroup 的控件，让用户可以自定义布局；然后，为该控件添加手势交互，以实现响应手势的折叠菜单。

2.5.1　使用 ViewGroup 实现折叠效果

2.5.1.1　技术选型

一般而言，对于需要展示自身的控件，会继承自 View 类的控件，比如 ImageView、TextView 等。但若我们需要用户自定义布局内部控件，则需要继承自 ViewGroup 类的控件，比如 LinearLayout、FrameLayout 等。

另外，对于继承自 ViewGroup 类的控件，除非一些需要自定义布局的需求外（比如实现 FlowLayout 等），一般都不直接继承自 ViewGroup，而是继承自它的子控件，比如 LinearLayout 等，因为 ViewGroup 中没有 onLayout，所以如果继承自 ViewGroup 的话，我们需要自己实现 onLayout，这有点麻烦。而当继承自类似 LinearLayout 这类 ViewGroup 的子控件时，onLayout 已经实现好了，只关注我们自己要实现的功能即可，不必关注布局问题。

很显然，在这里我们关注的不是如何布局，而且如何在绘制子控制时实现折叠效果。因此，我们可以直接继承自 LinearLayout 等子控件。

如果将原本继承自 View 的效果迁移到继承自 ViewGroup，则需要改动的位置如下。

- extends View 需要改为 extends LinearLayout。
- 不存在 Bitmap，绘制高度需要使用整个控件的高度。
- 在 ViewGroup 及其子类中，绘制时调用的是 dispatchDraw，而不是 onDraw。

下面根据这几点变化，重新梳理一下代码。

2.5.1.2　整改 init 函数

在继承自 View 时，我们所有的初始化操作都放在 init 函数中，但在继承自 ViewGroup 时，由于没有 Bitmap，则在初始化时无法获取相关的高度和宽度，这时我们必须延后处理，所以我们将其他不依赖宽度和高度的变量还放在 init 函数中，仅将依赖的变量先移出来。

此时的 init 函数代码如下：

```
private void init() {
    for (int i = 0; i < sFoldsNum; i++) {
        mMatrices[i] = new Matrix();
    }
    mShadowGradientShader = new LinearGradient(0, 0, mFoldWidth, 0,
            Color.BLACK, Color.TRANSPARENT, TileMode.CLAMP);
    mShadowPaint.setShader(mShadowGradientShader);
}
```

然后，把其他原来与 Bitmap 宽度和高度相关的变量全部都放在另一个函数中待用：

```
private void updateFold() {
    mWidth = getMeasuredWidth();
    mHeight = getMeasuredHeight();

    mFoldWidth = mWidth / sFoldsNum;
    //初始化阴影相关变量
    int alpha = (int) (255 * (1 - mFactor));
```

```
    mSolidPaint.setColor(Color.argb((int) (alpha * 0.8F), 0, 0, 0));
    mShadowPaint.setAlpha(alpha);

    int foldedItemWidth = (int) (mWidth * mFactor / sFoldsNum);
    float depth = (float) (Math.sqrt(mFoldWidth * mFoldWidth
          - foldedItemWidth * foldedItemWidth) / 2);

    for (int i = 0; i < sFoldsNum; i++) {
        //表示第几个模块，i==0 时，表示第 1 个模块
        boolean isEven = i % 2 == 0;
        int sLeft = mFoldWidth * i;
        int sRight = mFoldWidth * (i + 1);
        float[] src = {sLeft, 0,
                sRight, 0,
                sRight, mHeight,
                sLeft, mHeight};
        float[] dst = new float[sFoldsNum];

        dst[0] = foldedItemWidth * i;
        dst[1] = isEven ? 0 : depth;
        dst[2] = foldedItemWidth * (i + 1);
        dst[3] = isEven ? depth : 0;
        dst[4] = foldedItemWidth * (i + 1);
        dst[5] = isEven ? mHeight + depth  : mHeight;
        dst[6] = foldedItemWidth * i;
        dst[7] = isEven ? mHeight: mHeight + depth ;
        mMatrices[i].setPolyToPoly(src, 0, dst, 0, src.length >> 1);
    }
}
```

可以看到，在这个函数的开头有使用：

```
mWidth = getMeasuredWidth();
mHeight = getMeasuredHeight();
```

也就是使用整个 ViewGroup 的宽度和高度来代替原来 mBitmap 的宽度和高度，在代码中将原来所有的 mBitmap.getWidth 都替换为 mWidth，所有的 mBitmap.getHeight 都替换为 mHeight。其他代码逻辑没有变化。

那么问题就来了，新建的 updateFold 函数放在哪里呢？因为我们需要利用 getMeasuredWidth 和 getMeasuredHeight，所以必须将其放在 onMeasure 之后的生命周期函数内，一般放在 onLayout 函数中：

```
protected void onLayout(boolean changed, int l, int t, int r, int b) {
    super.onLayout(changed, l, t, r, b);
    updateFold();
}
```

2.5.1.3 整改 dispatchDraw 函数

在 ViewGroup 的绘制过程中，肯定会调用的绘图函数是 dispatchDraw，此时不一定会调用 onDraw 函数。在 dispatchDraw 函数的整改中，只是将原来的 canvas.drawBitmap 函数改为

super.dispatchDraw(canvas);，这样就实现了在操作完 Canvas 后绘制子控件的视图，代码如下：

```
protected void dispatchDraw(Canvas canvas) {
    for (int i = 0; i < sFoldsNum; i++) {
        canvas.save();
        Rect rect = new Rect(mFoldWidth * i, 0, mFoldWidth * (i + 1), mHeight);
        canvas.setMatrix(mMatrices[i]);
        canvas.clipRect(rect);
        super.dispatchDraw(canvas);
        canvas.translate(mFoldWidth * i, 0);
        if (i % 2 == 0) {
            canvas.drawRect(0, 0, mFoldWidth, mHeight, mSolidPaint);
        } else {
            canvas.drawRect(0, 0, mFoldWidth, mHeight, mShadowPaint);
        }
        canvas.restore();
    }
}
```

我们在使用这个自定义控件时，如果单纯地包裹一个显示图的 ImageView：

```
<?xml version="1.0" encoding="utf-8"?>
<com.testmatrix.harvic.blogmatrix.foldsample.PolyToPolySample4View
    xmlns:android="http://schemas.android.com/apk/res/android"
    android:orientation="vertical"
    android:layout_width="wrap_content"
    android:layout_height="wrap_content">


    <ImageView
        android:layout_width="wrap_content"
        android:layout_height="wrap_content"
        android:src="@mipmap/sample"/>

</com.testmatrix.harvic.blogmatrix.foldsample.PolyToPolySample4View>
```

此时的效果如图 2-52 所示。

从图 2-52 可以看到，图顶部显示了折叠效果，但底部是怎么回事呢？怎么还这么平整？假如我们拿图 2-52 与前面的效果图（见图 2-51）进行对比，如图 2-53 所示。

扫码查看彩色图

图 2-52

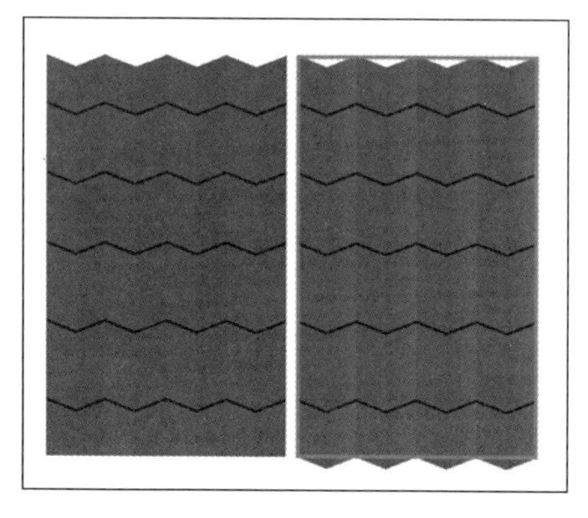

扫码查看彩色图

图 2-53

很明显可以看到，底部平齐是因为布局的高度问题，底部的折叠效果被截掉了。这是为什么呢？

仔细分析上面的布局代码，可以看出，PolyToPolySample4View 的 layout_height 的值是 wrap_content，而它的 content 是 ImageView，其高度就是图 2-53 右图中绿框部分的高度。很显然，底部的折叠效果会被截掉。

2.5.1.4　截掉问题修复

那么怎么解决底部折叠效果被截掉的问题呢？有两种方法可以解决这个问题。

第一种方法：增加 PolyToPolySample4View 的测量高度。即在测量结果的基础上，增加 depth 的高度，这种方法需要重新执行 onMeasure，相对比较麻烦。第二种方法：只需要我们将底部往上缩一缩，在 PolyToPolySample4View 测量高度不变的情况下，通过变形改变底部最低点的位置，使最低点位置处于测量范围内，也就是说底部整体向上缩了 depth 高度，如图 2-54 所示。

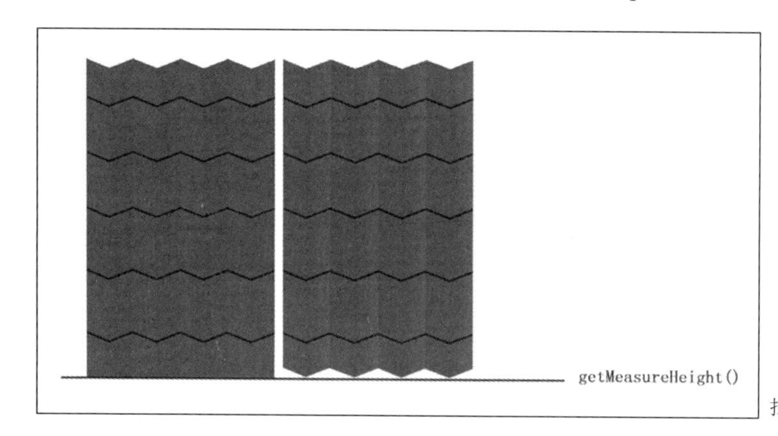

扫码查看彩色图

图 2-54

因此，我们需要修改 dst 数组：

```
dst[0] = foldedItemWidth * i;
dst[1] = isEven ? 0 : depth;
dst[2] = foldedItemWidth * (i + 1);
```

```
    dst[3] = isEven ? depth : 0;
    dst[4] = foldedItemWidth * (i + 1);
    dst[5] = isEven ? mHeight : mHeight - depth;
//  dst[5] = isEven ? mHeight + depth  : mHeight;
    dst[6] = foldedItemWidth * i;
//  dst[7] = isEven ? mHeight: mHeight + depth ;
    dst[7] = isEven ? mHeight - depth : mHeight;
    mMatrices[i].setPolyToPoly(src, 0, dst, 0, src.length >> 1);
```

用//注释掉原来的 dst 数组内容，可以看到，改变前后的区别在于原来的 mHeight + depth 被替换为 mHeight，表示最大高度是 mHeight，原来的 mHeight 被替换为 mHeight - depth，以显示折叠效果。这样修改了以后，整个控件的最低点位置就保持在了 mHeight 处，也就不会出现底部折叠效果被截掉的问题了。此时的效果如图 2-55 所示。

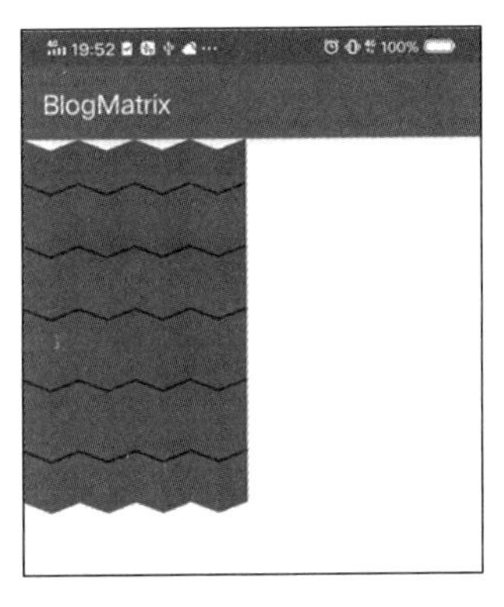

扫码查看彩色图

图 2-55

2.5.1.5　测试成果

我们将包裹的 ImageView 改为其他布局，再来看看效果：

```
<?xml version="1.0" encoding="utf-8"?>
<com.testmatrix.harvic.blogmatrix.foldsample.PolyToPolySample4View
xmlns:android="http://schemas.android.com/apk/res/android"
android:layout_width="150dp"
android:layout_height="wrap_content"
android:padding="10dp"
android:orientation="vertical">

    <SeekBar
        android:layout_width="match_parent"
        android:layout_height="wrap_content"
        android:progress="50"
        android:secondaryProgress="90"
        />

    <TextView
        android:layout_width="wrap_content"
        android:layout_height="wrap_content"
        android:text="
```

```
        虞美人·听雨
        少年听雨歌楼上。红烛昏罗帐。壮年听雨客舟中。江阔云低、断雁叫西风。
        而今听雨僧庐下。鬓已星星也。悲欢离合总无情。一任阶前、点滴到天明。"/>

    <Button
        android:layout_width="match_parent"
        android:layout_height="wrap_content"
        android:padding="10dp"
        android:text="test button"/>
</com.testmatrix.harvic.blogmatrix.foldsample.PolyToPolySample4View>
```

效果如图 2-56 所示。

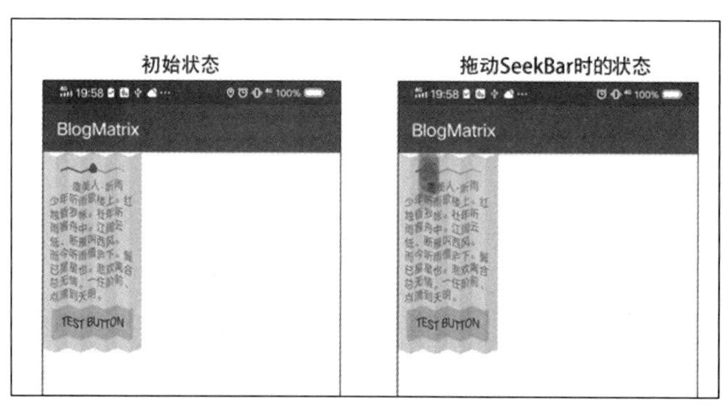

扫码查看动态图

图 2-56

从图 2-56 可以看到，在更改了子控件之后，整个布局自然变更了折叠效果，而且其中的子控件本身的功能依然可用。这就是继承自 ViewGroup 的好处。

2.5.2 实现折叠菜单

在理解了原理之后，下面就开始着手实现折叠菜单的效果。

2.5.2.1 使用 PolyToPolySample6View 动态改变宽度

首先，因为在前面的例子中我们都将整个菜单的宽度设定为原宽度的 0.8 倍，所以在我们要实现动态更新菜单的宽度时，需要增加一个接口，以动态设置菜单的宽度：

```
public class PolyToPolySample6View extends LinearLayout {
    …
    public void setFactor(float factor){
        mFactor = factor;
        updateFold();
        invalidate();
    }
}
```

这里新增了一个 setFactor 函数，可以动态设置缩放变量 mFactor 的值。设置以后，调用 updateFold 函数更新各种变量，然后调用 invalidate 函数重绘整个 ViewGroup。

2.5.2.2　实现抽屉菜单控件

那么问题来了，怎么实现抽屉效果呢？在 Android Support 包中，Google 为我们提供了一个官方的抽屉组件：DrawerLayout。这里先大概讲解一下，如果有不理解它的用法的读者，可以先学习此控件的使用方法后再回来学习本节内容。

因此，继承自 DrawerLayout 来自定义一个抽屉容器，将原来 DrawerLayout 的菜单布局转移到 PolyToPolySample6View 中，这样就可以将 DrawerLayout 的菜单折叠起来了。

相关代码如下，先列出完整代码，然后逐步讲解：

```
    public class FoldDrawerLayout extends DrawerLayout{
        public FoldDrawerLayout(Context context, AttributeSet attrs){
            super(context, attrs);
        }

        @Override
        protected void onAttachedToWindow(){
            super.onAttachedToWindow();
            final int childCount = getChildCount();
            for (int i = 0; i < childCount; i++)
            {
                final View child = getChildAt(i);
                if (isDrawerView(child)){
                    LayoutParams layPar = ((LayoutParams) child.getLayoutParams());
                    PolyToPolySample6View foldlayout = new
PolyToPolySample6View(getContext());
                    removeView(child);
                    foldlayout.addView(child);
                    addView(foldlayout, i, layPar);
                }
            }

            setDrawerListener(new DrawerListener(){

                @Override
                public void onDrawerStateChanged(int arg0) {
                }

                @Override
                public void onDrawerSlide(View drawerView, float slideOffset){
                    if (drawerView instanceof PolyToPolySample6View) {
                        PolyToPolySample6View foldLayout = ((PolyToPolySample6View)
drawerView);
                        foldLayout.setFactor(slideOffset);
                    }

                }

                @Override
                public void onDrawerOpened(View arg0) {
```

```
            }

            @Override
            public void onDrawerClosed(View arg0) {
            }
        });

    }

    boolean isDrawerView(View child) {
        final int gravity = ((LayoutParams) child.getLayoutParams()).gravity;
        final int absGravity = GravityCompat.getAbsoluteGravity(gravity,
                ViewCompat.getLayoutDirection(child));
        return (absGravity & (Gravity.LEFT | Gravity.RIGHT)) != 0;
    }
}
```

我们需要将 DrawerLayout 的菜单布局转移到 PolyToPolySample6View 中，需要在 View 已经生成但还没有显示出来的这个阶段实现。在 ViewGroup 的生命周期函数中，onFinishInflate 和 onAttachedToWindow 都符合条件，这里将处理代码写在 onAttachedToWindow 中。

这里主要分为 3 个步骤。

（1）在 onAttachedToWindow 中轮询所有的子 View，并找到菜单 View。我们知道，在使用 DrawerLayout 时，如果 layout_gravity 的值是 left、right 的 View，那么这个 View 肯定是菜单 View。函数 isDrawerView 就是利用 Gravity 是不是 left、right 来判断是否是菜单的。

（2）如果是菜单 View，则将它加入 PolyToPolySample6View 中。在将该子 View 加入 PolyToPolySample6View 中时，需要注意两点。

- 先调用 remove 函数再调用 add 函数。
- 新增 PolyToPolySample6View 时，需要使用该子 View 的布局参数。因为我们已经在子 View 的布局参数中提前定义了 layout_gravity 的值，所以 DrawerLayout 只需要识别它来确定它是否是菜单即可，如果是才会有菜单效果。

（3）设置抽屉滑动监听，当抽屉滑动时，实时地在 onDrawerSlide 中设置菜单的缩放比例。

2.5.2.3 使用自定义的抽屉组件 FoldDrawerLayout

在使用抽屉组件时，因为它本质上是 DrawerLayout，所以只需要遵循 DrawerLayout 的使用方法即可，只需要在菜单 View 上明确标注它的 layout_gravity 属性。这里为了方便，将 TextView 作为菜单项。代码如下（activity_fold_principle6.xml）：

```
<?xml version="1.0" encoding="utf-8"?>
<com.testmatrix.harvic.blogmatrix.foldsample.FoldDrawerLayout
    xmlns:android="http://schemas.android.com/apk/res/android"
    android:layout_width="match_parent"
    android:layout_height="match_parent">

    <ImageView
```

```
        android:layout_width="match_parent"
        android:layout_height="match_parent"
        android:scaleType="centerCrop"
        android:src="@mipmap/sample"/>

    <TextView
        android:layout_width="200dp"
        android:layout_height="match_parent"
        android:layout_gravity="left"
        android:gravity="center_horizontal"
        android:background="@android:color/holo_green_dark"
        android:text="这里是菜单"/>

</com.testmatrix.harvic.blogmatrix.foldsample.FoldDrawerLayout>
```

然后在 MainActivity 中使用这个布局即可：

```
public class FoldPrinciple6Activity extends AppCompatActivity {
    @Override
    protected void onCreate(Bundle savedInstanceState) {
        super.onCreate(savedInstanceState);
        setContentView(R.layout.activity_fold_principle6);
    }
}
```

效果如图 2-57 所示。

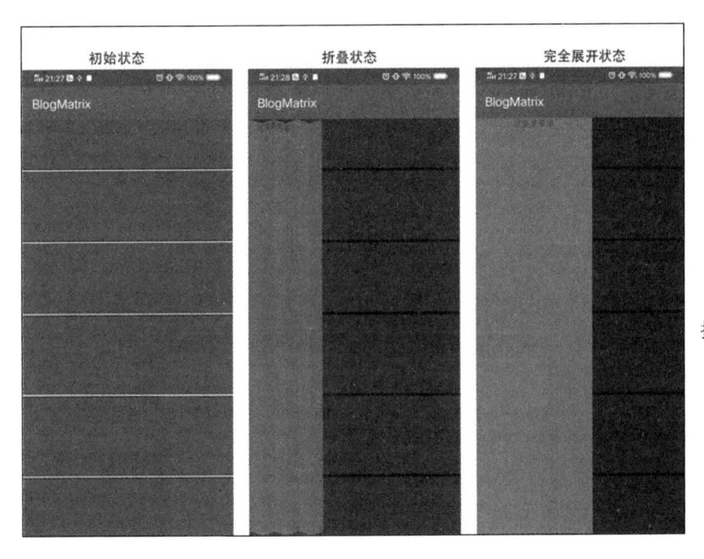

扫码查看动态效果图

图 2-57

2.5.2.4　完整实现折叠菜单效果

在前面的效果图中，大概实现了折叠菜单效果，但很明显有一个问题，这就是当手指拖动的时候，折叠菜单并不紧跟手指变化，而是出现了延后现象，比如图 2-58 中的白点是手指位置，而此时的折叠菜单右侧边在手指距离屏幕左边一半的位置，这是怎么回事呢？

我们知道，一般而言，滑动菜单展开的右侧边位置应该就是手指的位置，这里之所以会出现两个位置不一致的情况，是因为我们在显示折叠菜单时，根据菜单的原始宽度进行了缩放，缩放系数就是 mFactor。

图 2-58

但缩放后布局时，仍是以(0,0)点为坐标系原点进行布局的，这就导致看起来菜单右侧边与手指有一定的距离，原理如图 2-59 所示。

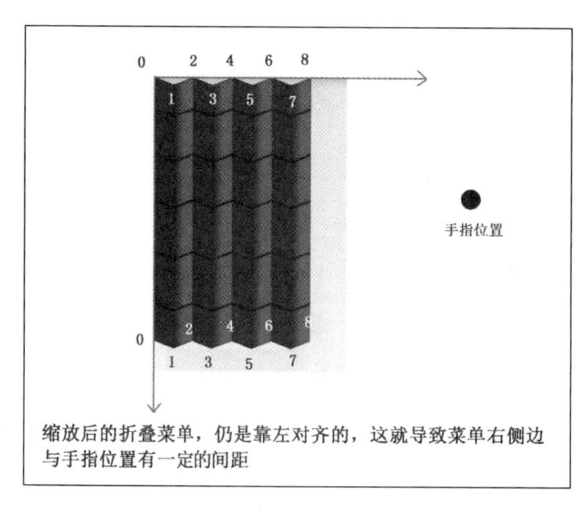

图 2-59

解决这个问题的办法也比较简单，只需要让缩放后的菜单靠右布局即可，原理如图 2-60 所示。

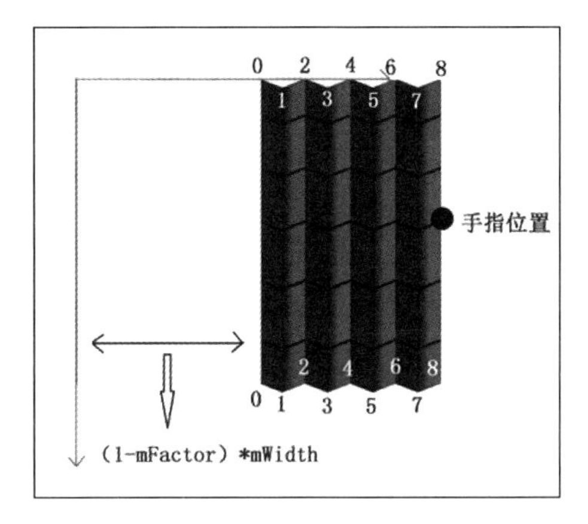

图 2-60

因为折叠菜单跟随手指移动的最大距离就是整个菜单宽度，所以右侧菜单缩小后的大小是 mFactor × mWidth（mWidth 是整个菜单的宽度），左侧空出来的距离是(1– mFacotr) × mWidth。

这样我们只需要对 dst 数组进行修改，整个折叠菜单向右移(1–mFacotr) × mWidth 即可：

```
private void updateFold() {
    …

    float transWidth = mWidth * (1 - mFactor);

    for (int i = 0; i < sFoldsNum; i++) {
        //表示第几个模块，i==0 时，表示第 1 个模块
        boolean isEven = i % 2 == 0;
        int sLeft = mFoldWidth * i;
        int sRight = mFoldWidth * (i + 1);
        float[] src = {sLeft, 0,
                sRight, 0,
                sRight, mHeight,
                sLeft, mHeight};
        float[] dst = new float[sFoldsNum];

        dst[0] = transWidth + foldedItemWidth * i;
        dst[1] = isEven ? 0 : depth;
        dst[2] = transWidth +foldedItemWidth * (i + 1);
        dst[3] = isEven ? depth : 0;
        dst[4] = transWidth +foldedItemWidth * (i + 1);
        dst[5] = isEven ? mHeight : mHeight - depth;
        dst[6] = transWidth + foldedItemWidth * i;
        dst[7] = isEven ? mHeight - depth : mHeight;
        mMatrices[i].setPolyToPoly(src, 0, dst, 0, src.length >> 1);
    }
}
```

修改后的代码效果如图 2-61 所示。

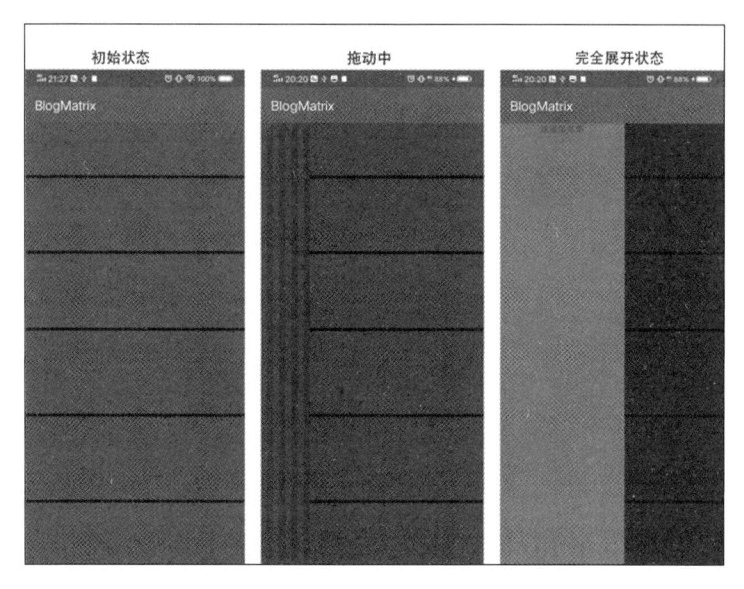

扫码查看彩色图

图 2-61

到这里，有关位置矩阵的所有知识就讲解完成了。单纯理解位置矩阵有一定的难度，使用起来更困难，但位置矩阵的应用范围比较广，在自定义控件中经常会用到，所以如果不懂这个知识点的话，可能会读不明白一些代码，因此大家还是应该尽量学会和掌握它。

第 3 章

派生类型的选择与实例

人，得自个儿成全自个儿。要想人前显贵，就得人后受罪！

——《霸王别姬》

在实现自定义控件的效果时，一般用 3 种方法。

- 第 1 种是通过继承自 View 类或其子控件类来实现。
- 第 2 种是通过继承自 ViewGroup 类或其子控件类来实现。
- 第 3 种是通过控件本身提供的方法来实现，比如 RecyclerView 的自定义 LayoutManager 等。

在本章中，我们主要讲解继承自 View 类、View 子控件类、ViewGroup 类、ViewGroup 子控件类的选择方法。即本章将告诉你当我们有一个需求时该如何选择继承自哪一个类。因此本章是集所有章节之大成，是自定义控件的核心章节，大家务必仔细阅读。

3.1 派生类型的选择方法概述

在自定义和派生控件时，需要选择是继承自 View 类、View 子控件类还是 ViewGroup 类、ViewGroup 子控件类。在选择派生类型时，我们需要首先选择是继承自 View 类还是继承自 ViewGroup 类。假设选定继承自 View 类，然后选择是继承自 View 类本身，还是继承自 View 的子类。

3.1.1 View 类及 ViewGroup 类的选择

如果大家从我的第一本书《Android 自定义控件开发入门与实战》读到过相关章节，就可以知道其中已经多次涉及 View 类和 ViewGroup 类的派生实例了。其实，继承自 View 类还是 ViewGroup 类有一个非常容易区分的方法。

- 如果控件内部没有包裹其他控件，那就继承自 View 类。

- 如果控件内部还包裹了其他控件，那就继承自 ViewGroup 类。

View 类与 ViewGroup 类有一个非常明显的区别，即其内部有没有包裹其他控件，View 类的控件只是一个控件，而 ViewGroup 类的控件则是一个布局类型控件，其用于布局自己内部的子控件。

下面两个实例展示了继承自 View 类的效果。

扫码查看效果图，其中展示了望远镜效果。

扫码查看动态效果图

图 3-1 展示了实现圆角图片效果的自定义控件。

图 3-1

很明显，以上两个实例都是独立的控件实例，而不是一个容器，它们本身没办法包裹任何的子控件，我们只关注控件本身的视觉效果。

继承自 ViewGroup 类的实例如图 3-2 所示。

图 3-2

图 3-2 中的实例是一种流式布局，这个控件的名字叫 FlowLayout，其用于为内部的子控件实现流式布局的效果。很明显，要实现这种效果，我们需要实现一个布局类，所以它需要继承自 ViewGroup 类。

在了解了继承自 View 类还是继承自 ViewGroup 类的选择方法以后，下面分别看看在继承自 View 类时该如何选择是继承自 View 类还是继承自 View 的子类；同样地，在继承自 ViewGroup 类时，该如何选择继承自 ViewGroup 类还是继承自 ViewGroup 的子类。

3.1.2　继承自 View 类的处理流程

我们先看看如果继承自 View 类，需要做些什么，然后看看如果继承自 View 的子类，又需要做些什么。在充分了解了它们的区别后，进而可以理解如何选择的方法。

一般而言，无论是继承自 View 类、ViewGroup 类还是它们的子类，必然会经过几个阶段，也就是 measure（测量）、layout（布局）、draw（绘图）这三大流程。下面讲解一下继承自 View 类的三大流程处理方式。

假设，我们自定义一个类继承自 View 类：

```
    public class CustomView extends View {
        public CustomView(Context context) {
            super(context);
        }

        public CustomView(Context context, @Nullable AttributeSet attrs) {
            super(context, attrs);
        }

        public CustomView(Context context, @Nullable AttributeSet attrs, int
defStyleAttr) {
            super(context, attrs, defStyleAttr);
        }
    }
```

可以看到，在继承自 View 类时，除了强制实现构造函数外，不要求实现任何函数。因此，当我们不实现其他函数时，就会全部采用 View 类中的默认实现。

下面逐个来看看 View 类在测量、布局、绘制时都是怎么做的。

3.1.2.1　View 类的 onMeasure 函数

在 View 类中进行测量时，都是直接调用 onMeasure 函数的，所以下面直接看看它的实现：

```
    protected void onMeasure(int widthMeasureSpec, int heightMeasureSpec) {
        setMeasuredDimension(getDefaultSize(getSuggestedMinimumWidth(),
widthMeasureSpec),getDefaultSize(getSuggestedMinimumHeight(), heightMeasureSpec));
    }
```

对于以上代码中的 setMeasuredDimension 函数，大家应该都比较熟悉，我们在自定义测量值时，都是通过它来设置的。然后，看看 getDefaultSize 函数：

```
    public static int getDefaultSize(int size, int measureSpec) {
        int result = size;
        int specMode = MeasureSpec.getMode(measureSpec);
        int specSize = MeasureSpec.getSize(measureSpec);

        switch (specMode) {
        case MeasureSpec.UNSPECIFIED:
            result = size;
            break;
        case MeasureSpec.AT_MOST:
```

```
        case MeasureSpec.EXACTLY:
            result = specSize;
            break;
        }
        return result;
    }
```

这个函数的主要作用是根据不同的测量模式返回不同的数值。

在《Android 自定义控件开发入门与实战》一书的 12.2 节“测量与布局”中，我们详细讲述了 ViewGroup 类的绘制流程，其中提到过 XML 中 layout_width/layout_height 的取值与测量模式的对应关系：

- wrap_content -> MeasureSpec.AT_MOST
- match_parent -> MeasureSpec.EXACTLY
- 具体值 -> MeasureSpec.EXACTLY

现在再回头看看 getDefaultSize 中的实现，除了 MeasureSpec.UNSPECIFIED 模式外，View 类的测量宽度和高度都是由 specSize 决定的。而对于 MeasureSpec.UNSPECIFIED 模式，一般接触不到，它主要用于系统内部自身的测量过程。

那么问题就来了，View 类测量过程中默认生成的这个 specSize 是怎么取值的呢？即 View 类本身的 layout_width、layout_height 各种属性值不同时，它的取值会是多少呢？

因为 specSize 是由 measureSpec 计算得来的，而 measureSpec 是通过 ViewGroup 类获得的，所以要知道 measureSpec 的具体数值，就需要在 ViewGroup 类中找源码。在 ViewGroup 类的 ViewChildMeasureSpec 函数中有具体的测量函数：

```
    public static int getChildMeasureSpec(int spec, int padding, int childDimension)
{
        int specMode = MeasureSpec.getMode(spec);
        int specSize = MeasureSpec.getSize(spec);

        int size = Math.max(0, specSize - padding);

        int resultSize = 0;
        int resultMode = 0;

        switch (specMode) {
        // Parent has imposed an exact size on us
        case MeasureSpec.EXACTLY:
            if (childDimension >= 0) {
                resultSize = childDimension;
                resultMode = MeasureSpec.EXACTLY;
            } else if (childDimension == LayoutParams.MATCH_PARENT) {
                // Child wants to be our size. So be it.
                resultSize = size;
                resultMode = MeasureSpec.EXACTLY;
            } else if (childDimension == LayoutParams.WRAP_CONTENT) {
                // Child wants to determine its own size. It can't be
```

```
                // bigger than us.
                resultSize = size;
                resultMode = MeasureSpec.AT_MOST;
            }
            break;

        // Parent has imposed a maximum size on us
        case MeasureSpec.AT_MOST:
            if (childDimension >= 0) {
                // Child wants a specific size... so be it
                resultSize = childDimension;
                resultMode = MeasureSpec.EXACTLY;
            } else if (childDimension == LayoutParams.MATCH_PARENT) {
                // Child wants to be our size, but our size is not fixed.
                // Constrain child to not be bigger than us.
                resultSize = size;
                resultMode = MeasureSpec.AT_MOST;
            } else if (childDimension == LayoutParams.WRAP_CONTENT) {
                // Child wants to determine its own size. It can't be
                // bigger than us.
                resultSize = size;
                resultMode = MeasureSpec.AT_MOST;
            }
            break;

        // Parent asked to see how big we want to be
        case MeasureSpec.UNSPECIFIED:
            if (childDimension >= 0) {
                // Child wants a specific size... let him have it
                resultSize = childDimension;
                resultMode = MeasureSpec.EXACTLY;
            } else if (childDimension == LayoutParams.MATCH_PARENT) {
                // Child wants to be our size... find out how big it should
                // be
                resultSize = View.sUseZeroUnspecifiedMeasureSpec ? 0 : size;
                resultMode = MeasureSpec.UNSPECIFIED;
            } else if (childDimension == LayoutParams.WRAP_CONTENT) {
                // Child wants to determine its own size… find out how
                // big it should be
                resultSize = View.sUseZeroUnspecifiedMeasureSpec ? 0 : size;
                resultMode = MeasureSpec.UNSPECIFIED;
            }
            break;
        }
        //noinspection ResourceType
        return MeasureSpec.makeMeasureSpec(resultSize, resultMode);
    }
```

这段代码主要展示了在子控件的 LayoutParams 的各种取值与父容器 MeasureSpec 的各种取值下，子控件的取值与父容器大小的关系，如图 3-3 所示。

ParentSpecMode / ChildLayoutParams	EXACTLY	AT_MOST	UNSPECIFIED
固定数值	EXACTLY ChildSize	EXACTLY ChildSize	EXACTLY ChildSize
match_parent	EXACTLY ParentSize	EXACTLY ParentSize	UNSPECIFIED 0
wrap_content	AT_MOST ParentSize	AT_MOST ParentSize	UNSPECIFIED 0

图 3-3

很明显，父容器的测量模式决定了父容器区域的大小，而子控件的布局参数决定了其占父容器区域的大小。所以，在测量子控件所占的大小时，是由父容器的测量模式和子控件的测量模式共同决定的。在这里的代码中，子控件是使用 LayoutParams 来进行判断的，上面已经提到，LayoutParams 其实与测量模式是一一对应的。这只是代码的另一种写法，不影响代码的本质，其实就是由父容器和子控件的测量模式共同决定了子控件所占区域的大小。

由于 UNSPECIFIED 模式主要用于系统内部自身的测量过程，因此我们不需要关注此模式。下面，我们只看看 EXACTLY 和 AT_MOST 模式。

从图 3-3 可以看出，当子控件的宽度和高度是具体数值时，测量出来的大小始终与子控件大小保持一致。有读者可能会说，如果测量出来的父容器大小是 50 dp，而子控件的固定数值是 100 dp，这时会怎么样呢？你可以尝试一下，LinearLayout 中包含一个 ImageView，将 LinearLayout 的宽度和高度都设置为 50 dp，将 ImageView 的宽度和高度都设置为 100 dp，这就是前面说到的这种情况，这时显示出来的效果是只会显示一部分图像。为了验证这个结论，你可以调用 ImageView 的 getMeasureWidth 来看看测量出来的具体数据，确实是 100 dp。

当子控件的宽度和高度都是 match_parent 时，父容器的模式无论是 AT_MOST 还是 EXACTLY，子控件的测量结果都是父容器的大小。这比较容易理解，子控件的 LayoutParams 取值是 match_parent 时，其所占大小都是父容器的大小。而父容器的各种参数只用来决定父容器本身的大小。

当子控件的宽度和高度是 wrap_content 时，子控件的取值是父容器的大小。这点需要特别注意。

结合对图 3-3 的讲解，可以知道，当子控件的布局参数取值是 wrap_content 时，宽度和高度的取值是其父容器的值，此时再回到 getDefaultSize 函数中：

```
public static int getDefaultSize(int size, int measureSpec) {
    int result = size;
    int specMode = MeasureSpec.getMode(measureSpec);
    int specSize = MeasureSpec.getSize(measureSpec);

    switch (specMode) {
    case MeasureSpec.UNSPECIFIED:
```

```
        result = size;
        break;
    case MeasureSpec.AT_MOST:
    case MeasureSpec.EXACTLY:
        result = specSize;
        break;
    }
    return result;
}
```

因此，当继承自 View 类时，需要重写 View 类的 onMeasure 函数，并实现对 wrap_content 的处理：

```
protected void onMeasure(int widthMeasureSpec, int heightMeasureSpec) {
    super.onMeasure(widthMeasureSpec, heightMeasureSpec);

    int widthMode = MeasureSpec.getMode(widthMeasureSpec);
    int heightMode = MeasureSpec.getMode(heightMeasureSpec);
    int widthSize = MeasureSpec.getSize(widthMeasureSpec);
    int heightSize = MeasureSpec.getSize(heightMeasureSpec);
    if (widthMode == MeasureSpec.AT_MOST && heightMode == MeasureSpec.AT_MOST){
        setMeasuredDimension(mWidth,mHeight);
    }else if (widthMode == MeasureSpec.AT_MOST){
        setMeasuredDimension(mWidth,heightSize);
    }else if (heightMode == MeasureSpec.AT_MOST){
        setMeasuredDimension(widthSize,mHeight);
    }else {
        setMeasuredDimension(widthMeasureSpec,heightMeasureSpec);
    }
}
```

在上面的代码中，假设 mWidth 和 mHeight 是 View 类的测量属性且都是 wrap_content，即 View 的宽度和高度就是它本身内容所占的宽度和高度，所以如果 View 的 widthMode == MeasureSpec.AT_MOST，那就在 setMeasuredDimension 中将 Width 设置为 mWidth；如果 View 的 heightMode == MeasureSpec.AT_MOST，那就在 setMeasuredDimension 中将 Height 设置为 mHeight。判断 widthMode 等于 MeasureSpec.AT_MOST 的原因是，当将 layout_width 设置为 wrap_content 时，它所对应的测量模式是 MeasureSpec.AT_MOST。

3.1.2.2　View 类的 onLayout 函数

View 类中的 onLayout 函数就是一个空函数：

```
    protected void onLayout(boolean changed, int left, int top, int right, int bottom)
{
    }
```

因为 onLayout 函数用于确定视图在布局中所在的位置，而这个操作应该是由布局来完成的，即父视图决定子视图的显示位置，完全与 View 类本身没有关系，所以在 View 类中完全用不到 onLayout 函数。

3.1.2.3 View 类的 onDraw 函数

测量和布局过程都结束后，接下来就进入绘制过程了，这时才真正地开始对视图进行绘制。ViewRoot 中的代码会继续执行并创建一个 Canvas 对象，然后调用 View 类的 draw 函数来执行具体的绘制工作。draw 函数内部的绘制过程总共可以分为 6 步，其中第 2 步和第 5 步在一般情况下很少用到，因此在这里我们只分析简化后的绘制过程，代码如下：

```
public void draw(Canvas canvas) {
    if (ViewDebug.TRACE_HIERARCHY) {
        ViewDebug.trace(this, ViewDebug.HierarchyTraceType.DRAW);
    }
    final int privateFlags = mPrivateFlags;
    final boolean dirtyOpaque = (privateFlags & DIRTY_MASK) == DIRTY_OPAQUE &&
            (mAttachInfo == null || !mAttachInfo.mIgnoreDirtyState);
    mPrivateFlags = (privateFlags & ~DIRTY_MASK) | DRAWN;
    // Step 1, draw the background, if needed
    int saveCount;
    if (!dirtyOpaque) {
        final Drawable background = mBGDrawable;
        if (background != null) {
            final int scrollX = mScrollX;
            final int scrollY = mScrollY;
            if (mBackgroundSizeChanged) {
                background.setBounds(0, 0, mRight - mLeft, mBottom - mTop);
                mBackgroundSizeChanged = false;
            }
            if ((scrollX | scrollY) == 0) {
                background.draw(canvas);
            } else {
                canvas.translate(scrollX, scrollY);
                background.draw(canvas);
                canvas.translate(-scrollX, -scrollY);
            }
        }
    }
    final int viewFlags = mViewFlags;
    boolean horizontalEdges = (viewFlags & FADING_EDGE_HORIZONTAL) != 0;
    boolean verticalEdges = (viewFlags & FADING_EDGE_VERTICAL) != 0;
    if (!verticalEdges && !horizontalEdges) {
        // Step 3, draw the content
        if (!dirtyOpaque) onDraw(canvas);
        // Step 4, draw the children
        dispatchDraw(canvas);
        // Step 6, draw decorations (scrollbars)
        onDrawScrollBars(canvas);
        // we're done...
        return;
    }
}
```

可以看到，第 1 步是从注释 Step 1 开始的，这一步的作用是对视图的背景进行绘制。在这里会先得到一个 mBGDrawable 对象，然后根据布局过程确定的视图位置来设置背景的绘制区域，之后再调用 Drawable 的 draw 函数来完成背景的绘制工作。那么这个 mBGDrawable 对象是从哪里来的呢？其实就是在 XML 中通过 android:background 属性设置的图片或颜色。当然你也可以在代码中通过 setBackgroundColor、setBackgroundResource 等函数进行赋值。

接下来是第 3 步（注释 Step 3 处），这一步的作用是对视图的内容进行绘制。可以看到，这里调用了 onDraw 函数，那么 onDraw 函数里又有什么代码呢？查看后你会发现，原来又是一个空函数啊：

```
protected void onDraw(Canvas canvas) {
}
```

其实也可以理解，因为每个视图的内容部分肯定是各不相同的，这部分的功能交给子类实现也是理所当然的。

第 3 步完成之后紧接着会执行第 4 步，这一步的作用是对当前视图的所有子视图进行绘制。但如果当前视图没有子视图，那么也就不需要绘制了。因此你会发现 View 类中的 dispatchDraw 函数又是一个空函数，而 ViewGroup 类的 dispatchDraw 函数中有具体的绘制代码。

以上步骤都执行完成后就会进入第 6 步，也是最后一步，这一步的作用是对视图滚动条进行绘制。那么你可能会感到奇怪，当前视图又不一定是 ListView 或者 ScrollView，那么为什么要绘制滚动条呢？其实不管是 Button 也好，TextView 也罢，任何一个视图都有滚动条，只是在一般的情况下我们没有让它显示出来而已。绘制滚动条的代码逻辑比较复杂，这里就不介绍了，我们会把重点放在第 3 步上。

通过以上流程分析，相信大家已经知道 View 是不会帮我们绘制内容部分的，因此需要根据每个视图要展示的内容来自行绘制。如果你去观察 TextView、ImageView 等类的源码，你会发现它们都重写了 onDraw 函数，并且在里面加入了不少绘制的代码逻辑。

3.1.2.4　重写 View 类实例

综上，我们知道如果直接继承自 View 类的话，需要做如下两件事。

- 当继承自 View 类时，需要重写 View 的 onMeasure 函数，并实现对 wrap_content 的处理。
- 重写 onDraw 函数，绘制控件内容。

接下来，我们自定义一个组件，继承自 View 类，在其中显示一张图像，当宽度和高度设置为 wrap_content 时，使用图像本身的宽度和高度作为 View 的宽度和高度，效果如图 3-4 所示。

可以看到，在图 3-4 中，显示图像的控件继承自 View 类，而且它的宽度和高度均被设为 wrap_content。

扫码查看彩色图

图 3-4

很明显，要实现这个效果，就需要在 onMeasure 中实现 wrap_content 模式下的高度设置，然后在 onDraw 中绘制图像，代码如下：

```
    public class CustomView extends View {
        private int mWidth,mHeight;
        private Bitmap mBmp;
        public CustomView(Context context) {
            super(context);
            init(context);
        }

        public CustomView(Context context, @Nullable AttributeSet attrs) {
            super(context, attrs);
            init(context);
        }

        public CustomView(Context context, @Nullable AttributeSet attrs, int
defStyleAttr) {
            super(context, attrs, defStyleAttr);
            init(context);
        }

        private void init(Context context){
            mBmp = BitmapFactory.decodeResource(context.getResources(),R.mipmap.dog);
            mWidth = mBmp.getWidth();
            mHeight = mBmp.getHeight();
        }

        @Override
        protected void onMeasure(int widthMeasureSpec, int heightMeasureSpec) {
            super.onMeasure(widthMeasureSpec, heightMeasureSpec);

            int widthMode = MeasureSpec.getMode(widthMeasureSpec);
            int heightMode = MeasureSpec.getMode(heightMeasureSpec);
            int widthSize = MeasureSpec.getSize(widthMeasureSpec);
            int heightSize = MeasureSpec.getSize(heightMeasureSpec);
```

```
        if (widthMode == MeasureSpec.AT_MOST && heightMode == MeasureSpec.AT_MOST){
            setMeasuredDimension(mWidth,mHeight);
        }else if (widthMode == MeasureSpec.AT_MOST){
            setMeasuredDimension(mWidth,heightSize);
        }else if (heightMode == MeasureSpec.AT_MOST){
            setMeasuredDimension(widthSize,mHeight);
        }else {
            setMeasuredDimension(widthMeasureSpec,heightMeasureSpec);
        }
    }

    @Override
    protected void onDraw(Canvas canvas) {
        super.onDraw(canvas);
        if (mBmp == null){
            return;
        }
        canvas.drawBitmap(mBmp,0,0,null);
    }
}
```

整段代码难度不大，在初始化（init 函数中）时，加载要显示的图像，并获取它的宽度和高度，保存在 mWidth 和 mHeight 中。

然后在 onMeasure 中兼容宽度和高度取值为 wrap_content 时的测量模式，将该模式下的宽度和高度设为图像的宽度和高度。

最后，在 onDraw 函数中将图像画出来。

该自定义控件的使用方式如下（activity_custom_view.xml）：

```
<?xml version="1.0" encoding="utf-8"?>
<LinearLayout
    xmlns:android="http://schemas.android.com/apk/res/android"
    xmlns:tools="http://schemas.android.com/tools"
    android:orientation="vertical"
    android:background="#ffff00"
    android:layout_width="match_parent"
    android:layout_height="match_parent"
    tools:context=".CustomViewActivity">

    <com.custom.harvic.testcustomctrl.CustomView
        android:layout_width="wrap_content"
        android:layout_height="wrap_content"/>

</LinearLayout>
```

在这里，我们将整个 LinearLayout 的背景设为黄色，以便区分自定义控件所占区域。执行效果就是本节开始展示的效果。

以上就是当继承自 View 类时，自定义 View 所需要做的事情。

3.1.3 继承自 View 子类的处理流程

图 3-5 展示了继承自 View 的直接子类和间接子类。

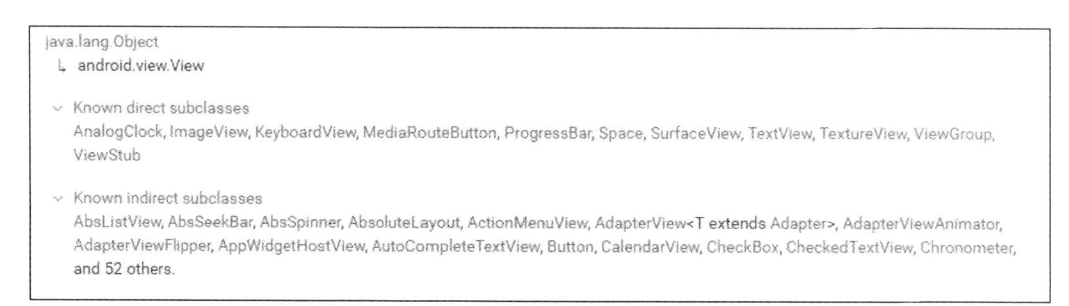

java.lang.Object
↳ android.view.View

Known direct subclasses
AnalogClock, ImageView, KeyboardView, MediaRouteButton, ProgressBar, Space, SurfaceView, TextView, TextureView, ViewGroup, ViewStub

Known indirect subclasses
AbsListView, AbsSeekBar, AbsSpinner, AbsoluteLayout, ActionMenuView, AdapterView<T extends Adapter>, AdapterViewAnimator, AdapterViewFlipper, AppWidgetHostView, AutoCompleteTextView, Button, CalendarView, CheckBox, CheckedTextView, Chronometer, and 52 others.

图 3-5

（1）直接子类：直接继承自 View 的子类，比如 TextView extends View 就是直接继承自 View 的类，共 12 个。

（2）间接子类：间接继承自 View 的子类，比如 Button extends TextView，Button 直接继承自 TextView 类，而 TextView 继承自 View 类，所以 Button 间接继承自 View 类，这就称 Button 类是 View 类的间接子类，View 类的间接子类共有 113 个。

可以说 View 有一个庞大的继承体系，在我们了解了为什么要继承自 View 子类以后，这些继承自 View 的子类都可以为我们所用。

3.1.3.1 继承自 ImageView 类的实例

同样地，我们也通过继承自 View 的子类来尝试实现 3.1.2 节中显示图像的效果。我们知道 ImageView 本身具有显示图像的特性，所以直接继承自 ImageView 类的话，即便什么也不做，应该也可以显示出图像，下面我们来进行一下尝试。

首先，自定义一个控件，直接继承自 ImageView：

```
public class CustomImageView extends ImageView {
    public CustomImageView(Context context) {
        super(context);
    }

    public CustomImageView(Context context, @Nullable AttributeSet attrs) {
        super(context, attrs);
    }

    public CustomImageView(Context context, @Nullable AttributeSet attrs, int
defStyleAttr) {
        super(context, attrs, defStyleAttr);
    }
}
```

然后，在布局中使用如下代码：

```
<?xml version="1.0" encoding="utf-8"?>
<LinearLayout
    xmlns:android="http://schemas.android.com/apk/res/android"
    xmlns:tools="http://schemas.android.com/tools"
    android:orientation="vertical"
    android:background="#ffff00"
    android:layout_width="match_parent"
    android:layout_height="match_parent"
    tools:context=".CustomImageViewActivity">

    <com.custom.harvic.testcustomctrl.CustomImageView
        android:layout_width="wrap_content"
        android:layout_height="wrap_content"
        android:src="@mipmap/dog"/>

</LinearLayout>
```

效果如图 3-6 所示。

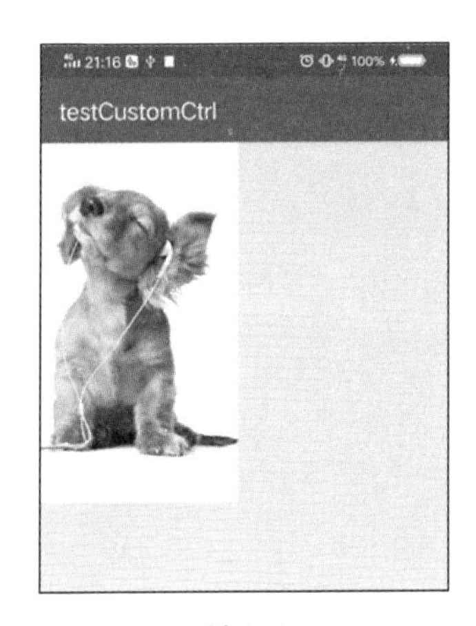

扫码查看彩色图

图 3-6

效果与上面继承自 View 类所实现的效果完全相同，但在继承自 ImageView 类时，不需要我们做什么，没有在 onMeasure 函数中实现 wrap_content 兼容，也没有在 onDraw 函数中绘图。

在继承自子控件类时，可以利用子控件类已有的功能，只关注自己想要实现的效果即可。

3.1.3.2　实现黑白图像效果

如果我们依然使用继承自 ImageView 的类来实现，将 ImageView 类默认加载出来的图像变为黑白图像，如图 3-7 所示，那么应该怎样做呢？

扫码查看彩色图

图 3-7

相关代码如下：

```
public class CustomImageView extends ImageView {

    private ColorMatrix colorMatrix = new ColorMatrix(new float[]{
            0.213f, 0.715f, 0.072f, 0, 0,
            0.213f, 0.715f, 0.072f, 0, 0,
            0.213f, 0.715f, 0.072f, 0, 0,
            0,      0,    0, 1, 0,
    });

    public CustomImageView(Context context) {
        super(context);
    }

    public CustomImageView(Context context, @Nullable AttributeSet attrs) {
        super(context, attrs);
    }

    public CustomImageView(Context context, @Nullable AttributeSet attrs, int
defStyleAttr) {
        super(context, attrs, defStyleAttr);
    }

    @Override
    protected void onDraw(Canvas canvas) {
        canvas.save();
        setColorFilter(new ColorMatrixColorFilter(colorMatrix));
        super.onDraw(canvas);
        canvas.restore();
    }
}
```

这里用到了 ColorMatrix 来实现黑白图像效果，有关 ColorMatrix 的用法，大家可以参考《Android 自定义控件开发入门与实战》一书的第 11 章，这里不再赘述。

下面主要关注一下 onDraw 函数中的操作：

```
canvas.save();
setColorFilter(new ColorMatrixColorFilter(colorMatrix));
super.onDraw(canvas);
canvas.restore();
```

canvas.save 与 canvas.restore 的用法不再讲解了，已经在《Android 自定义控件开发入门与实战》一书中反复介绍过。

需要注意的是，supre.onDraw(canvas)调用了 ImageView 类的 onDraw 函数，在该函数执行结束后，就会将 ImageView 的图像画在画布上。

因为我们要设置 ColorFilter，所以必然需要在 ImageView 执行默认绘图操作前执行 setColorFilter 函数。

通过这个实例可以看出，继承自子控件类是非常简单的，我们只需要关注自己要实现的功能。

3.1.4　继承自 ViewGroup 类的处理流程

3.1.4.1　继承自 ViewGroup 类

假设自定义一个类直接继承自 ViewGroup 类：

```
public class CustomViewGroup extends ViewGroup {
    public CustomViewGroup(Context context) {
        super(context);
    }

    public CustomViewGroup(Context context, AttributeSet attrs) {
        super(context, attrs);
    }

    public CustomViewGroup(Context context, AttributeSet attrs, int defStyleAttr)
{
        super(context, attrs, defStyleAttr);
    }

    @Override
    protected void onLayout(boolean changed, int l, int t, int r, int b) {
    }
}
```

可以看到，除了必须写构造函数外，还必须重写 onLayout 函数。因为在 ViewGroup 类中 onLayout 函数是一个虚函数：

```
protected abstract void onLayout(boolean changed,int l, int t, int r, int b);
```

看似只需要重写 onLayout 函数就可以了，但是当我们在其中加入一个 ImageView 控件的时候，相关代码如下：

```
<?xml version="1.0" encoding="utf-8"?>
<LinearLayout
```

```
    xmlns:android="http://schemas.android.com/apk/res/android"
    xmlns:tools="http://schemas.android.com/tools"
    android:orientation="vertical"
    android:background="#ffff00"
    android:layout_width="match_parent"
    android:layout_height="match_parent"
    tools:context=".CustomViewGroupActivity">

    <com.custom.harvic.testcustomctrl.CustomViewGroup
        android:background="#ff0000"
        android:layout_width="wrap_content"
        android:layout_height="wrap_content">

        <ImageView
            android:layout_width="wrap_content"
            android:layout_height="wrap_content"
            android:src="@mipmap/dog"/>
    </com.custom.harvic.testcustomctrl.CustomViewGroup>

</LinearLayout>
```

在这里，将最外层的 LinearLayout 的背景设为黄色，将自定义的 CustomViewGroup 的背景设为红色，以便识别所占区域。需要注意的是，CustomViewGroup 的宽度和高度都被设置为 wrap_content，后面会用到。

运行一下代码，得到图 3-8 的效果。

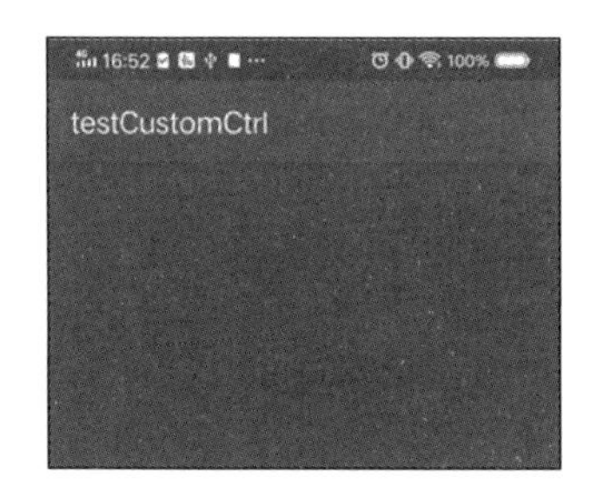

扫码查看彩色图

图 3-8

可以看到，只全屏显示了 CustomViewGroup 的背景，而其中包裹的 ImageView 并没有显示出来。这是为什么呢？很容易看出，onLayout 函数中没有任何代码。我们知道 onLayout 函数的作用是布局其中的子控件，我们没有对其中的子控件布局，当然什么都不会显示了。

下面我们仿 LinearLayout 纵向显示的效果，将其中包裹的各个子控件进行纵向布局：

```
protected void onLayout(boolean changed, int l, int t, int r, int b) {
    int top = 0;
    int count = getChildCount();
    for (int i = 0; i < count; i++) {
        View child = getChildAt(i);
        int childWidth = child.getMeasuredWidth();
        int childHeight = child.getMeasuredHeight();
```

```
        child.layout(0, top, childWidth, top + childHeight);
        top += childHeight;
    }
}
```

这段代码不难理解，就是把 CustomViewGroup 中的子控件一个个纵向排列。这里没有做 padding 和 margin 处理，如果想考虑的话，可以参考《Android 自定义控件开发入门与实战》一书 12.2 节。

这时你再运行一下代码，会发现依然没有显示什么内容，这就很让人困惑了，已经编写了纵向布局子控件的代码，怎么会没有效果呢？

这时如果你调试一下代码，就会发现，这里调用的 child.getMeasuredWidth 和 child.getMeasuredHeight 获取的值都是 0，为什么会这样呢？

3.1.4.2　为什么 child.getMeasureWidth 值为 0

很显然，这是在测量时出了问题。我们来看看 ViewGroup 类的 onMeasure 函数，可以发现 ViewGroup 类没有实现 onMeasure 函数。虽然它提供了一个 measureChilder 函数，但并没有任何地方调用了这个函数。

这说明在我们重写 onMeasure 函数时，继承自 ViewGroup 类的控件使用的是 View 类的 onMeasure 函数。而我们知道 View 类的 onMeasure 函数是控件本身的测量函数，只会测量自己的宽度和高度，并没有测量子控件部分。因此，当继承自 ViewGroup 类时，需要重写 onMeasure 函数，不仅要涵盖 wrap_content 属性，还需要测量子控件。

一般重写的 onMeasure 函数如下：

```
protected void onMeasure(int widthMeasureSpec, int heightMeasureSpec) {
    super.onMeasure(widthMeasureSpec, heightMeasureSpec);
    //测量子控件
    measureChildren(widthMeasureSpec, heightMeasureSpec);

    //当宽度和高度被设为 wrap_content 时，测量此模式下控件的宽度和高度
    int height = 0, maxWidth = 0;
    int count = getChildCount();
    for (int i = 0; i < count; i++) {
        View child = getChildAt(i);
        int childWidth = child.getMeasuredWidth();
        if (childWidth > maxWidth) {
            maxWidth = childWidth;
        }
        int childHeight = child.getMeasuredHeight();
        height += childHeight;
    }

    //在 wrap_content 模式下，设置控件宽度和高度
    int widthMode = MeasureSpec.getMode(widthMeasureSpec);
    int heightMode = MeasureSpec.getMode(heightMeasureSpec);
    int widthSize = MeasureSpec.getSize(widthMeasureSpec);
```

```
    int heightSize = MeasureSpec.getSize(heightMeasureSpec);
    if (widthMode == MeasureSpec.AT_MOST && heightMode == MeasureSpec.AT_MOST){
       setMeasuredDimension(maxWidth,height);
    }else if (widthMode == MeasureSpec.AT_MOST){
       setMeasuredDimension(maxWidth,heightSize);
    }else if (heightMode == MeasureSpec.AT_MOST){
       setMeasuredDimension(widthSize,height);
    }else {
          setMeasuredDimension(widthMeasureSpec,heightMeasureSpec);
    }
}
```

这里总共分 3 步，分别介绍如下。

第 1 步：先指明调用 measureChildren(widthMeasureSpec, heightMeasureSpec);来测量子控件，以解决继承自 View 类的 onMeasure 函数不会测量子控件的问题。

第 2 步：在宽度和高度设为 wrap_content 的模式下，测量控件的宽度和高度。因为我们这里模仿的是 LinearLayout 的纵向布局，所以在宽度被设为 wrap_content 时，整个 CustomViewGroup 的宽度是子控件的最大宽度。而当高度被设为 wrap_content 时，整个 CustomViewGroup 的高度是所有子控件高度的总和。

第 3 步：在宽度和高度都为 wrap_content 的情况下，设置整个子控件的宽度和高度。大家应该已经对这段代码比较熟悉了，就不再赘述了。

现在，我们再重新运行一下代码，看看效果，如图 3-9 所示。

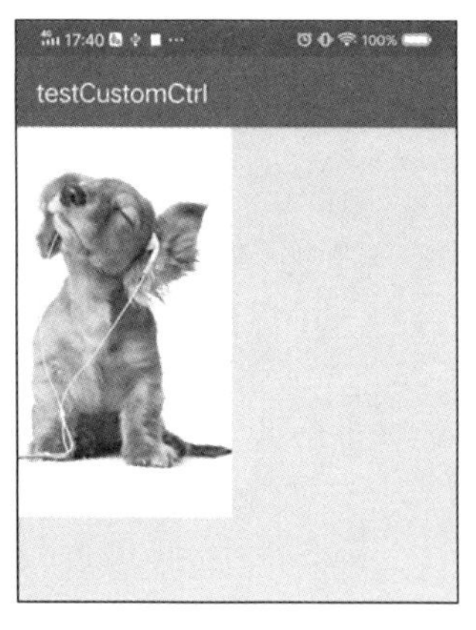

扫码查看彩色图

图 3-9

从图 3-9 可以看到，全屏的颜色是 LinearLayout 的黄色，我们自定义的 CustomViewGroup 组件的背景色红色不见了，因为它的大小和 ImageView 的大小完全相同，被 ImageView 覆盖了。

我们往 CustomViewGroup 中添加一个 TextView，来看看效果：

```
<?xml version="1.0" encoding="utf-8"?>
<LinearLayout
   xmlns:android="http://schemas.android.com/apk/res/android"
   xmlns:tools="http://schemas.android.com/tools"
```

```
    android:orientation="vertical"
    android:background="#ffff00"
    android:layout_width="match_parent"
    android:layout_height="match_parent"
    tools:context=".CustomViewGroupActivity">

    <com.custom.harvic.testcustomctrl.CustomViewGroup
        android:background="#ff0000"
        android:layout_width="wrap_content"
        android:layout_height="wrap_content">

        <ImageView
            android:layout_width="wrap_content"
            android:layout_height="wrap_content"
            android:src="@mipmap/dog"/>

        <TextView
            android:layout_width="wrap_content"
            android:layout_height="wrap_content"
            android:textStyle="bold"
            android:textColor="#ffff00"
            android:text="启舰"/>
    </com.custom.harvic.testcustomctrl.CustomViewGroup>

</LinearLayout>
```

代码很简单，就是添加一个黄色、加粗字体的文本，运行效果如图 3-10 所示。

扫码查看彩色图

图 3-10

可以看到，在添加文本之后，因为文本没有背景色，所以露出了 CustomViewGroup 组件的背景色。

3.1.4.3　为了继承自 ViewGroup 类，我们需要做什么

前面实例的讲解已经很清楚，我们再来总结一下，当继承自 ViewGroup 类时，我们必须做的事情有哪些。

- 重写 onLayout 函数，根据想要的效果，布局每个子控件。
- 重写 onMeasure 函数，不仅需要适配 wrap_content 模式，还需要显式地调用 measureChilder 函数，以测量所有子控件。

3.1.5 继承自 ViewGroup 子控件类

ViewGroup 类的子类有很多，比如常用的布局类 LinearLayout、FrameLayout、RelativeLayout 等都继承自 ViewGroup 类。除此之外，ViewGroup 类还有很多直接子类和间接子类，如图 3-11 所示。

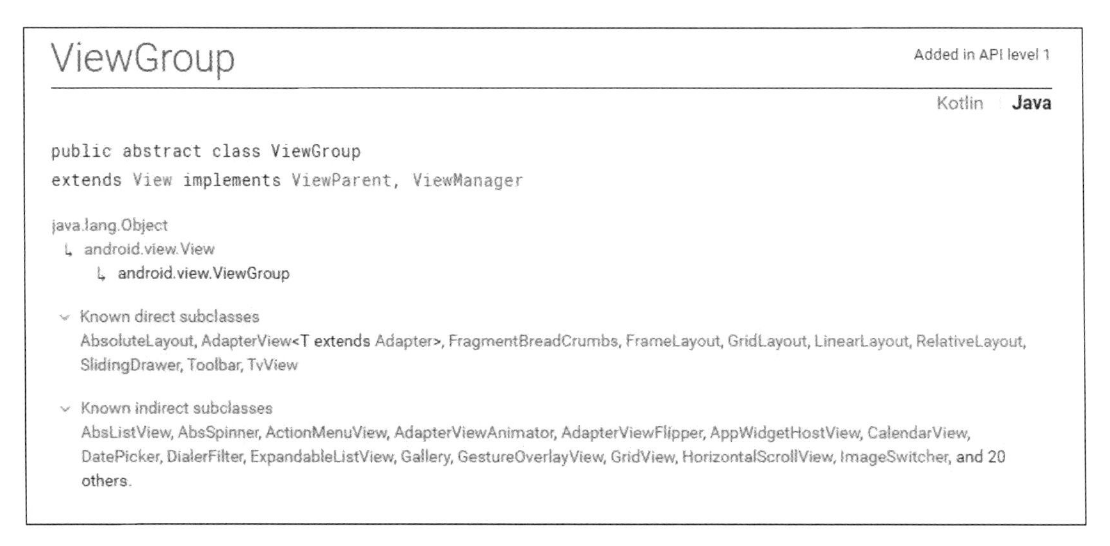

图 3-11

下面同样利用继承自 ViewGroup 子控件类为实例来看看，在这种情况下我们需要做些什么。

3.1.5.1 继承自 LinearLayout 类

在前面继承自 ViewGroup 类的实例中，其实实现的效果与通过 ViewGroup 的子类 LinearLayout 类实现的纵向布局效果是完全相同的，所以如果直接继承自 LinearLayout 类的话，实现更方便，相关代码如下：

```
public class CustomLinearLayout extends LinearLayout {
    public CustomLinearLayout(Context context) {
        super(context);
    }

    public CustomLinearLayout(Context context, @Nullable AttributeSet attrs) {
        super(context, attrs);
    }

    public CustomLinearLayout(Context context, @Nullable AttributeSet attrs, int
defStyleAttr) {
        super(context, attrs, defStyleAttr);
```

```
    }
}
```

可以看到，在继承自 ViewGroup 类时必须重写的 onMeasure 和 onLayout 函数，在继承自 LinearLayout 类时都不必重写了，这是因为 LinearLayout 类本身就已经实现了这些函数。

下面直接使用 LinearLayout 类：

```
<?xml version="1.0" encoding="utf-8"?>
<LinearLayout
   xmlns:android="http://schemas.android.com/apk/res/android"
   xmlns:tools="http://schemas.android.com/tools"
   android:orientation="vertical"
   android:background="#ffff00"
   android:layout_width="match_parent"
   android:layout_height="match_parent"
   tools:context=".CustomLinearLayoutActivity">

   <com.custom.harvic.testcustomctrl.CustomLinearLayout
      android:background="#ff0000"
      android:orientation="vertical"
      android:layout_width="wrap_content"
      android:layout_height="wrap_content">

      <ImageView
         android:layout_width="wrap_content"
         android:layout_height="wrap_content"
         android:src="@mipmap/dog"/>

      <TextView
         android:layout_width="wrap_content"
         android:layout_height="wrap_content"
         android:textStyle="bold"
         android:textColor="#ffff00"
         android:text="启舰"/>
   </com.custom.harvic.testcustomctrl.CustomLinearLayout>

</LinearLayout>
```

这里需要注意的是，因为 CustomLinearLayout 继承自 LinearLayout 类，所以它具有 LinearLayout 的自定义属性，比如 orientation，可以直接使用，这样就实现了纵向布局。

效果如图 3-12 所示。

图 3-12 的效果与自定义的 CustomViewGroup 完全相同。这就是继承自 ViewGroup 子类的作用，可以直接利用子类原有的功能，进而只关注自己需要实现的功能即可。

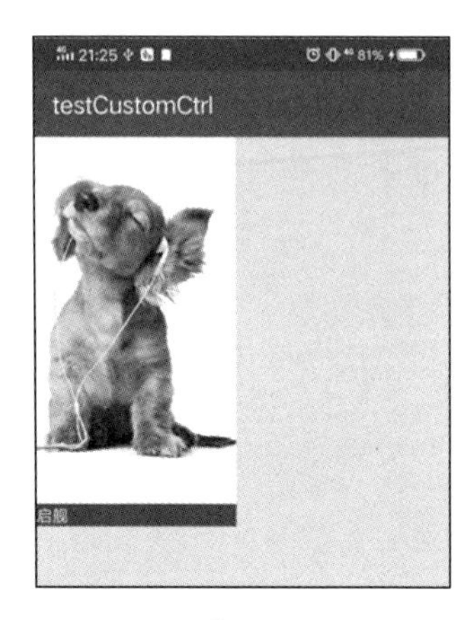

扫码查看彩色图

图 3-12

3.1.5.2　实现黑白布局

在本节中，我们将利用 LinearLayout 类原本的功能，实现一个能将其中包裹的组件自动转换为黑白颜色的布局组件，效果如图 3-13 所示。

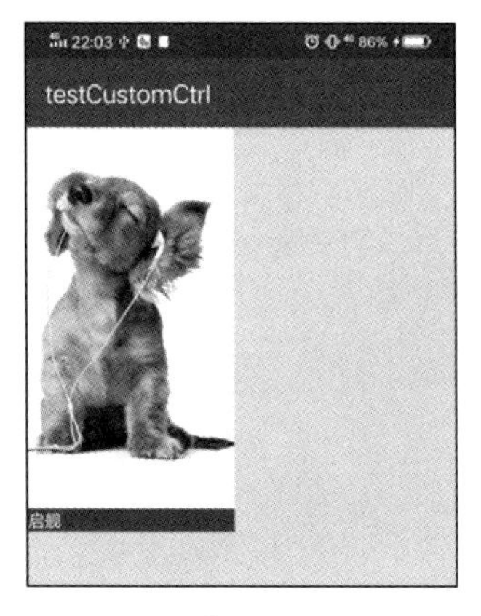

扫码查看彩色图

图 3-13

可以看到，在图 3-13 中，由 CustomLinearLayout 组件包裹的图像和文本都被转换为了黑白图像，而它们底部的红色是 CustomLinearLayout 的背景色，我们用以显示 CustomLinearLayout 所占区域的大小。

代码比较简单，下面直接列出完整代码：

```
public class CustomLinearLayout extends LinearLayout {
    private ColorMatrix colorMatrix = new ColorMatrix(new float[]{
            0.213f, 0.715f, 0.072f, 0, 0,
            0.213f, 0.715f, 0.072f, 0, 0,
            0.213f, 0.715f, 0.072f, 0, 0,
            0,      0,    0, 1, 0,
    });
    private Bitmap mBitmap;
    private Canvas mCanvas;
```

```
    private Paint mPaint;

    public CustomLinearLayout(Context context) {
        super(context);
    }

    public CustomLinearLayout(Context context, @Nullable AttributeSet attrs) {
        super(context, attrs);
    }

    public CustomLinearLayout(Context context, @Nullable AttributeSet attrs, int 
defStyleAttr) {
        super(context, attrs, defStyleAttr);
    }

    @Override
    protected void dispatchDraw(Canvas canvas) {
        if (mBitmap == null){
            mBitmap = Bitmap.createBitmap(getWidth(),getHeight(), 
Config.ARGB_8888);
            mCanvas = new Canvas(mBitmap);
            mPaint = new Paint();
            mPaint.setColorFilter(new ColorMatrixColorFilter(colorMatrix));
        }
        canvas.save();

        super.dispatchDraw(mCanvas);

        canvas.drawBitmap(mBitmap,0,0,mPaint);
        canvas.restore();
    }
}
```

首先，由彩色图像转换为黑白图像依然是通过 ColorMatrix 来实现的。只是这里使用了一个技巧，在 dispatchDraw 函数中，先创建了一个与 CustomLinearLayout 大小完全相同的空白图像 mBitmap，然后利用这个图像创建了一个 Canvas（mCanvas 变量）：

```
mBitmap = Bitmap.createBitmap(getWidth(),getHeight(), Config.ARGB_8888);
mCanvas = new Canvas(mBitmap);
```

然后，在绘制子控件时，利用 super.dispatchDraw(mCanvas);将子控件画在已创建好的空白 mBitmap 上。在该函数执行完后，将所有子控件都画在 mBitmap 上了。

此时，再利用 canvas.drawBitmap(mBitmap,0,0,mPaint);将图像转换为黑白图像，绘制在 Canvas 画布上。因为 Canvas 画布真正绘制在屏幕上，所以此时在屏幕上显示出来的控件效果就是黑白颜色的。

从这里也可以看出，继承自 View 类时，我们只能实现这一个控件的效果。而继承自 ViewGroup 类时，我们可以将它包裹的子控件变为统一效果，具有更强的适配性。这也是大家在自定义控件时需要考虑的。

到这里，本节内容就讲完了，我们详细讲述了继承自 View 类、ViewGroup 类及它们的子类时必须实现的函数及优缺点。在后面的章节中，我们将通过精彩的实例详细讲解利用它们所能实现的炫酷效果。

3.2 自定义 EditText

在本节中，我们将通过实例来讲解继承自 View 类的自定义控件的相关内容，本节所实现的效果如图 3-14 所示。

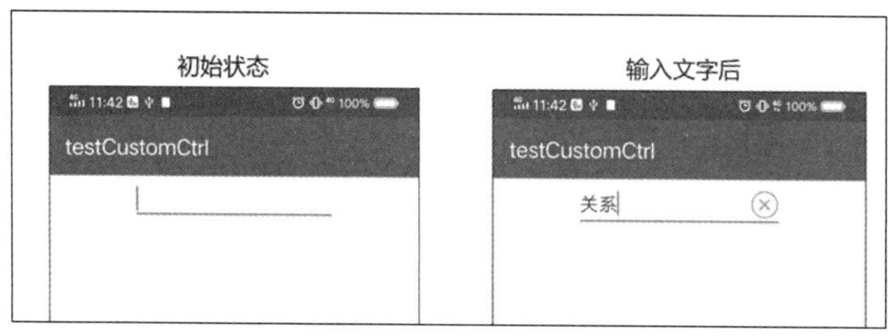

扫码查看动态效果图

图 3-14

从图 3-14 可以看出，在输入文字后，在整个 EditText 右侧会出现一个删除图标，在点击该图标后，会清空 EditText 中的文字。还可以看出，该控件可以直接继承自 EditText，直接利用 EditText 中的功能，在它的基础上，再实现如下两个功能即可。

- 输入文字后，显示删除图标。
- 点击删除图标后，清空文字。

3.2.1 显示删除图标

对于删除图标，我们希望使用者自己定义，如果没有定义，就使用默认图标，因此我们需要定义一个自定义属性，让用户传入自己想用的删除图标。

3.2.1.1 自定义控件属性

在《Android 自定义控件开发入门与实战》一书的 12.1 节中，详细讲述了自定义控件属性的方法，这里就不再细讲了，这里定义的属性如下：

```
<?xml version="1.0" encoding="utf-8"?>
<resources>
   <declare-styleable name="CustomEditText">

      <attr name="ic_delete" format="reference" />

   </declare-styleable>
</resources>
```

在这里，我们自定义的类名叫 CustomEditText，其中引入图标的属性名为 ic_delete。比如，像如下这样使用：

```
<?xml version="1.0" encoding="utf-8"?>
<LinearLayout
    xmlns:android="http://schemas.android.com/apk/res/android"
    xmlns:tools="http://schemas.android.com/tools"
    xmlns:app="http://schemas.android.com/apk/res-auto"
    android:orientation="vertical"
    android:layout_width="match_parent"
    android:layout_height="match_parent"
    android:gravity="center_horizontal"
    tools:context=".CustomEditTextActivity">

    <com.custom.harvic.testcustomctrl.CustomEditText
        android:layout_width="200dp"
        android:layout_height="wrap_content"
        app:ic_delete="@drawable/delete"/>

</LinearLayout>
```

在使用这个自定义属性时，直接引用 drawable 资源即可。这里为了显示效果，直接固定 CustomEditText 的宽度为 200 dp，当然，你也可以设置其他测量模式。

3.2.1.2　获取属性值

在通过自定义控件属性指定了值以后，在初始化自定义控件时，需要获取对应的值：

```
public class CustomEditText extends EditText {
    private Drawable mDeleteDrawable;
    public CustomEditText(Context context) {
        super(context);
    }

    public CustomEditText(Context context, AttributeSet attrs) {
        super(context, attrs);
        init(context,attrs);
    }

    public CustomEditText(Context context, AttributeSet attrs, int defStyleAttr)
{
        super(context, attrs, defStyleAttr);
        init(context,attrs);
    }

    private void init(Context context,AttributeSet attrs){
        // 获取控件资源
        TypedArray typedArray = context.obtainStyledAttributes(attrs,
R.styleable.CustomEditText);
        int ic_deleteResID = typedArray.getResourceId(R.styleable.
CustomEditText_ic_delete,R.drawable.delete);
        mDeleteDrawable =  getResources().getDrawable(ic_deleteResID);
```

```
        mDeleteDrawable.setBounds(0, 0, 80, 80);
        typedArray.recycle();
    }
}
```

代码难度不大，但需要注意，为了防止用户指定的图像过大或过小，一般我们会给它设置一个尺寸，即 mDeleteDrawable.setBounds(0, 0, 80, 80);。最后，记得调用 typedArray.recycle 释放资源，不然会造成内存泄漏。

3.2.1.3 显示删除图标

当文字发生变化时，我们需要判断当前输入框内是不是有文字，如果有文字就显示删除图标。

在 EditText 中，当文字发生变化时，就会调用 onTextChanged 函数，以通知使用方。因此，我们只需要在 onTextChanged 函数中判断输入框中是否有文字即可：

```
protected void onTextChanged(CharSequence text, int start, int lengthBefore, int
lengthAfter) {
    super.onTextChanged(text, start, lengthBefore, lengthAfter);
    setDeleteIconVisible(hasFocus() && text.length() > 0);
}

private void setDeleteIconVisible(boolean deleteVisible) {
    setCompoundDrawables(null, null,
            deleteVisible ? mDeleteDrawable: null, null);
    invalidate();
}
```

setDeleteIconVisible 函数非常简单，当入参 deleteVisible 为 true 时，就利用 setCompoundDrawables 在 EditText 右侧显示删除图标，否则不显示。

而在 onTextChanged 函数中，判断是否显示删除图标的逻辑也比较简单，当 EditText 具有焦点并且其中有文字时，显示删除图标：

```
hasFocus() && text.length() > 0
```

除了文本长度改变时，也需要在 EditText 获取焦点时，判断是不是其中已经有文字并显示删除图标：

```
protected void onFocusChanged(boolean focused, int direction, Rect
previouslyFocusedRect) {
    super.onFocusChanged(focused, direction, previouslyFocusedRect);
    setDeleteIconVisible(focused && length() > 0);
}
```

判断是否显示删除图标的代码逻辑依然是，在具有焦点的同时又有文字，这时才显示删除图标。

3.2.2　点击删除图标并清空文字

因为删除图标在 EditText 中，所以可以通过 setCompoundDrawables 将其展示出来。但 EditText 中并没有针对 CompoundDrawable 设置点击事件的方法，这时应该怎么办呢？

最笨的方法就是，识别用户的手指点击区域，当手指的点击区域在删除图标的区域范围内时，就认为点击的是删除图标，然后进行清空文字的操作。原理图如图 3-15 所示。

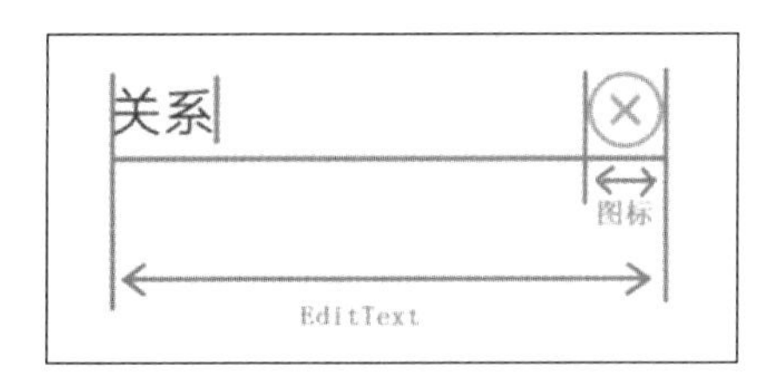

扫码查看彩色图

图 3-15

从图 3-15 可以看出，图标所在的位置在整个 EditText 的右侧，所以图标的区域范围是（x 表示手指坐标）：

(EditText 宽度 － 图标宽度) ≤ x ≤ EditText 宽度

如果 EditText 右侧还有 padding 值，那么我们还需要再减去右侧的 padding 值，然后才是图标所在的位置，此时的计算方式如下：

(EditText 宽度 － 图标宽度 －rightPadding) ≤ x ≤ (EditText 宽度 －rightPadding)

所以，如果我们重写 onTouchEvent 并监听 ACTION_DOWN 消息，此时的代码如下：

```
public boolean onTouchEvent(MotionEvent event) {
    switch (event.getAction()) {
    case MotionEvent.ACTION_UP:

        if (mDeleteDrawable != null && event.getX() <= (getWidth() -
getPaddingRight()) && event.getX() >= (getWidth() - getPaddingRight() -
mDeleteDrawable.getBounds().width())) {
            setText("");

        }
        break;
    }
    return super.onTouchEvent(event);
}
```

代码逻辑比较简单，当判断手指抬起位置在图标区域范围内时，就利用 setText("")来清空文字。

可以看到，这样就完整实现了该自定义控件的功能。在这个示例中，就是在 EditText 本身已有功能的基础上，着重实现了自己想要的内容。可以看到，通过非常简单的代码就实现了想要的效果。

3.3 实现圆角布局

在《Android 自定义控件开发入门与实战》一书的 7.4.4 节中，我们利用 Shader 实现了不规则头像的效果，如图 3-16 所示。

扫码查看彩色图

图 3-16

但这只是针对 Bitmap 实现了不规则图像的效果，如果我们扩展到容器类，在容器类中实现圆角功能，那么该容器包裹的控件都自然实现了圆角效果。

本节所实现的效果如图 3-17 所示。

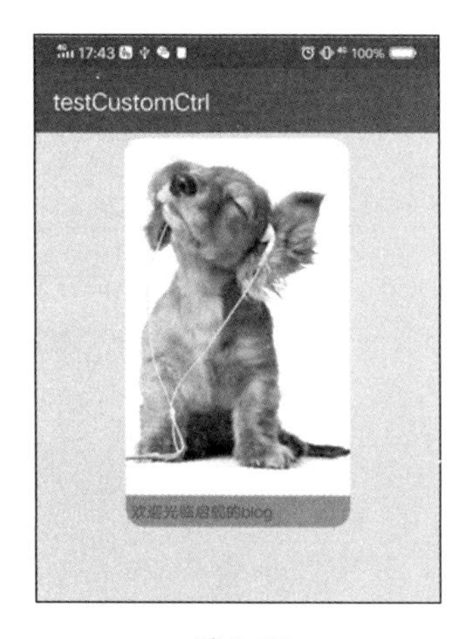

扫码查看彩色图

图 3-17

在这里，我们实现了一个布局类，会自动给它包裹的子控件添加边角。为了方便展示，给整个 Activity 添加黄色背景。可以明显地看到，所包裹的图像和 TextView 的父布局都有圆角。

3.3.1 实现布局类

在 3.1 节中已经提到，继承自 ViewGroup 类需要自己实现很多功能，而继承自 ViewGroup 子类，则可以只关注自己想要实现的内容。

很明显，可以直接继承自 LinearLayout 类来实现横向布局的圆角效果。同样地，也可以继承自 RelativeLayout、FrameLayout 等布局类，以利用对应的布局功能。

代码比较简单，先将其完整列出来：

```
public class CustomRoundLayout extends LinearLayout {
    private Path mPath = new Path();
    public CustomRoundLayout(Context context) {
        super(context);
    }

    public CustomRoundLayout(Context context, @Nullable AttributeSet attrs) {
        super(context, attrs);
    }

    public CustomRoundLayout(Context context, @Nullable AttributeSet attrs, int
defStyleAttr) {
        super(context, attrs, defStyleAttr);
    }

    @Override
    protected void dispatchDraw(Canvas canvas) {
        mPath.reset();
        mPath.addRoundRect(new RectF(0,0,getMeasuredWidth(),getMeasuredHeight()),
50,50, Direction.CW);
        canvas.save();
        canvas.clipPath(mPath);
        canvas.drawColor(Color.GREEN);
        super.dispatchDraw(canvas);
        canvas.restore();
    }
}
```

代码的关键点在于，在 super.dispatchDraw(canvas)画控件前，先将 Cavnas 裁剪成有圆角的，这样画出来的控件也就具有了圆角：

```
mPath.addRoundRect(new RectF(0,0,getMeasuredWidth(),getMeasuredHeight ()),50,50,
Direction.CW);
```

以上这句代码的意思就是构造一个圆角矩形。有关 Path 的详细使用方法，请参考《Android 自定义控件开发入门与实战》一书的 1.2 节。

需要注意的是，为了更好地显示圆角效果，在 super.dispatchDraw(canvas);前调用 canvas.drawColor(Color.GREEN);给圆角矩形区域填充绿色。

3.3.2 使用布局类

使用布局类很简单，像 LinearLayout 类一样即可：

```
<?xml version="1.0" encoding="utf-8"?>
<LinearLayout
    xmlns:android="http://schemas.android.com/apk/res/android"
    xmlns:tools="http://schemas.android.com/tools"
    android:layout_width="match_parent"
    android:layout_height="match_parent"
    android:paddingTop="5dp"
```

```
    android:background="#ffff00"
    android:layout_gravity="center"
    android:orientation="vertical"
    tools:context=".CustomRoundLayoutActivity">

    <com.custom.harvic.testcustomctrl.CustomRoundLayout
        android:layout_width="wrap_content"
        android:layout_height="wrap_content"
        android:orientation="vertical"
        android:layout_gravity="center">

        <ImageView
            android:id="@+id/img"
            android:layout_width="200dp"
            android:layout_height="wrap_content"
            android:scaleType="centerCrop"
            android:src="@mipmap/dog"/>

        <TextView
            android:id="@+id/tv"
            android:layout_width="wrap_content"
            android:layout_height="wrap_content"
            android:padding="5dp"
            android:text="欢迎光临启舰的 blog"/>
    </com.custom.harvic.testcustomctrl.CustomRoundLayout>

</LinearLayout>
```

使用方法很简单，效果如图 3-17 所示。

3.3.3 修复背景问题

3.3.3.1 引入问题

虽然实现了布局类的圆角矩形效果，但这里的背景是固定的。如果直接给 CustomRoundLayout 设置一个 backGroud 会怎样呢？相关代码如下：

```
<?xml version="1.0" encoding="utf-8"?>
<LinearLayout
    xmlns:android="http://schemas.android.com/apk/res/android"
    xmlns:tools="http://schemas.android.com/tools"
    android:layout_width="match_parent"
    android:layout_height="match_parent"
    android:paddingTop="5dp"
    android:background="#ffff00"
    android:layout_gravity="center"
    android:orientation="vertical"
    tools:context=".CustomRoundLayoutActivity">

    <com.custom.harvic.testcustomctrl.CustomRoundLayout
        android:layout_width="wrap_content"
```

```
        android:layout_height="wrap_content"
        android:orientation="vertical"
        android:background="@android:color/holo_green_dark"
        android:layout_gravity="center">

        ...
    </com.custom.harvic.testcustomctrl.CustomRoundLayout>

</LinearLayout>
```

可见，在上面的布局中，给 CustomRoundLayout 添加了 android:background 属性，设置背景为深绿色，效果如图 3-18 所示。

扫码查看彩色图

图 3-18

可以看到，背景仍占据了整个布局大小，并没有显示为圆角矩形，这是为什么呢？

在 3.1 节分析 ViewGroup 类的绘制流程时已经提到，控件的绘制流程是先绘制背景，再绘制控件内容。而绘制背景是在 onDraw 函数中执行的，绘制子控件是在 dispatchDraw 函数中执行的。另外，我们对画布的裁剪只在 dispatchDraw 函数中执行，所以在 onDraw 函数中画背景时，会给整个控件填充上背景色。

3.3.3.2　解决问题

那么怎么修复这个问题呢？

我们只需要将画背景的操作从 onDraw 函数中移到 dispathDraw 函数中即可，原理就是先在 onDraw 函数中获取原本的背景色并保存，然后清空背景色，最后在 dispatchDraw 函数中重新画上背景色。

（1）在 onDraw 函数中，先保存原来的背景色，并将背景色清空，代码如下：

```
private String mBgColor;

@Override
protected void onDraw(Canvas canvas) {
```

```
        if (TextUtils.isEmpty(mBgColor)) {
            Drawable bgDrawable = getBackground();
            if (bgDrawable instanceof ColorDrawable) {
                ColorDrawable colorDrawable = (ColorDrawable) bgDrawable;
                int color = colorDrawable.getColor();
                mBgColor = "#" + String.format("%08x", color);
            }
        }

        setBackgroundColor(Color.parseColor("#00FFFFFF"));

        super.onDraw(canvas);
    }
```

在上面的代码中，首先声明了一个变量 mBgColor，用于保存原来的背景色。用户在设置背景时不仅可以设置不同颜色的背景，还可以设置图片背景。我们在这里只考虑颜色背景，对于图片背景的情况，大家可以自己尝试一下。如果用户用的是纯色背景，通过 getBackground 获取到的 Drawable 实例就是 ColorDrawable 类型的。所以先判断 bgDrawable 是不是 ColorDrawable 的实例，如果是的话，就通过 colorDrawable 的 getColor 函数获取颜色的十进制数：

```
    if (bgDrawable instanceof ColorDrawable) {
        ColorDrawable colorDrawable = (ColorDrawable) bgDrawable;
        int color = colorDrawable.getColor();
        …
    }
```

需要注意的是，这里获取到的颜色数值是十进制数，而我们需要将它转换为十六进制数，这样才是能识别的颜色数值。比如，我们在 XML 中设置的背景色是#ff669900，而获取到的十进制数是-10053376，我们通过 String 的 format 函数将十进制数转换为十六进制数 ff669900，并在它前面加上#，这样就是可以识别的#ff669900 了：

```
    mBgColor = "#" + String.format("%08x", color);
```

在保存了原来背景色的颜色数值以后，调用 setBackgroundColor(Color.parseColor ("#00FFFFFF"));来清空背景色。

需要注意的是，之所以在获取 mBgColor 值时通过 if (TextUtils.isEmpty(mBgColor))来判空，是因为有时由于代码问题可能会触发多次绘制操作，而我们在第一次绘制后就把背景色清空了，所以必须以第一次绘制时提取到的背景色为准。这么处理只是为了保证背景色只赋值一次，确保正确。

（2）在 dispatchDraw 函数中绘制背景

代码很简单，就是在原来代码的基础上，在裁剪画布以后和绘制子控件前，填充上原来的背景色：

```
    protected void dispatchDraw(Canvas canvas) {
        mPath.reset();
```

```
        mPath.addRoundRect(new RectF(0, 0, getMeasuredWidth(), getMeasuredHeight()),
50, 50, Direction.CW);
        canvas.save();
        canvas.clipPath(mPath);

        if (!TextUtils.isEmpty(mBgColor)) {
            canvas.drawColor(Color.parseColor(mBgColor));
        }

        super.dispatchDraw(canvas);
        canvas.restore();
    }
```

效果如图 3-19 所示。

扫码查看彩色图

图 3-19

这样，我们就根据 android:background 实现了圆角背景填充了。

到这里，本章关于选择 View 类、ViewGroup 类及它们子控件类的内容就讲解完成了，可以看到，如果可以，我们优先选择继承自 View 类、ViewGroup 类的子类，这样实现自定义控件会方便很多，可以直接利用已有的控件功能且只关注自己想要实现的效果。但是继承自 View 类、ViewGroup 类的方式是必须要会的，因为总有一些控件是现在的系统所没有的，比如《Android 自定义控件开发入门与实战》一书中 12.3 节实现的 FlowLayout，它就是通过继承 ViewGroup 类来从零实现的。

第 4 章 消息处理

“有所得必有所失，有所失必有所得。”这句话是我的座右铭，希望它能使你看淡得失、笑对人生。

事件的分发和传递流程是 Android 中非常重要的一部分，对于自定义控件来说也非常重要，我们在日常开发中经常会涉及消息的拦截、冲突处理。不光初学者，而且很多中高级开发者，对它们也不是很熟悉。在本章中，我们将会完整地讲解 Android 中的 View 事件体系。

4.1 Android 事件分发机制

4.1.1 概述

事件分发主要涉及几个函数：

```
public boolean dispatchTouchEvent(MotionEvent event)
public boolean onInterceptTouchEvent(MotionEvent event)
public boolean onTouchEvent(MotionEvent event)
```

在这里，大家先留有一个印象，后面我们将逐个讲解各个函数的功能及其返回值的意义。对于以上 3 个函数，都有一个 MotionEvent event 入参。这个入参中有一个非常重要的值 MotionAction，它表示当前手指在控件上从按下、滑动再到抬起的过程中，当前用户的具体操作，它的获取方式为 int action = event.getAction()。

在事件分发中经常会用到 MotionAction 的如下这几个取值：

```
public static final int ACTION_DOWN = 0;
public static final int ACTION_UP = 1;
public static final int ACTION_MOVE = 2;
public static final int ACTION_CANCEL = 3;
```

这几个取值代表的意义如下。

- ACTION_DOWN 表示手指按下时发出的消息。

- ACTION_MOVE 表示手指移动时发出的消息。
- ACTION_UP 表示手指抬起时发出的消息。
- ACTION_CANCEL 表示结束事件时发出的传递消息，该消息是系统在一定条件下自动发出的，后面会对其进行详细讲解，目前不会涉及相关内容。

本章内容的讲解，将依据下面的布局，如图 4-1 所示。

扫码查看彩色图

图 4-1

Activity 里嵌套了两个 ViewGroup，最下层是绿色的 ViewGroup，中间层是红色的 ViewGroup，最上层是一个 TextView 控件。源码中有对应的内容，大家可以参考，在这里我们就依据如图 4-1 所示的布局方式来查看消息的传递过程。

图 4-2 展示了在不拦截消息时，ACTION_DOWN 消息的完整传递过程（目前不需要理解这个图）。

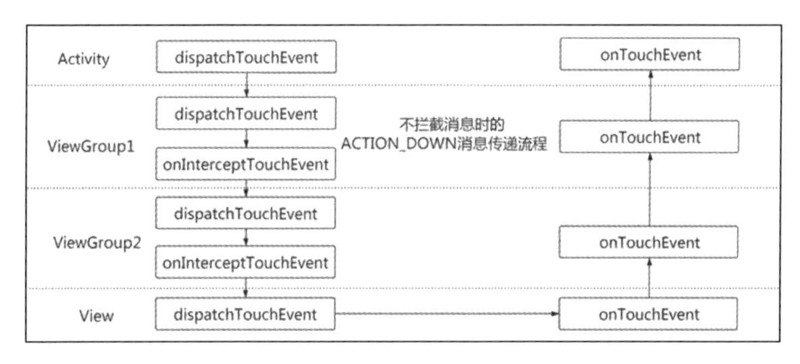

图 4-2

可以看到，在 Activity、ViewGroup、TextView 中都有 dispatchTouchEvent 函数和 onTouchEvent 函数。而对于 ViewGroup 而言，则多了一个 onInterceptTouchEvent 函数。

因此，我们先讲解不包含 onInterceptTouchEvent 函数时的消息传递过程，然后讲解包含 onInterceptTouchEvent 函数时的消息传递过程。

4.1.2 不包含onInterceptTouchEvent函数的ACTION_DOWN消息传递流程

图 4-2 中已经展示了，在不拦截消息的情况下，ACTION_DOWN 消息的传递过程，那“拦截”是什么意思呢？是怎么做到消息拦截的呢？

再看看这些函数的声明：

```
public boolean dispatchTouchEvent(MotionEvent event)
public boolean onInterceptTouchEvent(MotionEvent event)
public boolean onTouchEvent(MotionEvent event)
```

在这 3 个函数中，都有一个返回值，返回值是 boolean 类型的，表示不论当前控件是否消费了这个事件，默认都返回 false，即没有消费。而当返回 true 时，表示消费了这个事件。当事件被消费时，就会改变事件原本的流动方向（不拦截消息时的消息传递流程），我们称之为拦截。

4.1.2.1 dispatchTouchEvent 返回值简介

dispatchTouchEvent 函数对于返回值的处理比较特殊，它默认的处理方法并不是直接返回 false，而是直接调用 super.dispatchTouchEvent，而且其中的处理方式与直接返回 false 的处理方式是不同的。因此，对于 dispatchTouchEvent，总的来说，有如下 3 种返回值。

- 默认的 super.dispatchTouchEvent。
- 返回 true。
- 返回 false。

从图 4-3 可以看出，dispatchTouchEvent 函数采用默认处理方式情况下的消息传递流程，这种情况被我们称为正常消息传递流程。

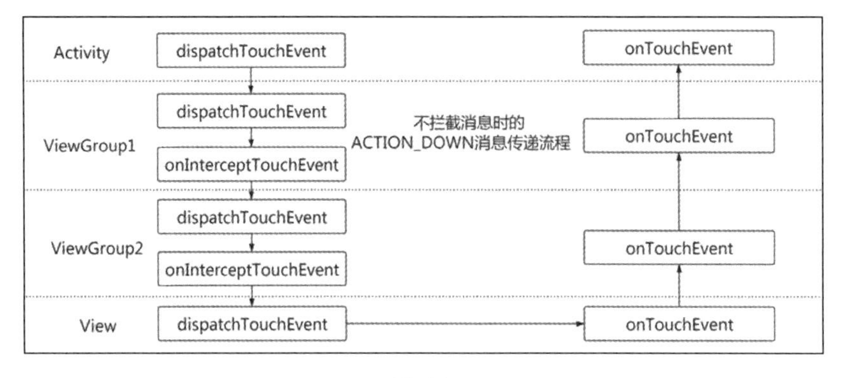

图 4-3

在这里只考虑返回 true 或者返回 false 情况下的消息传递流程，看看它们与正常消息传递流程有什么区别。

4.1.2.2　在 dispatchTouchEvent 函数中返回 true 拦截消息

结论：在 dispatchTouchEvent 中返回 true 拦截消息之后，消息会直接停止传递，后面的子控件都不会接收到这个消息。

1．在 Activity 的 dispatchTouchEvent 函数中拦截消息

图 4-4 展示了在 Activity 的 dispatchTouchEvent 函数中返回 true 的消息传递流程。在 Activity 的 dispatchTouchEvent 函数中拦截消息后，消息会直接断掉，不会往任何地方传递，只有 Activity 的 dispatchTouchEvent 函数收到了 ACTION_DOWN 消息。

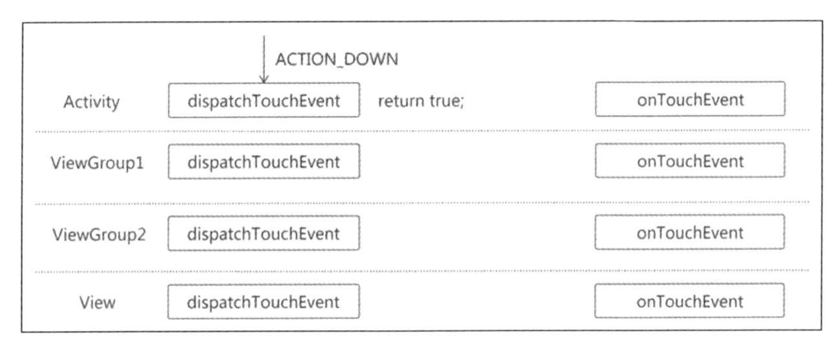

图 4-4

2．在 ViewGroup 的 dispatchTouchEvent 函数中拦截消息

如果在 ViewGroup1 的 dispatchTouchEvent 函数中拦截消息，消息传递流程如图 4-5 所示。

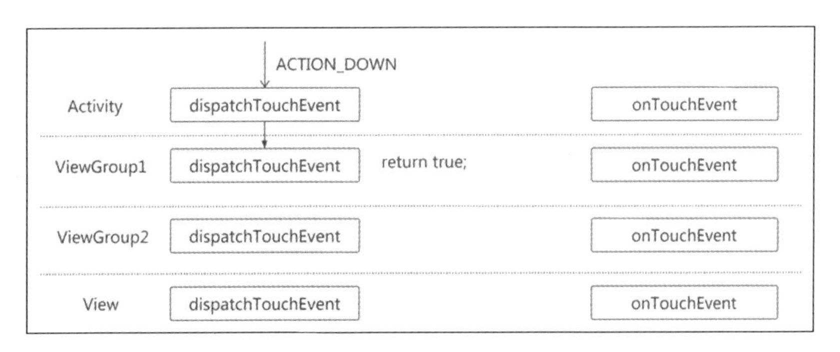

图 4-5

同样地，如果在 ViewGroup2 的 dispatchTouchEvent 函数中拦截消息，消息传递流程如图 4-6 所示。

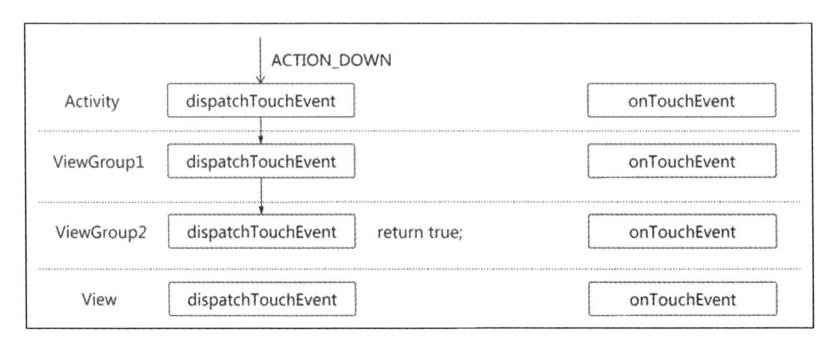

图 4-6

从消息传递流程可以看到，在 ViewGoup 的 dispatchTouchEvent 函数中拦截消息后，ACTION_DOWN 消息同样会直接停止传递，其他的任何子控件都收不到消息。

3. 在 View 的 dispatchTouchEvent 函数中拦截消息

如果在最上层的 TextView 的 dispatchTouchEvent 函数中拦截消息，消息传递流程如图 4-7 所示。

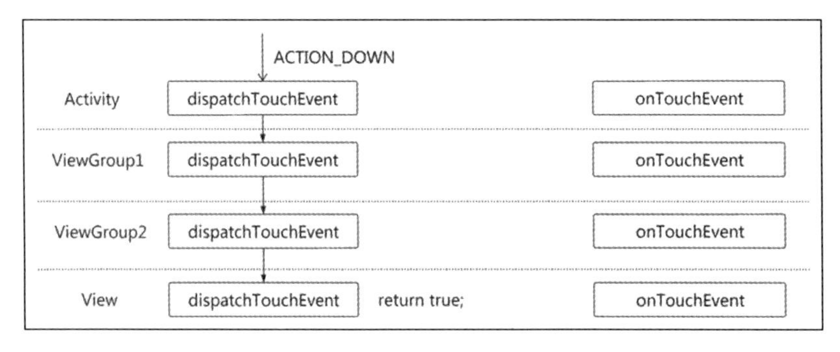

图 4-7

同样地，在传递到 TextView 的 dispatchTouchEvent 函数后，消息就停止传递了。

因此，通过这些流程可以看出：无论在哪个控件的 dispatchTouchEvent 函数中拦截消息，消息都会直接停止传递，后面的子控件都不会接收到这个消息。

4.1.2.3 在 dispatchTouchEvent 函数中返回 false 拦截消息

结论：在 dispatchTouchEvent 函数中返回 false 拦截消息之后，消息并不会直接停止传递，而是向父控件的 onTouchEvent 函数回传。

1．在 TextView 的 dispatchTouchEvent 函数中返回 false（如图 4-8 所示）

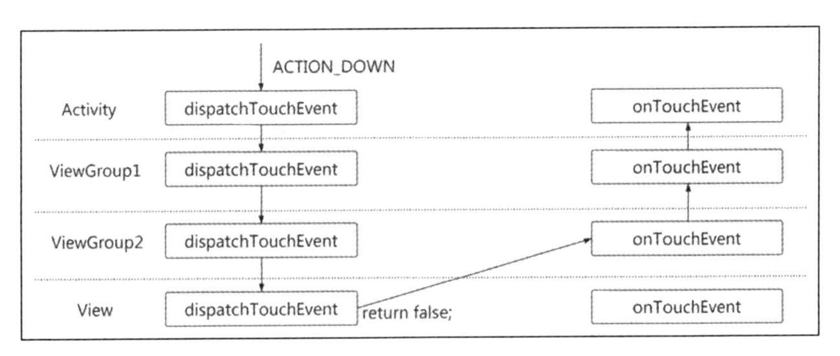

图 4-8

2．在 ViewGroup2 的 dispatchTouchEvent 函数中返回 false（如图 4-9 所示）

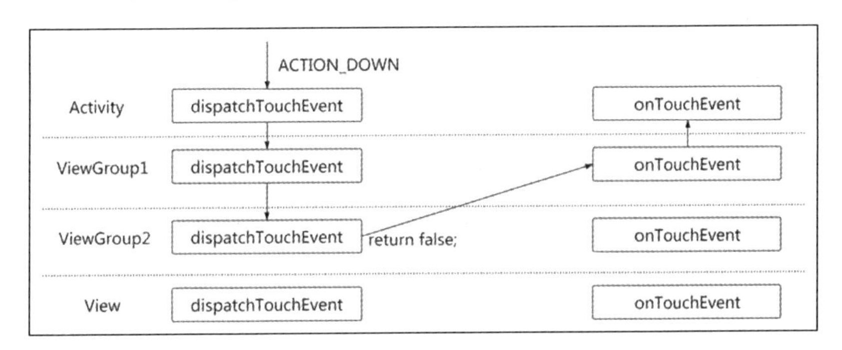

图 4-9

3．在 ViewGroup1 的 dispatchTouchEvent 函数中返回 false（如图 4-10 所示）

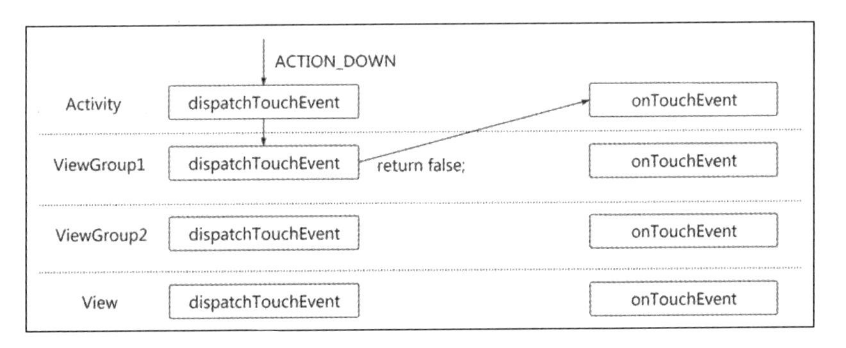

图 4-10

4. 在 Activity 的 dispatchTouchEvent 函数中返回 false（如图 4-11 所示）

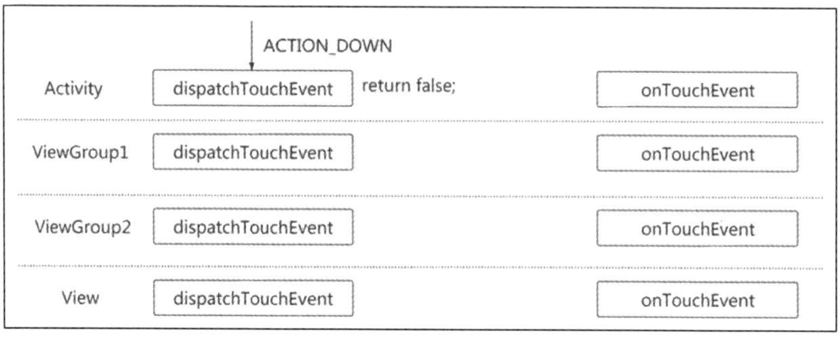

ACTION_DOWN
Activity dispatchTouchEvent return false; onTouchEvent
ViewGroup1 dispatchTouchEvent onTouchEvent
ViewGroup2 dispatchTouchEvent onTouchEvent
View dispatchTouchEvent onTouchEvent

图 4-11

从上面这些消息传递流程可以看出，在控件的 dispatchTouchEvent 函数中返回 false 后，ACTION_DOWN 消息会在 dispatchTouchEvent 这条线上停止传递，会将消息向其父控件的 onTouchEvent 函数回传。

4.1.2.4 在 onTouchEvent 函数中拦截 ACTION_DOWN 消息

在 onTouchEvent 函数中，默认返回的是 false，即不拦截；当返回 true 时，表示拦截。下面我们就来看，在 onTouchEvent 函数中拦截消息的话，消息的流向是怎样的。

结论：无论在哪个控件的 onTouchEvent 函数中拦截 ACTION_DOWN 消息，消息都会直接停止传递，后面的父控件都不会接收到这个消息。

需要注意的是，onTouchEvent 函数的拦截效果看起来与 dispatchTouchEvent 函数返回 true 时的拦截效果是一致的，但仔细观察会发现，dispatchTouchEvent 函数中的消息是从 Activity 向 TextView 传递的，而 onTouchEvent 函数中的消息是从 TextView 向 Activity 回传的。虽然消息都停止了传递，但停止传递的方向不一样。

1. 在 TextView 的 onTouchEvent 函数中拦截 ACTION_DOWN 消息（如图 4-12 所示）

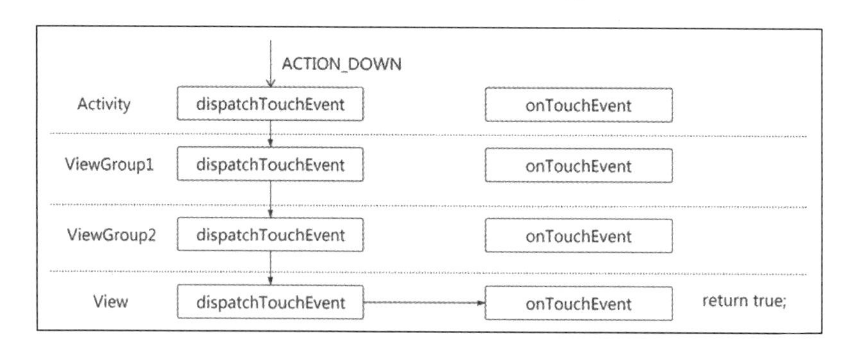

图 4-12

在 TextView 的 onTouchEvent 函数拦截了消息以后，ACTION_DOWN 消息就不会再向父控件回传了。

2. 在 ViewGroup 的 onTouchEvent 函数中拦截 ACTION_DOWN 消息

当在 ViewGroup2 的 onTouchEvent 函数中拦截消息时，流程如图 4-13 所示。

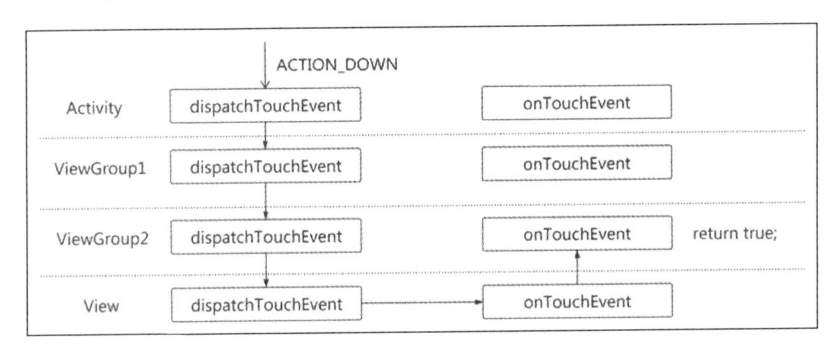

图 4-13

当在 ViewGroup1 的 onTouchEvent 函数中拦截消息时，流程如图 4-14 所示。

可以看到，在 ViewGroup 拦截了消息后，ACTION_DOWN 消息不会再向父控件的 onTouchEvent 函数传递。因此从上面的流程可以看出，无论是在 TextView 还是在 ViewGroup 中，当控件在 onTouchEvent 函数中进行了 ACTION_DOWN 消息拦截，消息就不会再向它的父控件传递了。

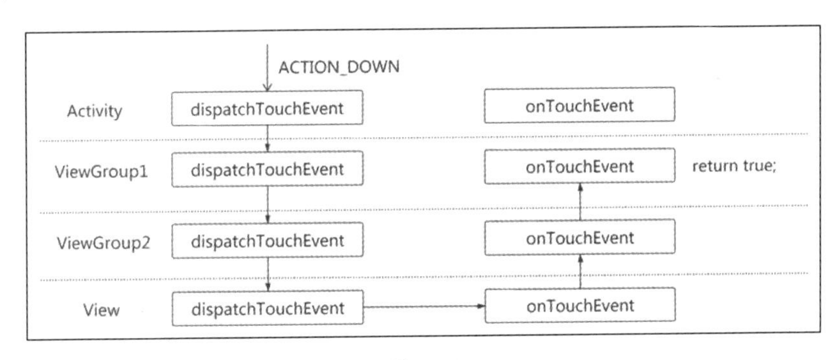

图 4-14

总结：

- dispatchTouchEvent 和 onTouchEvent 函数一旦返回 true 拦截消息，ACTION_DOWN 消息就会停止传递，正常流程下的后续节点都不会收到 ACTION_DOWN 消息了。
- 当 dispatchTouchEvent 函数返回 false 时，首先会拦截 ACTION_DOWN 消息向其子控件中传递，然后将消息向其父控件的 onTouchEvent 函数中继续回传。

4.1.3　onInterceptTouchEvent 函数的 ACTION_DOWN 消息传递流程

4.1.3.1　onInterceptTouchEvent 函数的作用

首先，只有 ViewGroup 具有 onInterceptTouchEvent 函数，Activity 和 View 中都没有这个函数。

然后，Intercept 的意思就是拦截，所以 onInterceptTouchEvent 函数其实就是一个拦截过滤器。每个 ViewGroup 每次在做消息分发的时候，都会问一问拦截器要不要拦截（也就是问问自己这个事件要不要自己来处理）。如果要自己处理，那么就在 onInterceptTouchEvent 函数中返回 true，这样就会将事件交给自己的 onTouchEvent 函数处理了，如果不拦截就继续往子控件传递。但是默认其是不会拦截消息的，也就是说当我们不考虑用它的时候，它就相当于不存在。所以上面先讲解了不包含 onInterceptTouchEvent 函数的 ACTION_DOWN 消息传递流程。

4.1.3.2 在 ViewGroup 的 onInterceptTouchEvent 函数中拦截 ACTION_DOWN 消息

1. 仅在 ViewGroup2 的 onInterceptTouchEvent 函数中拦截消息（如图 4-15 所示）

需要注意的是，当没有在图中特别标注 reutrn true 的时候，其他直接流向的箭头全部表示返回 false，即在正常的不拦截情况下的消息流向，后面的图中都是这样的。

可以看到，在 ViewGroup2 的 onInterceptTouchEvent 函数中拦截了消息以后，直接将消息传递到 ViewGroup2 的 onTouchEvent 函数中，因为没有任何一个 onTouchEvent 函数返回 true 拦截消息，所以消息会一直流向 Activity 的 onTouchEvent 函数并停止传递。

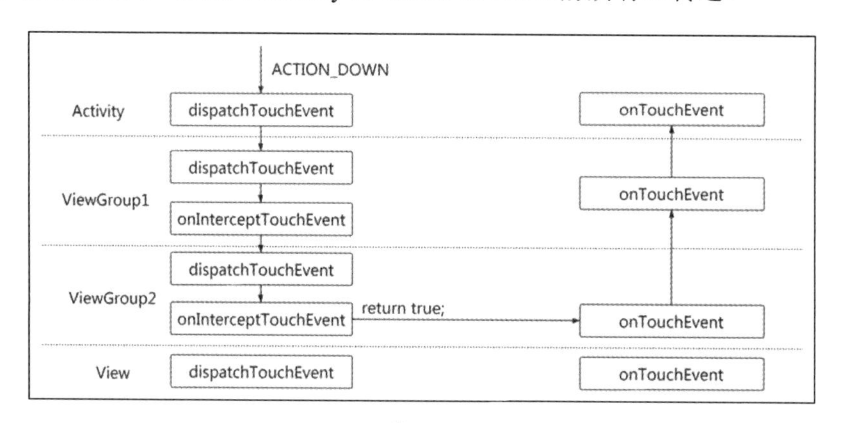

图 4-15

2. 仅在 ViewGroup1 的 onInterceptTouchEvent 函数中拦截消息（如图 4-16 所示）

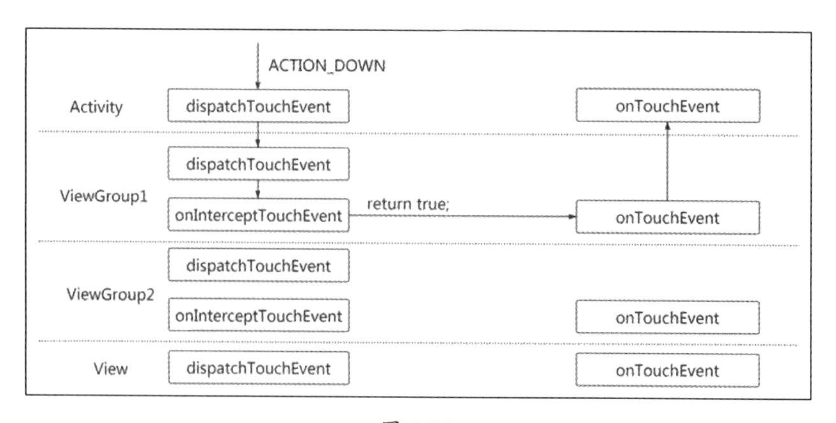

图 4-16

3. 在 ViewGroup2 的 onInterceptTouchEvent 和 onTouchEvent 函数中拦截消息（如图 4-17 所示）

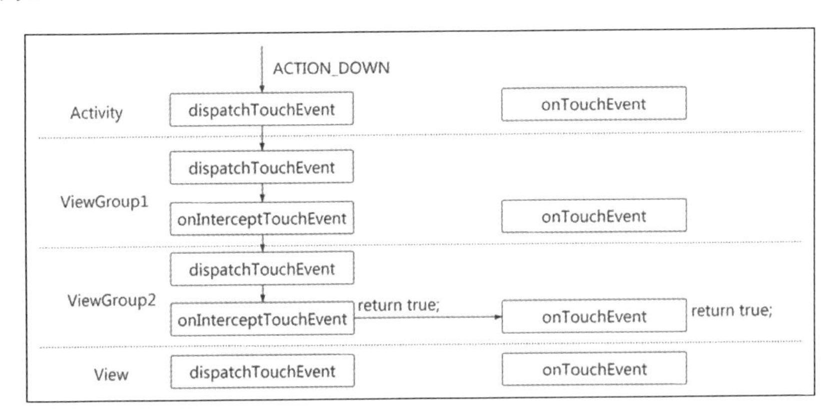

图 4-17

总结：

可以看到，在 ViewGroup 的 onInterceptTouchEvent 函数中拦截 ACTION_DOWN 消息会改变 ACTION_DOWN 消息的正常流向，让它直接流向当前 ViewGroup 的 onTouchEvent 函数。同样地，如果没有在 onTouchEvent 函数中拦截消息，则消息会继续传递（图 4-16 和图 4-17 中就没有 onTouchEvent 函数拦截消息的情况）。如果在某个 onTouchEvent 函数中拦截消息的话，ACTION_DOWN 消息会直接停止传递。

在前面的章节中，我们都对 ACTION_DOWN 消息进行了总结，下面再完整总结一下这几个函数对 ACTION_DOWN 消息的处理方式。

ACTION_DOWN 消息总结：

- 若在 dispatchTouchEvent 和 onTouchEvent 函数中返回 true 拦截消息的话，会直接将消息截断，后续节点将不会收到 ACTION_DOWN 消息。
- 若在 onInterceptTouchEvent 函数中拦截消息，只会改变 ACTION_DOWN 消息的正常流向，消息会直接流向自己的 onTouchEvent 函数中，并不会截断消息。
- 若在 dispatchTouchEvent 函数中返回 false 拦截消息，同样会改变 ACTION_DOWN 消息的正常流向，消息会直接流向其父控件的 onTouchEvent 函数中，同样不会截断消息。
- 一般我们在拦截消息时，都是共同使用 onInterceptTouchEvent 和 onTouchEvent 函数的，通过在 onInterceptTouchEvent 函数中返回 true，将 ACTION_DOWN 消息流向自己的 onTouchEvent 函数中，然后在该 onTouchEvent 函数中返回 true 拦截消息。也就是说，图 4-17 是在 ViewGroup2 的 onInterceptTouchEvent 和 onTouchEvent 函数中都返回 true 的情况。

4.1.4 关于 ACTION_MOVE 和 ACTION_UP 消息传递流程

上面讲解的都是针对 ACTION_DOWN 消息的传递流程，我们都知道，在 ACTION_DOWN 消息之后是 ACTION_MOVE 消息（对应手指移动的动作），最后是 ACTION_UP 消息（对应手指抬起的动作）。但 ACTION_MOVE 和 ACTION_UP 消息在传递的流程中与 ACTION_DOWN 消息并不完全一样。

在这部分的消息传递流程中，红色表示 ACTION_DOWN 消息的传递，蓝色表示 ACTION_MOVE/ACTION_UP 消息的传递。因为 ACTION_MOVE 和 ACTION_UP 消息的流向是完全相同的，所以我们用同一条线表示它们。为了方便，在下面的讲解中，我们将只讲解 ACTION_MOVE 消息的流向。

4.1.4.1 在 dispatchTouchEvent 函数中返回 true 的消息传递流程

结论：在 dispatchTouchEvent 函数中返回 true 拦截消息之后，ACTION_MOVE 消息的流向与 ACTION_DOWN 消息的完全相同，消息会直接停止传递，后面的子控件都不会接收到这个消息。

1．在 TextView 的 dispatchTouchEvent 函数中返回 true（如图 4-18 所示）

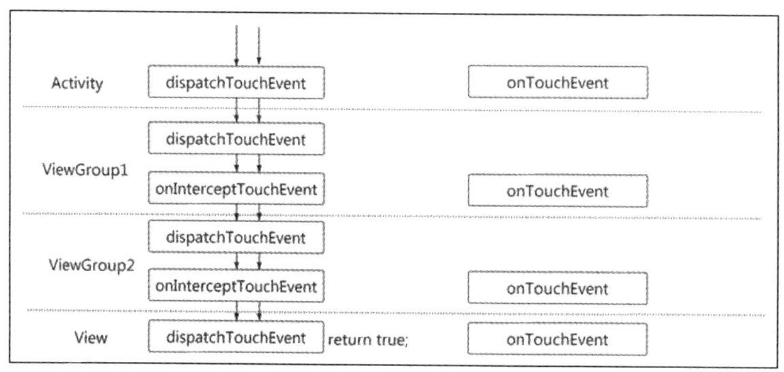

扫码查看彩色图

图 4-18

2．在 ViewGroup2 的 dispatchTouchEvent 函数中返回 true（如图 4-19 所示）

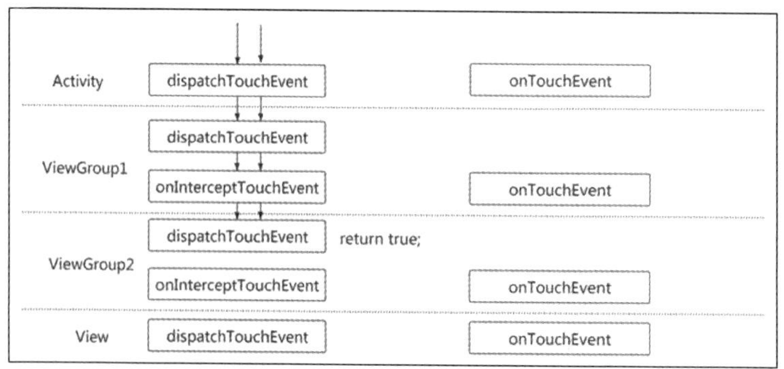

扫码查看彩色图

图 4-19

3．在 ViewGroup1 的 dispatchTouchEvent 函数中返回 true（如图 4-20 所示）

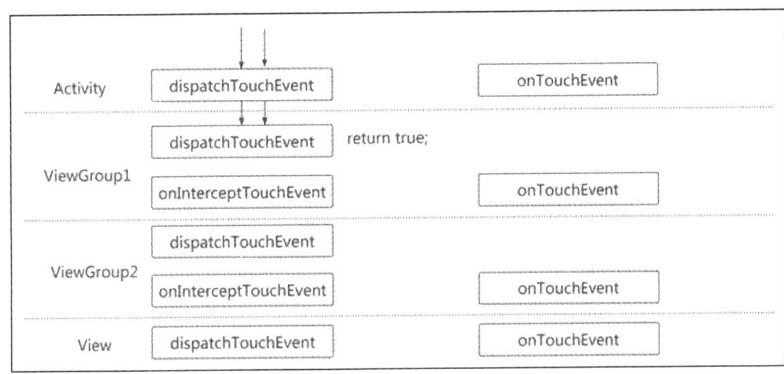

扫码查看彩色图

图 4-20

4．在 Activity 的 dispatchTouchEvent 函数中返回 true（如图 4-21 所示）

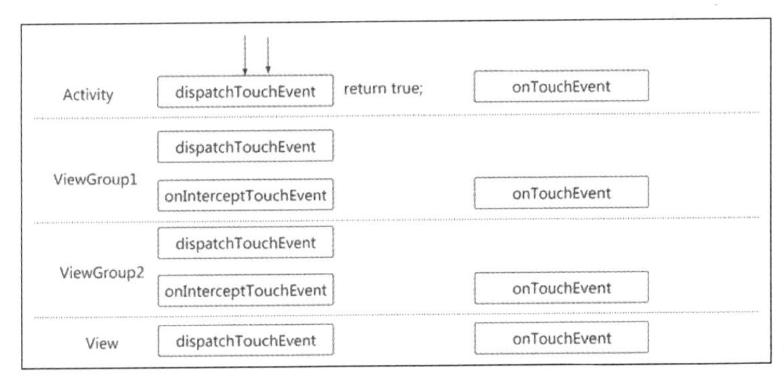

扫码查看彩色图

图 4-21

从上面的消息传递流程可以看出，在 dispatchTouchEvent 函数中返回 true 拦截消息后，ACTION_MOVE 消息的流向与 ACTION_DOWN 消息的完全相同，消息会直接停止传递，后面的子控件都不会接收到这个消息。

4.1.4.2　传递到 onTouchEvent 函数后的 ACTION_MOVE 消息

从 ACTION_DOWN 消息的传递流程可以看出，只有在 dispatchTouchEvent 函数中返回 true 时，消息才会停止传递，而无论是 dispatchTouchEvent 函数返回 false，还是通过 onInterceptTouchEvent 函数拦截消息，消息最终都会流到 onTouchEvent 函数中。

而 ACTION_MOVE 消息的流向，除了 4.1.4.1 节讲过的被截断的情况外，还有流到 onTouchEvent 函数中的情况，所以我们用本节讲解 ACTION_MOVE 消息除了被截断的其他情况。这段描述可能不容易理解，没关系，看完本节内容就能理解了。

结论：一旦 ACTION_DOWN 消息流入 onTouchEvent 函数，假使其最终会被控件 A 的 onTouchEvent 函数消费，那么 ACTION_MOVE 消息的流向就与 ACTION_DOWN 消息的流向完全不同了。对于 ACTION_MOVE 消息，在 dispatchTouchEvent 这条线上只会传递到 A 控件的 dispatchTouchEvent 函数中，然后直接传递到 A 控件的 onTouchEvent 函数中。用流程图来表示如图 4-22 所示。

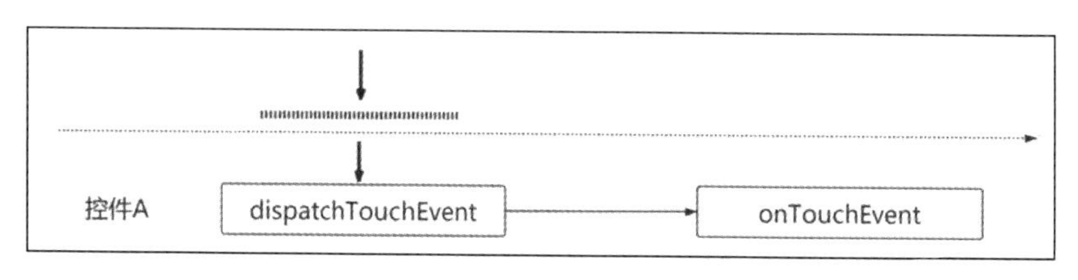

图 4-22

下面，逐个看看不同的情况，当 ACTION_DOWN 消息流到 onTouchEvent 函数中时，ACTION_MOVE 消息的流向是否符合我们的结论？

1．正常情况下的 ACTION_MOVE 消息传递流程

正常情况，也就是任何函数都采用默认的方式执行的情况，也就是在所有函数都不拦截消息的情况下，ACTION_MOVE 消息传递流程如图 4-23 所示。

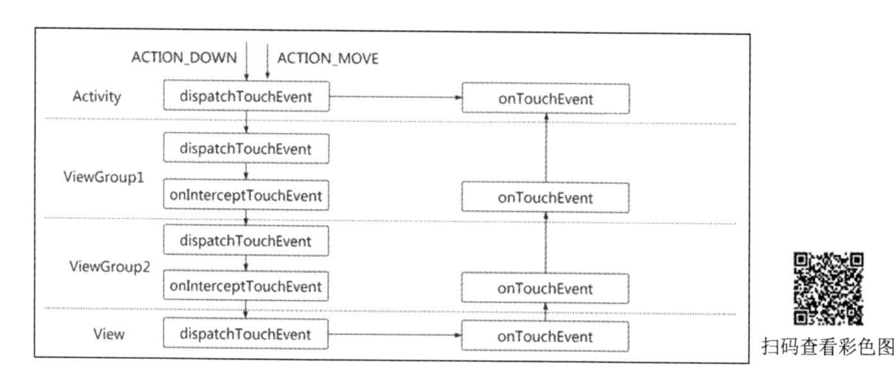

扫码查看彩色图

图 4-23

可以看到，ACTION_DOWN 消息完整地走完了所有函数，最终流入 Activity 的 onTouchEvent 函数，因此 ACTION_MOVE 消息的流向就是先流到 Activity 的 dispatchTouchEvent 函数中，然后流到 Activity 的 onTouchEvent 函数中后消失。

2．当在 onTouchEvent 函数中拦截 ACTION_DOWN 消息

同样地，涉及在 ViewGroup1、ViewGroup2 和 TextView 的 onTouchEvent 函数中拦截消息，这些情况下 ACTION_MOVE 消息的流向都是相同的，因此我们只以在 ViewGroup2 的 onTouchEvent 函数中拦截消息为例来画出消息传递流程，如图 4-24 所示。

从图 4-24 可以看到 ACTION_MOVE 消息的流向，在 dispatch 这条线中，是从 Activity 流到 ViewGroup2 的 dispatchTouchEvent 函数中的，最终直接流到 ViewGroup2 的 onTouchEvent 函数中。

同样地，如果 TextView 的 dispatchTouchEvent 函数返回 false，就在 ViewGroup1 的 onTouchEvent 函数中返回 true 拦截消息。ACTION_MOVE 消息传递流程如图 4-25 所示。

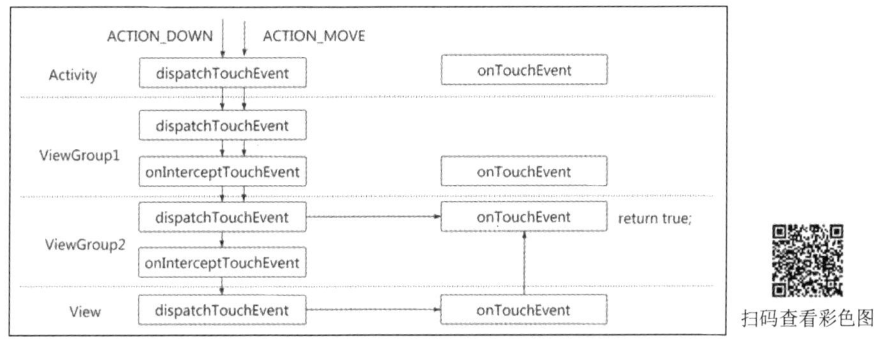

图 4-24

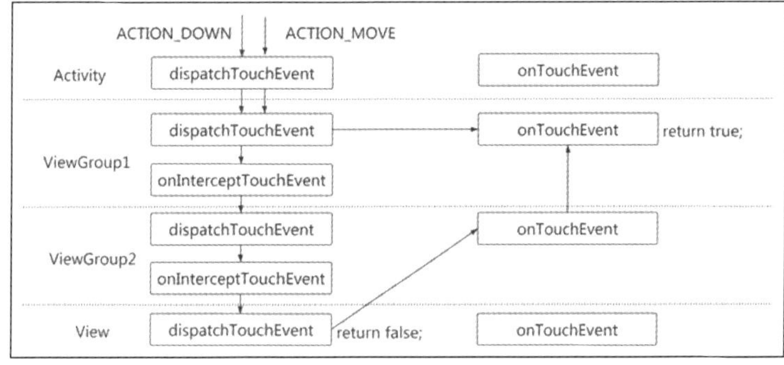

图 4-25

从图 4-25 可以看到，ACTION_DOWN 消息最后流到 ViewGroup1 的 onTouchEvent 函数中被拦截。所以，ACTION_MOVE 消息的流向就是先流到 ViewGroup1 的 dispatchTouchEvent 函数中，最终直接流到 ViewGroup1 的 onTouchEvent 函数中停止。

同样地，如果我们在 onInterceptTouchEvent 函数中拦截消息，进而来看看 ACTION_MOVE 消息的流向。假设我们在 ViewGroup2 的 onInterceptTouchEvent 函数中拦截消息，在 ViewGroup1 的 onTouchEvent 函数中消费消息，那么 ACTION_MOVE 消息传递流程如图 4-26 所示。

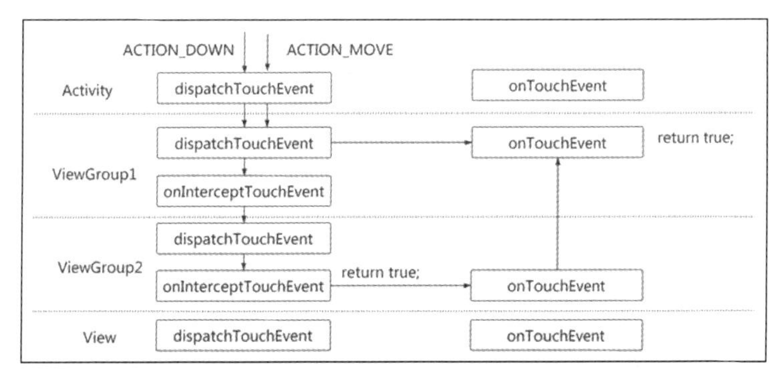

图 4-26

从图 4-26 可以看到，虽然 ACTION_DOWN 消息的流向与前面流程中的流向不同，但

ACTION_MOVE 消息的流向却是完全相同的。

从这些流程也可以看出，无论 ACTION_DOWN 消息的流向是怎样的，只要最终流到 onTouchEvent 函数中就行。假设控件 A 最终在 onTouchEvent 函数中消费了 ACTION_DOWN 消息，那么 ACTION_MOVE 消息的流向就是先流到控件 A 的 dispatchTouchEvent 函数中，最终直接流到控件 A 的 onTouchEvent 函数中，进而消息停止传递。

ACTION_MOVE 消息总结：

- 在 dispatchTouchEvent 函数中返回 true 拦截消息后，ACTION_MOVE 消息的流向与 ACTION_DOWN 消息的完全相同，消息会直接停止传递，后面的子控件都不会接收到这个消息。
- 无论 ACTION_DOWN 消息的流向是怎样的，只要最终流到 onTouchEvent 函数中就行。假设控件 A 最终在 onTouchEvent 函数中消费了 ACTION_DOWN 消息，那么 ACTION_MOVE 消息的流向就是先流到控件 A 的 dispatchTouchEvent 函数中，最终直接流到控件 A 的 onTouchEvent 函数中，进而消息停止传递。

到这里，关于所有情况下的 ACTION_DOWN、ACTION_MOVE、ACTION_UP 消息的传递流程就都已经讲解完了，下面我们再来看一些特殊的情况。

4.1.5 在 ACTION_MOVE 消息到来时拦截

前面讲到的都是正常的拦截消息的情况，即在 ACTION_DOWN 消息到来时就进行拦截。但如果我们把拦截动作推后，在 ACTION_MOVE 消息到来时再进行拦截，那么消息的表现形式又是怎样的呢？

4.1.5.1 注意事项

为了保证在 ACTION_MOVE 消息到来时能够拦截到消息，我们必须保证 ACTION_MOVE 消息能够经过该控件的 dispatchTouchEvent 或者 onInterceptTouchEvent 函数，不然代码肯定是无效的。

下面以图 4-27 为例进行讲解。

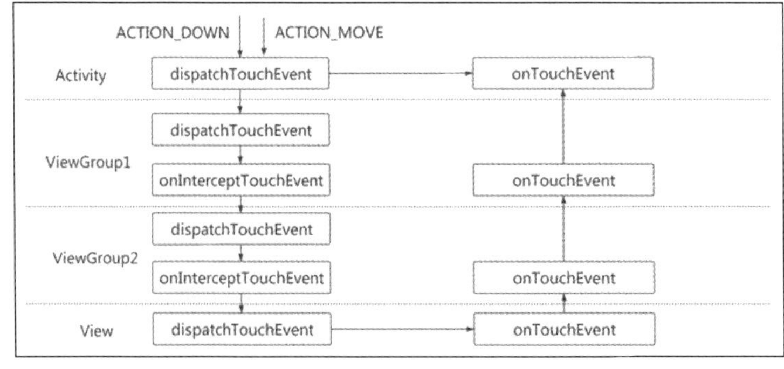

扫码查看彩色图

图 4-27

我们知道，图 4-27 表示正常情况下的 ACTION_DOWN、ACTION_MOVE 消息传递流程。因为没有任何控件拦截消息，所以 ACTION_MOVE 消息的流向是从 Activity 的 dispatchTouchEvent 函数直接到 Activity 的 onTouchEvent 函数。

而如果我们在 ViewGroup1 中拦截了 ACTION_MOVE 消息，会起作用吗？

当然不会！这里的 ACTION_MOVE 消息根本就不会流到 ViewGroup 的 dispatchTouchEvent 和 onInterceptTouchEvent 函数中，那么怎么可能拦截到！本节是以上面几节的消息传递知识为基础展开的，若要在 ACTION_MOVE 消息到来时拦截消息，首先需要确定消息可以传到相关控件中。

4.1.5.2　ACTION_MOVE 消息拦截初探

下面先来看看正常情况下的消息传递流程，如图 4-28 所示。

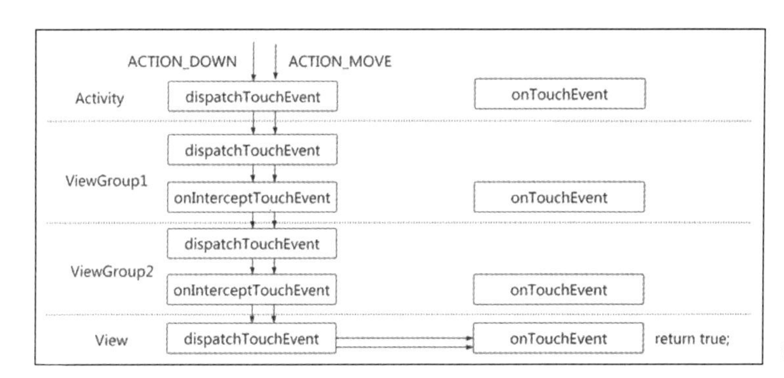

扫码查看彩色图

图 4-28

图 4-28 表示在 dispatchTouchEvent 这条线上没有任何拦截，仅在 TextView 的 onTouchEvent 函数中返回 true，表示消费了消息的传递过程。

可以看到，这里 ACTION_DOWN 和 ACTION_MOVE 消息的传递流程完全相同。如果我们在 ViewGroup1 的 onInterceptTouchEvent 函数中将代码改为如下这样：

```
public class ViewGroup1 extends LinearLayout {
    …

    @Override
    public boolean onInterceptTouchEvent(MotionEvent event) {
        switch (event.getAction()){
        case ACTION_MOVE:
            return true;
        }
        return super.onInterceptTouchEvent(event);
    }
}
```

即在消息类型是 ACTION_MOVE 的时候进行返回 true 的拦截，对其他消息进行默认处理，即不拦截。也就是说，在 ACTION_DOWN 消息到来的时候不拦截，但在 ACTION_MOVE 消息到来的时候，会进行拦截。

这种情况的消息传递流程如图 4-29 所示。

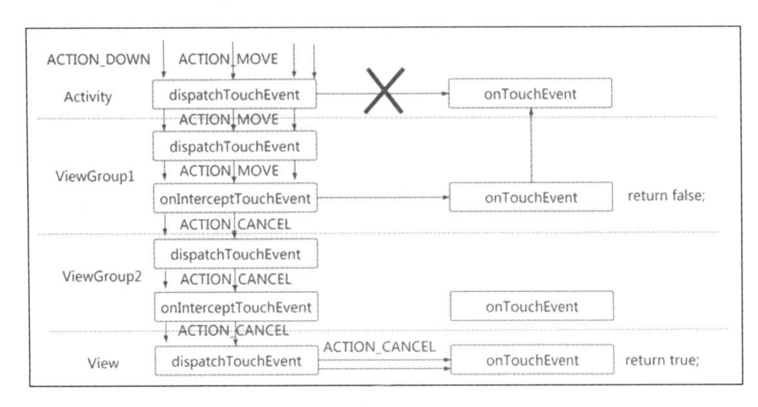

扫码查看彩色图

图 4-29

图 4-29 看起来不容易理解，下面总结成 4 条线来帮助大家理解。

红线：这条线表示 ACTION_DOWN 消息的传递流程，也就是上面讲解的在 TextView 的 onTouchEvent 函数中消费 ACTION_DOWN 消息的传递流程。

绿线：这条线表示 ACTION_MOVE 消息第一次传递时的流向情况。注意，是第一次。本来消息依然会从 Activity 的 dispatchTouchEvent 函数流向子控件，但是在到达 ViewGroup1 的 onInterceptTouchEvent 函数时，消息被拦截了。到这里，这次的 ACTION_MOVE 消息就没有了，变成了 ACTION_CANCEL 消息继续向子控件传递，一直传递到 ACTION_MOVE 消息原本要传递的位置，通知所有被截断的子控件，它们的消息取消了，后面没有消息再传递过来。当我们收到 ACTION_CANCEL 消息时，就表示后续不会再获得消息，一般需要像处理 ACTION_UP 消息一样处理该消息，执行控件归位等操作。

蓝线：这条线表示消息被截断之后的 ACTION_MOVE、ACTION_UP 消息的流向。可以看到，这时候的 ACTION_MOVE 消息的流向与正常情况下 ViewGroup1 的 dispatchTouchEvent 函数拦截 ACTION_DOWN 消息时 ACTION_MOVE 消息的流向是完全相同的。在这里，我没有在 ViewGroup1 的 onTouchEvent 函数中进行返回 true 的消息拦截，所以消息最终会流到 Activity 的 onTouchEvent 函数中。

需要特别注意的是，虽然 ACTION_MOVE 消息最终会流到 Activity 的 onTouchEvent 函数中，但后续的 ACTION_MOVE 消息并不会像正常处理流程一样（可以查看**黑线**，从 Activity 的 dispatchTouchEvent 函数直接流到 Activity 的 onTouchEvent 函数中），而是每次 ACTION_MOVE 消息的流向都与**绿线**保持一致，这就说明在这种情况下即使所有控件的 onTouchEvent 函数都不拦截消息，ACTION_MOVE 消息依然会走完全程。

其实这一点非常好理解，因为我们是在 ViewGroup1 的 ACTION_MOVE 消息到来时进行拦截的，而对于它的父控件，这里是 Activity，并不知道这件事，它只会按照正常流程下 ACTION_MOVE 消息的流程来传递消息，所以每次 ACTION_MOVE 消息都会流到 ViewGroup1

中，只是 ViewGroup1 进行了拦截而已。

同样地，如果我们在 ViewGroup1 的 onTouchEvent 函数中返回 true 呢？它的消息传递流程如图 4-30 所示。

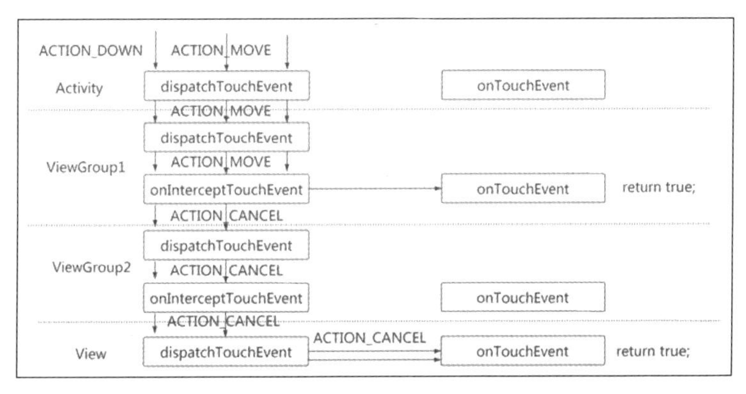

扫码查看彩色图

图 4-30

可以看到，与图 4-29 唯一不同的地方是，ACTION_MOVE 消息流到 ViewGroup1 的 onTouchEvent 函数中被拦截以后就不再传递了。这一情况与 onTouchEvent 函数本身拦截消息的情况一致。

需要注意，在 onInterceptTouchEvent 函数中进行 ACTION_MOVE 消息的拦截是常用的、必会的方式，大家必须对该消息传递流程烂熟于心。

4.1.5.3　ACTION_MOVE 消息拦截方式汇总

除在 onInterceptTouchEvent 函数中进行消息拦截以外，还可以在 dispatchTouchEvent 函数中进行消息拦截，但这种拦截方式不是必须掌握的，了解即可。

1. 在 ViewGroup2 的 dispatchTouchEvent 函数中返回 true 拦截 ACTION_MOVE 消息

也就是说，我们在 ViewGroup2 的 dispatchTouchEvent 函数中进行如下处理：

```
public class ViewGroup2 extends LinearLayout {
   …

   @Override
   public boolean dispatchTouchEvent(MotionEvent event) {
      switch (event.getAction()){
      case ACTION_MOVE:
         return true;
      }
      return super.dispatchTouchEvent(event);
   }
}
```

这种情况下的消息传递过程如图 4-31 所示。

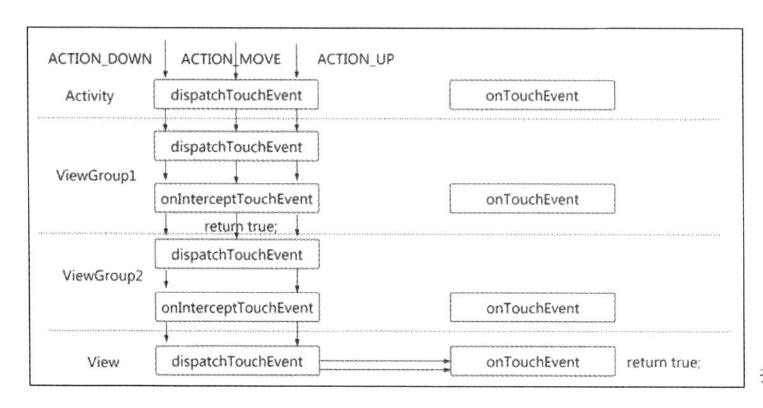

扫码查看彩色图

图 4-31

图 4-31 也不太容易理解，我们依然按颜色来分析这些消息传递流程。

红线：表示 ACTION_DOWN 消息传递流程，同样在 dispatchTouchEvent 这条线上并不拦截 ACTION_DOWN 消息。

绿线：表示 ACTION_MOVE 消息传递流程，需要注意，在这里的 ACTION_MOVE 消息传递流程中，没有第几次的区别，每次消息都直接在 ViewGroup2 的 dispatchTouchEvent 函数中被截断。这里没有发出 ACTION_CANCEL 消息，而是消息直接被截断了，而且也不会向 onTouchEvent 函数传递。

蓝线：表示 ACTION_UP 消息传递流程，需要注意，这种情况下的 ACTION_UP 消息传递流程与正常流程下 ACTION_UP 消息传递流程相同。

2．在 ViewGroup2 的 dispatchTouchEvent 函数中返回 false 拦截 ACTION_MOVE 消息

也就是说，我们在 ViewGroup2 的 dispatchTouchEvent 函数中进行如下处理：

```
public class ViewGroup2 extends LinearLayout {
    …

    @Override
    public boolean dispatchTouchEvent(MotionEvent event) {
        switch (event.getAction()){
        case ACTION_MOVE:
            return false;
        }
        return super.dispatchTouchEvent(event);
    }
}
```

这种情况下的消息传递流程如图 4-32 所示。

从图 4-32 可以看到，红线、蓝线与上面在 dispatchTouchEvent 函数中返回 true 时的消息传递流程一模一样，而绿线表示 ACTION_MOVE 消息传递流程，消息在传递到 ViewGroup2 以后，直接流到 Activity 的 onTouchEvent 函数中。这是特别奇怪的情况。

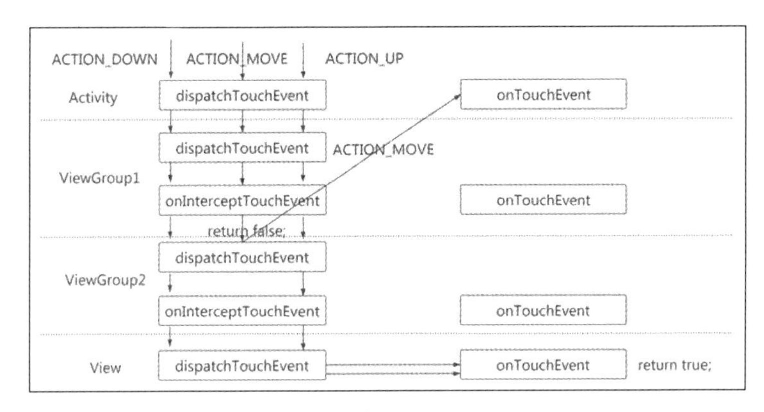

扫码查看彩色图

图 4-32

如果做过测试，你就会发现，无论你在哪个控件的 dispatchTouchEvent 函数中返回 false，之后消息都会直接流到 Activity 的 onTouchEvent 函数中，比如我们将代码改为在 TextView 的 dispatchTouchEvent 函数中返回 false，它的消息传递流程如图 4-33 所示。

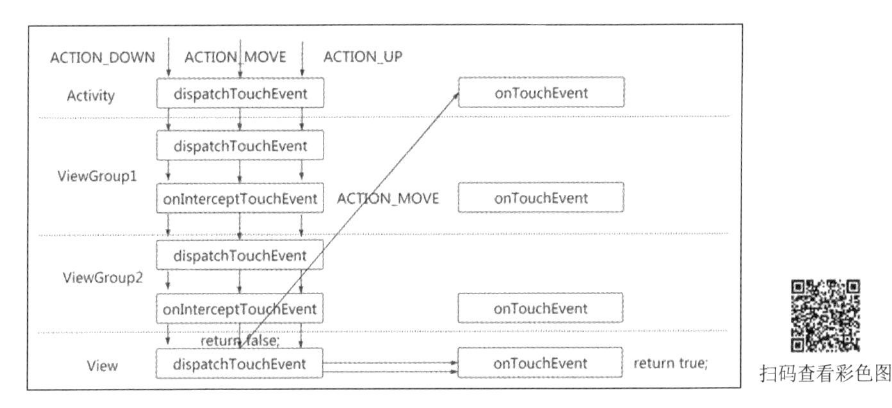

扫码查看彩色图

图 4-33

从图 4-33 可以看到，ACTION_MOVE 消息在 TextView 的 dispatchTouchEvent 函数中返回 false 时被拦截后，依然是直接流到 Activity 的 onTouchEvent 函数中。

到这里，有关消息的拦截方式就已经讲完了，通过图的方式，想必大家也都理解了大概流程。

4.2 消息拦截实战——实现可拖动的方向按键

在 4.1 节中讲解了消息拦截后的消息传递流程，下面我们就利用这些知识来做一个控件，效果如图 4-34 所示。

在这个控件中，总共有 5 个按钮：上、下、左、右和 OK 键，每个按钮都可以点击，而且也可以对每个按钮进行拖动。

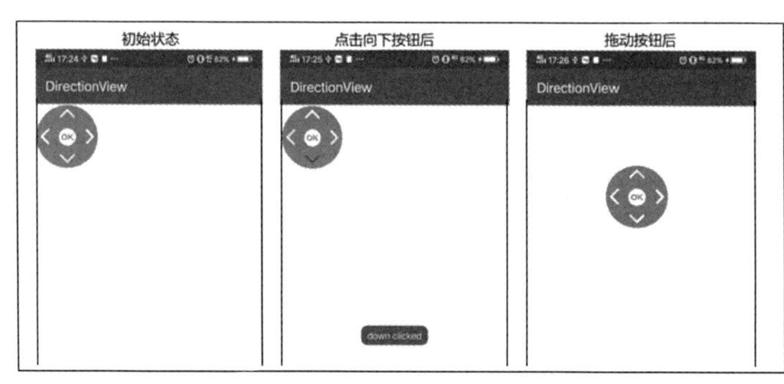

扫码查看动态效果图

图 4-34

在实际开发时，经常会用到这种控件，比如悬浮球等，都需要既可以点击也可以拖动。那么具体是怎么实现的呢？下面就来看看具体的实现原理。

4.2.1 框架搭建

4.2.1.1 框架原理

首先，点击按钮的实现非常简单，只需要为每个按钮添加 click 事件响应即可。然后就是如何实现移动功能了，因为移动按钮时需要响应 ACTION_MOVE 消息，所以这时需要在根 ViewGroup 中进行 ACTION_MOVE 消息的拦截（后面还会具体讲解这部分内容），我们需要将所有控件的根布局作为一个自定义控件，以方便在其中拦截消息。

4.2.1.2 自定义布局控件

1. 基本布局加载

根据原理分析，我们首先自定义一个 ViewGroup 的控件。这个控件可以继承自 ViewGroup 类，也可以继承自 ViewGroup 类的子类（比如 LinearLayout、RelativeLayout 等子类），区别是：如果继承自 ViewGroup 类，则所有的测量和布局工作都需要自己做，没有默认实现，而如果不做这些工作，自定义控件中不会显示任何内容；如果继承自 LinearLayout 等子类，则它们有默认实现，可以不用重写 onMeasure、onLayout 等函数，而是直接使用相关函数。

因为在这里，我们只是为了拦截消息，不打算自己定义布局，所以方便起见，直接继承自 ViewGroup 类的子类即可：

```
public class DirectionView extends LinearLayout{
   private Context mContext;
   private float lastX = 0, lastY = 0;

   public DirectionView(Context context) {
      super(context);
      init(context);
   }

   public DirectionView(Context context, AttributeSet attrs) {
```

```
        super(context, attrs);
        init(context);
    }

    public DirectionView(Context context, AttributeSet attrs, int defStyleAttr) {
        super(context, attrs, defStyleAttr);
        init(context);
    }

    private void init(Context context) {
        mContext = context;
        LayoutInflater.from(context).inflate(R.layout.direction_view_layout,
this);
    }
}
```

可以看到，这里做了两件事。

- DirectionView 继承自 LinearLayout 子类，并没有重写 onMeasure、onLayout 函数，全部使用默认实现。
- 在 init 函数中，调用 LayoutInflater.from(context).inflate(R.layout.direction_view_layout, this);将控件布局加入其中。

direction_view_layout.xml 的布局方式如下：

```
<?xml version="1.0" encoding="utf-8"?>
<RelativeLayout
    xmlns:android="http://schemas.android.com/apk/res/android"
    android:id="@+id/direction_root"
    android:layout_width="100dp"
    android:layout_height="100dp"
    android:padding="3dp"
    android:background="@drawable/button_shape">


    <ImageView
        android:id="@+id/direction_up"
        android:layout_width="25dp"
        android:layout_height="25dp"
        android:layout_centerHorizontal="true"
        android:layout_alignParentTop="true"
        android:src="@drawable/background_up"/>

    <ImageView
        android:id="@+id/direction_down"
        android:layout_width="25dp"
        android:layout_height="25dp"
        android:layout_centerHorizontal="true"
        android:layout_alignParentBottom="true"
        android:src="@drawable/background_down"/>

    <ImageView
```

```
        android:id="@+id/direction_left"
        android:layout_width="25dp"
        android:layout_height="25dp"
        android:layout_centerVertical="true"
        android:layout_alignParentLeft="true"
        android:src="@drawable/background_left"/>

    <ImageView
        android:id="@+id/direction_right"
        android:layout_width="25dp"
        android:layout_height="25dp"
        android:layout_centerVertical="true"
        android:layout_alignParentRight="true"
        android:src="@drawable/background_right"/>

    <ImageView
        android:id="@+id/direction_ok"
        android:layout_width="30dp"
        android:layout_height="30dp"
        android:layout_centerVertical="true"
        android:layout_centerHorizontal="true"
        android:src="@drawable/background_ok"/>
</RelativeLayout>
```

这个布局方式很简单，就是把几个按钮摆放在对应的位置，形成我们想要的布局，如图 4-35 所示。

图 4-35

需要注意，图 4-35 中整个灰色的圆背景是通过 shape 标签来实现的（button_shape.xml）：

```
<?xml version="1.0" encoding="utf-8"?>
<shape xmlns:android="http://schemas.android.com/apk/res/android"
    android:shape="oval">

    <stroke
        android:width="2dp"
        android:color="#ffffff" />
    <solid android:color="#77000000" />
    <size
        android:width="40dp"
        android:height="40dp" />
</shape>
```

有关 shape 标签的用法就不在这里展开了，基本上所有的 Android 入门书里都有讲到。

下面看看按钮的 drawable，比如 drawable_up.xml，如图 4-36 所示。

```
<?xml version="1.0" encoding="utf-8"?>
<selector xmlns:android="http://schemas.android.com/apk/res/android">
    <item android:drawable="@drawable/up" android:state_pressed="false"/>
    <item android:drawable="@drawable/up_press" android:state_pressed="true"/>
</selector>
```

图 4-36

这里利用了 selector 标签，实现了不同状态下的图片加载，使按钮具有正常和按下等不同状态。selector 标签不太难，感兴趣的读者可以自行参考相关资料。

2. 点击响应

在介绍了将布局加入 DirectionView 类的函数后，下面再来对布局中的按钮添加点击响应：

```
    public class DirectionView extends LinearLayout implements View.OnClickListener
{
       private Context mContext;

       …//省略构造函数

       private void init(Context context) {
          mContext = context;
          LayoutInflater.from(context).inflate(R.layout.direction_view_layout,
this);

          findViewById(R.id.direction_up).setOnClickListener(this);
          findViewById(R.id.direction_down).setOnClickListener(this);
          findViewById(R.id.direction_left).setOnClickListener(this);
          findViewById(R.id.direction_right).setOnClickListener(this);
          findViewById(R.id.direction_ok).setOnClickListener(this);
       }

       @Override
       public void onClick(View v) {
          switch (v.getId()) {
          case R.id.direction_up: {
             Toast.makeText(mContext, "up clicked", Toast.LENGTH_SHORT).show();
          }
          break;
          case R.id.direction_down: {
             Toast.makeText(mContext, "down clicked", Toast.LENGTH_SHORT).show();
          }
          break;
          case R.id.direction_left: {
             Toast.makeText(mContext, "left clicked", Toast.LENGTH_SHORT).show();
          }
          break;
          case R.id.direction_right: {
             Toast.makeText(mContext, "right clicked", Toast.LENGTH_SHORT).show();
```

```
            }
            break;
            case R.id.direction_ok: {
               Toast.makeText(mContext, "ok clicked", Toast.LENGTH_SHORT).show();
            }
            break;
            }
      }
}
```

代码非常简单，就是针对每个按钮添加 onClickListener 响应。

4.2.1.3 Activity 中的使用方法

因为我们把整个布局及点击响应都写在自定义的 DirectionView 控件内，所以只需要在 Activity 的 XML 中直接引入这个控件即可（activity_main.xml）：

```
<?xml version="1.0" encoding="utf-8"?>
<LinearLayout
   xmlns:android="http://schemas.android.com/apk/res/android"
   xmlns:tools="http://schemas.android.com/tools"
   android:layout_width="match_parent"
   android:layout_height="match_parent"
   android:orientation="vertical"
   tools:context=".MainActivity">

   <com.direction.harvic.directionview.DirectionView
      android:layout_width="wrap_content"
      android:layout_height="wrap_content"/>

</LinearLayout>
```

就这样，可以扫码查看运行代码后的效果图。

到此，我们已经实现了布局和点击响应，现在还没有实现拖动效果，下面就来看看如何实现拖动效果。

扫码查看动态效果图

4.2.2 实现拖动效果

4.2.2.1 实现拖动的原理

图 4-37 展示了在当前的布局方式下、在不拦截消息的情况下的消息传递流程。

从图 4-37 可以看到，Activity 之后就是 DirectionView 了，接着是包裹着各种 ImageView 的 RelativeLayout，最后是 ImageView。

当我们在 ImageView 中添加了点击响应的时候，就相当于在 ImageView 的 onTouchEvent 函数中消费了 ACTION_DOWN 消息。根据 4.1 节中的知识可以知道，在这种情况下，ACTION_MOVE 消息传递流程就像图 4-37 中绿线所示的传递流程。

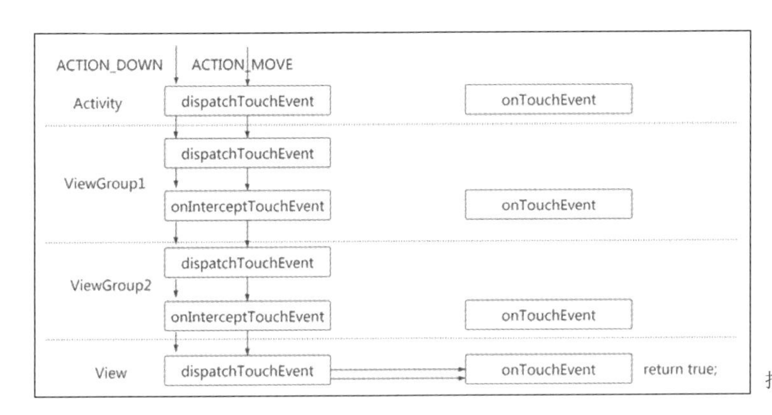

扫码查看彩色图

图 4-37

但是，现在我们想让整个 DirectionView 跟随手指移动，所以在 ACTION_MOVE 消息到来时，就需要在 DirectionView 中拦截消息。

根据 4.1 节的内容，若想要在 DirectionView 中拦截 ACTION_MOVE 消息，有很多种方法，一般情况下是通过 onInterceptTouchEvent 函数来拦截消息的。这样，在拦截消息后，ACTION_MOVE 消息并不会立刻断掉，而是流到 DirectionView 的 onTouchEvent 函数中，我们可以在 DirectionView 的 onTouchEvent 函数中处理消息。

此时的消息传递流程如图 4-38 所示。

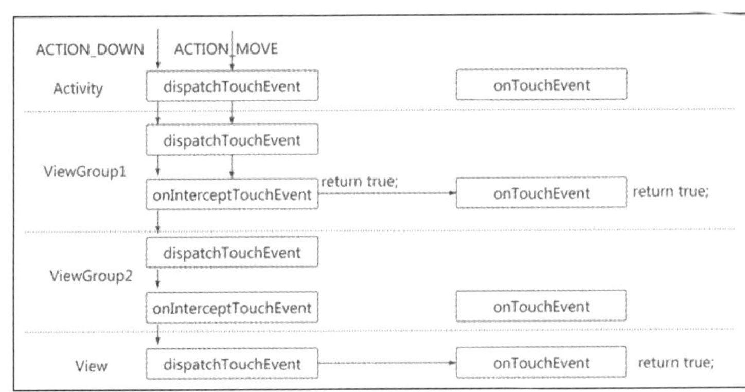

扫码查看彩色图

图 4-38

在 DirectionView 的 onInterceptTouchEvent 函数中返回 true，可以改变 ACTION_MOVE 消息的正常流向，让它流到 DirectionView 的 onTouchEvent 函数中，然后在 DirectionView 的 onTouchEvent 函数中返回 true 来消费 ACTION_MOVE 消息，以停止消息的传递。

4.2.2.2 代码实现

根据上面的原理，对 DirectionView 做如下处理，即可实现拖动效果（先列出完整代码，然后进行逐步讲解）：

```
public class DirectionView extends LinearLayout implements View.OnClickListener {
```

```
    //省略
    …

    private float lastX = 0, lastY = 0;

    @Override
    public boolean onInterceptTouchEvent(MotionEvent ev) {
        switch (ev.getAction()) {
        case MotionEvent.ACTION_DOWN:
            // 记录ACTION_DOWN消息的点击位置，因为不拦截ACTION_DOWN消息，所以移动手指的时
  // 候需要通过手指起点坐标来计算手指的移动距离
            lastX = ev.getX();
            lastY = ev.getY();
            break;
        case MotionEvent.ACTION_MOVE:
            return true;
        }
        return false;
    }

    @Override
    public boolean onTouchEvent(MotionEvent event) {
        if (event.getAction() == MotionEvent.ACTION_MOVE) {
            // 进行移动操作
            int offX = (int) (event.getX() - lastX);
            int offY = (int) (event.getY() - lastY);
            LinearLayout.LayoutParams params =
(LinearLayout.LayoutParams)getLayoutParams();
            params.leftMargin = params.leftMargin + offX;
            params.topMargin += offY;
            setLayoutParams(params);

            return true;
        }
        return super.onTouchEvent(event);
    }

  }
```

下面来看看 onInterceptTouchEvent 函数中的代码：

```
  public boolean onInterceptTouchEvent(MotionEvent ev) {
      switch (ev.getAction()) {
      case MotionEvent.ACTION_DOWN:
          lastX = ev.getX();
          lastY = ev.getY();
          break;
      case MotionEvent.ACTION_MOVE:
          return true;
      }
      return false;
  }
```

在 ACTION_MOVE 消息到来时，直接返回 true，以改变消息的流向，这是我们在讲解原理时已经提到的操作。那么在 ACTION_DOWN 消息到来时，通过 lastX = ev.getX()和 lastY = ev.getY()获取当前手指的位置，这有什么用呢？

这是为了在移动手指时计算手指移动的距离，后面在讲解 onTouchEvent 函数时还会提到。其实，在 MotionEvent 中除了 getX 函数，还有其他获取 *X* 坐标值的函数，每个函数的意义都不同。在 4.3 节中，我们将进行详细的讲解。这里通过 ev.getX 函数得到了手指相对父控件左上边的坐标。

在 onTouchEvent 函数中，首先将当前手指位置与 mLastX、mLastY 相减，得到手指的移动距离：

```
int offX = (int) (event.getX() - lastX);
int offY = (int) (event.getY() - lastY);
```

然后，通过给控件设置 leftMargin、topMargin 的方式来实现移动 DirectionView 的目的：

```
int offX = (int) (event.getX() - lastX);
int offY = (int) (event.getY() - lastY);
LinearLayout.LayoutParams params = (LinearLayout.LayoutParams)getLayoutParams();
params.leftMargin = params.leftMargin + offX;
params.topMargin += offY;
setLayoutParams(params);
```

最后，在消息类型是 ACTION_MOVE 时，返回 true，表示消费了消息，停止消息的传递。因为，我们在这里已经进行了处理，所以如果不返回 true，那么消息会继续流到 Activity 的 onTouchEvent 函数中，如果 Activity 的 onTouchEvent 函数同样有 ACTION_MOVE 消息的处理代码，就会重复处理消息，造成不必要的麻烦。因此，当我们已经消费了消息时，就要及时返回 true 来停止消息的传递。

在《Android 自定义控件开发入门与实战》一书及本书中，我们已经提到了几种移动控件的方法：使用 layout(left,top,right,bottom)、通过 setTranslateX 函数及这里的设置 layoutParams 等，这些函数对应的场景都不同，感兴趣的读者可以自己研究一下。

这样，本节开始时显示的效果就实现了。其实，代码量比较少，在理解了消息的传递原理以后，还是很容易写出代码的。

4.3　坐标系

在 Android 中，有两种坐标系，分别是屏幕坐标系和 View 坐标系（视图坐标系）。每个坐标系所表示的意义都不一样，在本节中，我们就来看看，在什么情况下用屏幕坐标系，在什么情况下用 View 坐标系。

4.3.1 屏幕坐标系和数学坐标系的区别

在数学计算中，我们会使用数学坐标系来表示角或者点的位置，如图 4-39 所示。

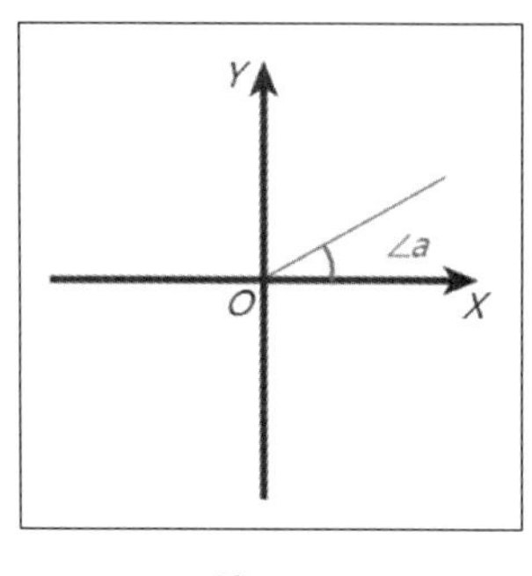

图 4-39

在数学坐标系中，X 轴向左为正，Y 轴向上为正。而在屏幕坐标系中，却不一样，如图 4-40 所示。

图 4-40

图 4-40 中灰色部分表示手机屏幕。可以看到，屏幕坐标系的起始位置就是屏幕的左上角，X 轴向右为正，Y 轴向下为正，这与数学坐标系不一样。

4.3.2 View 坐标系

4.3.2.1 如何寻找坐标系原点

View 坐标系与屏幕坐标系唯一不同的地方是，屏幕坐标系的坐标系原点固定在屏幕左上角，而 View 坐标系的坐标系原点则固定在该 View 的父控件左上角，即 View 坐标系是相对父控件而言的。

图 4-41 表示控件 View 的坐标系位置。

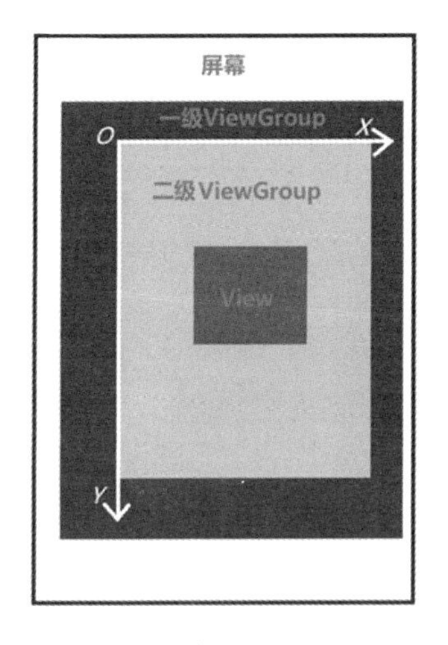

扫码查看彩色图

图 4-41

在图 4-41 中，黑框表示的是屏幕，蓝色区块表示一级 ViewGroup，它的子 View 是灰色区块所表示的二级 ViewGroup，而二级 ViewGroup 又有一个子控件，这就是红色区块所表示的 View 控件。因为 View 控件的父控件是二级 ViewGroup，所以 View 控件的坐标系原点就在它的父控件的左上角位置。同样地，对于二级 ViewGroup，它的 View 坐标系原点就在它的父控件的左上角位置，如图 4-42 所示。

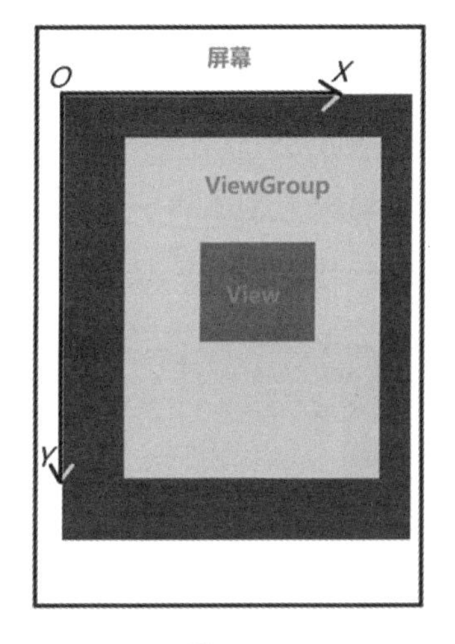

扫码查看彩色图

图 4-42

在了解了 View 控件的坐标系原点的寻找方法以后，下面再来看看哪些函数用到了 View 坐标系。

4.3.2.2　常用函数与 View 坐标系

1. getLeft、getTop、getRight、getBottom

一般情况下，我们通过 View 类获取一些坐标点位置，都是当前点在 View 坐标系中的位置。

下面我们来介绍 View 控件的各个取位置函数，View 控件所对应的 View 坐标系位置如图 4-43 所示。

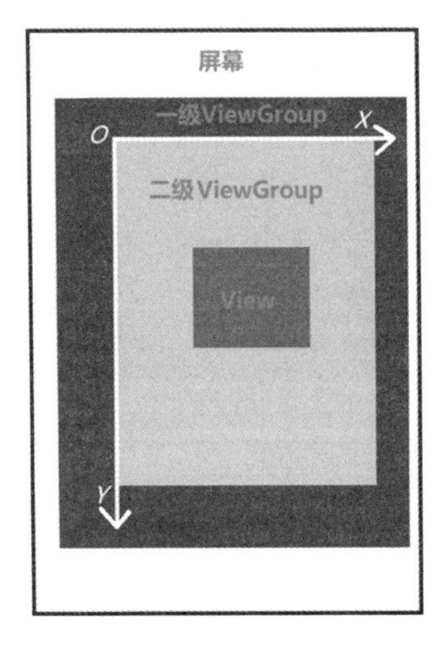

扫码查看彩色图

图 4-43

下面几个函数用于得到 View 控件左上角和右下角距离父 View 控件的距离，我们经常会用到：

```
getTop();          //获取子 View 左上角距父 View 顶部的距离
getLeft();         //获取子 View 左上角距父 View 左侧的距离
getBottom();       //获取子 View 右下角距父 View 顶部的距离
getRight();        //获取子 View 右下角距父 View 右侧的距离
```

它们所对应的就是 View 控件在 View 坐标系中指定距离的长度，如图 4-44 所示。

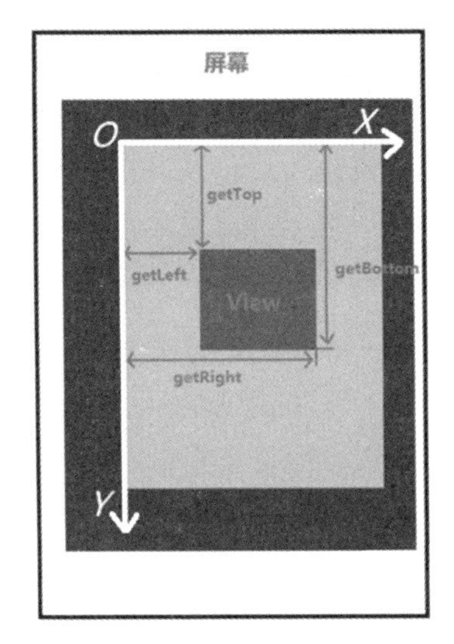

扫码查看彩色图

图 4-44

需要注意的是，这 4 个函数获取的值是 View 原始状态时相对于父控件的距离，对 View 进行平移操作并不会改变这 4 个函数的返回值。

2．getWidth、getHeight

getWidth、getHeight 函数获取的值，就是靠上面介绍的 4 个函数得到的：

```
View.getWidth()  = view.getRight() - view.getLeft();
View.getHeight() = view.getBottom() - view.getTop();
```

3．getX、getY

前面介绍了 getTop、getLeft、getBottom、getRight 这 4 个函数，它们获取的值是 View 原始状态时相对于父控件的距离，而 getX、getY 函数则用于获取控件左上角点的实时位置。

```
getX() = getLeft() + getTranslationX();
getY() = getTop() + getTranslationY();
```

当控件没有平移距离时，我们获取的值 getX 等于 getTranslationX、getY 等于 getTranslationY。而当控件有平移距离时，它们就不再相等了。

4．scrollX、scrollY

既然说到了 translationX，那么顺带再说一下 scrollX。我们对 4.1 节的源码进行改造，在点击 TextView 的时候，让 TextView 移动的时候，做如下处理：

```
public boolean onTouchEvent(MotionEvent event) {
    scrollBy(10,10);
    Log.d("qijian","getX:"+getX() + " getY:"+getY() +" getLeft:"+getLeft() + "
getTop:"+getTop()+" getRight:"+getRight() +" getBottom:"+getBottom() +"
scrollX:"+getScrollX() +" scrollY:"+getScrollY());
    return true;
}
```

即先调用 scrollBy(10,10)进行滚动，然后利用 Log 函数来观察各个函数获取的值是否有变化，最后的 return true 表示消费了点击事件。有关 scrollBy、scrollTo 函数，在 6.1 节中有详细的讲解，感兴趣的读者可以查看。

代码运行效果如图 4-45 所示。

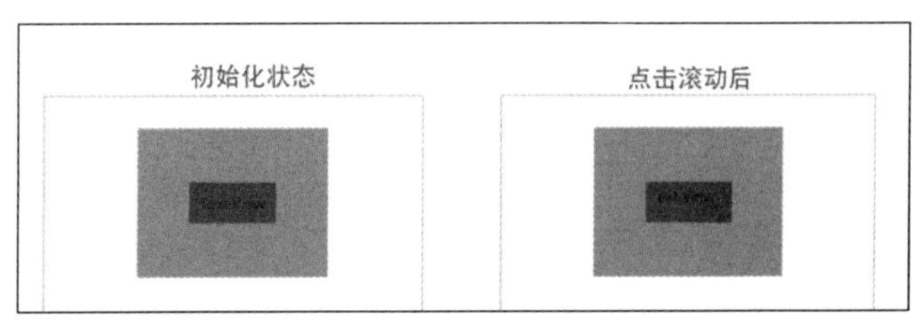

扫码查看动态效果图

图 4-45

需要注意，TextView 控件所在的区域是红色区块，当我们每次点击红色区块的时候，TextView 就会移动，但红色区块的位置却没有变，这说明了什么呢？

我们再来看看日志内容，如图 4-46 所示。

```
D/qijian:  getX:150.0  getY:150.0  getLeft:150  getTop:150  getRight:396  getBottom:264  scrollX:10  scrollY:10
D/qijian:  getX:150.0  getY:150.0  getLeft:150  getTop:150  getRight:396  getBottom:264  scrollX:20  scrollY:20
D/qijian:  getX:150.0  getY:150.0  getLeft:150  getTop:150  getRight:396  getBottom:264  scrollX:30  scrollY:30
D/qijian:  getX:150.0  getY:150.0  getLeft:150  getTop:150  getRight:396  getBottom:264  scrollX:40  scrollY:40
D/qijian:  getX:150.0  getY:150.0  getLeft:150  getTop:150  getRight:396  getBottom:264  scrollX:50  scrollY:50
D/qijian:  getX:150.0  getY:150.0  getLeft:150  getTop:150  getRight:396  getBottom:264  scrollX:60  scrollY:60
```

图 4-46

可以看到，每次调用 scrollBy(10,10)以后，getX、getY、getTop、getBottom 函数获取的值都不变，只有 getScrollX 与 getScrollY 函数获取的值改变了。这说明 scrollTo 和 scrollBy 函数只能移动 View 的内容，而无法移动 View 本身。

4.3.3 MotionEvent 提供的函数

前面讲到 MotionEvent 用于捕捉手指触摸点所在的位置，触摸点所在位置的坐标到底使用的是屏幕坐标系还是 View 坐标系呢？

在 MotionEvent 中提供了 4 个获取位置的函数，分别介绍如下。

- getX 函数：获取点击事件距离控件左边的距离，即 View 坐标。
- getY 函数：获取点击事件距离控件顶边的距离，即 View 坐标。
- getRawX 函数：获取点击事件距离整个屏幕左边的距离，即绝对坐标。
- getRawY 函数：获取点击事件距离整个屏幕顶边的距离，即绝对坐标。

很明显，getX、getY 函数用的是 View 坐标系，表示点击事件在控件中的位置，而 getRawX、getRawY 函数则用的是屏幕坐标系，表示点击事件在屏幕中的位置。如图 4-47 所示，绿色圆点表示手指触摸点（点击事件），这 4 个函数的意义也在图中标出了。

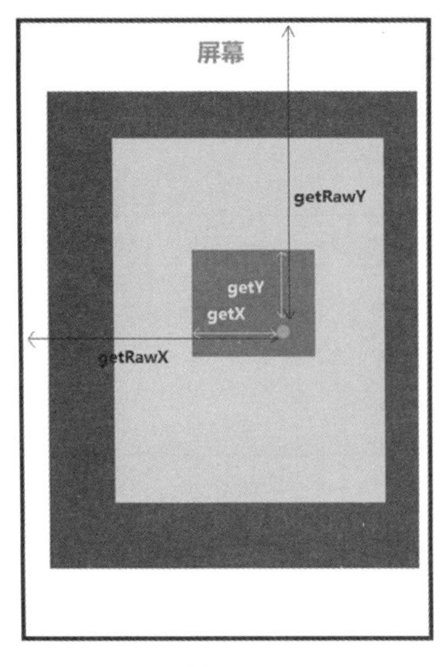

扫码查看彩色图

图 4-47

到这里，本节内容就结束了，下面继续看看如何通过处理消息来解决滑动冲突的问题。

4.4 详解 requestDisallowInterceptTouchEvent 函数

在前面的章节中，我们详细讲解了拦截消息的方法，而最大的拦截消息与禁止拦截消息的场景就是处理滑动冲突。在处理冲突时，除了对消息进行拦截外，还会通过 requestDisallowInterceptTouchEvent 函数来禁止拦截消息。在本节中，我们先了解 requestDisallowInterceptTouchEvent 函数的用法，在 4.5 节中再具体讲解滑动冲突场景及处理方法。

4.4.1 requestDisallowInterceptTouchEvent 函数概述

在处理冲突时，只有如下两种方法。

- 第 1 种：通过前面学过的拦截消息的方法来进行处理
- 第 2 种：通过 requestDisallowInterceptTouchEvent 函数来进行处理。

至于这两种方法在处理冲突时的具体用法，在后面的章节中会继续讨论，本节主要会介绍一下 requestDisallowInterceptTouchEvent 函数是什么？

需要注意，requestDisallowInterceptTouchEvent 是 ViewGroup 里的函数，下面来看看它的声明：

```
/*
 * Called when a child does not want this parent and its ,
 * ancestors to intercept touch events with onInterceptTouchEvent(MotionEvent).
 */
void requestDisallowInterceptTouchEvent(boolean disallowIntercept)
```

从英文注释可以看出，当子 View 不想父控件拦截消息的时候会调用 requestDisallowInterceptTouchEvent(true)函数来通知父控件，让它不要拦截消息，使消息能够流向自己。

该函数有一个参数 boolean disallowIntercept，表示是否禁止父控件拦截消息。参数值为 true 时，表示禁止父控件拦截消息；为 false 时，表示允许父控件拦截消息。

4.4.2 尝试使用 requestDisallowInterceptTouchEvent 函数

下面就来尝试使用 requestDisallowInterceptTouchEvent 函数，看能否真的实现禁止父控件拦截消息。

下面仍使用 4.1 节中的示例，该示例的布局如图 4-48 所示。

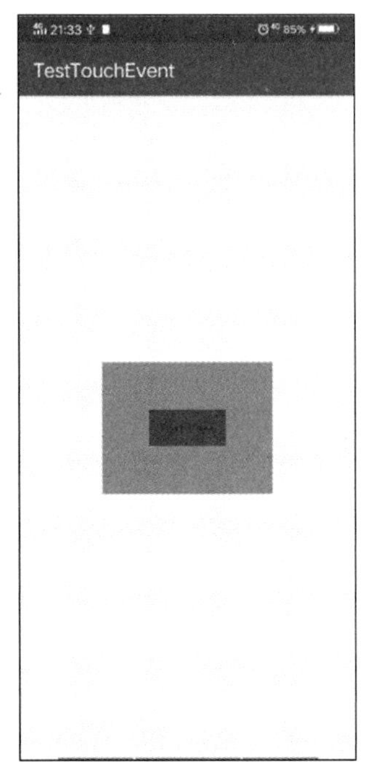

图 4-48

Activity 里嵌套了两个 ViewGroup，最下层是绿色的 ViewGroup，中间层是红色的 ViewGroup，最上层是一个 TextView 控件。源码中有对应的代码，大家可以参考，下面就依据这个布局方式来看看消息的传递流程。

我们在 CustomTextView 中做如下更改，看能否禁止父控件拦截消息：

```
public class CustomTextView extends android.support.v7.widget.AppCompatTextView
{

    …

    @Override
    public boolean dispatchTouchEvent(MotionEvent event) {
        LogHelper.onLog("CustomTextView dispatchTouchEvent",event);

        getParent().requestDisallowInterceptTouchEvent(true);
        return super.dispatchTouchEvent(event);
    }

    @Override
    public boolean onTouchEvent(MotionEvent event) {
        LogHelper.onLog("CustomTextView onTouchEvent",event);

        getParent().requestDisallowInterceptTouchEvent(true);
        return true;
    }
}
```

其实后面会讲到，不必在 dispatchTouchEvent 和 onTouchEvent 函数中都写 getParent().requestDisallowInterceptTouchEvent(true);，只写一处就行。为了给大家讲解在什么情况下 requestDisallowInterceptTouchEvent(true)是有效的，在什么情况下是无效的，这里在 CustomTextView 能加的地方都添加了 getParent().requestDisallowInterceptTouchEvent(true);，这也避免让大家觉得是不是添加位置不对，导致禁止父控件拦截消息无效。

4.4.2.1　在父控件的 dispatchTouchEvent 函数中拦截消息

在 ViewGroup2 的 dispatchTouchEvent 函数中拦截消息，即：

```
public class ViewGroup2 extends LinearLayout {

    ...

    @Override
    public boolean dispatchTouchEvent(MotionEvent event) {
        LogHelper.onLog("CustomSecondGroup dispatchTouchEvent",event);
        return true;
    }
}
```

通过打印日志，来看看具体情况，如图 4-49 所示。若在 ViewGroup2 的 dispatchTouchEvent 函数中拦截消息，能不能通过在 CustomTextView 中使用 getParent(). requestDisallowInterceptTouchEvent(true);来禁止拦截消息。

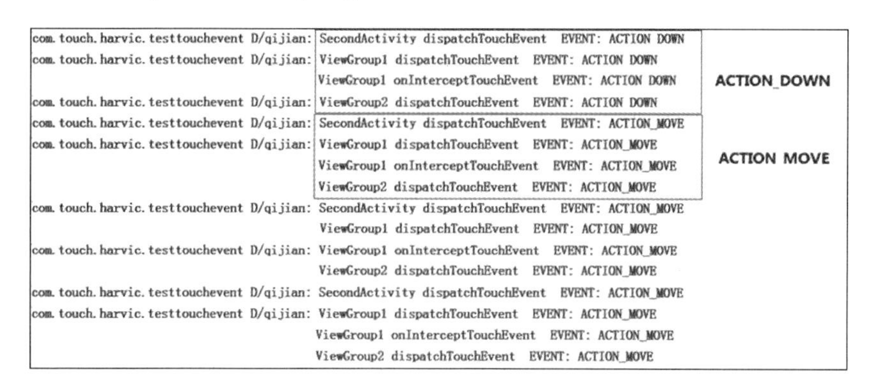

图 4-49

从以上日志可以看出，ACTION_DOWN 消息和 ACTION_MOVE 消息都只流到 ViewGroup2 的 dispatchTouchEvent 函数中，也就是说 TextView 的 getParent(). requestDisallowIntercept-TouchEvent(true)并没有实现禁止拦截消息。这是为什么呢？

让我们回忆一下在 4.1 节中所讲解的拦截消息后的消息传递流程，当在 ViewGroup2 的 dispatchTouchEvent 函数中拦截消息后，它的消息流向如图 4-50 所示。

可以看到，在 ViewGroup2 的 dispatchTouchEvent 函数中拦截消息后，ACTION_DOWN 和 ACTION_MOVE 消息的传递都在 ViewGroup2 的 dispatchTouchEvent 函数处停止了。这与上面代码的表现是一致的。看到这里，大家应该就能明白为什么写在顶层的 CustomTextView 中的

getParent().requestDisallowInterceptTouchEvent(true);无效了，因为在传递消息时，消息根本就没流到它。

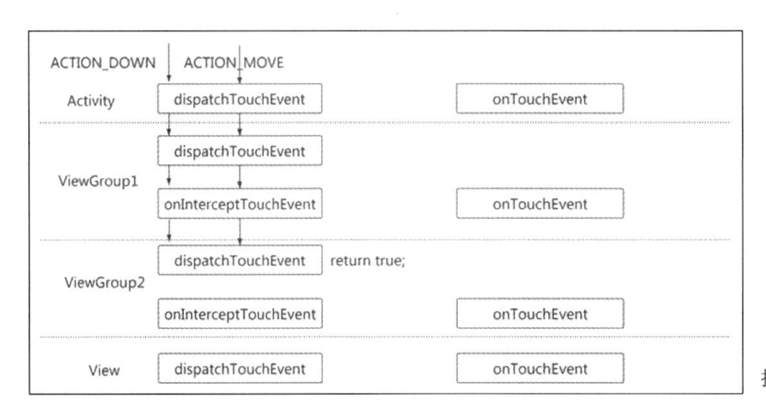

扫码查看彩色图

图 4-50

很显然，消息在 ViewGroup2 的 dispatchTouchEvent 函数中就已经断了，根本就没流到 CustomTextView 里写好的 getParent().requestDisallowInterceptTouchEvent(true);中，当然是无效的。因此，要使 requestDisallowInterceptTouchEvent(true)有效的前提是必须能执行到它！

这样就限制了使用 requestDisallowInterceptTouchEvent(true);的范围。如果父控件在获得 ACTION_DOWN 消息时就直接进行拦截的话，那么子控件将收不到任何消息，那么 requestDisallowInterceptTouchEvent(true);也将不起作用。

4.4.2.2 使用 requestDisallowInterceptTouchEvent 函数的正确方法

1. 在 onInterceptTouchEvent 中拦截 ACTION_MOVE 消息

我们已经知道若要使用 requestDisallowInterceptTouchEvent 函数，首先需要消息能流到子控件。这就要求父控件不拦截 ACTION_DOWN 消息，而只拦截 ACTION_MOVE 消息。

也就是拦截消息的流程如图 4-51 所示。

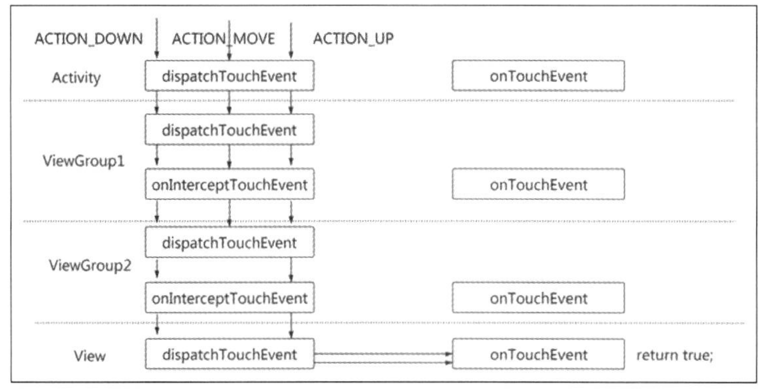

扫码查看彩色图

图 4-51

也就是父控件在拦截消息时，不拦截 ACTION_DOWN 消息，而只拦截 ACTION_MOVE

消息。即父控件的拦截消息代码如下（该拦截消息代码只能放在 onInterceptTouchEvent 中，后面会进行讲解）：

```
public boolean onInterceptTouchEvent(MotionEvent event) {
    switch (event.getAction()){
    case ACTION_MOVE:
        return true;
    }
    return super.dispatchTouchEvent(event);
}
```

在这种情况下，在 ACTION_DOWN 消息到来时，消息就可以流到 CustomTextView 的 dispatchTouchEvent 和 onTouchEvent 函数中了。而在 CustomTextView 中，可以通过 requestDisallowInterceptTouchEvent(true)来禁止父控件拦截消息。

下面再来看看 CustomTextView 的日志，如图 4-52 所示。

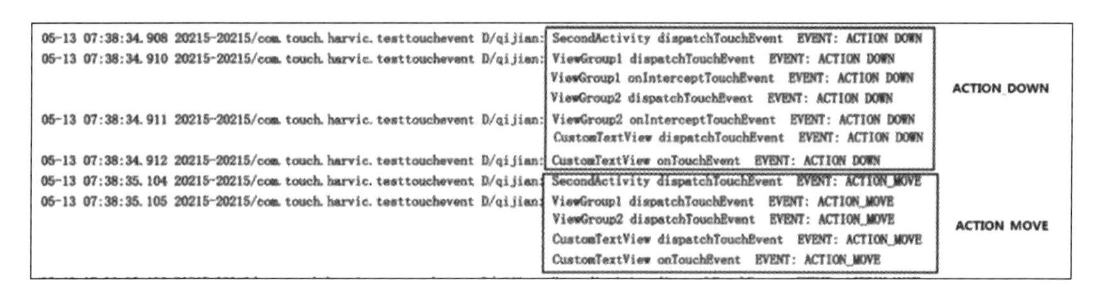

图 4-52

可以看到，在这种情况下，ACTION_MOVE 消息并没有被拦截，而是直接传递给了顶层的 CustomTextView，这样我们就实现了通过 requestDisallowInterceptTouchEvent(true);来禁止父控件拦截消息的功能。

需要注意的是，仔细观察日志，可以看出在 CustomTextView 的所有父控件中消息都没有流到 onInterceptTouchEvent 函数中，这说明当我们通过 requestDisallowInterceptTouchEvent(true);来禁止父控件拦截消息时，该控件的所有父控件的 onInterceptTouchEvent 函数都将被跳过。

2. 在 dispatchTouchEvent 函数中拦截 ACTION_MOVE 消息

我们知道拦截消息有两种方法，上面通过 onInterceptTouchEvent 函数拦截了 ACTION_MOVE 消息，如果我们在父控件的 dispatchTouchEvent 函数中拦截 ACTION_MOVE 消息，那么子控件能不能实现禁止父控件拦截消息的功能呢？

下面来尝试一下，在 ViewGroup2 的 dispatchTouchEvent 函数中拦截 ACTION_MOVE 消息：

```
public boolean dispatchTouchEvent(MotionEvent event) {
    switch (event.getAction()){
    case ACTION_MOVE:
        return true;
    }
    return super.dispatchTouchEvent(event);
```

```
}
```

同样地，在 CutstomTextView 中添加禁止拦截消息的代码：

```
public boolean dispatchTouchEvent(MotionEvent event) {
    getParent().requestDisallowInterceptTouchEvent(true);
    return super.dispatchTouchEvent(event);
}
```

日志如图 4-53 所示。

```
05-13 07:54:45.049 21845-21845/com.touch.harvic.testtouchevent D/qijian: SecondActivity dispatchTouchEvent  EVENT: ACTION DOWN
05-13 07:54:45.051 21845-21845/com.touch.harvic.testtouchevent D/qijian: ViewGroup1 dispatchTouchEvent  EVENT: ACTION DOWN
                                                                         ViewGroup1 onInterceptTouchEvent  EVENT: ACTION DOWN
                                                                         ViewGroup2 dispatchTouchEvent  EVENT: ACTION DOWN
                                                                         ViewGroup2 onInterceptTouchEvent  EVENT: ACTION DOWN
05-13 07:54:45.051 21845-21845/com.touch.harvic.testtouchevent D/qijian: CustomTextView dispatchTouchEvent  EVENT: ACTION DOWN
05-13 07:54:45.052 21845-21845/com.touch.harvic.testtouchevent D/qijian: CustomTextView onTouchEvent  EVENT: ACTION DOWN
05-13 07:54:45.237 21845-21845/com.touch.harvic.testtouchevent D/qijian: SecondActivity dispatchTouchEvent  EVENT: ACTION_MOVE
05-13 07:54:45.238 21845-21845/com.touch.harvic.testtouchevent D/qijian: ViewGroup1 dispatchTouchEvent  EVENT: ACTION_MOVE
                                                                         ViewGroup2 dispatchTouchEvent  EVENT: ACTION_MOVE
05-13 07:54:45.252 21845-21845/com.touch.harvic.testtouchevent D/qijian: SecondActivity dispatchTouchEvent  EVENT: ACTION_MOVE
05-13 07:54:45.253 21845-21845/com.touch.harvic.testtouchevent D/qijian: ViewGroup1 dispatchTouchEvent  EVENT: ACTION_MOVE
    ViewGroup2 dispatchTouchEvent  EVENT: ACTION_MOVE
05-13 07:54:45.269 21845-21845/com.touch.harvic.testtouchevent D/qijian: SecondActivity dispatchTouchEvent  EVENT: ACTION_MOVE
05-13 07:54:45.270 21845-21845/com.touch.harvic.testtouchevent D/qijian: ViewGroup1 dispatchTouchEvent  EVENT: ACTION_MOVE
```

ACTION DOWN

ACTION MOVE

图 4-53

可以看到，requestDisallowInterceptTouchEvent(true);无效，虽然单纯地在父控件的 dispatchTouchEvent 函数中拦截了 ACTION_MOVE 消息，但是在执行了 requestDisallowInterceptTouchEvent(true)之后，ACTION_MOVE 消息并没有最终流向 CustomTextView，而同正常的拦截消息的流向一样，在 ViewGroup2 的 dispatchTouchEvent 函数中就停止了。

其实，大家看看 requestDisallowInterceptTouchEvent(true)的函数名，大概也可以知道，其仅能禁止 Intercept 中的 TouchEvent，因此在父控件的 dispatchTouchEvent 函数中拦截消息时，它是无效的。

要使用 requestDisallowInterceptTouchEvent(true);有很多限制条件，下面进行一下总结。

- 要想 requestDisallowInterceptTouchEvent(true);有效，不能在父控件中拦截 ACTION_DOWN 消息。
- 在父控件的 dispatchTouchEvent 函数中拦截消息时，requestDisallowInterceptTouchEvent(true);将失效。
- 只有在父控件的 onInterceptTouchEvent 函数中拦截 ACTION_MOVE 消息，requestDisallowInterceptTouchEvent(true);才会有效。
- 在通过 requestDisallowInterceptTouchEvent(true)禁止父控件拦截消息时，所有父控件的 onInterceptTouchEvent 函数都将被跳过。

4.5 滑动冲突处理原理与实战

通过前面章节的学习，本节将会讲解最重要的滑动冲突场景及常见的处理方法。最后，通过一个例子来看看在实战中如何解决滑动冲突问题。

4.5.1　常见的滑动冲突场景

当内外两层 View 都可以滑动的时候，就会产生滑动冲突，常见的滑动冲突场景如图 4-54 所示。

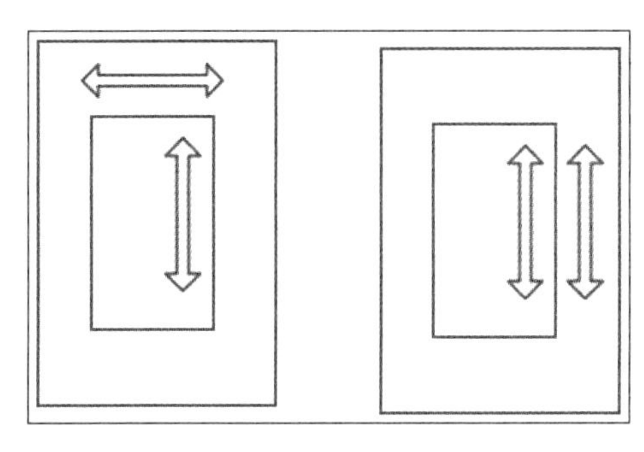

图 4-54

场景一：外层与内层的滑动方向不一致

比如，外层 ViewGroup 只能横向滑动，内层 View 只能纵向滑动（类似 ViewPager，每个页面里面是 ListView）。

扫码查看动态效果图

扫码可以看到，在这个效果图中，ViewPager 内嵌 ListView，当手指纵向移动的时候，是 ListView 在滑动，而当手指横向移动的时候，是 ViewPager 在换页。

场景二：外层与内层的滑动方向一致

外层 ViewGroup 是横向滑动的，内层 View 同样也是横向滑动的（类似 ViewPager 包裹横向滑动的 ListView）。

扫码查看动态效果图

扫码可以看到，在这个效果图中，下面的列表是可以横向滑动的，底部的 ViewPager 也是横向滑动的，根据手指触碰的位置不同，滑动不同的控件。

当然还有上面两种场景都存在的情况，出现三层或者多层嵌套产生的滑动冲突，然而不管多么复杂，解决思路都是一模一样的。遇到多层嵌套滑动的情况不用惊慌，按照本节的处理思路，一层一层处理即可。

4.5.2　解决滑动冲突问题的思路

4.5.2.1　场景一：外层与内层的滑动方向不一致

针对第 1 种场景，由于外层与内层的滑动方向不一致，因此我们可以根据当前滑动方向是横向还是纵向来判断事件到底该交给谁来处理。至于如何知晓滑动方向，我们可以得到滑动过程中两个点的坐标，计算手指的移动距离。

根据手指移动距离可以计算出横向移动距离 d*x* 与纵向移动距离 d*y*（如图 4-55 所示），比较哪个大：如果 d*x* > d*y*，那么此次滑动就算作横向滑动；相反，则认为此次滑动是纵向滑动。

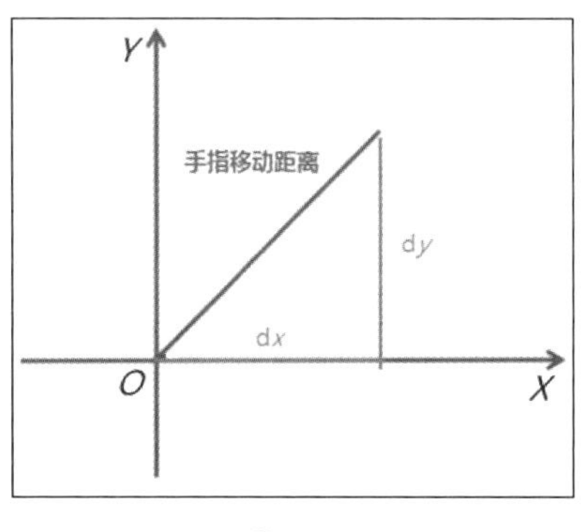

扫码查看彩色图

图 4-55

4.5.2.2 场景二：外层与内层的滑动方向一致

对于处理内外层滑动方向一致的滑动冲突问题，只有一种解决方法：根据业务需求，通过下面的拦截与禁止拦截的方法，决定在什么情况下滑动哪个 View。

4.5.3 滑动冲突解决方法

4.5.3.1 外部拦截法

所谓外部拦截法，是指点击事件都先经过父控件的拦截处理，如果父控件需要此事件就拦截，如果不需要就不拦截，让消息传递给子控件，这样就可以解决滑动冲突问题。

这种方法是利用消息传递流程来解决滑动冲突问题的。它首先要求父控件和子控件都是我们自己写的，也就是我们能在父控件中添加代码。其次考验的是我们对消息分发机制的熟悉程度。对于使用第三方 jar 包的控件，我们可以先派生子类，然后将派生的子类作为父控件来实现拦截。

外部拦截法需要重写父控件的 onInterceptTouchEvent 函数，在内部进行相应的消息拦截即可，这种方法的伪代码如下：

```
public boolean onInterceptTouchEvent(MotionEvent event) {
    boolean intercepted = false;
    switch (event.getAction()) {
    case MotionEvent.ACTION_DOWN:
        intercepted = false;
        break;
    case MotionEvent.ACTION_MOVE:
        if (父控件需要当前点击事件) {
            intercepted = true;
        } else {
            intercepted = false;
```

```
        }
        break;
    case MotionEvent.ACTION_UP:
        intercepted = false;
        break;
    default:
        break;
    }
    return intercepted;
}
```

上面是外部拦截法的典型逻辑，针对不同的滑动冲突，只需要修改父控件拦截点击事件的条件即可，其他不需要修改。

看看上面的代码，首先，在 ACTION_DOWN 消息到来时，是不拦截消息的。如果我们在这里返回 true 的话，那么后续的消息都将会被父控件所接收，而不会流到子控件。所以，我们在 ACTION_DOWN 消息到来时，是绝对不能拦截消息的，让它传递到子控件，以便后续的消息在不拦截的情况下依然能到达子控件。

然后，在 ACTION_MOVE 消息到来时，父控件可根据自己的需求进行拦截。

最后，对于 ACTION_UP、ACTION_CANCEL 消息，一般控件都不会单独处理它们，这些消息用于恢复状态，所以都不会被拦截，直接向上传递到最上层的子控件，以使所有控件恢复状态。

通过对消息处理原理的学习，应该很容易理解这个处理方法。在 4.6 节中，我们将原理与实践结合，看看如何利用外部拦截法来处理滑动冲突问题。

4.5.3.2　内部拦截法

内部拦截法是指父控件不拦截任何消息，所有消息都传递给子控件，如果子控件需要此消息就直接消费掉，否则就交给父控件来处理。这种方法是利用 requestDisallowInterceptTouchEvent 来实现的。

根据前面对 requestDisallowInterceptTouchEvent 的讲解，实现内部拦截法的伪代码如下：

```
public boolean dispatchTouchEvent(MotionEvent event) {
    switch (event.getAction()) {
    case MotionEvent.ACTION_MOVE:
        if (自己需要这类点击事件) {
            getParent().requestDisallowInterceptTouchEvent(true);
        }else{
            getParent().requestDisallowInterceptTouchEvent(false);
        }
        break;
    case MotionEvent.ACTION_UP:
        break;
    default:
        break;
    }
    return super.dispatchTouchEvent(event);
```

```
    }
```

首先，使用 requestDisallowInterceptTouchEvent 时，由于父控件不能拦截 ACTION_DOWN 消息，所以一些文章中会写到在子控件的 ACTION_DOWN 消息中使用 getParent(). requestDisallowInterceptTouchEvent(true);是无效的，如果父控件拦截了 ACTION_DOWN 消息，则这里写的函数根本不会执行。

然后，在 ACTION_MOVE 消息到来时，根据自己的情况对其进行禁止拦截。当需要消息传递过来时，就调用 getParent().requestDisallowInterceptTouchEvent(true);来禁止父控件拦截。当不需要消息时，就调用 getParent().requestDisallowInterceptTouchEvent(false);来开启父控件进行拦截。对于 ACTION_UP 和 ACTION_CANCEL 消息而言，一般控件都不会拦截它们，它们自然就会流到子控件中了。

有关滑动冲突场景及处理原理就讲到这里了。下面我们来看看在真正的开发中，如何通过以上两种方法实现滑动冲突处理。

4.5.4 滑动冲突实战

4.5.4.1 概述

下面通过一个实例来看看在实战中如何通过已经学过的知识来解决滑动冲突问题。

扫码查看动态效果图

从右侧上面的效果图可以看出，顶部是一个 TextView，而这个 TextView 的内容超出了显示区域，它的内容是可以滑动的。当手指在 TextView 区域内上下滑时，TextView 内部的内容也随着滑动，而当手指在其他区域上下滑时，整个 ScrollView 都在滑动。

扫码查看动态效果图

这是一个非常典型的滑动冲突问题，上面展示了已经处理好的情况，在没有处理仅布局时，它的初始滑动状态如右侧下面的效果图所示。

可以看到，在没有处理滑动冲突，在 TextView 向上滑动时，依然是整体 ScrollView 在滑动。

通过效果图可以看到，这里的布局文件如下：

```
<?xml version="1.0" encoding="utf-8"?>
<ScrollView
    xmlns:android="http://schemas.android.com/apk/res/android"
    android:layout_width="match_parent"
    android:layout_height="match_parent"
    android:orientation="vertical">

    <LinearLayout
        android:layout_width="match_parent"
        android:layout_height="wrap_content"
        android:orientation="vertical">
```

```
        <TextView
            android:id="@+id/tv"
            android:layout_width="match_parent"
            android:layout_height="100dp"
            android:background="@android:color/holo_blue_bright"
            android:maxHeight="100dp"
            android:singleLine="false"
            android:gravity="center"

android:text="123456789123456789abcdefghijklmnopqrstuvwxyzABCDEFGHIJKLMNOPQRSTUVWX
YZ+-=

123456789123456789abcdefghijklmnopqrstuvwxyzABCDEFGHIJKLMNOPQRSTUVWXYZ+-=

123456789123456789abcdefghijklmnopqrstuvwxyzABCDEFGHIJKLMNOPQRSTUVWXYZ+-=

123456789123456789abcdefghijklmnopqrstuvwxyzABCDEFGHIJKLMNOPQRSTUVWXYZ+-=

123456789123456789abcdefghijklmnopqrstuvwxyzABCDEFGHIJKLMNOPQRSTUVWXYZ+-=\

123456789123456789abcdefghijklmnopqrstuvwxyzABCDEFGHIJKLMNOPQRSTUVWXYZ+-=

========================================================================"
            android:textSize="20dp" />

        <TextView
            android:layout_width="match_parent"
            android:layout_height="1000dp"
            android:background="@android:color/holo_green_light"
            android:gravity="center"
            android:text="@string/app_name"
            android:textSize="20dp" />

        <TextView
            android:layout_width="match_parent"
            android:layout_height="1000dp"
            android:background="@android:color/holo_green_light"
            android:gravity="center"
            android:text="@string/app_name"
            android:textSize="20dp" />
    </LinearLayout>
</ScrollView>
```

可以看到，布局非常简单，就是纵向排列了 3 个 TextView，第 1 个 TextView 是固定高度的，以便其内部内容滑动，而另两个 TextView 单纯是为了占高度，所以它们俩的高度都设置得非常大。

在配置代码以后，默认的滑动效果就像没有处理仅布局的效果图那样，在滑动 TextView 时，滑动的其实是 ScrollView。

4.5.4.2 用内部拦截法解决滑动冲突问题

下面来看看怎么解决滑动冲突问题。

首先，我们考虑使用哪种方法来解决滑动冲突问题。大概分析一下，当手指在第一个 TextView 上滑动的时候，我们需要让父控件不拦截消息，让 TextView 自己处理消息，所以通过内部拦截法是可以实现的，此时的自定义控件代码如下：

```
public class CustomTextView extends TextView {
    public CustomTextView(Context context) {
        super(context);
    }

    public CustomTextView(Context context, @Nullable AttributeSet attrs) {
        super(context, attrs);
    }

    public CustomTextView(Context context, @Nullable AttributeSet attrs, int
defStyleAttr) {
        super(context, attrs, defStyleAttr);
    }

    @Override
    public boolean dispatchTouchEvent(MotionEvent event) {
        switch (event.getAction()) {
        case MotionEvent.ACTION_MOVE:
            getParent().requestDisallowInterceptTouchEvent(true);
            break;
        case MotionEvent.ACTION_UP:
            break;
        default:
            break;
        }
        return super.dispatchTouchEvent(event);
    }
}
```

代码很简单，就是内部拦截法的代码。因为在 ACTION_MOVE 消息到来时，TextView 需要自己处理消息，所以这里并没有内部拦截法中判断是否需要该事件的 if (自己需要这类点击事件)代码。

使用方法很简单，将布局中第 1 个 TextView 换成自定义的 CustomTextView 即可：

```
<?xml version="1.0" encoding="utf-8"?>
<ScrollView
    xmlns:android="http://schemas.android.com/apk/res/android"
    android:layout_width="match_parent"
    android:layout_height="match_parent"
    android:orientation="vertical">

    <LinearLayout
        android:layout_width="match_parent"
```

```
        android:layout_height="wrap_content"
        android:orientation="vertical">

        <com.sliding.harvic.slidingconflict.CustomTextView
            android:id="@+id/tv"
            android:layout_width="match_parent"
            android:layout_height="100dp"
            android:background="@android:color/holo_blue_bright"
            android:maxHeight="100dp"
            android:singleLine="false"
            android:gravity="center"

android:text="123456789123456789abcdefghijklmnopqrstuvwxyzABCDEFGHIJKLMNOPQRSTUVWX
YZ+-=

123456789123456789abcdefghijklmnopqrstuvwxyzABCDEFGHIJKLMNOPQRSTUVWXYZ+-=

123456789123456789abcdefghijklmnopqrstuvwxyzABCDEFGHIJKLMNOPQRSTUVWXYZ+-=

123456789123456789abcdefghijklmnopqrstuvwxyzABCDEFGHIJKLMNOPQRSTUVWXYZ+-=

123456789123456789abcdefghijklmnopqrstuvwxyzABCDEFGHIJKLMNOPQRSTUVWXYZ+-=\

123456789123456789abcdefghijklmnopqrstuvwxyzABCDEFGHIJKLMNOPQRSTUVWXYZ+-=

========================================================================="
            android:textSize="20dp" />

        ...
    </ScrollView>
```

这样就实现了想要的滑动效果（可扫码查看效果图）。

扫码查看动态效果图

4.5.4.3　用外部拦截法解决滑动冲突问题

现在思考另一个问题：能不能使用外部拦截法来解决滑动冲突问题呢？答案是可以的。因为第 1 个 TextView 的高度是固定的 100 dp，所以我们在 ScrollView 中可以知道哪里需要拦截消息、哪里不需要拦截消息。

如果我们使用外部拦截法来解决滑动冲突问题的话，需要重写 ScrollView，它的代码如下：

```
public class CustomScrollView extends ScrollView {
    private float mDownPointY;
    private int mConflictHeight;

    public CustomScrollView(Context context) {
        super(context);
        init(context);
    }

    public CustomScrollView(Context context, AttributeSet attrs) {
        super(context, attrs);
```

```
        init(context);
    }

    public CustomScrollView(Context context, AttributeSet attrs, int defStyleAttr)
{
        super(context, attrs, defStyleAttr);
        init(context);
    }

    private void init(Context context) {
        mConflictHeight = context.getResources().getDimensionPixelSize(R.dimen.
conflict_height);
    }

    public boolean onInterceptTouchEvent(MotionEvent event) {
        boolean intercepted = false;
        switch (event.getAction()) {
        case MotionEvent.ACTION_DOWN:
            intercepted = false;
            mDownPointY = event.getY();
            break;
        case MotionEvent.ACTION_MOVE:
            if (mDownPointY < mConflictHeight) {
                intercepted = false;
            } else {
                intercepted = true;
            }
            break;
        case MotionEvent.ACTION_UP:
            intercepted = false;
            break;
        default:
            break;
        }
        return intercepted;
    }

}
```

这里主要执行了 3 个步骤。

第 1 步，在初始化时，得到顶部 TextView 固定高度所对应的 px 值：

```
mConflictHeight = context.getResources().getDimensionPixelSize(R.dimen.
conflict_height);
```

第 2 步，在 onInterceptTouchEvent 函数中，当 ACTION_DOWN 消息到来时，记录手指的点击位置：

```
case MotionEvent.ACTION_DOWN:
    intercepted = false;
    mDownPointY = event.getY();
    break;
```

第3步，依据外部拦截法的逻辑进行处理，当ACTION_MOVE消息到来时，判断当前手指位置是不是在顶部TextView的内部，如果在内部，则不拦截消息：

```
case MotionEvent.ACTION_MOVE:
    if (mDownPointY < mConflictHeight) {
        intercepted = false;
    } else {
        intercepted = true;
    }
    break;
```

在自定义的CustomScrollView写好以后，将布局中的ScrollView替换成CustomScrollView：

```
<?xml version="1.0" encoding="utf-8"?>
<com.sliding.harvic.slidingconflict.CustomScrollView
    xmlns:android="http://schemas.android.com/apk/res/android"
    android:layout_width="match_parent"
    android:layout_height="match_parent"
    android:orientation="vertical">

    <LinearLayout
        android:layout_width="match_parent"
        android:layout_height="wrap_content"
        android:orientation="vertical">

        <TextView
            android:id="@+id/tv"
            android:layout_width="match_parent"
            android:layout_height="100dp"
            android:background="@android:color/holo_blue_bright"
            android:maxHeight="100dp"
            android:singleLine="false"
            android:gravity="center"

android:text="123456789123456789abcdefghijklmnopqrstuvwxyzABCDEFGHIJKLMNOPQRSTUVWX
YZ+-=

123456789123456789abcdefghijklmnopqrstuvwxyzABCDEFGHIJKLMNOPQRSTUVWXYZ+-=

123456789123456789abcdefghijklmnopqrstuvwxyzABCDEFGHIJKLMNOPQRSTUVWXYZ+-=

123456789123456789abcdefghijklmnopqrstuvwxyzABCDEFGHIJKLMNOPQRSTUVWXYZ+-=

123456789123456789abcdefghijklmnopqrstuvwxyzABCDEFGHIJKLMNOPQRSTUVWXYZ+-=\

123456789123456789abcdefghijklmnopqrstuvwxyzABCDEFGHIJKLMNOPQRSTUVWXYZ+-=

========================================================================"
            android:textSize="20dp" />

        …
```

```
    </LinearLayout>

</com.sliding.harvic.slidingconflict.CustomScrollView>
```

到这里，我们使用内部拦截法和外部拦截法都解决了滑动冲突问题。可以看到，在使用外部拦截法时，需要提前知道不拦截消息的区域，这样才能做好消息处理，所以也只有在子控件的位置和大小是固定的并且能获取到的情况下，外部拦截法才是有用的。

在实际应用中，我们可以使用这两种分析解决思路和方案。

第 5 章
多点触控详解

每一个你不满意的现在，都有一个你没有努力的曾经。

在第 4 章中，我们了解了消息传递机制，涉及消息传递的问题，其实还有一个比较重要的知识点，这就是多点触控。虽然在大部分的情况下，我们不需要处理多点触控，但对于自定义控件而言，它是一个必须要懂的知识点。因为在正常的情况下操作正常的控件，使用多指操作时，基本上都会出现问题。当需要对多指操作进行兼容时，就需要这方面的知识了。

5.1 多点触控基本知识

5.1.1 概述

假如，我们做了这么一个功能，即图像跟随手指移动，可扫码查看右侧上面的效果图。

扫码查看动态效果图

在单指操作下，图像的移动非常流畅、正确，而如果我们使用两根手指的话，就会出现右侧下面效果图中的情况。

从效果图可以看出，在第 2 根手指放下，而第 1 根手指抬起时，图像会出现跳跃，直接从第 1 根手指的位置移动到了第 2 根手指的位置，这明显是不对的。这只是一个简单的例子，一般使用单指操作的控件改到多指操作的时候，都会出现问题。这也是本章讲解多点触控的初衷。既然多点触控会造成这么多问题，那么下面就来详细了解它吧。

扫码查看动态效果图

5.1.2 单点触控与多点触控

5.1.2.1 单点触控概述

单点触控与多点触控是相对的，单点触控的意思是，我们只考虑一根手指的情况，而且仅处理一根手指的触摸事件，而多点触控是处理多根手指的触摸事件。

一般我们处理 MotionEvent 事件，通过 MotionEvent.getAction 来获取事件类型，这就是单点触控。在单点触控中，会涉及对下面几个消息的处理，如表 5-1 所示。

表 5-1

消　　息	简　　介
ACTION_DOWN	手指初次接触到屏幕时触发
ACTION_MOVE	手指在屏幕上滑动时触发，会多次触发
ACTION_UP	手指离开屏幕时触发
ACTION_CANCEL	事件被上层拦截时触发
ACTION_OUTSIDE	手指不在控件区域时触发

除了 ACTION_OUTSIDE 消息外，对其他几个消息的处理，我们已经在第 4 章中讲过了，这里就不再赘述了。另外，由于 ACTION_OUTSIDE 消息的用处并不多，本节不会展开介绍，大家有兴趣的话，可以自行研究。

除了消息外，我们也经常用下面这几个函数来获取手指的位置等信息，这些函数都没有参数，也都只有在单点触控时才能使用，如表 5-2 所示。

表 5-2

函　　数	简　　介
getAction	获取事件类型
getX	获取触摸点在当前 View 上的 *X* 坐标值
getY	获取触摸点在当前 View 上的 *Y* 坐标值
getRawX	获取触摸点在整个屏幕上的 *X* 坐标值
getRawY	获取触摸点在整个屏幕上的 *Y* 坐标值

对于这几个函数的使用方法，我们已经在第 4 章中详细讲解过了，这里就不再赘述了。可以看到，我们平常所处理的 MotionEvent 事件，以及常用的 MotionEvent 函数都只是针对单点触控的，那么哪些才是多点触控的事件和函数呢？

5.1.2.2　多点触控概述

首先，多点触控的消息类型只能通过 getActionMasked 来获取。因此，判断当前代码处理的是单点触控还是多点触控，单从获取消息类型的函数就可以看出。

说明：单点触控是通过 getAction 来获取当前事件类型的，而多点触控是通过 getActionMasked 来获取的。

多点触控涉及的消息类型与单点触控的不一样，它的消息类型如表 5-3 所示。

表 5-3

消　　息	简　　介
ACTION_DOWN	第 1 根手指初次接触到屏幕时触发
ACTION_MOVE	手指在屏幕上滑动时触发，会多次触发

续表

消　　息	简　　介
ACTION_UP	最后一根手指离开屏幕时触发
ACTION_POINTER_DOWN	有非主要的手指按下（即按下之前已经有手指在屏幕上）
ACTION_POINTER_UP	有非主要的手指抬起（即抬起之后仍然有手指在屏幕上）

比如右侧效果图中的手指按下顺序，我们来看看其中的事件触发顺序。

在效果图中，先后有 3 根手指按下，按下顺序是 1、2、3，抬起顺序是 1、3、2，而事件触发顺序如表 5-4 所示。

扫码查看动态效果图

表 5-4

手　　势	消　　息
手指 1 按下	ACTION_DOWN
手指 2 按下	ACTION_POINTER_DOWN
手指 3 按下	ACTION_POINTER_DOWN
手指 1 抬起	ACTION_POINTER_UP
手指 3 抬起	ACTION_POINTER_UP
手指 2 抬起	ACTION_UP

这里需要注意，当第 1 根手指按下的时候，收到的消息是 ACTION_DOWN；随后的手指再按下的时候，收到的消息是 ACTION_POINTER_DOWN；当有手指抬起的时候，收到的消息是 ACTION_POINTER_UP；当最后一根手指抬起的时候，收到的消息是 ACTION_UP。

对多点触控消息进行处理的代码如下：

```
String TAG = "qijian";
@Override
public boolean onTouchEvent(MotionEvent event) {
    switch (event.getActionMasked()) {
    case MotionEvent.ACTION_DOWN:
        Log.e(TAG,"第 1 根手指按下");
        break;
    case MotionEvent.ACTION_UP:
        Log.e(TAG,"最后一根手指抬起");
        break;
    case MotionEvent.ACTION_POINTER_DOWN:
        Log.e(TAG,"又一根手指按下");
        break;
    case MotionEvent.ACTION_POINTER_UP:
        Log.e(TAG,"又一根手指抬起");
        break;
    }
    return true;
}
```

这里仅列出了手指按下和手指抬起所触发的消息类型，而在手指移动时，无论是单点触控还是多点触控，所触发的消息都是 MotionEvent.ACTION_MOVE。在多点触控时，我们可以通过代码来获取当前移动的是哪根手指。

5.1.3 多点触控

5.1.3.1 识别按下的手指

上面讲解了在什么情况下会触发什么消息，但我们怎么来识别当前按下的是哪根手指呢？

在 MotionEvent 中有一个 Pointer 的概念，一个 Pointer 就代表一个触摸点，每个 Pointer 都有自己的消息类型，也有自己的 *X* 坐标值。一个 MotionEvent 对象中可能会存储多个 Pointer 的相关信息，每个 Pointer 都有自己的 PointerIndex 和 PointerId。在多点触控中，就是用 PointerIndex 和 PointerId 来标识用户手指的。

- PointerIndex 表示当前手指的索引，PointerId 是手指按下时分配的唯一 id，用来标识这根手指。
- 每根手指从按下、移动到离开屏幕，PointerId 是不变的，而 PointerIndex 则不是固定的。

通过下面这个例子，我们来了解一下 PointerIndex 与 PointerId 的区别，如表 5-5 所示。

表 5-5

事　件	PointerId	PointerIndex
依次按下 3 根手指	3 根手指的 id 依次为 0、1、2	3 根手指的 PointerIndex 依次为 0、1、2
抬起第 2 根手指	第 1 根手指的 id 为 0，第 3 根手指的 id 为 2	第 1 根手指的 PointerIndex 为 0，第 3 根手指的 PointerIndex 变为 1
抬起第 1 根手指	第 3 根手指的 id 为 2	第 3 根手指的 PointerIndex 变为 0

可见同一根手指的 id 是不变的，而 PointerIndex 是会变化的，但总是以 0、1 或者 0、1、2 这样的形式出现，而不可能出现 0、2 这样间隔了一个数或者 1、2 这种没有 0 索引值的形式。

针对 PointerIndex 与 PointerId，在 MotionEvent 类中经常使用下面这几个函数。

- public final int getActionIndex：用于获取当前活动手指的 PointerIndex 值。
- public final int getPointerId(int pointerIndex)：用于根据 PointerIndex 值获取手指的 PointerId，其中 pointerIndex 表示手指的 PointerIndex 值。
- public final int getPointerCount：用于获取用户按下的手指个数，一般我们用它来遍历屏幕上的所有手指，遍历手指的代码如下：

```
for (int i = 0; i < event.getPointerCount(); i++) {
    int pointerId = event.getPointerId(i);
}
```

  前面讲过，PointerIndex 是从 0 开始的，表示当前所有手指的索引，值从 0 到 getPointerCount() − 1，不会出现不连续的数。因此，我们通过 event.getPointerCount 可以得到当前屏幕上的手指个数。然后从 0 开始遍历 PointerIndex，同时我们还能通过 int pointerId = event.getPointerId(i)来得到每根手指 PointerIndex 所对应的 PointerId。

- public final int findPointerIndex(int pointerId)：用于根据 PointerId 反向找到手指的

PointerIndex 值。

由此，我们就知道了 PointerIndex 与 PointerId 的关系，以及它们相互之间的换算方法。下面再来看看通过 PointerIndex 和 PointerId 能得到什么。

5.1.3.2　获取手指位置信息

通过 PointerIndex 与 PointerId，可以使用以下函数获得手指的位置信息。

- public final float getX(int pointerIndex)：根据 PointerIndex 得到对应手指的 *X* 坐标值，该函数的意义与单点触控里的 getX 函数相同。
- public final float getY(int pointerIndex)：同样地，根据 PointerIndex 得到对应手指的 *Y* 坐标值，该函数的意义与单点触控里的 getY 函数相同。

5.1.4　实例：追踪第 2 根手指

在本节中，我们将通过一个实例来学习上面讲到的函数。

扫码查看动态效果图

这里实现的效果是：当用户按下第 2 根手指时，就开始追踪这根手指，无论其他手指是否抬起，只要这根手指没有抬起，就一直显示这根手指的位置，可扫码查看效果图。

从效果图可以看出，先后总共按下了 3 根手指，分别在左（第 1 根手指）、中（第 2 根手指）、右（第 3 根手指）。抬起手指时，先抬起左侧第 1 根手指，然后抬起右侧第 3 根手指。可以看到，第 2 根手指的触摸点，我们使用白色圆圈显示，无论第 3 根手指是否按下，还是其他手指是否抬起，白色圆圈总是跟着第 2 根手指的移动来显示。这就实现了跟踪第 2 根手指轨迹的效果。下面我们来看看这个效果是怎么实现的吧。

5.1.4.1　自定义 View 并初始化

布局很简单，就是一个全屏 View，为了在 View 上画圆圈，我们必须自定义 View，其中的初始化代码如下：

```
public class MultiTouchView extends View {
    // 用于判断第 2 根手指是否存在
    private boolean haveSecondPoint = false;
    // 记录第 2 根手指的位置
    private PointF point = new PointF(0, 0);
    private Paint mDefaultPaint = new Paint();

    public MultiTouchView(Context context) {
        super(context);
        init();
    }

    public MultiTouchView(Context context, @Nullable AttributeSet attrs) {
        super(context, attrs);
        init();
```

```
        }

        public MultiTouchView(Context context, @Nullable AttributeSet attrs, int
defStyleAttr) {
            super(context, attrs, defStyleAttr);
            init();
        }

        private void init() {
            mDefaultPaint.setColor(Color.WHITE);
            mDefaultPaint.setAntiAlias(true);
            mDefaultPaint.setTextAlign(Paint.Align.CENTER);
            mDefaultPaint.setTextSize(30);
        }
    }
```

这样我们就自定义了一个 View，很明显它内部不会再包裹其他的 View 控件，所以继承自 View 类即可。

我们定义了 3 个变量，其中：

- haveSecondPoint 用于判断第 2 根手指是否按下。
- point 用于记录第 2 根手指的位置。
- mDefaultPaint 是画笔变量，用于画第 2 根手指位置处的白色圆圈。

5.1.4.2 onTouchEvent

然后，在用户按下手指时，需要加以判断，当前是第几根手指，然后获取第 2 根手指的位置，下面列出完整代码：

```
    public boolean onTouchEvent(MotionEvent event) {
        int index = event.getActionIndex();

        switch (event.getActionMasked()) {
        case MotionEvent.ACTION_POINTER_DOWN:
            if (event.getPointerId(index) == 1) {
                haveSecondPoint = true;
                point.set(event.getX(), event.getY());
            }
            break;
        case MotionEvent.ACTION_MOVE:
            try {
                if (haveSecondPoint) {
                    int pointerIndex = event.findPointerIndex(1);
                    point.set(event.getX(pointerIndex), event.getY(pointerIndex));
                }
            } catch (Exception e) {
                haveSecondPoint = false;
            }
            break;
        case MotionEvent.ACTION_POINTER_UP:
            if (event.getPointerId(index) == 1) {
```

```
            haveSecondPoint = false;
        }
        break;
    case MotionEvent.ACTION_UP:
        haveSecondPoint = false;
        break;
    }

    invalidate();
    return true;
}
```

获取当前活动手指的 PointerIndex 值：

```
int index = event.getActionIndex();
```

我们知道，当第 1 根手指按下的时候触发的是 ACTION_DOWN 消息，随后的手指按下的时候触发的都是 ACTION_POINTER_DOWN 消息。因为我们要跟踪第 2 根手指，所以这里只需要识别 ACTION_POINTER_DOWN 消息即可：

```
case MotionEvent.ACTION_POINTER_DOWN:
    if (event.getPointerId(index) == 1) {
        haveSecondPoint = true;
        point.set(event.getX(), event.getY());
    }
    break;
```

我们也知道 PointerIndex 是变化的，而 PointerId 是不变的，PointerId 根据手指按下的顺序从 0 到 1 逐渐增加。因此，第 2 根手指的 PointerId 就是 1。当(event.getPointerId(index) == 1 时，就表示当前按下的是第 2 根手指，将 haveSecondPoint 设为 true，并将得到的第 2 根手指的位置设置到 point 中。

到这里，大家可能会产生疑问，上面提到的多点触控获取手指位置都用的是 event.getX(pointerIndex)，而这里怎么直接用 event.getX 了呢？其实这里使用 event.getX (pointerIndex)也是可以的，大家可以先记下这个问题，后面我们再详细讲解。

当手指移动时，会触发 ACTION_MOVE 消息：

```
case MotionEvent.ACTION_MOVE:
    try {
        if (haveSecondPoint) {
            int pointerIndex = event.findPointerIndex(1);
            point.set(event.getX(pointerIndex), event.getY(pointerIndex));
        }
    } catch (Exception e) {
        haveSecondPoint = false;
    }
    break;
```

需要注意，因为这里使用 event.findPointerIndex(1)来强制获取 PointerId 为 1 的手指 PointerIndex，在异常情况下可能出现越界，所以使用 try…catch…来进行保护。

在这里，我们使用 event.getX(pointerIndex)来获取指定手指的位置信息。同样地，这个问题也放在后面讲解。

当手指抬起时，会触发 ACTION_POINTER_UP 消息：

```
case MotionEvent.ACTION_POINTER_UP:
    if (event.getPointerId(index) == 1) {
        haveSecondPoint = false;
    }
    break;
```

同样地，使用 event.getPointerId(index)来获取当前抬起手指的 PointerId，如果是 1，那就说明是第 2 根手指抬起了，这时就把 haveSecondPoint 设为 false。

当全部手指抬起时，会触发 ACTION_UP 消息：

```
case MotionEvent.ACTION_UP:
    haveSecondPoint = false;
    break;
```

在最后一根手指抬起时，把 haveSecondPoint 设为 false，白色圆圈从屏幕上消失。

最后，调用 invalidate();来重绘界面。

5.1.4.3 onDraw

在重绘界面时，主要是在 point 中存储的第 2 根手指的位置处画一个白色圆圈：

```
protected void onDraw(Canvas canvas) {

    canvas.drawColor(Color.GREEN);
    if (haveSecondPoint) {
        canvas.drawCircle(point.x, point.y, 50, mDefaultPaint);
    }

    canvas.save();
    canvas.translate(getMeasuredWidth() / 2, getMeasuredHeight() / 2);
    canvas.drawText("追踪第 2 个按下手指的位置", 0, 0, mDefaultPaint);
    canvas.restore();
}
```

首先，为整个屏幕绘一层绿色，把上一屏的内容清掉：

```
canvas.drawColor(Color.GREEN);
```

然后，如果第 2 根手指按下了，则在它的位置处画一个圆圈：

```
if (haveSecondPoint) {
    canvas.drawCircle(point.x, point.y, 50, mDefaultPaint);
}
```

最后，在布局的中间位置写上提示文字：

```
canvas.save();
canvas.translate(getMeasuredWidth() / 2, getMeasuredHeight() / 2);
canvas.drawText("追踪第 2 个按下手指的位置", 0, 0, mDefaultPaint);
canvas.restore();
```

有关 Canvas 的操作及写字的操作，在《Android 自定义控件开发入门与实战》一书中有详细章节讲述，这里就不再赘述了。

在写好控件以后，直接利用 XML 引入布局即可，这里不再展示，效果就是 5.1.4 节开始部分展示的效果。

5.1.5　多点触控与 ACTION_MOVE 消息

5.1.5.1　getActionIndex 的有效性

结论：使用 getActionIndex 可以获取当前操作手指的索引值。不过请注意，getActionIndex 只在手指按下和抬起时有效，移动时是无效的。

1. 手指按下与抬起

比如，使用以下代码来做一个测试：

```
String TAG = "qijian";
@Override
public boolean onTouchEvent(MotionEvent event) {
    int index = event.getActionIndex();
    switch (event.getActionMasked()) {
    case MotionEvent.ACTION_DOWN:
        Log.e(TAG, "第 1 根手指按下 index:"+index);
        break;
    case MotionEvent.ACTION_UP:
        Log.e(TAG, "最后一根手指抬起 index:"+index);
        break;
    case MotionEvent.ACTION_POINTER_DOWN:
        Log.e(TAG, "又一根手指按下 index:"+index);
        break;
    case MotionEvent.ACTION_POINTER_UP:
        Log.e(TAG, "又一根手指抬起 index:"+index);
        break;
    }
    return true;
}
```

在上面这段代码中，我们使用 int index = event.getActionIndex();来获取当前活动手指的索引值。然后在手指按下和抬起的事件中，将当前事件和活动手指的索引值打印出来。这里需要注意的是，为了方便观察，这里并没有将 ACTION_MOVE 消息打印出来。

手指的按下过程与 5.1.2.2 节中手指的按下过程相同：先后有 3 根手指按下，先后顺序分别是 1、2、3，抬起顺序是 1、3、2，如右侧的效果图所示。

扫码查看动态效果图

这样操作后，日志如图 5-1 所示。

```
com.sliding.harvic.testmultitouch E/qijian: 第 1 根手指按下 index: 0
com.sliding.harvic.testmultitouch E/qijian: 又一根手指按下 index: 1
com.sliding.harvic.testmultitouch E/qijian: 又一根手指按下 index: 2
com.sliding.harvic.testmultitouch E/qijian: 又一根手指抬起 index: 0
com.sliding.harvic.testmultitouch E/qijian: 又一根手指抬起 index: 1
com.sliding.harvic.testmultitouch E/qijian: 最后一根手指抬起 index: 0
```

图 5-1

整个 PointerIndex 的变化顺序如表 5-6 所示。

表 5-6

事　　件	PointerId	PointerIndex
依次按下 3 根手指	3 根手指的 id 依次为 0、1、2	3 根手指的 PointerIndex 依次为 0、1、2
抬起第 1 根手指，PointerIndex 为 0	第 2 根手指的 id 为 1，第 3 根手指的 id 为 2	第 2 根手指的 PointerIndex 变为 0，第 3 根手指的 PointerIndex 变为 1
抬起第 3 根手指，PointerIndex 为 1	第 2 根手指的 id 为 0	第 2 根手指的 PointerIndex 变为 0
抬起第 2 根手指，PointerIndex 为 0	全部抬起	全部抬起

通过上面 PointerIndex 的变化顺序可以解释日志里的 PointerIndex 对应的值。从日志可以看出，在手指按下和抬起时，通过 event.getActionIndex 能够获取当前活动手指的具体索引值。相反地，我们通过 event.getPointerId(pointerIndex)可以获取当前抬起手指的 PointerId。

2. 手指移动

接下来，我们只在 ACTION_MOVE 消息到来时添加日志，来看看在手指移动的过程中，能否得到活动手指的索引值，代码如下：

```
private static String TAG = "qijian";

@Override
public boolean onTouchEvent(MotionEvent event) {
   int index = event.getActionIndex();
   switch (event.getActionMasked()) {
   case MotionEvent.ACTION_MOVE:
      Log.e(TAG, "手指移动 index:"+index);
      break;
   }
   return true;
}
```

无论哪根手指移动，日志都如图 5-2 所示。

```
com.sliding.harvic.testmultitouch E/qijian:手指移动 index:0
com.sliding.harvic.testmultitouch E/qijian:手指移动 index:0
com.sliding.harvic.testmultitouch E/qijian:手指移动 index:0
com.sliding.harvic.testmultitouch E/qijian:手指移动 index:0
com.sliding.harvic.testmultitouch E/qijian:手指移动 index:0
com.sliding.harvic.testmultitouch E/qijian:手指移动 index:0
com.sliding.harvic.testmultitouch E/qijian:手指移动 index:0
com.sliding.harvic.testmultitouch E/qijian:手指移动 index:0
com.sliding.harvic.testmultitouch E/qijian:手指移动 index:0
```

图 5-2

可以看到，在 ACTION_MOVE 消息中，是无法通过 event.getActionIndex 获取活动手指索引值的。

如果我们捕捉某根手指，有两种方法：第 1 种，就像上面捕捉第 2 根手指那样，直接固定 PointerId 来指定手指；第 2 种，通过 event.getPointCount 来遍历每根手指。

5.1.5.2　getX 与 getX(pointerIndex)

下面介绍一下 getX 与 getX(pointerIndex)两个函数。

- getX：其实 getX 函数不仅可用于单点触控，其还可以在多点触控中用于获取当前活动手指的 X 坐标值。上面已经讲到，event.getActionIndex 可以在手指按下和抬起的过程中获取索引值，所以在手指按下和抬起的消息中，是可以通过 getX 函数获取当前活动手指的 X 坐标值的。
- getX(pointerIndex)：该函数专门用于多点触控，因为它是通过指定手指的 PointerIndex 值来获取特定手指位置的，所以无论在当前哪个消息中，其都可以使用。当然，在 ACTION_MOVE 消息中，只能用它来获取手指位置。

5.1.6　其他获取函数

到这里，有关多点触控的常用函数已经讲解完了，下面我们来看看 MotionEvent 类还给我们提供了哪些可以在多点触控中使用的函数。下面这些函数在日常开发中用得不多，简单了解即可，我们也不会做过多讲解。

5.1.6.1　历史数据

由于我们的手机设备非常灵敏，手指稍微移动一下就会产生一个移动消息，所以移动消息产生得特别频繁。为了提高效率，系统会将近期的多个移动消息（move）按照发生顺序进行排序并打包放在同一个 MotionEvent 中，与这个过程相对应，产生了以下函数，如表 5-7 所示。

表 5-7

函　　数	简　　介
getHistorySize	获取历史事件集合大小
getHistoricalX(int pos)	获取第 pos 个历史事件的 X 坐标值（pos < getHistorySize）
getHistoricalY(int pos)	获取第 pos 个历史事件的 Y 坐标值（pos < getHistorySize）
getHistoricalX (int pin, int pos)	获取第 pin 根手指的第 pos 个历史事件的 X 坐标值（pin < getPointerCount、pos < getHistorySize）
getHistoricalY (int pin, int pos)	获取第 pin 根手指的第 pos 个历史事件的 Y 坐标值（pin < getPointerCount、pos < getHistorySize）

注意：

- pin 的全称是 pointerIndex，表示第几根手指，此处为了节省空间使用了简写。
- 历史数据只有 ACTION_MOVE 消息。

- 单点触控和多点触控均可以使用历史数据。

下面是官方文档给出的一个简单使用示例：

```
void printSamples(MotionEvent ev) {
    final int historySize = ev.getHistorySize();
    final int pointerCount = ev.getPointerCount();
    for (int h = 0; h < historySize; h++) {
        System.out.printf("At time %d:", ev.getHistoricalEventTime(h));
        for (int p = 0; p < pointerCount; p++) {
            System.out.printf("  pointer %d: (%f,%f)",
                ev.getPointerId(p), ev.getHistoricalX(p, h), ev.getHistoricalY(p,
h));
        }
    }
    System.out.printf("At time %d:", ev.getEventTime());
    for (int p = 0; p < pointerCount; p++) {
        System.out.printf("  pointer %d: (%f,%f)",
            ev.getPointerId(p), ev.getX(p), ev.getY(p));
    }
}
```

5.1.6.2 获取事件发生的时间

获取事件发生的时间所使用的函数如表 5-8 所示。

表 5-8

函　数	简　介
getDownTime	获取手指按下的时间
getEventTime	获取当前事件发生的时间
getHistoricalEventTime(int pos)	获取历史事件发生的时间

注意：

- pos 表示历史数据中的第几个数据（pos < getHistorySize）。
- 返回值类型为 long，单位为 ms。

5.1.6.3 获取压力（接触面积大小）

MotionEvent 支持获取某些输入设备（手指或触控笔）与屏幕的接触面积和压力大小，主要有以下相关函数，如表 5-9 所示。

表 5-9

函　数	简　介
getSize	获取第 1 根手指与屏幕的接触面积大小
getSize (int pin)	获取第 pin 根手指与屏幕的接触面积大小
getHistoricalSize (int pos)	获取历史数据中第 1 根手指在第 pos 次事件中的接触面积大小
getHistoricalSize (int pin, int pos)	获取历史数据中第 pin 根手指在第 pos 次事件中的接触面积大小
getPressure	获取第 1 根手指的压力大小
getPressure (int pin)	获取第 pin 根手指的压力大小

续表

函　　数	简　　介
getHistoricalPressure (int pos)	获取历史数据中第 1 根手指在第 pos 次事件中的压力大小
getHistoricalPressure (int pin, int pos)	获取历史数据中第 pin 根手指在第 pos 次事件中的压力大小

函数中的参数意义如下。

- pin 的全称是 pointerIndex，表示第几根手指（pin < getPointerCount）。
- pos 表示历史数据中的第几个数据（pos < getHistorySize）。

注意：

- 获取接触面积大小和获取压力大小需要硬件支持。
- 非常不幸的是，大部分设备所使用的电容屏不支持压力检测，但能够大致检测出接触面积。
- 大部分设备的 getPressure 函数是使用接触面积来模拟的。
- 由于某些未知的原因（可能是系统版本和硬件问题），某些设备不支持这些函数。

经过测试发现，不同的设备对 getSize 和 getPressure 函数的支持程度各不相同，这有系统和硬件的原因。在有的设备上只有 getSize 函数能用，在有的设备上只有 getPressure 函数能用，而在有的设备上两个函数都不能用，这点需要注意。另外，由于获取接触面积大小和获取压力大小受系统和硬件的影响，使用时一定要进行数据检测，以防因设备问题而导致程序出错。

5.1.6.4　鼠标事件

在 Android 设备上鼠标用得非常少，在识别鼠标时，主要涉及如表 5-10 所示的几个消息，大家了解即可。

表 5-10

消　　息	简　　介
ACTION_HOVER_ENTER	指针移入窗口或者 View 区域，但没有按下
ACTION_HOVER_MOVE	指针在窗口或者 View 区域内移动，但没有按下
ACTION_HOVER_EXIT	指针移出窗口或者 View 区域，但没有按下
ACTION_SCROLL	滚轮滚动，可以触发横向滚动（AXIS_HSCROLL）或者纵向滚动（AXIS_VSCROLL）

注意：

- 这些消息类型是 Android 4.0（API 14）中才添加的。
- 使用 getActionMasked 函数可以获得这些消息类型。
- 这些消息不会传递到 onTouchEvent(MotionEvent) 函数中，而是会传递到 onGenericMotionEvent(MotionEvent)函数中。

5.1.6.5　输入设备类型判断

输入设备类型判断也是 Android 4.0（API 14）中才添加的，主要包括以下几种设备，如表 5-11 所示。

表 5-11

设 备 类 型	简　　介
TOOL_TYPE_ERASER	橡皮擦（在手写笔相关设备中，会有电子橡皮擦）
TOOL_TYPE_FINGER	手指
TOOL_TYPE_MOUSE	鼠标
TOOL_TYPE_STYLUS	手写笔
TOOL_TYPE_UNKNOWN	未知类型

使用 getToolType(int pointerIndex)函数可以获得对应的输入设备类型，pointIndex 可以为0，但必须小于 getPointerCount 函数返回值。

到这里，有关多点触控的基本知识就讲解完了。在下面的章节中，我们将通过实例来讲解如何在实际项目中使用多点触控的函数。

5.2 拖动图片控件与多点触控

在本节中，我们将通过一个非常简单的拖动图片控件来看看单点触控与多点触控在代码上的区别。我们先来看看单点触控的代码，然后看看加入多点触控后的代码。

扫码查看动态效果图

5.2.1 单点触控下的拖动图片控件

可扫码查看单点触控下的拖动图片控件效果图。

首先，我们考虑在普通单点触控下怎么实现这个控件，这个控件涉及如下两个功能。

- 显示图片。
- 跟随手指移动。

对于显示图片功能，我们可以用现成的 ImageView 类派生一个类来实现；对于跟随手指移动功能，我们已经做过很多这方面的控件了，可以使用 layout 函数来实现，也可以改动 layoutParams 来实现，在这里我们使用 layout 函数来实现。

代码比较简单，直接列出完整控件代码，然后进行讲解：

```
public class SingleDragImgView extends ImageView {
    private int mLeft, mTop;
    private float mStartX,mStartY;
    public SingleDragImgView(Context context) {
        super(context);
    }

    public SingleDragImgView(Context context, @Nullable AttributeSet attrs) {
        super(context, attrs);
    }
```

```
    public SingleDragImgView(Context context, @Nullable AttributeSet attrs, int
defStyleAttr) {
        super(context, attrs, defStyleAttr);
    }

    @Override
    public boolean onTouchEvent(MotionEvent event) {
        switch (event.getAction()) {
        case MotionEvent.ACTION_DOWN:
            mStartX = event.getX();
            mStartY = event.getY();
            mLeft = getLeft();
            mTop = getTop();
            break;
        case MotionEvent.ACTION_MOVE:
            mLeft = (int) (mLeft + event.getX() - mStartX);
            mTop = (int) (mTop + event.getY() - mStartY);

            layout(mLeft, mTop, mLeft + getWidth(), mTop + getHeight());
            break;
        case MotionEvent.ACTION_UP:
            break;
        }
        return true;
    }
}
```

5.2.1.1　回顾 getX 函数使用的坐标体系

控件代码看起来没几行，但最难理解的莫过于 onTouchEvent 的部分。让图片跟随手指移动的原理非常简单，计算出手指移动距离，让图片跟随移动相应的距离即可，可以参考图 5-3。

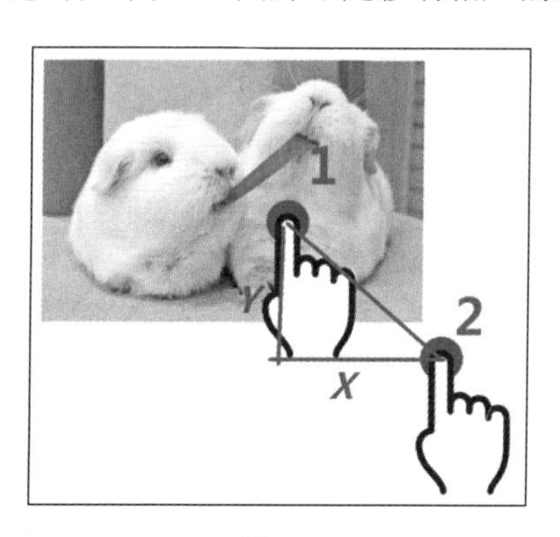

图 5-3

在图 5-3 中，手指从位置 1 移到了位置 2，对应横向移动了 X，纵向移动了 Y。同样地，要实现图片跟随手指移动，图片也需要横向移动 X，纵向移动 Y。

那么我们如何通过 event.getX 函数来获取手指移动距离呢？

下面先来回顾一下 4.3 节，其中讲解过 event.getX 与 event.getRawX 函数所使用的坐标体系的区别。图 5-4 详细展示了 event.getX 与 event.getRawX 函数所使用的坐标体系。

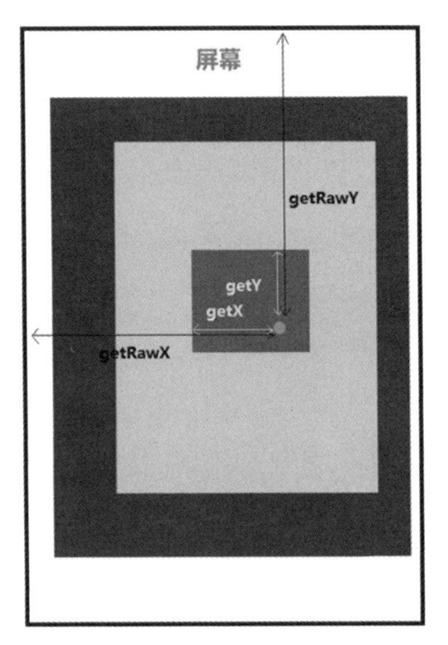

扫码查看彩色图

图 5-4

其中的绿点是手指的触摸位置，getX、getY 函数用的是 View 坐标系，表示触摸位置在控件中的位置。而 getRawX、getRawY 函数则使用的是屏幕坐标系，表示触摸位置在屏幕中的位置。回顾了 getX 函数使用的坐标体系后，来继续看看手指移动距离怎么计算。

5.2.1.2 计算图片新坐标的原理

首先，在手指按下时，记录手指按下的位置及当前图片所在位置的 left 和 top 值：

```
case MotionEvent.ACTION_DOWN:
    mStartX = event.getX();
    mStartY = event.getY();
    mLeft = getLeft();
    mTop = getTop();
    break;
```

在 ACTION_MOVE 消息到来时，说明手指发生了移动。大家都知道，移动距离 = 当前位置 - 上一次的位置。

图 5-5 表示手指移动一定距离后，图片跟随手指移动的过程。

在图 5-5 中：

- 图 1 表示初始状态下手指的位置和图片的位置。绿点表示手指的位置，绿框表示图片的位置。
- 图 2 表示手指从绿点位置移动到红点位置。
- 图 3 表示图片跟随手指移动相同的距离，即从绿框移动到红框。
- 图 4 表示图片跟随手指移动后的位置。

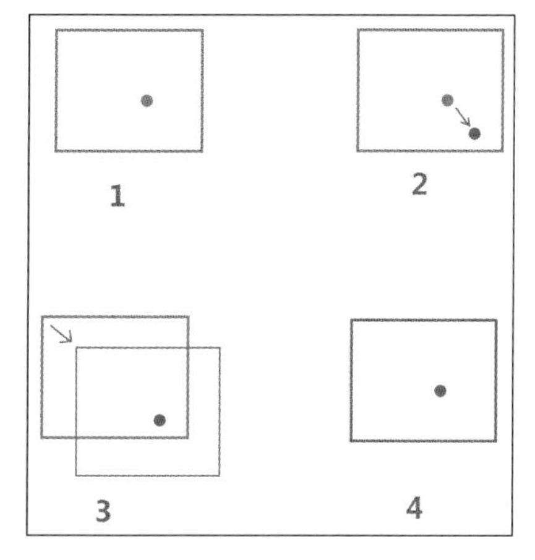

扫码查看彩色图

图 5-5

图 5-5 展示了手指和图片在移动过程中是如何表现的，如果利用 getX、getY 函数来表示移动前后的位置，那么图片就是如图 5-6 所示的样子。

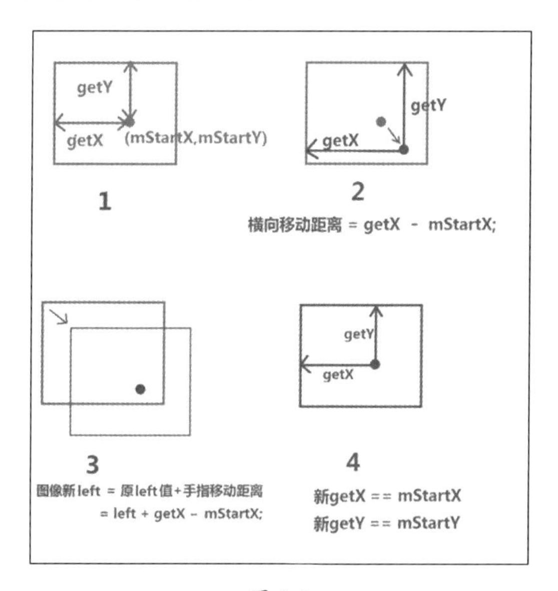

扫码查看彩色图

图 5-6

在图 5-6 中：

- 图 1 表示在初始状态下，手指位置和图片位置的关系。假设此时的手指位置信息用 mStartX、mStartY 保存起来，即：

```
mStartX = event.getX();
mStartY = event.getY();
```

- 图 2 表示手指移动了一定距离后的图片位置，此时手指的最新位置可以用 getX、getY 获取。因此，很容易得到：

手指横向移动距离 = event.getX() – mStartX

手指纵向移动距离 = event.getY() – mStartY

- 图 3 表示图片跟随手指移动相应距离后图片的移动情况，很明显：

图像新 left = 原 left 值 + 手指横向移动距离 = left + event.getX() – mStartX

图像新 top = 原 top 值 + 手指纵向移动距离 = top + event.getY() – mStartY

- 图 4 表示跟随手指移动后的图片，大家对比一下图 4 和图 1 有什么区别。如果此时我们利用 getX 获得手指相对图片的位置，得到的值跟图 1 中保存的 mStartX 值相同吗？答案是相同的，因为手指和图片都移动了相同的距离，手指相对图片的位置没有变化。因此通过图 4 可以得到：

新 event.getX() == mStartX

新 event.getY() == mStartX

也就是说，图 4 中的手指通过 getX 和 getY 获得的位置与图 1 中的完全相同，所以当下次手指再次移动时，直接使用下面的公式就可以得到图片的新位置了：

图像新 left = 原 left 值 + 手指横向移动距离 = left + event.getX() – mStartX

图像新 top = 原 top 值 + 手指纵向移动距离 = top + event.getY() – mStartY

5.2.1.3 ACTION_MOVE 消息到来时的代码处理

上面完整讲解了如何计算图片新位置的原理，下面来看看代码中是如何实现图片跟随手指移动的：

```
case MotionEvent.ACTION_MOVE:
    mLeft = (int) (mLeft + event.getX() - mStartX);
    mTop = (int) (mTop + event.getY() - mStartY);
    layout(mLeft, mTop, mLeft + getWidth(), mTop + getHeight());
    break;
```

ACTION_MOVE 消息到来时的操作完全是公式的应用，根据上面的原理公式，计算出图片新位置的 left 和 top 坐标值，然后利用 layout 函数将图片移动到该位置即可。

到这里，利用单点触控实现图片跟随手指移动的效果就实现了。下面我们来看看如何改造成多点触控吧。

5.2.2 多点触控下的拖动图片控件

多点触控最大的问题是，若我们不对手指进行识别，会出现响应其他手指的情况，比如，我们在 5.1 节中提到过的情况，当第 2 根手指按下，第 1 根手指抬起的时候，图片会瞬间移到第 2 根手指的位置，可扫码查看效果图。

扫码查看动态效果图

解决这个问题的最佳方案就是持续追踪第 1 根手指，只响应第 1 根手指的操作，代码同样也很简单，下面列出完整代码：

```
public class MultiDragImgView extends ImageView {
    private int mLeft, mTop;
    private float mStartX, mStartY;

    public MultiDragImgView(Context context) {
        super(context);
    }

    public MultiDragImgView(Context context, @Nullable AttributeSet attrs) {
        super(context, attrs);
    }

    public MultiDragImgView(Context context, @Nullable AttributeSet attrs, int
defStyleAttr) {
        super(context, attrs, defStyleAttr);
    }

    @Override
    public boolean onTouchEvent(MotionEvent event) {
        switch (event.getActionMasked()) {
        case MotionEvent.ACTION_DOWN:
            mStartX = event.getX();
            mStartY = event.getY();
            mLeft = getLeft();
            mTop = getTop();
            break;
        case MotionEvent.ACTION_MOVE:
            int index = event.findPointerIndex(0);
            if (index == -1) {
                return false;
            }
            mLeft = (int) (mLeft + event.getX(index) - mStartX);
            mTop = (int) (mTop + event.getY(index) - mStartY);

            layout(mLeft, mTop, mLeft + getWidth(), mTop + getHeight());
            break;
        case MotionEvent.ACTION_UP:
            break;
        }
        return true;
    }
}
```

最重要的地方依然在 onTouchEvent 中，从代码可以看到，这里做了如下几点改造。

- 第 1 点：获取消息的方式改为了 event.getActionMasked，其实，因为这里使用的消息并没有用到多点触控专用的 MotionEvent.ACTION_POINTER_DOWN 和 MotionEvent.ACTION_POINTER_UP 消息，所以使用原来的 event.getAction 依然是可以的。
- 第 2 点：可以看到，依然在 case MotionEvent.ACTION_DOWN 消息中记录了手指位置。为什么没有涉及 MotionEvent.ACTION_POINTER_DOWN 消息呢？我们知道，当第 1 根手指按下的时候，多点触控中触发的是 MotionEvent.ACTION_DOWN 消息，只有当第 2 根及之后的手指按下的时候，才会触发 MotionEvent.ACTION_POINTER_DOWN 消息，因为我们只追踪了第 1 根手指的操作，所以只需要识别 MotionEvent.ACTION_DOWN 消息即可。

- 第 3 点：在 ACTION_MOVE 消息到来时，对代码进行了如下改造：

```
int index = event.findPointerIndex(0);
if (index == -1) {
    return false;
}
```

第 1 根手指的 PointerId 是 0，这里根据 PoinderId 获取了对应的 PointerIndex，当获取不到 PointerIndex 时，就表示第 1 根手指已经不在屏幕上了，这时会返回-1。当返回-1 时，我们返回 false，表示已经不需要捕捉消息了。

接着，通过 MotionEvent.getX(PointerIndex)函数获取对应手指的坐标值，依然对代码进行了改造：

```
mLeft = (int) (mLeft + event.getX(index) - mStartX);
mTop = (int) (mTop + event.getY(index) - mStartY);
```

代码难度不大，下面再来扫码查看改造后的效果图。

扫码查看动态效果图

从效果图可以看到，当第 1 根手指抬起，第 2 根手指移动时，图片并不会跟随手指移动。这样代码就改造完成了。

5.3 制作双指缩放控件

扫码查看动态效果图

在本节中，我们将学习如何利用前面的知识来实现最常用的双指缩放控件，这里实现了一个能双指缩放的文本控件，可扫码查看效果图。

5.3.1 原理概述

双指缩放控件最重要的部分是计算缩放比例，缩放比例是根据两根手指之间的距离计算出来的，如图 5-7 所示。

这里总共有 4 个图，表示的都是同一件事。

- 图 1 表示两根手指按在屏幕上时，绿框表示手指所在的控件区域。手指的触摸位置用红点表示，分别是 P_1 和 P_2。
- 图 2 表示计算两根手指触摸位置之间距离的公式，很明显，两个触摸位置之间的距离是 z，公式是 $z^2 = x^2 + y^2$，故最重要的是计算出 x 与 y 的值。因为在计算 z 时，要计算 x 和 y 的平方值，所以我们不必考虑 x 与 y 是正值还是负值。
- 图 3 表示图 2 中 x 的计算方法，很明显，是两个触摸位置的 getX 函数返回值相减。
- 图 4 表示图 2 中 y 的计算方法，同样，是两个触摸位置的 getY 函数返回值相减。

下面来看看在手指移动后，如何计算缩放比例，如图 5-8 所示。

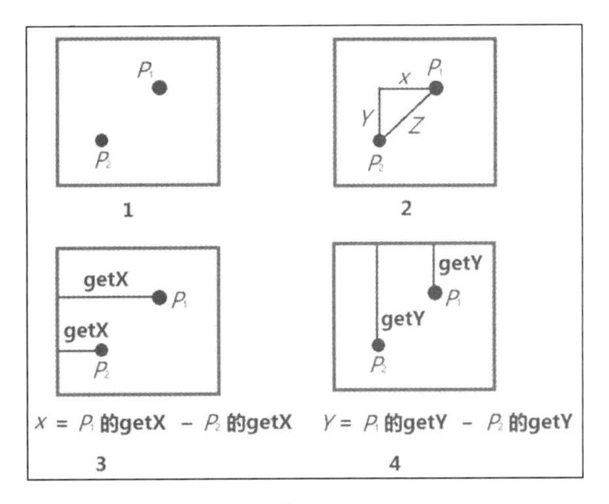

扫码查看彩色图

图 5-7

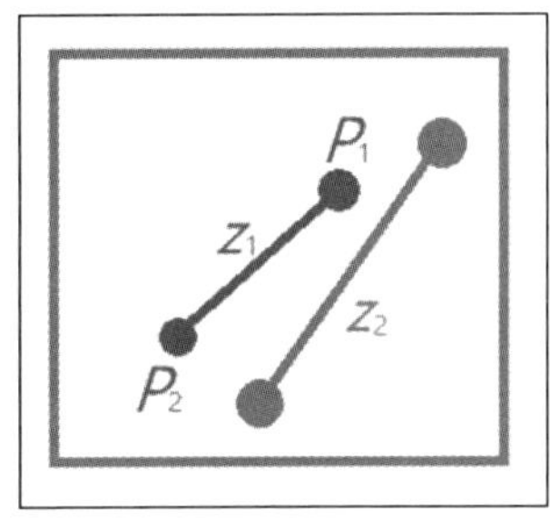

扫码查看彩色图

图 5-8

假设图 5-8 中两个红点是手指移动前的触摸位置，两个绿点是手指移动后的触摸位置，z_1 是两个红点之间的距离，z_2 是两个绿点之间的距离。上面已经讲解过怎么计算两点之间距离的方法，下面主要讲解怎么计算缩放比例。很明显，缩放比例与手指之间的距离是正相关的，即缩放比例 $= z_2/z_1$，即直接使用手指之间距离的变化情况来作为当前控件的缩放比例。

5.3.2　实现可缩放的文本控件

在了解了如何通过手指之间距离来计算缩放比例的原理之后，下面来看看如何实现可缩放的文本控件。

该控件的实现难度不大，代码量也不大，下面先列出完整代码，然后进行详细的讲解：

```
public class TouchScaleTextView extends TextView {
    private int mode = 0;
    private float mOldDist;
    private float mTextSize = 0;

    public TouchScaleTextView(Context context) {
        super(context);
    }
```

```
    public TouchScaleTextView(Context context, @Nullable AttributeSet attrs) {
        super(context, attrs);
    }

    public TouchScaleTextView(Context context, @Nullable AttributeSet attrs, int
defStyleAttr) {
        super(context, attrs, defStyleAttr);
    }

    @Override
    public boolean onTouchEvent(MotionEvent event) {
        if (mTextSize == 0) {
            mTextSize = getTextSize();
        }
        switch (event.getActionMasked()) {
        case MotionEvent.ACTION_DOWN:
            mOldDist = 0;
            mode = 1;
            break;
        case MotionEvent.ACTION_UP:
            mode = 0;
            break;
        case MotionEvent.ACTION_POINTER_UP:
            mode -= 1;
            break;
        case MotionEvent.ACTION_POINTER_DOWN:
            mOldDist = spacing(event);
            mode += 1;
            break;

        case MotionEvent.ACTION_MOVE:
            if (mode >= 2) {
                float newDist = spacing(event);
                if (Math.abs(newDist - mOldDist) > 50) {
                    zoom(newDist / mOldDist);
                    mOldDist = newDist;
                }
            }
            break;
        }
        return true;
    }

    private void zoom(float f) {
        mTextSize *= f;
        setTextSize(TypedValue.COMPLEX_UNIT_PX, mTextSize);
    }

    private float spacing(MotionEvent event) {
        float x = event.getX(0) - event.getX(1);
        float y = event.getY(0) - event.getY(1);
```

```
        return (float) Math.sqrt(x * x + y * y);
    }
}
```

5.3.2.1　函数声明及初始化

因为我们要做的是一个可缩放的文本控件，所以可以借助 TextView 的能力，直接继承，这里也是这样做的。

监听 TextView 的 onTouchEvent 函数，当用户手指按在 TextView 上的时候，就会触发执行该函数。

因为我们需要缩放文本，需要知道缩放前文本多大，所以用一个变量来标识当前文本的大小，并为它初始化：

```
public class TouchScaleTextView extends TextView {

    private float mTextSize = 0;

    @Override
    public boolean onTouchEvent(MotionEvent event) {
        if (mTextSize == 0) {
            mTextSize = getTextSize();
        }
        …
    }

    …
}
```

5.3.2.2　识别手指个数

因为在这里要使用两根手指的间距，所以要求屏幕上的手指个数必须大于或等于 2 才行，我们需要一个变量来标识当前的手指个数。当手指按下的时候，将该变量加 1；当手指抬起的时候，将该变量减 1：

```
switch (event.getActionMasked()) {
    case MotionEvent.ACTION_DOWN:
        mOldDist = 0;
        mode = 1;
        break;
    case MotionEvent.ACTION_UP:
        mode = 0;
        break;
    case MotionEvent.ACTION_POINTER_UP:
        mode -= 1;
        break;
    case MotionEvent.ACTION_POINTER_DOWN:
        mOldDist = spacing(event);
        mode += 1;
        break;
```

```
    ...
}
```

这里涉及变量 mOldDist，用于标识手指移动前的间距，即前面说到的两个红点之间的距离。其中的 spacing(MotionEvent event)是用于计算当前两根手指之间距离的函数。前面已经讲解过计算两根手指间距的原理，这里就不再详细讲解 spacing 函数了。

当 MotionEvent.ACTION_POINTER_DOWN 消息到来时，表示当前屏幕上肯定有超过两根手指，而且此时手指还没有移动。MotionEvent.ACTION_POINTER_DOWN 消息只表示手指刚按在屏幕上，而当 ACTION_MOVE 消息到来时，才表示手指移动了。因此，在 MotionEvent.ACTION_POINTER_DOWN 消息到来时，计算出的手指之间的距离也就是两根手指移动前的间距。

5.3.2.3 缩放文本

缩放文本主要发生在手指移动时，即 ACTION_MOVE 消息到来时，这时需要重新计算两根手指之间的距离，然后计算出缩放比例，之后重新设置文本大小：

```
case MotionEvent.ACTION_MOVE:
    if (mode >= 2) {
        float newDist = spacing(event);
        if (Math.abs(newDist - mOldDist) > 50) {
            zoom(newDist / mOldDist);
            mOldDist = newDist;
        }
    }
    break;
```

在上面的代码中，首先添加了 mode 是否大于或等于 2 的保护判断，只有当前屏幕上多于两根手指时才执行缩放操作。float newDist = spacing(event);用于计算当前两根手指移动后的间距。if (Math.abs(newDist - mOldDist) > 50)主要是为了进行频率过滤，以防很小的滑动都被计算在内，这样太消耗 CPU 资源了。Zoom (newDist / mOldDist);用于根据手指移动前后间距的比值来缩放文本，其中 zoom(float f)的声明如下：

```
private void zoom(float f) {
    mTextSize *= f;
    setTextSize(TypedValue.COMPLEX_UNIT_PX, mTextSize);
}
```

需要注意 setTextSize 的用法，这里指定了 textSize 的尺寸单位，通过 getTextSize 函数获取的文本默认是 px 级别的，所以使用 setTextSize 函数时，也需要将它指定为 px 级别的文本。

到这里，自定义的可缩放的文本控件就完成了。

5.3.2.4 使用可缩放的文本控件

使用该控件也非常简单，可以通过 XML 引入控件，也可以动态创建控件。这里假设使用 XML 引入的方式，代码如下：

```
<?xml version="1.0" encoding="utf-8"?>
```

```
<LinearLayout
    xmlns:android="http://schemas.android.com/apk/res/android"
    xmlns:app="http://schemas.android.com/apk/res-auto"
    xmlns:tools="http://schemas.android.com/tools"
    android:layout_width="match_parent"
    android:layout_height="match_parent"
    android:gravity="center"
    tools:context=".MainActivity">

    <com.sliding.harvic.testmultitouch.TouchScaleTextView
        android:layout_width="wrap_content"
        android:layout_height="wrap_content"
        android:gravity="center"
        android:textSize="20dp"
        android:text="怒发冲冠，凭阑处、潇潇雨歇。\n
                      抬望眼，仰天长啸，壮怀激烈。\n
                      三十功名尘与土，八千里路云和月。\n
                      莫等闲、白了少年头，空悲切。\n
                      靖康耻，犹未雪；臣子恨，何时灭！\n
                      驾长车踏破，贺兰山缺。\n
                      壮志饥餐胡虏肉，笑谈渴饮匈奴血。\n
                      待从头、收拾旧山河，朝天阙。\n"/>

</LinearLayout>
```

因为我们并没有自定义属性，所以使用该控件跟使用 TextView 是一样的。到这里，有关多点触控的知识就讲解完了，多点触控的知识难度并不大。大家还可以在网上下载一些多点触控的控件来进行研究，详细了解这方面的实战知识。

第 6 章 工具类

怕什么真理无穷，进一寸有一寸的欢喜。

——胡适

在学习了消息处理的知识以后，下面来看看官方给我们提供了哪些工具类。

6.1 Scroller 工具类

本节主要介绍 Scroller 类的用法，Scroller 类的作用与 ValueAnimator 类的作用相同，都用于输出指定数值范围内的过渡动画数值。但 Scroller 是一个专门处理滚动效果的工具类，可能直接使用 Scroller 类的场景并不多，但是很多大家熟知的控件内部都是使用 Scroller 类来实现的，如 ViewPager、ListView 等。

6.1.1 探讨 scrollTo 与 scrollBy 函数

先撇开 Scroller 类不谈，其实任何一个控件都是可以滚动的，因为在 View 类中有 scrollTo 和 scrollBy 这两个函数，先来看看它们的声明：

```
public void scrollBy(int x,int y)
public void scrollTo(int x,int y)
```

这两个函数都实现了对 View 的滚动，入参中的 int x、int y 分别表示在 *X* 轴上移动的距离和在 *Y* 轴上移动的距离。那它们有什么区别呢？scrollBy 函数会让 View 相对于当前位置滚动某段距离，而 scrollTo 函数则会让 View 相对于初始位置滚动某段距离。这样讲大家理解起来可能有点费劲，下面试一下就明白了，可扫码查看效果图。

扫码查看动态效果图

从效果图可以看到：

- 点击“SCROLL TO”按钮运行的是 scrollTo(-50,-50)，将一次移动到指定位置，多次点击无效。

- 点击“SCROLL BY”按钮运行的是 scrollBy(-50,-50)，在现有位置的基础上移动。
- “复位”按钮使用的代码是 scrollTo(0,0)。

从这个效果图可以看出，scrollTo 函数是让 View 相对于初始位置移动一段距离。因为初始位置是不变的，所以在多次调用 scrollTo(-50,-50)时，移动到的目标位置也是不变的。而 scrollBy 函数则是相对于当前位置移动一段距离，所以每次调用 scrollBy(-50,-50)都会在当前位置的基础上移动(−50,−50)。

在这里大家估计还会产生疑问：为什么 scrollTo(-50,-50)是向右下角移动的呢？按照正常情况下的坐标正方向（向左是 X 轴正方向，向下是 Y 轴正方向）来看，不应该向左上角方向移动吗？关于这两个问题，我的建议是大家不必纠结，记住就好，即便记不住也没关系，在实践的时候试一下就知道了。如果想了解详细原因，可以参考我的博客文章《ListView 滑动删除实现之二——scrollTo、scrollBy 详解》（链接[1]），里面有详细的介绍，本书就不展开讲解了。

下面来看看上面效果的代码实现。

6.1.1.1　布局文件

首先看看 activity_main.xml 布局文件：

```
<LinearLayout xmlns:android="http://schemas.android.com/apk/res/android"
          xmlns:tools="http://schemas.android.com/tools"
          android:id="@+id/layout_root"
          android:layout_width="match_parent"
          android:layout_height="fill_parent"
          android:orientation="vertical"
          tools:context=".MainActivity">

   <Button
      android:id="@+id/btn_scroll_to"
      android:layout_width="match_parent"
      android:layout_height="wrap_content"
      android:text="SCROLL TO"/>

   <Button
      android:id="@+id/btn_scroll_by"
      android:layout_width="match_parent"
      android:layout_height="wrap_content"
      android:text="SCROLL BY"/>

   <Button
      android:id="@+id/btn_scroll_reset"
      android:layout_width="match_parent"
      android:layout_height="wrap_content"
      android:text="复位"/>

</LinearLayout>
```

从效果图也可以看到布局情况，3 个按钮纵向排列，需要注意 LinearLayout 的 id 是 layout_root，后面我们使用 scrollTo 和 scrollBy 函数操作的对象就是这个 layout_root。

6.1.1.2 Java 代码

下面看看 Activity 中的处理代码：

```
public class MainActivity extends Activity implements View.OnClickListener {
    private Button mBtnScrollTo, mBtnScrollBy, mBtnScrollReset;
    private LinearLayout mRoot;

    @Override
    protected void onCreate(Bundle savedInstanceState) {
        super.onCreate(savedInstanceState);
        setContentView(R.layout.activity_main);

        mBtnScrollTo = (Button) findViewById(R.id.btn_scroll_to);
        mBtnScrollBy = (Button) findViewById(R.id.btn_scroll_by);
        mBtnScrollReset = (Button) findViewById(R.id.btn_scroll_reset);
        mRoot = (LinearLayout) findViewById(R.id.layout_root);

        mBtnScrollTo.setOnClickListener(this);
        mBtnScrollBy.setOnClickListener(this);
        mBtnScrollReset.setOnClickListener(this);
    }

    @Override
    public void onClick(View v) {
        int id = v.getId();
        switch (id) {
        case R.id.btn_scroll_to: {
            mRoot.scrollTo(-50, -50);
        }
        break;
        case R.id.btn_scroll_by: {
            mRoot.scrollBy(-50, -50);
        }
        break;
        case R.id.btn_scroll_reset: {
            mRoot.scrollTo(0, 0);
        }
        break;
        default:
            break;
        }
    }
}
```

这里的代码很简单，在点击“SCROLL TO”按钮时，调用 mRoot.scrollTo(-50, -50)；在点击“SCROLL BY”按钮时，调用 mRoot.scrollBy(-50,-50)；在点击“复位”按钮时，调用 mRoot.scrollTo(0, 0)回归到初始位置。

从这里可以看出，我们移动的是整个 LinearLayout，而不是单独移动按钮。

6.1.1.3　ScrollTo 移动过程

图 6-1 展示了 mRoot.scrollTo(-50, -50)的移动过程，即将整个 View 向右下角移动(50 px, 50 px)。

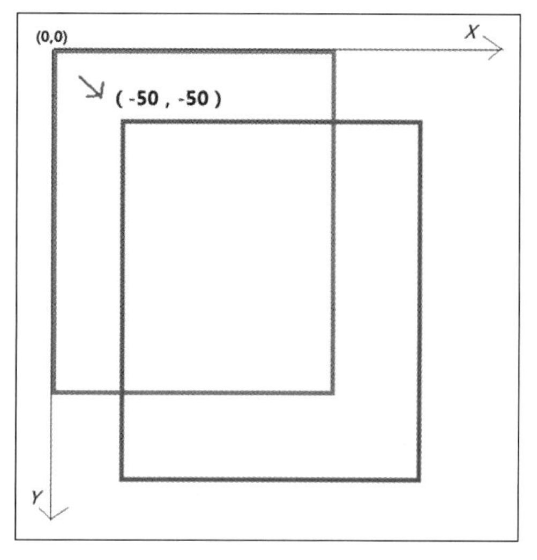

扫码查看彩色图

图 6-1

从最开始的效果图可以看出，在调用 scrollTo 函数后，整个 View 都会移动。如果我们将两个视图拼接在一起，这时再调用 scrollTo 函数，会怎样呢？

我们做一个 demo，可扫码查看右侧的效果图。

扫码查看动态效果图

在这个效果图中，首先绿色条的宽度是撑满整个屏幕宽度的，右侧有一个隐藏起来的 TextView，当我们每次点击“SCROLL BY”按钮时，都会调用 mActionRoot.scrollBy(50,0)将这个 TextView 向左移动 50 px，可以看到，TextView 移动后就可以看到右边原来没有显示的内容。看到这个 demo，大家是不是就会想起 QQ 的滑动删除功能？是的，利用 scrollBy 和 scrollTo 函数可以实现 QQ 的滑动删除功能。

下面，我们来看看代码，在上面 demo 的基础上进行修改。

（1）首先查看 activity_main.xml 布局文件：

```
<LinearLayout xmlns:android="http://schemas.android.com/apk/res/android"
          xmlns:tools="http://schemas.android.com/tools"
          android:id="@+id/layout_root"
          android:layout_width="match_parent"
          android:layout_height="fill_parent"
          android:orientation="vertical"
          tools:context=".MainActivity">

   <Button
      android:id="@+id/btn_scroll_to"
      android:layout_width="match_parent"
      android:layout_height="wrap_content"
```

```
        android:text="SCROLL TO"/>

    <Button
        android:id="@+id/btn_scroll_by"
        android:layout_width="match_parent"
        android:layout_height="wrap_content"
        android:text="SCROLL BY"/>

    <Button
        android:id="@+id/btn_scroll_reset"
        android:layout_width="match_parent"
        android:layout_height="wrap_content"
        android:text="复位"/>

    <LinearLayout
        android:id="@+id/action_root"
        android:layout_marginTop="10dp"
        android:layout_width="match_parent"
        android:layout_height="50dp"
        android:orientation="horizontal">

        <TextView
            android:layout_width="match_parent"
            android:layout_height="match_parent"
            android:background="#00ff00"/>

        <TextView
            android:layout_width="100dp"
            android:layout_height="match_parent"
            android:text="删除"
            android:gravity="left|center_vertical"
            android:background="#ff0000"/>
    </LinearLayout>

</LinearLayout>
```

3 个按钮依然不变，但是在按钮的底部添加了一个横向布局的 LinearLayout，这个 LinearLayout 有两个控件，第 1 个 TextView 控件的宽度撑满了屏幕。然后右侧多出来一个删除条，当然，因为第 1 个 TextView 控件是撑满屏幕的，所以第 2 个 TextView 控件就被挤到屏幕外面了，在初始状态下其未显示出来。这里需要注意，我们移动的对象是 action_root，即两个 TextView 控件的根布局。只有对它进行移动，两个 TextView 控件才能同时移动。

（2）然后，改造 MainActivity 的代码：

```
public class MainActivity extends Activity implements View.OnClickListener {
    private Button mBtnScrollTo, mBtnScrollBy, mBtnScrollReset;
    private LinearLayout mActionRoot;

    @Override
    protected void onCreate(Bundle savedInstanceState) {
        super.onCreate(savedInstanceState);
```

```
        setContentView(R.layout.activity_main);

        mBtnScrollTo = (Button) findViewById(R.id.btn_scroll_to);
        mBtnScrollBy = (Button) findViewById(R.id.btn_scroll_by);
        mBtnScrollReset = (Button) findViewById(R.id.btn_scroll_reset);
        mActionRoot = (LinearLayout) findViewById(R.id.action_root);

        mBtnScrollTo.setOnClickListener(this);
        mBtnScrollBy.setOnClickListener(this);
        mBtnScrollReset.setOnClickListener(this);
    }

    @Override
    public void onClick(View v) {
        int id = v.getId();
        switch (id) {
        case R.id.btn_scroll_to: {
            mActionRoot.scrollTo(50,0);
        }
        break;
        case R.id.btn_scroll_by: {
            mActionRoot.scrollBy(50,0);
        }
        break;
        case R.id.btn_scroll_reset: {
            mActionRoot.scrollTo(0,0);
        }
        break;
        default:
            break;
        }
    }
}
```

这里需要注意的是，我们移动的对象是action_root，所以每次点击“SCROLL BY”按钮时，都会移动它。这样就完成了上面的demo效果。

但在这个效果图中还存在一个问题，当我们每次调用scrollTo和scrollBy函数时，对应的TextView会直接移动到指定位置，并没有显示移动动画，所以看起来是一卡一卡地向前走，而真正的效果应该像QQ中一样，缓慢、连续地移动，可扫码查看效果图。

该效果图展示了QQ侧滑删除菜单的效果，从中可以看出，在手指松开后，菜单会继续滑动到指定位置，而如果使用ScrollTo函数来实现，则会直接将View移动到指定位置，并不会展示中间的动画。当然，我们在《Android自定义控件开发入门与实战》一书的第3章和第4章中，已经讲过ValueAnimator和ObjectAnimator，大家可以给它们加上缓冲动画。

扫码查看动态效果图

但在本书中，我们会用另一个方法来实现缓冲动画的效果，这就是Scroller。

6.1.1.4 X 与 ScrollX

在讲解 Scroller 之前，我们必须弄明白一个问题：通过 scrollTo、scrollBy 函数移动后的 View，它的坐标是否发生了变化？它的滚动距离又是怎样获取的呢？

首先，获取通过 scrollTo、scrollBy 滚动后的滚动距离，可以通过 getScrollX 和 getScrollY 这两个函数来分别获取 *X* 轴方向和 *Y* 轴方向上的滚动距离。同样地，向右为负，向左为正。

然后，我们在 6.1.1.3 节的 demo 中点击每个按钮后都添加一段代码，在 TextView 控件中显示它的左上角原点 *X* 轴上的位置和滚动距离：

```
mTv.setText("X:"+mActionRoot.getX()+"  scrollX:"+mActionRoot.getScrollX());
```

可扫码查看效果图。

扫码查看动态效果图

从效果图可以看出，通过 scrollTo 和 scrollBy 函数滚动，改变的只有 getScrollX 的值，原始坐标(*x*,*y*)是不会改变的。

6.1.2 Scroller 概述

在第 6 章开始，我们提到过 Scroller 是专门处理滚动效果的工具类，它的学习难度不大，源码总共才 100 多行。

6.1.2.1 相关函数

1. 构造函数

构造函数如下：

```
public Scroller (Context context)
public Scroller (Context context, Interpolator interpolator)
```

如果我们用第 1 个构造函数，那么 Scroller 类就会给我们传入一个默认的插值器；一般我们会选择第 2 个构造函数，传入一个我们想要的插值器。有关插值器的内容，请参考《Android 自定义控件开发入门与实战》一书的 2.3 节和 3.2 节。

Scroller 类构造完成后，就可以调用 startScroll 函数了。

2. startScroll

startScroll 函数的声明如下：

```
public void startScroll(int startX, int startY, int dx, int dy, int duration)
public void startScroll(int startX, int startY, int dx, int dy)
```

我们先看第 1 个函数声明中各个参数的意义：

- startX：开始移动时的 *X* 坐标值。
- startY：开始移动时的 *Y* 坐标值。
- dx：沿 *X* 轴移动的距离，可正可负。为正时，子控件向左移动；为负时，子控件向右移动。

- dy：沿 Y 轴移动的距离，同样可正可负。为正时，子控件向上移动；为负时，子控件向下移动。
- duration：整个移动过程所耗费的时间。

在第 2 个函数声明中，没有 duration 参数，系统会使用默认的时间 250 ms。

从参数也可以大概理解，这个函数的作用是指定开始滚动的位置和在 X 轴方向、Y 轴方向上的滚动距离。但需要注意的是，它的作用与 ValueAnimator 的作用一样，只会根据插值器和起始、终止位置来计算当前应该移动到的位置并反馈给用户，其只做数值计算，不会真正移动 View。移动 View 的操作需要我们自己来处理。这里看不懂没关系，下面来看看 Scroller 类的使用方法。

6.1.2.2　Scroller 类的使用方法

Scroller 类的使用方法需要如下几个步骤。

步骤 1：初始化。

```
private Scroller mScroller;
mScroller = new Scroller(context,new LinearInterpolator(context,null));
```

步骤 2：调用 startScroll 函数。

```
mScroller.startScroll(0,0,200,0,500);
invalidate();
```

需要注意的是，在调用 startScroll 函数后，需要调用 invalidate 函数来重绘 View。由此可见，Scroller 类只能在自定义的 View 或 ViewGroup 中使用，因为只有它们有 invalidate 函数。

步骤 3：在 public void computeScroll 中处理计算出的数值。

```
@Override
public void computeScroll() {
    if (mScroller.computeScrollOffset()){
        itemRoot.scrollTo(mScroller.getCurrX(),mScroller.getCurrY());
    }
    invalidate();
}
```

这里涉及 mScroller.getCurrX、mScroller.getCurrY 函数，后面会进行解释。

上面的代码是说，用 500 ms 的时间从(0,0)位置沿 X 轴负方向移动 200，沿 Y 轴方向保持不变。但这段代码并不会移动 View，而是进行模拟计算。在调用 startScroll 函数后，就会在 Scroller 内部用一个线程来计算在从(0,0)位置沿 X 轴负方向移动 200，沿 Y 轴方向保持不变的情况下，每毫秒控件应该在的位置。用户可以通过 scroller.getCurrX、scroller.getCurrY 函数来获取当前计算得到的位置信息。注意，我用了“应该”，因为 Scroller 只是根据插值器，指定的时间、距离来计算出当前所在的 X 坐标值、Y 坐标值，但对控件没有做任何操作。要想移动控件，就必须使用 scrollTo 函数，所以要每计算出一个新位置就让 View 重绘一次。这就是为什么步骤 2 和步骤 3 都会调用 invalidate 函数的原因。

可以看到，这其实跟 ValueAnimator 一样，ValueAnimator 通过 ValueAnimator.get

AnimatedValue 函数得到当前“应该”在的位置，而 Scroller 则是通过在 computeScroll 中调用 mScroller.getCurrX 和 mScroller.getCurrY 函数来得到这个值的。

还要再说一点：我们如何判断什么时候停止重绘呢？Scroller 类给我们提供了一个函数：

```
public boolean computeScrollOffset()
```

当 Scroller 还在计算时，表示当前控件应该还在移动中，就会返回 TRUE。当 Scroller 计算结束，表示控件已经结束移动，就会返回 FALSE。所以，我们可以直接在 itemRoot.scrollTo (mScroller.getCurrX(),mScroller.getCurrY());前利用 mScroller.computeScrollOffset 函数来判断当前 Scroller 是不是已经结束移动了。这里还要说一句，computeScroll 函数不是 Scroller 类的函数，而是 View 类的函数，当调用 invalidate 或者 postInvalidate 进行重绘时，就会调用 computeScroll 函数来重绘与 Scroller 有关的 View 部分，其在 View 中的实现方式如下：

```
/**
 * Called by a parent to request that a child update its values for mScrollX
 * and mScrollY if necessary. This will typically be done if the child is
 * animating a scroll using a {@link android.widget.Scroller Scroller}
 * object.
 */
public void computeScroll() {
}
```

明显这是一个空函数，所以就交由我们自己来实现了，在其中实现 Scroller 中的移动部分，这也就是我们会在 computeScroll 函数中调用 scrollTo 函数来实现 View 的移动操作的原因。

最后总结一下：Scroller 类在调用 startScroll 函数后，会根据移动距离和时间来计算每毫秒的移动目的地坐标，用户可以通过 scroller.getCurrX 和 scroller.getCurrY 函数来获取坐标值。当重绘 View 时，会调用 View 的 computeScroll 函数来处理与 Scroller 有关的重绘操作。而由于 View 类并没有对 computeScroll 函数做任何实现（它只是一个空函数），所以有关 Scroller 的移动操作，就只能靠我们自己完成（重写 computeScroll 函数并进行调用）。

6.1.3 改造 demo

扫码查看动态效果图

可扫码查看本节所实现的 demo 效果图。

从效果图可以看出，在点击“SCROLLER 滚动”按钮时，右侧的删除条会缓缓地出现。当点击“SCROLLER 复位”按钮时，这个 View 会缓缓地复位。

下面，我们就来实现这个效果吧。

6.1.3.1 自定义 ScrollerLinearLayout

我们在讲解 Scroller 类的用法时已经提过，在调用 startScroll 函数之后，需要调用 invalidate 函数来进行重绘。因此，这就导致我们必须在 View 或者 ViewGroup 中使用 Scroller。因为我们需要移动包裹两个 TextView 的 LinearLayout，所以我们可以自定义一个 LinearLayout，给它实现一个滚动函数，当调用这个函数时，LinearLayout 就可以滚动了：

```
public class ScrollerLinearLayout extends LinearLayout {
    private Scroller mScroller;
    public ScrollerLinearLayout(Context context) {
        super(context);
        init(context);
    }

    public ScrollerLinearLayout(Context context, @Nullable AttributeSet attrs) {
        super(context, attrs);
        init(context);
    }

    public ScrollerLinearLayout(Context context, @Nullable AttributeSet attrs, int
defStyleAttr) {
        super(context, attrs, defStyleAttr);
        init(context);
    }

    private void init(Context context){
        mScroller = new Scroller(context,new LinearInterpolator());
    }

    public void startScroll(int startX,int dx){
        mScroller.startScroll(startX,0,dx,0);
        invalidate();
    }

    @Override
    public void computeScroll() {
        if (mScroller.computeScrollOffset()){
            scrollTo(mScroller.getCurrX(),mScroller.getCurrY());
        }
        invalidate();
    }
}
```

这就是自定义的 LinearLayout，根据 Scroller 类的用法，首先在 init 函数中创建了 Scroller 类的实例。

然后，我们自己写了一个函数：

```
public void startScroll(int startX,int dx){
    mScroller.startScroll(startX,0,dx,0);
    invalidate();
}
```

这个函数是我们对外暴露的用于移动 LinearLayout 的函数。因为在这里，我们只让它横向滚动，所以它只有两个参数 int startX 和 int dx，表示从哪个位置移动多少距离。需要注意的是，这个 startX 参数是相对于初始位置的。

在这里，调用 mScroller.startScroll(startX,0,dx,0);来计算滚动到的位置。最后要在 computeScroll 中实时地移动这个 View。

6.1.3.2 主布局

下面来看看 Activity 所对应的布局文件（activity_scroller.xml）：

```
<?xml version="1.0" encoding="utf-8"?>
<LinearLayout
    xmlns:android="http://schemas.android.com/apk/res/android"
    xmlns:tools="http://schemas.android.com/tools"
    android:layout_width="match_parent"
    android:layout_height="match_parent"
    android:orientation="vertical"
    tools:context=".ScrollerActivity">

    <Button
        android:id="@+id/btn_start"
        android:layout_width="match_parent"
        android:layout_height="wrap_content"
        android:text="SCROLLER 滚动"/>

    <Button
        android:id="@+id/btn_reset"
        android:layout_width="match_parent"
        android:layout_height="wrap_content"
        android:text="SCROLLER 复位"/>


    <com.scroller.harvic.scrollerdemo.ScrollerLinearLayout
        android:id="@+id/scroller_root"
        android:layout_marginTop="10dp"
        android:layout_width="match_parent"
        android:layout_height="50dp"
        android:orientation="horizontal">

        <TextView
            android:layout_width="match_parent"
            android:layout_height="match_parent"
            android:background="#00ff00"/>

        <TextView
            android:layout_width="100dp"
            android:layout_height="match_parent"
            android:text="删除"
            android:gravity="left|center_vertical"
            android:background="#ff0000"/>

    </com.scroller.harvic.scrollerdemo.ScrollerLinearLayout>
</LinearLayout>
```

从效果图就可以看出布局，其中有两个按钮，底部是我们自定义的 ScrollerLinearLayout，其中包裹的是超出屏幕范围的两个 TextView。

6.1.3.3 处理代码

最后看看 Activity 的处理代码：

```
public class ScrollerActivity extends AppCompatActivity implements View.OnClickListener {

    private static final int DISTANCE = 300;
    private ScrollerLinearLayout mScrollerLayout;
    @Override
    protected void onCreate(Bundle savedInstanceState) {
        super.onCreate(savedInstanceState);
        setContentView(R.layout.activity_scroller);

        findViewById(R.id.btn_start).setOnClickListener(this);
        findViewById(R.id.btn_reset).setOnClickListener(this);

        mScrollerLayout = findViewById(R.id.scroller_root);
    }

    @Override
    public void onClick(View v) {
        int id = v.getId();
        switch (id) {
        case R.id.btn_start: {
            mScrollerLayout.startScroll(0, DISTANCE);
        }
        break;
        case R.id.btn_reset: {
            mScrollerLayout.startScroll(DISTANCE, -DISTANCE);
        }
        break;
        }
    }
}
```

代码很简单，其中滚动的距离是固定的，所以 DISTANCE=300，在点击“SCROLLER 滚动”按钮时，调用 mScrollerLayout.startScroll(0, DISTANCE);，将 mScrollerLayout 从当前的(0,0)位置向左滚动 300 px。

在点击“SCROLLER 复位”按钮时，再将 mScrollerLayout 滚回来。这时调用的是 mScrollerLayout.startScroll(DISTANCE, -DISTANCE);，有些读者可能对 startX 的值是 DISTANCE 表示疑惑，当你结合“start”按钮来看就知道了，当点击“start”按钮时，移动了 DISTANCE 的距离，所以在复位时就要将这个距离移回来，即要往反方向移动 DISTANCE 的距离（也就是-DISTANCE），这时就回归到原位了。

这里实现的只是一个小 demo，并不能用于实际项目中，有关使用 Scoller 实现 QQ 滑动删除功能的效果，可以参考我的博客“ListView 滑动删除实现”系列文章（链接[2]），该系列文章共 4 篇，可扫码查看第 4 篇文

扫码查看动态效果图

章中实现的效果图。

因为在博客文章里进行了详细介绍，所以这里就不再赘述了。下面来看看通过 Scroller 实现的 Android 滑块开关吧。

6.1.4 实战：Android 滑块开关

本节将实现一个 Android 滑块开关，效果如图 6-2 所示。在点击滑块时，滑块会自动滑动到另一边。而且如果用手指拖动滑块，滑块也会跟随手指移动，当手指松开时，滑块会根据当前所在的位置，决定是返回原点，还是滑向另一边。

扫码查看动态效果图

图 6-2

6.1.4.1 创建 ToggleButton

在开始之前，我们需要准备两个图片素材，即背景和滑块，将其放在 xxhdpi 文件夹中，素材图片文件如图 6-3 所示。

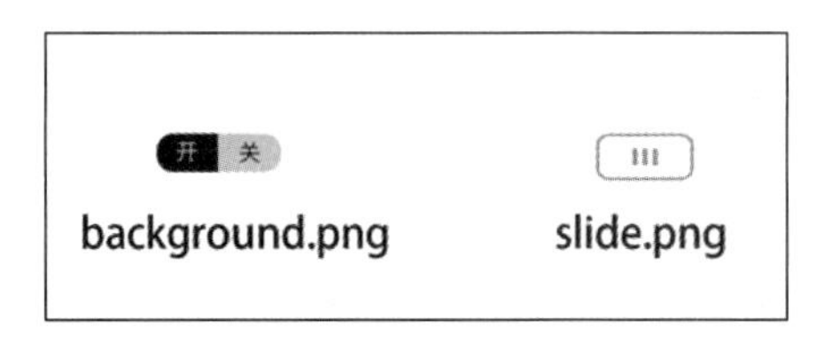

图 6-3

1. 继承自 View 还是 ViewGroup

我们需要考虑如何自定义 View。对于自定义 View，第一个要考虑的问题是，我们要继承自 View 还是继承自 ViewGroup？

因为这里有两张图片，所以如果只继承自 View，做一个控件是肯定不行的，所以肯定要继承自 ViewGroup。

对于继承自 ViewGroup，同样需要考虑的问题是，如何安排这两张图片。这时我们首先考虑的是，如果我们写的控件不光自己用，同时还要给别人用的话，要怎么办呢？如果控件要给别人用，首先要屏蔽一些不必要的可变因素。比如，当别人引用这个控件时，不需要写一些额外的控件。再比如，这里继承自 ViewGroup，但要让背景和滑块用两个 ImageView 引入，如下面这种写法：

```
<com.scroller.harvic.scrollerdemo.ToggleButton
    android:layout_width="wrap_content"
    android:layout_height="wrap_content">

    <ImageView
        android:id="@+id/slide_background"
        android:layout_width="wrap_content"
        android:layout_height="wrap_content"
        android:background="@mipmap/background"/>

    <ImageView
        android:id="@+id/slide_button"
        android:layout_width="wrap_content"
        android:layout_height="wrap_content"
        android:background="@mipmap/slide"/>

</com.scroller.harvic.scrollerdemo.ToggleButton>
```

按照这种代码写法，会出现的第一个问题是，我们已经在自定义的 ToggleButton 中写了两个 ImageView 来承载背景和滑块图片，但使用者不一定知道，甚至根本不会看你的 demo，这会直接导致使用者无法使用控件，必须在看过你的代码后才能使用，因此给使用者造成了不必要的麻烦，让人觉得你的控件不好用。

那么我们要怎样避免这类问题呢？当然是应该把背景和滑块图片都封装在自定义的 ToggleButton 中。在使用者使用控件时，不需要额外考虑其他因素，这时直接如下面这样引用控件就可以实现滑块开关的效果：

```
<com.scroller.harvic.scrollerdemo.ToggleButton
        android:layout_width="wrap_content"
        android:layout_height="wrap_content"/>
```

2. 自定义 ToggleButton

下面生成自定义的 ViewGroup 类，将其命名为 ToggleButton：

```
public class ToggleButton extends ViewGroup {
    public ToggleButton(Context context) {
        super(context);
        init(context);
    }

    public ToggleButton(Context context, AttributeSet attrs) {
        super(context, attrs);
        init(context);
    }

    public ToggleButton(Context context, AttributeSet attrs, int defStyleAttr) {
        super(context, attrs, defStyleAttr);
        init(context);
    }

    private void init(Context context){
```

```
        setBackgroundResource(R.mipmap.background);
    }

    @Override
    protected void onMeasure(int widthMeasureSpec, int heightMeasureSpec) {
        super.onMeasure(widthMeasureSpec, heightMeasureSpec);
        Drawable bgDrawable = getResources().getDrawable(R.mipmap.background);
        setMeasuredDimension(bgDrawable.getIntrinsicWidth(),bgDrawable.
getIntrinsicHeight());
    }

    @Override
    protected void onLayout(boolean changed, int l, int t, int r, int b) {

    }
}
```

这里做了两件事，分别介绍如下。

- 第 1 件事：在初始化时，将开关的背景设置为 ViewGroup 的背景。
- 第 2 件事：在测量（调用 onMeasure 函数）时，将 ViewGroup 的宽度和高度设置得与背景图片的一致。在《Android 自定义控件开发入门与实战》一书的 12.2 节中介绍了测量的几种模式，按理来说，我们应该根据不同的测量模式来设置不同的测量宽度和高度，只有当用户在 XML 中设置 wrap_content 时，才应该使用自己测量并设置结果的模式。但是我为了方便，在这里没有管测量模式，无论在哪种测量模式下，全部都将控件的宽度和高度设置为背景图片的宽度和高度。因此，大家在自己练习时，要对这里进行优化，根据不同的测量模式使用不同的宽度和高度计算模式。

3. 使用 ToggleButton

我们直接在 XML（activity_toggle_btn.xml）中使用 ToggleButton 来看看效果：

```
<?xml version="1.0" encoding="utf-8"?>
<LinearLayout
    xmlns:android="http://schemas.android.com/apk/res/android"
    xmlns:app="http://schemas.android.com/apk/res-auto"
    xmlns:tools="http://schemas.android.com/tools"
    android:gravity="center"
    android:layout_width="match_parent"
    android:layout_height="match_parent"
    tools:context=".ToggleBtnActivity">

    <com.scroller.harvic.scrollerdemo.ToggleButton
        android:layout_width="wrap_content"
        android:layout_height="wrap_content"/>

</LinearLayout>
```

在这里，我们将 ToggleButton 居中显示。

需要注意，这里的宽度和高度虽然都使用了 wrap_content，其意义是在测量时让控件自己决定自己的宽度和高度，但是由于我们在 onMeasure 函数中利用 setMeasuredDimension (bgDrawable.getIntrinsicWidth(), bgDrawable.getIntrinsicHeight())固定了宽度和高度，因此即便这里不是 wrap_content，ToggleButton 实际展示出来的依然是背景图片的宽度和高度。

这个 XML 是在 Activity 中使用的，对应的代码如下：

```
public class ToggleBtnActivity extends AppCompatActivity {
    @Override
    protected void onCreate(Bundle savedInstanceState) {
        super.onCreate(savedInstanceState);
        setContentView(R.layout.activity_toggle_btn);
    }
}
```

效果如图 6-4 所示。

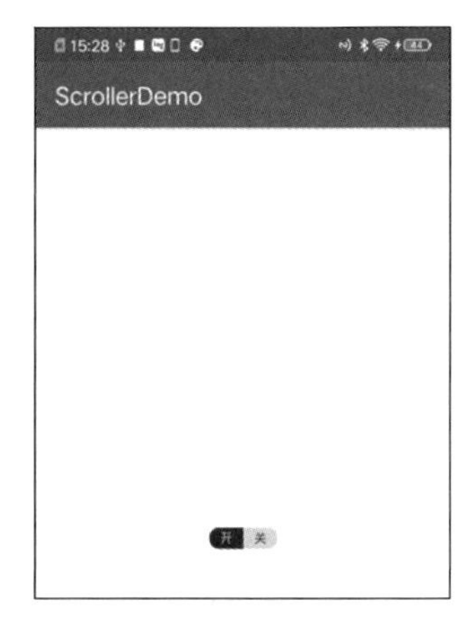

扫码查看彩色图

图 6-4

可以看到，现在已经能够将背景图片显示出来了，接下来我们就将滑块图片加载进去。

6.1.4.2　滑块响应

1. 添加滑块

我们在初始化的时候，添加上滑块。因为滑块需要单独响应点击和拖动事件，所以以 ImageView 的形式来添加它：

```
private void init(Context context){
    setBackgroundResource(R.mipmap.background);

    ImageView slide = new ImageView(context);
    slide.setBackgroundResource(R.mipmap.slide);
    addView(slide);
}
```

在初始化的时候添加滑块，但仅仅添加是不够的，我们还需要将它显示出来，我们需要自己在 onLayout 函数中为它布局。在默认的情况下，ViewGroup 的 onLayout 函数中没有任何代码，所以需要我们自己为添加进来的控件布局，这样才能将其显示在指定的位置。

我们将滑块放在左半边的位置：

```
private int mSliderWidth,mScrollerWidth;
@Override
protected void onLayout(boolean changed, int l, int t, int r, int b) {
    mSliderWidth = getMeasuredWidth() / 2;
    mScrollerWidth = getMeasuredWidth() - mSliderWidth;
    View view = getChildAt(0);
    view.layout(0, 0, mSliderWidth, getMeasuredHeight());
}
```

这里预设了两个变量，其中 mSliderWidth 变量表示滑块的宽度，我们为其取整个控件一半的大小，也就是背景图片宽度的一半；mScrollerWidth 变量表示滑块滑动到另一边的距离，在 onLayout 函数初始化时，滑块没有滑动，因此此时的滑动距离是整个控件宽度减去滑块本身的宽度。需要注意的是，这里的 mScrollerWidth 值为正。

然后利用 View view = getChildAt(0);得到整个 ToggleButton 顶层的控件，即最后一个通过 addView 添加进来的控件，在这里就是滑块。最后，利用 view.layout 函数将滑块布局在左半边。

此时效果如图 6-5 所示。

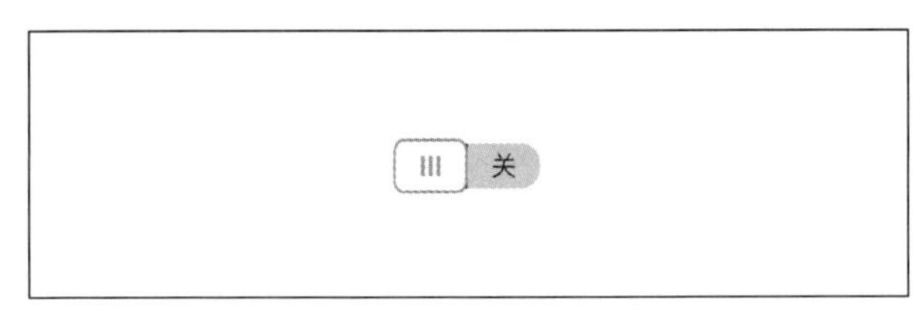

图 6-5

2. 滑块响应

在考虑点击响应之前，我们先看看如果通过 Scroller.startScroll 来实现滑动的话，在初始状态下应该从哪里滑动到哪里，滑动位置和距离如图 6-6 所示。

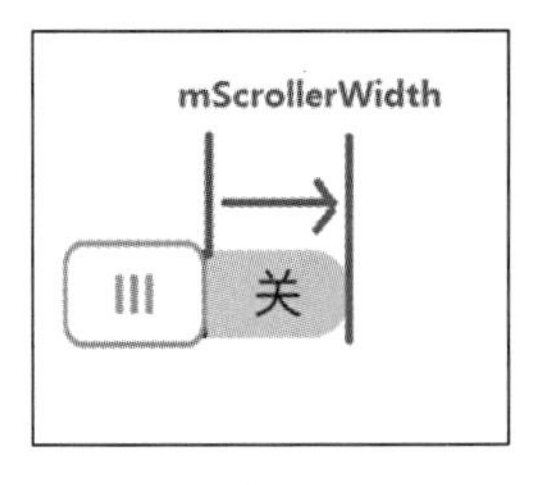

图 6-6

从图 6-6 可以看到，在初始状态下，是从 $x = 0$ 的位置向右滑动了 mScrollerWidth 设置的宽度，以到达另一侧。所以，在这种情况下，调用的 startScroll 的代码如下：

```
mScroller.startScroll(0, 0, - mScrollerWidth, 0, 500);
```

因为在 startScroll 中，向右滑动所使用的 dx 需要是负值，所以需要在 mScrollerWidth 中添加负号。

在滑块滑动到开状态后，再点击一下，它的滑动位置和距离如图 6-7 所示。

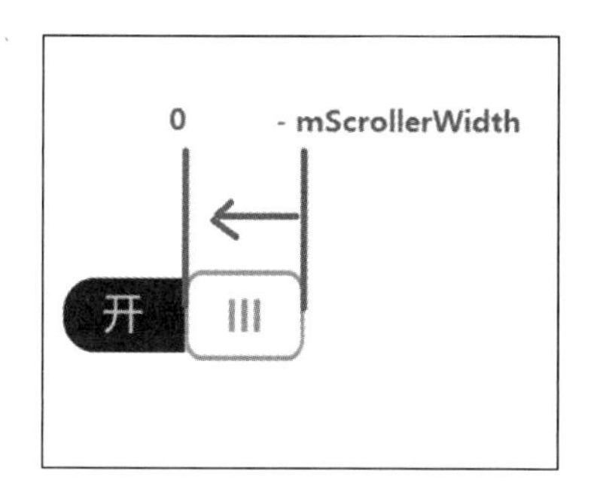

图 6-7

在这种情况下，就需要从-mScrollerWidth 的位置向左滑回初始位置 0，因此此时调用的 startScroll 的代码如下：

```
mScroller.startScroll(-mScrollerWidth, 0, mScrollerWidth, 0, 500);
```

此时正式地写点击滑块的代码：

```
private Scroller mScroller;
private boolean mIsOpen = false;
private void init(Context context){
   mScroller = new Scroller(context);

   setBackgroundResource(R.mipmap.background);
   ImageView slide = new ImageView(context);
   slide.setBackgroundResource(R.mipmap.slide);
   slide.setOnClickListener(new View.OnClickListener(){
      @Override
      public void onClick(View v) {
         if (mIsOpen) {
            mScroller.startScroll(-mScrollerWidth, 0, mScrollerWidth, 0, 500);
         } else {
            mScroller.startScroll(0, 0, - mScrollerWidth, 0, 500);
         }
         mIsOpen = !mIsOpen;
         invalidate();
      }
   });
   addView(slide);
}
```

首先，定义一个 mIsOpen 变量，以标识当前滑块的位置，默认开关是关闭的，所以 mIsOpen 的初始值是 false。然后，添加 slide 滑块的点击响应，根据当前滑块的位置，调用不同的 startScroll 函数。最后，改变 mIsOpen 变量的值，同时调用 invalidate，以调用 computeScroll 函数。

我们知道，在调用 startScroll 函数后，还需要在 computeScroll 函数中进行真正的处理，将滑块滑动到对应的位置：

```
public void computeScroll() {
```

```
        super.computeScroll();
        if (mScroller.computeScrollOffset()) {
            scrollTo(mScroller.getCurrX(), mScroller.getCurrY());
            invalidate();
        }
    }
```

这里的代码难度不大，不过需要注意，这里直接调用了 scrollTo 来移动 View，将滑块滑动到对应的位置。这里有一个非常关键的问题：为什么我们调用 scrollTo 来移动整个 ToggleButton，但仅仅滑动了其中的滑块，背景图片却没有滑动呢？

这就涉及 scrollTo、scrollBy 的一个非常重要的特性：scrollTo、scrollBy 只移动其中的内容，不移动背景。

扫码查看动态效果图

到这里，就实现了滑块点击响应的效果，可扫码查看效果图。

6.1.4.3 扩展：scrollTo、scrollBy 只移动其中的内容，不移动背景

既然说到只移动内容不移动背景的问题，那么我们就利用前面的例子来做个示例吧。如果我们在当前例子的基础上，再添加一个背景的 ImageView，那么来看看它是如何移动的吧：

```
private View mSlideView,mBgView;
private void init(Context context){
    mScroller = new Scroller(context);
    setBackgroundResource(R.mipmap.background);

    mBgView = new ImageView(context);
    mBgView.setBackgroundResource(R.mipmap.background);
    addView(mBgView);

    mSlideView = new ImageView(context);
    mSlideView.setBackgroundResource(R.mipmap.slide);
    mSlideView.setOnClickListener(new OnClickListener(){
        @Override
        public void onClick(View v) {
            if (mIsOpen) {
                mScroller.startScroll(-mScrollerWidth, 0, mScrollerWidth, 0, 500);
            } else {
                mScroller.startScroll(0, 0, - mScrollerWidth, 0, 500);
            }
            mIsOpen = !mIsOpen;
            invalidate();
        }
    });
    addView(mSlideView);
}
```

这里对代码进行了一点改造，利用成员变量将创建出来的 ImageView 保存了下来，以便后面使用并区分背景和滑块。这里需要注意如下 3 点。

- 依然设置了背景：setBackgroundResource(R.mipmap.background);。

- 另添加了一个内容为背景图片的 ImageView:addView(mBgView);。
- 最后是添加滑块：addView(mSlideView);。

同样，在调用 onLayout 函数时布局 mBgView，让它撑满整个控件：

```
protected void onLayout(boolean changed, int l, int t, int r, int b) {
    mSliderWidth = getMeasuredWidth() / 2;
    mScrollerWidth = getMeasuredWidth() - mSliderWidth;
    mSlideView.layout(0, 0, mSliderWidth, getMeasuredHeight());

    mBgView.layout(0,0,getMeasuredWidth(),getMeasuredHeight());
}
```

在这样变更代码后，可扫码查看点击滑块滑动时的效果图。

扫码查看动态效果图

可以看到，在点击滑块时，背景没有移动，而其中的两个 ImageView 都移动了。这样就验证了我们的结论：scrollTo、scrollBy 只移动其中的内容，不移动背景。

这里仅列出了核心部分的代码，在源码文件中有完整的代码，大家可以参考。

6.1.4.4　滑块跟随手指滑动

我们继续 6.1.4.2 节的内容，接着实现滑块功能。在本节中，将添加滑块跟随手指滑动的效果。

有关拦截和处理的代码如下：

```
public boolean onInterceptTouchEvent(MotionEvent ev) {
    mLastX = (int) ev.getX();
    if (ev.getAction() == MotionEvent.ACTION_MOVE) {
        return true;
    }
    return false;
}

@Override
public boolean onTouchEvent(MotionEvent event) {
    int x = (int) event.getX();
    switch (event.getAction()) {
    case MotionEvent.ACTION_DOWN:
        if (!mScroller.isFinished()) {
            mScroller.abortAnimation();
        }
        break;
    case MotionEvent.ACTION_MOVE:
        int deltaX = mLastX - x;
        scrollBy(deltaX, 0);
        break;
    }
    mLastX = x;
    return super.onTouchEvent(event);
}
```

首先，看看拦截部分的代码：

```
if (ev.getAction() == MotionEvent.ACTION_MOVE) {
    return true;
}
```

因为滑块还需要响应点击，所以只在手指移动的时候拦截消息。然后在 onTouchEvent 函数中进行处理，在 ACTION_DOWN 消息到来时，判断滑动是否还没结束，如果还没结束，就强行将其结束。最后在 ACTION_MOVE 消息到来时，根据滑动距离，调用 scrollBy 函数来进行实时滑动。

在这里，估计大家会产生一个疑问：为什么在 onTouchEvent 和 onInterceptTouchEvent 函数中都有 mLastX = x 的操作呢？如果大家分别在 onTouchEvent 和 onInterceptTouchEvent 函数中添加上日志，就知道原因了，如图 6-8 所示。

```
/com.scroller.harvic.scrollerdemo D/qijian: onInterceptTouchEvent--mLastX:53  event:0
/com.scroller.harvic.scrollerdemo D/qijian: onInterceptTouchEvent--mLastX:66  event:2
/com.scroller.harvic.scrollerdemo D/qijian: onTouchEvent--mLastX:66  event:2
/com.scroller.harvic.scrollerdemo D/qijian: onTouchEvent--mLastX:71  event:2
/com.scroller.harvic.scrollerdemo D/qijian: onTouchEvent--mLastX:74  event:2
/com.scroller.harvic.scrollerdemo D/qijian: onTouchEvent--mLastX:76  event:2
/com.scroller.harvic.scrollerdemo D/qijian: onTouchEvent--mLastX:79  event:2
/com.scroller.harvic.scrollerdemo D/qijian: onTouchEvent--mLastX:81  event:2
/com.scroller.harvic.scrollerdemo D/qijian: onTouchEvent--mLastX:82  event:2
/com.scroller.harvic.scrollerdemo D/qijian: onTouchEvent--mLastX:84  event:2
```

图 6-8

可以看到，因为我们是在 ACTION_MOVE 消息到来时添加拦截消息的代码的，所以在 ACTION_DOWN 和 ACTION_MOVE 消息刚出现时，都会先执行 onInterceptTouchEvent 函数，然后所有的 ACTION_MOVE 消息才会只出现在 onTouchEvent 函数中。因此，我们需要在 ACTION_DOWN 和 ACTION_MOVE 代码处理时，添加 mLastX 的赋值语句。此时可扫码查看效果图。

扫码查看动态效果图

可以看到，现在滑块可以跟随手指滑动了，但是因为我们没有做边界判断，所以会滑动到边界外。因此，我们在滑动滑块的时候，需要添加边界判断：

```
public boolean onTouchEvent(MotionEvent event) {
    int x = (int) event.getX();
    switch (event.getAction()) {
    case MotionEvent.ACTION_DOWN:
        if (!mScroller.isFinished()) {
            mScroller.abortAnimation();
        }
        break;
    case MotionEvent.ACTION_MOVE:
        int deltaX = mLastX - x;
        // 边界判断，防止滑块越界
        if (deltaX + getScrollX() > 0) {
            scrollTo(0, 0);
            return true;
```

```
            } else if (deltaX + getScrollX() < -mSliderWidth) {
                scrollTo(-mScrollerWidth, 0);
                return true;
            }
            scrollBy(deltaX, 0);
            break;
        }
        mLastX = x;
        return super.onTouchEvent(event);
    }
```

在上面的代码中，通过 getScrollX 函数能够获得当前的滑动距离，所以 deltaX + getScrollX 表示滑动后的位置，当 deltaX + getScrollX() > 0 时，表示向左滑动的位置已经超过了初始位置，这时就要限制它，让它不能超过初始位置：

```
    if (deltaX + getScrollX() > 0) {
        scrollTo(0, 0);
        return true;
    }
```

同样地，当向右滑动的距离超过 mSliderWidth，也就说明已经到达了最右边，此时依然需要限制，因为向右滑动的距离 dx 取负值，所以滑动超过 mSliderWidth 距离的判断条件是 deltaX + getScrollX() < –mSliderWidth。可扫码查看加上边界判断的效果图。

扫码查看动态效果图

可以看到，现在滑动滑块时就不会超出边界了。接下来，我们来实现松手后自动滑动到目标位置的情况。

6.1.4.5　松手时自动滑动

下面列出相关代码：

```
    public boolean onTouchEvent(MotionEvent event) {
        int x = (int) event.getX();
        switch (event.getAction()) {
        …
        case MotionEvent.ACTION_UP:
            smoothScroll();
            break;
        }
        mLastX = x;
        return super.onTouchEvent(event);
    }

    private void smoothScroll() {
        int bound = - getMeasuredWidth() / 4;
        int deltaX = 0;
        if (getScrollX() < bound) {
            deltaX = - mScrollerWidth - getScrollX();
            if (!mIsOpen) {
                mIsOpen = true;
            }
```

```
        }

        if (getScrollX() >= bound) {
            deltaX = -getScrollX();
            if (mIsOpen) {
                mIsOpen = false;
            }
        }
        mScroller.startScroll(getScrollX(), 0, deltaX, 0, 500);
        invalidate();
    }
```

首先，在 onTouchEvent 函数中添加 ACTION_UP 消息的响应，在用户松手时，通过 smoothScroll 函数来实现滑动到目标位置的功能。

在 smoothScroll 函数中，先设定一个边界点，当松手位置超过边界点时，向右滑动到右边缘，否则滑动到左边缘。这里的边界点位于整个滑块的 1/4 处，此处的滑动距离是 −getMeasuredWidth() / 4。

松手点位于边界点左侧时的情况，如图 6-9 所示。

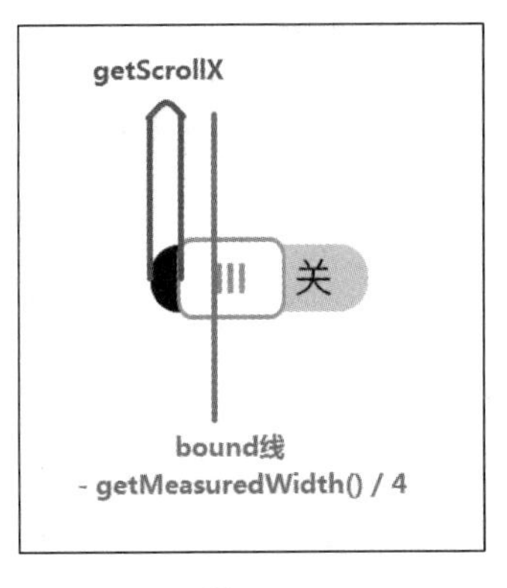

扫码查看彩色图

图 6-9

需要注意，此时的 getScrollX 和 bound 线值都为负，所以当 getScrollX 的位置在左侧时的判断逻辑应该如下：

```
if (getScrollX() >= bound) {
    deltaX = -getScrollX();
}
```

此时需要让滑块向左滑回初始位置，需要让它向左滑动−getScrollX 距离。因为 getScrollX 的值为负，所以−getScrollX 的值为正，表示向左滑动。

同样地，松手点在边界点右侧时的状态如图 6-10 所示。

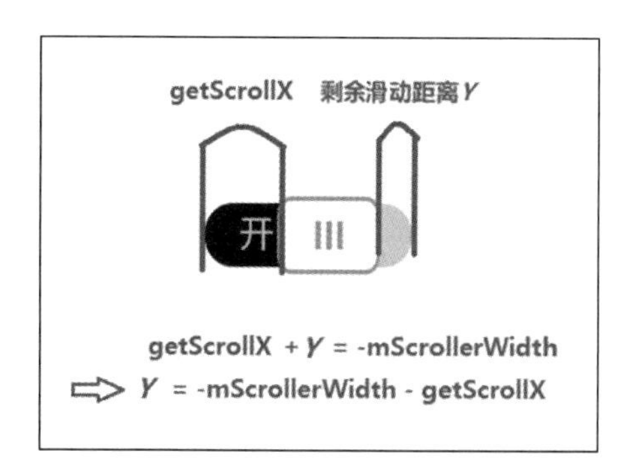

图 6-10

我们知道，从初始位置到最右侧的滑动距离 dx 是−mScrollerWidth，当前已经滑动的距离是 getScrollX，假设待滑动的距离是 Y，因此有 getScrollX + Y = −mScollerWidth，可以得出 Y = −mScrollerWidth − getScrollX，此时的代码如下：

```
if (getScrollX() < bound) {
   deltaX = - mScrollerWidth - getScrollX();
}
```

这样就实现了 6.1.4 节开始展示的滑块效果。

6.2　ViewDragHelper 类简介

6.2.1　概述

为了方便在 ViewGroup 中拖动其中的 View，官方在 support-v4 包中提供了 ViewDragHelper 类。

利用 ViewDragHelper 类能实现哪些功能呢？一般而言，凡是包裹在 ViewGroup 中的子控件，当我们需要实现拖动这些子控件的效果时，都可以考虑使用 ViewDragHelper 类。如图 6-11 所示的这些炫酷效果都可以使用 ViewDragHelper 类来实现。

需要注意的是，我们通过 ViewDragHelper 类能实现的功能，通过在 onInterceptTouchEvent 和 onTouchEvent 这两个函数中处理消息，同样可以实现，但能使用 onInterceptTouchEvent 和 onTouchEvent 函数实现的功能，并不一定能使用 ViewDragHelper 类实现。因此，大家不要觉得有了 ViewDragHelper 类就可以高枕无忧了，就不需要深入理解 onInterceptTouchEvent 和 onTouchEvent 函数了。后面会讲到具体示例，下面就来看看 ViewDragHelper 类到底是什么吧。

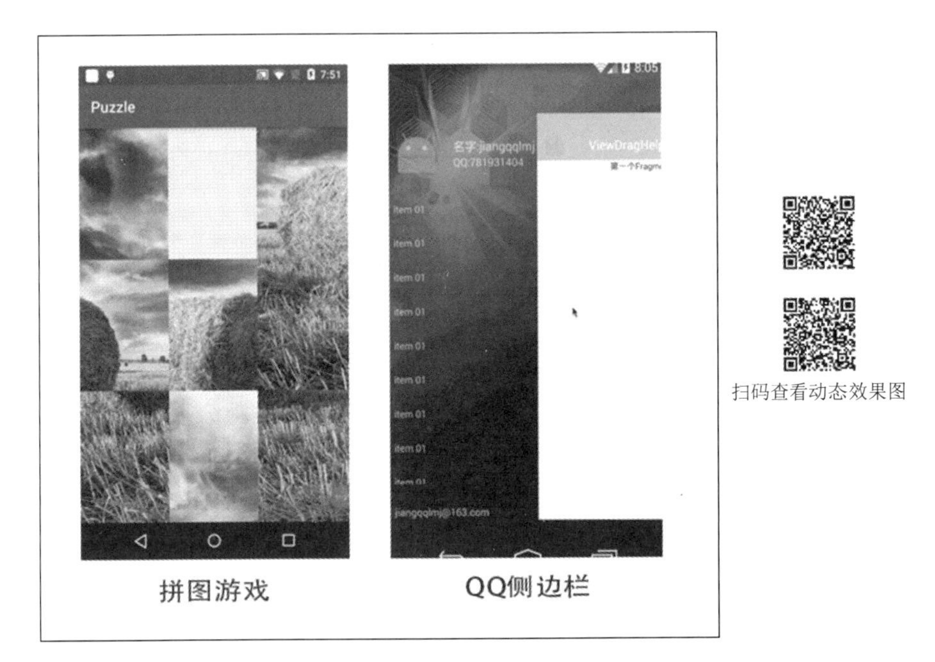

图 6-11

官方文档中对 ViewDragHelper 类的注释如下：

ViewDragHelper is a utility class for writing custom ViewGroups. It offers a number of useful operations and state tracking for allowing a user to drag and reposition views within their parent ViewGroup.

对应的翻译内容如下：

ViewDragHelper 是写自定义 ViewGroup 控件的一个非常实用的类，它提供了很多函数和跟踪状态，以便用户拖曳和重新布局其内部的子控件。

顺便提一下，专门学过英文翻译的读者肯定知道，一段优秀的英文翻译内容讲究同义不同词，也就是说，我们在翻译英文文献时，要注意如下两点。

- 意思相同。
- 不要逐字翻译，要符合中文语法，语句通顺。

整体来说，就是只要语句通顺、意思相同即可。

6.2.2 简单用法

在本节中，我们将简单学习一下 ViewDragHelper 类的使用方法，实现的例子效果如图 6-12 所示。

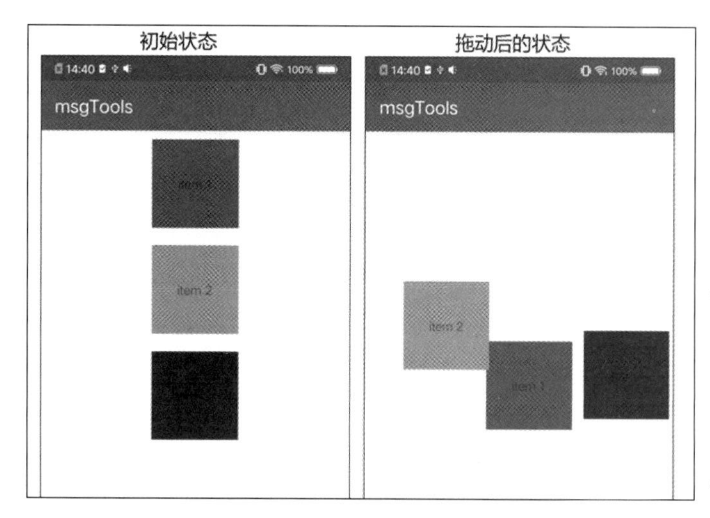

图 6-12

6.2.2.1　搭布局

因为 ViewDragHelper 是用于控制 ViewGroup 控件内部 item 的工具类，所以我们要获得一个 ViewGroup 类的控件：

```
public class DragLayout extends LinearLayout {
    public DragLayout(Context context) {
        super(context);
    }

    public DragLayout(Context context, @Nullable AttributeSet attrs) {
        super(context, attrs);
    }

    public DragLayout(Context context, @Nullable AttributeSet attrs, int
defStyleAttr) {
        super(context, attrs, defStyleAttr);
    }
}
```

这里自定义的 DragLayout 类继承自 LinearLayout 类，而我们又知道 LinearLayout 类继承自 ViewGroup 类，所以在 DragLayout 类中，可以使用 ViewDragHelper 类。至于其内部实现，我们后续再讲，现在就来搭布局（activity_main.xml）吧：

```
<?xml version="1.0" encoding="utf-8"?>
<com.example.harvic.msgtoolssec.DragLayout
    xmlns:android="http://schemas.android.com/apk/res/android"
    xmlns:tools="http://schemas.android.com/tools"
    android:layout_width="match_parent"
    android:layout_height="match_parent"
    android:orientation="vertical"
    tools:context=".MainActivity">

    <TextView
```

```
        android:id="@+id/tv1"
        android:layout_margin="10dp"
        android:gravity="center"
        android:layout_gravity="center"
        android:background="#ff0000"
        android:text="item 1"
        android:layout_width="100dp"
        android:layout_height="100dp"/>

    <TextView
        android:id="@+id/tv2"
        android:layout_margin="10dp"
        android:layout_gravity="center"
        android:gravity="center"
        android:background="#00ff00"
        android:text="item 2"
        android:layout_width="100dp"
        android:layout_height="100dp"/>

    <TextView
        android:id="@+id/tv3"
        android:layout_margin="10dp"
        android:layout_gravity="center"
        android:gravity="center"
        android:background="#0000ff"
        android:text="item 3"
        android:layout_width="100dp"
        android:layout_height="100dp"/>

</com.example.harvic.msgtoolssec.DragLayout>
```

这个布局很简单，因为 DragLayout 类继承自 LinearLayout 类，所以可以使用 LinearLayout 类的布局属性，让 3 个 TextView 垂直摆放。运行代码后的效果如图 6-13 所示。

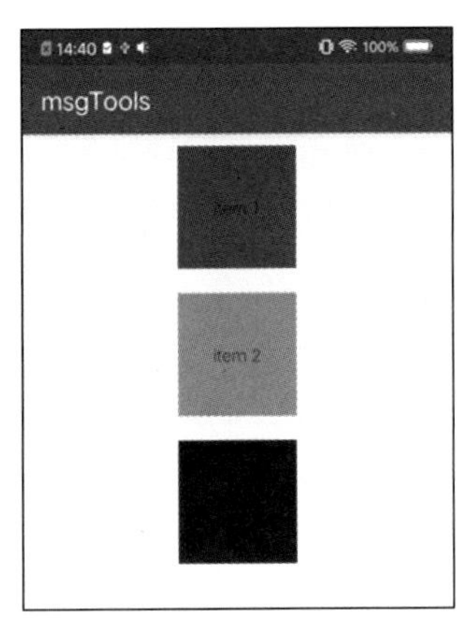

扫码查看彩色图

图 6-13

6.2.2.2　创建 ViewDragHelper 对象

现在，我们继续编写 DragLayout 类的代码，首先是创建 ViewDragHelper 对象：

```
public class DragLayout extends LinearLayout {
    private ViewDragHelper mDragger;
    public DragLayout(Context context) {
        super(context);
        init(context);
    }

    public DragLayout(Context context, @Nullable AttributeSet attrs) {
        super(context, attrs);
        init(context);
    }

    public DragLayout(Context context, @Nullable AttributeSet attrs, int
defStyleAttr) {
        super(context, attrs, defStyleAttr);
        init(context);
    }

    private void init(Context context){
        mDragger = ViewDragHelper.create(this, 1.0f, new ViewDragHelper.Callback()
        {
            @Override
            public boolean tryCaptureView(View child, int pointerId)
            {
                return true;
            }

            @Override
            public int clampViewPositionHorizontal(View child, int left, int dx)
            {
                return left;
            }

            @Override
            public int clampViewPositionVertical(View child, int top, int dy)
            {
                return top;
            }
        });
    }
    ...
}
```

代码讲解如下。

1. ViewDragHelper.create

以上代码中最主要的就是调用 ViewDragHelper.create 创建 ViewDragHelper 对象的代码。

首先，调用下面的创建函数来创建 ViewDragHelper 的实例：

```
public static ViewDragHelper create(ViewGroup forParent, float sensitivity, Callback cb)
```

其中：

- ViewGroup forParent：即要拖动 item 的父控件的 ViewGroup 对象，在这里就是 DragLayout。
- float sensitivity：用于设置敏感度，一般设置成 1.0。值越大，越敏感。
- Callback cb：用于在拦截到消息后，将各种回调结果返回给用户，让用户操作 item。

这里最难理解的应该是 float sensitivity 参数，其主要用于设置源码中的 mTouchSlop 值：

```
helper.mTouchSlop = (int) (helper.mTouchSlop * (1 / sensitivity));
```

可见，sensitivity 越大，得到的 mTouchSlop 值越小。ViewDragHelper 类在判断用户手指是否在屏幕上移动时，并不是用户手指随便一动就立刻反馈并进行处理，而是在手指移动了一定的距离后，才反馈给 App——用户手指移动了，而 mTouchSlop 表示的是最小的移动距离。只有在前后两次触摸位置的距离超过 mTouchSlop 值时，系统才把这两次触摸算作“移动”。我们只在此时进行移动处理，否则若出现任何微小的距离变化都进行处理的话，操作太过频繁，如果处理过程又比较复杂、耗时，就会使界面卡顿。

2. ViewDragHelper.Callback

在 ViewDragHelper 类中，我们主要会针对触摸事件进行处理，在其拦截到消息之后，就会以回调的方式反馈给我们，而反馈方法就在这个 Callback 中，在 Callback 中有很多通知，如图 6-14 所示。

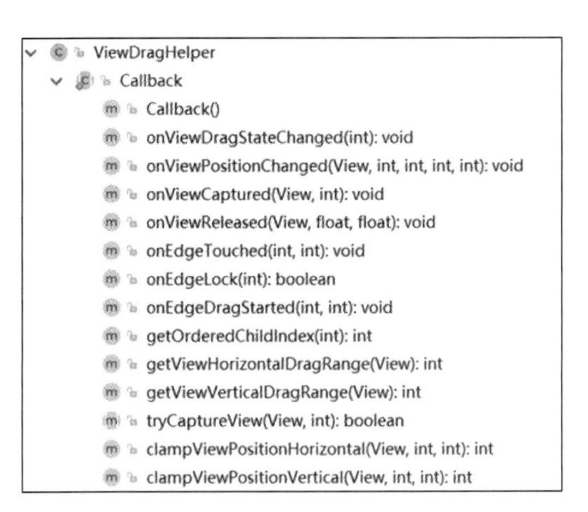

图 6-14

我们会在后面慢慢讲解这些通知的意义与用法，下面来看看图 6-14 中涉及的几个回调函数。

（1）public boolean tryCaptureView(View child, int pointerId)

这个函数主要用于决定需要拦截 ViewGroup 中的哪个控件的触摸事件，主要参数如下。

- View child：当前用户触摸的子控件的 View 对象。
- pointerId：当前触摸此控件的手指所对应的 pointerId。
- return boolean：返回值，表示是否对这个 View 进行各种事件的捕捉。如果返回值为 true，那么就会对这个 View 进行捕捉，ViewDragHelper.Callback 中的这些回调函数，在 View 发生变动时，都会有对应的回调反馈。如果返回值为 false，那么就表示不对这个 View 进行捕捉，在手指触摸到这个 View 及这个 View 发生变动时，ViewDragHelper.Callback 中的回调函数不会有任何反馈。在上面的代码中，我们使用了 return true，表示对所有的子 View 都进行捕捉。

在这里，延伸介绍一下 pointerId 的知识。

- 在 MotionEvent 中引入了 Pointer 的概念，一个 Pointer 就代表一个触摸点，每个 Pointer 都有自己的事件类型，也有自己的 *X* 坐标值。一个 MotionEvent 对象中可能会存储多个 Pointer 的相关信息，每个 Pointer 都会有一个自己的 id 和索引。Pointer 的 id 在整个事件流中不会发生变化，但是索引会发生变化。
- 每根手指从按下、移动到离开屏幕，都会拥有一个固定的 PointerId.PointerId 值，一般用它来区分使用的是哪根手指。
- 每根手指从按下、移动到离开屏幕，每一个事件的索引可能都不是固定的，因为受到其他手指的影响，具体情况如表 6-1 所示。

表 6-1

事　件	PointerId	PointerIndex
依次按下 3 根手指	3 根手指的 id 依次为 0、1、2	3 根手指的索引依次为 0、1、2
抬起第 2 根手指	第 1 根手指的 id 为 0，第 3 根手指的 id 为 2	第 1 根手指的索引为 0，第 3 根手指的索引变为 1
抬起第 1 根手指	第 3 根手指的 id 为 2	第 3 根手指的索引变为 0

可见同一根手指的 id 是不会变化的，而索引是会变化的，但总是以 0、1 或者 0、1、2 这样的形式出现，而不可能出现 0、2 这样间隔一个数或者 1、2 这样没有 0 索引在内的形式。

（2）public int clampViewPositionHorizontal(@NonNull View child, int left, int dx)

当手指在子 View 上横向移动时，会在这个函数中回调通知。

- View child：当前手指横向移动所在的子 View。
- int left：当前子 View 如果跟随手指移动，那么它即将移动到的位置的 left 坐标值就是这里的 left。
- int dx：手指横向移动的距离。
- return int：返回子 View 的新 left 坐标值，系统会把该子 View 的 left 坐标移动到这个位置。

在代码中，我们使用的是 return left，让 View 横向跟随手指移动。

（3）public int clampViewPositionVertical(@NonNull View child, int top, int dy)

该函数的意义与 clampViewPositionHorizontal 相同，只是当手指在子 View 上纵向移动时，会在这个函数中回调通知。

- View child：当前手指纵向移动所在的子 View。
- int top：当前子 View 如果跟随手指移动，那么它即将移动到的位置的 top 坐标值就是这里的 top。
- int dx：手指纵向移动的距离。
- return int：返回子 View 的新 top 坐标值，系统会把该子 View 的 top 坐标移动到这个位置。

在代码中，我们使用的是 return top，让 View 纵向跟随手指移动。

6.2.2.3 ViewDragHelper 类拦截消息

上面只创建了 ViewDragHelper 类的实例，并且在拦截消息后的回调函数中进行了处理，但我们并没有让 ViewDragHelper 类拦截消息。在没有消息输入的情况下，ViewDragHelper 类是不会有任何作用的。拦截消息会在 onInterceptTouchEvent 和 onTouchEvent 函数中进行处理：

```
@Override
public boolean onInterceptTouchEvent(MotionEvent event)
{
    return mDragger.shouldInterceptTouchEvent(event);
}

@Override
public boolean onTouchEvent(MotionEvent event)
{
    mDragger.processTouchEvent(event);
    return true;
}
```

首先，在 onInterceptTouchEvent 函数中，将事件在 ViewDragHelper 类中通过 mDragger.shouldInterceptTouchEvent(event)处理一遍后再返回。然后，在 onTouchEvent 函数中调用 mDragger.processTouchEvent(event)处理 onTouchEvent 中传过来的 event 消息。最后，必须返回 true。我们知道，在 onTouchEvent 函数中，返回 true 表示在这里拦截了 event 消息，这样消息就不会再上传给父控件了。而且只有在 MotionEvent.ACTION_DOWN 消息到来时返回 true，后续的消息才会继续到来，否则后续的消息就不会再流到这里。因此，大家可以试一下在这里返回 false，所有的控件都不会有反应，因为消息不会流到这里。有些读者可能会问，在 onTouchEvent 函数中返回 false 后，虽然消息在 onTouchEvent 函数阶段不会往 onTouchEvent 里流，但在 onInterceptTouchEvent 函数中不是添加了消息捕捉功能吗？怎么就没起作用呢？这是很好的问题，后面我们会详细讲解，在消息不流到 onTouchEvent 函数中时，单纯靠 onInterceptTouchEvent 函数则需要添加其他条件。

现在，DragLayout 类已经实现了，它的效果就是 6.2.2 节中开始展示的效果。截至目前，完整的 DragLayout 类代码如下：

```
public class DragLayout extends LinearLayout {
    private ViewDragHelper mDragger;
```

```
    public DragLayout(Context context) {
        super(context);
        init(context);
    }

    public DragLayout(Context context, @Nullable AttributeSet attrs) {
        super(context, attrs);
        init(context);
    }

    public DragLayout(Context context, @Nullable AttributeSet attrs, int
defStyleAttr) {
        super(context, attrs, defStyleAttr);
        init(context);
    }

    private void  init(Context context){
        mDragger = ViewDragHelper.create(this, 1.0f, new ViewDragHelper.Callback()
        {
            @Override
            public boolean tryCaptureView(View child, int pointerId)
            {
                return true;
            }

            @Override
            public int clampViewPositionHorizontal(View child, int left, int dx)
            {
                return left;
            }

            @Override
            public int clampViewPositionVertical(View child, int top, int dy)
            {
                return top;
            }
        });
    }

    @Override
    public boolean onInterceptTouchEvent(MotionEvent event)
    {
        return mDragger.shouldInterceptTouchEvent(event);
    }

    @Override
    public boolean onTouchEvent(MotionEvent event)
    {
        mDragger.processTouchEvent(event);
        return true;
    }
}
```

可以看到，这是非常简单的代码，实现了 ViewGroup 中子控件的移动效果。

6.2.3 疑问解答

6.2.3.1 再次介绍 clampViewPositionHorizontal

我们知道，int clampViewPositionHorizontal(View child, int left, int dx)用于接收用户在其子 View 上横向滑动时的通知。如果我们不重写这个函数会怎样呢？会变成如下这样：

```
mDragger = ViewDragHelper.create(this, 1.0f, new ViewDragHelper.Callback()
{
    @Override
    public boolean tryCaptureView(View child, int pointerId)
    {
        return true;
    }
    @Override
    public int clampViewPositionVertical(View child, int top, int dy)
    {
        return top;
    }
});
```

再运行一下代码，效果是这样的，如图 6-15 所示。

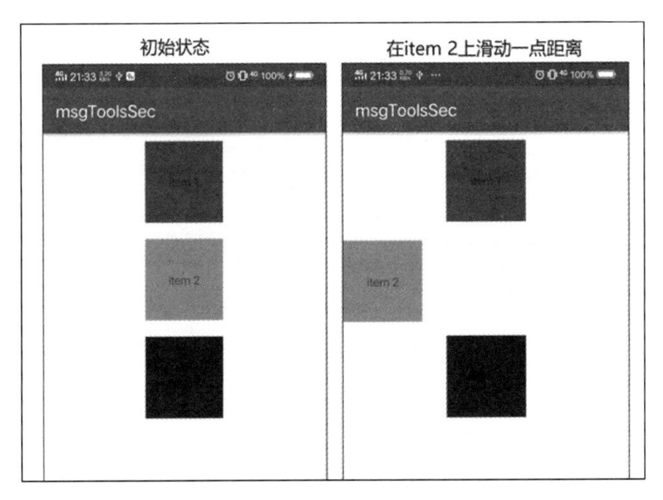

扫码查看动态效果图

图 6-15

可见每个 item 随便滑动了一点点，这个 item 都跑到左边界去了，无论怎么移动，left 值一直都是 0，这是为什么呢？因为我们重写了 clampViewPositionHorizontal 来重新定义在 View 上滑动时的新位置，所以 ViewDragHelper 类会调用默认的 clampViewPositionHorizontal 来实现，以拿到当前这个子 View 的 left 坐标位置：

```
public int clampViewPositionHorizontal(@NonNull View child, int left, int dx) {
    return 0;
}
```

可以看到，这里默认返回的一直都是 0，这也就解释了为什么无论我们怎么拖动，子 View 的 left 值一直都是 0 的问题。所以我们要实现横向滑动，必须重写 clampViewPositionHorizontal，并在其中返回当前最新的 left 坐标值。

同样地，要实现纵向滑动，同样需要重写 clampViewPositionVertical，如果没有重写，也会调用它的默认实现：

```
public int clampViewPositionVertical(@NonNull View child, int top, int dy) {
    return 0;
}
```

可见在 clampViewPositionVertical 中，在纵向滑动时，一直将 top 值设为 0，因此如果没有重写 clampViewPositionVertical，所有 item 的 top 值都会在滑动后被设为 0：

```
mDragger = ViewDragHelper.create(this, 1.0f, new ViewDragHelper.Callback()
{
    @Override
    public boolean tryCaptureView(View child, int pointerId)
    {
        return true;
    }

    @Override
    public int clampViewPositionHorizontal(View child, int left, int dx)
    {
        return left;
    }
});
```

同样地，如果我们只重写 clampViewPositionHorizontal，将只能实现横向滑动子 View 的效果，而且一旦被 viewDragHelper 捕捉到有纵向滑动行为，子 View 将跑到 y=0 的位置，如图 6-16 所示。

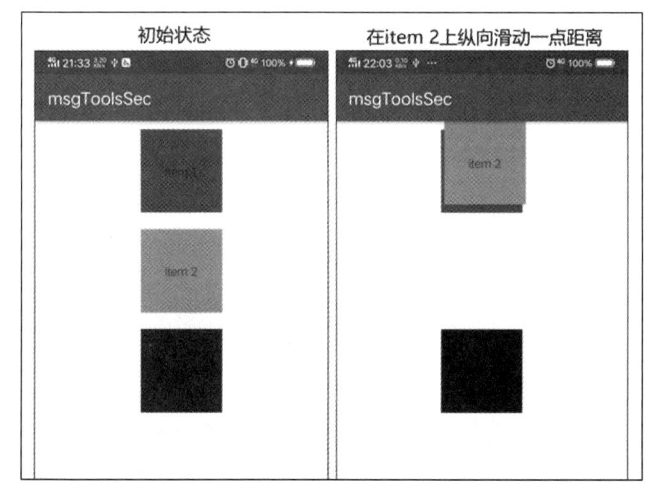

扫码查看动态效果图

图 6-16

6.2.3.2 如果在 onTouchEvent 函数中返回 false，需要怎么处理

1. 在 onTouchEvent 函数中拦截消息

在 onTouchEvent 函数中返回 false 之后，所有的触摸消息都不会再传递到这个 ViewGroup 类中，这与其中的子控件消费掉 click 事件的原理是一样的。

我们知道，对于 onTouchEvent 函数而言，一旦子控件消费掉消息，父控件的 onTouchEvent 函数就不会再接收到任何消息。我们模拟一下，虽然在 DragLayout 的 onTouchEvent 函数中仍然返回 true，但如果我们为 item 2 添加点击响应，那么 item 2 还能继续滑动吗？

DragLayout 中的 onTouchEvent 函数保持不变：

```
public class DragLayout extends LinearLayout {
    …
    @Override
    public boolean onTouchEvent(MotionEvent event)
    {
        mDragger.processTouchEvent(event);
        return true;
    }
}
```

然后在 MainActivity 中添加 item 2 的点击响应：

```
public class MainActivity extends AppCompatActivity {
    @Override
    protected void onCreate(Bundle savedInstanceState) {
        super.onCreate(savedInstanceState);
        setContentView(R.layout.activity_main);

        findViewById(R.id.tv2).setOnClickListener(new OnClickListener() {
            @Override
            public void onClick(View v) {
                Toast.makeText(MainActivity.this,"tv2",Toast.LENGTH_SHORT).show();
            }
        });
    }
}
```

这时可扫码查看效果图。

可以看到，item 1 和 item 3 仍然可以滑动，但 item 2 却不可以滑动了。所以说，一旦在 ViewGroup 的 onTouchEvent 函数中接收不到消息，ViewDragHelper 的消息监听就会失效，它的各种回调函数就不会再执行了。

扫码查看动态效果图

2. 在 onInterceptTouchEvent 函数中处理监听事件

有细心的读者估计已经产生了疑问，我们在往 ViewDragHelper 类中传递消息时，不是往 onInterceptTouchEvent 和 onTouchEvent 函数中也传递了消息吗？即便 onTouchEvent 函数中的消息被拦截，onInterceptTouchEvent 函数中的消息处理为什么没执行呢？

再次列出 ViewDragHelper 中传递消息的代码：

```
public boolean onInterceptTouchEvent(MotionEvent event)
{
    return mDragger.shouldInterceptTouchEvent(event);
}
public boolean onTouchEvent(MotionEvent event)
{
    mDragger.processTouchEvent(event);
    return true;
}
```

后面在介绍源码的阶段，我们会通过消息模型深入讲解为什么在顶层控件消费了消息以后，ViewDragHelper 不起作用。这里先告诉大家结论，如果在顶层控件消费了消息以后，仍想要 ViewDragHelper 类起作用，那么需要添加额外的条件，那就是必须在 ViewDragHelper 的回调函数中继承 getViewHorizontalDragRange 和 getViewVerticalDragRange 两个函数，下面分别介绍一下这两个函数。

（1）public int getViewHorizontalDragRange(@NonNull View child)

该函数主要用于指定子 View 的横向移动范围，默认值是 0，主要作用是手指在子 View 上横向滑动时，开启 mDragger.shouldInterceptTouchEvent(event)的状态捕捉功能，返回大于 0 的值时开启。

- View child：需要指定横向移动范围的子 View 对象。
- return int：横向移动范围。

（2）public int getViewVerticalDragRange(@NonNull View child)

该函数主要用于指定该子 View 的纵向移动范围，默认值是 0，主要作用是手指在子 View 上纵向滑动时，开启 mDragger.shouldInterceptTouchEvent(event)的状态捕捉功能，返回大于 0 的值时开启。

- View child：需要指定纵向移动范围的子 View 对象。
- return int：纵向移动范围。

需要注意如下几点。

- 虽然官方文档中给出的这两个函数的意义是指定横纵向移动范围，但事情并没这么简单。如果大家自己尝试过就会知道，指定移动范围根本没什么用。它的主要作用是根据手指怎么滑动的来开启 mDragger.shouldInterceptTouchEvent(event)下的 ViewGroup 的状态捕捉功能，我们只要返回一个大于 0 的值即可。因为它的返回值只用于判断 true 或 false，所以默认值是 0 时，肯定会被判为 false，从而不开启 mDragger.shouldInterceptTouchEvent(event)的状态捕捉功能。我们随便返回一个大于 0 的值，就会被判为 true，进而开启 mDragger.shouldInterceptTouchEvent(event)的状态捕捉功能。对于这两个函数，在后面的源码解析章节中还会进行详细讲解。
- 这两个函数可以分开重写。如果单纯想在手指横向滑动时，开启对 mDragger.

shouldInterceptTouchEvent(event)的消息监听，就只重写 getViewHorizontalDragRange 即可，那么当手指在子 View 中横向滑动时，就会开启 mDragger.shouldInterceptTouchEvent(event)的消息监听。同样地，如果你只想让手指在子 View 中纵向滑动时开启 onInterceptTouchEvent 的消息监听，那么也只需要重写 getViewVerticalDragRange 函数即可。如果你想让手指在横向、纵向滑动时都开启消息监听的话，那么这两个函数都需要重写。

- getViewHorizontalDragRange 的作用是让手指在子 View 中横向滑动时开启 onInterceptTouchEvent 的消息监听。一旦消息监听开启，无论手指如何滑动，在 ViewDragHelper 的回调函数中都可以接收到通知。

下面尝试一下，如果单纯给 item 2 开启横向的 mDragger.shouldInterceptTouchEvent(event)消息监听，相关代码如下：

```
private void init(Context context){
    mDragger = ViewDragHelper.create(this, 1.0f, new ViewDragHelper.Callback()
    {
        @Override
        public boolean tryCaptureView(View child, int pointerId)
        {
            return true;
        }

        @Override
        public int clampViewPositionHorizontal(View child, int left, int dx)
        {
            return left;
        }

        @Override
        public int clampViewPositionVertical(View child, int top, int dy)
        {
            return top;
        }

        @Override
        public int getViewHorizontalDragRange(@NonNull View child) {
            return 1;
        }
    });
}
```

可扫码查看代码运行效果图。

从效果图可以看出，如果开始时在 item 2 上纵向滑动，是拖不动的。只有初始时进行横向滑动，item 2 才会跟随手指移动。而且一旦 item 2 跟随手指移动，无论是横向还是纵向滑动，它都会跟着动。

扫码查看动态效果图

在这里，大家可以思考一个问题，为何在 ViewGroup 的 onInterceptTouchEvent 函数中监听会失效呢？答案会在后面进行讲解。

6.2.4　边界判断

6.2.4.1　函数讲解

通过上面的函数，大家对 ViewDragHelper 类有了一个初步的认识，基本上实现了对 ViewGroup 中的控件进行捕捉和拖动。除了这些，ViewDragHelper 类还可以实现边界判断功能，判断用户是不是在 ViewGroup 的边缘进行拖动。注意，判断的是 ViewGroup 的边缘，而不是屏幕的边缘。当然，如果你的 ViewGroup 撑满了屏幕，那么 ViewGroup 的边缘和屏幕的边缘相同。

ViewDragHelper 类中总共有 3 个进行边界判断的回调函数，下面分别进行介绍。

（1）public void onEdgeTouched(int edgeFlags, int pointerId)

当系统检测到 ViewGroup 边缘出现触摸事件（所有触摸事件，包括点击、滑动）时，就会通过这个回调函数通知用户。

- edgeFlags：当前用户触摸的边缘，取值有 ViewDragHelper.EDGE_LEFT（值为 1）、ViewDragHelper.EDGE_RIGHT（值为 2）、ViewDragHelper.EDGE_TOP（值为 4）、ViewDragHelper.EDGE_BOTTOM（值为 8）。
- int pointerId：当前触摸此控件的手指对应的 PointerId。

（2）public void onEdgeDragStarted(int edgeFlags, int pointerId)

当 ViewDragHelper 类检测到用户在 ViewGroup 边缘有拖动行为的时候，就会通过 onEdgeDragStarted 回调函数通知用户。

- edgeFlags：表示当前出现拖动行为的 ViewGroup 边缘，取值与 onEdgeTouched 函数的相同。
- int pointerId：当前触摸此控件的手指所对应的 PointerId。

（3）public boolean onEdgeLock(int edgeFlags)

这个回调函数用于决定某个边缘是否锁定，这个函数相对难理解一些，后面还会专门来讲解。

需要注意的是，上面的 3 个回调函数默认都不会通知返回，需要我们额外调用 mDragger.setEdgeTrackingEnabled(ViewDragHelper.EDGE_LEFT | ViewDragHelper.EDGE_TOP)来开启边缘捕捉功能。

这个函数的声明如下：

```
public void setEdgeTrackingEnabled(int edgeFlags)
```

其中的 int edgeFlags 表示要开启滑动捕捉的边缘，可以使用或（|）操作符来开启多个边缘的捕捉功能。

6.2.4.2 示例

1. onEdgeTouched 和 onEdgeDragStarted 函数

下面我们通过日志来看看这两个函数是在什么时候被调用的。

首先，我们在 DragLayout 类中派生出 onEdgeTouched 和 onEdgeDragStarted 函数：

```
private void  init(Context context){
    mDragger = ViewDragHelper.create(this, 1.0f, new ViewDragHelper.Callback()
    {
        @Override
        public boolean tryCaptureView(View child, int pointerId)
        {
            return true;
        }

        @Override
        public int clampViewPositionHorizontal(View child, int left, int dx)
        {
            return left;
        }

        @Override
        public int clampViewPositionVertical(View child, int top, int dy)
        {
            return top;
        }

        @Override
        public int getViewHorizontalDragRange(@NonNull View child) {
            return 1;
        }

        @Override
        public void onEdgeTouched(int edgeFlags, int pointerId) {
            super.onEdgeTouched(edgeFlags, pointerId);
            Log.d("qijian","onEdgeTouched  edgeFlags:"+edgeFlags);
        }

        @Override
        public void onEdgeDragStarted(int edgeFlags, int pointerId) {
            super.onEdgeDragStarted(edgeFlags, pointerId);
            Log.d("qijian","onEdgeDragStarted  edgeFlags:"+edgeFlags);
        }
    });
    mDragger.setEdgeTrackingEnabled(ViewDragHelper.EDGE_LEFT |
ViewDragHelper.EDGE_TOP);
}
```

在左边缘滑动一下后，再来看看日志，如图 6-17 所示。

```
le.harvic.msgtoolssec D/qijian: onEdgeTouched  edgeFlags:1
le.harvic.msgtoolssec D/qijian: onEdgeTouched  edgeFlags:1
le.harvic.msgtoolssec D/qijian: onEdgeDragStarted  edgeFlags:1
```

图 6-17

可以看到，当手指在边缘按下并滑动的时候，会连续调用几次 onEdgeTouched 函数，以通知手指按下了，然后通过 onEdgeDragStarted 函数通知边缘有拖动动作。之后，虽然你的手指可能继续在边缘滑动，但再也不会返回消息，除非你将手指抬起，并重新在边缘滑动。

从上面的讲解可以看到，onEdgeTouched 函数可能会被调用多次，但发现有拖动动作时，onEdgeDragStarted 函数将只会被调用一次。

那么我们能利用这两个函数做什么呢？其实，与这两个函数结合使用的一般是另一个函数：

```
public void captureChildView(@NonNull View childView, int activePointerId)
```

我们一般会用这个函数来指定捕捉某一个 childView。上面通过 tryCaptureView 返回 true 来在初始化时指定捕捉哪个 View 的拖动动作。而 captureChildView 的功能很厉害，它能够绕过 tryCaptureView，直接开启对指定 View 的捕捉功能。

- View childView：要捕捉拖动动作的 childView 对象。
- int activePointerId：激活当前 childView 进行捕捉操作的手指 id。

下面来做一个实验：

```
private void init(Context context) {
    mDragger = ViewDragHelper.create(this, 1.0f, new ViewDragHelper.Callback() {
        @Override
        public boolean tryCaptureView(View child, int pointerId) {
            Log.d("qijian", "tryCaptureView");
            return child.getId() == R.id.tv1 || child.getId() == R.id.tv2;
        }

        …

        @Override
        public void onEdgeTouched(int edgeFlags, int pointerId) {
            super.onEdgeTouched(edgeFlags, pointerId);
            Log.d("qijian", "onEdgeTouched edgeFlags:" + edgeFlags);
        }

        @Override
        public void onEdgeDragStarted(int edgeFlags, int pointerId) {
            mDragger.captureChildView(findViewById(R.id.tv3), pointerId);
            Log.d("qijian", "onEdgeDragStarted edgeFlags:" + edgeFlags);
        }
    });
    mDragger.setEdgeTrackingEnabled(ViewDragHelper.EDGE_LEFT | ViewDragHelper.
EDGE_TOP);
}
```

首先，我们在每个回调函数中都添加了日志，以跟进当前执行的回调函数。然后，在 tryCaptureView 中执行 return child.getId() == R.id.tv1 || child.getId() == R.id.tv2;，表示在初始化时只捕捉 tv1 和 tv2 的拖动动作。最后，在 onEdgeDragStarted 函数中通过 mDragger.captureChildView(findViewById(R.id.tv3), pointerId);开启对 tv3 的捕捉动作。可扫码查看整体效果图。

扫码查看动态效果图

为了方便看到手指位置，我将背景改为天蓝色。可以看到，在初始化状态下，我们拖动 tv3 时没有任何效果，但是当手指在边缘滑动时，tv3 会被拖动，奇怪的是其并未在手指下方，而是在它自己的当前位置，跟随手指相对移动。

下面进行一下说明。

- 通过 mDragger.captureChildView(findViewById(R.id.tv3), pointerId);开启的捕捉功能，只会临时开启，当用户松手时，此次捕捉结束，回到初始状态。如果没有在 tryCaptureView 中开启对这个 View 的捕捉，那么在正常的情况下这个 View 仍然不会被捕捉。
- 通过 captureChildView 捕捉的 childView，会根据手指的移动轨迹相对于自身的原始位置移动，而不会跑到手指下方来跟随手指移动。

2. onEdgeLock 函数

先来看看函数声明：

```
public boolean onEdgeLock(int edgeFlags)
```

这个函数用于决定某个边缘是否被锁定。当一个边缘被锁定，用户手指在这个边缘拖动时，会过滤一些条件，在条件成功达到的情况下，就不会有 onEdgeDragStarted 通知了。这个函数相对难理解一些，后面还会专门进行讲解。

- edgeFlags：当前用户产生拖动行为的边缘，取值与 onEdgeTouched 相同。
- return boolean：返回值表示是否锁定了一个边缘。如果是 return true，则表示锁定当前边缘；如果是 return false，则表示不锁定当前边缘。

有一点需要特别注意，这个函数跟其他的回调函数的作用不同，其他回调函数都是在用户出现一定的手势之后通知我们用的，而这个函数是在用户出现拖动动作时，根据这个函数来判断是不是锁定了某个边缘，如果锁定了，就不会再调用 onEdgeDragStarted 函数进行通知。

下面来打印日志试一下。如果我们在上面的代码中只开启左边缘锁定：

```
private void init(Context context) {
   mDragger = ViewDragHelper.create(this, 1.0f, new ViewDragHelper.Callback() {

      …

      @Override
      public boolean onEdgeLock(int edgeFlags) {
         Log.d("qijian","onEdgeLock  edgeFlags:"+edgeFlags);
         if (edgeFlags == ViewDragHelper.EDGE_LEFT){
            return true;
```

```
                }
                return false;
            }
        });
        mDragger.setEdgeTrackingEnabled(ViewDragHelper.EDGE_LEFT |
ViewDragHelper.EDGE_TOP);
    }
```

然后，像右侧的效果图中那样上下滑动手指。

扫码查看动态效果图

每次上下滑动，都会产生日志，如图 6-18 所示。

```
e.harvic.msgtoolssec D/qijian: onEdgeTouched  edgeFlags:1
e.harvic.msgtoolssec D/qijian: onEdgeTouched  edgeFlags:1
e.harvic.msgtoolssec D/qijian: onEdgeLock  edgeFlags:1
```

图 6-18

从日志可以看出，当我们在侧边滑动时，ViewDragHelper 先回调了两次 onEdgeTouched 函数，通知我们用户手指在侧边有动作，接下来调用 onEdgeLock 函数，之后并没有继续调用 onEdgeDragStarted 函数来通知我们用户手指有拖动动作。

这个过程其实非常容易理解。当用户手指在侧边滑动时，首先通过 onEdgeTouched 函数通知 ViewGroup 有滑动动作，然后当用户持续滑动、产生拖动动作时，ViewDragHelper 在调用 onEdgeDragStarted 函数通知 ViewGroup 前会通过 onEdgeLock 函数来获得当前边缘是否被锁定的信息。如果边缘被锁定了，即便用户持续滑动，ViewDragHelper 类也不会调用 onEdgeDragStarted 函数来进行通知。

扫码查看动态效果图

刚才，我们试了在左边缘处上下滑动，如果改为在左边缘处左右滑动，结果又会怎么样呢？可扫码查看效果图。

对应的日志如图 6-19 所示。

```
.harvic.msgtoolssec D/qijian: onEdgeTouched  edgeFlags:1
.harvic.msgtoolssec D/qijian: onEdgeTouched  edgeFlags:1
.harvic.msgtoolssec D/qijian: onEdgeDragStarted  edgeFlags:1
```

图 6-19

第一次看到这个结果时，你一定觉得非常奇怪，为什么明明锁定了左边缘，而在左边缘左右滑动时仍然会使用 onEdgeDragStarted 函数？还有 onEdgeLock 函数去哪了，为什么没有用？

等大家仔细阅读了后面的源码解析就会明白，onEdgeLock 函数的调用是有条件的。首先，需要了解调用 onEdgeLock 函数来锁定边缘锁定的是什么？是只要锁定了，这个边缘上的拖动动作就永远不会通知 onEdgeDragStarted 函数了吗？带着这个疑问，下面来分析一下左边缘处的拖动动作，如图 6-20 所示。

假设红点表示手指按下的初始位置，红线是手指按下后的滑动轨迹，则针对这个轨迹，有横向移动距离 dx 和纵向移动距离 dy。

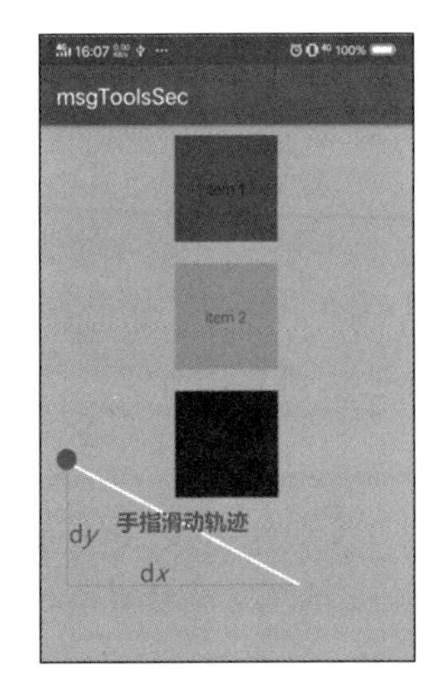

扫码查看彩色图

图 6-20

只有 dx < dy × 0.5 时，才会执行 onEdgeLock 函数，判断用户是否锁定了这个边缘。如果锁定了这个边缘，就不会再调用 onEdgeDragStarted 函数了。如果当前的 dx、dy 值不满足 dx< dy × 0.5，就直接执行 onEdgeDragStarted 函数。当然这个公式仅适用于在左边缘滑动的情况，而对于其他边缘，后面还会详细讲解。

那么大家可能又会有疑问，为什么要制定这个规则？这个规则看起来很奇怪，其实有一定的道理。

在左边缘滑动时，dx < dy × 0.5 表示横向移动距离不足纵向移动距离的一半，而一般而言，左边缘处的滑动主要是向右滑动，而当出现 dx < dy × 0.5 时，表示主要是上下滑动，这时系统就会通过 onEdgeLock 函数来看看 ViewGroup 是不是禁止了这种诡异的操作，如果没禁止，那么就调用 onEdgeDragStarted 函数；如果禁止了，那就不调用。

当然，在上边缘处滑动时，仍然会判断 dx 和 dy，因为上边缘处的滑动主要是为了向下滑动，如果 dx < dy × 0.5，表示主要是左右滑动，违反了本来上边缘向下滑动的设计，这时就会调用 onEdgeLock 函数，判断用户是否锁定了这个边缘，同样如果锁定了，就不会调用 onEdgeDragStarted 函数，如果没锁定，就调用。

onEdgeDragStarted 函数对设计侧边缘滑动效果比较有效，后面我们还会设计一个类似 QQ 的侧边栏滑动效果，也会用到这个函数，大家可以结合后面的源码解析来深入理解这个函数。

6.2.5 onViewReleased 函数

onViewReleased 函数主要用于通知 ViewGroup 当前用户手指已经脱离了屏幕的事件。在这里，我们一般会将当前手指下捕捉的 View 直接 fling 到某个位置，可扫码查看效果图。

6.2.5.1 smoothSlideViewTo 函数

可以看到，在 item 2 上手指释放以后，item 2 会滚动到 item 1 的上方。

扫码查看动态效果图

移动 View 主要分为 3 个步骤。

第 1 步，在 onViewReleased 函数中调用 mDragger.smoothSlideViewTo 来将 View 移动到指定位置：

```
    private void init(Context context) {
        mDragger = ViewDragHelper.create(this, 1.0f, new ViewDragHelper.Callback() {

            …

            @Override
            public void onViewReleased(@NonNull View releasedChild, float xvel, float
yvel) {
                if (releasedChild.getId() == R.id.tv2){
                    TextView tv1= findViewById(R.id.tv1);
                    mDragger.smoothSlideViewTo(releasedChild,tv1.getLeft(),
tv1.getTop());
                    invalidate();
                }
            }
        });
        mDragger.setEdgeTrackingEnabled(ViewDragHelper.EDGE_LEFT | ViewDragHelper.
EDGE_TOP);
    }
```

这里重新实现了 onViewReleased 函数，并且在 releasedChild 是 tv2 的时候调用了 mDragger.smoothSlideViewTo 函数，这个函数的声明如下：

```
    boolean smoothSlideViewTo(@NonNull View child, int finalLeft, int finalTop)
```

- View child：当前需要移动的子控件。
- int finalLeft：目标位置的 left 坐标值。
- int finalTop：目标位置的 top 坐标值。
- return boolean：当前是否需要继续移动，如果移动未结束，会返回 true，如果结束，则返回 false。后面我们会讲到，smoothSlideViewTo 只是触发移动，而移动是通过 Scroller 来实现的，因此我们在移动未结束时需要持续调用 continueSettling(boolean)。

smoothSlideViewTo 函数的作用是触发移动，将指定的 View 从速度 0 开始移动。一定要注意速度是 0。另外，需要注意，在调用 smoothSlideViewTo 函数之后，还需要调用 invalidate 来触发重绘，而不会自动重绘。

第 2 步，重写 computeScroll 函数。

正因为移动逻辑是通过 Scroller 来实现的，所以 Scroller 的计算是在 computeScroll 函数里执行的。与 ValueAnimator 的 AnimatorUpdateListener 函数一样，在 computeScroll 中通知当前移动，每移一步就会在 computeScroll 中通知一下，因此我们需要重写 computeScroll 函数，并在其中执行下一步移动操作，完整重写 computeScroll 函数的代码如下：

```
    @Override
    public void computeScroll()
```

```
{
    if(mDragger.continueSettling(true))
    {
        invalidate();
    }
}
```

上面曾提到，computeScroll 函数的作用是通知我们要执行下一步操作了，它不会自己实现，而需要我们处理，这时要怎么做呢？

在这里，我们用到了 continueSettling 函数，其声明如下：

```
boolean continueSettling(boolean deferCallbacks)
```

- boolean deferCallbacks：是否使用默认方法来设置当前移动状态。
- return boolean：是否需要继续移动。

在这个函数中做了如下两件事。第 1 件：根据 Scroller 当前计算出的距离值，将 View 移动到对应的位置。第 2 件：判断当前 View 是否需要继续移动，如果需要继续移动，则返回 true；如果不需要继续移动，则将当前 View 的移动状态设为 STATE_IDLE，然后返回 false。

大家可能会感到疑惑，参数中的 boolean deferCallbacks 是做什么用的？我们可以看看源码：

```
public boolean continueSettling(boolean deferCallbacks) {
    if (this.mDragState == 2) {
        boolean keepGoing = this.mScroller.computeScrollOffset();

        //省略移动 View 及判断 keepGoing 的代码

        if (!keepGoing) {
            if (deferCallbacks) {
                this.mParentView.post(this.mSetIdleRunnable);
            } else {
                this.setDragState(0);
            }
        }
    }

    return this.mDragState == 2;
}

private final Runnable mSetIdleRunnable = new Runnable() {
    public void run() {
        ViewDragHelper.this.setDragState(0);
    }
};
```

从这里的代码可以看到，deferCallbacks 主要用于控制是否执行 this.mParentView.post(this.mSetIdleRunnable)，而 mSetIdleRunnable 的实现也非常简单，就是将 View 的移动状态设为 STATE_IDLE。那么问题来了，都是设置移动状态，那么为什么要用 Handler 类的 post 函数呢？直接执行 else 语句下的 this.setDragState(0);不是更好吗？

我们知道，在设置状态前，continueSettling 函数会先移动 View，并且在执行该函数后还会调用 invalidate 来进行重绘。如果 continueSettling 函数在子线程里执行，那么我们不通过 post 函数，而是直接将状态改为 STATE_IDLE 的话，我们没办法保证在执行操作时重绘已经完成。如果重绘没有完成，则最终位置不是我们想要的位置。因此，我们必须保证状态的更改在重绘之后，我们只能通过 post 函数将更改状态的代码放在消息队列中去排队，而因为重绘肯定是在更改状态前发生的，所以当执行到这里的状态更改时，View 肯定已经被重绘了。

经过上面这两步，就可以实现 item 2 在被手指释放时会 fling 到 item 1 的位置，这部分的完整代码如下：

```
    public class DragLayout extends LinearLayout {
        ...

        private void init(Context context) {
            mDragger = ViewDragHelper.create(this, 1.0f, new ViewDragHelper.Callback()
{

                ...

                @Override
                public void onViewReleased(@NonNull View releasedChild, float xvel, float
yvel) {
                    if (releasedChild.getId() == R.id.tv2){
                        TextView tv1= findViewById(R.id.tv1);
                        mDragger.smoothSlideViewTo(releasedChild,tv1.getLeft(),
tv1.getTop());
                        invalidate();
                    }
                }
            });
            mDragger.setEdgeTrackingEnabled(ViewDragHelper.EDGE_LEFT | ViewDragHelper.
EDGE_TOP);


        }


        @Override
        public void computeScroll()
        {
            if(mDragger.continueSettling(true))
            {
                invalidate();
            }
        }

        ...
    }
```

6.2.5.2 settleCapturedViewAt 与 flingCapturedView 函数

除了 mDragger.smoothSlideViewTo 函数可以实现移动外，还可以使用 mDragger.settleCapturedViewAt 和 mDragger.flingCapturedView 来实现移动，效果和适用场景有所不同。

下面来看看这两个函数的声明。

（1）boolean settleCapturedViewAt(int finalLeft, int finalTop)

- int finalLeft：目标位置的 left 坐标值。
- int finalTop：目标位置的 top 坐标值。
- return boolean：当前是否需要继续移动。如果移动未结束，则返回 true；如果结束，则返回 false。

这个函数的作用是将当前捕捉到的 View 进行移动，而且起始速度是手指脱离屏幕时的瞬时速度，不像 smoothSlideViewTo 函数那样速度是 0。

另外，moothSlideViewTo(@NonNull View child, int finalLeft, int finalTop)通过参数可以传入要移动的 View 对象，放在哪里都可以用。而 settleCapturedViewAt(int finalLeft, int finalTop)只能移动当前捕捉到的 View，所以必须且只能在 onViewReleased 回调函数中使用。

（2）void flingCapturedView(int minLeft, int minTop, int maxLeft, int maxTop)

- int minLeft：移动区间内左上角的 left 坐标值。
- int minTop：移动区间内左上角的 top 坐标值。
- int maxLeft：移动区间内右下角的 left 坐标值。
- int maxTop：移动区间内右下角的 top 坐标值。

flingCapturedView 函数用得比较少，主要作用是在固定区间内移动当前捕捉到的 View。大家可以自己尝试，下面我们来看看 settleCapturedViewAt 函数。

使用 settleCapturedViewAt 函数来实现释放 item 2 时将它移动到 item 1 的效果，相关代码如下：

```
public class DragLayout extends LinearLayout {

    …

    private void init(Context context) {
        mDragger = ViewDragHelper.create(this, 1.0f, new ViewDragHelper.Callback()
{

            …

            @Override
            public void onViewReleased(@NonNull View releasedChild, float xvel, float
yvel) {
                if (releasedChild.getId() == R.id.tv2){
                    TextView tv1= findViewById(R.id.tv1);
                    mDragger.settleCapturedViewAt(tv1.getLeft(),tv1.getTop());
```

```
                invalidate();
            }
        }
    });
    mDragger.setEdgeTrackingEnabled(ViewDragHelper.EDGE_LEFT |
ViewDragHelper.EDGE_TOP);
}

@Override
public void computeScroll()
{
    if(mDragger.continueSettling(true))
    {
        invalidate();
    }
}

...

}
```

可以看到，与使用 smoothSlideViewTo 函数没什么区别，过程完全一样，只是把 smoothSlideViewTo 改成 mDragger.settleCapturedViewAt(tv1.getLeft(),tv1.getTop())了，可扫码查看效果图。

扫码查看动态效果图

在效果图中，总共做了 5 次拖动，前两次拖动都是在手指停止之后再释放手指的，可以看到，此时的效果与 smoothSlideViewTo 实现的效果相同；而后 3 次拖动是在快速移动手指的情况下释放手指的，可以看到，回弹效果非常明显，回弹速度很快。由此就可以印证我们的结论：settleCapturedViewAt 函数所实现的移动的起始速度是手指脱离屏幕时的瞬时速度，而 smoothSlideViewTo 函数所实现的移动的起始速度是 0。

6.3　实现 QQ 侧边栏效果

在本节中，我们将会使用 ViewDragHelper 类来实现类似 QQ 侧边栏滑动的效果，如图 6-21 所示。

从效果图可以看到，这里模仿了 QQ 侧边栏的滑动效果，当向右拖动内容时，左侧菜单栏会出现，并且在拖动的同时内容 View 不断缩小且向右下方移动，而菜单栏会逐渐出现并放大。当点击侧边栏上的菜单项时，内容 View 上所显示的内容会变为对应菜单项的文字。

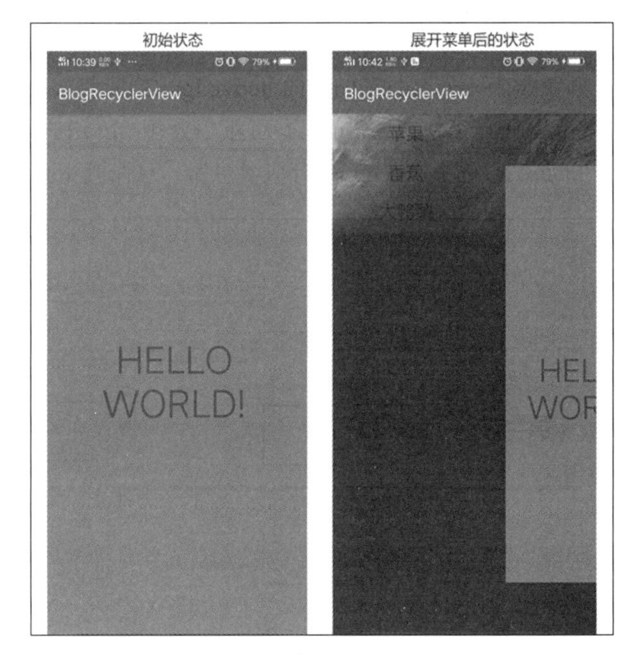

扫码查看动态效果图

图 6-21

6.3.1　基本功能实现

看起来上面要实现的功能还挺复杂的，在前面的内容中我们已经学会了怎么拖动一个 View，那么下面我们就先不实现侧边栏的移动，而从实现拖动 HELLO WORLD 文字的 View 开始。

首先实现下面这个拖动效果，如图 6-22 所示。

扫码查看动态效果图

图 6-22

从效果图可以看到，这里单纯地拖动了内容 View，当拖动到最大距离时，View 会定住，当放手时，若超过最大距离一半，View 会自动展开，否则会自动关闭。

在实现自动展开和关闭的功能前，我们先让内容 View 跟随手指移动。

不管自动展开和自动关闭，我们要让内容 View 跟随手指移动，并给它设定一个移动的最大距离，可扫码查看效果图。

扫码查看动态效果图

1. 继承自 ViewGroup 类

因为 ViewDragHelper 只在 ViewGroup 类中使用，所以先继承自 ViewGroup 类：

```
public class SlideMenuGroup extends FrameLayout {
    View mMainView;

    public SlideMenuGroup(Context context) {
        super(context, null);
        initView();
    }

    public SlideMenuGroup(@NonNull Context context, @Nullable AttributeSet attrs)
{
        super(context, attrs);
        initView();
    }

    public SlideMenuGroup(@NonNull Context context, @Nullable AttributeSet attrs,
int defStyleAttr) {
        super(context, attrs, defStyleAttr);
        initView();
    }

    public void initView() {
        //用于初始化各种变量
    }

    public void setView(View mainView, LayoutParams mainLayoutParams) {
        mMainView = mainView;
        addView(mainView, mainLayoutParams);
    }
}
```

这里申请了一个变量 mMainView，也就是包含 HELLO WORLD 的内容 View。这是因为我们自定义控件的基本规则是所有的变量都尽量以函数或者接口的形式从外部传过来，而不是我们自己在自定义控件内部“偷偷”处理。如果我们自己“偷偷”处理，则可扩展性不强，而且稍有改变就会报错。

对于这个内容 View，我们通过 setView 函数让它从外部传进来，动态地加载。需要注意的是，在 setView 函数中，不光传进了 mainView，同时传进了在使用 addView 函数时所需的 LayoutParams 参数。后面会具体讲解为什么会有这个参数。

这样我们就有了用于拖动的 mainView。下面在 initView 函数中初始化 ViewDragHelper：

```
private ViewDragHelper mViewDragHelper;
```

```
int mMenuViewWidth = 500;

public void initView() {
    if (mViewDragHelper != null) {
        return;
    }
    mViewDragHelper = ViewDragHelper.create(this, new ViewDragHelper.Callback() {
        @Override
        public boolean tryCaptureView(View child, int pointerId) {
            return child == mMainView;
        }

        @Override
        public int clampViewPositionHorizontal(View child, int left, int dx) {
            if (left > 0) {
                return Math.min(left, mMenuViewWidth);
            }
            return 0;
        }

    });
}

@Override
public boolean onInterceptTouchEvent(MotionEvent ev) {
    return mViewDragHelper.shouldInterceptTouchEvent(ev);
}

@Override
public boolean onTouchEvent(MotionEvent event) {
    mViewDragHelper.processTouchEvent(event);
    return true;
}
```

首先，这里有两个变量，其中的 mMenuViewWidth 变量表示侧边栏宽度，后面我们也会根据菜单 View 来动态获取侧边栏宽度，这里因为还没有菜单 View，所以暂时将其设为固定值。这个变量的主要作用就是限制 mMainView 被拖动的最大距离。

然后，就是 mViewDragHelper 的常规使用方法，在 onInterceptTouchEvent 和 onTouchEvent 函数中传入消息。

最后，在 initView 函数中初始化捕捉的内容，在 tryCaptureView 函数中判断当前被拖动的 View 是不是 mMainView，只有是 mMainView 的时候才进行拖动。接着运行到 clampViewPositionHorizontal 函数，因为在这里参数 left 表示要移动到的位置的 left 坐标值，所以我们需要判断当前要移动到的位置的 left 值是不是小于 0，如果小于 0 就不移动，只有 left > 0 时才移动。又因为我们要移动的最大距离是 mMenuViewWidth，所以需要使用 Math.min(left, mMenuViewWidth)来限制移动的最大 left 值。

这样，我们在 ViewGroup 中对内容 View 进行的操作就完成了。下面来看看在 Activity 中如何使用这个自定义的 ViewGroup。

2. 在 Activity 中使用自定义的 ViewGroup

首先，因为 SlideMenuGroup 的内容 View 是外部传进来的，所以需要定义一个内容 View（slide_content_layout.xml），相关代码如下：

```
<?xml version="1.0" encoding="utf-8"?>
<LinearLayout
    xmlns:android="http://schemas.android.com/apk/res/android"
    android:layout_width="match_parent"
    android:layout_height="match_parent"
    android:orientation="vertical">

    <TextView
        android:id="@+id/slide_main_view_text"
        android:layout_width="match_parent"
        android:layout_height="match_parent"
        android:text="HELLO WORLD!"
        android:textSize="50dp"
        android:gravity="center"
        android:background="@android:color/holo_green_dark"/>

</LinearLayout>
```

可以看到，这里只有一个全屏的 TextView 控件，内容是 HELLO WORLD。

然后是 Activity 对应的 xml 文件（activity_slide_qq.xml）：

```
<?xml version="1.0" encoding="utf-8"?>
<com.example.harvic.msgtoolssec.SlideMenuGroup
    xmlns:android="http://schemas.android.com/apk/res/android"
    android:id="@+id/slide_menu_container"
    android:layout_width="match_parent"
    android:layout_height="match_parent">
</com.example.harvic.msgtoolssec.SlideMenuGroup>
```

因为在 SlideMenuGroup 中菜单 View 和内容 View 全部都是外部传进来的，所以 SlideMenuGroup 中没有任何内容。

接下来看看 Activity 中的处理代码：

```
public class SlideQQActivity extends AppCompatActivity {
    private SlideMenuGroup mSlideMenuGroup;
    @Override
    protected void onCreate(Bundle savedInstanceState) {
        super.onCreate(savedInstanceState);
        setContentView(R.layout.activity_slide_qq);

        LayoutInflater inflater = LayoutInflater.from(this);
        mSlideMenuGroup = (SlideMenuGroup)findViewById(R.id.
slide_menu_container);
```

```
        View mainView = inflater.inflate(R.layout.slide_content_layout,
null,false);
        LayoutParams mainLayoutParams = new LayoutParams(LayoutParams.MATCH_PARENT,
LayoutParams.MATCH_PARENT);
        mSlideMenuGroup.setView(mainView,mainLayoutParams);
    }
}
```

以上最关键的部分是调用 mSlideMenuGroup.setView(mainView,mainLayoutParams)来设置 mainView 和对应的参数。有些读者可能会产生疑问，不是在 mainView 的 XML 顶层 LinearLayout 中已经设置了 layout_width 和 layout_height，那么为什么这里还要再设置一次 LayoutParams 呢？

这是因为，在我们执行 inflater.inflate(R.layout.slide_content_layout,null,false)inflate 之后，其中的 attachToRoot 参数被我们设置成了 false，意思是不将生成的 View 添加到第 3 个参数所指定的父控件中，而是单纯地返回 View。在返回 View 时，这个 View 是孤立的，这个 View 的根控件的各种参数已经失效，需要在使用 addView 时进行重新定义，不然就使用默认值(MATCH_PARENT,MATCH_PARENT)。使用默认值的办法是，在使用 addView 时调用 addView(mainView)函数，而不再传 LayoutParams 参数。因为这里的 LayoutParams 参数本身也需要使用(MATCH_PARENT,MATCH_PARENT)，与默认值一样，所以大家可以更改 setView 中的代码，使用默认值：

```
public void setView(View mainView, LayoutParams mainLayoutParams) {
    mMainView = mainView;
    addView(mainView);
}
```

效果是完全相同的。到这里，就实现了 6.3.1.1 节开始展示的效果（可扫码查看效果图），下面再添加手指释放（离开控件）时的自动滑动效果。

扫码查看动态效果图

6.3.2　添加手指释放时的动画

我们知道，利用 ViewDragHelper 类检测手指释放时的操作是在 onViewReleased 函数中实现的，相关代码如下：

```
public void initView() {
    …
    mViewDragHelper = ViewDragHelper.create(this, new ViewDragHelper.Callback() {
        …
        @Override
        public void onViewReleased(View releasedChild, float xvel, float yvel) {
            super.onViewReleased(releasedChild, xvel, yvel);
            if (mMainView.getLeft() < mMenuViewWidth / 2) {
                //关闭侧边栏
                mViewDragHelper.smoothSlideViewTo(mMainView, 0, 0);
            } else {
                //打开侧边栏
                mViewDragHelper.smoothSlideViewTo(mMainView, mMenuViewWidth, 0);
            }
```

```
                invalidate();
            }
        });
    }
```

在手指释放时，如果当前 left 值小于侧边栏宽度的一半，说明其还没滑动太远，使用 mViewDragHelper.smoothSlideViewTo(mMainView, 0, 0);让它滑回初始位置。

如果当前 left 值已经大于侧边栏宽度的一半，说明已经滑动了比较多的距离，这时就使用 mViewDragHelper.smoothSlideViewTo(mMainView, mMenuViewWidth, 0);将 mainView 滑动到展开的位置。

从前面的内容可以知道，要利用 mViewDragHelper.smoothSlideViewTo 函数实现滑动效果，还需要实现 computeScroll 函数：

```
public void computeScroll() {
    super.computeScroll();
    if (mViewDragHelper != null && mViewDragHelper.continueSettling(true)) {
        invalidate();
    }
}
```

这样，就实现了在手指释放时的自动滑动效果了，这就是 6.3.1 节开始展示的效果，可扫码查看效果图。

扫码查看动态效果图

6.3.3　展开侧边栏的实现原理

6.3.3.1　添加 QQ 侧边栏拖动背景

从上面拖动 mainView 的效果可以看出，在拖动 mainView 后，会露出白色的底色，这是 Activity 默认的颜色。如果我们想将 Activity 的背景设置为图片，可以如下操作。

首先，需要将图片加入 xhdpi 文件夹中（mipmap-xhdpi/bg.png），图片素材如图 6-23 所示。

扫码查看彩色图

图 6-23

然后，将它设置为 Activity 的背景（activity_slide_qq.xml）：

```
<?xml version="1.0" encoding="utf-8"?>
<com.example.harvic.msgtoolssec.SlideMenuGroup
    xmlns:android="http://schemas.android.com/apk/res/android"
    android:id="@+id/slide_menu_container"
    android:background="@mipmap/bg"
    android:layout_width="match_parent"
    android:layout_height="match_parent">
</com.example.harvic.msgtoolssec.SlideMenuGroup>
```

效果如图 6-24 所示。

扫码查看动态效果图

图 6-24

看到图 6-24，大家应该会比较惊喜，感觉跟 QQ 滑动侧边栏的效果比较相似了。现在已经实现了内容 View 的拖动和自动滑动效果，那么侧边栏要怎么显示出来呢？

6.3.3.2 侧边栏显示原理

图 6-25 展示了内容 View 和侧边栏 View 的布局。

扫码查看彩色图

图 6-25

从图 6-25 可以看到 Activity 的背景、侧边栏 View 和内容 View 的叠加方式，它们就是使用

FrameLayout 在左上角处叠加在一起的（为了方便识别，在图 6-25 中我把侧边栏 View 的背景改成了白色，而在实际情况下，侧边栏 View 的背景应该是透明的，也正是这样，才能显示出 Activity 的背景）。因此，在向右拖动内容 View 后，就把底部的侧边栏 View 露了出来。因为侧边栏 View 的背景是透明的，所以会直接露出 Activity 的图片背景，如图 6-26 所示。

扫码查看彩色图

图 6-26

6.3.4　实现展开侧边栏

接下来就按照上面的原理来实现展开侧边栏。

6.3.4.1　改造 SlideMenuGroup

首先，需要在 ViewGroup 中添加接口，这样可以方便设置侧边栏 View：

```
public class SlideMenuGroup extends FrameLayout {
    private ViewDragHelper mViewDragHelper;
    private View mMainView;
    private View mMenuView;
    int mMenuViewWidth = 500;

    ...

    public void setView(View mainView, LayoutParams mainLayoutParams,
                    View menuView, LayoutParams menuLayoutParams) {
        mMenuView = menuView;
        addView(menuView, menuLayoutParams);
        mMenuViewWidth = menuLayoutParams.width;

        mMainView = mainView;
        addView(mainView, mainLayoutParams);
    }

    ...
}
```

以上代码中有 3 个地方需要注意。

（1）这里的 SlideMenuGroup 继承自 FrameLayout 类，所以这里不必修改，可以直接实现各子 View 在左上角处叠加在一起。

（2）我们扩展了 setView 函数，设置了 menuView 和对应的 LayoutParams 参数。因为上面在设置拖动宽度，初始化 mMenuViewWidth 时，将其设置为了固定值，而实际情况应该根据 menuView 的宽度进行动态设置，所以在这里需要根据 menu 的 LayoutParams 来进行动态设置。

（3）一定要注意两个 View 的添加顺序，我们要保证内容 View 在 menuView 的上方，所以必须先添加 menuView，然后添加 mainView。

6.3.4.2 改造 SlideQQActivity

首先，需要一个侧边栏 View，相应的 xml 文件（slide_menu_layout.xml）如下：

```
<?xml version="1.0" encoding="utf-8"?>
<LinearLayout
   xmlns:android="http://schemas.android.com/apk/res/android"
   android:layout_width="@dimen/slide_menu_width"
   android:layout_height="match_parent"
   android:background="#00ffffff"
   android:orientation="vertical">

   <TextView
      android:id="@+id/menu_apple"
      android:layout_width="match_parent"
      android:layout_height="wrap_content"
      android:gravity="center_horizontal"
      android:textSize="25dp"
      android:layout_margin="10dp"
      android:text="苹果"/>

   <TextView
      android:id="@+id/menu_banana"
      android:layout_width="match_parent"
      android:layout_height="wrap_content"
      android:gravity="center_horizontal"
      android:textSize="25dp"
      android:layout_margin="10dp"
      android:text="香蕉"/>

   <TextView
      android:id="@+id/menu_pear"
      android:layout_width="match_parent"
      android:layout_height="wrap_content"
      android:gravity="center_horizontal"
      android:textSize="25dp"
      android:layout_margin="10dp"
      android:text="大鸭梨"/>
```

```
</LinearLayout>
```

在 xml 文件的根布局中，可以看到 LinearLayout 的 layoutWidth 是@dimen/slide_menu_width，它的值如下：

```
<dimen name="slide_menu_width">200dp</dimen>
```

但是，根据动态添加 mainView 的相关内容可以知道，这个值在这里一点儿用都没有，真正起作用的是使用 addView 时的 LayoutParams 设置。因此，在这里怎么设置 LinearLayout 的 layout_width 都无所谓，大家可以自己尝试。

其次，在 SlideQQActivity 中添加 menuView：

```
public class SlideQQActivity extends AppCompatActivity {
    private SlideMenuGroup mSlideMenuGroup;
    @Override
    protected void onCreate(Bundle savedInstanceState) {
        super.onCreate(savedInstanceState);
        setContentView(R.layout.activity_slide_qq);

        LayoutInflater inflater = LayoutInflater.from(this);
        mSlideMenuGroup = (SlideMenuGroup)findViewById(R.id.
slide_menu_container);

        //获取 mainView 及 LayoutParams
        View mainView = inflater.inflate(R.layout.slide_content_layout,
null,false);
        LayoutParams mainLayoutParams = new LayoutParams(LayoutParams.MATCH_PARENT,
LayoutParams.MATCH_PARENT);

        //获取 menuView 及 LayoutParams
        int menuWidth = getResources().getDimensionPixelOffset(R.dimen.
slide_menu_width);
        LayoutParams menuLayoutParams = new LayoutParams(menuWidth,
LayoutParams.WRAP_CONTENT);
        View menuView = inflater.inflate(R.layout.slide_menu_layout,null,false);

        mSlideMenuGroup.setView(mainView,mainLayoutParams,menuView,
menuLayoutParams);

    }
}
```

这里需要注意，我们在生成 menuView 的 LayoutParams 时，LayoutWidth 用的是固定值 200 dp。

这样就实现了将 menuView 添加进 ViewGroup 的操作，效果如图 6-27 所示。

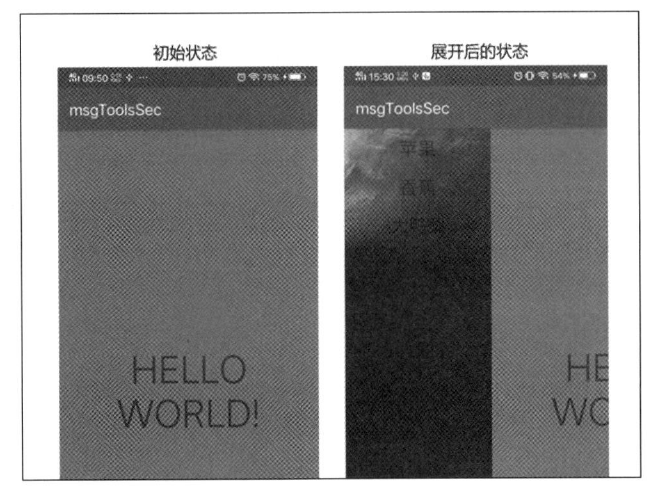

扫码查看动态效果图

图 6-27

6.3.4.3 菜单项点击响应

在展示了侧边栏以后，我们继续对侧边栏里的各项设置点击响应，在点击侧边栏里的菜单项之后，一方面把内容 View 的 HELLO WORLD 改为对应的文字，一方面将侧边栏关闭，可扫码查看效果图。

扫码查看动态效果图

1. 关闭侧边栏

首先，需要改造 SlideMenuGroup，使它具有关闭侧边栏的功能：

```
public void closeMenu() {
    mViewDragHelper.smoothSlideViewTo(mMainView, 0, 0);
    ViewCompat.postInvalidateOnAnimation(this);
}
```

2. 在 Activity 中添加点击响应代码

接下来，需要在 Activity 中找到对应的控件，然后在其中添加点击响应代码：

```
public class SlideQQActivity extends AppCompatActivity {
    private SlideMenuGroup mSlideMenuGroup;
    private TextView mMainViewTv;
    @Override
    protected void onCreate(Bundle savedInstanceState) {
        super.onCreate(savedInstanceState);
        setContentView(R.layout.activity_slide_qq);

        …

        mMainViewTv = (TextView)mainView.findViewById(R.id.slide_main_view_text);
        //menu 处理
        menuView.findViewById(R.id.menu_apple).setOnClickListener(new
OnClickListener() {
            @Override
            public void onClick(View v) {
```

```
                changeMainViewText("苹果");
            }
        });

        menuView.findViewById(R.id.menu_banana).setOnClickListener(new
OnClickListener() {
            @Override
            public void onClick(View v) {
                changeMainViewText("香蕉");
            }
        });

        menuView.findViewById(R.id.menu_pear).setOnClickListener(new
OnClickListener() {
            @Override
            public void onClick(View v) {
                changeMainViewText("大鸭梨");
            }
        });
    }

    private void changeMainViewText(String text){
        mMainViewTv.setText(text);
        mSlideMenuGroup.closeMenu();
    }
}
```

代码很好理解，给侧边栏里的每个 TextView 添加点击响应代码，在其被点击了之后，一方面把内容 View 里的文字设置为当前的菜单项标题，一方面调用 closeMenu 使内容 View 回归到初始位置，看起来的效果就是关闭了侧边栏。

这样就实现了菜单项的点击响应效果。下面我们继续看看怎么实现内容 View 的偏移和侧边栏的展开、关闭。

6.3.5　添加侧边栏的展开/关闭动画

下面再看看最终的动画效果，可以扫码查看效果图。

扫码查看动态效果图

6.3.5.1　内容 View 的动画实现

首先要实现内容 View 的动画效果，也就是在滑动展开侧边栏时，内容 View 边向右移动边缩小，而在关闭侧边栏时，其又会逐渐地恢复原大小。

要实现这个效果，首先必须解决的问题是，如何实时捕捉当前内容 View 的位置，以顺畅地缩放它。在 ViewDragHelper 中有一个函数 onViewPositionChanged，若要捕捉的 View 位置发生变化，都会在这个函数中进行通知，可见这个函数刚好能够满足我们的要求。

那么问题来了，我们的缩放函数要怎么确定呢？这里的缩放比较简单，就是在展开侧边栏时，将 mainView 从 1 缩小到 0.8，因此它的缩放系数应该是 1 – percent × 0.2，其中的 percent

表示展开进度，取值范围为从 0 到 1。在未展开时，缩放系数是 1，表示不缩放；在完全展开时，缩放系数是 0.8。相关代码如下：

```
public void initView() {
    mViewDragHelper = ViewDragHelper.create(this, new ViewDragHelper.Callback() {

        ...

        @Override
        public void onViewPositionChanged(View changedView, int left, int top, int
dx, int dy) {
            super.onViewPositionChanged(changedView, left, top, dx, dy);

            float percent = mMainView.getLeft() / (float) mMenuViewWidth;
            excuteAnimation(percent);
        }
    });
}

private void excuteAnimation(float percent) {
    mMainView.setScaleX(1 - percent * 0.2f);
    mMainView.setScaleY(1 - percent * 0.2f);
}
```

这样就实现了内容 View 的动态缩放，可扫码查看效果图。

扫码查看动态效果图

6.3.5.2 侧边栏 View 的动画

侧边栏 View 的动画逻辑也比较简单，在展开时，以 0.5 倍大小开始放大到 1 倍原始大小，所以它的缩放系数是 $0.5f + 0.5f \times percent$，其中的 percent 依然指侧边栏的展开进度，取值范围为从 0 到 1。

因此，更改一下 excuteAnimation 的代码，加上 menuView 的缩放代码：

```
private void excuteAnimation(float percent) {
    mMenuView.setScaleX(0.5f + 0.5f * percent);
    mMenuView.setScaleY(0.5f + 0.5f * percent);

    mMainView.setScaleX(1 - percent * 0.2f);
    mMainView.setScaleY(1 - percent * 0.2f);
}
```

可扫码查看效果图。

扫码查看动态效果图

可以看到，这时侧边栏已经可以实现缩放了，下面再仔细分析一下最开始展示的侧边栏动画效果，如图 6-28 所示。

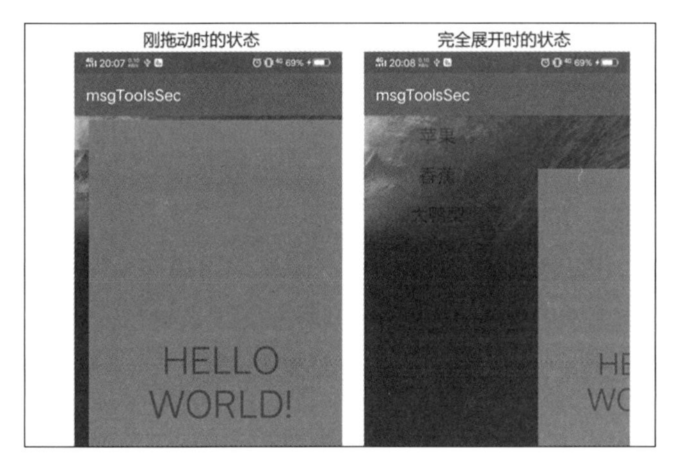

图 6-28

可以看到，刚拖动内容 View 时，侧边栏文字在屏幕左上角，随着侧边栏的展开，侧边栏逐渐向右移动，当其完全展开时，侧边栏文字达到最大。因此，侧边栏 View 除了缩放动画，还有一个位移动画。从−0.5 宽度位置移到正常位置，所以它的移动公式为−mMenuViewWidth / 2 + mMenuViewWidth / 2 × percent。当 percent 为 0 时，位移是−0.5 × mMenuViewWidth；当 percent 为 1 时，位移是 0。

完整的 excuteAnimation 函数的代码如下：

```
private void excuteAnimation(float percent) {
    mMenuView.setScaleX(0.5f + 0.5f * percent);
    mMenuView.setScaleY(0.5f + 0.5f * percent);

    mMainView.setScaleX(1 - percent * 0.2f);
    mMainView.setScaleY(1 - percent * 0.2f);

    mMenuView.setTranslationX( -mMenuViewWidth / 2 + mMenuViewWidth / 2 * percent);
}
```

这样就实现了 QQ 侧边栏滑动的完整效果。通过这个例子，大家对 ViewDragHelper 类就应该比较熟悉了，在 6.4 节中我们将通过源码再解析一下 ViewDragHelper 类。

6.4　ViewDragHelper 类源码解析

前面讲解了 ViewDragHelper 类中各个函数的用法，下面来通过源码分析一下 ViewDragHelper 类的实现方式，同时解答一些具体的问题，比如：为什么在 onInterceptTouchEvent 函数中开启消息监听时必须重写 getViewHorizontalDragRange 和 getViewVerticalDragRange 函数。

6.4.1　创建 ViewDragHelper 实例

ViewDragHelper 类重载了两个 create 静态函数，先看看有两个参数的 create 函数：

```
/**
 * Factory method to create a new ViewDragHelper.
 *
 * @param forParent Parent view to monitor
 * @param cb Callback to provide information and receive events
 * @return a new ViewDragHelper instance
 */
public static ViewDragHelper create(ViewGroup forParent, Callback cb) {
    return new ViewDragHelper(forParent.getContext(), forParent, cb);
}
```

create 函数的两个参数很好理解，第 1 个参数是我们自定义的 ViewGroup，第 2 个参数是控制子 View 拖动需要的回调对象。create 函数直接调用了 ViewDragHelper 类的构造函数，下面就来看看这个构造函数：

```
/**
 * Apps should use ViewDragHelper.create() to get a new instance.
 * This will allow VDH to use internal compatibility implementations for different
 * platform versions.
 *
 * @param context Context to initialize config-dependent params from
 * @param forParent Parent view to monitor
 */
private ViewDragHelper(Context context, ViewGroup forParent, Callback cb) {
    if (forParent == null) {
        throw new IllegalArgumentException("Parent view may not be null");
    }
    if (cb == null) {
        throw new IllegalArgumentException("Callback may not be null");
    }

    mParentView = forParent;
    mCallback = cb;

    final ViewConfiguration vc = ViewConfiguration.get(context);
    final float density = context.getResources().getDisplayMetrics().density;
    mEdgeSize = (int) (EDGE_SIZE * density + 0.5f);

    mTouchSlop = vc.getScaledTouchSlop();
    mMaxVelocity = vc.getScaledMaximumFlingVelocity();
    mMinVelocity = vc.getScaledMinimumFlingVelocity();
    mScroller = ScrollerCompat.create(context, sInterpolator);
}
```

这是一个 private 类型的函数，一开始就是两个是否是 null 判断，因此这也要求我们在创建 ViewDragHelper 对象时必须有 forParent 对象和 callback 函数。接下来就是对很多成员变量进行初始化的操作。

- ViewConfiguration 类里定义了与 View 相关的一系列时间、大小、距离等常量。
- mEdgeSize 表示边缘触摸的范围。例如，在 mEdgeSize 为 20 dp 并且用户注册、监听了左侧边缘触摸时，触摸位置的 x 坐标小于 mParentView.getLeft() + mEdgeSize（即触摸位置在控件左边界往右 20 dp 内）时就算作左侧边缘触摸。

- 我们前面讲过，mTouchSlop 表示最小移动距离。只有在前后两次触摸位置的距离超过 mTouchSlop 的值时，系统才把这两次触摸算作“滑动”。
- mMaxVelocity、mMinVelocity 是 fling 时的最大速率和最小速率，单位是 px/s。
- mScroller 是用于移动 View 的辅助类，在将 View 平滑地移动到指定位置（做动画）时使用。

下面再来看有 3 个参数的 create 函数：

```
    /**
     * Factory method to create a new ViewDragHelper.
     *
     * @param forParent Parent view to monitor
     * @param sensitivity Multiplier for how sensitive the helper should be about
     * detecting the start of a drag. Larger values are more sensitive. 1.0f is normal.
     * @param cb Callback to provide information and receive events
     * @return a new ViewDragHelper instance
     */
    public static ViewDragHelper create(ViewGroup forParent, float sensitivity,
Callback cb) {
        final ViewDragHelper helper = create(forParent, cb);
        helper.mTouchSlop = (int) (helper.mTouchSlop * (1 / sensitivity));
        return helper;
    }
```

在这个函数中，唯一多出来的参数是 sensitivity 参数，参数 sensitivity 用于调节 mTouchSlop 的值，前面已经介绍过。在这个函数中，首先会通过有两个参数的 create 函数构造出 ViewDragHelper 对象，然后单独对 mTouchSlop 赋值。

6.4.2　消息不被子控件消费的 Touch 事件的处理方法

6.4.2.1　消息传递模型

就我们的 demo 而言，消息的传递总共分为 3 层：Activity、DragLayout、TextView。当消息不被顶层的 TextView 消费时，消息传递模型如图 6-29 所示。

首先，需要说明的一点是，ViewGroup 中有 onInterceptTouchEvent 和 onTouchEvent 函数，onInterceptTouchEvent 函数用于向其中的子 View 传递事件，onTouchEvent 函数用于接收子 View 中未被处理的消息；而 View 中因为不存在子 View，所以它只有 onTouchEvent 函数。

因此，消息在到来时会先从 Activity 的 onInterceptTouchEvent 函数传递到 DragLayout 的 onInterceptTouchEvent 函数中，然后从 DragLayout 向 TextView 传递，因为 TextView 是 View 类型的，也就是说，消息向上传递到这就结束了，所以消息就进入了 TextView 的 onTouchEvent 函数中。理解消息传递模型的读者应该都知道，在消息向子控件传递到最后时，会在 onTouchEvent 函数中进行回传，不过前提是子控件没有消费消息。如果子控件消费了消息，则不会向父控件回传。因为我们假设 TextView 在 onTouchEvent 函数中没有消费消息，所以会继续向 DragLayout 回传，此时 DragLayout 的 onTouchEvent 函数就收到了消息。因为我们在 DragLayout 的 onTouchEvent 函数中返回了 true，也就表示消费了消息，所以 Activity 的 onTouchEvent 函数将收不到消息，消息传递到 DragLayout 的 onTouchEvent 函数后就停止了。

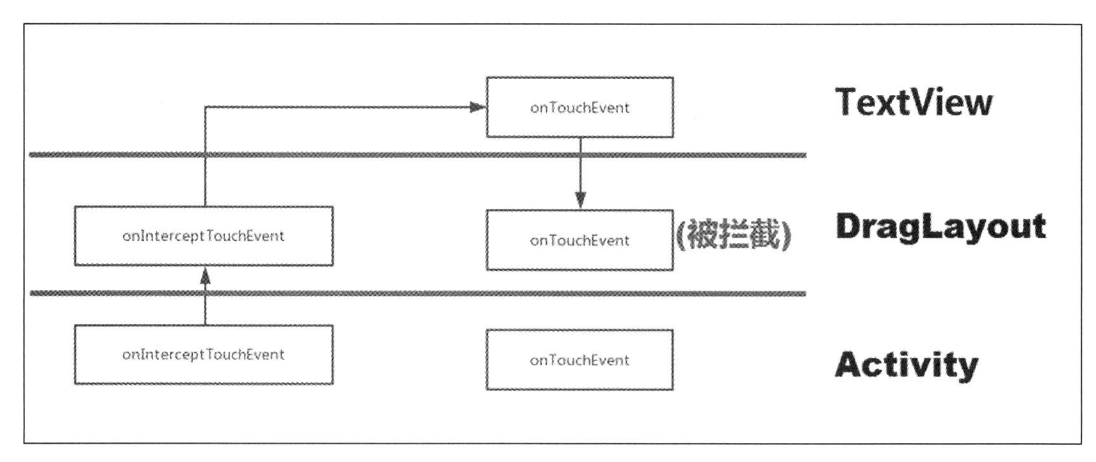

图 6-29

6.4.2.2 ACTION_DOWN 消息在 onInterceptTouchEvent 函数中的传递过程

大家在理解了 TextView 不拦截消息情况下的消息传递模型以后，再来看看相关源码。

从上面的消息传递模型可以看到，消息会先传递到 DragLayout 的 onInterceptTouchEvent 函数中，我们在 onInterceptTouchEvent 函数中的处理方式如下：

```
public boolean onInterceptTouchEvent(MotionEvent event)
{
    return mDragger.shouldInterceptTouchEvent(event);
}
```

下面再来看看 ViewDragHelper 的 shouldInterceptTouchEvent 函数：

```
/**
 * Check if this event as provided to the parent view's onInterceptTouchEvent should
 * cause the parent to intercept the touch event stream.
 *
 * @param ev MotionEvent provided to onInterceptTouchEvent
 * @return true if the parent view should return true from onInterceptTouchEvent
 */
public boolean shouldInterceptTouchEvent(MotionEvent ev) {
    final int action = MotionEventCompat.getActionMasked(ev);
    final int actionIndex = MotionEventCompat.getActionIndex(ev);

    if (action == MotionEvent.ACTION_DOWN) {
        // Reset things for a new event stream, just in case we didn't get
        // the whole previous stream.
        cancel();
    }
```

```
        if (mVelocityTracker == null) {
            mVelocityTracker = VelocityTracker.obtain();
        }
        mVelocityTracker.addMovement(ev);

        switch (action) {
            case MotionEvent.ACTION_DOWN: {
                final float x = ev.getX();
                final float y = ev.getY();
                final int pointerId = MotionEventCompat.getPointerId(ev, 0);
                saveInitialMotion(x, y, pointerId);

                final View toCapture = findTopChildUnder((int) x, (int) y);

                // Catch a settling view if possible.
                if (toCapture == mCapturedView && mDragState == STATE_SETTLING) {
                    tryCaptureViewForDrag(toCapture, pointerId);
                }

                final int edgesTouched = mInitialEdgesTouched[pointerId];
                if ((edgesTouched & mTrackingEdges) != 0) {
                    mCallback.onEdgeTouched(edgesTouched & mTrackingEdges, pointerId);
                }
                break;
            }

            // 其他情况暂且省略
        }

        return mDragState == STATE_DRAGGING;
    }
```

下面看看这个函数的 ACTION_DOWN 部分。首先，在执行 if (action == MotionEvent.ACTION_DOWN)时，会调用 cancel 函数：

```
    public void cancel() {
        this.mActivePointerId = -1;
        this.clearMotionHistory();
        if (this.mVelocityTracker != null) {
            this.mVelocityTracker.recycle();
            this.mVelocityTracker = null;
        }

    }
```

首先，在 cancel 函数中，其实执行了 reset 操作，将所有变量重置，开始新一轮的 ActionDown 到 ActionMove 再到 ActionUp 的流程。

然后，使用 mVelocityTracker 记录下各个触摸位置的信息，稍后可以用其计算触摸滑动速率。

接下来，再看看 case MotionEvent.ACTION_DOWN 部分。其中先调用 saveInitialMotion(x, y, pointerId)来保存手势的初始信息，即 ACTION_DOWN 消息到来时的触摸位置坐标(x, y)、触摸手指编号（PointerId），如果触摸到了 mParentView 的边缘，还会记录触摸的是哪个边缘。然后调用 findTopChildUnder((int) x, (int) y)来获取当前触摸位置下顶层的子 View。下面来看看 findTopChildUnder 的源码：

```
    /**
     * Find the topmost child under the given point within the parent view's coordinate
     * system.
     * The child order is determined using {@link Callback#getOrderedChildIndex(int)}.
     *
     * @param x X position to test in the parent's coordinate system
     * @param y Y position to test in the parent's coordinate system
     * @return The topmost child view under (x, y) or null if none found.
     */
    public View findTopChildUnder(int x, int y) {
        final int childCount = mParentView.getChildCount();
        for (int i = childCount - 1; i >= 0; i--) {
            final View child = mParentView.getChildAt(mCallback.
getOrderedChildIndex(i));
            if (x >= child.getLeft() && x < child.getRight() &&
                    y >= child.getTop() && y < child.getBottom()) {
                return child;
            }
        }
        return null;
    }
```

代码很简单，注释也很清楚。如果同一个位置有两个子 View 重叠，想要选中下层的子 View，那么就要通过 Callback 里的 getOrderedChildIndex(int index)函数来改变查找子 View 的顺序。例如，topView（上层 View）的索引是 4，bottomView（下层 View）的索引是 3，按照正常的遍历查找方式（getOrderedChildIndex 默认直接返回索引）会选中 topView，要想让 bottomView 被选中就得按如下这么写代码：

```
    public int getOrderedChildIndex(int index) {
        int indexTop = mParentView.indexOfChild(topView);
        int indexBottom = mParentView.indexOfChild(bottomView);
        if (index == indexTop) {
            return indexBottom;
        }
        return index;
    }
```

在通过 findTopChildUnder(int index)函数找到被选中的 View 以后，就执行到了下面的代码部分：

```
    if (toCapture == mCapturedView && mDragState == STATE_SETTLING) {
        tryCaptureViewForDrag(toCapture, pointerId);
    }
```

在这里可以看到一个 mDragState 成员变量，它共有如下 3 种取值。

- STATE_IDLE：所有的 View 处于静止空闲状态。
- STATE_DRAGGING：某个 View 正在被用户拖动（用户正在与设备交互）。
- STATE_SETTLING：某个 View 正在被安置的状态中（用户没有交互操作），就是处于自动移动的过程中。

mCapturedView 的默认值为 null，而且 mDragState 的初始状态是 STATE_IDLE，因此一开始不会执行这里的代码，执行的情况会在后面进行分析，这里先跳过：

```
final int edgesTouched = mInitialEdgesTouched[pointerId];
if ((edgesTouched & mTrackingEdges) != 0) {
    mCallback.onEdgeTouched(edgesTouched & mTrackingEdges, pointerId);
}
```

这里其实是在判断手指所在的位置是不是边缘，如果是边缘，就通过 onEdgeTouched 回调函数通知 mParentView，这里的 mInitialEdgesTouched 数组就是在刚才调用过的 saveInitialMotion 函数里进行赋值的。

ACTION_DOWN 消息处理完成后，跳过 switch 语句块，执行到以下这句代码：

```
return mDragState == STATE_DRAGGING;
```

很明显，在 ACTION_DOWN 消息部分我们并没有为 mDragState 赋值，其默认值为 STATE_IDLE，所以此处返回 false。

6.4.2.3 ACTION_DOWN 消息在 onTouchEvent 函数中的传递流程

下面需要大家考虑，如果 DragLayout 在 onInterceptTouchEvent 函数中返回 false，那么消息是怎么继续传递的呢？

根据消息传递的知识可知，当 onInterceptTouchEvent 函数中返回 false 时，说明并没有拦截消息，所以消息会继续向它的子控件传递，也就是会传递到 TextView 的 onTouchEvent 函数中。

在这部分开始，我们假设 TextView 的 onTouchEvent 函数不会拦截消息，因此消息最终会回到 DragLayout 的 onTouchEvent 函数中。接下来，就来看看 DragLayout 的 onTouchEvent 函数中的处理方法：

```
public boolean onTouchEvent(MotionEvent event)
{
    mDragger.processTouchEvent(event);
    return true;
}
```

需要注意的是，这里并不像在 onInterceptTouchEvent 函数中那样处理，返回 mDragger.shouldInterceptTouchEvent(event);，而是会返回 true，只是调用 mDragger.processTouchEvent(event);来处理消息。正是因为返回 true，所以消息会在这里被消费，DragLayout 的父层——Activity 层是收不到 onTouchEvent 中的消息的。

下面再来看看 processTouchEvent 在 MotionEvent.ACTION_DOWN 中的代码：

```
/**
 * Process a touch event received by the parent view. This method will dispatch
 * callback events as needed before returning. The parent view's onTouchEvent
 * implementation should call this.
 *
 * @param ev The touch event received by the parent view
 */
public void processTouchEvent(MotionEvent ev) {
    final int action = MotionEventCompat.getActionMasked(ev);
    final int actionIndex = MotionEventCompat.getActionIndex(ev);

    if (action == MotionEvent.ACTION_DOWN) {
        // Reset things for a new event stream, just in case we didn't get
        // the whole previous stream.
        cancel();
    }

    if (mVelocityTracker == null) {
        mVelocityTracker = VelocityTracker.obtain();
    }
    mVelocityTracker.addMovement(ev);

    switch (action) {
        case MotionEvent.ACTION_DOWN: {
            final float x = ev.getX();
            final float y = ev.getY();
            final int pointerId = MotionEventCompat.getPointerId(ev, 0);
            final View toCapture = findTopChildUnder((int) x, (int) y);

            saveInitialMotion(x, y, pointerId);

            // Since the parent is already directly processing this touch event,
            // there is no reason to delay for a slop before dragging.
            // Start immediately if possible.
            tryCaptureViewForDrag(toCapture, pointerId);

            final int edgesTouched = mInitialEdgesTouched[pointerId];
            if ((edgesTouched & mTrackingEdges) != 0) {
                mCallback.onEdgeTouched(edgesTouched & mTrackingEdges, pointerId);
            }
            break;
        }
        // 其他情况暂且省略
    }
}
```

这段代码与 shouldInterceptTouchEvent 中 ACTION_DOWN 部分的代码基本一致，主要做一些初始化操作，唯一的区别是这里没有约束条件而直接调用了 tryCaptureViewForDrag 函数，而在 shouldInterceptTouchEvent 中有两个条件来约束是否进入 tryCaptureViewForDrag 函数：

```
if (toCapture == mCapturedView && mDragState == STATE_SETTLING) {
```

```
        tryCaptureViewForDrag(toCapture, pointerId);
    }
```

现在来看看 tryCaptureViewForDrag 函数：

```
    /**
     * Attempt to capture the view with the given pointer ID. The callback will be
     * involved.
     * This will put us into the "dragging" state. If we've already captured this view
     * with this pointer this method will immediately return true without consulting
     * the callback.
     *
     * @param toCapture View to capture
     * @param pointerId Pointer to capture with
     * @return true if capture was successful
     */
    boolean tryCaptureViewForDrag(View toCapture, int pointerId) {
        if (toCapture == mCapturedView && mActivePointerId == pointerId) {
            // Already done!
            return true;
        }
        if (toCapture != null && mCallback.tryCaptureView(toCapture, pointerId)) {
            mActivePointerId = pointerId;
            captureChildView(toCapture, pointerId);
            return true;
        }
        return false;
    }
```

这里调用了 Callback 的 tryCaptureView(View child, int pointerId)函数，把当前触摸到的 View 和触摸手指编号传递了过去。在 tryCaptureView 函数中决定是否需要拖动当前触摸到的 View，如果要拖动当前触摸到的 View，就在 tryCaptureView 函数中返回 true，让 ViewDragHelper 捕获当前触摸到的 View。接着调用了 captureChildView(toCapture, pointerId)函数：

```
    /**
     * Capture a specific child view for dragging within the parent. The callback will
     * be notified but {@link Callback#tryCaptureView(android.view.View, int)} will
     * not be asked permission to capture this view.
     *
     * @param childView Child view to capture
     * @param activePointerId ID of the pointer that is dragging the captured child
     * view
     */
    public void captureChildView(View childView, int activePointerId) {
        if (childView.getParent() != mParentView) {
            throw new IllegalArgumentException("captureChildView: parameter must be a
descendant " + "of the ViewDragHelper's tracked parent view (" + mParentView + ")");
        }

        mCapturedView = childView;
        mActivePointerId = activePointerId;
        mCallback.onViewCaptured(childView, activePointerId);
```

```
        setDragState(STATE_DRAGGING);
    }
```

这段代码很简单，在 captureChildView(toCapture, pointerId)中将要拖动的 View 和触摸手指编号记录下来，并调用 Callback 的 onViewCaptured(childView, activePointerId)通知外部捕获了子 View。接着调用 setDragState 设置当前的状态为 STATE_DRAGGING，下面来看看 setDragState 函数的源码：

```
void setDragState(int state) {
    if (mDragState != state) {
        mDragState = state;
        mCallback.onViewDragStateChanged(state);
        if (mDragState == STATE_IDLE) {
            mCapturedView = null;
        }
    }
}
```

状态改变后会调用 Callback 的 onViewDragStateChanged 函数通知状态发生变化。

6.4.2.4 ACTION_MOVE 的消息传递模型

在分析完 mDragger.processTouchEvent(event)的 ACTION_DOWN 部分代码之后，我们知道，在 DragLayout 的 onTouchEvent 函数中会直接返回 true，表示在这个 View 中消费了消息，那么后面的 ACTION_MOVE 消息会怎么传递呢？

图 6-30 表示在 DragLayout 的 onTouchEvent 函数中消费了消息后，ACTION_MOVE 消息的传递流程。

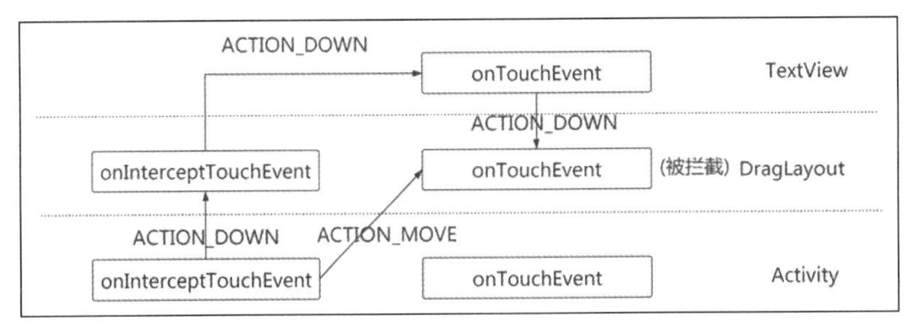

图 6-30

从图 6-30 可以看到，ACTION_DOWN 的消息传递流程是先通过 onterceptTouchEvent 函数从父控件向子控件传递，然后通过 onTouchEvent 函数从子控件向父控件依次回传。当我们在 DragLayout 的 onTouchEvent 函数中返回 true 后，就表示消费了 ACTION_DOWN 消息，ACTION_DOWN 消息就不再往 DragLayout 的父控件传递了。之后的 ACTION 系列消息，就不会再依照这个路径传递，而是直接往消费了 ACTION_DOWN 消息的控件传过去，所以在 ACTION_MOVE 消息到来时，会被直接传给 DragLayout 的 onTouchEvent 函数。

这是因为 ViewGroup 默认不拦截任何消息，所以消息能正常分发到子 View 处（子 View 符合条件的话），如果没有合适的子 View 或者子 View 不消耗 ACTION_DOWN 消息，那么接着消息会交由 ViewGroup 来处理，并且同一消息序列之后的消息不会再分发给子 View。

我们来模拟一下，先继承一个自定义的 TextView，并给它添加日志：

```
public class MyTextView extends TextView {
    public MyTextView(Context context) {
        super(context);
    }

    public MyTextView(Context context, @Nullable AttributeSet attrs) {
        super(context, attrs);
    }

    public MyTextView(Context context, @Nullable AttributeSet attrs, int 
defStyleAttr) {
        super(context, attrs, defStyleAttr);
    }

    @Override
    public boolean onTouchEvent(MotionEvent event) {
        Log.d("qijian","MyTextView onTouchEvent  event:"+event.getAction());
        return super.onTouchEvent(event);
    }
}
```

然后用 MyTextView 控件取代原来的 item 2：

```
<?xml version="1.0" encoding="utf-8"?>
<com.example.harvic.msgtools.DragLayout
    xmlns:android="http://schemas.android.com/apk/res/android"
    xmlns:tools="http://schemas.android.com/tools"
    android:layout_width="match_parent"
    android:layout_height="match_parent"
    android:orientation="vertical"
    tools:context=".MainActivity">

    <TextView
        android:id="@+id/tv1"
        android:layout_margin="10dp"
        android:gravity="center"
        android:layout_gravity="center"
        android:background="#ff0000"
        android:text="item 1"
        android:layout_width="100dp"
        android:layout_height="100dp"/>

    <com.example.harvic.msgtools.MyTextView
        android:id="@+id/tv2"
        android:layout_margin="10dp"
        android:layout_gravity="center"
        android:gravity="center"
        android:background="#00ff00"
        android:text="item 2"
```

```
        android:layout_width="100dp"
        android:layout_height="100dp"/>

    <TextView
        android:id="@+id/tv3"
        android:layout_margin="10dp"
        android:layout_gravity="center"
        android:gravity="center"
        android:background="#0000ff"
        android:text="item 3"
        android:layout_width="100dp"
        android:layout_height="100dp"/>

</com.example.harvic.msgtools.DragLayout>
```

之后重新运行程序，拖动 item 2，可扫码查看效果图。

扫码查看动态效果图

日志如图 6-31 所示。

```
s D/qijian: DragLayout  onInterceptTouchEvent  event:0
s D/qijian: MyTextView onTouchEvent   event:0
s D/qijian: DragLayout onTouchEvent  event:0
s D/qijian: DragLayout onTouchEvent  event:2
s D/qijian: DragLayout onTouchEvent  event:2
s D/qijian: DragLayout onTouchEvent  event:2
s D/qijian: DragLayout onTouchEvent  event:2
s D/qijian: DragLayout onTouchEvent  event:2
s D/qijian: DragLayout onTouchEvent  event:2
```

图 6-31

ACTION_DOWN 对应数字 0，ACTION_MOVE 对应数字 2。从日志可以看到，ACTION_DOWN 消息通过 onInterceptTouchEvent 函数从 DragLayout 向 TextView 传递，然后通过 onTouchEvent 函数从 TextView 向 DragLayout 传递，最后在 DragLayout 中被消费，而后面的 ACTION_MOVE 消息会被直接传递到 DragLayout 中。

6.4.2.5 ACTION_MOVE 消息在 onTouchEvent 函数中的传递流程

在了解了 ACTION_MOVE 消息的传递模型后，下面来深入分析 ViewDragHelper 的 processTouchEvent 函数在 ACTION_MOVE 部分的源码：

```
public void processTouchEvent(MotionEvent ev) {

    switch (action) {
        // 省略其他情况

        case MotionEvent.ACTION_MOVE: {
            if (mDragState == STATE_DRAGGING) {
                final int index = MotionEventCompat.findPointerIndex(ev,
mActivePointerId);
                final float x = MotionEventCompat.getX(ev, index);
                final float y = MotionEventCompat.getY(ev, index);
```

```
                final int idx = (int) (x - mLastMotionX[mActivePointerId]);
                final int idy = (int) (y - mLastMotionY[mActivePointerId]);

                dragTo(mCapturedView.getLeft() + idx, mCapturedView.getTop() + idy,
idx, idy);

                saveLastMotion(ev);
            } else {
                // Check to see if any pointer is now over a draggable view.
                final int pointerCount = MotionEventCompat.getPointerCount(ev);
                for (int i = 0; i < pointerCount; i++) {
                    final int pointerId = MotionEventCompat.getPointerId(ev, i);
                    final float x = MotionEventCompat.getX(ev, i);
                    final float y = MotionEventCompat.getY(ev, i);
                    final float dx = x - mInitialMotionX[pointerId];
                    final float dy = y - mInitialMotionY[pointerId];

                    reportNewEdgeDrags(dx, dy, pointerId);
                    if (mDragState == STATE_DRAGGING) {
                        // Callback might have started an edge drag.
                        break;
                    }

                    final View toCapture = findTopChildUnder((int) x, (int) y);
                    if (checkTouchSlop(toCapture, dx, dy) &&
                            tryCaptureViewForDrag(toCapture, pointerId)) {
                        break;
                    }
                }
                saveLastMotion(ev);
            }
            break;
        }

        // 省略其他情况
    }
}
```

要注意，如果一直没有松手，就会一直调用这部分代码。这里会先判断 mDragState 是否为 STATE_DRAGGING，而唯一调用 setDragState(STATE_DRAGGING)的地方就是 tryCaptureViewForDrag 函数。对于刚才在 ACTION_DOWN 部分调用过 tryCaptureViewForDrag 函数，现在又要分两种情况。

如果刚才在 ACTION_DOWN 部分捕获到要拖动的 View，那么就执行 if 部分的代码，稍后会对这种情况进行解析，下面先考虑没有捕获到的情况。

1. 如果没有捕获到要拖动的 View

若没有捕获到要拖动的 View，mDragState 依然是 STATE_IDLE，然后会执行 else 部分的代码。在这部分代码中，首先是找到每根手指的位置：

```
for (int i = 0; i < pointerCount; i++) {
                final int pointerId = MotionEventCompat.getPointerId(ev, i);
                final float x = MotionEventCompat.getX(ev, i);
                final float y = MotionEventCompat.getY(ev, i);
                final float dx = x - mInitialMotionX[pointerId];
                final float dy = y - mInitialMotionY[pointerId];
                ...
}
```

然后检查有没有哪根手指触摸到了要拖动的 View，若触摸到，就尝试捕获它：

```
reportNewEdgeDrags(dx, dy, pointerId);
if (mDragState == STATE_DRAGGING) {
   // Callback might have started an edge drag.
   break;
}

final View toCapture = findTopChildUnder((int) x, (int) y)
```

最后将 mDragState 变为 STATE_DRAGGING：

```
if (checkTouchSlop(toCapture, dx, dy) &&
      tryCaptureViewForDrag(toCapture, pointerId)) {
   break;
}
```

在 mDragState 变为 STATE_DRAGGING 后，在下一次进入 ACTION_MOVE 部分时，会执行 if 部分的代码。

这里还有两个函数涉及 Callback 里的函数，需要解析一下，这两个函数分别是 reportNewEdgeDrags 和 checkTouchSlop，下面先来看看 reportNewEdgeDrags 函数：

```
private void reportNewEdgeDrags(float dx, float dy, int pointerId) {
   int dragsStarted = 0;
   if (checkNewEdgeDrag(dx, dy, pointerId, EDGE_LEFT)) {
      dragsStarted |= EDGE_LEFT;
   }
   if (checkNewEdgeDrag(dy, dx, pointerId, EDGE_TOP)) {
      dragsStarted |= EDGE_TOP;
   }
   if (checkNewEdgeDrag(dx, dy, pointerId, EDGE_RIGHT)) {
      dragsStarted |= EDGE_RIGHT;
   }
   if (checkNewEdgeDrag(dy, dx, pointerId, EDGE_BOTTOM)) {
      dragsStarted |= EDGE_BOTTOM;
   }

   if (dragsStarted != 0) {
      mEdgeDragsInProgress[pointerId] |= dragsStarted;
      mCallback.onEdgeDragStarted(dragsStarted, pointerId);
   }
}
```

上面的代码中对 4 个边缘都进行了检查，检查是否在某些边缘处产生了拖动行为，如果有拖动行为，就将这个边缘记录在 mEdgeDragsInProgress 中，然后调用 Callback 的 onEdgeDragStarted(int edgeFlags, int pointerId)函数通知某个边缘开始产生拖动了。虽然 reportNewEdgeDrags 函数会被调用很多次（因为 processTouchEvent 的 ACTION_MOVE 部分会执行很多次），但是 mCallback.onEdgeDragStarted(dragsStarted, pointerId)函数只会被调用一次，具体要看 checkNewEdgeDrag 函数：

```
    private boolean checkNewEdgeDrag(float delta, float odelta, int pointerId, int edge)
{
        ...
    }
```

下面对 checkNewEdgeDrag 函数进行讲解，其参数及返回值如下。

- float delta 和 float odelta：odelta 中的 o 代表 opposite，这是什么意思呢？以 reportNewEdge Drags 函数调用 checkNewEdgeDrag(dx, dy, pointerId, EDGE_LEFT)为例，我们要监测左边缘的触摸情况，所以主要监测的是 x 轴方向上的变化，这里 delta 为 dx、odelta 为 dy，也就是说，delta 是我们主要监测的方向上的变化，odelta 是另一个方向上的变化。后面会判断另一个方向上的变化是否远大于主要方向上的变化，因此需要另一个方向上的距离变化值。
- int pointerId：手指的 PointerId。
- int edge：检测的边缘方向，取值有 EDGE_LEFT = 1（左边缘）、EDGE_RIGHT = 2（右边缘）、EDGE_TOP = 4（上边缘）、EDGE_BOTTOM = 8（下边缘）。当检测的边缘处出现拖动行为时，就会通过回调函数汇报给 ViewGroup。
- checkNewEdgeDrag 函数返回 true，表示在指定的 edge（边缘）开始产生拖动行为了

下面来看看其中的代码实现：

```
    private boolean checkNewEdgeDrag(float delta, float odelta, int pointerId, int edge)
{
        final float absDelta = Math.abs(delta);
        final float absODelta = Math.abs(odelta);

        if ((mInitialEdgesTouched[pointerId] & edge) != edge  ||
                (mTrackingEdges & edge) == 0 ||
                (mEdgeDragsLocked[pointerId] & edge) == edge ||
                (mEdgeDragsInProgress[pointerId] & edge) == edge ||
                (absDelta <= mTouchSlop && absODelta <= mTouchSlop)) {
            return false;
        }
        if (absDelta < absODelta * 0.5f && mCallback.onEdgeLock(edge)) {
            mEdgeDragsLocked[pointerId] |= edge;
            return false;
        }
        return (mEdgeDragsInProgress[pointerId] & edge) == 0 && absDelta > mTouchSlop;
    }
```

这里涉及了两个变量，分别介绍如下。

- InitialEdgesTouched 是在 ACTION_DOWN 部分的 saveInitialMotion 函数中生成的，ACTION_DOWN 消息到来时，被触摸的边缘会被记录在 mInitialEdgesTouched 中。如果 ACTION_DOWN 消息到来时没有被触摸的边缘，或者被触摸的边缘不是指定的边缘，那么就直接返回 false。
- mTrackingEdges 是由 setEdgeTrackingEnabled(int edgeFlags)设置的，当我们想要追踪、监听边缘触摸时，才需要调用 setEdgeTrackingEnabled(int edgeFlags)，如果没有调用过它，那么这里就直接返回 false。

接着就是一个较长的判断语句：

```
if ((mInitialEdgesTouched[pointerId] & edge) != edge ||
        (mTrackingEdges & edge) == 0 ||
        (mEdgeDragsLocked[pointerId] & edge) == edge ||
        (mEdgeDragsInProgress[pointerId] & edge) == edge ||
        (absDelta <= mTouchSlop && absODelta <= mTouchSlop)) {
    return false;
}
```

这里主要做了如下几个判断。

- (mTrackingEdges & edge) == 0

判断用户是否调用 setEdgeTrackingEnabled(int edgeFlags)来开通边缘判断。

- (mInitialEdgesTouched[pointerId] & edge) != edge

在 ACTION_DOWN 消息到来时是否有被触摸的边缘。

- (mEdgeDragsLocked[pointerId] & edge) == edge

用户是否锁定了某个边缘，后面还会对此进行讲解。

- (mEdgeDragsInProgress[pointerId] & edge) == edge

拖动行为是否发生在边缘。

- (absDelta <= mTouchSlop && absODelta <= mTouchSlop)

移动距离是否超过 mTouchSlop，也就是检查本次的移动距离是不是太小了，若太小就不处理。

接着又是一个判断语句：

```
if (absDelta < absODelta * 0.5f && mCallback.onEdgeLock(edge)) {
    mEdgeDragsLocked[pointerId] |= edge;
    return false;
}
```

absDelta < absODelta * 0.5f 的意思是，检查在次要方向上的移动距离是否远超过主要方向上的移动距离。如果是，再调用 Callback 的 onEdgeLock(edge)函数来检查是否需要锁定某个边缘，如果锁定了某个边缘，那么即使这个边缘被触摸了，也不会记录在 mEdgeDragsInProgress 里，也不会收到 Callback 的 onEdgeDragStarted 函数的通知。而且，将锁定的边缘记录在

mEdgeDragsLocked 变量里，再次调用 onEdgeLock(edge)函数时，就会在上面的较长的判断语句中，在通过(mEdgeDragsLocked[pointerId] & edge) == edge 检测边缘是否锁定时，直接返回 false。

最后一句返回语句如下：

```
return (mEdgeDragsInProgress[pointerId] & edge) == 0 && absDelta > mTouchSlop;
```

执行返回语句后再次检查给定的边缘有没有被记录过，确保每个边缘只会调用一次 reportNewEdgeDrags 的 mCallback.onEdgeDragStarted(dragsStarted, pointerId)函数。

下面再来看看 checkTouchSlop 函数：

```
/**
 * Check if we've crossed a reasonable touch slop for the given child view.
 * If the child cannot be dragged along the horizontal or vertical axis, motion
 * along that axis will not count toward the slop check.
 *
 * @param child Child to check
 * @param dx Motion since initial position along X axis
 * @param dy Motion since initial position along Y axis
 * @return true if the touch slop has been crossed
 */
private boolean checkTouchSlop(View child, float dx, float dy) {
    if (child == null) {
        return false;
    }
    final boolean checkHorizontal = mCallback.getViewHorizontalDragRange(child) > 0;
    final boolean checkVertical = mCallback.getViewVerticalDragRange(child) > 0;

    if (checkHorizontal && checkVertical) {
        return dx * dx + dy * dy > mTouchSlop * mTouchSlop;
    } else if (checkHorizontal) {
        return Math.abs(dx) > mTouchSlop;
    } else if (checkVertical) {
        return Math.abs(dy) > mTouchSlop;
    }
    return false;
}
```

这个函数主要用于检查手指的移动距离有没有超过触发处理移动事件的最短距离（mTouchSlop），注意其中的 dx 和 dy 指的是当前触摸位置与第一次点击触发 ACTION_DOWN 消息时的触摸位置之间的距离。这里先检查 Callback 的 getViewHorizontalDragRange(child)和 getViewVerticalDragRange(child)是否大于 0。如果想让某个 View 在某个方向上移动，那么就要在那个方向对应的函数里返回大于 0 的数，否则在 processTouchEvent 的 ACTION_MOVE 部分中就不会调用 tryCaptureViewForDrag 函数来捕获当前触摸到的 View，拖动也就没办法进行了。

到这里，processTouchEvent 的 if (mDragState == STATE_DRAGGING) {}else{}的 else 部分就讲解完了。

2. 如果捕获到要拖动的 View

假如我们在拖动 View 时，通过上面的 else 语句中的各种判断，最终捕获了 View，那么下一次 ACTION_MOVE 消息到来时就会执行 if 部分的代码：

```
public void processTouchEvent(MotionEvent ev) {

    switch (action) {
        // 省略其他情况

        case MotionEvent.ACTION_MOVE: {
            if (mDragState == STATE_DRAGGING) {
                final int index = MotionEventCompat.findPointerIndex(ev,
mActivePointerId);
                final float x = MotionEventCompat.getX(ev, index);
                final float y = MotionEventCompat.getY(ev, index);
                final int idx = (int) (x - mLastMotionX[mActivePointerId]);
                final int idy = (int) (y - mLastMotionY[mActivePointerId]);

                dragTo(mCapturedView.getLeft() + idx, mCapturedView.getTop() + idy,
idx, idy);

                saveLastMotion(ev);
            } else {
                …
                }
                saveLastMotion(ev);
            }
            break;
        }

        // 省略其他情况
    }
}
```

这里首先计算出期望的移动后的位置坐标值：

```
final float x = MotionEventCompat.getX(ev, index);
final float y = MotionEventCompat.getY(ev, index);
```

然后计算出前后两次 ACTION_MOVE 消息到来时，手指移动的距离:

```
final int idx = (int) (x - mLastMotionX[mActivePointerId]);
final int idy = (int) (y - mLastMotionY[mActivePointerId]);
```

接着将计算得到的坐标值和此次移动距离传给 dragTo 函数：

```
private void dragTo(int left, int top, int dx, int dy) {
    int clampedX = left;
    int clampedY = top;
    final int oldLeft = mCapturedView.getLeft();
    final int oldTop = mCapturedView.getTop();
    if (dx != 0) {
        clampedX = mCallback.clampViewPositionHorizontal(mCapturedView, left, dx);
        mCapturedView.offsetLeftAndRight(clampedX - oldLeft);
    }
```

```
    if (dy != 0) {
        clampedY = mCallback.clampViewPositionVertical(mCapturedView, top, dy);
        mCapturedView.offsetTopAndBottom(clampedY - oldTop);
    }

    if (dx != 0 || dy != 0) {
        final int clampedDx = clampedX - oldLeft;
        final int clampedDy = clampedY - oldTop;
        mCallback.onViewPositionChanged(mCapturedView, clampedX, clampedY,
                clampedDx, clampedDy);
    }
}
```

需要大家知道的是，这里入参中的 left、top 是期望的移动后的坐标值。然后，可以得到 CapturedView 当前的坐标值：

```
final int oldLeft = mCapturedView.getLeft();
final int oldTop = mCapturedView.getTop();
```

在 d*x* 方向上，将 top 和 dx 通过回调函数通知用户：

```
clampedX = mCallback.clampViewPositionHorizontal(mCapturedView, left, dx);
```

clampViewPositionHorizontal 的返回值表示用户真正想移动到的 *x* 坐标值。

通过 offsetLeftAndRight 移动到指定位置：

```
mCapturedView.offsetLeftAndRight(clampedX - oldLeft);
```

同样地，在 d*y* 方向上，也是通过 clampedY = mCallback.clampViewPositionVertical (mCapturedView, top, dy);通知用户，并获得真正想移动到的 *y* 坐标值，通过 mCapturedView. offsetTopAndBottom(clampedY - oldTop);移动到指定位置。

最后会调用 Callback 的 onViewPositionChanged(mCapturedView, clampedX, clampedY, clampedDx, clampedDy)函数通知捕获到的 View 的位置发生了改变，并把最终的坐标值(clampedX, clampedY)和最终的移动距离（clampedDx、clampedDy）传递过去。

6.4.2.6　ACTION_UP 和 ACTION_CANCEL 消息在 onTouchEvent 函数中的传递流程

ACTION_MOVE 部分就算告一段落了，接下来将介绍用户松手时触发的 ACTION_UP 部分，或者是达到某个条件后，导致后续的 ACTION_MOVE 消息被 mParentView 的上层 View 给拦截而收到 ACTION_CANCEL 消息的部分，下面一起来看这两个部分：

```
public void processTouchEvent(MotionEvent ev) {
    // 省略

    switch (action) {
        // 省略其他情况

        case MotionEvent.ACTION_UP: {
            if (mDragState == STATE_DRAGGING) {
                releaseViewForPointerUp();
            }
            cancel();
```

```
            break;
        }

        case MotionEvent.ACTION_CANCEL: {
            if (mDragState == STATE_DRAGGING) {
                dispatchViewReleased(0, 0);
            }
            cancel();
            break;
        }
    }
}
```

这两个部分的代码都会重置所有的状态记录，并通知 View 被送来了。下面看看 releaseViewForPointerUp 和 dispatchViewReleased 函数的源码：

```
private void releaseViewForPointerUp() {
    mVelocityTracker.computeCurrentVelocity(1000, mMaxVelocity);
    final float xvel = clampMag(
            VelocityTrackerCompat.getXVelocity(mVelocityTracker,
mActivePointerId),mMinVelocity, mMaxVelocity);
    final float yvel = clampMag(
            VelocityTrackerCompat.getYVelocity(mVelocityTracker,
mActivePointerId),mMinVelocity, mMaxVelocity);
    dispatchViewReleased(xvel, yvel);
}
```

releaseViewForPointerUp 函数里也调用了 dispatchViewReleased 函数，只不过传递了速率给它，这个速率就是由 processTouchEvent 的 mVelocityTracker 追踪计算出来的。下面看看 dispatchViewReleased 函数：

```
/**
 * Like all callback events this must happen on the UI thread, but release
 * involves some extra semantics. During a release (mReleaseInProgress)
 * is the only time it is valid to call {@link #settleCapturedViewAt(int, int)}
 * or {@link #flingCapturedView(int, int, int, int)}.
 */
private void dispatchViewReleased(float xvel, float yvel) {
    mReleaseInProgress = true;
    mCallback.onViewReleased(mCapturedView, xvel, yvel);
    mReleaseInProgress = false;

    if (mDragState == STATE_DRAGGING) {
        // onViewReleased didn't call a method that would have changed this. Go idle.
        setDragState(STATE_IDLE);
    }
}
```

这里调用 Callback 的 onViewReleased(mCapturedView, xvel, yvel)函数通知外部捕获到的 View 被释放了，在 onViewReleased 函数前后有一个 mReleaseInProgress 值得注意，注释里说唯一可以调用 ViewDragHelper 的 settleCapturedViewAt 和 flingCapturedView 函数的地方就是 Callback 的 onViewReleased 函数。

6.4.2.7　fling 效果原理解析

本节内容有难度，读者可以在全书阅读完成后回头再学习本节。本节主要讲解 fling 效果，顺带对源码进行解析，fling 效果对源码中的消息传递流程没有影响。

可以拿现实生活中保龄球的打法类比，打保龄球时，先做的扔的动作是让球的速度达到最大，然后突然松手，出于惯性，保龄球以松手前的速度为初速度抛了出去，直至自然停止或者撞到边界停止，这种效果就叫作 fling。

在前面的章节中提到过 settleCapturedViewAt 和 flingCapturedView 两个函数，它们就是用来实现 fling 效果的。

flingCapturedView(int minLeft, int minTop, int maxLeft, int maxTop)会对捕获到的 View 做出这种 fling 效果，用户在屏幕上滑动松手之前也会有一个滑动速度。但是 fling 效果也引出了一个问题，那就是不知道 View 最终会移动到哪个位置，最终位置是在启动 fling 效果时根据滑动速度计算出来的（flingCapturedView 的 4 个参数是 int minLeft、int minTop、int maxLeft、int maxTop，可以限定最终位置的范围）。假如想让 View 移动到指定位置，那么应该怎么办呢？答案就是使用 settleCapturedViewAt(int finalLeft, int finalTop)函数。为什么唯一可以调用 settleCapturedViewAt 和 flingCapturedView 函数的地方是 Callback 的 onViewReleased 函数呢？下面来看看它们的源码：

```
    /**
     * Settle the captured view at the given (left, top) position.
     * The appropriate velocity from prior motion will be taken into account.
     * If this method returns true, the caller should invoke {@link
     * #continueSettling(boolean)}
     * on each subsequent frame to continue the motion until it returns false. If this
     * method returns false there is no further work to do to complete the movement.
     *
     * @param finalLeft Settled left edge position for the captured view
     * @param finalTop Settled top edge position for the captured view
     * @return true if animation should continue through {@link
     * #continueSettling(boolean)} calls
     */
    public boolean settleCapturedViewAt(int finalLeft, int finalTop) {
        if (!mReleaseInProgress) {
            throw new IllegalStateException("Cannot settleCapturedViewAt outside of a
call to " + "Callback#onViewReleased");
        }

        return forceSettleCapturedViewAt(finalLeft, finalTop,
                (int) VelocityTrackerCompat.getXVelocity(mVelocityTracker,
mActivePointerId),
                (int) VelocityTrackerCompat.getYVelocity(mVelocityTracker,
mActivePointerId));
    }

    /**
```

```
     * Settle the captured view based on standard free-moving fling behavior.
     * The caller should invoke {@link #continueSettling(boolean)} on each subsequent
     * frame to continue the motion until it returns false.
     *
     * @param minLeft Minimum X position for the view's left edge
     * @param minTop Minimum Y position for the view's top edge
     * @param maxLeft Maximum X position for the view's left edge
     * @param maxTop Maximum Y position for the view's top edge
     */
    public void flingCapturedView(int minLeft, int minTop, int maxLeft, int maxTop)
{
        if (!mReleaseInProgress) {
            throw new IllegalStateException("Cannot flingCapturedView outside of a call
to " + "Callback#onViewReleased");
        }

        mScroller.fling(mCapturedView.getLeft(), mCapturedView.getTop(),
                (int) VelocityTrackerCompat.getXVelocity(mVelocityTracker,
mActivePointerId),
                (int) VelocityTrackerCompat.getYVelocity(mVelocityTracker,
mActivePointerId),minLeft, maxLeft, minTop, maxTop);

        setDragState(STATE_SETTLING);
    }
```

在这两个函数里，一开始都会判断 mReleaseInProgress 是否为 false，如果为 false，就抛出一个 IllegalStateException 异常，而 mReleaseInProgress 唯一会为 true 的时候是在 dispatchViewReleased 函数调用 onViewReleased 的时候。

ViewDragHelper 还有一个移动 View 的函数，即 smoothSlideViewTo(View child, int finalLeft, int finalTop)，下面来看看它的源码：

```
    /**
     * Animate the view <code>child</code> to the given (left, top) position.
     * If this method returns true, the caller should invoke {@link
     * #continueSettling(boolean)}
     * on each subsequent frame to continue the motion until it returns false. If this
     * method returns false there is no further work to do to complete the movement.
     *
     * <p>This operation does not count as a capture event, though {@link
     * #getCapturedView()}
     * will still report the sliding view while the slide is in progress.</p>
     *
     * @param child Child view to capture and animate
     * @param finalLeft Final left position of child
     * @param finalTop Final top position of child
     * @return true if animation should continue through {@link
     * #continueSettling(boolean)} calls
     */
    public boolean smoothSlideViewTo(View child, int finalLeft, int finalTop) {
        mCapturedView = child;
```

```
    mActivePointerId = INVALID_POINTER;

    boolean continueSliding = forceSettleCapturedViewAt(finalLeft, finalTop, 0, 0);
    if (!continueSliding && mDragState == STATE_IDLE && mCapturedView != null) {
        // If we're in an IDLE state to begin with and aren't moving anywhere, we
        // end up having a non-null capturedView with an IDLE dragState
        mCapturedView = null;
    }

    return continueSliding;
}
```

可以看到，它不受 mReleaseInProgress 值的限制，所以可以在任何地方调用这个函数，效果和 settleCapturedViewAt 函数的效果类似。这两个函数最终都调用了 forceSettleCapturedViewAt 函数来启动自动滚动功能，区别在于 settleCapturedViewAt 函数会以最后松手前的滚动速度为初速度将 View 移动到最终位置，而 smoothSlideViewTo 函数的滚动初速度是 0。forceSettleCapturedViewAt 函数里也调用了 Callback 里的函数，下面再来看看这个函数：

```
/**
 * Settle the captured view at the given (left, top) position.
 *
 * @param finalLeft Target left position for the captured view
 * @param finalTop Target top position for the captured view
 * @param xvel Horizontal velocity
 * @param yvel Vertical velocity
 * @return true if animation should continue through {@link
 * #continueSettling(boolean)} calls
 */
private boolean forceSettleCapturedViewAt(int finalLeft, int finalTop, int xvel,
int yvel) {
    final int startLeft = mCapturedView.getLeft();
    final int startTop = mCapturedView.getTop();
    final int dx = finalLeft - startLeft;
    final int dy = finalTop - startTop;

    if (dx == 0 && dy == 0) {
        // Nothing to do. Send callbacks, be done.
        mScroller.abortAnimation();
        setDragState(STATE_IDLE);
        return false;
    }

    final int duration = computeSettleDuration(mCapturedView, dx, dy, xvel, yvel);
    mScroller.startScroll(startLeft, startTop, dx, dy, duration);

    setDragState(STATE_SETTLING);
    return true;
}
```

可以看到，自动滚动是靠 Scroller 类完成的，在这里生成了调用 mScroller.startScroll 函数所需的参数。下面再来看看计算滚动时间的函数 computeSettleDuration：

```
private int computeSettleDuration(View child, int dx, int dy, int xvel, int yvel) {
    xvel = clampMag(xvel, (int) mMinVelocity, (int) mMaxVelocity);
    yvel = clampMag(yvel, (int) mMinVelocity, (int) mMaxVelocity);
    final int absDx = Math.abs(dx);
    final int absDy = Math.abs(dy);
    final int absXVel = Math.abs(xvel);
    final int absYVel = Math.abs(yvel);
    final int addedVel = absXVel + absYVel;
    final int addedDistance = absDx + absDy;

    final float xweight = xvel != 0 ? (float) absXVel / addedVel :
            (float) absDx / addedDistance;
    final float yweight = yvel != 0 ? (float) absYVel / addedVel :
            (float) absDy / addedDistance;

    int xduration = computeAxisDuration(dx, xvel, mCallback.
getViewHorizontalDragRange(child));
    int yduration = computeAxisDuration(dy, yvel, mCallback.
getViewVerticalDragRange(child));

    return (int) (xduration * xweight + yduration * yweight);
}
```

clampMag 函数会确保参数中给定的速度在正常范围内。最终的滚动时间还要通过computeAxisDuration 函数计算出来，通过它的参数可以看到最终的滚动时间是由 dx、xvel、mCallback.getViewHorizontalDragRange 共同决定的。下面来看看 computeAxisDuration 函数：

```
private int computeAxisDuration(int delta, int velocity, int motionRange) {
    if (delta == 0) {
        return 0;
    }

    final int width = mParentView.getWidth();
    final int halfWidth = width / 2;
    final float distanceRatio = Math.min(1f, (float) Math.abs(delta) / width);
    final float distance = halfWidth + halfWidth *
            distanceInfluenceForSnapDuration(distanceRatio);

    int duration;
    velocity = Math.abs(velocity);
    if (velocity > 0) {
        duration = 4 * Math.round(1000 * Math.abs(distance / velocity));
    } else {
        final float range = (float) Math.abs(delta) / motionRange;
        duration = (int) ((range + 1) * BASE_SETTLE_DURATION);
    }
    return Math.min(duration, MAX_SETTLE_DURATION);
}
```

参数说明如下。

- int delta：表示滚动距离。

- int velocity：滚动系数，表示当前的滑动速度，有正负值。当左右滚动时，velocity > 0 表示当前向右滚动，velocity < 0 表示当前向左滚动。当上下滚动时，velocity > 0 表示向下滚动，velocity < 0 表示向上滚动。
- int motionRange：通过 mCallback.getViewHorizontalDragRange(child)和 mCallback.getViewVerticalDragRange(child)函数传入的滚动范围。

下面分步解析以上这段代码。

首先计算出此次的滚动距离：

```
final int width = mParentView.getWidth();
final int halfWidth = width / 2;
final float distanceRatio = Math.min(1f, (float) Math.abs(delta) / width);
final float distance = halfWidth + halfWidth *
      distanceInfluenceForSnapDuration(distanceRatio);
```

计算滚动距离部分不必深究，知道是在计算距离就行了，这里涉及 fling 算法，在第 8 章讲解 RecyclerView 时会再次讲到。

然后，得到速度的绝对值：

```
velocity = Math.abs(velocity);
```

接着，根据速度是否为 0 来采用不同的计算时长的方式：

```
if (velocity > 0) {
   duration = 4 * Math.round(1000 * Math.abs(distance / velocity));
} else {
   final float range = (float) Math.abs(delta) / motionRange;
   duration = (int) ((range + 1) * BASE_SETTLE_DURATION);
}
return Math.min(duration, MAX_SETTLE_DURATION);
```

如果给定速度 velocity 不为 0，就通过距离除以速度来计算时间；如果 velocity 为 0，就通过滚动距离（delta）除以总的移动范围（motionRange，也就是 Callback 里 getViewHorizontalDragRange、getViewVerticalDragRange 函数的返回值）来计算时间。最后还会对计算出来的时间进行过滤，最终时间不会超过 MAX_SETTLE_DURATION，源码中的取值是 600 ms，因此不用担心由于 Callback 里 getViewHorizontalDragRange、getViewVerticalDragRange 函数返回错误的数值而导致自动滚动时间过长。

在调用 settleCapturedViewAt、flingCapturedView 和 smoothSlideViewTo 时，还需要实现 mParentView 的 computeScroll 函数：

```
@Override
public void computeScroll() {
   if (mDragHelper.continueSettling(true)) {
      ViewCompat.postInvalidateOnAnimation(this);
   }
}
```

至此，整个触摸流程和 ViewDragHelper 类的重要函数都已经讲解完毕。之前在讨论

shouldInterceptTouchEvent 的 ACTION_DOWN 部分执行完毕后应该执行什么的时候，还有一种情况没有展开讲解，那就是有子控件消费了本次 ACTION_DOWN 消息的情况，我们将在 6.4.3 节来看看这种情况。

6.4.3 消息被子控件消费的 Touch 事件的处理方法

6.4.3.1 ACTION_MOVE 的消息传递模型

我们从前面介绍的消息传递模型可以知道，当顶层的 View 没有消费消息时，后面的消息就不会再分发给这个 View，而且直接到达 ViewGroup 中。那么如果顶层的 View 消费了 ACTION_DOWN 消息呢？这时的消息传递模型将会是如图 6-32 所示的样子。

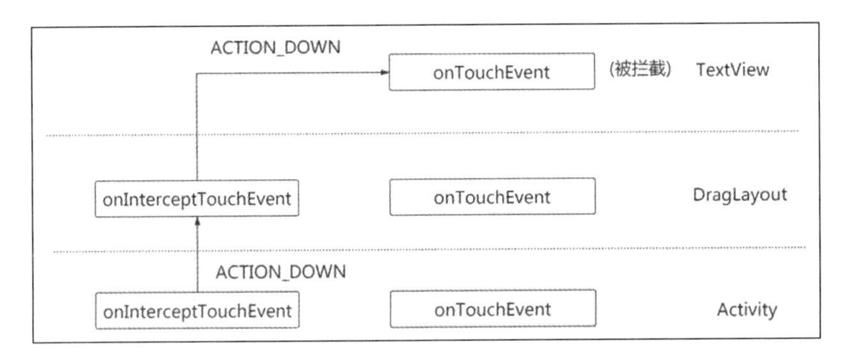

图 6-32

即消息从 Activity 传递给 DragLayout，然后传给 TextView。在消息被 TextView 消费后，就不再继续传递了。在这种情况下，ACTION_MOVE 消息的传递模型如图 6-33 所示。

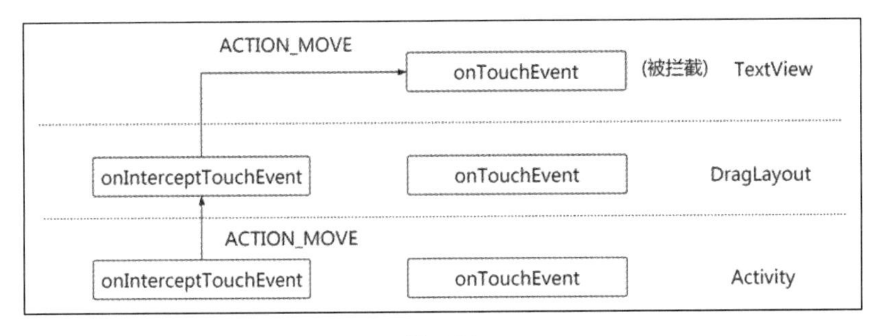

图 6-33

这里的消息传递模型与 6.2 节中 ACTION_MOVE 的消息传递模型明显不同。在这里，ACTION_DOWN 消息被顶层 View 消费了以后，后面的 ACTION_MOVE 消息依然会遵循从父控件向顶层 View 的传递流程。

我们可以在 6.4.2 节的 demo 中，在 MyTextView 的 onTouchEvent 函数中返回 true，让它拦截 ACTION_DOWN 消息：

```
public class MyTextView extends TextView {
    …

    @Override
    public boolean onTouchEvent(MotionEvent event) {
        Log.d("qijian","MyTextView onTouchEvent   event:"+event.getAction());
        return true;
    }
}
```

同时为了不让 DragLayout 在移动过程中被中途拦截，需要去掉 getViewHorizontalDragRange 和 getViewVerticalDragRange 回调函数的实现。

然后在 item 2 上滑动几下，可扫码查看效果图。

扫码查看动态效果图

对应的日志如图 6-34 所示。

```
/com.example.harvic.msgtools D/qijian: DragLayout  onInterceptTouchEvent  event:0
/com.example.harvic.msgtools D/qijian: MyTextView onTouchEvent    event:0
/com.example.harvic.msgtools D/qijian: DragLayout  onInterceptTouchEvent  event:2
/com.example.harvic.msgtools D/qijian: MyTextView onTouchEvent    event:2
/com.example.harvic.msgtools D/qijian: DragLayout  onInterceptTouchEvent  event:2
/com.example.harvic.msgtools D/qijian: MyTextView onTouchEvent    event:2
/com.example.harvic.msgtools D/qijian: DragLayout  onInterceptTouchEvent  event:2
/com.example.harvic.msgtools D/qijian: MyTextView onTouchEvent    event:2
/com.example.harvic.msgtools D/qijian: DragLayout  onInterceptTouchEvent  event:2
/com.example.harvic.msgtools D/qijian: MyTextView onTouchEvent    event:2
/com.example.harvic.msgtools D/qijian: DragLayout  onInterceptTouchEvent  event:2
/com.example.harvic.msgtools D/qijian: MyTextView onTouchEvent    event:2
/com.example.harvic.msgtools D/qijian: DragLayout  onInterceptTouchEvent  event:2
/com.example.harvic.msgtools D/qijian: MyTextView onTouchEvent    event:2
```

图 6-34

从日志可以明显地看出，消息传递流程与上面的消息传递模型吻合。

6.4.3.2　顶层 View 消费消息的源码解析

在这种情况下，既然每次都要执行 DragLayout 的 onInterceptTouchEvent 函数，那么我们就再来分析一下 DragLayout 的 onInterceptTouchEvent 函数：

```
public boolean onInterceptTouchEvent(MotionEvent event) {
    return mDragger.shouldInterceptTouchEvent(event);
}
```

因为在 onInterceptTouchEvent 函数中会返回 ViewDragHelper 的 shouldInterceptTouchEvent (event) 函数，所以直接来看看 ViewDragHelper 的 shouldInterceptTouchEvent(event) 在 ACTION_MOVE 部分的代码：

```
public boolean shouldInterceptTouchEvent(MotionEvent ev) {
    // 省略...

    switch (action) {
        // 省略其他情况
```

```
        case MotionEvent.ACTION_MOVE: {
            // First to cross a touch slop over a draggable view wins. Also report
            // edge drags.
            final int pointerCount = MotionEventCompat.getPointerCount(ev);
            for (int i = 0; i < pointerCount; i++) {
                final int pointerId = MotionEventCompat.getPointerId(ev, i);
                final float x = MotionEventCompat.getX(ev, i);
                final float y = MotionEventCompat.getY(ev, i);
                final float dx = x - mInitialMotionX[pointerId];
                final float dy = y - mInitialMotionY[pointerId];

                final View toCapture = findTopChildUnder((int) x, (int) y);
                final boolean pastSlop = toCapture != null && checkTouchSlop(toCapture,
dx, dy);
                if (pastSlop) {
                    // check the callback's
                    // getView[Horizontal|Vertical]DragRange methods to know
                    // if you can move at all along an axis, then see if it
                    // would clamp to the same value. If you can't move at
                    // all in every dimension with a nonzero range, bail.
                    final int oldLeft = toCapture.getLeft();
                    final int targetLeft = oldLeft + (int) dx;
                    final int newLeft = mCallback.
clampViewPositionHorizontal(toCapture,targetLeft, (int) dx);
                    final int oldTop = toCapture.getTop();
                    final int targetTop = oldTop + (int) dy;
                    final int newTop = mCallback.clampViewPositionVertical(toCapture,
targetTop,(int) dy);
                    final int horizontalDragRange = mCallback.
getViewHorizontalDragRange(
                            toCapture);
                    final int verticalDragRange = mCallback.
getViewVerticalDragRange(toCapture);
                    if ((horizontalDragRange == 0 || horizontalDragRange > 0
                            && newLeft == oldLeft) && (verticalDragRange == 0
                            || verticalDragRange > 0 && newTop == oldTop)) {
                        break;
                    }
                }
                reportNewEdgeDrags(dx, dy, pointerId);
                if (mDragState == STATE_DRAGGING) {
                    // Callback might have started an edge drag
                    break;
                }

                if (pastSlop && tryCaptureViewForDrag(toCapture, pointerId)) {
                    break;
                }
            }
            saveLastMotion(ev);
            break;
```

```
        }

        // 省略其他情况
    }

    return mDragState == STATE_DRAGGING;
}
```

这段代码比较长，下面一点点拆开来看。首先看如下部分的代码：

```
case MotionEvent.ACTION_MOVE: {
    // First to cross a touch slop over a draggable view wins. Also report edge drags.
    final int pointerCount = MotionEventCompat.getPointerCount(ev);
    for (int i = 0; i < pointerCount; i++) {
        final int pointerId = MotionEventCompat.getPointerId(ev, i);
        final float x = MotionEventCompat.getX(ev, i);
        final float y = MotionEventCompat.getY(ev, i);
        final float dx = x - mInitialMotionX[pointerId];
        final float dy = y - mInitialMotionY[pointerId];
```

如果有多根手指触摸了屏幕，那么会利用 for 循环对每个触摸位置都检查一下。在 for 循环中，先拿到当前手指的坐标(x,y)和距离上次位置的移动距离(dx,dy)。然后利用 findTopChildUnder(int x, int y)寻找触摸位置处的子 View，接着用 checkTouchSlop(View child, float dx, float dy)检查当前触摸位置到触发 ACTION_DOWN 消息的位置之间的距离是否达到了 mTouchSlop，达到了才会捕获 View：

```
final View toCapture = findTopChildUnder((int) x, (int) y);
final boolean pastSlop = toCapture != null && checkTouchSlop(toCapture, dx, dy);
```

在 pastSlop 的值为 true 时，表示移动距离达到了 mTouchSlop，继续执行其中的代码：

```
if (pastSlop) {
    final int oldLeft = toCapture.getLeft();
    final int targetLeft = oldLeft + (int) dx;
    final int newLeft = mCallback.clampViewPositionHorizontal(toCapture,
            targetLeft, (int) dx);
    final int oldTop = toCapture.getTop();
    final int targetTop = oldTop + (int) dy;
    final int newTop = mCallback.clampViewPositionVertical(toCapture, targetTop,
            (int) dy);
```

在这里，通过 toCapture.getLeft 得到当前控件的 left 坐标值，然后根据 oldLeft + (int) dx 计算出新坐标值，最后通过 int newLeft = mCallback.clampViewPositionHorizontal(toCapture, targetLeft, (int) dx);将数值返回给用户，让用户决定最新的位置 newLeft。

top 坐标的处理逻辑与 left 坐标的一致，就不再多讲，相关代码如下：

```
final int horizontalDragRange = mCallback.getViewHorizontalDragRange(toCapture);
final int verticalDragRange = mCallback.getViewVerticalDragRange(toCapture);
if ((horizontalDragRange == 0 || horizontalDragRange > 0
        && newLeft == oldLeft) && (verticalDragRange == 0
        || verticalDragRange > 0 && newTop == oldTop)) {
```

```
    break;
}
```

然后通过 mCallback.getViewHorizontalDragRange(toCapture)和 mCallback.getViewVerticalDragRange(toCapture)回调函数得到用户返回的移动范围，并在 if 语句中进行判断：

- horizontalDragRange == 0：如果移动范围是 0，会被认为不需要横向移动。
- horizontalDragRange > 0 && newLeft == oldLeft：如果横向移动距离不是 0，但老位置和新位置是相同的，在这种情况下也不需要横向移动。
- 同样地，纵向位置也遵循同样的判断逻辑。
- 当不需要横向移动且也不需要纵向移动时，会执行 break;并跳出循环。

如果跳出循环，就直接进入 return mDragState == STATE_DRAGGING;逻辑，因为 ViewDragHelper 在 ACTION_DOWN 部分并没有捕捉消息，所以 mDragState 还保持默认值 STATE_IDLE，也就是说，当 mCallback.getViewHorizontalDragRange(toCapture)和 mCallback.getViewVerticalDragRange(toCapture)回调函数都返回 0 时，在 shouldInterceptTouchEvent 的 ACTION_MOVE 部分返回 false，即不捕捉 ACTION_MOVE 消息，所以消息会继续传递给子控件。

相反，如果 mCallback.getViewHorizontalDragRange(toCapture)和 mCallback. getViewVerticalDragRange(toCapture)回调函数的其中一个或两个都不返回 0，而且检测到在某个方向上可以拖动，那么就会继续向下执行：

```
case MotionEvent.ACTION_MOVE: {
    //省略
    for (int i = 0; i < pointerCount; i++) {
        //省略
        if (pastSlop) {
            //省略
        }
        reportNewEdgeDrags(dx, dy, pointerId);
        if (mDragState == STATE_DRAGGING) {
            // Callback might have started an edge drag
            break;
        }

        if (pastSlop && tryCaptureViewForDrag(toCapture, pointerId)) {
            break;
        }
    }
    saveLastMotion(ev);
    break;
}
```

以上首先通过 reportNewEdgeDrags(dx, dy, pointerId);来判断是不是边缘拖动，将结果反馈给用户。然后通过 tryCaptureViewForDrag(toCapture, pointerId)捕获需要移动的 View。如果捕获成功，mDragState 的值就会变成 STATE_DRAGGING，shouldInterceptTouchEvent 函数就会返回 true。

这里重要的是，如果在 DragLayout 的 onInterceptTouchEvent 函数中，ACTION_MOVE 部分返回了 true，那么就表示拦截了 ACTION_MOVE 消息，这时后面的消息流向是怎样的呢？图 6-35 展示了在这种情况下的消息传递模型。

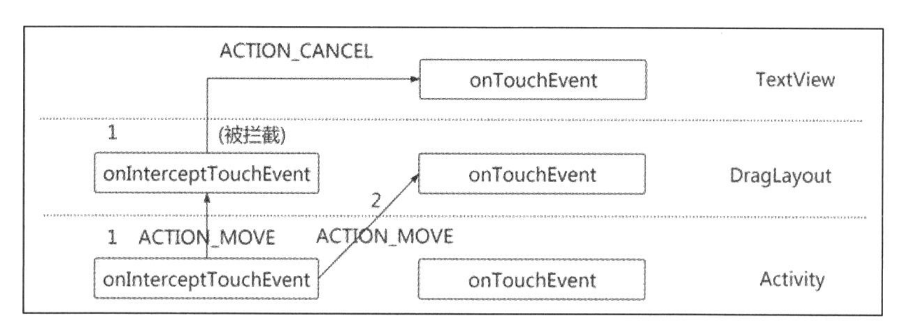

图 6-35

在图 6-35 中存在如下两个过程。

- 标记 1 的过程：首先，ACTION_MOVE 消息在首次传递到 DragLayout 时被拦截，然后就会发 ACTION_CANCEL 消息给所有的子控件，表示消息已经被拦截，上层的所有动作都可以取消。
- 标记 2 的过程：之后的所有 ACTION_MOVE 消息就会直接跳过 DragLayout 的 onInterceptTouchEvent 函数，直接传到 onTouchEvent 函数中。

下面通过代码模拟一下，在 DragLayout 中，给 ViewDragHelper 类添加 getViewHorizontalDragRange 和 getViewVerticalDragRange 函数，并返回大于 0 的值，比如 1：

```
mDragger = ViewDragHelper.create(this, 1.0f, new ViewDragHelper.Callback() {
    //省略
    …

    @Override
    public int getViewHorizontalDragRange(View child) {
        return 1;
    }
    @Override
    public int getViewVerticalDragRange(View child) {
        return 1;
    }
});
```

这里为了让 item 跟随手指移动，将两个函数都重写了，大家也可以重写一个，其实也能实现消息的拦截。然后拖动 item 2，可扫码查看效果图。

扫码查看动态效果图

对应的日志如图 6-36 所示。

```
harvic.msgtools D/qijian: DragLayout  onInterceptTouchEvent  event:0
harvic.msgtools D/qijian: MyTextView onTouchEvent   event:0
harvic.msgtools D/qijian: DragLayout  onInterceptTouchEvent  event:2
harvic.msgtools D/qijian: MyTextView onTouchEvent   event:2
harvic.msgtools D/qijian: DragLayout  onInterceptTouchEvent  event:2
harvic.msgtools D/qijian: MyTextView onTouchEvent   event:2
harvic.msgtools D/qijian: DragLayout  onInterceptTouchEvent  event:2
harvic.msgtools D/qijian: MyTextView onTouchEvent   event:3
harvic.msgtools D/qijian: DragLayout onTouchEvent  event:2
harvic.msgtools D/qijian: DragLayout onTouchEvent  event:2
harvic.msgtools D/qijian: DragLayout onTouchEvent  event:2
```

图 6-36

图 6-36 中的日志分为 4 块，其中 ACTION_DOWN 的值是 0，ACTION_MOVE 的值是 2，ACTION_CANCEL 的值是 3。

- 第 1 块：在手指刚按下时，ACTION_DOWN 消息的传递流程。
- 第 2 块：接下来是 ACTION_MOVE 消息的传递流程，因为 ACTION_MOVE 消息一直不断到来，而 ViewDragHelper 更改 mDragState 状态需要时间，所以出现了消息拦截不是那么及时的情况，在没有拦截消息前，会有 ACTION_MOVE 消息流到上层的 TextView 中。
- 第 3 块：DragLayout 正式拦截消息，向 TextView 发出 ACTION_CANCEL 消息。
- 第 4 块：拦截之后的 ACTION_MOVE 消息，会直接进入 DragLayout 的 onTouchEvent 函数中。

到这里，就介绍完 ViewDragHelper 在各种情况下的处理逻辑及对应的源码解析，信息量有点大，还需要大家多多梳理。下面再介绍一些需要了解，但为了更好地梳理流程而没有讲到的内容。

6.4.4 遗留问题解析

6.4.4.1 shouldInterceptTouchEvent 函数的 ACTION_DOWN 部分

下面再回头来讲解一下 shouldInterceptTouchEvent 函数的 ACTION_DOWN 部分：

```
public boolean shouldInterceptTouchEvent(MotionEvent ev) {
    // 省略其他部分

    switch (action) {
        // 省略其他情况

        case MotionEvent.ACTION_DOWN: {
            // 省略其他部分

            // Catch a settling view if possible.
            if (toCapture == mCapturedView && mDragState == STATE_SETTLING) {
                tryCaptureViewForDrag(toCapture, pointerId);
```

```
            }

            // 省略其他部分
        }

        // 省略其他情况
    }

    return mDragState == STATE_DRAGGING;
}
```

现在应该明白这部分代码会在什么情况下执行了。当我们松手后捕获的 View 处于自动滚动的过程中时，若用户再次触摸屏幕，就会执行这里的 tryCaptureViewForDrag 函数并尝试捕获 View。如果捕获成功，mDragState 就会变为 STATE_DRAGGING，shouldInterceptTouchEvent 返回 true，然后 mParentView 的 onInterceptTouchEvent 函数会返回 true，接着执行 mParentView 的 onTouchEvent 函数，最后执行 processTouchEvent 函数的 ACTION_DOWN 部分。此时（ACTION_DOWN 消息到来时）mParentView 的 onTouchEvent 函数会返回 true，这样 onTouchEvent 才能继续接收接下来的 ACTION_MOVE、ACTION_UP 等消息，否则无法完成拖动。

6.4.4.2　getViewHorizontalDragRange 与 getViewVerticalDragRange 函数

从前面的源码解析可以看到，只有两个地方涉及了 getViewHorizontalDragRange 与 getViewVerticalDragRange 函数。

第 1 个地方，在计算时长时：

```
    int yduration = computeAxisDuration(dy, yvel,
mCallback.getViewVerticalDragRange(child));
```

其中

```
private int computeAxisDuration(int delta, int velocity, int motionRange) {
    //部分省略
    if (velocity > 0) {
        duration = 4 * Math.round(1000 * Math.abs(distance / velocity));
    } else {
        final float range = (float) Math.abs(delta) / motionRange;
        duration = (int) ((range + 1) * BASE_SETTLE_DURATION);
    }
    return Math.min(duration, MAX_SETTLE_DURATION);
}
```

可以看到，为了保证时长是正值，这里的 getViewHorizontalDragRange 与 getViewVerticalDragRange 函数返回值必须是正值。

第 2 个地方，在 boolean shouldInterceptTouchEvent(MotionEvent ev)中拦截 ACTION_MOVE 消息的部分：

```
final int verticalDragRange = mCallback.getViewVerticalDragRange(toCapture);
if ((horizontalDragRange == 0 || horizontalDragRange > 0
```

```
        && newLeft == oldLeft) && (verticalDragRange == 0
        || verticalDragRange > 0 && newTop == oldTop)) {
      break;
  }
```

这里要求 getViewHorizontalDragRange 与 getViewVerticalDragRange 函数的返回值不是 0。

总的来说，getViewHorizontalDragRange 与 getViewVerticalDragRange 函数的返回值需要是大于 0 的值，即可以拦截 ACTION_MOVE 消息。

6.4.4.3 如何让 ViewDragHelper 类监听失效

从上面的例子可以知道，当我们在 MyTextView 中消费了消息时，ViewDragHelper 类的监听就失效了。我们只有在添加 getViewHorizontalDragRange 或者 getViewVerticalDragRange 函数实现后，才能继续监听。

但是，我们能不能在 ViewDragHelper 类已经实现了 getViewHorizontalDragRange 或者 getViewVerticalDragRange 的情况下，让 ViewDragHelper 类的监听失效呢？

我们知道，ViewParent 类有一个函数：

```
public void requestDisallowInterceptTouchEvent(boolean disallowIntercept);
```

它的意思是，是否禁止父控件拦截消息。当 boolean disallowIntercept 为 true 时，表示禁止父控件拦截消息，即便父控件在 onInterceptTouchEvent 函数中返回 true 也无效。

我们做一个尝试，在 DragLayout 中实现 getViewHorizontalDragRange 和 getViewVerticalDragRange 函数：

```
public class DragLayout extends LinearLayout {
    private ViewDragHelper mDragger;
    //省略构造函数
    …
    private void init(Context context) {
        mDragger = ViewDragHelper.create(this, 1.0f, new ViewDragHelper.Callback() {
            //省略其他部分函数
            …
            @Override
            public int getViewHorizontalDragRange(View child) {
                return 1;
            }
            @Override
            public int getViewVerticalDragRange(View child) {
                return 1;
            }
        });
    }

    @Override
    public boolean onInterceptTouchEvent(MotionEvent event) {
        return mDragger.shouldInterceptTouchEvent(event);
    }
```

```
    @Override
    public boolean onTouchEvent(MotionEvent event) {
        mDragger.processTouchEvent(event);
        return true;
    }
}
```

可以看到，DragLayout 中实现的 getViewHorizontalDragRange 和 getViewVerticalDragRange 函数都返回了 1，按理来说，ViewDragHelper 会拦截消息，item 2 也会跟着被拖动。但是，当我们在 MyTextView 的 onTouchEvent 函数中禁止父控件拦截消息时，情况将会不一样：

```
public class MyTextView extends TextView {
    //省略构造函数
    …
    @Override
    public boolean onTouchEvent(MotionEvent event) {
        ViewParent parentView = getParent();
        parentView.requestDisallowInterceptTouchEvent(true);
        return true;
    }
}
```

以上首先通过 ViewParent parentView = getParent();得到父控件的 ViewParent 对象，然后调用 parentView.requestDisallowInterceptTouchEvent(true);禁止父控件拦截消息。

在这种情况下，可扫码查看我们运行代码后的效果图。

扫码查看动态效果图

可以看到，我们在 item 2 上无论怎么拖动，都是无效的，此时的日志如图 6-37 所示。

```
ic.msgtools D/qijian: DragLayout  onInterceptTouchEvent  event:0
ic.msgtools D/qijian: MyTextView onTouchEvent   event:0
ic.msgtools D/qijian: MyTextView onTouchEvent   event:2
ic.msgtools D/qijian: MyTextView onTouchEvent   event:2
ic.msgtools D/qijian: MyTextView onTouchEvent   event:2
ic.msgtools D/qijian: MyTextView onTouchEvent   event:2
ic.msgtools D/qijian: MyTextView onTouchEvent   event:2
```

图 6-37

从图 6-37 可以看到，在 MyTextView 禁止了父控件拦截消息的情况下，消息会在 MyTextView 的 onTouchEvent 函数返回 true 时被拦截。这就实现了虽然 ViewDragHelper 已经添加了拦截代码，但子控件还是使它拦截失效的方法。

6.5 ViewConfiguration 类

ViewConfiguration 类主要定义了 UI 中所用的标准常量，像时间、尺寸、距离等。如果需要得到这些常量的值，就可以通过这个类来获取。获取 ViewConfiguration 对象的方法如下：

```
ViewConfiguration configure = ViewConfiguration.get(context);
```

在获取到 ViewConfiguration 对象以后，我们就可以通过该对象调用相关的函数，并返回对应的常量值。

这个类中的函数非常多，下面仅会把每个函数的作用列出，供大家参考。大家只需要留有一个印象，使用时知道来这里找相关的函数即可。这些函数及其作用如下。

6.5.1 距离相关函数

距离相关函数如下。

（1）public int getScaledTouchSlop()

该函数用于获取一个距离，在滑动的时候，手指的移动距离要大于这个距离才算作滑动，才会开始移动控件。如果小于这个距离，不会触发移动控件，如 ViewPager 就是用这个距离来判断用户是否翻页的。

（2）public int getScaledDoubleTapSlop()

该函数返回第 1 次触摸位置和第 2 次触摸位置之间的像素距离的临界值，如果用户的第 1 次触摸位置和第 2 次触摸位置之间的像素距离小于这个值，会被认为是双击动作。

（3）public int getScaledPagingTouchSlop()

该函数返回的值表示翻页所用的最小距离。当拖动距离小于这个距离时，不会触发翻页，比如 ViewPager 就是用这个距离来判断用户是否翻页的。

（4）public int getScaledWindowTouchSlop()

该函数可以获得使窗体消失的最小触摸距离。当触摸位置离窗体边缘的距离大于这个距离时，窗体才会消失。

（5）public int getScaledOverscrollDistance()

该函数用于获得手指拖动位置与边缘的最大距离。像在 ListView 中，可以设置 Overscroll，这个值就是 Overscroll 的最大值。

（6）public int getScaledOverflingDistance()

该函数用于获得滑动位置与边缘的最大距离。与上面的 getScaledOverscrollDistance 函数的区别是一个是手指拖动，一个是滑动。

（7）public int getScaledEdgeSlop()

手指在 View 边缘滑动时，通过该函数可以获得拖动侧边栏的最小滑动距离。在 DrawerLayout 中，就是用这个距离来判断是否展开侧边栏的，当手指在边缘的滑动距离大于这个距离时，侧边栏就会在边缘出现了。

6.5.2　速度相关函数

速度相关函数如下。

（1）public int getScaledMinimumFlingVelocity()

该函数可获得 fling 手势动作的最小速度值。当手指动作速度值小于这个值时，不会触发执行 onFling 函数。

（2）public int getScaledMaximumFlingVelocity()

该函数可获得 fling 手势动作的最大速度值。

（3）public static float getScrollFriction()

该函数用于获得滑动的摩擦力，值越大，在移动 ListView 时，移动得越慢。有时，我们会觉得 ListView 太灵敏，稍微一动就滑走了，这时就可以通过 listView.setFriction(int fraction)来给 listView 设置摩擦力属性。比如 listView.setFriction(ViewConfiguration.getScrollFriction() * 2)，即将摩擦力设置为系统默认值的 2 倍。

有关速度，还有另一个类 VelocityTracker，这是一个跟踪触摸事件滑动速度的辅助类，用于实现 fling 及其他类似的手势。它的原理是把触摸事件 MotionEvent 对象传递给 VelocityTracker 的 addMovement(MotionEvent)函数，然后通过分析 MotionEvent 对象在单位时间内发生的位移来计算速度。你可以使用 getXVelocity 或 getXVelocity 函数获得横向和纵向速度，但是使用它们之前需要先调用 computeCurrentVelocity(int)函数来设定初始速度。

有些时候，ViewConfiguration 的速度函数和 VelocityTracker 是结合使用的，这里就不再延伸了，大家可以自行学习。

6.5.3　时间相关函数

时间相关函数如下。

（1）public static long getZoomControlsTimeout()

该函数用于获得缩放控件在屏幕上消失所需的时间（ms）。在 WebView 中，当我们缩放页面的时候，原生的 WebView 会出现一个缩放条，如图 6-38 所示，这个函数就用于获取这个缩放条消失所用的时长。

图 6-38

（2）public long getDeviceGlobalActionKeyTimeout()

该函数用于设置按关机键多长时间算长按，默认情况下是 500ms。

（3）public static int getDoubleTapTimeout()

该函数能识别双击操作的两次点击操作之间的最长时间，默认是 300ms。当两次点击操作间隔超过 300ms 时，不会被判别为双击，而会被判别为两次点击。

（4）public static int getTapTimeout()

该函数用于设置点击超时时间（ms）。若用户在该间隔时间内没有移动，就认为是点击操作，反之认为是移动操作。

（5）public static int getLongPressTimeout()

该函数用于设置判定为长按的按压最短时间（ms）。用户按压时长超过这个值，就会被判定为长按，否则被判定为点击。

（6）public static int getPressedStateDuration()

该函数用于获取系统触发点击事件的最长时间。当用户的按压时间小于这个值时，会被判定为点击事件。

6.5.4 其他函数

其他一些函数如下。

（1）public int getScaledMaximumDrawingCacheSize()

该函数获得的是系统所提供的最大 DrawingCache 值。在解析 Bitmap 时，如果 Bitmap 的大小大于系统所提供的最大 DrawingCache 值，就会解析失败，Bitmap 实例就会被赋值为 null。在图片加载框架中，经常使用这个函数来判断当前的 Bitmap 是不是过大，如果过大，将使用加载大图策略来加载图片。

（2）public boolean hasPermanentMenuKey()

该函数会判断当前设置是否有菜单键，这里不是指虚拟按键，而是指手机屏幕外的实体按键。

（3）public int getScaledScrollBarSize()

该函数用于获取滚动条的长度，即水平滚动条的宽度或垂直滚动条的高度。

（4）public static int getScrollBarFadeDuration()

该函数用于获取滚动条消失所需的时间，即消失的时长。

（5）public static int getScrollDefaultDelay()

该函数用于获取滚动条消失的延迟时间。在手指离开屏幕后，滚动条并不会立马消失，而是过一会再消失，这段时间就是手指离开屏幕后在无任何操作的状态下滚动条消失所需的时间。

第 7 章 RecyclerView

绝望的时候不要那么绝望，高兴的时候不要那么高兴，是你慢慢会学会的。

——董卿

RecyclerView 是在 support-7 包中引入的一个控件，它可以实现非常丰富的列表效果，而且可扩展性非常强。图 7-1 中这些看起来非常炫酷的列表都是通过 RecyclerView 来实现的。

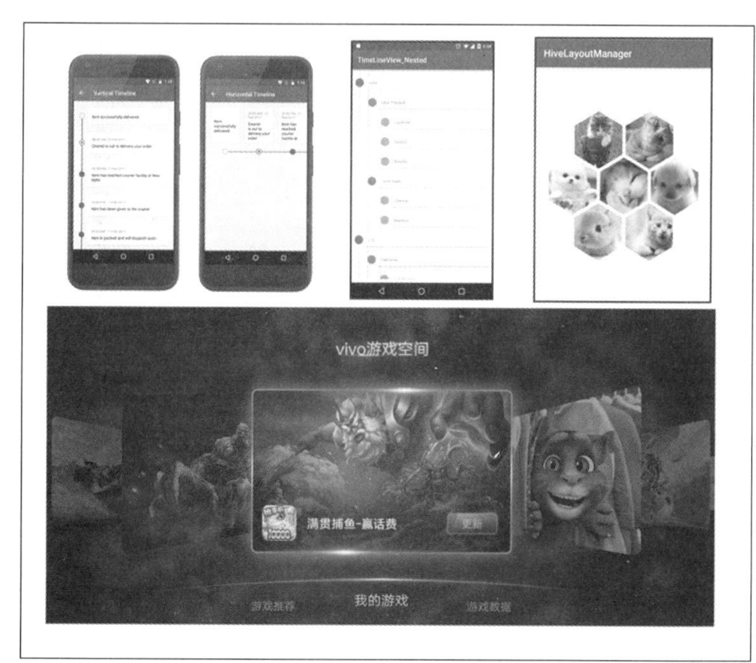

扫码查看彩色图

图 7-1

下面，我们就来一步步学习 RecyclerView 吧。

7.1 RecyclerView 概述

7.1.1 导入 support-v7 包

“工欲善其事，必先利其器”，RecyclerView 存在于 support-v7 包中，我们需要在新建的 Gradle 工程中导入 support-v7 包：

```
compile 'com.android.support:recyclerview-v7:21.0.3'
```

Gradle 版本较高的读者会发现 compile 关键字处会报警。在高版本的 Gradle 中 compile 已经被弃用了，改成了 implementation，所以你可以改为：

```
implementation 'com.android.support:recyclerview-v7:21.0.3'
```

加上上面的依赖代码以后，你会发现依赖库根本拉不下来。这是为什么呢？

support-v7 包并不是通过 maven 从远程下载的，而是通过 Android Studio 的 SDK Manager 来下载到本地，然后再引用的。本地有没有 support-v7 包，大家可以看一下 SDK 的这个位置（Sdk\extras\android\m2repository\com\android\support），如图 7-2 所示。

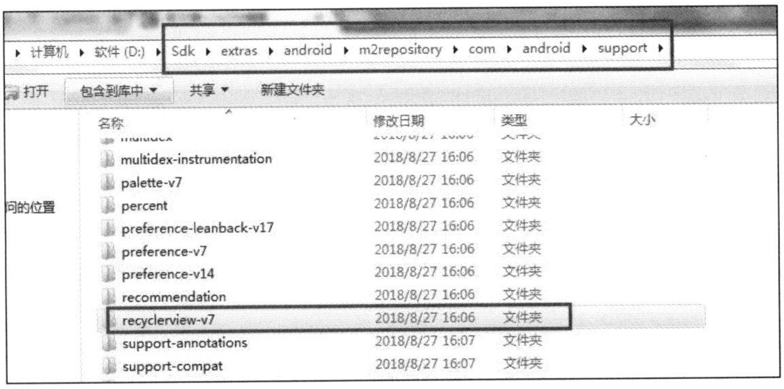

图 7-2

从图 7-2 中可以看到，在我的 com/android/support 目录下有所有的 support 包，也有 recyclerview-v7 包。如果在该文件夹下没有找到该包的话，则可以通过 SDK Manager 引入，如图 7-3 所示。

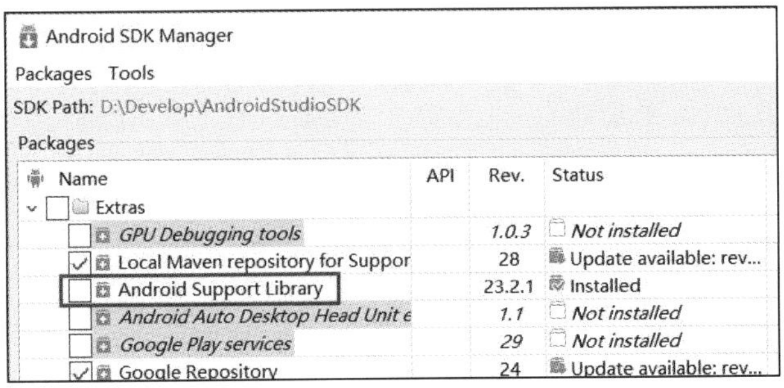

图 7-3

下载完成后，在这个文件夹下就会有对应的包存在了。当我们进入 recyclerview-v7 文件夹时，可以看到 recyclerview-v7 的各种版本，如图 7-4 所示。

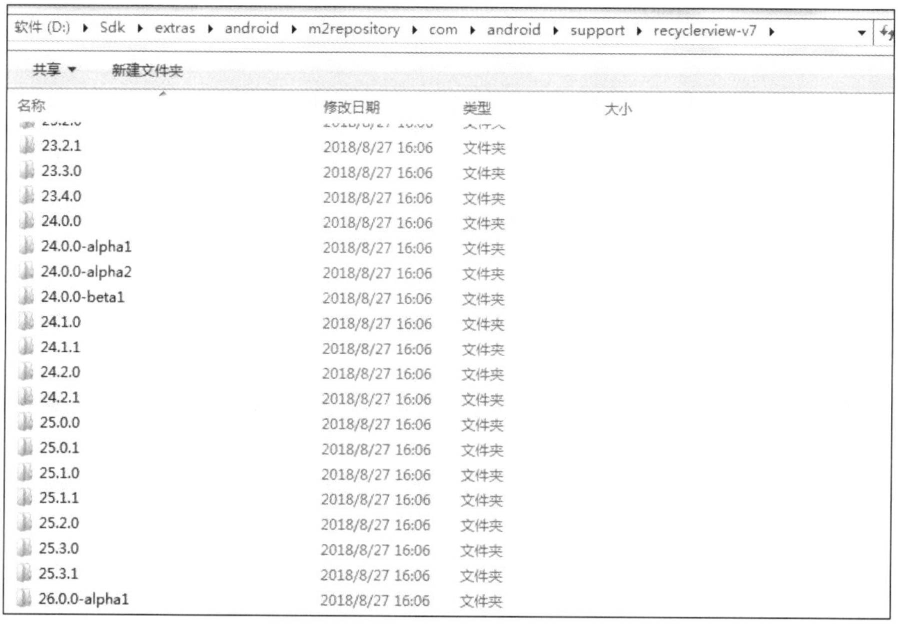

软件 (D:) ▸ Sdk ▸ extras ▸ android ▸ m2repository ▸ com ▸ android ▸ support ▸ recyclerview-v7 ▸

共享 ▾　新建文件夹

名称	修改日期	类型	大小
23.2.1	2018/8/27 16:06	文件夹	
23.3.0	2018/8/27 16:06	文件夹	
23.4.0	2018/8/27 16:06	文件夹	
24.0.0	2018/8/27 16:06	文件夹	
24.0.0-alpha1	2018/8/27 16:06	文件夹	
24.0.0-alpha2	2018/8/27 16:06	文件夹	
24.0.0-beta1	2018/8/27 16:06	文件夹	
24.1.0	2018/8/27 16:06	文件夹	
24.1.1	2018/8/27 16:06	文件夹	
24.2.0	2018/8/27 16:06	文件夹	
24.2.1	2018/8/27 16:06	文件夹	
25.0.0	2018/8/27 16:06	文件夹	
25.0.1	2018/8/27 16:06	文件夹	
25.1.0	2018/8/27 16:06	文件夹	
25.1.1	2018/8/27 16:06	文件夹	
25.2.0	2018/8/27 16:06	文件夹	
25.3.0	2018/8/27 16:06	文件夹	
25.3.1	2018/8/27 16:06	文件夹	
26.0.0-alpha1	2018/8/27 16:06	文件夹	

图 7-4

大家可以选择这里已有的版本来引入。比如，这里有 recyclerview-v7 的 25.3.1 版本，所以我最终的引用包如下：

```
implementation 'com.android.support:recyclerview-v7:25.3.1'
```

在引入 support 包时，需要注意以下两点：

- 引入的 support 包的版本要比 targetSdkVersion 高，不然会报错。
- 如果引入了多个 support 包组件，则它们的版本号要保持一致；否则有可能因为其不是同一个版本的，代码不配套而出现错误。比如我同时引入 appcompat 包和 recyclerview 包，那么它们的写法如下：

```
implementation 'com.android.support:appcompat-v7:25.3.1'
implementation 'com.android.support:recyclerview-v7:25.3.1'
```

7.1.2　RecyclerView 的简单使用

在此，我们举一个简单的例子，具体看一下 RecyclerView 的使用方法。本小节所实现的效果如图 7-5 所示。

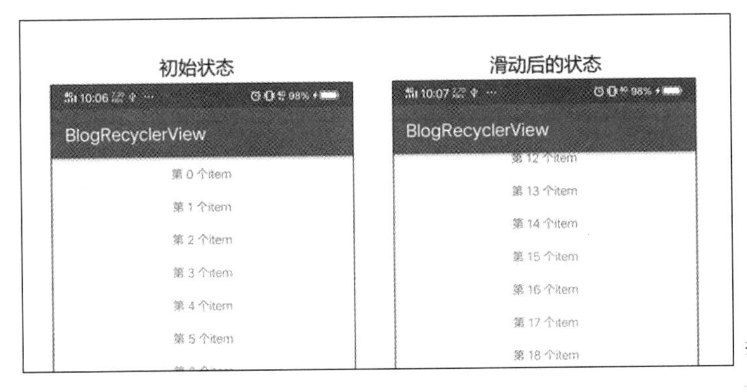

扫码查看动态效果图

图 7-5

1. 引入 RecyclerView

首先，在 XML 中引入 RecyclerView：

```
<?xml version="1.0" encoding="utf-8"?>
<android.support.constraint.ConstraintLayout
    xmlns:android="http://schemas.android.com/apk/res/android"
    xmlns:tools="http://schemas.android.com/tools"
    android:layout_width="match_parent"
    android:layout_height="match_parent"
    tools:context=".LinearActivity">

    <android.support.v7.widget.RecyclerView
        android:id="@+id/linear_recycler_view"
        android:layout_width="match_parent"
        android:layout_height="match_parent">

    </android.support.v7.widget.RecyclerView>

</android.support.constraint.ConstraintLayout>
```

2. 实现 Adapter

与 ListView 一样，RecyclerView 同样需要一个 Adapter 来将数据和 item 视图绑定起来，但不同的是，RecyclerView 的 Adapter 需要继承自 RecyclerView.Adapter<RecyclerView.ViewHolder>。

当我们写一个 Adapter 的类继承自 RecyclerView.Adapter<RecyclerView.ViewHolder>时，最简单的形式是这样的：

```
public class RecyclerAdapter extends RecyclerView.Adapter<ViewHolder> {
    @Override
    public ViewHolder onCreateViewHolder(ViewGroup parent, int viewType) {
        return null;
    }

    @Override
    public void onBindViewHolder(ViewHolder holder, int position) {
```

```
    }

    @Override
    public int getItemCount() {
        return 0;
    }
}
```

这三个函数是强制必须重写的，其中：

- onCreateViewHolder：用于得到我们自定义的 ViewHolder。在 ListView 中，我们也会定义 ViewHolder 来承载视图中的元素。
- onBindViewHolder：用于将指定位置的数据和视图绑定起来。
- getItemCount：用于获取列表总共的 item 数。

可见这三项其实在 ListView 中也都是需要做的，只是这里单独通过回调给列出来了。我们只需要补充这三个函数，就算实现了 Adapter。

在填充 RecyclerAdapter 之前，一般而言 ListView 的数据都是从外部传进来的，所以我们需要给 RecyclerAdapter 添加一个构造函数，将数据从外部传进来：

```
private Context mContext;
private ArrayList<String> mDatas;

public RecyclerAdapter(Context context, ArrayList<String> datas) {
    mContext = context;
    mDatas = datas;
}
```

为了代码的简洁性，我们传进来的数据非常简单,就是一个 String 字符串；同时，由于在 RecyclerAdater 中经常会用到 Context，因此我们也把 Context 传进来了，并且保存起来。

接下来，我们创建一个 HolderView，然后填充上面所述的三个函数。众所周知，HolderView 主要用来保存每一个 item 的视图的控件元素。在此，我们要创建一个 item 的 Xml（item_layout.xml）：

```
<?xml version="1.0" encoding="utf-8"?>
<LinearLayout xmlns:android="http://schemas.android.com/apk/res/android"
    android:layout_width="match_parent"
    android:layout_height="wrap_content">

    <TextView
        android:id="@+id/item_tv"
        android:layout_width="match_parent"
        android:layout_height="wrap_content"
        android:gravity="center"
        android:padding="10dp" />

</LinearLayout>
```

在这个 item 中，只有一个 TextView，所以我们先写一个 ViewHolder。ViewHolder 的主要作用就是将 XML 中的控件以变量的形式保存起来，方便我们后面的数据绑定。

```
public class NormalHolder extends RecyclerView.ViewHolder{
    public TextView mTV;

    public NormalHolder(View itemView) {
        super(itemView);

        mTV = (TextView) itemView.findViewById(R.id.item_tv);
        mTV.setOnClickListener(new View.OnClickListener() {
            @Override
            public void onClick(View v) {
                Toast.makeText(mContext,mTV.getText(),Toast.LENGTH_SHORT).show();
            }
        });

    }
}
```

在此，在创建 ViewHolder 时，将整个 itemView 传了进来，然后将 TextView 从 itemView 中取出来并保存在 mTV 变量中。另外，在点击 mTV 对应的 TextView 控件后，弹出这个 TextView 的内容。

在写好 ViewHolder 以后，我们就要逐个填充 RecyclerAdapter 的三个函数了。首先是 onCreateViewHolder：

```
public RecyclerView.ViewHolder onCreateViewHolder(ViewGroup parent, int viewType) {
    LayoutInflater inflater = LayoutInflater.from(mContext);
    return new NormalHolder(inflater.inflate(R.layout.item_layout,parent,false));
}
```

在每一次需要创建 ViewHolder 时，都会调用 onCreateViewHolder 函数，所以我们需要在 onCreateViewHolder 中返回自己创建的 ViewHolder 实例。

然后在 onBindViewHolder 中，将数据与 ViewHolder 进行绑定：

```
public void onBindViewHolder(ViewHolder holder, int position) {
    NormalHolder normalHolder = (NormalHolder)holder;
    normalHolder.mTV.setText(mDatas.get(position));
}
```

最后，在 getItemCount 中返回数据的个数：

```
public int getItemCount() {
    return mDatas.size();
}
```

至此，就实现完了整个 RecyclerAdapter。完整的代码如下，供大家参考：

```
public class RecyclerAdapter extends RecyclerView.Adapter<ViewHolder> {
    private Context mContext;
    private ArrayList<String> mDatas;
    public RecyclerAdapter(Context context, ArrayList<String> datas) {
```

```
            mContext = context;
            mDatas = datas;
        }

        @Override
        public RecyclerView.ViewHolder onCreateViewHolder(ViewGroup parent, int
viewType) {
            LayoutInflater inflater = LayoutInflater.from(mContext);
            return new NormalHolder(inflater.inflate(R.layout.item_layout, parent,
false));
        }

        @Override
        public void onBindViewHolder(ViewHolder holder, int position) {
            NormalHolder normalHolder = (NormalHolder) holder;
            normalHolder.mTV.setText(mDatas.get(position));
        }

        @Override
        public int getItemCount() {
            return mDatas.size();
        }

        public class NormalHolder extends RecyclerView.ViewHolder {
            public TextView mTV;

            public NormalHolder(View itemView) {
                super(itemView);

                mTV = (TextView) itemView.findViewById(R.id.item_tv);
                mTV.setOnClickListener(new View.OnClickListener() {
                    @Override
                    public void onClick(View v) {
                        Toast.makeText(mContext, mTV.getText(),
Toast.LENGTH_SHORT).show();
                    }
                });

            }
        }
    }
```

3. 填充 RecyclerView

之后，回到 Activity 中。首先，构造一个模拟数据的函数，用于填充 RecyclerVIew：

```
public class LinearActivity extends AppCompatActivity {
    …
    private ArrayList<String> mDatas =new ArrayList<>();
    private void generateDatas(){
        for (int i=0;i<200;i++){
            datas.add("第 " + i +" 个 item");
```

```
        }
    }
}
```

之后，在 OnCreate 函数中填充 RecyclerView：

```
protected void onCreate(Bundle savedInstanceState) {
    super.onCreate(savedInstanceState);
    setContentView(R.layout.activity_linear);

    generateDatas();
    RecyclerView mRecyclerView = (RecyclerView)findViewById(R.id.linear_
recycler_view);

    //线性布局
    LinearLayoutManager linearLayoutManager = new LinearLayoutManager(this);
    linearLayoutManager.setOrientation(LinearLayoutManager.VERTICAL);
    mRecyclerView.setLayoutManager(linearLayoutManager);

    RecyclerAdapter adapter = new RecyclerAdapter(this, mDatas);
    mRecyclerView.setAdapter(adapter);
}
```

这里与 ListView 的唯一区别是，这里需要设置一个 LayoutManager 对象。这里设置的是 LinearLayoutManager，也就是垂直列表。我们知道 Adapter 的职责是用数据对每个 item 的控件进行填充。而 RecyclerView 与 ListView 不一样的是，它不仅能实现传统的滑动列表，还能实现 GridView 和瀑布流造型，或者其他各式各样的特殊造型。而这些造型的实现就是通过 LayoutManager 来实现的。我们通过 Adapter 对 item 进行填充以后，每个 item 的摆放由谁来负责呢？摆放 item 的操作是使用 LayoutManager 来实现出来的。每个 LayoutManager 所实现的摆放 item 的方式都是不一样的。比如，LinearLayoutManager 实现的就是传统的 ListView 的功能，即上下滑动或者左右滑动；GridLayoutManager 实现的是网格摆放；而 StaggeredGridLayoutManager 实现的则是瀑布流摆放。

到这里，我们就实现了本节开头的上下滑动的效果了。

7.1.3 其他 LayoutManager

从上面的分析可以看出，摆放 item 的操作主要是由 LayoutManager 来实现的，这也就是 RecyclerView 可以制作出各种特殊列表样式的原因。系统为我们提供了几个已经写好的 LayoutManager（见图 7-6）。

其中，WearableLinearLayoutManager 用于在穿戴设备（比如智能手表等）上使用，所以我们这里不讨论它。下面我们逐个看一下这些 LayoutManger 所实现的效果。

```
RecyclerView.L...  added in version 22.1.0
                   belongs to Maven artifact com.android.support:recyclerview-v7:28.0.0-alpha1

public static abstract class RecyclerView.LayoutManager
extends Object

java.lang.Object
  ↳ android.support.v7.widget.RecyclerView.LayoutManager

    Known Direct Subclasses
    LinearLayoutManager,StaggeredGridLayoutManager

    Known Indirect Subclasses
    GridLayoutManager,WearableLinearLayoutManager
```

图 7-6

1. GridLayoutManager

LayoutManger 的职责就是摆放 item，所以其对于 Adapter 与 RecyclerView 是没有影响的；除非我们为了迎合 LayoutManger 而要改 item 的布局，比如为了实现瀑布流效果而需要改变每个 item 的宽或高等。一般而言，我们更改 LayoutManager，无须对其他对象操作。所以，这也是 RecyclerView 比较好的一个地方：通过 RecyclerView 本身，Adapter、LayoutManger 实现了完全解耦，其各自实现各自的功能，与其他部分无关。而 GridLayoutManager 的主要作用就是将 item 进行网格状摆放，进而实现网格布局效果。

所以我们要设置 GridLayoutManager 时，也只需要更改 Activity 中设置 LayoutManager 的这块代码即可，其他处均无须修改：

```
    protected void onCreate(Bundle savedInstanceState) {
        super.onCreate(savedInstanceState);
        setContentView(R.layout.activity_grid);

        generateDatas();
        RecyclerView mRecyclerView = (RecyclerView)
findViewById(R.id.grid_recycler_view);

        //如果是横向滑动，则后面的数值表示的是几行；如果是纵向滑动，则后面的数值表示的是几列
        GridLayoutManager gridLayoutManager = new GridLayoutManager(this, 5);
        gridLayoutManager.setOrientation(LinearLayoutManager.VERTICAL);
        mRecyclerView.setLayoutManager(gridLayoutManager);

        RecyclerAdapter adapter = new RecyclerAdapter(this, mDatas);
        mRecyclerView.setAdapter(adapter);
    }

    private void generateDatas() {
        for (int i = 0; i < 200; i++) {
            mDatas.add("第 " + i + " 个item");
        }
    }
```

代码段中用到的 GridLayoutManager 类的构造函数声明如下：

```
public GridLayoutManager(Context context, int spanCount)
```

其中的 spanCount：如果是纵向滑动，则表示当前划分为几列；如果是横向滑动，则表示当前划分为几行。效果如图 7-7 所示。

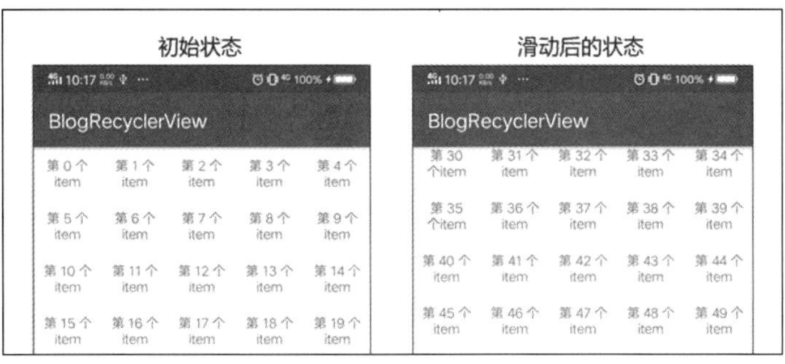

扫码查看动态效果图

图 7-7

我们可以看到，这里就实现了网格效果，并且是上下滑动的。我们通过 gridLayoutManager.setOrientation();可以设置 RecyclerView 的滑动方向，取值有 LinearLayoutManager.VERTICAL 和 LinearLayoutManager.HORIZONTAL。

如果我们将它改为横向滑动：

```
GridLayoutManager gridLayoutManager = new GridLayoutManager(this,5);
gridLayoutManager.setOrientation(LinearLayoutManager.HORIZONTAL);
mRecyclerView.setLayoutManager(gridLayoutManager);
```

效果如图 7-8 所示。

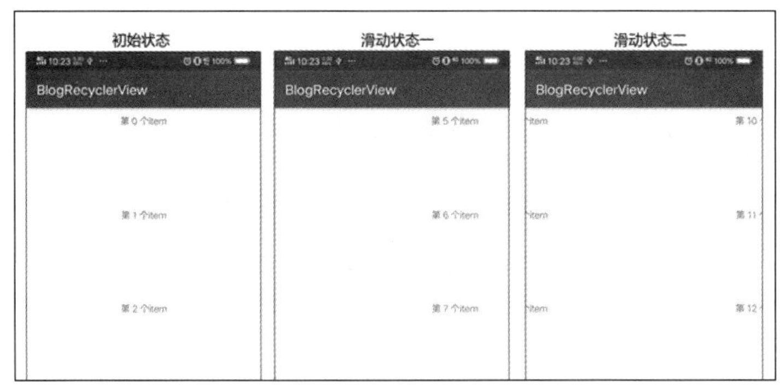

扫码查看动态效果图

图 7-8

在横向滑动的情况下，列表就变成五行了。

2．StaggeredGridLayoutManager

StaggeredGridLayoutManager 主要用来实现瀑布流效果。同样，我们直接把 LayoutManager 改为 StaggeredGridLayoutManager：

```
    protected void onCreate(Bundle savedInstanceState) {
        super.onCreate(savedInstanceState);
        setContentView(R.layout.activity_staggered);

        generateDatas();
        RecyclerView mRecyclerView = (RecyclerView)
findViewById(R.id.stagger_recycler_view);
        //瀑布流布局
        StaggeredGridLayoutManager staggeredManager = new StaggeredGridLayoutManager
(5, StaggeredGridLayoutManager.VERTICAL);
        mRecyclerView.setLayoutManager(staggeredManager);
        …
    }
```

代码中用到了 StaggeredGridLayoutManager 的构造函数，该函数的声明如下：

```
public StaggeredGridLayoutManager(int spanCount, int orientation)
```

它的参数意义如下：

- spanCount：同样表示行数或列数。如果是纵向滑动，则表示当前划分为几列；如果是横向滑动，则表示当前划分为几行。
- orientation：表示滑动方向，取值有 StaggeredGridLayoutManager.HORIZONTAL 和 StaggeredGridLayoutManager.VERTICAL。

下面来看一下效果（见图 7-9）。

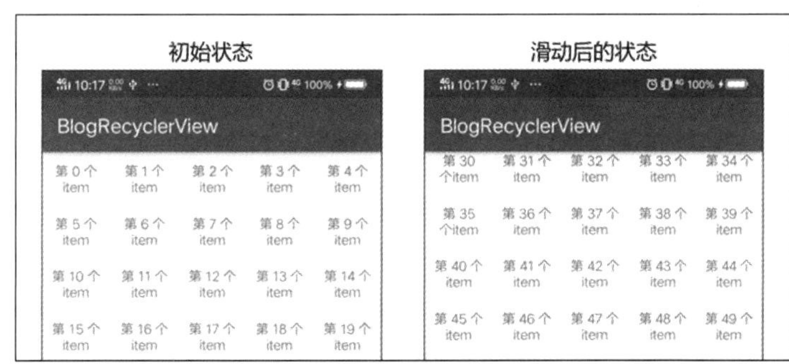

扫码查看动态效果图

图 7-9

在此可以看到，这里由于每个 item 的高度是一定的，所有 item 的高度都一样，导致所实现的瀑布流布局跟网格布局完全相同；因此如果想实现瀑布流布局，就必然需要每个 item 的高度是不一样的。

所以，我们需要修改 Adapter，在代码中动态设置每个 item 的高度，让每个 item 的高度尽量都不一样，这样就可以看到瀑布流效果了。

在此主要修改了这两个地方：

```
@Override
public void onBindViewHolder(RecyclerView.ViewHolder holder, int position) {
    NormalHolder normalHolder = (NormalHolder)holder;
```

```
        normalHolder.mTV.setText(mDatas.get(position));

        ViewGroup.LayoutParams lp = normalHolder.mTV.getLayoutParams();
        lp.height = getRandomHeight();
        normalHolder.mTV.setLayoutParams(lp);
    }

    private int getRandomHeight(){
        int randomHeight = 0;
        do{
            randomHeight = (int)(Math.random()*300);
        }while (randomHeight == 0);
        return randomHeight;
    }
```

首先定义了一个 getRandomHeight 函数，得到一个 0~300 的数值。然后在 onBindViewHolder 中，将这个数值设置给 TextView，作为 TextVIew 的高度。

改写后的完整 Adapter 代码如下：

```
    public class StaggerRecyclerAdapter extends RecyclerView.Adapter
<RecyclerView.ViewHolder> {

        private Context mContext;
        private ArrayList<String> mDatas;

        public StaggerRecyclerAdapter(Context context, ArrayList<String> datas) {
            mContext = context;
            mDatas = datas;
        }

        @Override
        public RecyclerView.ViewHolder onCreateViewHolder(ViewGroup parent, int
viewType) {
            LayoutInflater inflater = LayoutInflater.from(mContext);
            return new NormalHolder(inflater.inflate(R.layout.item_layout, parent,
false));
        }

        @Override
        public void onBindViewHolder(RecyclerView.ViewHolder holder, int position) {
            NormalHolder normalHolder = (NormalHolder) holder;
            normalHolder.mTV.setText(mDatas.get(position));

            ViewGroup.LayoutParams lp = normalHolder.mTV.getLayoutParams();
            lp.height = getRandomHeight();
            normalHolder.mTV.setLayoutParams(lp);
        }

        private int getRandomHeight() {
            int randomHeight = 0;
            do {
                randomHeight = (int) (Math.random() * 300);
            } while (randomHeight == 0);
```

```
            return randomHeight;
        }

        @Override
        public int getItemCount() {
            return mDatas.size();
        }

        public class NormalHolder extends RecyclerView.ViewHolder {
            public TextView mTV;

            public NormalHolder(View itemView) {
                super(itemView);

                mTV = (TextView) itemView.findViewById(R.id.item_tv);
                mTV.setOnClickListener(new View.OnClickListener() {
                    @Override
                    public void onClick(View v) {
                        Toast.makeText(mContext, mTV.getText(), Toast.LENGTH_SHORT).show();
                    }
                });

            }
        }
    }
```

改写后的效果如图 7-10 所示。

扫码查看动态效果图

图 7-10

我们可以看到，这里已经实现了瀑布流效果；但是每当我们滑动到列表顶部时，所有的 item 会跳动一下，重新布局。这是为什么呢？

这是由于我们在每次拉到顶部的时候，所有的 item 会重新执行一次 onBindViewHolder 函数；因为 item 的高度就是在这个函数中随机生成的，所以在拉到顶部时，每个 item 的高度就会重新生成，造成的结果就是看起来跳了一下，重新布局了。

要解决这个问题也比较简单，那就是用一个数组，在 Adapter 初始化的时候，就生成每个 item 的高度，然后在 onBindViewHolder 中直接取出该高度即可。

因此，我们可以先申请一个数组，并且在 Adapter 初始化时，保存每个 item 的高度：

```
public class StaggeredRecyclerAdapter extends Adapter<ViewHolder> {
```

```
    private Context mContext;
    private ArrayList<String> mDatas;
    private ArrayList<Integer> mHeights = new ArrayList<>();

    public StaggeredRecyclerAdapter(Context context, ArrayList<String> datas) {
        mContext = context;
        mDatas = datas;

        if (mDatas.size()>0){
            for (int i = 0;i<mDatas.size();i++){
                mHeights.add(getRandomHeight());
            }
        }

    }
    …
}
```

然后在 onBindViewHolder 中，直接使用数组中的高度即可：

```
public void onBindViewHolder(RecyclerView.ViewHolder holder, int position) {
    NormalHolder normalHolder = (NormalHolder) holder;
    normalHolder.mTV.setText(mDatas.get(position));

    ViewGroup.LayoutParams lp = normalHolder.mTV.getLayoutParams();
    lp.height = mHeights.get(position);
    normalHolder.mTV.setLayoutParams(lp);
}
```

其完整代码在此不再贴出，有需要的读者可以看源码。

其效果如图 7-11 所示。

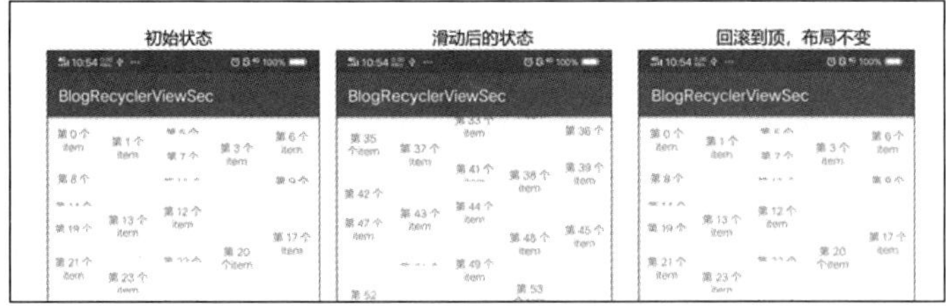

扫码查看动态效果图

图 7-11

我们可以看到，此时再拉到顶部，就不会出现重新布局的情况了。

至此，RecyclerView 的基本使用方法介绍完了。下面我们来看看怎么加载不同类型的 View 吧。

7.1.4 加载不同类型的 View

在 ListView 中，我们经常会遇到加载不同类型视图（View）的情况。下面我们同样使用 RecyclerView 来实现加载不同布局视图的效果。在此，我们实现一个很常见的分组视图的效果，如图 7-12 所示。

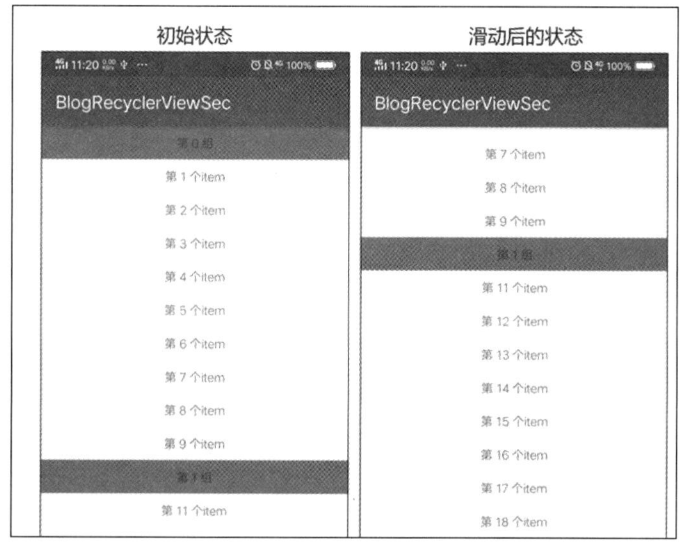

扫码查看动态效果图

图 7-12

1. 主要原理

细心的读者估计已经注意到了在 public RecyclerView.ViewHolder onCreateViewHolder (ViewGroup parent, int viewType)中，第二个参数就是用来设置 View 类型的；而且这个类型是可以被人为修改的。我们可以根据类型的不同，传进去不同的参数。

在自定义的 Adapter 中，我们可以通过 getItemViewType 函数来返回每个 position 所对应的类型：

```
@Override
public int getItemViewType(int position) {
    …
}
```

2. 主要实现

下面，我们就在上面代码的基础上继续修改。

（1）添加一个 ViewHolder

首先，我们需要再写一个 ViewHolder，用于保存另外一个显示为组标题的 item 的视图。

这个 item 的 XML 如下：

```
<?xml version="1.0" encoding="utf-8"?>
<LinearLayout xmlns:android="http://schemas.android.com/apk/res/android"
    android:background="@android:color/holo_green_dark"
    android:layout_width="match_parent"
    android:layout_height="wrap_content">

    <TextView
```

```
        android:id="@+id/item_section_tv"
        android:layout_width="match_parent"
        android:layout_height="wrap_content"
        android:gravity="center"
        android:padding="10dp" />

</LinearLayout>
```

将它设置为绿色背景，并且中间只有一个 TextView，居中显示。

然后在 RecyclerAdapter 中，另外再添加一个 ViewHolder，命名为 SectionHolder：

```
public class SectionHolder extends RecyclerView.ViewHolder{
    public TextView mSectionTv;
    public SectionHolder(View itemView) {
        super(itemView);
        mSectionTv = (TextView)itemView.findViewById(R.id.item_section_tv);
    }
}
```

同样，把 XML 中的控件取出来，以变量的形式保存在这个 ViewHolder 中。

（2）绑定 ViewHolder

首先，我们需要在 getItemViewType 中，根据位置（position）返回不同的类型：

```
public static enum ITEM_TYPE {
    ITEM_TYPE_SECTION,
    ITEM_TYPE_ITEM
}
private int M_SECTION_ITEM_NUM = 10;
@Override
public int getItemViewType(int position) {
    if (position % M_SECTION_ITEM_NUM == 0){
        return ITEM_TYPE.ITEM_TYPE_SECTION.ordinal();
    }
    return ITEM_TYPE.ITEM_TYPE_ITEM.ordinal();
}
```

我们假设每 10 个常规 item 添加一个组 item，所以这里定义了一个常量 M_SECTION_ITEM_NUM，它的值设定为 10，每 10 个元素返回一个组 item 的类型数值。为了标识组类型和常规 item 类型，这里定义一个枚举类型 ITEM_TYPE，它定义了两个值。ITEM_TYPE.ITEM_TYPE_SECTION.ordinal 的 ordinal 函数，会返回当前枚举值的位置索引。

然后，在 onCreateViewHolder(ViewGroup parent, int viewType)中根据不同的 viewType 返回不同的 ViewHolder：

```
@Override
public RecyclerView.ViewHolder onCreateViewHolder(ViewGroup parent, int viewType) {
    LayoutInflater inflater = LayoutInflater.from(mContext);
    if (viewType == ITEM_TYPE.ITEM_TYPE_ITEM.ordinal()){
        return new NormalHolder(inflater.inflate(R.layout.item_layout,parent,false));
    }
```

```
        return new SectionHolder(inflater.inflate(R.layout.item_section_layout,
parent,false));
    }
```

如果是常规类型，则返回 NormalHolder 的实例；如果是标题样式，则返回 SectionHolder 的实例。

最后，在 onBindViewHolder(RecyclerView.ViewHolder holder, int position)中将数据与 VolderHolder 进行绑定：

```
    @Override
    public void onBindViewHolder(RecyclerView.ViewHolder holder, int position) {
        if (holder instanceof  SectionHolder){
            SectionHolder sectionHolder = (SectionHolder)holder;
            sectionHolder.mSectionTv.setText("第 "+position/M_SECTION_ITEM_NUM +" 组");
        }else if (holder instanceof  NormalHolder){
            NormalHolder normalHolder = (NormalHolder)holder;
            normalHolder.mTV.setText(mDatas.get(position));
        }
    }
```

至此，实现了完整的加载不同类型 View 的功能，完整的 RecyclerAdapter 代码如下：

```
    public class RecyclerAdapter extends RecyclerView.Adapter<ViewHolder> {

        private Context mContext;
        private ArrayList<String> mDatas;

        public static enum ITEM_TYPE {
            ITEM_TYPE_SECTION,
            ITEM_TYPE_ITEM
        }

        private int M_SECTION_ITEM_NUM = 10;

        public RecyclerAdapter(Context context, ArrayList<String> datas) {
            mContext = context;
            mDatas = datas;
        }

        @Override
        public RecyclerView.ViewHolder onCreateViewHolder(ViewGroup parent, int
viewType) {
            LayoutInflater inflater = LayoutInflater.from(mContext);
            if (viewType == ITEM_TYPE.ITEM_TYPE_ITEM.ordinal()) {
                return new NormalHolder(inflater.inflate(R.layout.item_layout, parent,
false));
            }
            return new SectionHolder(inflater.inflate(R.layout.item_section_layout,
parent, false));
        }

        @Override
```

```
    public void onBindViewHolder(RecyclerView.ViewHolder holder, int position) {
        if (holder instanceof SectionHolder) {
            SectionHolder sectionHolder = (SectionHolder) holder;
            sectionHolder.mSectionTv.setText("第 " + position / M_SECTION_ITEM_NUM
+ " 组");
        } else if (holder instanceof NormalHolder) {
            NormalHolder normalHolder = (NormalHolder) holder;
            normalHolder.mTV.setText(mDatas.get(position));
        }
    }

    @Override
    public int getItemCount() {
        return mDatas.size();
    }

    @Override
    public int getItemViewType(int position) {
        if (position % M_SECTION_ITEM_NUM == 0) {
            return ITEM_TYPE.ITEM_TYPE_SECTION.ordinal();
        }
        return ITEM_TYPE.ITEM_TYPE_ITEM.ordinal();
    }

    public class NormalHolder extends RecyclerView.ViewHolder {
        public TextView mTV;

        public NormalHolder(View itemView) {
            super(itemView);

            mTV = (TextView) itemView.findViewById(R.id.item_tv);
            mTV.setOnClickListener(new View.OnClickListener() {
                @Override
                public void onClick(View v) {
                    Toast.makeText(mContext, mTV.getText(), Toast.LENGTH_SHORT).
show();
                }
            });

        }
    }

    public class SectionHolder extends RecyclerView.ViewHolder {

        public TextView mSectionTv;

        public SectionHolder(View itemView) {
            super(itemView);
            mSectionTv = (TextView) itemView.findViewById(R.id.item_section_tv);
        }
    }
}
```

7.2　添加分割线

前面我们讲解了 RecyclerView 的基本使用方法，但有一个问题：为什么 item 之间没有分割线呢？在 RecyclerView 中，有一个单独的类 ItemDecoration 用来生成分割线。它不仅可以生成分割线，而且还有很多其他功能。

7.2.1　引入 ItemDecoration

1．如何添加分割线

要给 RecyclerView 添加分割线非常简单，只需要添加一句话：

```
    DividerItemDecoration  mDivider = new DividerItemDecoration
(this,DividerItemDecoration.VERTICAL);
    mRecyclerView.addItemDecoration(mDivider);
```

完整的代码如下：

```
    protected void onCreate(Bundle savedInstanceState) {
        super.onCreate(savedInstanceState);
        setContentView(R.layout.activity_linear);

        generateDatas();
        RecyclerView mRecyclerView = (RecyclerView) findViewById
(R.id.linear_recycler_view);

        //线性布局
        LinearLayoutManager linearLayoutManager = new LinearLayoutManager(this);
        linearLayoutManager.setOrientation(LinearLayoutManager.VERTICAL);
        mRecyclerView.setLayoutManager(linearLayoutManager);

        //初始化分割线，添加分割线
        DividerItemDecoration mDivider = new DividerItemDecoration(this,
DividerItemDecoration.VERTICAL);
        mRecyclerView.addItemDecoration(mDivider);

        RecyclerAdapter adapter = new RecyclerAdapter(this, mDatas);
        mRecyclerView.setAdapter(adapter);
    }
```

这里实现的效果如图 7-13 所示。

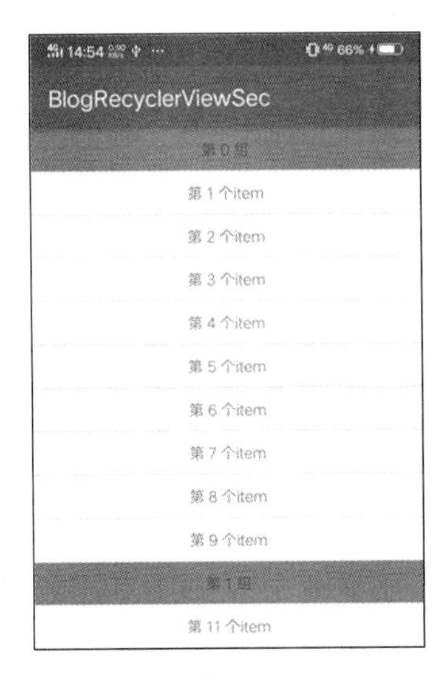

图 7-13

我们可以看到，这里只需要添加一句：mRecyclerView.addItemDecoration(mDivider);就可以在底部添加一条横线。有的读者可能会问：什么是 ItemDecoration 呢？

想必读者一定理解了什么是 item。在这个布局中，每个 item 都单独占一行，在没加 ItemDecoration 时，图 7-14 的线框中就是一个 item。

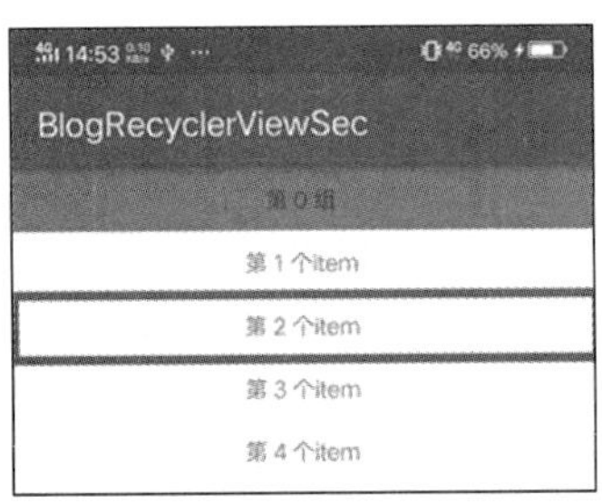

图 7-14

2. 什么是 ItemDecoration

ItemDecoration 与 item 是什么关系呢？从字面上来看，Decoration 是装饰的意思，ItemDecoration 就是 item 的装饰。在 item 的四周，我们可以添加自定义的装饰。比如刚才的横线，就是在底部添加的横线装饰。同样，我们也可以在 item 的上下左右方向添加装饰，而且这些装饰是可以自定义的。系统只给我们提供了一个现成的 Decoration 类，即 DividerItemDecoration。如果我们想实现其他的装饰效果，就需要自定义了。图 7-15 中的这些漂亮效果都可以使用自定义的 ItemDecoration 来实现。

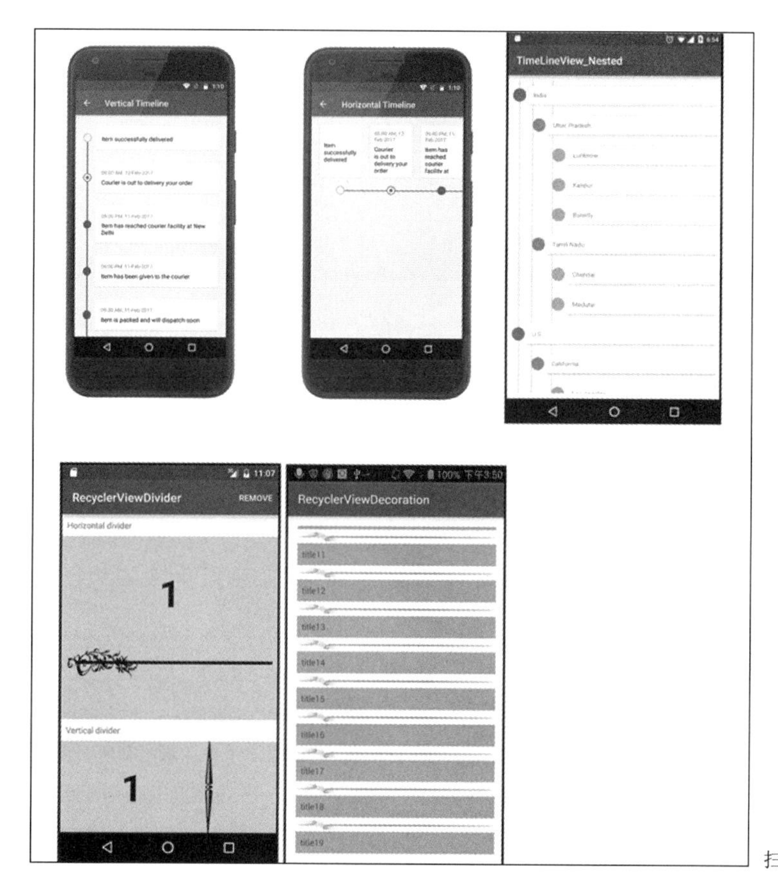

扫码查看彩色图

图 7-15

7.2.2　自定义 ItemDecoration

从图 7-15 中可以看到，通过使用 ItemDecoration 能够实现很多原本 ListView 无法实现的炫酷效果。本节将带领大家从相关的函数开始，一步步自定义 ItemDecoration。

1. getItemOffsets

（1）getItemOffsets 的意义

当我们要重写 ItemDecoration 时，主要涉及三个函数：

```
public class LinearItemDecoration extends RecyclerView.ItemDecoration {
    @Override
    public void onDraw(Canvas c, RecyclerView parent, RecyclerView.State state) {
        super.onDraw(c, parent, state);
    }

    @Override
    public void onDrawOver(Canvas c, RecyclerView parent, RecyclerView.State state) {
        super.onDrawOver(c, parent, state);
    }
```

```
    @Override
    public void getItemOffsets(Rect outRect, View view, RecyclerView parent,
RecyclerView.State state) {
        super.getItemOffsets(outRect, view, parent, state);
    }
}
```

首先，我们来看看 getItemOffsets：getItemOffsets 的主要作用就是给 item 的四周加上边距，其实现的效果类似于 margin，在 item 的四周撑开一些间距。在撑开这些间距后，我们就可以利用上面的 onDraw 函数，在这个间距中进行绘图了。在了解了 getItemOffsets 的作用之后，我们来看看该函数本身：

```
getItemOffsets(Rect outRect, View view, RecyclerView parent, RecyclerView.State
state)
```

具体参数如下。

- Rect outRect：这是最难理解的部分，outRect 表示在 item 的上下左右所撑开的间距，后面详细讲解。
- View view：指当前 item 的 View 对象。
- RecyclerView parent：指 RecyclerView 本身。
- RecyclerView.State state：通过 State 可以获取当前 RecyclerView 的状态，也可以通过 State 在 RecyclerView 各组件间传递参数。具体的文档，大家可以到 Google 官方文档中搜索 RecyclerView.State 查阅。

下面我们专门来看看 Rect outRect 这个参数，outRect 中的 top、left、right、bottom 四个点，并不是普通意义上的坐标点，其指的是在 item 的上、左、右、下方向所撑开的间距，这个值默认是 0，示意图如图 7-16 所示。

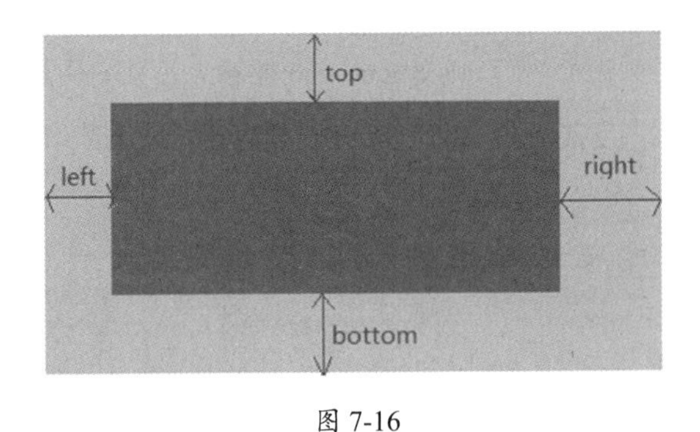

扫码查看彩色图

图 7-16

（2）getItemOffsets 示例

我们知道，想要实现分割线，有一种方法是在 item 的上方空出 1 像素的间隔，这样就会露出底线，看起来就像分割线了。我们回到刚才的示例，去掉 DividerItemDecoration，改为自定义的 LinearItemDecoration。

首先，给整个 Activity 添加一个红色的背景色：

```
<?xml version="1.0" encoding="utf-8"?>
<LinearLayout xmlns:android="http://schemas.android.com/apk/res/android"
    xmlns:tools="http://schemas.android.com/tools"
    android:layout_width="match_parent"
    android:layout_height="match_parent"
    android:background="#ff0000"
    tools:context=".LinearActivity">

    <android.support.v7.widget.RecyclerView
        android:id="@+id/linear_recycler_view"
        android:layout_width="match_parent"
        android:layout_height="match_parent">

    </android.support.v7.widget.RecyclerView>

</LinearLayout>
```

之后，给每个 item 添加默认的背景色——白色，这样有白色的地方就不会透出背景色的红色了，而没有白色的地方就会露出红色：

```
<?xml version="1.0" encoding="utf-8"?>
<LinearLayout xmlns:android="http://schemas.android.com/apk/res/android"
    android:background="@android:color/white"
    android:layout_width="match_parent"
    android:layout_height="wrap_content">

    <TextView
        android:id="@+id/item_tv"
        android:layout_width="match_parent"
        android:layout_height="wrap_content"
        android:gravity="center"
        android:padding="10dp" />

</LinearLayout>
```

然后自定义 LinearItemDecoration ：

```
public class LinearItemDecoration extends RecyclerView.ItemDecoration {
    @Override
    public void onDraw(Canvas c, RecyclerView parent, RecyclerView.State state) {
        super.onDraw(c, parent, state);
    }

    @Override
    public void onDrawOver(Canvas c, RecyclerView parent, RecyclerView.State state) {
        super.onDrawOver(c, parent, state);
    }

    @Override
    public void getItemOffsets(Rect outRect, View view, RecyclerView parent,
RecyclerView.State state) {
        super.getItemOffsets(outRect, view, parent, state);
        outRect.top=1;
```

```
        }
    }
```

在这里，我们将 item 上方所撑开的间距硬编码为 1 像素。

最后，将 LinearItemDecoration 添加到 RecyclerView：

```
    public class LinearActivity extends AppCompatActivity {
        private ArrayList<String> mDatas = new ArrayList<>();

        @Override
        protected void onCreate(Bundle savedInstanceState) {
            super.onCreate(savedInstanceState);
            setContentView(R.layout.activity_linear);

            generateDatas();
            RecyclerView mRecyclerView = (RecyclerView)
findViewById(R.id.linear_recycler_view);
            …
            //添加分割线
            mRecyclerView.addItemDecoration(new LinearItemDecoration());

            RecyclerAdapter adapter = new RecyclerAdapter(this, mDatas);
            mRecyclerView.setAdapter(adapter);
        }
        //其他代码，参考源码
        …
    }
```

效果如图 7-17 所示。

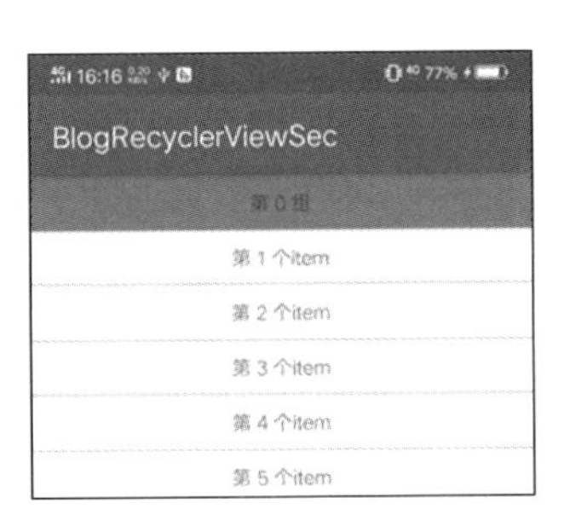

扫码查看彩色图

图 7-17

在此可以看到，每个 item 的上方都出现了一条红线。

同样，我们可以改为底部间距为 1 像素，左侧间距为 50 像素，右侧间距为 100 像素：

```
    public class LinearItemDecoration extends RecyclerView.ItemDecoration {
        …
        @Override
        public void getItemOffsets(Rect outRect, View view, RecyclerView parent,
RecyclerView.State state) {
            super.getItemOffsets(outRect, view, parent, state);
            outRect.left=50;
            outRect.right=100;
```

```
        outRect.bottom=1;
    }
}
```

现在看一下效果，如图 7-18 所示。

扫码查看彩色图

图 7-18

从第一个 item 可以看出，顶部是没有红线的。因为我们没有设置 outRect.top，所以它默认是 0。因为 outRect.right=100，而 outRect.left=50，明显可以看出右侧的红色宽度是左侧红色宽度的两倍。

2. onDraw 的使用

接下来，我们看看 onDraw 函数的用法以及注意事项。

（1）onDraw 的用法

在理解了 getItemOffsets 的用法以后，我们再来看看 onDraw 函数：

```
public void onDraw(Canvas c, RecyclerView parent, RecyclerView.State state) {
    super.onDraw(c, parent, state);
}
```

onDraw 函数有三个参数。其中，参数 RecyclerView parent、RecyclerView.State state 的意义与 getItemOffsets 的参数相同。而参数 Canvas c 指的是通过 getItemOffsets 所撑开的空白区域所对应的画布。通过这个 Canvas 对象，可以在 getItemOffsets 所撑出来的区域任意绘图。

这就厉害了，因为 Canvas 具有非常丰富的绘图函数。下面列举一个简单的示例，通过 getItemOffsets 将 item 的左侧撑出 200 像素的间距，然后在中间画一个圆形：

```
public class LinearItemDecoration extends RecyclerView.ItemDecoration {
    private Paint mPaint;
    public LinearItemDecoration(){
        mPaint = new Paint();
        mPaint.setColor(Color.GREEN);
```

```
        }
        @Override
    public void onDraw(Canvas c, RecyclerView parent, RecyclerView.State state) {
        super.onDraw(c, parent, state);
            int childCount = parent.getChildCount();

            for (int i=0;i<childCount;i++){
                View child = parent.getChildAt(i);
                int cx = 100;
                int cy = child.getTop()+child.getHeight()/2;
                c.drawCircle(cx,cy,20,mPaint);
            }
    }

        @Override
        public void onDrawOver(Canvas c, RecyclerView parent, RecyclerView.State state) {
            super.onDrawOver(c, parent, state);
        }

        @Override
        public void getItemOffsets(Rect outRect, View view, RecyclerView parent,
RecyclerView.State state) {
            super.getItemOffsets(outRect, view, parent, state);
            outRect.left=200;
            outRect.bottom=1;
        }
    }
```

首先，在 getItemOffsets 中，将左侧撑出 200 像素的间距，同样底部留出 1 像素的空间以显示底部分割线。然后在 onDraw 中，在每个 item 的左侧中间绘制半径为 20 的绿色圆。

效果如图 7-19 所示。

扫码查看彩色图

图 7-19

需要注意的是，getItemOffsets针对每个item都会执行一次；也就是说，每个item的outRect都可以不同。但是onDraw和onDrawOver函数会全局执行一次，并不会每个item执行一次。所以我们需要在onDraw和onDrawOver中绘图时，会一次性将所有item的ItemDecoration绘制完成。从上述内容也可以看出，在onDraw函数中绘图时，通过for循环对每一个item画了一个绿色圆。

拓展：获取outRect的各个值

在上面的例子中，在onDraw中使用outRect的值时，均直接使用的数字硬编码。比如，在outRect中，我们将左侧撑开的间距设置为200像素，画圆的中心点的X坐标就是100像素，因此在onDraw函数中直接使用了int cx = 100。很明显，在实际工作中要严格避免类似的硬编码，因为硬编码会使代码变得极其难以维护。我们怎么在代码中获得getItemOffsets中所设置的各个item的outRect值呢？

可以通过LayoutManager来获取，方法如下：其中parent指的是RecylerView本身，而child指的是 RecyclerView的item的View对象：

```
RecyclerView.LayoutManager manager = parent.getLayoutManager();
int left = manager.getLeftDecorationWidth(child);
int top = manager.getTopDecorationHeight(child);
int right = manager.getRightDecorationWidth(child);
int bottom = manager.getBottomDecorationHeight(child);
```

上面在onDraw函数中的硬编码，可以用下面的动态获取代码来代替：

```
public void onDraw(Canvas c, RecyclerView parent, RecyclerView.State state) {
    super.onDraw(c, parent, state);
        int childCount = parent.getChildCount();
        RecyclerView.LayoutManager manager = parent.getLayoutManager();
        for (int i=0;i<childCount;i++){
            View child = parent.getChildAt(i);
            //动态获取outRect的left值
            int left = manager.getLeftDecorationWidth(child);
            int cx = left/2;
            int cy = child.getTop()+child.getHeight()/2;
            c.drawCircle(cx,cy,20,mPaint);
        }
}
```

至此，大家想要实现7.2节开篇讲解的效果应该不难了（见图7-20）。

大家可以移步至GitHub，搜索Timeline-View工程来查看其源码。它是通过自定义View来实现的。大家也可以尝试通过RecyclerView的ItemDecoration来实现。

扫码查看彩色图

图 7-20

（2）onDraw 的问题

我们可以在上面画圆的例子基础上，将画圆改为绘制一个图片，如图 7-21 所示。

图 7-21

代码如下：

```
public class LinearItemDecoration extends RecyclerView.ItemDecoration {
    private Paint mPaint;
    private Bitmap mBmp;

    public LinearItemDecoration(Context context) {
        mPaint = new Paint();
        mPaint.setColor(Color.GREEN);
        BitmapFactory.Options options = new BitmapFactory.Options();
        options.inSampleSize = 2;
        mBmp = BitmapFactory.decodeResource(context.getResources(),
R.mipmap.icon,options);
    }

    @Override
    public void onDraw(Canvas c, RecyclerView parent, RecyclerView.State state) {
        super.onDraw(c, parent, state);
```

```
            int childCount = parent.getChildCount();
            for (int i = 0; i < childCount; i++) {
                View child = parent.getChildAt(i);
                c.drawBitmap(mBmp,0,child.getTop(), mPaint);
            }
        }

        @Override
        public void onDrawOver(Canvas c, RecyclerView parent, RecyclerView.State state) {
            super.onDrawOver(c, parent, state);
        }

        @Override
        public void getItemOffsets(Rect outRect, View view, RecyclerView parent,
RecyclerView.State state) {
            super.getItemOffsets(outRect, view, parent, state);
            outRect.left = 200;
            outRect.bottom = 1;
        }
    }
```

在此，因为图片比较大，所以在 LinearItemDecoration 初始化的时候，通过 options.inSampleSize 参数将图片缩小为原大小的 1/2：

```
    public LinearItemDecoration(Context context) {
        …
        BitmapFactory.Options options = new BitmapFactory.Options();
        options.inSampleSize = 2;
        mBmp = BitmapFactory.decodeResource(context.getResources(), R.mipmap.icon,
options);
    }
```

同样，在 getItemOffsets 中，将左侧边距设置为 200，底部预留 1 像素来显示分割线。最后，在 onDraw 中，使图形在每个 item 的左上角显示出来。效果如图 7-22 所示。

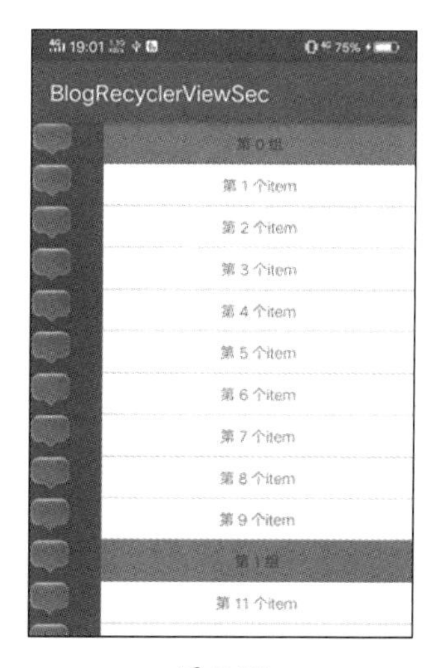

图 7-22

扫码查看彩色图

我们也可以去掉图片的缩放效果：

```
public LinearItemDecoration(Context context) {
    BitmapFactory.Options options = new BitmapFactory.Options();
    //options.inSampleSize = 2;
    mBmp = BitmapFactory.decodeResource(context.getResources(),R.mipmap.icon,
options);
}
```

效果如图 7-23 所示。

扫码查看彩色图

图 7-23

在此可以看到，当图片过大时，超出 getItemOffsets 函数所设定的 outRect 范围的部分将是不可见的。这是因为在整个绘制流程中，首先调用 ItemDecoration 的 onDraw 函数，然后调用 item 的 onDraw 函数，最后调用 ItemDecoration 的 onDrawOver 函数。

因此，在 ItemDecoration 的 onDraw 函数中绘制的内容，当超出边界时，会被 item 所覆盖。但是因为最后才调用 ItemDecoration 的 OnDrawOver 函数，所以在 onDrawOver 中绘制的内容并不受 outRect 边界的限制，可以覆盖 item 的区域显示。

3．onDrawOver

ItemDecoration 与 item 的绘制顺序为 Decoration 的 onDraw→item 的 onDraw→Decoration 的 onDrawOver，这三者是依次发生的。

所以，onDrawOver 是绘制在最上层的，其绘制位置不受限制（当然，Decoration 的 onDraw 绘制范围也不受限制；只不过有些绘制范围不可见，因为被 item 所覆盖）。利用 onDrawOver 可以做很多事情，比如可以在 RecyclerView 的顶部绘制一个色彩渐变蒙层，以实现在超出 ItemDecoration 的范围绘制图像。

比如，我们可以实现图 7-24 中的效果。

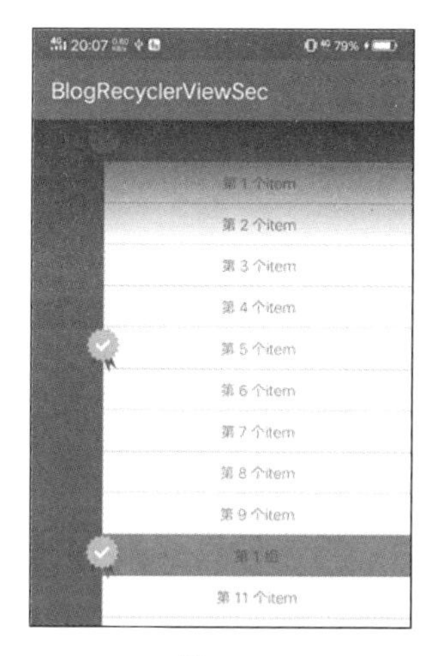

扫码查看彩色图

图 7-24

在图 7-24 所示的效果中，我们在顶部绘制了一个渐变蒙层，而且在 item 的索引是 5 的倍数时就会绘制一个勋章。动态效果如图 7-25 所示。

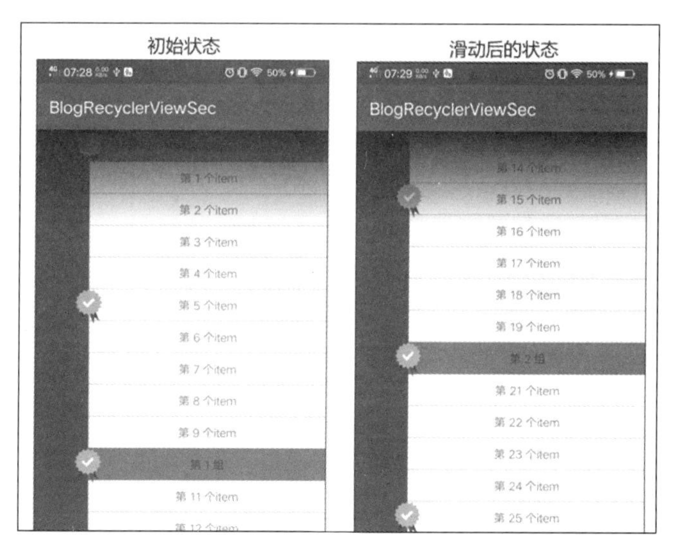

扫码查看动态效果图

图 7-25

在此，这个蒙层是一直显示在顶部的。下面我们就来看看其具体实现吧。

（1）添加图片

将勋章图片（xunzhang.png，见图 7-26）加入 res/mipmap 文件夹或者 res/drawable 文件夹。

图 7-26

（2）初始化

在 LinearItemDecoration 初始化时，将图片转为 Bitmap 对象：

```
    public class LinearItemDecoration extends RecyclerView.ItemDecoration {
        private Paint mPaint;
        private Bitmap mMedalBmp;

        public LinearItemDecoration(Context context) {
            mPaint = new Paint();
            mPaint.setColor(Color.GREEN);
            BitmapFactory.Options options = new BitmapFactory.Options();
            mMedalBmp = BitmapFactory.decodeResource(context.getResources(),
R.mipmap.xunzhang);
        }
    }
```

（3）绘制勋章

在 onDrawOver 中，在 item 的索引是 5 的倍数时就会绘制一个勋章。

```
    public void onDrawOver(Canvas c, RecyclerView parent, RecyclerView.State state) {
        super.onDrawOver(c, parent, state);
        //绘制勋章
        RecyclerView.LayoutManager manager = parent.getLayoutManager();
        int childCount = parent.getChildCount();
        for (int i = 0; i < childCount; i++) {
            View child = parent.getChildAt(i);
            int index = parent.getChildAdapterPosition(child);
            int left = manager.getLeftDecorationWidth(child);
            if (index % 5 == 0) {
                c.drawBitmap(mMedalBmp, left - mMedalBmp.getWidth() / 2, child.getTop(),
mPaint);
            }
        }
    }
```

在绘制勋章的时候需要注意，我们需要将勋章的中间位置绘制在 item 与 Decoration 的交界处，所以它的 *X* 坐标是 left - mMedalBmp.getWidth() / 2。

（4）绘制渐变蒙层

因为蒙层同样是浮在 item 之上的，所以其同样是在 onDrawOver 中绘制的。在绘制勋章之后，绘制蒙层：

```
    public void onDrawOver(Canvas c, RecyclerView parent, RecyclerView.State state) {
        super.onDrawOver(c, parent, state);
        //绘制勋章
        …
        //绘制蒙层
        View temp = parent.getChildAt(0);
        LinearGradient gradient = new LinearGradient(parent.getWidth() / 2, 0,
parent.getWidth() / 2, temp.getHeight() * 3,
                0xff0000ff, 0x000000ff, Shader.TileMode.CLAMP);
```

```
        mPaint.setShader(gradient);
        c.drawRect(0, 0, parent.getWidth(), temp.getHeight() * 3, mPaint);
    }
```

首先，创建一个 LinearGradient 对象，让它从蓝色不透明到蓝色全透明渐变。然后绘制色彩渐变蒙层。有关 LinearGradient 的知识，请大家参考《Android 自定义控件开发入门与实战》的 7.5 节，这里就不详细讲解了。

至此，有关 ItemDecoration 的内容就讲完了。大家理解以后，利用它可以实现很多有趣的效果。

7.3　自定义 LayoutManager

前面已经讲过，LayoutManager 主要用来布局 RecyclerView 中的 item。在 LayoutManager 中能够对每个 item 的大小、位置进行更改，将它放在我们想要的位置。很多令人惊艳的效果都是通过自定义 LayoutManager 来实现的（见图 7-27）。

扫码查看动态效果图

图 7-27

通过对本节的学习，大家可以理解自定义 LayoutManager 的方法，然后再来理解这些控件的代码就不难了。

在本节中，我们将制作一个 LinearLayoutManager，看看如何自定义 LayoutManager。后面我们会通过自定义 LayoutManager 来制作第一个滚轮翻页的效果。

7.3.1 初始化展示界面

1. 自定义 CustomLayoutManager

生成一个类 CustomLayoutManager，继承自 LayoutManager：

```
public class CustomLayoutManager extends LayoutManager {
    @Override
    public LayoutParams generateDefaultLayoutParams() {
        return null;
    }
}
```

当其继承自 LayoutManager 时，会强制让我们生成一个方法 generateDefaultLayoutParams。这个方法就是 RecyclerView item 的布局参数；换种说法就是，RecyclerView 子 item 的 LayoutParameters。若想修改子 item 的布局参数（比如，width（宽）/height（高）/margin/padding 等），则可以在该方法内进行设置。

一般来说，若没有什么特殊需求的话，则可以直接让子 item 自己决定自身的宽和高（WRAP_CONTENT）。一般写法如下：

```
public class CustomLayoutManager extends LayoutManager {
    @Override
    public LayoutParams generateDefaultLayoutParams() {
        return new RecyclerView.LayoutParams(RecyclerView.LayoutParams.
WRAP_CONTENT,
                RecyclerView.LayoutParams.WRAP_CONTENT);
    }
}
```

如果我们替换掉前面 demo 中的 LinearLayoutManager，运行后会发现页面完全空白（见图 7-28）。

```
public class LinearActivity extends AppCompatActivity {
    private ArrayList<String> mDatas = new ArrayList<>();

    @Override
    protected void onCreate(Bundle savedInstanceState) {
        super.onCreate(savedInstanceState);
        setContentView(R.layout.activity_linear);

        …
        RecyclerView mRecyclerView = (RecyclerView) findViewById
(R.id.linear_recycler_view);

        mRecyclerView.setLayoutManager(new CustomLayoutManager());

        RecyclerAdapter adapter = new RecyclerAdapter(this, mDatas);
```

```
        mRecyclerView.setAdapter(adapter);
    }
    ...
}
```

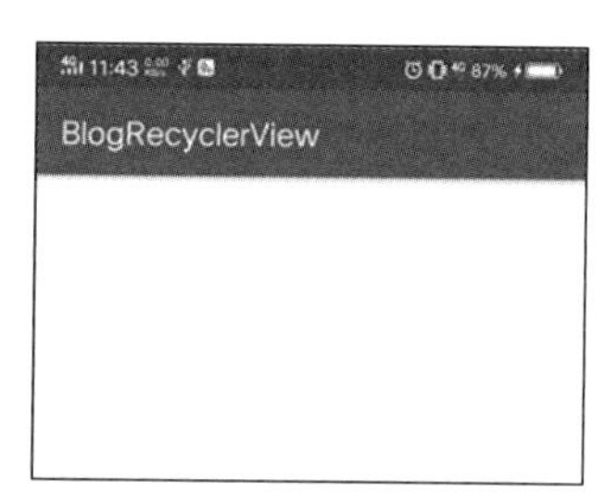

图 7-28

因为所有 item 的布局都是在 LayoutManager 中处理的，很明显，我们目前在 CustomLayoutManager 中并没有布局任何的 item，所以就没有 item 出现了。

2. onLayoutChildren()

在 LayoutManager 中，所有 item 的布局都是在 onLayoutChildren 函数中处理的，所以我们要在 CustomLayoutItem 中添加 onLayoutChildren 函数：

```
@Override
public void onLayoutChildren(RecyclerView.Recycler recycler, RecyclerView.State
state) {
    //定义垂直方向的偏移量
    int offsetY = 0;
    for (int i = 0; i < getItemCount(); i++) {
        View view = recycler.getViewForPosition(i);
        addView(view);
        measureChildWithMargins(view, 0, 0);
        int width = getDecoratedMeasuredWidth(view);
        int height = getDecoratedMeasuredHeight(view);
        layoutDecorated(view, 0, offsetY, width, offsetY + height);
        offsetY += height;
    }
}
```

在这个函数中，主要做了两件事：

第一，把所有的 item 所对应的 View 加进来：

```
for (int i = 0; i < getItemCount(); i++) {
    View view = recycler.getViewForPosition(i);
    addView(view);
    ...
}
```

第二，把所有的 item 摆放在它应在的位置：

```
public void onLayoutChildren(RecyclerView.Recycler recycler, RecyclerView.State
state) {
    //定义垂直方向的偏移量
```

```
    int offsetY = 0;
    for (int i = 0; i < getItemCount(); i++) {
       ...
       measureChildWithMargins(view, 0, 0);
       int width = getDecoratedMeasuredWidth(view);
       int height = getDecoratedMeasuredHeight(view);
       layoutDecorated(view, 0, offsetY, width, offsetY + height);
       offsetY += height;
    }
}
```

首先，我们通过 measureChildWithMargins(view, 0, 0);函数测量这个 view，并且通过 getDecoratedMeasuredWidth(view)得到测量出来的宽度。需要注意的是通过 getDecoratedMeasuredWidth(view)得到的是 item+Decoration 的总宽度。如果你只想得到 view 的测量宽度，通过 view.getMeasuredWidth()就可以做到。

然后，通过 layoutDecorated();函数将每个 item 摆放在对应的位置。每个 item 的左右位置都是相同的。从左侧 x=0 开始摆放，只是 y 的点需要计算。所以这里有一个变量 offsetY，用来累加当前 item 之前所有 item 的高度，从而计算出当前 item 的位置。这部分代码的难度不大，这里就不再细讲了。

在此之后，我们运行程序会发现，现在 item 显示出来了（见图 7-29）。

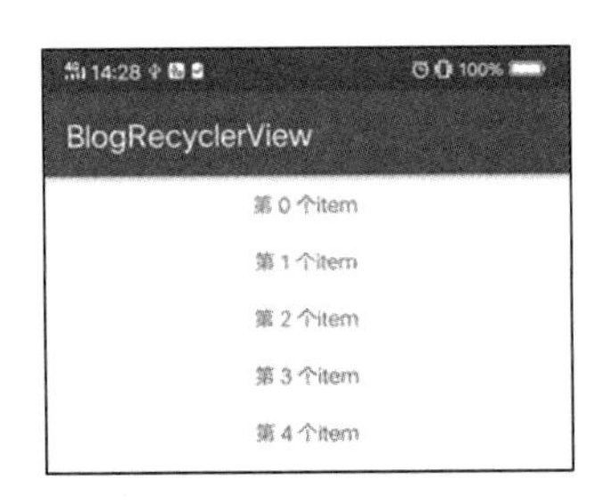

图 7-29

7.3.2 添加滑动效果

1．如何添加滑动效果

但是，现在列表还不能滑动。如果我们要给它添加滑动效果，需要修改两个地方：

```
@Override
public boolean canScrollVertically() {
   return true;
}

@Override
public int scrollVerticallyBy(int dy, RecyclerView.Recycler recycler, 
RecyclerView.State state) {
    // 平移容器内的 item
    offsetChildrenVertical(-dy);
```

```
        return dy;
    }
```

首先，我们通过在 canScrollVertically()中返回 true，以使 LayoutManager 具有垂直滑动的功能。然后在 scrollVerticallyBy 中接收每次滑动的距离 dy。

如果你想使 LayoutManager 具有横向滑动的功能，则可以通过在 canScrollHorizontally()中返回 true 来实现。

这里需要注意的是，在 scrollVerticallyBy 中，dy 表示手指在屏幕上每次滑动的位移：

- 当手指由下往上滑时，dy > 0。
- 当手指由上往下滑时，dy < 0。

很明显，当手指向上滑动时，我们需要让所有子 item 向上移动，向上移动明显是需要减去 dy 的。所以，大家经过测试会发现，让容器内的 item 的移动距离减去 dy 距离，才符合生活习惯。在 LayoutManager 中，我们可以通过 public void offsetChildrenVertical(int dy)函数来移动 RecyclerView 中的所有 item。

现在，我们再运行程序，效果如图 7-30 所示。

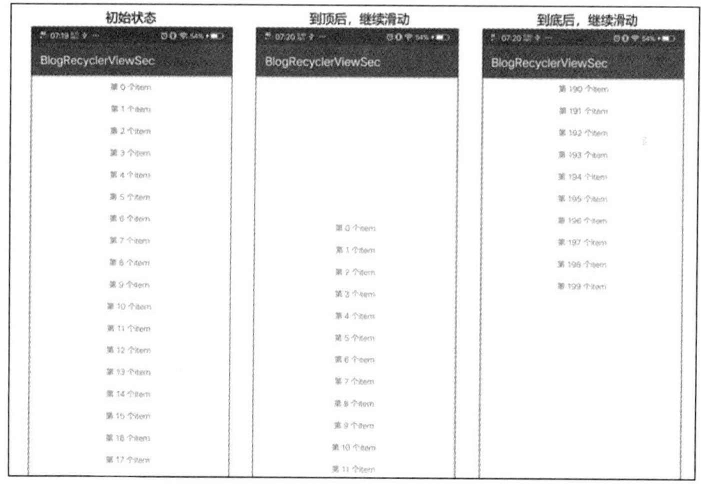

扫码查看动态效果图

图 7-30

在图 7-30 所示的效果中，这里虽然实现了列表滑动，但是存在如下问题：列表到顶和到底之后，仍然可以滑动。这明显是不对的，我们需要在其滑动时添加判断：如果列表到底或到顶了，就不让它滑动了。

2．添加异常判断

（1）判断列表是否到顶

判断列表是否到顶相对比较容易，我们只需要把所有的 dy 相加，如果和小于 0，就表示其已经到顶了。这时不让它再移动就行，代码如下：

```
    private int mSumDy = 0;
    @Override
    public int scrollVerticallyBy(int dy, RecyclerView.Recycler recycler,
RecyclerView.State state) {
        int travel = dy;
        //如果列表滑动到顶部
        if (mSumDy + dy < 0) {
            travel = -mSumDy;
        }
        mSumDy += travel;
        // 平移容器内的 item
        offsetChildrenVertical(-travel);
        return dy;
    }
```

在这段代码中，通过变量 mSumDy 保存所有移动过的 dy。如果当前移动的距离小于 0，就不再累加 dy，直接将它移动到 y=0 的位置，因为之前已经移动的距离是 mSumdy。

计算方法如下：

```
travel+mSumdy = 0;
=> travel = -mSumdy
```

要将它移动到 y=0 的位置，需要移动的距离为–mSumdy。效果如图 7-31 所示。

扫码查看动态效果图

图 7-31

在图 7-31 所示的效果中，在列表到顶时，就不会再移动了。下面再来看看列表到底的问题。

（2）判断列表是否到底

判断列表是否到底的方法如下：我们需要知道所有 item 的总高度，用总高度减去最后一屏的高度，就是列表到底时的偏移值，如果大于这个偏移值就说明列表已经超过底部了。

我们首先需要得到所有 item 的总高度。我们知道在 onLayoutChildren 中会测量所有的 item；

对于每一个 item 布局，我们只需要在 onLayoutChildren 中将所有 item 的高度相加，就可以得到所有 item 的总高度了。

```
    private int mTotalHeight = 0;
    public void onLayoutChildren(RecyclerView.Recycler recycler, RecyclerView.State state) {
        //定义垂直方向的偏移量
        int offsetY = 0;
        for (int i = 0; i < getItemCount(); i++) {
            View view = recycler.getViewForPosition(i);
            addView(view);
            measureChildWithMargins(view, 0, 0);
            int width = getDecoratedMeasuredWidth(view);
            int height = getDecoratedMeasuredHeight(view);
            layoutDecorated(view, 0, offsetY, width, offsetY + height);
            offsetY += height;
        }
        //如果所有子 View 的高度之和没有填满 RecyclerView 的高度，
        //则将高度设置为 RecyclerView 的高度
        mTotalHeight = Math.max(offsetY, getVerticalSpace());
    }
    private int getVerticalSpace() {
        return getHeight() - getPaddingBottom() - getPaddingTop();
    }
```

getVerticalSpace 函数可以得到 RecyclerView 用于显示 item 的真实高度。相比于上面的 onLayoutChildren，这里只添加了一句代码：

```
    mTotalHeight = Math.max(offsetY, getVerticalSpace());
```

这里之所以取 offsetY 和 getVerticalSpace()的最大值，是因为 offsetY 是所有 item 的总高度，而当 item 填不满 RecyclerView 时，offsetY 应该比 RecyclerView 的真正高度小，此时的真正高度应该是 RecyclerView 本身所设置的高度。

接下来就是在 scrollVerticallyBy 中判断列表是否到底并处理：

```
    public int scrollVerticallyBy(int dy, RecyclerView.Recycler recycler, RecyclerView.State state) {
        int travel = dy;
        //如果列表滑动到顶部
        if (mSumDy + dy < 0) {
            travel = -mSumDy;
            //如果列表滑动到底部
        } else if (mSumDy + dy > mTotalHeight - getVerticalSpace()) {
            travel = mTotalHeight - getVerticalSpace() - mSumDy;
        }

        mSumDy += travel;
        // 平移容器内的 item
        offsetChildrenVertical(-travel);
        return dy;
    }
```

在 mSumDy + dy > mTotalHeight - getVerticalSpace()中：

mSumDy + dy 表示当前的移动距离，mTotalHeight - getVerticalSpace()表示当列表滑动到底时滑动的总距离。

当列表滑动到底时，此次的移动距离要怎么计算呢？

算法如下：

```
travel + mSumDy = mTotalHeight - getVerticalSpace();
```

即，将要移动的距离加上之前的总移动距离，应该是列表到底的距离。

```
travel = mTotalHeight - getVerticalSpace() - mSumDy;
```

现在运行代码可以看到，垂直滑动列表完成了，如图 7-32 所示。

初始状态　　列表重新到顶后，不再向上滑动　　列表到底后，不再向下滑动

扫码查看动态效果图

图 7-32

在图 7-32 所示的列表中，现在列表到顶和到底会继续滑动的问题都解决了。下面是完整的 CustomLayoutManager 代码，供大家参考：

```
public class CustomLayoutManager extends LayoutManager {
    private int mSumDy = 0;
    private int mTotalHeight = 0;

    @Override
    public LayoutParams generateDefaultLayoutParams() {
        return new RecyclerView.LayoutParams(RecyclerView.LayoutParams.
WRAP_CONTENT,
                RecyclerView.LayoutParams.WRAP_CONTENT);
    }

    @Override
    public void onLayoutChildren(RecyclerView.Recycler recycler,
RecyclerView.State state) {
```

```
        //定义垂直方向的偏移量
        int offsetY = 0;
        for (int i = 0; i < getItemCount(); i++) {
            View view = recycler.getViewForPosition(i);
            addView(view);
            measureChildWithMargins(view, 0, 0);
            int width = getDecoratedMeasuredWidth(view);
            int height = getDecoratedMeasuredHeight(view);
            layoutDecorated(view, 0, offsetY, width, offsetY + height);
            offsetY += height;
        }

        //如果所有子 View 的高度之和没有填满 RecyclerView 的高度,
        //则将高度设置为 RecyclerView 的高度
        mTotalHeight = Math.max(offsetY, getVerticalSpace());
    }

    private int getVerticalSpace() {
        return getHeight() - getPaddingBottom() - getPaddingTop();
    }

    @Override
    public boolean canScrollVertically() {
        return true;
    }

    @Override
    public int scrollVerticallyBy(int dy, RecyclerView.Recycler recycler,
RecyclerView.State state) {
        int travel = dy;
        //如果列表滑动到顶部
        if (mSumDy + dy < 0) {
            travel = -mSumDy;
        } else if (mSumDy + dy > mTotalHeight - getVerticalSpace()) {
        //如果列表滑动到底部
            travel = mTotalHeight - getVerticalSpace() - mSumDy;
        }

        mSumDy += travel;
        // 平移容器内的 item
        offsetChildrenVertical(-travel);
        return dy;
    }
}
```

7.4 RecyclerView 回收复用 HolderView 的实现方式（一）

在本节中，我们将着重学习 RecyclerView 回收复用 HolderView 的代码实现以及注意事项。

7.4.1 RecyclerView 是否会自动回收复用 HolderView

想必大家都听说过 RecyclerView 是可以回收复用 HolderView 的，但它会自动回收复用 HolderView 吗？我们上面所写的例子会不会回收复用 HolderView 呢？

1．如何判断是否回收复用 HolderView

首先，我们需要知道怎么判断 RecyclerView 回收复用了 HolderView。在 Adapter 中有两个函数：

```
@Override
public RecyclerView.ViewHolder onCreateViewHolder(ViewGroup parent, int viewType) {
    …
}

@Override
public void onBindViewHolder(ViewHolder holder, int position) {
    …
}
```

其中，onCreateViewHolder 会在创建一个新 View 的时候调用；而 onBindViewHolder 会在已经存在 View，绑定数据时调用。所以，如果是新创建的 View，则会先调用 onCreateViewHolder 来创建 View，然后调用 onBindViewHolder 来绑定数据。如果回收复用了 HolderView，就只会调用 onBindViewHolder 而不会调用 onCreateViewHolder 了。

2．对比 LinearLayoutManager 与 CustomLayoutManager

（1）LinearLayoutManager 回收复用 HolderView 的情况

首先，我们在 demo 的 RecyclerAdatper 的 onCreateViewHolder 和 onBindViewHolder 中添加日志：

```
private int mCreatedHolder=0;
@Override
public RecyclerView.ViewHolder onCreateViewHolder(ViewGroup parent, int viewType) {
    mCreatedHolder++;
    Log.d("qijian", "onCreateViewHolder  num:"+mCreatedHolder);
    …
}

@Override
public void onBindViewHolder(ViewHolder holder, int position) {
    Log.d("qijian", "onBindViewHolder");
    …
}
```

在打印日志的同时，用 mCreatedHolder 变量标识当前总共创建了多少个 View。然后，将 LayoutManager 设置为 LinearLayoutManager：

```
public class LinearActivity extends AppCompatActivity {
    @Override
    protected void onCreate(Bundle savedInstanceState) {
```

```
        super.onCreate(savedInstanceState);
        setContentView(R.layout.activity_linear);
        …
        LinearLayoutManager linearLayoutManager = new LinearLayoutManager(this);
        linearLayoutManager.setOrientation(LinearLayoutManager.VERTICAL);
        mRecyclerView.setLayoutManager(linearLayoutManager);
        …
    }
    …
}
```

操作步骤如图 7-33 所示。程序启动后，先下滑几个 item，然后再上滑（回滚）几个 item，边操作边看日志情况。

初始状态　　向下滑动几个item　　再回滚几个item

扫码查看动态效果图

图 7-33

日志情况如图 7-34 所示。

```
7:19:15.223 8764-8764/com.example.harvic.blogrecyclerviewsec D/qijian: onCreateViewHolder num:20
7:19:15.231 8764-8764/com.example.harvic.blogrecyclerviewsec D/qijian: onBindViewHolder
7:19:15.338 8764-8764/com.example.harvic.blogrecyclerviewsec D/qijian: onCreateViewHolder num:21
7:19:15.342 8764-8764/com.example.harvic.blogrecyclerviewsec D/qijian: onBindViewHolder
7:19:15.522 8764-8764/com.example.harvic.blogrecyclerviewsec D/qijian: onCreateViewHolder num:22
7:19:15.528 8764-8764/com.example.harvic.blogrecyclerviewsec D/qijian: onBindViewHolder
7:19:15.689 8764-8764/com.example.harvic.blogrecyclerviewsec D/qijian: onCreateViewHolder num:23
7:19:15.696 8764-8764/com.example.harvic.blogrecyclerviewsec D/qijian: onBindViewHolder
7:19:15.855 8764-8764/com.example.harvic.blogrecyclerviewsec D/qijian: onBindViewHolder
7:19:16.006 8764-8764/com.example.harvic.blogrecyclerviewsec D/qijian: onBindViewHolder
7:19:16.189 8764-8764/com.example.harvic.blogrecyclerviewsec D/qijian: onBindViewHolder
7:19:16.323 8764-8764/com.example.harvic.blogrecyclerviewsec D/qijian: onBindViewHolder
```

图 7-34

从图 7-34 所示的日志中可以看到，在页面出现时，由于页面初始化是空白的，因此此时都是通过 onCreateViewHolder 来创建 View 的。在列表滑动之后，我们会发现，并不会再执行 onCreateViewHolder 了，只会通过 onBindViewHolder 来绑定数据。这就说明在初始化时会创建 HolderView，在 HolderView 创建到一定数量（我的手机上是 23 个）之后，就开始使用回收复用 HolderView 逻辑，将无用的 HolderView 回收复用起来。所以，LinearLayoutManager 是可以做到回收复用 HolderView 的。

（2）CustomLayoutManager 回收复用 HolderView 的情况

接下来，我们将 LinearLayoutManger 改为 CustomLayoutManager，看看 CustomLayoutManager

会不会自动回收复用 HolderView：

```
public class LinearActivity extends AppCompatActivity {
    private ArrayList<String> mDatas = new ArrayList<>();

    @Override
    protected void onCreate(Bundle savedInstanceState) {
        super.onCreate(savedInstanceState);
        setContentView(R.layout.activity_linear);
        …
        RecyclerView mRecyclerView = (RecyclerView) findViewById
(R.id.linear_recycler_view);
        mRecyclerView.setLayoutManager(new CustomLayoutManager());
        …
    }
    …
}
```

采用同样的滑动方法，看一下日志，如图 7-35 所示。

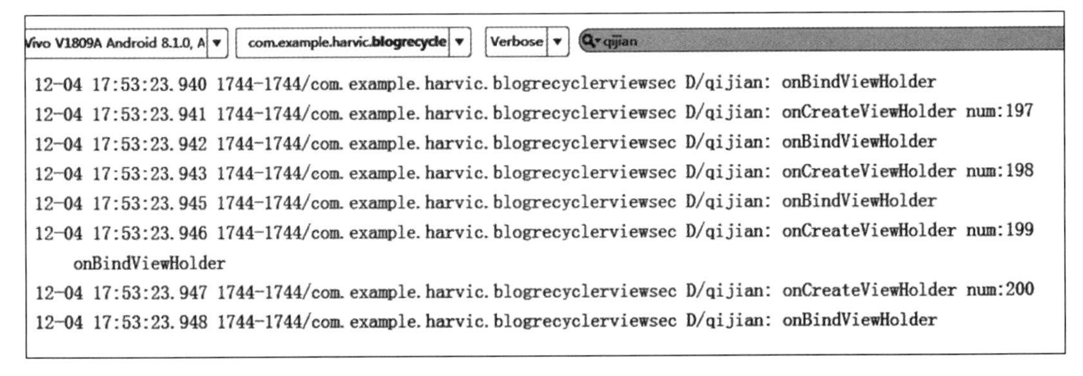

图 7-35

在此可以看到，CustomLayoutManager 会在初始化时一次性创建 200 个 View。而在我们滑动列表时，即不会调用 onCreateViewHolder，也不会调用 onBindViewHolder，这是为什么呢？

因为我们总共有 200 个数据，所以这里创建了 200 个 View。也就是一次性将所有的 View 创建完成，并加进 RecyclerView。

正是因为所有的 itemView 都已经加进 RecyclerView 了，所以就实现了列表滑动功能，但并没有实现回收复用 HolderView 功能。一次性创建所有 item 的 HolderView，极易出现 ANR（程序无响应）问题。

7.4.2 RecyclerView 回收复用 HolderView 的原理

从上面的对比中可以看出，RecyclerView 确实可以回收复用 HolderView，但其回收复用 HolderView 是需要我们在自定义的 LayoutManager 中处理的，其不会自动具有这个功能。那么问题来了，我们怎么给自定义的 LayoutManager 添加回收复用 HolderView 功能呢？

在讲解自定义其回收复用 HolderView 之前，我们需要先了解 RecyclerView 是如何处理回收复用 HolderView 的。

1．简述 RecyclerView 回收复用 HolderView 的原理

其实 RecyclerView 内部已经为我们实现了回收复用 HolderView 所必备的所有条件，但在 LayoutManager 中，我们需要写代码来标识每个 HolderView 是继续可用，还是把它放在回收池里。很明显，在上面的示例代码中，我们只是通过 layoutDecorated(...)来布局 item，而对已经滚出屏幕的 HolderView 没有做任何处理，更别说给其添加已经被移除的标识了。所以，我们写的 CustomLayoutManager 不能回收复用 HolderView 的原因也在于此。下面我们来看看 RecyclerView 已经在哪方面做好了准备。我们先来了解一下 RecyclerView 的回收复用 HolderView 原理；然后再写代码，使 CustomLayoutManager 具有回收复用 HolderView 功能。

（1）RecyclerView 的回收原则

从上面的讲述中可以知道，我们在自定义的 LayoutManager 中只需要告诉 RecyclerView 哪些 HolderView 已经不用了即可（使用 removeAndRecycleView(view, recycler)函数）。然后在 RecyclerView 中用两级缓存（mCachedViews 和 mRecyclerPool）来保存这些已经被废弃（Removed）的 HolderView。这两个缓存的区别如下。mCachedViews 是第一级缓存，它的 size 为 2，只能保存两个 HolderView。这里保存的始终是最新被移除的 HolderView。当 mCachedViews 满了以后，会利用先进先出原则，把老的 HolderView 存放在 mRecyclerPool 中。所以，mRecyclerPool 是第二级缓存。在 mRecyclerPool 中，它的默认 size 是 5。这就是 RecyclerView 的回收原则。

（2）detach 与 Scrap

除了回收复用 HolderView，有些读者在看自定义 LayoutManager 时，会经常在 onLayoutChildren 函数中看到一个函数：detachAndScrapAttachedViews(recycler)。

它又是做什么的呢？

试想一种场景，当我们插入了一个 item 或者删除了一个 item，又或者打乱了 item 顺序，怎么重新布局这些 item 呢？这些情况都涉及如何将现有屏幕上的 item 布局到新位置的问题。最简单的方法，就是把每个 item 的 HolderView 先从屏幕上拿下来，然后像排列积木一样，按照最新的位置要求，重新排列。

detachAndScrapAttachedViews(recycler)的作用就是把当前屏幕上所有的 HolderView 与屏幕分离，将它们从 RecyclerView 的布局中拿下来，然后存放在一个列表中，在重新布局时，像搭积木一样，把这些 HolderView 一个个重新放在新位置上。将屏幕上的 HolderView 从 RecyclerView 的布局中拿下来后，其存放的列表叫 mAttachedScrap。它依然是一个 List 列表，就是用来保存从 RecyclerView 的布局中拿下来的 HolderView 列表的。大家可以查看所有自定义的 LayoutManager，detachAndScrapAttachedViews(recycler)只会被用在 onLayoutChildren 函数中。onLayoutChildren 函数是用来布局新的 item 的，只有在布局时，才会先把 HolderView“detach”掉，然后再“add”进来，以便重新布局。这里需要注意的是 mAttachedScrap 中存储的就是新

布局前从 RecyclerView 中剥离下来的正在显示的 item 的 HolderView。这些 HolderView 并不参与回收复用。其单纯为了先从 RecyclerView 中拿下来，再重新布局上去。对于新布局中没有用到的 HolderView，会将其从 mAttachedScrap 移到 mCachedViews 中，让它参与回收复用。

（3）RecyclerView 回收复用 HolderView 的原则

至此，已经有了三个存放 RecyclerView 的池子：mAttachedScrap、mCachedViews、mRecyclerPool。其实，除了系统提供的这三个池子，RecyclerView 也允许我们自己扩展回收池，并给它预留了一个变量：mViewCacheExtension。不过我们一般不用自己扩展回收池，使用系统自带的回收池即可。

所以，在 RecyclerView 中，总共有四个池子：mAttachedScrap、mCachedViews、mViewCacheExtension、mRecyclerPool。

在此，要注意以下几点：

- mAttachedScrap 不参与回收复用 HolderView，只保存重新布局时，从 RecyclerView 中剥离的正在显示的 HolderView 列表。
- mCachedViews、mViewCacheExtension、mRecyclerPool 组成了回收复用 HolderView 的三级缓存。当 RecyclerView 要拿一个回收复用的 HolderView 时，获取的优先级是 mCachedViews > mViewCacheExtension > mRecyclerPool。由于一般而言我们是不会自定义 mViewCacheExtension 的，因此获取顺序其实就是 mCachedViews > mRecyclerPool，下面将不再涉及 mViewCacheExtension。
- mCachedViews 是不参与回收复用 HolderView 的，其可用来保存最新被移除的 HolderView（通过 removeAndRecycleView(view, recycler)函数）。它的作用是，在需要新的 HolderView 时，精确匹配是不是刚移除的那个 HolderView，如果是，就直接返回给 RecyclerView 展示；如果不是该 HolderView，那么即使这里有 HolderView 实例，也不会返回给 RecyclerView，而是到 mRecyclerPool 中去找一个 HolderView 实例，返回给 RecyclerView，让它重新绑定数据使用。
- 在 mAttachedScrap、mCachedViews 中的 HolderView 都是精确匹配的，真正被标识为废弃的是存放在 mRecyclerPool 中的 HolderView。当我们向 RecyclerView 申请一个 HolderView 来使用时，如果在 mAttachedScrap、mCachedViews 中精确匹配不到，那么，即使它们中有 HolderView 也不会返回给我们使用，而会到 mRecyclerPool 中去拿一个废弃的 HolderView 返回给我们。

（4）RecyclerView 回收复用 HolderView 的完整过程

上面简单讲解了几个池子的作用，下面我们重新看一下在 RecyclerView 中需要一个 HolderView 的过程。

要从 RecyclerView 中拿到一个 HolderView 来布局，我们一般使用 recycler.getViewForPosition(int position)。它的意思就是给指定位置获取一个 HolderView 实例。recycler.getViewForPosition(int position)的获取过程比较有意思，它会先在 mAttachedScrap 中找，

看 RecyclerView 需要的 View 是不是刚刚剥离的。如果是，就直接返回使用；如果不是，就先在 mCachedViews 中查找。先在 mCachedViews 中精确匹配，如果匹配到，就说明这个 HolderView 是刚刚被移除的，可直接返回；如果匹配不到，就会最终到 mRecyclerPool 中找。如果 mRecyclerPool 有现成的 HolderView 实例，这时候就不再是精确匹配了，只要有现成的 HolderView 实例，就返回给我们使用；只有在 mRecyclerPool 为空时，才会调用 onCreateViewHolder 新建 HolderView。

这里需要注意的是，在 mAttachedScrap 和 mCachedViews 中拿到的 HolderView，因为都是精确匹配的，所以都可直接使用，不会调用 onBindViewHolder 重新绑定数据。只有在 mRecyclerPool 中拿到的 HolderView 才会重新绑定数据。正是有了 mCachedViews 的存在，所以只有在 RecyclerView 来回滑动时，池子的使用效率才最高。这是因为凡是从 mCachedViews 中取的 HolderView 都是可直接使用的，无须重新绑定数据。

RecyclerView 回收复用 HolderView 的简要过程就是上面的内容了。该过程理解起来比较费劲，大家需要多读几遍。下面我们将通过代码来讲解自定义 CustomLayoutManager 回收复用 HolderView 的过程。

（5）几个函数

- public void detachAndScrapAttachedViews(Recycler recycler)
  仅用于 onLayoutChildren 中。在布局前，将所有正在显示的 HolderView 从 RecyclerView 中剥离，将其放在 mAttachedScrap 中，以供重新布局时使用。
- View view = recycler.getViewForPosition(position)
  用于向 RecyclerView 申请一个 HolderView。至于这个 HolderView 是从四个池子中的哪个池子里拿的，我们无须关心，这些都是 recycler.getViewForPosition(position)函数自己判断的。这个函数能为我们实现回收复用 HolderView。
- removeAndRecycleView(child, recycler)
  这个函数仅用于滑动时。在滑动时，我们需要把滚出屏幕的 HolderView 标记为 Removed。这个函数的作用就是把已经不需要的 HolderView 标记为 Removed。想必大家在理解了上面的回收复用 HolderView 原理以后，也知道在我们把它标记为 Removed 以后，系统会做什么事了。在我们将其标记为 Removed 后，会把这个 HolderView 移到 mCachedViews 中。如果 mCachedViews 已满，就利用先进先出原则，将 mCachedViews 中老的 HolderView 移到 mRecyclerPool 中，然后把新的 HolderView 加入 mCachedViews 中。

可以看到，正是这三个函数的使用，可以让我们自定义 LayoutManager 具有回收复用 HolderView 的功能。

另外，还有几个常用但经常出错的函数：

- int getItemCount()
  得到的是 Adapter 中总共有多少数据要显示，也就是总共有多少个 item。
- int getChildCount()

得到的是当前 RecyclerView 正在显示的 item 的个数。这就是 getChildCount()与 getItemCount()的区别。

- View getChildAt(int position)
  获取某个可见位置的 View。需要非常注意的是，它的位置索引并不是 Adapter 中的位置索引，而是当前在屏幕上的位置索引。也就是说，要获取当前屏幕上正在显示的第一个 item 的 View，应该用 getChidAt(0)。同样，如果要得到当前屏幕上正在显示的最后一个 item 的 View，应该用 getChildAt(getChildCount()-1)。
- int getPosition(View view)
  这个函数用于得到某个 View 在 Adapter 中的索引位置。我们经常将它与 getChildAt(int position)联合使用，得到当前屏幕上正在显示的 View 在 Adapter 中的某个位置。比如，我们要拿到屏幕上正在显示的最后一个 View 在 Adapter 中的索引：

```
View lastView = getChildAt(getChildCount() - 1);
int pos = getPosition(lastView);
```

2. CustomLayoutManager 实现回收复用 HolderView 的原理

从上面的原理中可以看到，其回收复用 HolderView 主要有以下两部分。

第一部分，在 onLayoutChildren 初始布局时：

- 使用 detachAndScrapAttachedViews(recycler)将所有的可见 HolderView 剥离。
- 一屏中能放几个 item 就获取几个 HolderView。撑满初始化的一屏即可，不要多创建。

第二部分，在 scrollVerticallyBy 滑动时：

- 先判断在滑动 dy 距离后，哪些 HolderView 需要回收。如果需要回收，就调用 removeAndRecycleView(child, recycler)回收它。
- 然后从系统中获取 HolderView 对象来填充滑动出来的空白区域。

下面我们就利用这个原理来实现 CustomLayoutManager 的回收复用 HolderView 功能。

7.4.3 给 CustomLayoutManager 添加回收复用 HolderView 功能

1. 修改 onLayoutChildren

上面已经提到，在 onLayoutChildren 中，我们主要做两件事：

- 使用 detachAndScrapAttachedViews(recycler)将所有的可见 HolderView 剥离。
- 一屏中能放几个 item 就获取几个 HolderView。撑满初始化的一屏即可，不要多创建。

这里的关键问题在于，我们怎么知道在初始化时撑满一屏需要多少个 item 呢？因为每个 item 的高度都是一致的，所以，只需要用 RecyclerView 的高度除以每个 item 的高度，就可得到能显示多少个 item。

具体代码如下：

```
private int mItemWidth,mItemHeight;
```

```
    @Override
    public void onLayoutChildren(RecyclerView.Recycler recycler, RecyclerView.State
state) {
        if (getItemCount() == 0) {//没有item，界面空着吧
            detachAndScrapAttachedViews(recycler);
            return;
        }
        detachAndScrapAttachedViews(recycler);

        View childView = recycler.getViewForPosition(0);
        measureChildWithMargins(childView, 0, 0);
        mItemWidth = getDecoratedMeasuredWidth(childView);
        mItemHeight = getDecoratedMeasuredHeight(childView);

        int visibleCount = getVerticalSpace() / mItemHeight;
        ...
    }
    //其中，getVerticalSpace()在上面已经提到，得到的是RecyclerView用于显示的高度，它的定义如下：
    private int getVerticalSpace() {
        return getHeight() - getPaddingBottom() - getPaddingTop();
    }
```

接下来对这段代码进行讲解。首先，做一下容错处理。在 Adapter 中没有数据的时候，直接将当前所有的 item 从屏幕上剥离，将当前屏幕清空：

```
    if (getItemCount() == 0) {
        detachAndScrapAttachedViews(recycler);
        return;
    }
```

然后，随便向系统申请一个 HolderView，之后测量它的宽度、高度，并计算可见的 item 数：

```
View childView = recycler.getViewForPosition(0);
measureChildWithMargins(childView, 0, 0);
mItemWidth = getDecoratedMeasuredWidth(childView);
mItemHeight = getDecoratedMeasuredHeight(childView);

int visibleCount = getVerticalSpace() / mItemHeight;
```

有些读者可能会有疑问，为什么要在 getDecoratedMeasuredWidth(childView) 前调用 measureChildWithMargins(childView, 0, 0)呢？因为我们只有测量过以后，系统才知道其测量的宽和高。如果不测量，系统就无法获知它的宽和高。大家可以尝试，如果把 measureChildWithMargins(childView, 0, 0)去掉，getDecoratedMeasuredWidth(childView)得到的值就是 0。

同时，由于每个 item 的大小都是固定的，因此，为了布局方便，我们利用一个变量来保存初始化时 Adapter 中每一个 item 的位置：

```
int offsetY = 0;
for (int i = 0; i < getItemCount(); i++) {
    Rect rect = new Rect(0, offsetY, mItemWidth, offsetY + mItemHeight);
    mItemRects.put(i, rect);
    offsetY += mItemHeight;
}
```

注意，这里使用的是 getItemCount()，所以会遍历 Adapter 中的所有 item，并记录下在初始化时，从上到下的所有 item 的位置。

接下来就是改造原来 CustomLayoutManager 中的布局代码，只将可见的 item 显示出来，不可见的 item 就不再布局。

```
for (int i = 0; i < visibleCount; i++) {
    Rect rect = mItemRects.get(i);
    View view = recycler.getViewForPosition(i);
    addView(view);
    //addView 后一定要测量，先测量再布局
    measureChildWithMargins(view, 0, 0);
    layoutDecorated(view, rect.left, rect.top, rect.right, rect.bottom);
}

mTotalHeight = Math.max(offsetY, getVerticalVisibleHeight());
```

因为我们已经保存过初始化状态下每个 item 的位置，所以这里就可以直接从 mItemRects 中取出当前要显示的 item 的位置，直接将它摆放在这个位置就可以了。需要注意的是，因为我们在之前已经使用 detachAndScrapAttachedViews(recycler)将所有的 View 从 RecyclerView 中剥离出来，所以，我们需要通过 addView(view)将 View 重新添加进来。在将 View 添加进来以后，需要执行 View 的测量和布局逻辑。先经过测量，再将它布局到指定位置。如果我们没有测量就直接布局，就会发现什么都显示不出来，因为任何 View 的布局都要依赖测量出来的位置信息。

到此，完整的 onLayoutChildren 的代码如下：

```
private int mItemWidth, mItemHeight;
private SparseArray<Rect> mItemRects = new SparseArray<>();;
@Override
public void onLayoutChildren(RecyclerView.Recycler recycler, RecyclerView.State
state) {
    if (getItemCount() == 0) {//没有 item，界面空着吧
        detachAndScrapAttachedViews(recycler);
        return;
    }
    detachAndScrapAttachedViews(recycler);

    //将 item 的位置存储起来
    View childView = recycler.getViewForPosition(0);
    measureChildWithMargins(childView, 0, 0);
    mItemWidth = getDecoratedMeasuredWidth(childView);
    mItemHeight = getDecoratedMeasuredHeight(childView);

    int visibleCount = getVerticalSpace() / mItemHeight;


    //定义垂直方向的偏移量
    int offsetY = 0;

    for (int i = 0; i < getItemCount(); i++) {
        Rect rect = new Rect(0, offsetY, mItemWidth, offsetY + mItemHeight);
        mItemRects.put(i, rect);
```

```
        offsetY += mItemHeight;
    }

    for (int i = 0; i < visibleCount; i++) {
        Rect rect = mItemRects.get(i);
        View view = recycler.getViewForPosition(i);
        addView(view);
        //addView 后一定要测量，先测量再布局
        measureChildWithMargins(view, 0, 0);
        layoutDecorated(view, rect.left, rect.top, rect.right, rect.bottom);
    }

    //如果所有子 View 的高度之和没有填满 RecyclerView 的高度,
    //则将高度设置为 RecyclerView 的高度
    mTotalHeight = Math.max(offsetY, getVerticalSpace());
}
```

2. 处理滑动

接下来，我们就来处理滑动时的情况。根据上面的原理分析可知，我们首先需要回收滑出屏幕的 HolderView，然后填充滑动后的空白区域。列表向上滑动和向下滑动的 dy 的值是相反的：当向上滑动（手指由下往上滑）时，dy>0；当列表向下滑动（手指由上往下滑）时，dy<0。在此，我们分两种情况分别处理。

（1）处理列表向上滑动的情况

在处理滑动时，我们的处理策略是，先假设滑动了 dy，然后看需要回收哪些 item，需要新增显示哪些 item，之后调用 offsetChildrenVertical(-dy)实现滑动。

因为在开始移动前，我们已经对 dy 做了到顶/到底判断并校正了 dy 的值：

```
int travel = dy;
//如果列表滑动到顶部
if (mSumDy + dy < 0) {
    travel = -mSumDy;
} else if (mSumDy + dy > mTotalHeight - getVerticalSpace()) {
    //如果列表滑动到底部
    travel = mTotalHeight - getVerticalSpace() - mSumDy;
}
```

所以真正移动时，移动距离其实是 travel。

①判断回收的 item

在判断要回收哪些越界的 item 时，我们需要遍历当前所有正在显示的 item，让它们模拟移动 travel 距离后，是不是还在屏幕范围内。当 travel>0 时，说明列表是从下向上滑动的，自然会将顶部的 item 移除，所以我们只需要判断，当前的 item 是不是超过了上边界（y=0）即可，代码如下：

```
for (int i = getChildCount() - 1; i >= 0; i--) {
    View child = getChildAt(i);
    if (travel > 0) {//回收当前屏幕，顶部越界的 View
```

```
        if (getDecoratedBottom(child) - travel< 0) {
            removeAndRecycleView(child, recycler);
            continue;
        }
    }
}
```

- 首先是遍历所有当前正在显示的 item。getChildCount()−1 就表示当前正在显示的 item 的最后一个索引。
- getDecoratedBottom(child)−travel 表示将这个 item 上移以后，它的下边界的位置。当下边界的位置小于当前可显示区域的上边界（此时为 0）时，就需要将它移除。
- 在滑动时，移除 View 均使用 removeAndRecycleView(child, recycler)进行。千万不要将它与 detachAndScrapAttachedViews(recycler) 搞混了。在滑动时，已经超出边界的 HolderView 是需要被回收的，而不是被“detach”。“detach”的意思是暂时存放，立马使用。很显然，这里在 View 越界之后，立马使用这个 View 的可能性不大，所以必须回收。如果 RecyclerView 需要立马使用这个 View，它会从 mCachedViews 中去取。大家也可以简单地记忆，在 onLayoutChildren 函数中（布局时），就使用 detachAndScrapAttachedViews(recycler)；在 scrollVerticallyBy 函数中（滑动时），就使用 removeAndRecycleView(child, recycler)。

②为滑动后的空白处填充 item

我们主要看看在滑动了 travel 距离后，需要增加显示哪些 item 的问题。大家先看一下图 7-36。

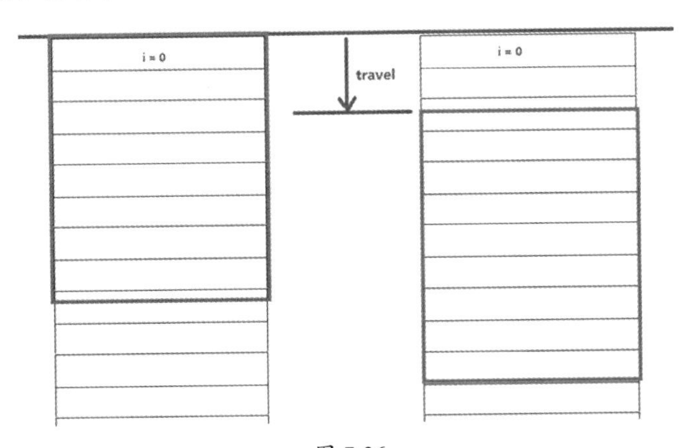

扫码查看彩色图

图 7-36

在图 7-36 中，绿色框表示屏幕，左边表示初始化状态，右边表示移动了 travel 后的情况。因为我们在初始化时，记录了每个 item 在初始化时的位置，所以我们使用移动屏幕位置的方法来计算当前需要显示哪些 item。

很明显，在新增移动 travel 时，当前屏幕的位置应该如下所示：

```
    private Rect getVisibleArea(int travel) {
        Rect result = new Rect(getPaddingLeft(), getPaddingTop() + mSumDy + travel, 
getWidth() + getPaddingRight(), getVerticalSpace() + mSumDy + travel);
```

```
    return result;
}
```

其中，mSumDy 表示上次的移动距离，travel 表示这次的移动距离，mSumDy + travel 表示这次移动后的屏幕位置。

在获得移动后屏幕的位置以后，我们将其跟初始化的 item 的位置做对比，只要二者有交集，就说明 item 在显示区域；如果二者不存在交集，就说明 item 不在显示区域。

那么问题来了，我们应该从哪个 item 开始查询呢？在列表向上滑动时，底部 item 肯定会空出来空白区域。

很明显，应该从当前屏幕中最后一个 item 的下一个 item 开始查询。如果该 item 在显示区域，就将它加进来。什么时候结束查询呢？我们只需要向下查询，直到找到不在显示区域的 item，那么该 item 之后的 item 就不必再查了。这时直接退出循环即可，代码如下：

```
    Rect visibleRect = getVisibleArea(travel);
    //布局子 View 阶段
    if (travel >= 0) {
       View lastView = getChildAt(getChildCount() - 1);
       int minPos = getPosition(lastView) + 1;//从最后一个 View+1 开始吧

       //顺序添加子 View
       for (int i = minPos; i <= getItemCount() - 1; i++) {
          Rect rect = mItemRects.get(i);
          if (Rect.intersects(visibleRect, rect)) {
             View child = recycler.getViewForPosition(i);
             addView(child);
             measureChildWithMargins(child, 0, 0);
             layoutDecorated(child, rect.left, rect.top - mSumDy, rect.right,
rect.bottom - mSumDy);
          } else {
             break;
          }
       }
    }

    mSumDy += travel;
    // 平移容器内的 item
    offsetChildrenVertical(-travel);
```

我们来看看上面的代码。首先，我们获得屏幕移动后的显示区域：

```
    Rect visibleRect = getVisibleArea(travel);
```

然后，找到移动前最后一个可见的 View：

```
    View lastView = getChildAt(getChildCount() - 1);
```

随后，找到它之后的一个 item：

```
    int minPos = getPosition(lastView) + 1;
```

之后从这个 item 开始查询，看它和它之后的每个 item 是不是都在显示区域内：

```
for (int i = minPos; i <= getItemCount() - 1; i++) {
```

接着判断这个 item 是否在显示区域。如果 item 在显示区域，就将其加进来并且布局；如果 item 不在显示区域，就退出循环：

```
    for (int i = minPos; i <= getItemCount() - 1; i++) {
        Rect rect = mItemRects.get(i);
        if (Rect.intersects(visibleRect, rect)) {
            View child = recycler.getViewForPosition(i);
            addView(child);
            measureChildWithMargins(child, 0, 0);
            layoutDecorated(child, rect.left, rect.top - mSumDy, rect.right,
rect.bottom - mSumDy);
        } else {
            break;
        }
    }
```

需要注意的是，item 的位置 rect 包含着移动距离，而在布局到屏幕上时，屏幕坐标是从(0,0)开始的，所以我们需要把高度减去移动距离。需要注意的是，这个移动距离是不包含最新的移动距离 travel 的。虽然我们在判断哪些 item 是新增显示的 item 时，假设已经移动了 travel，但这只是识别哪些 item 将要显示出来的策略。到目前为止，所有的 item 并未真正地移动。所以我们在布局时，仍然需要按上次的移动距离来进行布局。故这里在布局时使用的是 layoutDecorated(child, rect.left, rect.top - mSumDy, rect.right, rect.bottom - mSumDy)。只是单纯减去了 mSumDy，并没有同时减去 mSumDy 和 travel。最后调用 offsetChildrenVertical(-travel)来整体移动布局好的 item。这时，才会把我们刚才新增布局上的 item 显示出来。

此时完整的 scrollVerticallyBy 的代码如下：

```
    public int scrollVerticallyBy(int dy, RecyclerView.Recycler recycler,
RecyclerView.State state) {
        if (getChildCount() <= 0) {
            return dy;
        }

        int travel = dy;
        //如果列表滑动到顶部
        if (mSumDy + dy < 0) {
            travel = -mSumDy;
        } else if (mSumDy + dy > mTotalHeight - getVerticalSpace()) {
            //如果列表滑动到底部
            travel = mTotalHeight - getVerticalSpace() - mSumDy;
        }

        //回收越界的子 View
        for (int i = getChildCount() - 1; i >= 0; i--) {
            View child = getChildAt(i);
            if (travel > 0) {//回收当前屏幕，顶部越界的 View
                if (getDecoratedBottom(child) - travel < 0) {
                    removeAndRecycleView(child, recycler);
                    continue;
```

```
                }
            }
        }

        Rect visibleRect = getVisibleArea(travel);
        //布局子 View 阶段
        if (travel >= 0) {
            View lastView = getChildAt(getChildCount() - 1);
            int minPos = getPosition(lastView) + 1;//从最后一个 View+1 开始吧

            //顺序添加子 View
            for (int i = minPos; i <= getItemCount() - 1; i++) {
                Rect rect = mItemRects.get(i);
                if (Rect.intersects(visibleRect, rect)) {
                    View child = recycler.getViewForPosition(i);
                    addView(child);
                    measureChildWithMargins(child, 0, 0);
                    layoutDecorated(child, rect.left, rect.top - mSumDy, rect.right,
rect.bottom - mSumDy);
                } else {
                    break;
                }
            }
        }

        mSumDy += travel;
        // 平移容器内的 item
        offsetChildrenVertical(-travel);
        return travel;
    }
```

此时的效果图如图 7-37 所示。

初始状态　向上滑动几个item　再向下滑动

扫码查看动态效果图

图 7-37

在此可以看到，列表向上滑动时，已经能够正常展示新增的 item 了。由于我们还没有处理列表向下滑动的情况，因此此时列表向下滑动时，顶部会出现空白。之后查看日志，如图 7-38 所示。

在此可以看到，在列表向上滑动时，已经能够实现回收复用 HolderView 了。

（2）处理列表向下滑动的情况

```
7:19:15.223 8764-8764/com.example.harvic.blogrecyclerviewsec D/qijian: onCreateViewHolder num:20
7:19:15.231 8764-8764/com.example.harvic.blogrecyclerviewsec D/qijian: onBindViewHolder
7:19:15.338 8764-8764/com.example.harvic.blogrecyclerviewsec D/qijian: onCreateViewHolder num:21
7:19:15.342 8764-8764/com.example.harvic.blogrecyclerviewsec D/qijian: onBindViewHolder
7:19:15.522 8764-8764/com.example.harvic.blogrecyclerviewsec D/qijian: onCreateViewHolder num:22
7:19:15.528 8764-8764/com.example.harvic.blogrecyclerviewsec D/qijian: onBindViewHolder
7:19:15.689 8764-8764/com.example.harvic.blogrecyclerviewsec D/qijian: onCreateViewHolder num:23
7:19:15.696 8764-8764/com.example.harvic.blogrecyclerviewsec D/qijian: onBindViewHolder
7:19:15.855 8764-8764/com.example.harvic.blogrecyclerviewsec D/qijian: onBindViewHolder
7:19:16.006 8764-8764/com.example.harvic.blogrecyclerviewsec D/qijian: onBindViewHolder
7:19:16.189 8764-8764/com.example.harvic.blogrecyclerviewsec D/qijian: onBindViewHolder
7:19:16.323 8764-8764/com.example.harvic.blogrecyclerviewsec D/qijian: onBindViewHolder
```

图 7-38

列表向下滑动指的是手指由上向下滑。很明显，此时的回收复用 HolderView 与上面完全相反：我们需要判断底部哪些 item 被回收了，然后判断顶部的空白区域需要由哪些 item 填充。

①判断回收的 item

同样，我们还是先回收移出屏幕的 item，再布局其他 item。很明显，这里需要先找到底部哪些 item 被移出屏幕了：

```
for (int i = getChildCount() - 1; i >= 0; i--) {
   View child = getChildAt(i);
   if (travel > 0) {//回收当前屏幕，顶部越界的View
      …
   }else if (travel < 0) {//回收当前屏幕，底部越界的View
      if (getDecoratedTop(child) - travel > getHeight() - getPaddingBottom()) {
         removeAndRecycleView(child, recycler);
         continue;
      }
   }
}
```

利用 getDecoratedTop(child) - travel 得到在移动 travel 距离后，这个 item 的顶部位置。如果这个顶部位置在屏幕的下方，那么它就是不可见的。getHeight() - getPaddingBottom()得到的是 RecyclerView 可显示的底部位置。

②为滑动后的空白处填充 item

在填充时，我们应该从当前可见的 item 的上一个 item 向上遍历，直接遍历到第一个 item 为止。如果当前 item 可见，就继续遍历；如果这个 item 不可见，就说明它之前的 item 也是不可见的，此时结束遍历：

```
Rect visibleRect = getVisibleArea(travel);
//布局子View阶段
if (travel >= 0) {
   …
} else {
   View firstView = getChildAt(0);
```

```
        int maxPos = getPosition(firstView) - 1;

        for (int i = maxPos; i >= 0; i--) {
            Rect rect = mItemRects.get(i);
            if (Rect.intersects(visibleRect, rect)) {
                View child = recycler.getViewForPosition(i);
                addView(child, 0);//将 View 添加至 RecyclerView 中
                measureChildWithMargins(child, 0, 0);
                layoutDecoratedWithMargins(child, rect.left, rect.top - mSumDy,
rect.right, rect.bottom - mSumDy);
            } else {
                break;
            }
        }
    }
```

下面来看看这段代码：

在这里，先得到在滑动前显示的第一个 item 的前一个 item：

```
    View firstView = getChildAt(0);
    int maxPos = getPosition(firstView) - 1;
```

如果在显示区域，就将它插在第一的位置：

```
    addView(child, 0);
```

同样，在布局 item 时，由于还没有移动，因此在布局时并不考虑 travel 的事：

```
    layoutDecoratedWithMargins(child, rect.left, rect.top - mSumDy, rect.right,
rect.bottom - mSumDy);
```

其他的代码都很好理解，这里就不介绍了。

这样就完整实现了滑动的回收复用 HolderView 功能，完整的 scrollVerticallyBy 代码如下：

```
    public int scrollVerticallyBy(int dy, RecyclerView.Recycler recycler,
RecyclerView.State state) {
        if (getChildCount() <= 0) {
            return dy;
        }

        int travel = dy;
        //如果列表滑动到顶部
        if (mSumDy + dy < 0) {
            travel = -mSumDy;
        } else if (mSumDy + dy > mTotalHeight - getVerticalSpace()) {
            //如果列表滑动到底部
            travel = mTotalHeight - getVerticalSpace() - mSumDy;
        }

        //回收越界子 View
        for (int i = getChildCount() - 1; i >= 0; i--) {
            View child = getChildAt(i);
            if (travel > 0) {//回收当前屏幕，顶部越界的 View
                if (getDecoratedBottom(child) - travel < 0) {
```

```
                removeAndRecycleView(child, recycler);
                continue;
            }
        } else if (travel < 0) {//回收当前屏幕，底部越界的 View
            if (getDecoratedTop(child) - travel > getHeight() - getPaddingBottom()) {
                removeAndRecycleView(child, recycler);
                continue;
            }
        }
    }

    Rect visibleRect = getVisibleArea(travel);
    //布局子 View 阶段
    if (travel >= 0) {
        View lastView = getChildAt(getChildCount() - 1);
        int minPos = getPosition(lastView) + 1;//从最后一个 View+1 开始吧

        //顺序添加子 View
        for (int i = minPos; i <= getItemCount() - 1; i++) {
            Rect rect = mItemRects.get(i);
            if (Rect.intersects(visibleRect, rect)) {
                View child = recycler.getViewForPosition(i);
                addView(child);
                measureChildWithMargins(child, 0, 0);
                layoutDecorated(child, rect.left, rect.top - mSumDy, rect.right,
rect.bottom - mSumDy);
            } else {
                break;
            }
        }
    } else {
        View firstView = getChildAt(0);
        int maxPos = getPosition(firstView) - 1;

        for (int i = maxPos; i >= 0; i--) {
            Rect rect = mItemRects.get(i);
            if (Rect.intersects(visibleRect, rect)) {
                View child = recycler.getViewForPosition(i);
                addView(child, 0);//将 View 添加至 RecyclerView 中
                measureChildWithMargins(child, 0, 0);
                layoutDecoratedWithMargins(child, rect.left, rect.top - mSumDy,
rect.right, rect.bottom - mSumDy);
            } else {
                break;
            }
        }
    }

    mSumDy += travel;
    // 平移容器内的 item
    offsetChildrenVertical(-travel);
    return travel;
}
```

此时的效果如图 7-39 所示。

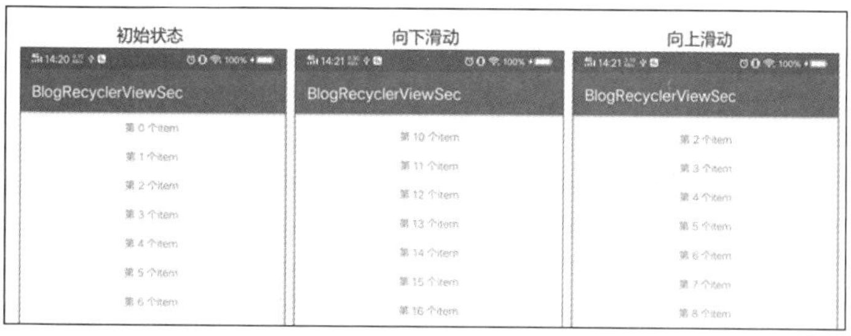

扫码查看动态效果图

图 7-39

这里不再打印日志了。这里的日志输出与 LinearLayoutManager 完全相同。至此，我们就实现了为自定义的 CustomLayoutManager 添加回收复用 HolderView 的功能。在此可以看到，其实添加回收复用 HolderView 还是比较有难度的。网上很多的 demo，说是能实现回收复用 HolderView 的功能；但其中 80%都不行，它们根本没办法和 LinearLayoutManager 的回收复用 HolderView 情况保持一致。

我们虽然实现了自定义 LayoutManager 的回收复用 HolderView，但其中用了很多取巧的办法，比如，我们直接使用了 offsetChildrenVertical(-travel)来平移 item。而通过 offsetChildrenVertical(-travel)来平移 item 的方法，无法实现如下效果（见图 7-40）。这种效果是不是很酷？

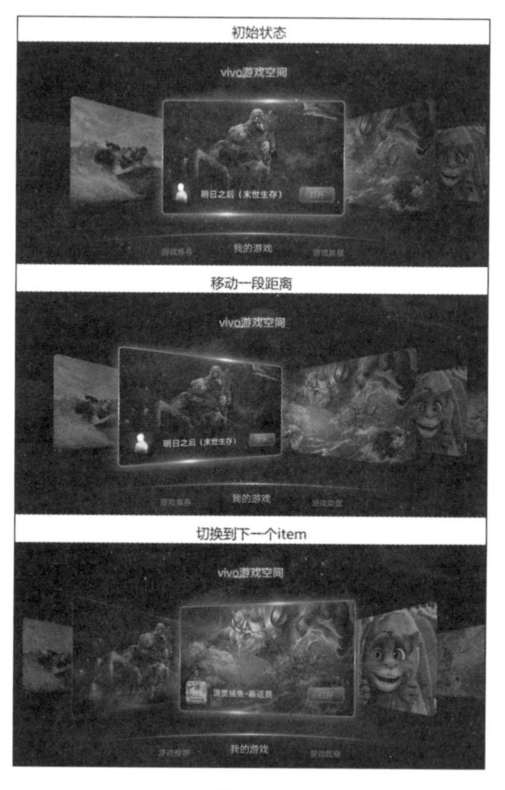

扫码查看动态效果图

图 7-40

告诉你一个小秘密：vivo 游戏空间的控件是我写的哦。

很明显，这个 RecyclerView 虽然同样是通过自定义 LayoutManager 来实现的，但其并不能通过调用 offsetChildrenVertical(-travel)来实现平移。因为在平移时，不仅需要改变 item 的位置，还需要改变每个 item 的大小、角度等参数。

下面，我们就针对这种情况来学习第二种回收复用 HolderView 的方法。

7.5 RecyclerView 回收复用 HolderView 的实现方式（二）

在 7.4 节中，我们先摆好所有要显示的新增 item，再使用 offsetChildrenVertical(-travel)函数来移动屏幕中的所有 item。很明显，这种方法仅适用于每个 item 在移动时没有特殊效果的情况。当我们在移动 item 时，同时需要改变 item 的角度、透明度等情况时，单纯使用 offsetChildrenVertical(-travel)来移动是不行的。针对这种情况，我们就只有使用第二种方法来实现回收复用 HolderView 了。

在本节中，我们最终实现的效果如图 7-41 所示。

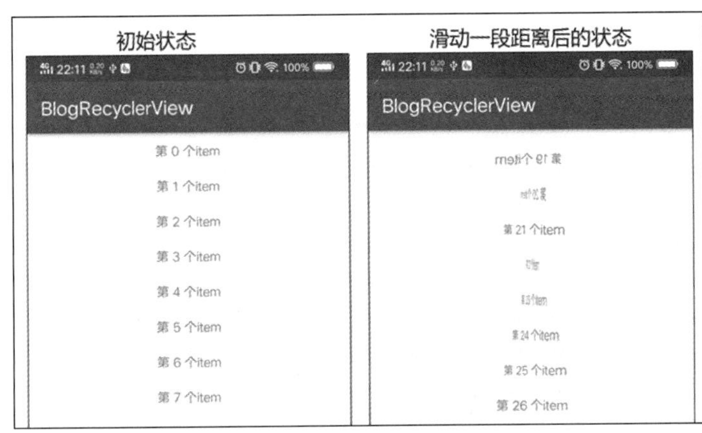

扫码查看动态效果图

图 7-41

从图 7-41 所示的效果图中可以看出，本例中的每个 item 在移动时，同时会绕 Y 轴旋转。

因为本节的大部分原理与 7.4 节中的 CustomLayoutManager 实现相同，所以本节中的代码将从 7.4 节中的 CustomLayoutManager 改造而成。

7.5.1 初步实现

接下来，我们先构造出这个实例的简单框架。

1. 实现原理

在这里，我们主要替换掉在 7.4 节中移动 item 所用的 offsetChildrenVertical(-travel)函数。

既然要弃用它，我们就只能自己布局每个 item 了。很明显，在这里我们主要处理的是滑动的情况。对于 onLayoutChildren 中的代码是不用改动的。

试想，在滑动 dy 时，有以下两种 item 需要重新布局。

- 第一种：原来已经在屏幕上的 item。
- 第二种：新增的 item。

这里涉及怎么处理已经在屏幕上的 item 和新增 item 的重绘问题。我们可以效仿在 onLayoutChildren 中的处理方式，先调用 detachAndScrapAttachedViews(recycler)，使屏幕上正在显示的所有 item 离屏，然后重绘所有 item。

那么，第二个问题来了，我们应该从哪个 item 开始重绘，到哪个 item 结束呢？

很明显，在列表向下滑动时，底部 item 下移，顶部空出了空白区域。所以，我们只需要从正在显示的 item 向前遍历，直到 index=0 即可。

当列表向上滑动时，顶部 item 上移，底部空出了空白区域。所以，我们也只需要从正在显示的顶部 item 向前遍历，直到 item 结束为止。

2. 改造 CustomLayoutManager

首先，onLayoutChildren 不用改造，只需要改造 scrollVerticallyBy 即可。原来的到顶、到底判断和回收越界 item 的代码都不变：

```
    public int scrollVerticallyBy(int dy, RecyclerView.Recycler recycler,
RecyclerView.State state) {
        if (getChildCount() <= 0) {
            return dy;
        }

        int travel = dy;
        //如果列表滑动到顶部
        if (mSumDy + dy < 0) {
            travel = -mSumDy;
        } else if (mSumDy + dy > mTotalHeight - getVerticalSpace()) {
            //如果列表滑动到底部
            travel = mTotalHeight - getVerticalSpace() - mSumDy;
        }

        //回收越界子View
        for (int i = getChildCount() - 1; i >= 0; i--) {
            View child = getChildAt(i);
            if (travel > 0) {//回收当前屏幕，顶部越界的View
                if (getDecoratedBottom(child) - travel < 0) {
                    removeAndRecycleView(child, recycler);
                    continue;
                }
            } else if (travel < 0) {//回收当前屏幕，底部越界的View
                if (getDecoratedTop(child) - travel > getHeight() - getPaddingBottom()) {
                    removeAndRecycleView(child, recycler);
```

```
                continue;
            }
        }
    }
    ...
}
```

在回收越界的 HolderView 之后，我们需要在使用 detachAndScrapAttachedViews(recycler)将正在显示的所有item离屏缓存之前，先得到正在显示的第一个item和最后一个item的索引。如果在将所有 item 从屏幕上离屏缓存以后，利用 getChildAt(int position)获取不到任何值，就会返回 null（因为现在屏幕上已经没有 View 存在了）。

```
View lastView = getChildAt(getChildCount() - 1);
View firstView = getChildAt(0);
detachAndScrapAttachedViews(recycler);
mSumDy += travel;
Rect visibleRect = getVisibleArea();
```

这里需要注意的是，我们在所有的布局操作前，先将移动距离 mSumDy 进行了累加。因为后面我们在布局 item 时，会弃用 offsetChildrenVertical(-travel)移动 item；而是在布局 item 时，直接把 item 布局在新位置。之后，因为我们已经累加了 mSumDy，所以需要改造 getVisibleArea()，将原来 getVisibleArea(int travel)中累加 travel 的操作去掉：

```
private Rect getVisibleArea() {
    Rect result = new Rect(getPaddingLeft(), getPaddingTop() + mSumDy, getWidth()
+ getPaddingRight(), getVerticalSpace() + mSumDy);
    return result;
}
```

接下来，就是布局屏幕上的所有 item，这同样分情况进行：

```
if (travel >= 0) {
    int minPos = getPosition(firstView);
    for (int i = minPos; i < getItemCount(); i++) {
        Rect rect = mItemRects.get(i);
        if (Rect.intersects(visibleRect, rect)) {
            View child = recycler.getViewForPosition(i);
            addView(child);
            measureChildWithMargins(child, 0, 0);
            layoutDecorated(child, rect.left, rect.top - mSumDy, rect.right,
rect.bottom- mSumDy);
        }
    }
}
```

这里需要注意的是，当 dy > 0 时，表示列表向上滑动（手指由下向上滑），所以我们需要从之前第一个可见的 item 向下遍历。因为我们不知道在什么情况下遍历结束，所以我们使用最后一个 item 的索引（getItemCount()）作为结束位置。当然，大家在这里也可以优化，可以使用下面的语句：

```
int max = minPos + 50 < getItemCount() ? minPos + 50 : getItemCount();
```

即从第一个 item 向后累加 50 项。如果最后的索引比 getItemCount()小，就用 minPos+50 作为结束位置，否则就用 getItemCount()作为结束位置。当然，这里的 50 是我随便写的。大家可根据自己的项目情况自行修改。这里为了方便读者理解，不再修改。

之后在 dy < 0 时，表示列表向下滑动（手指由上向下滑）：

```
if (travel >= 0) {
    …
} else {
    int maxPos = getPosition(lastView);
    for (int i = maxPos; i >= 0; i--) {
        Rect rect = mItemRects.get(i);
        if (Rect.intersects(visibleRect, rect)) {
            View child = recycler.getViewForPosition(i);
            addView(child, 0);
            measureChildWithMargins(child, 0, 0);
            layoutDecoratedWithMargins(child, rect.left, rect.top - mSumDy,
rect.right, rect.bottom - mSumDy);
        }
    }
}
```

因为列表向下滑动，所以顶部新增 item，底部回收 item。我们需要从当前底部可见的最后一个 item 向上遍历，将每个 item 布局到新位置，但什么时候截止呢？我们同样可以向上减 50：

```
int min = maxPos - 50 >= 0 ? maxPos - 50 : 0;
```

这里为了方便读者理解，还是一直遍历到索引 0。

代码到这里就改造完了，scrollVerticallyBy 的核心代码如下（不包括到顶、到底判断和回收越界 item）：

```
public int scrollVerticallyBy(int dy, RecyclerView.Recycler recycler,
RecyclerView.State state) {
    //到顶/到底判断
    …

    //回收越界子 View
    …

    View lastView = getChildAt(getChildCount() - 1);
    View firstView = getChildAt(0);
    detachAndScrapAttachedViews(recycler);

    if (travel >= 0) {
        int minPos = getPosition(firstView);
        for (int i = minPos; i < getItemCount(); i++) {
            Rect rect = mItemRects.get(i);
            if (Rect.intersects(visibleRect, rect)) {
                View child = recycler.getViewForPosition(i);
                addView(child);
                measureChildWithMargins(child, 0, 0);
```

```
                layoutDecorated(child, rect.left, rect.top - mSumDy, rect.right,
rect.bottom - mSumDy);
            }
        }
    } else {
        int maxPos = getPosition(lastView);
        for (int i = maxPos; i >= 0; i--) {
            Rect rect = mItemRects.get(i);
            if (Rect.intersects(visibleRect, rect)) {
                View child = recycler.getViewForPosition(i);
                addView(child, 0);
                measureChildWithMargins(child, 0, 0);
                layoutDecoratedWithMargins(child, rect.left, rect.top - mSumDy,
rect.right, rect.bottom - mSumDy);
            }
        }
    }
    return travel;
}
```

在此可以看到，在这段代码中，添加 item 那块代码非常冗余。在 travel≥0 和 travel<0 时，要写两遍。除了插入位置不同以外，二者在其他方面完全相同，所以我们可以抽象出一个函数来做 addView 的事情：

```
public int scrollVerticallyBy(int dy, RecyclerView.Recycler recycler,
RecyclerView.State state) {
    //到顶/到底判断
    …

    //回收越界子 View
    …

    View lastView = getChildAt(getChildCount() - 1);
    View firstView = getChildAt(0);
    detachAndScrapAttachedViews(recycler);

    if (travel >= 0) {
        int minPos = getPosition(firstView);
        for (int i = minPos; i < getItemCount(); i++) {
            insertView(i,visibleRect,recycler,false);
        }
    } else {
        int maxPos = getPosition(lastView);
        for (int i = maxPos; i >= 0; i--) {
            insertView(i,visibleRect,recycler,true);
        }
    }
    return travel;
}

private void insertView(int pos, Rect visibleRect, Recycler recycler,boolean
firstPos){
```

```
        Rect rect = mItemRects.get(pos);
        if (Rect.intersects(visibleRect, rect)) {
            View child = recycler.getViewForPosition(pos);
            if (firstPos) {
                addView(child, 0);
            }else {
                addView(child);
            }
            measureChildWithMargins(child, 0, 0);
            layoutDecoratedWithMargins(child, rect.left, rect.top - mSumDy, rect.right,
rect.bottom - mSumDy);

            //在布局了 item 后，修改每个 item 的旋转角度
            child.setRotationY(child.getRotationY()+1);
        }
    }
```

在这里将布局时所用的公共部分抽象出一个函数，命名为 insertView。在这个函数中，我们先将这个 item 进行布局，然后在布局后，调用 child.setRotationY(child.getRotationY()+1)将其围绕 *Y* 轴的旋转角度加 1。所以，每滑动一次，就会将其旋转角度加 1。这样就实现了 7.5 节开篇的效果了（见图 7-42）。

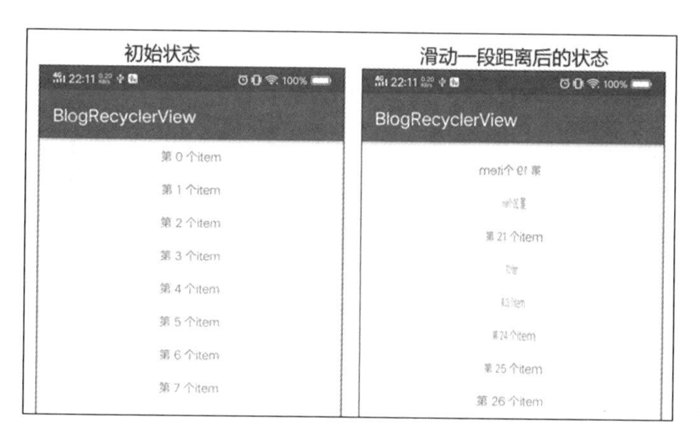

扫码查看动态效果图

图 7-42

下面看日志中回收复用 HolderView 的情况，如图 7-43 所示。

```
18798-18798/com.example.harvic.blogrecyclerviewsec D/qijian: onCreateViewHolder num:19
18798-18798/com.example.harvic.blogrecyclerviewsec D/qijian: onBindViewHolder
18798-18798/com.example.harvic.blogrecyclerviewsec D/qijian: onCreateViewHolder num:20
18798-18798/com.example.harvic.blogrecyclerviewsec D/qijian: onBindViewHolder
18798-18798/com.example.harvic.blogrecyclerviewsec D/qijian: onCreateViewHolder num:21
18798-18798/com.example.harvic.blogrecyclerviewsec D/qijian: onBindViewHolder
18798-18798/com.example.harvic.blogrecyclerviewsec D/qijian: onCreateViewHolder num:22
18798-18798/com.example.harvic.blogrecyclerviewsec D/qijian: onBindViewHolder
18798-18798/com.example.harvic.blogrecyclerviewsec D/qijian: onCreateViewHolder num:23
18798-18798/com.example.harvic.blogrecyclerviewsec D/qijian: onBindViewHolder
18798-18798/com.example.harvic.blogrecyclerviewsec D/qijian: onBindViewHolder
18798-18798/com.example.harvic.blogrecyclerviewsec D/qijian: onBindViewHolder
18798-18798/com.example.harvic.blogrecyclerviewsec D/qijian: onBindViewHolder
18798-18798/com.example.harvic.blogrecyclerviewsec D/qijian: onBindViewHolder
```

图 7-43

在此可以看到回收复用 HolderView 情况不变，这就初步实现了布局每个 item 的改造。下面我们继续对它进行优化。

7.5.2 继续优化：回收时的布局

在 7.5.1 节中，我们通过先使用 detachAndScrapAttachedViews(recycler)将所有 item 离屏缓存，然后通过重新布局所有 item 的方法来实现回收复用 HolderView。

但这里有一个问题，就是我们能不能把已经在屏幕上的 item 直接布局呢？这样就可节省先离屏缓存再重新布局原本就可见 item 的步骤了，性能会有所提高。

那么直接布局已经在屏幕上的 item 的步骤，放在哪里呢？我们知道，我们在回收越界 item 时，会遍历所有的可见 item。所以，我们可以把布局已有 item 的步骤放在回收越界时：如果 item 越界，就回收；如果 item 没越界，就重新布局：

```
for (int i = getChildCount() - 1; i >= 0; i--) {
    View child = getChildAt(i);
    int position = getPosition(child);
    Rect rect = mItemRects.get(position);

    if (!Rect.intersects(rect, visibleRect)) {
        removeAndRecycleView(child, recycler);
    }else {
        layoutDecoratedWithMargins(child, rect.left, rect.top - mSumDy, rect.right,
rect.bottom - mSumDy);
        child.setRotationY(child.getRotationY() + 1);
    }
}
```

因为后面我们还需要布局所有 item，很明显，在全部布局时，这些已经布局过的 item 就需要排除掉，所以我们需要利用一个变量来保存哪些 item 已经布局好了。

我们先申请一个成员变量：

```
private SparseBooleanArray mHasAttachedItems = new SparseBooleanArray();
```

然后，在 onLayoutChildren 中初始化：

```
public void onLayoutChildren(Recycler recycler, RecyclerView.State state) {
    …

    mHasAttachedItems.clear();
    mItemRects.clear();

    …

    for (int i = 0; i < getItemCount(); i++) {
        Rect rect = new Rect(0, offsetY, mItemWidth, offsetY + mItemHeight);
        mItemRects.put(i, rect);
        mHasAttachedItems.put(i, false);
        offsetY += mItemHeight;
```

```
    }
    …
}
```

在 onLayoutChildren 中，先将 mHasAttachedItems 清空，然后在遍历所有 item 时，把所有 item 所对应的值设置为 false：表示所有 item 都没有被重新布局。

之后在回收越界 HolderView 时，将已经重新布局的 item 设置为 true；将被回收的 item，在回收时设置为 false：

```
public int scrollVerticallyBy(int dy, Recycler recycler, RecyclerView.State state) {
    …

    //回收越界子 View
    for (int i = getChildCount() - 1; i >= 0; i--) {
        View child = getChildAt(i);
        int position = getPosition(child);
        Rect rect = mItemRects.get(position);

        if (!Rect.intersects(rect, visibleRect)) {
            removeAndRecycleView(child, recycler);
            mHasAttachedItems.put(position,false);
        } else {
            layoutDecoratedWithMargins(child, rect.left, rect.top - mSumDy,
rect.right, rect.bottom - mSumDy);
            child.setRotationY(child.getRotationY() + 1);
            mHasAttachedItems.put(i, true);
        }
    }
    …
}
```

最后在布局所有 item 时，判断当前的 item 是否已经被布局，没被布局的 item 将再被布局。需要注意的是，在布局 item 后，需要将 mHasAttachedItems 中的对应位置改为 true，表示 item 已经在布局中了。

```
private void insertView(int pos, Rect visibleRect, Recycler recycler, boolean
firstPos) {
    Rect rect = mItemRects.get(pos);
    if (Rect.intersects(visibleRect, rect) && !mHasAttachedItems.get(pos)) {
        …
        layoutDecoratedWithMargins(child, rect.left, rect.top - mSumDy, rect.right,
rect.bottom - mSumDy);
        child.setRotationY(child.getRotationY() + 1);
        mHasAttachedItems.put(pos,true);
    }
}
```

最后一步，最关键的是，不要忘了删除 scrollVerticallyBy 中的 detachAndScrapAttachedViews(recycler)。

完整的 onLayoutChildren 和 scrollVerticallyBy 代码如下，工程代码请参考源码：

```
public void onLayoutChildren(Recycler recycler, RecyclerView.State state) {
    if (getItemCount() == 0) {//没有item，界面空着吧
        detachAndScrapAttachedViews(recycler);
        return;
    }
    mHasAttachedItems.clear();
    mItemRects.clear();

    detachAndScrapAttachedViews(recycler);

    //将item的位置存储起来
    View childView = recycler.getViewForPosition(0);
    measureChildWithMargins(childView, 0, 0);
    mItemWidth = getDecoratedMeasuredWidth(childView);
    mItemHeight = getDecoratedMeasuredHeight(childView);

    int visibleCount = getVerticalSpace() / mItemHeight;

    //定义垂直方向的偏移量
    int offsetY = 0;

    for (int i = 0; i < getItemCount(); i++) {
        Rect rect = new Rect(0, offsetY, mItemWidth, offsetY + mItemHeight);
        mItemRects.put(i, rect);
        mHasAttachedItems.put(i, false);
        offsetY += mItemHeight;
    }

    for (int i = 0; i < visibleCount; i++) {
        Rect rect = mItemRects.get(i);
        View view = recycler.getViewForPosition(i);
        addView(view);
        //addView后一定要测量，先测量再布局
        measureChildWithMargins(view, 0, 0);
        layoutDecorated(view, rect.left, rect.top, rect.right, rect.bottom);
    }

    //如果所有子View的高度之和没有填满RecyclerView的高度,
    //则将高度设置为RecyclerView的高度
    mTotalHeight = Math.max(offsetY, getVerticalSpace());
}

@Override
public int scrollVerticallyBy(int dy, Recycler recycler, RecyclerView.State state) {
    if (getChildCount() <= 0) {
        return dy;
    }

    int travel = dy;
    //如果列表滑动到顶部
```

```
        if (mSumDy + dy < 0) {
            travel = -mSumDy;
        } else if (mSumDy + dy > mTotalHeight - getVerticalSpace()) {
            //如果列表滑动到底部
            travel = mTotalHeight - getVerticalSpace() - mSumDy;
        }

        mSumDy += travel;

        Rect visibleRect = getVisibleArea();
        //回收越界子View
        for (int i = getChildCount() - 1; i >= 0; i--) {
            View child = getChildAt(i);
            int position = getPosition(child);
            Rect rect = mItemRects.get(position);

            if (!Rect.intersects(rect, visibleRect)) {
                removeAndRecycleView(child, recycler);
                mHasAttachedItems.put(position,false);
            } else {
                layoutDecoratedWithMargins(child, rect.left, rect.top - mSumDy,
rect.right, rect.bottom - mSumDy);
                child.setRotationY(child.getRotationY() + 1);
                mHasAttachedItems.put(position, true);
            }
        }

        View lastView = getChildAt(getChildCount() - 1);
        View firstView = getChildAt(0);
        if (travel >= 0) {
            int minPos = getPosition(firstView);
            for (int i = minPos; i < getItemCount(); i++) {
                insertView(i, visibleRect, recycler, false);
            }
        } else {
            int maxPos = getPosition(lastView);
            for (int i = maxPos; i >= 0; i--) {
                insertView(i, visibleRect, recycler, true);
            }
        }
        return travel;
    }

    private void insertView(int pos, Rect visibleRect, Recycler recycler, boolean
firstPos) {
        Rect rect = mItemRects.get(pos);
        if (Rect.intersects(visibleRect, rect) && !mHasAttachedItems.get(pos)) {
            View child = recycler.getViewForPosition(pos);
            if (firstPos) {
                addView(child, 0);
            } else {
```

```
            addView(child);
        }
        measureChildWithMargins(child, 0, 0);
        layoutDecoratedWithMargins(child, rect.left, rect.top - mSumDy, rect.right,
rect.bottom - mSumDy);

        //在布局 item 后，修改每个 item 的旋转角度
        child.setRotationY(child.getRotationY() + 1);
        mHasAttachedItems.put(pos,true);
    }
}
```

此时，大家去打印日志中回收复用 HolderView 的情况会发现，这跟 LinearLayoutManager 是完全相同的。

至此，自定义 LayoutManager 的部分就结束了。前面我们主要讲解了一般情况下回收复用 HolderView 的方法和本节所述的特殊情况下回收复用 HolderView 的方法。不过一般对于令人惊艳的特效而言，本节所述的布局回收每个 item 的方法用得最多。在第 8 章中，我们将会展示一个非常炫酷的自定义 LayoutManager 的实例，读者也可以先跳过去看看。

7.6 ItemTouchHelper

在第 6 章中，我们讲解了 ViewDragHelper 的用法。ViewDragHelper 主要用作对 ViewGroup 内 item 的拖曳捕捉；而在 RecyclerView 中，同样有专门针对它的拖曳捕捉，它就是 ItemTouchHelper。

ItemTouchHelper 的官方解释如下：

This is a utility class to add swipe to dismiss and drag & drop support to RecyclerView. It works with a RecyclerView and a Callback class, which configures what type of interactions are enabled and also receives events when user performs these actions.

释意如下：这是 RecyclerView 的一个工具类，它为 RecyclerView 提供了滑动消失和拖曳删除的功能。它需要和 ReyclerView、ItemTouchHelper.CallBack 联合使用。

也就是说，将 ItemTouchHelper 与 RecyclerView 关联之后，ItemTouchHelper.CallBack 可以接收到我们操作 RecyclerView 的事件，这样我们就可以做一些交互处理。

扫码查看动态效果图

大概了解了 ItemTouchHelper 的含义之后，我们再来看看它在已有的 App 中是什么效果吧。

在此可以看到在频道列表中，长按拖动是可以改变每个 item 的顺序的。这看起来是不是挺厉害的？其实这只是 ItemTouchHelper 所能实现的一个基本功能，它还能实现其他更炫酷的功能呢。下面我们就来看看吧。

7.6.1　ItemTouchHelper 的基本功能实现

其实实现 ItemTouchHelper，非常简单，只需要分以下两步。

1．第 1 步：派生 ItemTouchHelper.Callback

第 1 步，我们需要派生 ItemTouchHelper.Callback。比如我们写一个类 MyItemTouchHelper CallBack，当它继承自 ItemTouchHelper.Callback 时，会强制我们必须重写三个函数：

```
public class MyItemTouchHelperCallBack extends ItemTouchHelper.Callback {
    private ArrayList<String> mDatas;
    private RecyclerAdapter mAdapter;

    public MyItemTouchHelperCallBack(ArrayList<String> datas, RecyclerAdapter
adapter){
        mDatas = datas;
        mAdapter = adapter;
    }

    @Override
    public int getMovementFlags(RecyclerView recyclerView, ViewHolder viewHolder) {
        return 0;
    }

    @Override
    public boolean onMove(RecyclerView recyclerView, ViewHolder viewHolder,
ViewHolder target) {
        return false;
    }

    @Override
    public void onSwiped(ViewHolder viewHolder, int direction) {

    }
}
```

首先，我们构建一个构造函数：

```
public MyItemTouchHelperCallBack(ArrayList<String> datas, RecyclerAdapter
adapter){
    mDatas = datas;
    mAdapter = adapter;
}
```

因为后面会用到构造数据和 adapter，所以我们先把这些参数传进来。

其次，另外的三个函数都是强制重写的，我们逐个讲解。

```
public int getMovementFlags(RecyclerView recyclerView, ViewHolder viewHolder)
```

该函数用于返回可以滑动的方向，比如说允许从右到左侧滑，允许上下拖动等。我们一般使用 makeMovementFlags(int,int)或 makeFlag(int, int)来构造返回值。

例如，我们使用下面的代码作为示例的最终代码。这里所构造的方向包括滑动和拖曳这两个动作时的方向定义：

```
public int getMovementFlags(RecyclerView recyclerView, ViewHolder viewHolder) {
    int dragFlags = ItemTouchHelper.UP | ItemTouchHelper.DOWN;

    int swipeFlags = ItemTouchHelper.LEFT | ItemTouchHelper.RIGHT;

    int flags = makeMovementFlags(dragFlags, swipeFlags);
    return flags;
}
```

这里分为以下三个步骤：

首先，可以定义拖曳的方向。拖曳 item 时，需要先长按，才能开始拖曳。比如，我们这里定义了向上和向下的方向，那么，我们在拖曳 item 时，就只能在上下方向上移动，item 则不会跟着手指左右移动。如果不想 item 响应拖曳操作，则直接返回 0。

其次，swipeFlags 表示 item 可以滑动的方向。当我们并非长按，而是直接在 item 上上下左右滑动时，item 就消失。swipeFlags 可以定义 item 能够响应哪些方向的滑动操作。如果不想让 item 响应滑动操作，则直接返回 0。

最后，使用 makeMovementFlags 将两个“flag”组合起来，共同生成包含拖曳和滑动方向的“flag”组合，并作为结果返回。

在此可以看到 dragFlags 和 swipeFlags 用的都是同一组方向标识，该组标识取值有 ItemTouchHelper.UP（向上，数值是 1）、ItemTouchHelper.DOWN（向下，数值是 2）、ItemTouchHelper.LEFT（向左，数值是 4）、ItemTouchHelper.RIGHT（向右，数值是 8）、ItemTouchHelper.START（数值是 16）、ItemTouchHelper.END（数值是 32）。

其中，START 表示水平方向上 RecyclerView 开始布局的方向，默认在左侧，与取值 LEFT 相同。而 END 表示水平方向上 RecyclerView 结束布局的方向，默认在右侧，与取值 RIGHT 相同。这里先介绍 ItemTouchHelper 的基本功能实现，至于这些“flag”的具体含义与效果，后面我们再演示。

然后来看看 onMove 函数：

```
public boolean onMove(RecyclerView recyclerView, ViewHolder viewHolder, ViewHolder
target)
```

在拖曳移动 item 的过程中，当手指移动到某个 item 上方时，会通过这个函数来通知。下面我们先统一一下术语，以便理解相关概念。我们将正在被拖曳的 item 称为拖曳 item，将一个被拖曳 item 覆盖的 item 叫作目标 item，其中：

- ViewHolder viewHolder：表示当前拖曳 item 的 ViewHolder;
- ViewHolder target：表示目标 item 的 ViewHolder 对象。
- return boolean：当我们对两个 ViewHolder 进行交换以后（具体怎么交换，后面会介绍），需要以返回值的形式将结果反馈给 ItemTouchHelper。如果我们返回 true，ItemTouchHelper 会在此时回调 onMoved 函数来通知我们在移动中已经交换了 item 的数据，以让我们实时做其他处理。当然，我们也可以在交换了 ViewHolder 之后，返回 false，那么将永远不会回调 onMoved 函数来通知我们在移动中是否回调 onMoved 函数，这完全取决于我们自己的决定。

- onMoved 函数的完整定义如下

```
public void onMoved(final RecyclerView recyclerView,final ViewHolder viewHolder,
int fromPos, final ViewHolder target, int toPos, int x,int y)
```

该函数主要用来通知我们，当前我们拖曳时，哪个 ViewHolder 已经和哪个 ViewHolder 互换了。参数 fromPos 和 toPos 分别表示当前被拖曳的 item 从哪里换到哪里了。参数 x 和 y 表示当前被拖曳的 item 最新的左上角坐标值。需要注意的是这个坐标值单纯是 item 布局的左上角，不包括 ItemDecoration 的部分。

这里，我们就先使用 onMove 函数的默认返回值，不做其他处理。最后，我们再来看看 onSwiped 函数：

```
public void onSwiped(ViewHolder viewHolder, int direction)
```

该函数在我们将某个 item 侧滑出去的时候触发。垂直列表是侧滑的，水平列表是竖滑的。其中：

- ViewHolder viewHolder：被滑出去的 item 的 ViewHolder 对象。
- int direction：该参数表示我们是在哪个方向将 item 滑出去的。

这里，我们依然使用默认值，不做其他任何处理。此时完整的 MyItemTouchHelperCallBack 代码如下：

```
public class MyItemTouchHelperCallBack extends ItemTouchHelper.Callback {
    private ArrayList<String> mDatas;
    private RecyclerAdapter mAdapter;

    public MyItemTouchHelperCallBack(ArrayList<String> datas, RecyclerAdapter
adapter){
        mDatas = datas;
        mAdapter = adapter;
    }

    @Override
    public int getMovementFlags(RecyclerView recyclerView, ViewHolder viewHolder) {
        int dragFlags = ItemTouchHelper.UP | ItemTouchHelper.DOWN;
        int swipeFlags = ItemTouchHelper.LEFT | ItemTouchHelper.RIGHT;
        int flags = makeMovementFlags(dragFlags, swipeFlags);
        return flags;
    }

    @Override
    public boolean onMove(RecyclerView recyclerView, ViewHolder viewHolder,
ViewHolder target) {
        return false;
    }
```

```
    @Override
    public void onSwiped(ViewHolder viewHolder, int direction) {
    }
}
```

2．第 2 步：设置 ItemTouchHelper

因为前面是在 LinearLayoutManager 示例的基础上直接修改的，所以，这里就直接列出代码了：

```
public class LinearItemTouchHelperActivity extends AppCompatActivity {
    private ArrayList<String> mDatas = new ArrayList<>();
    private ItemTouchHelper mItemTouchHelper;
    @Override
    protected void onCreate(Bundle savedInstanceState) {
        super.onCreate(savedInstanceState);
        setContentView(R.layout.activity_linear);

        generateDatas();
        RecyclerView mRecyclerView = (RecyclerView) findViewById
(R.id.linear_recycler_view);

        //线性布局
        LinearLayoutManager linearLayoutManager = new LinearLayoutManager(this);
        linearLayoutManager.setOrientation(LinearLayoutManager.VERTICAL);
        mRecyclerView.setLayoutManager(linearLayoutManager);
        //添加分割线
        mRecyclerView.addItemDecoration(new DividerItemDecoration
(this,DividerItemDecoration.VERTICAL));

        RecyclerAdapter adapter = new RecyclerAdapter(this, mDatas);
        mRecyclerView.setAdapter(adapter);

        mItemTouchHelper = new ItemTouchHelper(new MyItemTouchHelperCallBack
(mDatas,adapter));
        mItemTouchHelper.attachToRecyclerView(mRecyclerView);
    }

    private void generateDatas() {
        for (int i = 0; i < 200; i++) {
            mDatas.add("第 " + i + " 个item");
        }
    }
}
```

这段代码很好理解，对于 7.3.1 节的“初始化展示界面”而言，只是多了以下两句：

```
    mItemTouchHelper = new ItemTouchHelper(new
MyItemTouchHelperCallBack(mDatas,adapter));
    mItemTouchHelper.attachToRecyclerView(mRecyclerView);
```

这两句也比较容易理解。首先，我们构造一个 ItemTouchHelper 实例，并将所构造的 CallBack 对象作为参数传进去。然后利用 mItemTouchHelper.attachToRecyclerView(mRecyclerView)，将

ItemTouchHelper 与 RecyclerView 进行绑定。

这样，ItemTouchHelper 就构造完了，下面来看看效果吧。

扫码查看动态效果图

从该效果图中可以看出，这里虽然实现了滑动删除和拖曳的效果；但需要注意的是，因为我们只定义了在拖曳时，上、下方向可以拖动，所以当我们在拖曳时，手指左右移动时，item 并不会跟着手指移动。这里仍有几个问题需要解决：

- 滑动删除后，被删除的 item 会被显示为空白，但那条 item 并没有消失。
- 在拖曳过程中，手指移动过的 item 并没有及时移动交换位置，而且在拖曳结束并松开手指时，拖曳 item 依然会回到原来的位置，并没有跟当下的 item 交换位置。这种效果跟 7.6 节开篇时的效果不一样啊。

7.6.2　真正实现滑动删除与拖曳移动

造成刚刚提及的这两个问题的原因是什么呢？

其主要原因在于，RecyclerView 在处理滑动和拖曳操作时，仅仅做了动画效果，并不会真正地将 item 从数据源中删除或者移动。关于数据源的操作，需要我们自己来处理。

1. 实现滑动删除

我们需要在滑动删除的回调 onSwiped 中，做一下数据源的处理，将这个 item 从数据源中真正地删除，并更新列表：

```
public void onSwiped(ViewHolder viewHolder, int direction) {
    mDatas.remove(viewHolder.getAdapterPosition());
    mAdapter.notifyItemRemoved(viewHolder.getAdapterPosition());
    Log.d("qijian","onSwiped direction:"+direction);
}
```

这里，给代码加上 log，看看 direction 参数的含义是不是跟我们介绍的一样。

下面再看此时的效果。

扫码查看动态效果图

为了更好地看到效果，在此给每个 item 添加了背景，将背景色设置为了绿色。很显然，这样就实现了滑动删除的效果。在这里，我总共操作了四个 item，前两个 item 向右滑会消失，后两个 item 向左滑会消失。对应的日志如图 7-44 所示。

```
2/com.example.harvic.blogrecyclerviewsec D/qijian: onSwiped direction:8
2/com.example.harvic.blogrecyclerviewsec D/qijian: onSwiped direction:8
2/com.example.harvic.blogrecyclerviewsec D/qijian: onSwiped direction:4
2/com.example.harvic.blogrecyclerviewsec D/qijian: onSwiped direction:4
```

图 7-44

重新看一下这几个方向所对应的数值：

- UP 对应的值为 1。
- DOWN 对应的值为 2。
- LEFT 对应的值为 4。
- RIGHT 对应的值为 8。
- START 对应的值为 16。
- END 对应的值为 32。

所以，日志中的前两个操作是向右滑动将 item 删除的，后两个操作是向左滑动将 item 删除的，这与我们的讲解内容完全相同。

2. 实现拖曳交换

通过上面的讲解我们知道，在我们的拖曳过程中，当被拖曳的 item 在目标 item 之上时，就会通过 onMove 函数通知我们，所以我们只需要在 onMove 函数中交换数据源并更新 RecylerView 即可。

```
    public boolean onMove(RecyclerView recyclerView, ViewHolder viewHolder, ViewHolder
target) {
        int fromPosition = viewHolder.getAdapterPosition();
        int toPosition = target.getAdapterPosition();
        Collections.swap(mDatas, fromPosition, toPosition);
        mAdapter.notifyItemMoved(fromPosition, toPosition);
        return true;
    }
```

该段代码很好理解：就是利用 Collections.swap 函数将两个 item 的数据源位置进行互换，然后利用 Adapter 的 notifyItemMoved 函数来通知 RecyclerView 这两个 item 互换了，让 RecyclerView 重绘。最后，返回 true，让 RecyclerView 调用 onMoved 函数发出数据源已经互换的通知。

下面查看效果。

扫码查看动态效果图

在此可以看到，在我们拖曳移动 item 的过程中，当被拖曳的 item 移动到某个 item 之上时，对应的 item 就会移动。因为我们在 onMove 函数中，数据源是实时互换的，所以到最后一个 item 时，也会实时互换，这就实现了我们互换 item 的操作。

7.6.3 其他功能：交互时的背景变化

在本节中，我们将学习如何在交互时实现 item 背景的变化。

1. onSelectedChanged（选中状态改变）通知

这里需要先讲解一个函数：

```
    public void onSelectedChanged(RecyclerView.ViewHolder viewHolder, int
actionState)
```

在 item 的选中状态改变时，可通过此函数通知我们。很明显，当 item 被选中时，可能有两种状态：要么是滑动，要么是拖曳。当 item 不被选中时，就是闲置状态。具体参数如下：

- ViewHolder viewHolder：当前被拖曳的 item 的 ViewHolder 对象。
- int actionState：表示当前 ItemTouchHelper 所处的状态，取值如下。

  ACTION_STATE_IDLE：闲置状态，取值为 0。当 item 被释放时，状态改变，就会变为闲置状态。

  ACTION_STATE_SWIPE：当前的 item 是 Swipe 状态，取值为 1。表示当前 item 被选中了，并且我们的操作是 Swipe。当通过 onSwiped 通知前，会在这里通知我们，item 的状态改变了，而且是 Swipe 状态。

  ACTION_STATE_DRAG：当前的 item 是 Drag 状态，取值是 2。其原理同 Swipe 状态，只是当前的状态是 Drag。

因为在 item 被选中并开始拖曳/滑动前，会通过这个函数通知，所以，我们可以在这个函数中，在开始滑动时，将背景色改为黄色；在开始拖曳时，将背景色改为蓝色：

```
public void onSelectedChanged(RecyclerView.ViewHolder viewHolder, int actionState) {
    super.onSelectedChanged(viewHolder, actionState);

    if (actionState == ItemTouchHelper.ACTION_STATE_SWIPE) {
       int bgColor = viewHolder.itemView.getContext().getResources().getColor
(android.R.color.holo_orange_light);
        viewHolder.itemView.setBackgroundColor(bgColor);
    }else if (actionState == ItemTouchHelper.ACTION_STATE_DRAG){
        int bgColor = viewHolder.itemView.getContext().getResources().getColor
(android.R.color.holo_blue_bright);
        viewHolder.itemView.setBackgroundColor(bgColor);
    }
    Log.d("qijian","onSelectedChanged actionState:"+actionState);
}
```

其代码难度不大，这里不再讲解。下面看看具体效果，并根据效果对照一下 log。

在此可以看到，这里总共做了四次操作，前两次是 Swipe：第一次没有滑动到删除的程度（至于到哪种程度才删除，我们后面会介绍），第二次滑动并直接删除这个 item；后两次是拖曳调整顺序。这四次操作所对应的 onSelectedChanged 日志如图 7-45 所示。

扫码查看动态效果图

```
/com.example.harvic.blogrecyclerviewsec D/qijian: onSelectedChanged actionState:1
/com.example.harvic.blogrecyclerviewsec D/qijian: onSelectedChanged actionState:0
/com.example.harvic.blogrecyclerviewsec D/qijian: onSelectedChanged actionState:1
/com.example.harvic.blogrecyclerviewsec D/qijian: onSelectedChanged actionState:0
/com.example.harvic.blogrecyclerviewsec D/qijian: onSelectedChanged actionState:2
/com.example.harvic.blogrecyclerviewsec D/qijian: onSelectedChanged actionState:0
/com.example.harvic.blogrecyclerviewsec D/qijian: onSelectedChanged actionState:2
/com.example.harvic.blogrecyclerviewsec D/qijian: onSelectedChanged actionState:0
```

图 7-45

在此可以看到，这里总共打印了八次日志，一次完整的滑动操作（从开始滑动到松手）对应一个日志：

```
D/qijian: onSelectedChanged actionState:1
D/qijian: onSelectedChanged actionState:0
```

这里表示选中 item 并滑动前 onSelectedChanged 会通知一次，此时 actionState 的值是 ACTION_STATE_SWIPE；当滑动结束，我们松手时，onSelectedChanged 还会通知一次，此时 actionState 的值是 ACTION_STATE_IDLE。

一次完整的拖曳动作（从开始拖曳到松手）所对应的日志如下：

```
D/qijian: onSelectedChanged actionState:2
D/qijian: onSelectedChanged actionState:0
```

这里表示在选中 item 并拖曳开始前 onSelectedChanged 会通知一次，此时 actionState 的值是 ACTION_STATE_DRAG；当拖曳结束，我们松手时，onSelectedChanged 还会通知一次，此时 actionState 的值是 ACTION_STATE_IDLE。

2. clearView 交互结束通知

上面虽然实现了在不同的操作下，将 item 的背景色改为不同颜色的动作；但我们稍稍注意就会发现，当列表向下滑动，item 被回收复用时，item 的背景色并没有被重置回去。下面可查看具体效果。

扫码查看动态效果图

这是因为我们在触发滑动/拖曳时，改变了背景颜色，但并没有重置回来。当这个 HolderView 被回收复用时，item 的颜色就是被改变过的颜色了。所以，我们需要找到一个回调函数，在拖动结束时，可以通知我们。有些读者可能会说，上面的 onSelectedChanged 函数就可以做到这一点：当 actionState 的状态变为 IDLE 时，将背景颜色重置回来即可。

```
    public void onSelectedChanged(RecyclerView.ViewHolder viewHolder, int
actionState) {
        super.onSelectedChanged(viewHolder, actionState);

        if (actionState == ItemTouchHelper.ACTION_STATE_IDLE){
            int bgColor = viewHolder.itemView.getContext().getResources().getColor
(android.R.color.holo_green_dark);
            viewHolder.itemView.setBackgroundColor(bgColor);
        }
        //其他代码省略
        …
    }
```

但当你试过以上代码后就会发现，这里会直接崩掉，因为 viewHolder.itemView 为空!!!

因此，我们必须寻找其他函数。或许正是因为在我们释放 item 时，onSeletedChanged 函数不好使，所以，ItemTouchHelper 提供了另一个函数：

```
public void clearView(RecyclerView recyclerView, RecyclerView.ViewHolder
viewHolder)
```

该函数会在手指释放 item 时或者在交互动画结束时调用，其中，ViewHolder viewHolder 表示被释放的 item 的 ViewHolder 对象。

所以，上面需要在手指释放后的重置操作，可以在这个函数中执行：

```
    public void clearView(RecyclerView recyclerView, RecyclerView.ViewHolder
viewHolder) {
        super.clearView(recyclerView, viewHolder);
        viewHolder.itemView.setBackgroundColor(viewHolder.itemView.getContext().
getResources().getColor(android.R.color.holo_green_dark));
    }
```

下面可查看具体效果。

7.6.4　GridView 中的滑动/拖动效果

扫码查看动态效果图

为了将列表显示为 Grid 模式，我们将 item 的高度和宽度设置为固定值（grid_item_ layout.xml）：

```
<?xml version="1.0" encoding="utf-8"?>
<LinearLayout xmlns:android="http://schemas.android.com/apk/res/android"
    android:layout_width="100dp"
    android:background="#00ff00"
    android:layout_height="100dp">

    <TextView
        android:id="@+id/item_tv"
        android:layout_width="match_parent"
        android:layout_height="wrap_content"
        android:gravity="center"
        android:padding="30dp"/>

</LinearLayout>
```

之后根据 ReyclerAdapter 新生成一个 GridRecyclerAdapter 类，单纯把 item 的布局文件更改为新的 grid_item_layout.xml，其他不变。下面列出完整代码：

```
public class GridRecyclerAdapter extends Adapter<ViewHolder> {

    private Context mContext;
    private ArrayList<String> mDatas;
    private int mCreatedHolder=0;

    public GridRecyclerAdapter(Context context, ArrayList<String> datas) {
        mContext = context;
        mDatas = datas;
    }

    @Override
    public ViewHolder onCreateViewHolder(ViewGroup parent, int viewType) {
        mCreatedHolder++;
        LayoutInflater inflater = LayoutInflater.from(mContext);
```

```
        return new NormalHolder(inflater.inflate(R.layout.grid_item_layout, parent,
false));
      }

      @Override
      public void onBindViewHolder(ViewHolder holder, int position) {
         NormalHolder normalHolder = (NormalHolder) holder;
         normalHolder.mTV.setText(mDatas.get(position));
      }

      @Override
      public int getItemCount() {
         return mDatas.size();
      }

      public class NormalHolder extends ViewHolder {
         public TextView mTV;
         public NormalHolder(View itemView) {
            super(itemView);
            mTV = (TextView) itemView.findViewById(R.id.item_tv);
            mTV.setOnClickListener(new OnClickListener() {
               @Override
               public void onClick(View v) {
                  Toast.makeText(mContext, mTV.getText(),
Toast.LENGTH_SHORT).show();
               }
            });
         }
      }
   }
```

随后在 Activity 中使用这个 Adapter，并设置为 Grid 模式：

```
   public class GridItemTouchHelperActivity extends AppCompatActivity {
      private ArrayList<String> mDatas = new ArrayList<>();
      private ItemTouchHelper mItemTouchHelper;
      @Override
      protected void onCreate(Bundle savedInstanceState) {
         super.onCreate(savedInstanceState);
         setContentView(R.layout.activity_linear);

         generateDatas();
         RecyclerView mRecyclerView = (RecyclerView)
findViewById(R.id.linear_recycler_view);

         //线性布局
         GridLayoutManager gridLayoutManager = new GridLayoutManager(this,5);
         gridLayoutManager.setOrientation(LinearLayoutManager.VERTICAL);
         mRecyclerView.setLayoutManager(gridLayoutManager);

         //添加分割线
```

```
        mRecyclerView.addItemDecoration(new DividerItemDecoration
(this,DividerItemDecoration.VERTICAL));
        mRecyclerView.addItemDecoration(new DividerItemDecoration
(this,DividerItemDecoration.HORIZONTAL));

        RecyclerAdapter adapter = new RecyclerAdapter(this, mDatas);
        mRecyclerView.setAdapter(adapter);

        mItemTouchHelper = new ItemTouchHelper(new MyItemTouchHelperCallBack
(mDatas,adapter));
        mItemTouchHelper.attachToRecyclerView(mRecyclerView);
    }

    private void generateDatas() {
        for (int i = 0; i < 200; i++) {
            mDatas.add("第 " + i + " 个 item");
        }
    }
}
```

这段代码依然回收复用的是垂直列表的布局。因为里面只有一个 RecyclerView，所以可以直接使用。这里的代码非常简单。与 Grid 布局类似，这里也直接使用了 MyItemTouchHelperCallback 的所有功能。下面可查看具体效果。

扫码查看动态效果图

从这里的效果图中可以看出，在我们的手指带着 item 滑动时，滑动中 item 的背景颜色会变为黄色；滑动结束后，item 的背景色又会变回绿色。在手动拖动 item 时，item 的背景色会变为蓝色。在拖动 item 的过程中，item 也会自动交换位置。拖动结束后，item 的背景色也变为绿色。但这里有个问题：我们只能上下拖曳，左右拖动则不起作用。很明显，这是因为我们在 getMovementFlags 设置的 dragFlags 是 int dragFlags = ItemTouchHelper.UP | ItemTouchHelper. DOWN。

到这里，大家就能自己实现网格交替动画了。下面，我们深入讲解 ItemTouchHelper。

7.6.5　getMovementFlags 中的各种 flag

为了方便讲解，以后的内容我们都以垂直列表为例来讲解。

1. 只有一个 flag 的情况

当我们只设置一个 flag 时（比如，只设置 ItemTouchHelper.UP），看看是什么效果：

```
public int getMovementFlags(RecyclerView recyclerView, ViewHolder viewHolder) {
    int dragFlags = ItemTouchHelper.UP;
    int swipeFlags = 0;
    int flags = makeMovementFlags(dragFlags, swipeFlags);
    return flags;
}
```

为了方便识别，我们禁用了滑动操作，只对向上拖曳的操作响应。下面可查看具体效果。

在此可以看到，当拖动的 flag 设置为 UP 时，只有将当前的 item 向上拖动时，item 才响应，其他操作都是不响应的。同样，因为我们将 swipeFlags 设置为 0，表示禁用了滑动操作，所以当我们滑动时，它也是不响应的。

扫码查看动态效果图

2．ItemTouchHelper.START 与 ItemTouchHelper.END

上面介绍了这里的 START 表示的是 LEFT 或者 RIGHT，至于具体是 LEFT 还是 RIGHT，要看 RecyclerView 的布局方向。对于水平布局，item 默认的布局方向是 LEFT：

```
public int getMovementFlags(RecyclerView recyclerView, ViewHolder viewHolder) {
    int dragFlags = ItemTouchHelper.START;
    int swipeFlags = ItemTouchHelper.LEFT;
    int flags = makeMovementFlags(dragFlags, swipeFlags);
    return flags;
}
```

为了方便对比，我将 dragFlags 设置为 START，而 swipeFlags 设置为 LEFT。

扫码查看动态效果图

在此可以看到 START 与 LEFT 的效果是相同的。只有手指向左拖动或者向左滑动时，才会有效果；其他操作都是不响应的。

当 START 对应 LEFT 时，而 END 对应的就是 RIGHT。我们做个测试：

```
public int getMovementFlags(RecyclerView recyclerView, ViewHolder viewHolder) {
    int dragFlags = ItemTouchHelper.END;
    int swipeFlags = ItemTouchHelper.RIGHT;
    int flags = makeMovementFlags(dragFlags, swipeFlags);
    return flags;
}
```

下面可查看具体效果。

扫码查看动态效果图

上面介绍了 START 主要用来对应函数水平方向开始布局的方向，默认是 LEFT。RecyclerView 的 LayoutDirection 可以通过下面的函数来设置：

```
public void setLayoutDirection(@LayoutDir int layoutDirection)
```

这个函数需要在 API≥17 时使用，取值如下：LAYOUT_DIRECTION_LTR（默认值，从左侧开始布局），LAYOUT_DIRECTION_RTL（从右侧开始布局）。它所对应的 RecyclerView 的 xml 用法是 android:layoutDirection="rtl"，它对应的取值为 rtl 和 ltr。

这个函数用来定义图纸的方向，是继承自 View 类的一个函数。这是什么意思呢？意思就是定义人们的书写、阅读习惯是从左向右的，还是从右向左的。比如，我们的书写、阅读习惯是从左向右的，所以这个布局方向的默认值就是 LAYOUT_DIRECTION_LTR；而对于使用阿拉伯语、希伯来语的人们，其习惯就是从右向左的，所以这个布局开始方向的默认值就是 LAYOUT_DIRECTION_RTL。

START 和 END 参数的主要目的就是为了自适配多语言而生的。有关布局方向的知识，后面我们再详细讲解。

当调用 mRecyclerView.setLayoutDirection(View.LAYOUT_DIRECTION_RTL)将默认的布局方向更改以后：

```
public class LinearItemTouchHelperActivity extends AppCompatActivity {
    private ArrayList<String> mDatas = new ArrayList<>();
    private ItemTouchHelper mItemTouchHelper;
    @Override
    protected void onCreate(Bundle savedInstanceState) {
        super.onCreate(savedInstanceState);
        setContentView(R.layout.activity_linear);

        …
        //线性布局
        LinearLayoutManager linearLayoutManager = new LinearLayoutManager(this);
        linearLayoutManager.setOrientation(LinearLayoutManager.VERTICAL);
        mRecyclerView.setLayoutManager(linearLayoutManager);

        mRecyclerView.setLayoutDirection(View.LAYOUT_DIRECTION_RTL);

        …
    }
}
```

此时，就会从右侧开始布局。如果此时我们再调用同样的代码，就会发现其间的不同了：

```
public int getMovementFlags(RecyclerView recyclerView, ViewHolder viewHolder) {
    int dragFlags = ItemTouchHelper.START;
    int swipeFlags = ItemTouchHelper.LEFT;
    int flags = makeMovementFlags(dragFlags, swipeFlags);
    return flags;
}
```

下面可查看具体效果。

扫码查看动态效果图

在此可以看到，当更改了布局方向以后，在滑动时，我们指定的滑动方向是 ItemTouchHelper.LEFT，所以滑动方向为向左侧滑动。而拖动时，因为我们指定的拖动方向是 ItemTouchHelper.START，即水平方向开始布局的方向，而我们水平方向的布局方向指定为 View.LAYOUT_DIRECTION_RTL（从右向左），所以拖动时的方向为向右侧拖动。通过这个示例，就可以看出 START 的作用了。

7.6.6　禁用拖曳与指定拖曳

从上面的例子中可以看出，无论我们长按 item 的哪个位置，都可以实现拖动效果。但有时，我们无须所有区域都是可拖动区域；我们只需要在拖动某个按钮时，才实现拖动，其他区域是不可拖动的。下面可查看具体效果。

扫码查看动态效果图

在此可以看到，只有我们选中中间的操作按钮时，才可以直接拖动；其他位置，无论是否长按 item，都不会实现拖动效果。

1. 禁用拖曳

我们先来看一下如何实现禁用拖曳的效果。在前面讲解 getMovementFlags 函数所返回的各种 flag 时，我们就已经提到过，在使用 int flags = makeMovementFlags(dragFlags, swipeFlags)返回最终 flag 之前，我们可以配置 dragFlags 和 swipeFlags 的值。当 dragFlags 被赋值为 0 时，表示禁用拖曳效果。当 swipeFlags 被赋值为 0 时，表示禁用滑动。

另外，还有两个函数可以用来开关滑动/拖曳功能：

```
public boolean isLongPressDragEnabled()
```

该函数的意义如下：是否开启长按拖曳 item 功能。当返回 true 时，表示开启该功能；当返回 false 时，表示关闭该功能。默认是 true：

```
public boolean isItemViewSwipeEnabled()
```

该函数的意义如下：是否开启滑动 item 的功能。当返回 true 时，表示开启该功能；当返回 false 时，表示关闭该功能。默认是 true。

在这里，我们仅先关注禁用拖曳的方法。关于禁用滑动的方法，我们后面再介绍。

有关拖曳功能有两种禁用方法：一种方法是，使用 int flags = makeMovementFlags(dragFlags, swipeFlags)时，通过将 dragFlags 赋值为 0 来禁用拖曳效果；另一种方法是，通过 isLongPressDragEnabled()返回 false 来实现该效果。

有些读者可能会问了，为什么要弄两种禁用拖曳的方法呢？这不是多此一举吗？

其实，这两种禁用方式是有区别的。如果我们通过将 flag 设置为 0 来禁用拖曳功能，将是永久禁用。除非重新设置 flag，否则永远不会开启拖曳功能。而通过 isLongPressDragEnabled 来禁用则不同，你的 dragFlags 依旧可以设置为任何值；但常规情况下，拖曳功能仍旧是被禁用的。不过，我们可以通过 startDrag(ViewHolder viewHolder)函数来解除 isLongPressDragEnabled 的禁锢，让 item 跟着手指拖动。下面就来看一下如何实现 item 跟着手指拖动的 demo 吧。

该函数的声明如下：

```
public void startDrag(ViewHolder viewHolder)
```

该函数表示手动开启对某个 item 的拖曳功能，即屏蔽掉 isLongPressDragEnabled 函数的设置。参数 ViewHolder 表示将要开启拖曳功能的列表 item 的 ViewHolder 对象。

2. 定点拖曳原理

实现定点拖曳，需要注意以下几点。

（1）首先，需要在 getMovementFlags 中指定可以拖曳的方向

```
public int getMovementFlags(RecyclerView recyclerView, ViewHolder viewHolder) {
    int dragFlags = ItemTouchHelper.UP | ItemTouchHelper.DOWN;
    int swipeFlags = ItemTouchHelper.LEFT | ItemTouchHelper.RIGHT;

    int flags = makeMovementFlags(dragFlags, swipeFlags);
    return flags;
}
```

在这里，我们让 ItemTouchHelper 拥有拖曳的能力；至于 Swipe（滑动）的能力需不需要，要看自己，因为我们后面还会讲到定点滑动的功能。在此，仍然让它具有 Swipe 的能力，所以将 swipeFlags 设置为可以左右滑动。

（2）然后禁用长按拖曳和滑动功能

```
@Override
public boolean isLongPressDragEnabled() {
    return false;
}

@Override
public boolean isItemViewSwipeEnabled() {
    return false;
}
```

这样，就禁用了长按拖曳和滑动功能。在 getMovementFlags 中构造 flag 时，并没有将其赋值为 0；也就是说 item 是有这个能力的，只不过该能力目前被暂时禁锢了。这就相当于武侠小说中所说的一个武功超强的人，暂时被锁住了琵琶骨；虽然他的武功天下无敌，但其武功却被禁锢了，以致其目前跟常人没什么区别。一旦琵琶骨解锁，那么他的武功依然天下无敌。

（3）添加拖动接口

因为 ItemTouchHelper 的实例是在 Activity 中的，而图标实例却是在 Adapter 中的，所以为了降低耦合度，我们先写一个接口，当在 Adapter 中拖动图标的时候，返回给 Activity 中的 ItemTouchHelper 处理。

```
public interface OnItemDragListener {
    void onDrag(NormalHolder holder);
}
```

（4）使用接口

```
public class MyAdapter extends Adapter {

    …
    public void setOnItemDragListener(OnItemDragListener onItemDragListener) {
        this.onItemDragListener = onItemDragListener;
    }

    public void onBindViewHolder(ViewHolder holder, int position) {
        final NormalHolder normalHolder = (NormalHolder) holder;
        normalHolder.mBtn.setOnTouchListener(new OnTouchListener() {
            @Override
            public boolean onTouch(View v, MotionEvent event) {
                if (event.getActionMasked() == MotionEvent.ACTION_DOWN) {
                    if (onItemDragListener != null) {
                        onItemDragListener.onDrag(normalHolder);
                    }
                }
                return false;
            }
```

```
        });
    }
}
```

首先，因为 ItemTouchHelper 实例是在 Activity 中的，而需要在触摸按钮的时候，通知 ItemTouchHelper，所以，我们需要通过 setOnItemDragListener(OnItemDragListener onItemDragListener)函数，将 listener 实例设置进来，然后在 onBindViewHolder 中，给按钮设置 Touch 事件，当我们开始触摸的时候，通知 ItemTouchHelper。

有些读者可能会想，为什么是“Touch”，而不是“Click”呢？大家需要注意一下我们的手势，我们在拖动的时候，是手指按下的状态，并没有抬起来。符合这个手势的只有 TouchDown；而 Click 的手势是先按下再快速抬起。我们这里不能有抬起的动作，所以 Click 明显不适合。

（5）ItemTouchHelper 处理监听

最后，使用 ItemTouchHelper 来处理监听，调用 startDrag 函数来开启拖曳功能，核心代码如下：

```
public class LinearItemTouchHelperActivity extends AppCompatActivity {
    private ArrayList<String> mDatas = new ArrayList<>();
    private ItemTouchHelper mItemTouchHelper;

    @Override
    protected void onCreate(Bundle savedInstanceState) {
        super.onCreate(savedInstanceState);
        setContentView(R.layout.activity_linear);

        generateDatas();
        RecyclerView mRecyclerView = (RecyclerView) findViewById
(R.id.linear_recycler_view);
        …

        adapter.setOnItemDragListener(new OnItemDragListener() {
            @Override
            public void onDrag(NormalHolder holder) {
                mItemTouchHelper.startDrag(holder);
            }
        });

        mItemTouchHelper = new ItemTouchHelper(new OperateItemTouchHelperCallBack
(mDatas, adapter));
        mItemTouchHelper.attachToRecyclerView(mRecyclerView);
    }
    …
}
```

这里需要注意的是，我们依然调用了 mItemTouchHelper.attachToRecyclerView (mRecyclerView) 来绑定 RecyclerView。不要以为有了 startDrag 函数，就不需要 attachToRecyclerView 了。这是两个不同的操作，我们通过 attachToRecyclerView 绑定

RecyclerView，是为了让 ItemTouchHelper 具有拖曳/滑动的能力。拖曳/滑动能力是否开启，是要看 flag 和那两个 is 函数的。如果拖曳/滑动能力被 isLongPressDragEnabled 禁用了，我们可通过 startDrag 函数来解除其禁用状态。所以，这几个函数的功能互不干扰。

3. demo 实现

为了减少代码量，我们在原来垂直列表的基础上进行更改。首先，我们将 item 的布局代码更改为中间有一个操作按钮的样式，并且将文字居左排列，以防影响视觉效果（item_layout.xml）：

```
<?xml version="1.0" encoding="utf-8"?>
<FrameLayout xmlns:android="http://schemas.android.com/apk/res/android"
    android:background="@android:color/holo_green_dark"
    android:orientation="horizontal"
    android:layout_width="match_parent"
    android:layout_height="wrap_content">

    <TextView
        android:id="@+id/item_tv"
        android:layout_width="match_parent"
        android:layout_height="wrap_content"
        android:gravity="left"
        android:padding="10dp"/>

    <ImageView
        android:id="@+id/item_drag_img"
        android:layout_width="wrap_content"
        android:layout_height="wrap_content"
        android:layout_gravity="center"
        android:src="@drawable/ic_dehaze_gray" />
</FrameLayout>
```

其中，ImageView 所展示的操作按钮图片，我引用的是默认的 SVG 图像（ic_dehaze_gray.xml）：

```
<vector xmlns:android="http://schemas.android.com/apk/res/android"
    android:width="24dp"
    android:height="24dp"
    android:viewportWidth="24.0"
    android:viewportHeight="24.0">
    <path
        android:fillColor="#FF000000"
        android:pathData="M2,15.5v2h20v-2L2,15.5zM2,10.5v2h20v-2L2,10.5zM2,
5.5v2h20v-2L2,5.5z"/>
</vector>
```

有关如何引用 Android Studio 自带的 SVG 图像的方法，可以参考《Android 自定义控件开发入门与实战》中 5.2.2 节的内容。

在更改了布局以后，我们依照步骤，在 MyItemTouchHelperCallBack 中进行处理：

```
public class MyItemTouchHelperCallBack extends ItemTouchHelper.Callback {
    …
```

```
    @Override
    public int getMovementFlags(RecyclerView recyclerView, ViewHolder viewHolder) {
        int dragFlags = ItemTouchHelper.UP | ItemTouchHelper.DOWN;
        int swipeFlags = ItemTouchHelper.LEFT | ItemTouchHelper.RIGHT;
        int flags = makeMovementFlags(dragFlags, swipeFlags);
        return flags;
    }
    @Override
    public boolean isLongPressDragEnabled() {
        return false;
    }
    @Override
    public boolean isItemViewSwipeEnabled() {
        return false;
    }
}
```

然后，添加接口：

```
public interface OnItemDragListener {
    void onDrag(NormalHolder holder);
}
```

之后，在触摸 Image 时添加 Touch 事件处理：

```
public class RecyclerAdapter extends Adapter {

    private Context mContext;
    private ArrayList<String> mDatas;
    private OnItemDragListener onItemDragListener;

    …

    @Override
    public void onBindViewHolder(ViewHolder holder, int position) {
        final NormalHolder normalHolder = (NormalHolder) holder;
        normalHolder.mTV.setText(mDatas.get(position));
        normalHolder.mBtn.setOnTouchListener(new OnTouchListener() {
            @Override
            public boolean onTouch(View v, MotionEvent event) {
                if (event.getActionMasked() == MotionEvent.ACTION_DOWN) {
                    if (onItemDragListener != null) {
                        onItemDragListener.onDrag(normalHolder);
                    }
                }
                return false;
            }
        });
    }
    …

    public class NormalHolder extends ViewHolder {
```

```
        public TextView mTV;
        public ImageView mBtn;

        public NormalHolder(View itemView) {
            super(itemView);

            mTV = (TextView) itemView.findViewById(R.id.item_tv);
            mBtn = (ImageView) itemView.findViewById(R.id.item_drag_img);
            mTV.setOnClickListener(new OnClickListener() {
                @Override
                public void onClick(View v) {
                    Toast.makeText(mContext, mTV.getText(), Toast.LENGTH_SHORT).
show();
                }
            });
        }
    }

    public void setOnItemDragListener(OnItemDragListener onItemDragListener) {
        this.onItemDragListener = onItemDragListener;
    }
}
```

在原来垂直列表的基础上，需要执行以下三步：

第 1 步：需要在 NormalHolder 中添加 ImageView 的实例。

第 2 步：添加设置 OnItemDragListener 的接口。

第 3 步：在 onBindViewHolder 中，添加 ImageView 的 Touch 事件监听。

最后，在 Activity 中进行处理：

```
public class LinearItemTouchHelperActivity extends AppCompatActivity {
    private ArrayList<String> mDatas = new ArrayList<>();
    private ItemTouchHelper mItemTouchHelper;

    @Override
    protected void onCreate(Bundle savedInstanceState) {
        super.onCreate(savedInstanceState);
        setContentView(R.layout.activity_linear);
        …
        mRecyclerView.setAdapter(adapter);

        adapter.setOnItemDragListener(new OnItemDragListener() {
            @Override
            public void onDrag(NormalHolder holder) {
                mItemTouchHelper.startDrag(holder);
            }
        });

        mItemTouchHelper = new ItemTouchHelper(new OperateItemTouchHelperCallBack
(mDatas, adapter));
```

```
        mItemTouchHelper.attachToRecyclerView(mRecyclerView);
    }
}
```

这样，上面效果中定点拖曳的功能就可实现了。只有在我们触摸按钮时，才能实现拖曳；其他位置无论是否长按，都是不能拖曳的。

4．定点滑动

如果大家已经实现了定点拖曳功能的代码，就可以发现，ItemTouchHelper 并没有滑动删除功能。这是因为 isItemViewSwipeEnabled 返回了 false，将它禁止了。我们在构造 getMovementFlags 时，依然给 swipeFlags 赋了值，使它具有了滑动删除的能力。

能不能跟拖曳一样，通过某个函数来启动这个功能呢？

当然，我们可以通过 startSwipe 函数来启用该功能，该函数的声明如下：

```
public void startSwipe(ViewHolder viewHolder)
```

这个函数与 startDrag 函数相同，入参也是要移动的 item 的 ViewHolder 对象。

我们在刚才定点拖曳 demo 时，将 starDrag 改为 startSwipe：

```
public class OperateItemTouchHelperActivity extends AppCompatActivity {
    private ArrayList<String> mDatas = new ArrayList<>();
    private ItemTouchHelper mItemTouchHelper;

    @Override
    protected void onCreate(Bundle savedInstanceState) {
        super.onCreate(savedInstanceState);
        setContentView(R.layout.activity_linear);

        …

        mRecyclerView.setAdapter(adapter);

        adapter.setOnItemDragListener(new OnItemDragListener() {
            @Override
            public void onDrag(NormalHolder holder) {
                mItemTouchHelper.startSwipe(holder);
            }
        });

        mItemTouchHelper = new ItemTouchHelper(new OperateItemTouchHelperCallBack
(mDatas, adapter));
        mItemTouchHelper.attachToRecyclerView(mRecyclerView);
    }
}
```

下面可查看具体效果。

这样就实现了定点滑动功能。

扫码查看动态效果图

7.6.7 onChildDraw 函数

前面介绍了如何实现 item 的拖动/滑动功能，本节将介绍在进行 item 的拖动/滑动时，如何通过改变 item 的各种属性来实现动画的能力。

1. 在滑动过程中改变 item 属性

在正式开始编码之前，我们先来讲解 ItemTouchHelper.Callback 里的 onChildDraw 函数。该函数完整的声明如下：

```
public void onChildDraw(Canvas c, RecyclerView recyclerView,ViewHolder 
viewHolder,float dX, float dY, int actionState, boolean isCurrentlyActive)
```

该函数主要用于 item 的绘制。在手指拖动的过程中及松手后的动画过程中，这个函数都会被一直调用。这里需要特别注意一下，该函数不仅在拖动的过程中会被调用；在松手后，做复位动画或者删除动画的过程中，也会被调用！这里有几个参数需要特别注意：

- ViewHolder viewHolder：当前被拖动 item 的 ViewHolder 对象。
- float dX：表示 item 在水平方向上相对原位置的移动距离。只有当开通左滑或者右滑时，其才会有值，否则一直是 0。item 向右移动为正，向左移动为负。
- float dY：表示 item 在垂直方向上相对原位置的移动距离。只有当开通上滑或者下滑时，其才会有值，否则一直是 0。item 向上移动为负，向下移动为正。
- int actionState：表示当前 ItemTouchHelper 的状态，取值为 ACTION_STATE_IDLE、ACTION_STATE_SWIPE、ACTION_STATE_DRAG。

同样，我们在垂直列表滑动删除的基础上，改变 View 在滑动过程中的 alpha 值并进行缩放。下面看看它的实际效果：

```
public void onChildDraw(Canvas c,RecyclerView recyclerView,RecyclerView.
ViewHolder viewHolder,float dX,float dY,int actionState,boolean isCurrentlyActive) {
    super.onChildDraw(c, recyclerView, viewHolder, dX, dY, actionState, 
isCurrentlyActive);
    if(actionState == ItemTouchHelper.ACTION_STATE_SWIPE) {
        final float alpha = 1 - Math.abs(dX) / (float)viewHolder.itemView.getWidth();
        viewHolder.itemView.setAlpha(alpha);
        viewHolder.itemView.setScaleX(alpha);
    }
}
```

在这里计算缩放比例和 alpha 值的公式如下：

在 float alpha = 1 - Math.abs(dX) / (float)viewHolder.itemView.getWidth()中，X 表示当前相对原位置的移动距离。即便手指离开 item 以后，item 在做动画时，仍然会执行 onChildDraw 函数，所以它移动的最大距离是 itemView.getWidth()，即一整个 item 的长度（item 的右边界移到了左边界）。需要移动的距离越大，alpha 值就越小，所以公式是 1 – Math.abs(dX) / (float)viewHolder. itemView.getWidth()。scaleX 也使用同样的比例，且移动距离越大，scaleX 值就越小。

扫码查看动态效果图

另外，还需要注意的是，这里并没有删除 super.onChildDraw 函数；而是在其下面另加了代码。下面可查看具体效果。

从该效果图中可以看出，在删除 item 之后，向下移动列表，会出现纯白色的 item，这是为什么呢？

我们首先想到的是 HolderView 的回收复用问题。因为我们将 item 的透明度减为了 0，并没有重置回来，在 HolderView 被回收复用时，被回收复用的 HolderView 的透明度依然是 0，所以就露出其底部的白色。同样地，我们需要在 clearView 中重置之前做过的操作：

```
    public void clearView(RecyclerView recyclerView, RecyclerView.ViewHolder
viewHolder) {
        super.clearView(recyclerView, viewHolder);

viewHolder.itemView.setBackgroundColor(viewHolder.itemView.getContext().getResourc
es().getColor(android.R.color.holo_green_dark));
        viewHolder.itemView.setAlpha(1);
        viewHolder.itemView.setScaleX(1);
    }
```

在原来重置背景色的基础上，将刚才的 alhpa 值和 scaleX 值全部重置回来。下面可查看具体效果。

现在滑动删除时，透明度和横向缩放的功能就实现了。下面我们介绍去掉 super.onChildDraw 函数的话会怎样。

扫码查看动态效果图

2. 去掉 super.onChildDraw

与前一小节一样的代码，我们只是把 super.onChildDraw 去掉，下面看一下具体效果是怎样的：

```
    public void onChildDraw(Canvas c,RecyclerView recyclerView,RecyclerView.
ViewHolder viewHolder,float dX,float dY,int actionState,boolean isCurrentlyActive) {
        if(actionState == ItemTouchHelper.ACTION_STATE_SWIPE) {
            final float alpha = 1 - Math.abs(dX) / (float)viewHolder.itemView.getWidth();
            viewHolder.itemView.setAlpha(alpha);
            viewHolder.itemView.setScaleX(alpha);
        }
    }
```

下面可查看具体效果。

扫码查看动态效果图

在此可以看到，除了我们自己加的 X 轴缩放和透明度改变外，原本自动移动的效果消失了。不过，除了 item 不会自动移动外，其他 onSwiped 等生命周期还是会继续执行的。从代码上看，这也比较容易理解，因为我们只是去掉了 super.onChildDraw 函数，去掉的也只是它本身的绘制操作而已。如果大家看了源码，就会知道 super.onChildDraw 在源码中只做了下面几步（位于 ItemTouchUIUtilImpl.java）：

```
    private void draw(Canvas c, RecyclerView parent, View view,
            float dX, float dY) {
        c.save();
```

```
        c.translate(dX, dY);
        parent.drawChild(c, view, 0);
        c.restore();
    }
```

所以，super.onChildDraw 是通过调用 translate 来移动整个 itemView 画布，以使 item 移动的。这也就是我们在移动时 item 能跟着我们移动的原因。这里需要特别注意一下我们调用了 c.translate(dX, dY)来移动 itemView。第 8 章会具体介绍该内容。

7.6.8　其他函数

前面介绍了 ItemTouchHelper 的常用函数，下面我们将其他函数的功能及其用法列出来，供大家参考：

```
    public float getSwipeThreshold(RecyclerView.ViewHolder viewHolder) {
        return .5f;
    }
```

针对 Swipe 状态，Swipe 滑动的位置超过了百分之多少就消失。

```
    public float getSwipeEscapeVelocity(float defaultValue) {
        return defaultValue;
    }
```

针对 Swipe 状态，Swipe 的逃逸速度。换句话说，就算没达到 getSwipeThreshold 设置的距离，只要达到了这个逃逸速度，item 就会被“swipe”掉。

```
    public float getSwipeVelocityThreshold(float defaultValue) {
        return defaultValue;
    }
```

针对 Swipe 状态，Swipe 滑动的阻尼系数。该函数可用来设置最大滑动速度。

```
    public boolean canDropOver(RecyclerView recyclerView, RecyclerView.ViewHolder
current, RecyclerView.ViewHolder target) {
        return true;
    }
```

针对 Drag（拖动）状态，当前 target 对应的 item 是否允许移动。换句话说，我们一般用拖动来做一些换位置（即当前 target 对象所对应的 item 是否可以换位置）的操作。

```
    public int getBoundingBoxMargin() {
        return 0;
    }
```

针对 Drag 状态，当 drag itemView 和下面的 itemView 重叠时，可以给 drag itemView 设置额外的 margin，让这种重叠更加容易发生。这相当于增大了 drag itemView 的区域。

```
    public float getMoveThreshold(RecyclerView.ViewHolder viewHolder) {
        return 0.5f;
    }
```

针对 Drag 状态，滑动超过百分之多少的距离就可以调用 onMove 函数（注意，这里指的是 onMove 函数的调用，并不是随手指移动的那个 View）。

```
    public RecyclerView.ViewHolder chooseDropTarget(RecyclerView.ViewHolder
selected,List<RecyclerView.ViewHolder> dropTargets,int curX,int curY) {
        return super.chooseDropTarget(selected, dropTargets, curX, curY);
    }
```

针对 Drag 状态，在拖动的过程中获取 drag itemView 下面对应的 ViewHolder（一般不用我们处理，直接调用 super.chooseDropTarget 函数就可以了）。

```
    public void onChildDraw(Canvas c,RecyclerView recyclerView,RecyclerView.
ViewHolder viewHolder,float dX,float dY,int actionState,boolean isCurrentlyActive) {
        super.onChildDraw(c, recyclerView, viewHolder, dX, dY, actionState,
isCurrentlyActive);
    }
```

针对 Swipe/Drag 状态，在整个过程中一直会调用这个函数。随手指移动的 View 就是在 super 里面做到的（和 ItemDecoration 里面的 onDraw 函数对应）：

```
    public void onChildDrawOver(Canvas c,RecyclerView recyclerView,RecyclerView.
ViewHolder viewHolder,float dX,float dY,int actionState,boolean isCurrentlyActive) {
        super.onChildDrawOver(c, recyclerView, viewHolder, dX, dY, actionState,
isCurrentlyActive);
    }
```

针对 Swipe 和 Drag 状态，在整个过程中一直会调用这个函数（和 ItemDecoration 里面的 onDrawOver 函数对应）。这个函数向我们提供了可以在 RecyclerView 上再绘制一层的能力，比如绘制一层蒙层：

```
    public long getAnimationDuration(RecyclerView recyclerView, int animationType,
float animateDx, float animateDy) {
        return super.getAnimationDuration(recyclerView, animationType, animateDx,
animateDy);
    }
```

针对 Swipe 和 Drag 状态，当手指离开之后，View 回到指定位置的持续时间。

```
    public int interpolateOutOfBoundsScroll(RecyclerView recyclerView,int
viewSize,int viewSizeOutOfBounds,int totalSize,long msSinceStartScroll) {
        return super.interpolateOutOfBoundsScroll(recyclerView, viewSize,
viewSizeOutOfBounds, totalSize, msSinceStartScroll);
    }
```

针对 Drag 状态，当 itemView 滑动到 RecyclerView 边界的时候（比如下边界的时候），RecyclerView 会滑动，同时会调用该函数去获取滑动距离（不用我们处理，可直接调用 super.interpolateOutOfBoundsScroll）。

至此，有关 ItemTouchHelper 的所有知识就介绍完了，在第 8 章中，我们将以类似 QQ 列表中滑动显示删除按钮的形式来讲解 ItemTouchHelper 在实战中的应用。因为 ItemTouchHelper 与 ViewDragHelper 差不多，只不过 ItemTouchHelper 是针对 RecyclerView 专用的，难度不是很大，而且有关 ItemTouchHelper 的内容已经介绍得比较详细了，所以，有关 ItemTouchHelper 的源码就不再讲解了，有兴趣的读者可自行搜索一下。下面，我们再补充一些有关布局方向的知识。

7.6.9　布局方向

前面我们在讲到 public void setLayoutDirection(@LayoutDir int layoutDirection)时，提到了布局方向（LayoutDirection）。该函数中的 LayoutDir 参数有以下四个取值：

- INHERIT：继承自上一个布局方向，且与它保持一致。
- LOCALE：系统根据当前语言来推测水平布局应有的方向。如果是自动适配，我们一般会使用这个参数。
- LTR：LEFT-TO-RIGHT 的缩写，从左向右，我们采用的就是这种布局方向。
- RTL：RIGHT-TO-LEFT 的缩写，从右向左，有些中东国家采用的是这种布局方向。

这里，我们主要来看 LTR 与 RTL 两种布局方向的区别。因为 setLayoutDirection 需要在 API≥17 时使用；当 API<17 时，我们可以使用 ViewComapt.setLayoutDirection(View view, int layoutDirection)来设置布局方向。

图 7-46 表示了 LTR（左图）布局与 RTL（右图）布局之间的对比。

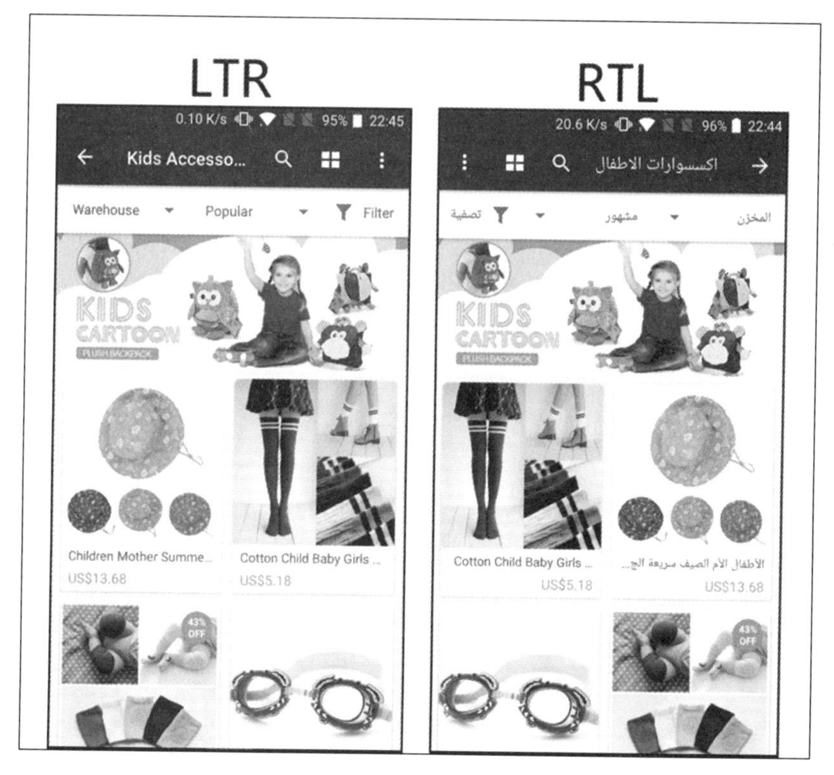

图 7-46

在此可以看到，对于普通布局而言，它们刚好呈镜像显示；而对于横向列表而言，则从原来的从左向右滑动，改为了从右向左滑动。

扫码查看动态效果图

下面可查看 LTR 模式的具体效果。

RTL 模式：

扫码查看动态效果图

到这里，有关布局方面的知识就介绍完了。有关多语言适配的内容不在本书的讲解范畴，有这方面需求的读者可以自行查阅相关资料。

第 8 章 RecyclerView 特效实战

把握生命里的每一分钟，全力以赴我们心中的梦，不经历风雨，怎么见彩虹，没有人能随随便便成功。

——《真心英雄》

在上一章中，我们讲了 RecyclerView 的各种基础知识，在本章中，我们将通过实现非常炫酷的特效在实践中来学习 RecyclerView。可以看到，通过这些看似平淡的功能，可以做出非常漂亮的控件，现在就让我们开始学习吧。

8.1 滑动画廊控件

本节将实现在上一章中提到过的画廊效果，但为了降低难度，就不再制作 3D 画廊了，而是制作 2D 画廊，不过最后会在 2D 画廊的基础上讲解 3D 画廊的实现原理。本节实现的效果如图 8-1 所示。

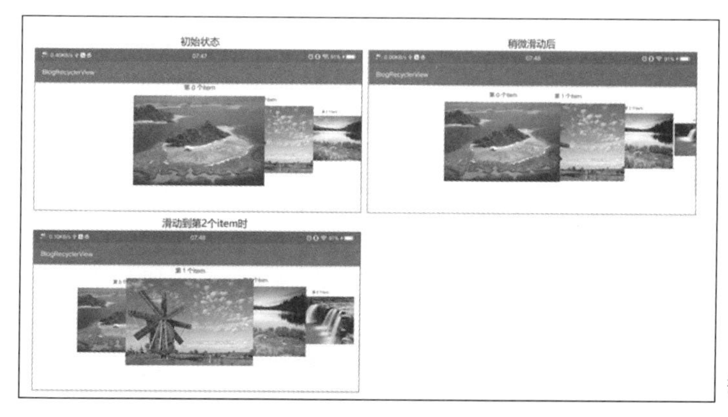

扫码查看动态效果图

图 8-1

高能预警：本节代码量较大，而且大部分代码是基于 4.5 节中的代码修改而来的，根据逻辑实现次序可能会对同一个函数修改多次，但是由于篇幅有限，并不能每次都贴出全部源码，只能截取核心部分，所以建议大家对照着源码来看本节内容，不然看到半路有可能会发蒙。

8.1.1 实现 item 布局

本节内容的实现原理与 4.5 节中的基本相同，对于很多代码，大家理解起来应该都不难，所以有些部分就不再细讲。下面会基于 4.5 节中的代码进行修改，以便可以很快看到效果。首先，我们把 4.5 节中的 item 布局更改为我们想要的布局（item_coverflow.xml），代码如下所示：

```
<?xml version="1.0" encoding="utf-8"?>
<LinearLayout xmlns:android="http://schemas.android.com/apk/res/android"
    android:orientation="vertical"
    android:layout_width="wrap_content"
    android:layout_height="wrap_content">

    <TextView
        android:id="@+id/text"
        android:layout_width="wrap_content"
        android:layout_height="wrap_content"
        android:textAlignment="center"
        android:text="0"
        android:layout_gravity="center"
        android:textColor="@android:color/black"/>

    <ImageView
        android:id="@+id/img"
        android:layout_marginTop="10dp"
        android:layout_width="300dp"
        android:layout_height="200dp"
        android:scaleType="centerCrop"/>
</LinearLayout>
```

布局很好理解，就是垂直排列一个 text 和一个 img。text 用于显示当前 item 的位置，img 用于显示图片。

所以，我们还需要引用几个图片资源，其源码放于 mipmap-xxhdpi 文件夹下。布局效果如图 8-2 所示。

扫码查看彩色图

图 8-2

然后，新建一个 Adapter（CoverFlowAdapter），代码如下所示：

```
public class CoverFlowAdapter extends Adapter<ViewHolder> {

    private Context mContext;
    private ArrayList<String> mDatas;
    private int mCreatedHolder=0;
    private int[] mPics = {R.mipmap.item1,R.mipmap.item2,R.mipmap.item3, R.mipmap.
item4,
            R.mipmap.item5,R.mipmap.item6};
    public CoverFlowAdapter(Context context, ArrayList<String> datas) {
        mContext = context;
        mDatas = datas;
    }

    @Override
    public ViewHolder onCreateViewHolder(ViewGroup parent, int viewType) {
        mCreatedHolder++;
        LayoutInflater inflater = LayoutInflater.from(mContext);
        return new NormalHolder(inflater.inflate(R.layout.item_coverflow, parent,
false));
    }

    @Override
    public void onBindViewHolder(ViewHolder holder, int position) {
        NormalHolder normalHolder = (NormalHolder) holder;
        normalHolder.mTV.setText(mDatas.get(position));
        normalHolder.mImg.setImageDrawable(mContext.getResources().getDrawable
(mPics[position%mPics.length]));
    }

    @Override
    public int getItemCount() {
        return mDatas.size();
    }

    public class NormalHolder extends ViewHolder {
        public TextView mTV;
        public ImageView mImg;

        public NormalHolder(View itemView) {
            super(itemView);

            mTV = (TextView) itemView.findViewById(R.id.text);
            mTV.setOnClickListener(new OnClickListener() {
                @Override
                public void onClick(View v) {
                    Toast.makeText(mContext, mTV.getText(), Toast.LENGTH_SHORT).
show();
                }
            });
```

```
            mImg = (ImageView)itemView.findViewById(R.id.img);
            mImg.setOnClickListener(new OnClickListener() {
                @Override
                public void onClick(View v) {
                    Toast.makeText(mContext, mTV.getText(), Toast.LENGTH_SHORT).
show();
                }
            });

        }
    }
}
```

以上代码理解起来应该难度不大。首先，新建一个 NormalHolder 对象，用于保存布局中控件所对应的变量；然后，在 onCreateViewHolder 中返回新建的 NormalHolder 对象；最后通过 onBindViewHolder 将 NormalHolder 对象与数据绑定起来。

此时运行代码，可以看到如图 8-3 所示的效果。

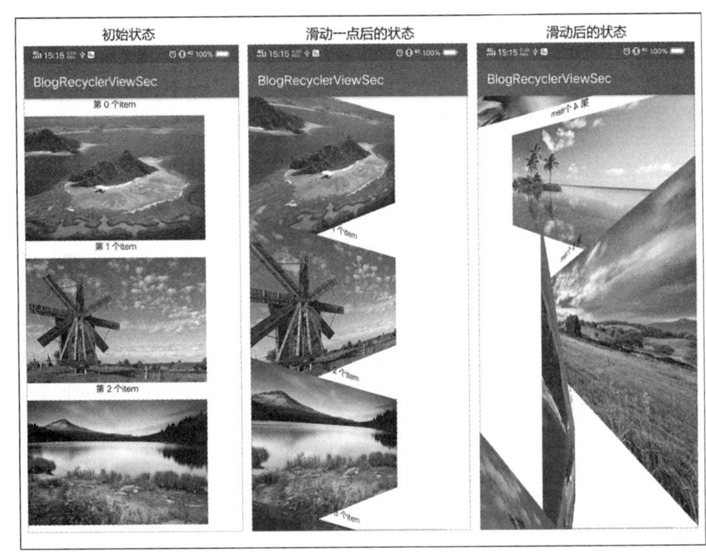

扫码查看动态效果图

图 8-3

在 4.5 节中，因为我们给每个 item 都设置了 setRotationY，所以每个 item 在滑动时还会旋转。在本节中，我们并不需要让 item 旋转，所以可以在自定义的 LayoutManager 中删除 child.setRotationY(child.getRotationY() + 1);代码。

修改后的效果如图 8-4 所示。

扫码查看动态效果图

图 8-4

8.1.2　实现横向布局

8.1.2.1　开启横向滑动

现在实现的效果还是 4.5 节中所实现的纵向滑动，我们要把它改为横向滑动。首先，需要删除 canScrollVertically 和 scrollVerticallyBy 函数，并将代码改为以下样式：

```
@Override
public boolean canScrollHorizontally() {
   return true;
}

@Override
public int scrollHorizontallyBy(int dx, Recycler recycler, State state) {
   …
}
```

在将 scrollVerticallyBy 改为 scrollHorizontallyBy 以后，需要把原来在 scrollVerticallyBy 中的代码移到 scrollHorizontallyBy 中来。

很明显，现在虽然可以成功运行，但运行结果依然是纵向布局。当然，这是因为我们在 onLayoutChildren 中布局时，并没有将每个 item 设置为横向布局。

8.1.2.2 实现横向布局

由于我们在初始化时会利用 mItemRects 来保存所有 item 的位置，所以实现横向布局最关键的是，在计算每个 item 的位置时，使用横向布局的方式来计算，代码如下所示：

```
int offsetX = 0;

for (int i = 0; i < getItemCount(); i++) {
    Rect rect = new Rect(offsetX, 0, offsetX + mItemWidth, mItemHeight);
    mItemRects.put(i, rect);
    mHasAttachedItems.put(i, false);
    offsetX += mItemWidth;
}
```

然后，在获取 visibleCount 时，需要将之前的代码改为以下样式：

```
int visibleCount = getHorizontalSpace() / mItemWidth;
```

同时，在 onLayoutChildren 的最后，需要将计算 mTotalHeight 的逻辑改为计算 totalWidth 的逻辑，代码如下所示：

```
@Override
public void onLayoutChildren(Recycler recycler, RecyclerView.State state) {
    …
    mTotalWidth = Math.max(offsetX, getHorizontalSpace());
}

private int getHorizontalSpace() {
    return getWidth() - getPaddingLeft() - getPaddingRight();
}
```

以上这段代码使所有 item 都靠顶部横向依次排列，理解起来难度不大，因此这里不再细讲。

同时，getVisibleArea 函数也需要修改，修改后的代码如下所示：

```
private Rect getVisibleArea() {
    Rect result = new Rect(getPaddingLeft() + mSumDx, getPaddingTop(), getWidth()
- getPaddingRight() + mSumDx, getHeight()-getPaddingBottom());
    return result;
}
```

因为现在已经实现了横向滑动效果，不再是纵向滑动了，所以可见区域应该是横向滑动后的可见区域。

onLayoutChildren 函数中的其他代码不需要更改，所以此时该函数中的代码如下所示：

```
public void onLayoutChildren(Recycler recycler, RecyclerView.State state) {
    if (getItemCount() == 0) {//没有 item，界面就空着吧
        detachAndScrapAttachedViews(recycler);
        return;
    }
    mHasAttachedItems.clear();
    mItemRects.clear();

    detachAndScrapAttachedViews(recycler);
```

```
        //将 item 的位置存储起来
        View childView = recycler.getViewForPosition(0);
        measureChildWithMargins(childView, 0, 0);
        mItemWidth = getDecoratedMeasuredWidth(childView);
        mItemHeight = getDecoratedMeasuredHeight(childView);

        int visibleCount = getVerticalSpace() / mItemWidth;


        //定义水平方向的偏移量
        int offsetX = 0;

        for (int i = 0; i < getItemCount(); i++) {
            Rect rect = new Rect(offsetX, 0, offsetX + mItemWidth, mItemHeight);
            mItemRects.put(i, rect);
            mHasAttachedItems.put(i, false);
            offsetX += mItemWidth;
        }

        Rect visibleRect = getVisibleArea();
        for (int i = 0; i < visibleCount; i++) {
            insertView(i, visibleRect, recycler, false);
        }

        //如果所有子 View 的宽度并没有填满 RecyclerView 的宽度，
        //则将宽度设置为 RecyclerView 的宽度
        mTotalWidth = Math.max(offsetX, getHorizontalSpace());
    }

    private int getHorizontalSpace() {
        return getWidth() - getPaddingLeft() - getPaddingRight();
    }

    private Rect getVisibleArea() {
        Rect result = new Rect(getPaddingLeft() + mSumDx, getPaddingTop(), getWidth()
- getPaddingRight() + mSumDx, getHeight()-getPaddingBottom());
        return result;
    }
```

同时，我们需要将该 View 所在的 Activity 改为横向展示，代码如下。

```
    <activity android:name=".CoverFlowActivity"
        android:screenOrientation="landscape"/>
```

修改后的效果如图 8-5 所示。

很明显，现在在初始化时已经可以实现横向布局了，但如果一滑动就会出现异常，这是很正常的，毕竟我们还没有处理滑动事件。

扫码查看彩色图

图 8-5

8.1.3 实现横向滑动

横向滑动是在 scrollHorizontallyBy 中进行处理的，其中，滑动顶部判断、越界处理等方式都是相同的，只是在布局 item 时，需要重写代码。

滑动时进行 item 布局会涉及以下两个地方。

第一，在回收越界时，需对已经在屏幕上显示的 item 进行重新布局：

```
//回收越界子 View
for (int i = getChildCount() - 1; i >= 0; i--) {
    View child = getChildAt(i);
    int position = getPosition(child);
    Rect rect = mItemRects.get(position);

    if (!Rect.intersects(rect, visibleRect)) {
        removeAndRecycleView(child, recycler);
        mHasAttachedItems.put(position, false);
    } else {
        layoutDecoratedWithMargins(child, rect.left - mSumDx, rect.top, rect.right
- mSumDx, rect.bottom);
        mHasAttachedItems.put(position, true);
    }
}
```

这里只需要修改 layoutDecoratedWithMargins 函数即可。在布局时，根据 mSumDx 布局 item 的 left 和 right 坐标：layoutDecoratedWithMargins(child, rect.left - mSumDx, rect.top, rect.right - mSumDx, rect.bottom);，因为是横向布局，所以 top 和 bottom 都不变。

第二，在新移动出来的空白区域填充 item 时，同样需要对涉及的 layout 操作进行处理：

```
private void insertView(int pos, Rect visibleRect, Recycler recycler, boolean
firstPos) {
    Rect rect = mItemRects.get(pos);
    if (Rect.intersects(visibleRect, rect) && !mHasAttachedItems.get(pos)) {
        View child = recycler.getViewForPosition(pos);
        if (firstPos) {
            addView(child, 0);
        } else {
```

```
            addView(child);
        }
        measureChildWithMargins(child, 0, 0);
        layoutDecoratedWithMargins(child, rect.left - mSumDx, rect.top, rect.right
- mSumDx, rect.bottom);

        mHasAttachedItems.put(pos, true);
    }
}
```

到这里，完整的横向滑动效果就实现了，如图 8-6 所示。

扫码查看动态效果图

图 8-6

scrollHorizontallyBy 的完整代码如下：

```
public int scrollHorizontallyBy(int dx, Recycler recycler, State state) {
    if (getChildCount() <= 0) {
        return dx;
    }

    int travel = dx;
    //如果滑动到顶部
    if (mSumDx + dx < 0) {
        travel = -mSumDx;
    } else if (mSumDx + dx > mTotalWidth - getHorizontalSpace()) {
        //如果滑动到底部
        travel = mTotalWidth - getHorizontalSpace() - mSumDx;
    }
```

```
        mSumDx += travel;

        Rect visibleRect = getVisibleArea();

        //回收越界子 View
        for (int i = getChildCount() - 1; i >= 0; i--) {
            View child = getChildAt(i);
            int position = getPosition(child);
            Rect rect = mItemRects.get(position);

            if (!Rect.intersects(rect, visibleRect)) {
                removeAndRecycleView(child, recycler);
                mHasAttachedItems.put(position, false);
            } else {
                layoutDecoratedWithMargins(child, rect.left - mSumDx, rect.top,
rect.right - mSumDx, rect.bottom);
                mHasAttachedItems.put(position, true);
            }
        }

        //填充空白区域
        View lastView = getChildAt(getChildCount() - 1);
        View firstView = getChildAt(0);
        if (travel >= 0) {
            int minPos = getPosition(firstView);
            for (int i = minPos; i < getItemCount(); i++) {
                insertView(i, visibleRect, recycler, false);
            }
        } else {
            int maxPos = getPosition(lastView);
            for (int i = maxPos; i >= 0; i--) {
                insertView(i, visibleRect, recycler, true);
            }
        }
        return travel;
    }
    private void insertView(int pos, Rect visibleRect, Recycler recycler, boolean
firstPos) {
        Rect rect = mItemRects.get(pos);
        if (Rect.intersects(visibleRect, rect) && !mHasAttachedItems.get(pos)) {
            View child = recycler.getViewForPosition(pos);
            if (firstPos) {
                addView(child, 0);
            } else {
                addView(child);
            }
            measureChildWithMargins(child, 0, 0);
            layoutDecoratedWithMargins(child, rect.left - mSumDx, rect.top, rect.right
- mSumDx, rect.bottom);

            mHasAttachedItems.put(pos, true);
```

```
        }
    }
```

由于篇幅有限，后面仅讲解 onLayoutChildren 和 scrollHorizontallyBy 代码中的修改部分，不再重新列出所有源码，仅在前面列出一次。

8.1.4　实现卡片叠加

从最终的效果图（图 8-1）中可以看出，两个卡片并不是并排排列的，而是叠加在一起的。在这个例子中，两个卡片之间叠加的部分是半个卡片的大小。所以，我们需要修改排列卡片的代码，使原本并排的卡片叠加起来。

首先，申请一个变量，用来保存两个卡片之间的距离：

```
private int mIntervalWidth;

private int getIntervalWidth() {
   return mItemWidth / 2;
}
```

其中，getIntervalWidth 函数用于向 mIntervalWidth 变量赋值。

然后，在 onLayoutChildren 中初始化 mIntervalWidth，并在计算每个卡片的起始位置时，将计算 offsetX 每次位移距离的代码改为 offsetX += mIntervalWidth，具体代码如下：

```
mIntervalWidth = getIntervalWidth();

//定义水平方向的偏移量
int offsetX = 0;

for (int i = 0; i < getItemCount(); i++) {
   Rect rect = new Rect(offsetX, 0, offsetX + mItemWidth, mItemHeight);
   mItemRects.put(i, rect);
   mHasAttachedItems.put(i, false);
   offsetX += mIntervalWidth;
}
```

这里需要注意的是，在计算每个卡片的位置时——Rect(offsetX, 0, offsetX + mItemWidth, mItemHeight)，不能将 offsetX + mItemWidth 改为 offsetX + mIntervalWidth，因为我们只是更改了卡片布局时的起始位置，并没有更改卡片的大小，所以每个卡片的长度和宽度是不能变的。

在初始化插入 item 时，需要将计算 visibleCount 的代码改为 int visibleCount = getHorizontalSpace() / mIntervalWidth，具体代码如下：

```
   int visibleCount = getHorizontalSpace() / mIntervalWidth;
   Rect visibleRect = getVisibleArea();
   for (int i = 0; i < visibleCount; i++) {
      insertView(i, visibleRect, recycler, false);
   }
```

因为在 scrollHorizontallyBy 中处理滑动时，每个卡片的位置都是直接从 mItemRects 中获取的，所以我们并不需要修改处理滑动的代码。

至此，卡片叠加的功能就实现了，效果如图 8-7 所示。

扫码查看动态效果图

图 8-7

8.1.5 修改卡片起始位置

目前，卡片依然是在最左侧开始展示的，但在开篇的效果图（图 8-1）中可以看出，在初始化时，第一个 item 是在屏幕正中间显示的，这是怎么做到的呢？

首先，需要申请一个变量 mStartX，用来保存卡片后移的距离。

很明显，这里也只是改变了每个卡片的布局位置，所以我们只需要在 onLayoutChildren 的 mItemRects 中初始化每个 item 位置时，将每个 item 的后移量设置为 mStartX 就可以了。

所以，核心代码如下：

```
private int mStartX;

public void onLayoutChildren(Recycler recycler, RecyclerView.State state) {

    …
    mStartX = getWidth()/2 - mIntervalWidth;

    //定义水平方向的偏移量
    int offsetX = 0;
    for (int i = 0; i < getItemCount(); i++) {
        Rect rect = new Rect(mStartX + offsetX, 0, mStartX + offsetX + mItemWidth, 
mItemHeight);
```

```
            mItemRects.put(i, rect);
            mHasAttachedItems.put(i, false);
            offsetX += mIntervalWidth;
        }
        ...
    }
```

以上代码首先对 mStartX 进行了初始化。因为我们需要使第一个卡片的中间位置与屏幕正中间的位置对应上，所以从图 8-8 中可以明显看出，mStartX 的值应该是 getWidth()/2 – mIntervalWidth。

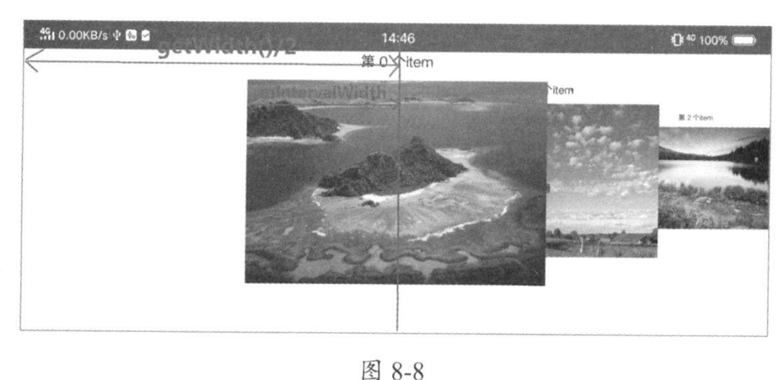

扫码查看彩色图

图 8-8

然后，在计算每个 item 的 rect 时，将每个 item 的后移量设置为 mStartX：new Rect(mStartX + offsetX, 0, mStartX + offsetX + mItemWidth, mItemHeight)。

这样就完成了修改起始位置的功能，效果如图 8-9 所示。

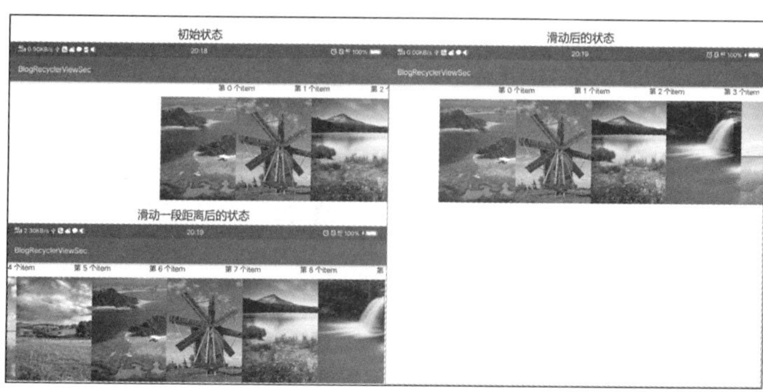

扫码查看动态效果图

图 8-9

8.1.6　更改默认显示顺序

8.1.6.1　更改默认显示顺序的原理

现在，每个 item 的显示顺序还是后一个卡片压在前一个卡片上显示，这是因为在 RecyclerView 绘制时，会先绘制第一个 item，再绘制第二个 item，接着绘制第三个 item……这是默认的绘制顺序，即越往前的 item 越被优先绘制。绘制原理如图 8-10 所示。

扫码查看彩色图

图 8-10

这里显示了 3 个 item 的绘制顺序，很明显，正是由于后面的 item 把前面的 item 叠加部分盖住了，才出现了现在的每个 item 只显示出一半的情况。

如果我们更改一下显示顺序，先绘制两边的 item，最后绘制屏幕中间的 item（当前选中的 item），就会得到如图 8-11 所示的结果。

扫码查看彩色图

图 8-11

形成的效果就是本节开篇所展示的效果（这个效果中还有缩放，在下一节中会具体讲解），如图 8-12 所示。

扫码查看彩色图

图 8-12

那么，要怎么更改 item 的绘制顺序呢？

其实，只需要重写 RecyclerView 的 getChildDrawingOrder 方法即可。

该方法的详细声明如下：

```
protected int getChildDrawingOrder(int childCount, int i)
```

- childCount：表示当前屏幕上可见的 item 的个数。
- i：表示 item 的索引。一般而言，i 的值就是在 list 中可见的 item 的排列顺序，通过 getChildAt(i)即可得到当前 item 的视图。

- return int：返回值表示当前 item 的绘制顺序，返回值越小，越先被绘制，返回值越大，越后被绘制。很显然，要实现本节开篇所展示的效果，中间 item 的返回值应该是最大的，这样才能最后被绘制，以显示在最上面。

需要注意的是，默认情况下，即便重写 getChildDrawingOrder 函数，也不会执行其中的代码，我们需要在初始化 RecyclerView 时，显式调用 setChildrenDrawingOrderEnabled(true);开启重新排序。

所以，开启重新排序总共需要两步：

（1）调用 setChildrenDrawingOrderEnabled(true);开启重新排序。

（2）在 getChildDrawingOrder 中重新返回每个 item 的绘制顺序。

8.1.6.2　重写 RecyclerView

因为我们要重写 getChildDrawingOrder，所以必须重写 RecyclerView：

```
public class RecyclerCoverFlowView extends RecyclerView {
    public RecyclerCoverFlowView(Context context) {
        super(context);
        init();
    }

    public RecyclerCoverFlowView(Context context, @Nullable AttributeSet attrs) {
        super(context, attrs);
        init();
    }

    public RecyclerCoverFlowView(Context context, @Nullable AttributeSet attrs, int 
defStyle) {
        super(context, attrs, defStyle);
        init();
    }

    private void init(){
        setChildrenDrawingOrderEnabled(true); //开启重新排序
    }

    /**
     * 获取 LayoutManager，并将其强制转换为 CoverFlowLayoutManager
     */
    public CoverFlowLayoutManager getCoverFlowLayout() {
        return ((CoverFlowLayoutManager)getLayoutManager());
    }

    @Override
    protected int getChildDrawingOrder(int childCount, int i) {
        return super.getChildDrawingOrder(childCount, i);
    }
}
```

这里主要有两步：

（1）在初始化时，使用 setChildrenDrawingOrderEnabled(true);开启重新排序。

（2）因为后面需要用到自定义的 LayoutManager，所以我们额外提供了一个函数 CoverFlowLayoutManager getCoverFlowLayout，以供后续使用。

下面就来看一看如何在 getChildDrawingOrder 中返回对应 item 的绘制顺序。

8.1.6.3 计算绘制顺序原理

图 8-13 展示了位置索引与绘制顺序的关系。

图 8-13

在图 8-13 中，总共有 7 个 item，⓪、①、②、③、④、⑤、⑥是当前在屏幕中显示的 item 位置索引，它的值也是默认的绘制顺序，默认的绘制顺序就是越靠前的 item 越先被绘制。

要想达到图 8-13 所示的效果，绘制顺序可以是⓪、①、②、⑥、⑤、④、③。因为数值代表的是绘制顺序，值越大的越后被绘制，所以左侧 3 个 item 的顺序是⓪、①、②，第一个 item 先被绘制，第二个 item 盖在第一个上面，然后第三个 item 被绘制，它会盖在第二个 item 的上面。这样就保证了中间卡片左侧部分的叠加效果的实现。右侧 3 个 item 的绘制顺序是⑥、⑤、④，最后一个 item 先被绘制，然后是倒数第二个，最后是倒数第三个。同样，也可以保证右侧 3 个 item 的叠加效果的实现。最中间的 item 最后绘制，它会覆盖在所有 item 的上面，最后被完全显示出来。

注意：我在讲这个效果的绘制顺序时，说的是“可以是”，而不是“必须是”！其实，只要保证下面两点，所有的绘制顺序都是正确的。

- 绘制顺序的返回值范围在 0 到 childCount − 1 之间，其中，childCount 表示当前屏幕中的可见 item 个数。
- 此绘图制序在叠加后，可以保证最终效果。

所以，如果我们把绘制顺序改为⑥、⑤、④、⓪、①、②、③，同样是可以达到上面的效果的。

为了方便计算规则，我们使用⓪、①、②、⑥、⑤、④、③的绘制顺序。

很明显，我们需要先找到所有显示 item 的中间位置，中间位置的绘制顺序是 count − 1。

中间位置之前的 item 绘制顺序和它的排列顺序相同，在 getChildDrawingOrder 函数中，排列顺序是 i，那么绘制顺序也是 i。

最难的部分是中间位置之后的 item。它们的绘制顺序怎么计算呢？

很明显，最后一个 item 的绘制顺序始终是 center（指屏幕显示的中间 item 的索引，这里是 3），倒数第二个的绘制顺序是 center + 1，倒数第三个的绘制顺序是 center + 2。从这个计算中可以看出，后面的 item 的绘制顺序总是 center + m，而 m 的值就是当前的 item 和最后一个 item 所间隔的个数。那么，当前 item 和最后一个 item 间隔的个数怎么算呢？它等于 count – 1 – i，不知道大家能不能理解。count – 1 代表绘制顺序下最后一个 item 的索引，也就是当前可见的 item 中的最大索引，而 i 是屏幕中显示的 item 的索引，也就是上图圆圈内的数值。所以，中间后面的 item 的绘制顺序的计算方法是 center + count – 1– i。

需要注意的是，这里的 i 是指屏幕中显示的 item 的索引，总是从 0 开始的，并不是在 Adapter 中所有 item 中的索引值。它的意义与 getChildAt(i)中的 i 是一样的。

所以，总结一下：

- 中间位置的 item 的绘制顺序为 order = count –1。
- 中间位置之前的 item 的绘制顺序为 order = i。
- 中间位置之后的 item 的绘制顺序为 order = center + count – i – i。

8.1.6.4　重写 getChildDrawingOrder

在理解了如何计算绘制顺序后，现在就可以开始写代码了。从上面的总结中可以看到，这里的 count 和 i 都是 getChildDrawingOrder 中现成的变量，唯一缺少的是 center 值。center 值是当前可见 item 的中间位置从 0 开始的索引，可以通过中间位置的 item 的 position 减去第一个可见的 item 的 position 得到。

所以，我们需要在 CoverFlowLayoutManager 中添加一个函数，以获取中间位置的 item 的 position，即在 Adapter 中的 position：

```
public int getCenterPosition(){
    int pos = (int) (mSumDx / getIntervalWidth());
    int more = (int) (mSumDx % getIntervalWidth());
    if (more > getIntervalWidth() * 0.5f) pos++;
    return pos;
}
```

因为每个 item 的间隔都是 getIntervalWidth()，所以通过 mSumDx / getIntervalWidth()就可以知道当前移到第几个 item 了。因为我们已经将第一个 item 移到了中间，所以代码中的变量 pos 表示的就是中间位置 item 的索引。

从图 8-1 中可以看出，在中间卡片移动时，当它移动距离超过一半时，就会切换到下一个卡片。而因为我们通过 mSumDx / getIntervalWidth()取整数时，pos 的结果是向下取整的，所以需要做一个兼容处理：

```
int more = (int) (mSumDx % getIntervalWidth());
if (more > getIntervalWidth() * 0.5f) pos++;
```

利用(int) (mSumDx % getIntervalWidth())得到当前正在移动的 item 移动过的距离，如果 more 大于半个 item，就执行 pos++，将下一个 item 标记为 center，从而使其最后被绘制，显示在最上层。

在得到中间位置 item 的 position 后，我们还需要得到第一个可见的 item 的 position：

```
public int getFirstVisiblePosition() {
    if (getChildCount() <= 0){
        return 0;
    }

    View view = getChildAt(0);
    int pos = getPosition(view);

    return pos;
}
```

这里的原理也非常简单，就是利用 getChildAt(0)得到当前在显示的、第一个可见的 item 的 View，然后通过 getPosition(View)得到这个 View 在 Adapter 中的 position。

接下来重写一下 getChildDrawingOrder，根据原理可得如下代码：

```
protected int getChildDrawingOrder(int childCount, int i) {
    int center = getCoverFlowLayout().getCenterPosition()
            - getCoverFlowLayout().getFirstVisiblePosition(); //计算正在显示的所有
//item 的中间位置
    int order;

    if (i == center) {
        order = childCount - 1;
    } else if (i > center) {
        order = center + childCount - 1 - i;
    } else {
        order = i;
    }
    return order;
}
```

在理解了获得绘制顺序的原理后，上面的代码就不难理解了，这里不再细讲。至此，我们就实现了通过更改绘制顺序，让当前选中的 item 在中间全部展示出来的效果。

在我们的布局中，需要使用新定义的 RecyclerView，所以要将原布局改为：

```
<LinearLayout xmlns:android="http://schemas.android.com/apk/res/android"
           xmlns:tools="http://schemas.android.com/tools"
           android:layout_width="match_parent"
           android:layout_height="match_parent"
           android:orientation="vertical"
           tools:context=".LinearActivity">

    <com.example.harvic.blogrecyclerviewsec.RecyclerCoverFlowView
        android:id="@+id/linear_recycler_view"
        android:layout_width="match_parent"
```

```
        android:layout_height="match_parent"/>

</LinearLayout>
```

这样，我们修改绘制顺序的代码就完成了，该代码实现的效果如图 8-14 所示。

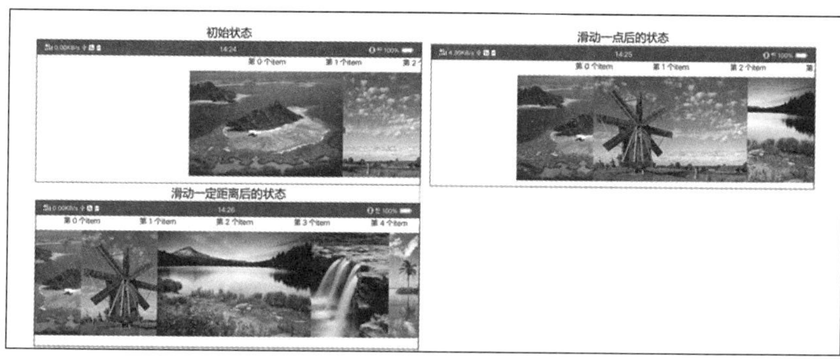

扫码查看动态效果图

图 8-14

8.1.7　添加滑动缩放功能

8.1.7.1　代码实现

在 7.5 节中，我们就已经实现了在滑动时让 item 旋转的功能，其实非常简单，在 LayoutDecoratedWithMargins 后调用 setRotate 系列函数即可。同样地，可以先写一个针对刚添加的 ChildView 进行缩放的函数：

```
private void handleChildView(View child,int moveX){
    float radio = computeScale(moveX);

    child.setScaleX(radio);
    child.setScaleY(radio);
}

private float computeScale(int x) {
    float scale = 1 -Math.abs(x * 1.0f / (8f*getIntervalWidth()));
    if (scale < 0) scale = 0;
    if (scale > 1) scale = 1;
    return scale;
}
```

在这两个函数中，handleChildView 函数非常容易理解，就是先通过 computeScale(moveX) 计算出一个要缩放的值，然后调用 setScale 系列函数来进行缩放。

这里先实现效果，至于 computeScale(moveX)中的公式是如何得来的，我们最后再讲解。

接着，需要把 handleChildView 放在所有的 layoutDecoratedWithMargins 后，对刚布局的 View 进行缩放：

```
    public int scrollHorizontallyBy(int dx, Recycler recycler, RecyclerView.State
state) {
```

```
        ...

        //回收越界子 View
        for (int i = getChildCount() - 1; i >= 0; i--) {
            ...
            if (!Rect.intersects(rect, visibleRect)) {
                removeAndRecycleView(child, recycler);
                mHasAttachedItems.put(position, false);
            } else {
                layoutDecoratedWithMargins(child, rect.left - mSumDx, rect.top,
rect.right - mSumDx, rect.bottom);
                handleChildView(child,rect.left - mStartX - mSumDx);
                mHasAttachedItems.put(position, true);
            }
        }
        ...
    }

    private void insertView(int pos, Rect visibleRect, Recycler recycler, boolean
firstPos) {
        ...
        if (Rect.intersects(visibleRect, rect) && !mHasAttachedItems.get(pos)) {
            ...
            measureChildWithMargins(child, 0, 0);
            layoutDecoratedWithMargins(child, rect.left - mSumDx, rect.top, rect.right
- mSumDx, rect.bottom);
            handleChildView(child,rect.left - mStartX - mSumDx);
            mHasAttachedItems.put(pos, true);

        }
    }
```

到这里，我们就实现了开篇所展示的整个效果，如图 8-15 所示。

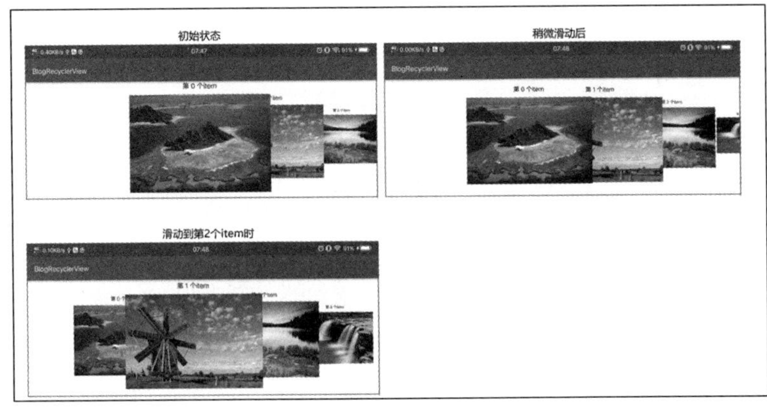

扫码查看动态效果图

图 8-15

8.1.7.2　缩放系数计算原理

我们要实现在卡片滑动时平滑缩放的效果，就要确保在滑动过程中得到的缩放因子是连续的，所以计算该缩放因子的函数必定是可以用直线或曲线表示的。

在这里，我直接用一条直线来计算滑动过程中的缩放因子，此直线如图 8-16 所示。

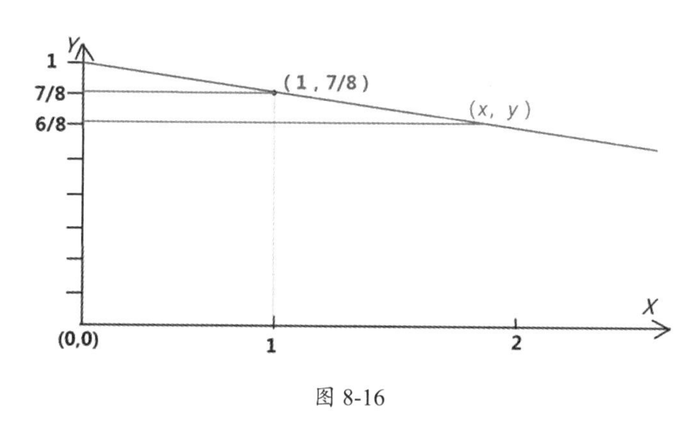

图 8-16

- y 轴：表示图片的缩放比例。
- x 轴：表示 item 与中心点的距离。很明显，当中间的 item 的左上角在 mStartX 上时，此时与中心点的距离为 0（x=0），图片应该处于最大状态，缩放因子应该是 1（y=1）。这里假设在相距一个间距（getIntervalWidth()）时，图片大小会变为原大小的 7/8（当然，这个值大家可以随意定）。

连接(0,1)、(1,7/8)这两个点可以形成一条直线，现在就可以利用三角形相似原理，求出这条直线的公式了。求解方法如图 8-17 所示。

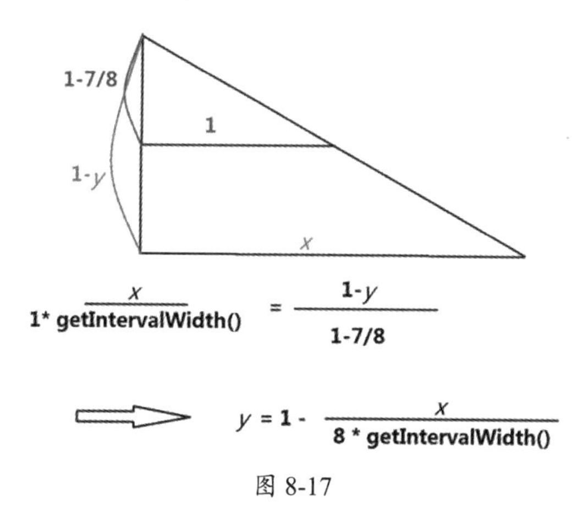

$$\frac{x}{1*\text{getIntervalWidth()}} = \frac{1-y}{1-7/8}$$

$$\Rightarrow \quad y = 1 - \frac{x}{8*\text{getIntervalWidth()}}$$

图 8-17

这里根据三角形相似原理求出公式的难度不是很大，但需要注意的是，x 轴上的单位是 getIntervalWidth()，所以在 x 轴上 1 实际代表的是 1*getIntervalWidth()。

求出公式后，便可以输入 x 值，得到对应的缩放因子。那么，这个值要怎么得到呢？

我们知道 x 的意思是当前 item 与 mStartX 的距离。当距离是 0 时，得到 1。所以 x 值为 rect.left − mSumDx − mStartX。

其中，rect.left − mSumDx 表示的是当前 item 在屏幕上的位置，所以 rect.left − mSumDx − mStartX 表示的是当前 item 在屏幕上与 mStartX 的距离。

这样，缩放系数的计算原理就讲完了，当然大家也可以使用其他缩放公式，而且也并不一定要用直线，也可以用曲线，但无论用什么公式，一定要保证线不能断，一旦出现断裂的情况，就会导致缩放不顺畅，会出现突然变大或突然变小的情况。现在，大家就可以根据自己的知识储备自由发挥了。

8.1.8 bug 修复

图 8-18 所示的效果看似实现得非常完美，但是当你滑动到底的时候，问题就来了。

图 8-18

从图 8-18 中可以看到，滑动到底时停留在了倒数第三个 item 被选中的状态，可实际上应该让最后一个 item 被选中才表示真正滑动到底。那怎么解决这个问题呢？

还记得吗？我们在 7.3 节中，在刚写好 LinearLayoutManager 时，到顶和到底后都是可以继续上滑和下滑的。为了到顶和到底时不让界面继续滑动，我们特地添加了边界判断：

```
public int scrollHorizontallyBy(int dx, Recycler recycler, RecyclerView.State
state) {
    int travel = dx;
    //如果滑动到顶部
    if (mSumDx + dx < 0) {
        travel = -mSumDx;
    } else if (mSumDx + dx > mTotalWidth - getHorizontalSpace()) {
        //如果滑动到底部
        travel = mTotalWidth - getHorizontalSpace() - mSumDx;
    }
    …
}
```

很明显，在滑动到底的时候，我们添加了判断，让界面停留在最后一个 item 在边界的状态。所以，这里需要对滑动到底的判断加以调整，确保可以滑动到最后一个 item 被选中的状态。

首先，我们需要求出能滑动的最长距离，因为每个 item 之间的距离是 getIntervalWidth()，当一个 item 滑动的距离超过 getIntervalWidth()时，就会切换到下一个被选中的 item，所以一个 item 的最长滑动距离其实是 getIntervalWidth()，最长滑动距离的计算代码如下：

```
private int getMaxOffset() {
    return (getItemCount() - 1) * getIntervalWidth();
}
```

同样，我们使用在 7.3 节中的方法计算校正后的 travel：

```
travel + mSumDx = getMaxOffset();
=> travel = getMaxOffset() - mSumDx;
```

因此，可以把边界判断的代码改为：

```
public int scrollHorizontallyBy(int dx, Recycler recycler, RecyclerView.State
state) {
    int travel = dx;
    //如果滑动到顶部
    if (mSumDx + dx < 0) {
        travel = -mSumDx;
    } else if (mSumDx + dx > getMaxOffset()) {
        //如果滑动到底部
        travel = getMaxOffset() - mSumDx;
    }
    …
}
```

经过修复之后，滑动到底后的状态就正常了，效果如图 8-19 所示。

图 8-19

8.1.9 拓展 1：fling 校正

8.1.9.1 校正 fling 的原理

其实，到这里，本节对相关知识的介绍就已经结束了，但由于在 list 中有一个很常用的需求，且该需求并不好实现，所以这里给大家提一下。

扫码查看动态效果图

有时候，我们看别人写的 list 时，会发现一个非常有意思的现象，就是无论你怎么滑动，它的 item 都能与左边界对齐，这是怎么做到的呢？

在使用 fling 进行校正时，主要需要重写 RecyclerView 中的 fling 方法：

```
public boolean fling(int velocityX, int velocityY){
    return super.fling(flingX, velocityY);
}
```

其中，

- velocityX 是横向滑动系数，系统会根据这个系数计算出横向滑动的距离，velocityX 大于 0 时表示向右滑动，小于 0 时表示向左滑动。
- velocityY 是纵向滑动系数，系统会根据这个系数计算出纵向滑动的距离，velocityY 大于 0 时表示向上滑动，小于 0 时表示向下滑动。

因为 RecyclerView 只进行单向滑动，所以一般而言，我们只处理一个系数即可。这里进行的是横向滑动，所以只需要关注 velocityX 即可。

一种非常简单的阻塞滑动的方法就是给 velocityX 乘以一个小数：

```
public boolean fling(int velocityX, int velocityY) {
    //缩小滑动距离
    int flingX = (int) (velocityX * 0.40f);
    return super.fling(flingX, velocityY);
}
```

这样就会使本来的滑动距离缩小，使用户感觉滑动起来不是那么灵敏，在适配一些高精度手机时经常会使用这种方法。

但是很明显，这里需要做的不单单是缩小系数，还需要更改滑动距离，以使修正后的滑动距离刚好使 item 滑动到边界位置。

所以，为了处理滑动距离，至少需要做以下 3 步：

（1）通过 velocityX 得到实际滑动距离 distance。

（2）对 distance 进行校正，得到 newDistance。

（3）通过 newDistance 计算得到新的滑动系数 fixVelocityX。

8.1.9.2 fling 校正代码实现

这里有几个工具方法，可以实现步骤 1 和步骤 3：

```
/**
 * 根据松手后的滑动速度计算出 fling 的距离
```

```
     *
     * @param velocity
     * @return
     */
    private double getSplineFlingDistance(int velocity) {
        final double l = getSplineDeceleration(velocity);
        final double decelMinusOne = DECELERATION_RATE - 1.0;
        return mFlingFriction * getPhysicalCoeff() * Math.exp(DECELERATION_RATE /
decelMinusOne * l);
    }

    /**
     * 根据距离计算出速度
     *
     * @param distance
     * @return
     */
    private int getVelocity(double distance) {
        final double decelMinusOne = DECELERATION_RATE - 1.0;
        double aecel = Math.log(distance / (mFlingFriction * mPhysicalCoeff)) *
decelMinusOne / DECELERATION_RATE;
        return Math.abs((int) (Math.exp(aecel) * (mFlingFriction * mPhysicalCoeff) /
INFLEXION));
    }

    /**
     * --------------fling辅助类---------------
     */
    private static final float INFLEXION = 0.35f; // Tension lines cross at (INFLEXION, 1)
    private float mFlingFriction = ViewConfiguration.getScrollFriction();
    private static float DECELERATION_RATE = (float) (Math.log(0.78) / Math.log(0.9));
    private float mPhysicalCoeff = 0;

    private double getSplineDeceleration(int velocity) {
        final float ppi = this.getResources().getDisplayMetrics().density * 160.0f;
        float mPhysicalCoeff = SensorManager.GRAVITY_EARTH // g (m/s^2)
                * 39.37f // inch/meter
                * ppi
                * 0.84f; // look and feel tuning


        return Math.log(INFLEXION * Math.abs(velocity) / (mFlingFriction *
mPhysicalCoeff));
    }

    private float getPhysicalCoeff() {
        if (mPhysicalCoeff == 0) {
            final float ppi = this.getResources().getDisplayMetrics().density * 160.0f;
            mPhysicalCoeff = SensorManager.GRAVITY_EARTH // g (m/s^2)
                    * 39.37f // inch/meter
                    * ppi
```

```
            * 0.84f; // look and feel tuning
    }
    return mPhysicalCoeff;
}
```

大家不用纠结这些函数是怎么计算的，这些函数是我从 OverScroller.java 中抽出来的，最核心的是下面两个函数。

（1）double getSplineFlingDistance(int velocity)

根据滑动系数得到对应的滑动距离，对应步骤（1）。

（2）int getVelocity(double distance)

根据滑动距离，反向得出滑动系数。需要注意的是，通过这个函数得到的系数始终是正值，我们需要根据原来 velocityX 的正负，去调整最终结果的正负。对应步骤（3）。

下面来看 fling 校正的代码实现：

```
public boolean fling(int velocityX, int velocityY) {
    //缩小滑动距离
    int flingX = (int) (velocityX * 0.40f);
    CoverFlowLayoutManager manger = getCoverFlowLayout();
    double distance = getSplineFlingDistance(flingX);
    double newDistance = manger.calculateDistance(velocityX,distance);
    int fixVelocityX = getVelocity(newDistance);
    if (velocityX > 0) {
        flingX = fixVelocityX;
    } else {
        flingX = -fixVelocityX;
    }
    return super.fling(flingX, velocityY);
}
```

这里主要涉及以下 6 步。

（1）缩小原滑动系数，以阻塞滑动，大家可以根据自己的意愿决定是否要加这句代码：

```
int flingX = (int) (velocityX * 0.40f);
```

（2）根据滑动系数，得到原始滑动距离：

```
double distance = getSplineFlingDistance(flingX);
```

（3）对原始滑动距离进行校正：

```
CoverFlowLayoutManager manger = getCoverFlowLayout();
double newDistance = manger.calculateDistance(velocityX,distance);
```

（4）根据新的滑动距离计算出新的滑动系数：

```
int fixVelocityX = getVelocity(newDistance);
```

（5）对新的滑动系数进行正负校正：

```
if (velocityX > 0) {
    flingX = fixVelocityX;
} else {
```

```
    flingX = -fixVelocityX;
}
```

（6）返回给系统新的滑动系数：

```
return super.fling(flingX, velocityY);
```

有了上面的工具类之后，这段代码就比较容易理解了，但这里需要我们自己做的就是对原始滑动距离进行校正（步骤（3）），因为所有与滑动相关的代码都是放在 CoverFlowLayoutManager 中处理的，所以对滑动距离进行校正的代码，我们也将其放在 CoverFlowLayoutManager 中处理。

这里分为向左滑动的校正和向右回滚的校正两种情况，我们先看向左滑动的校正方法。

向左滑动的校正

单纯列出向左滑动的代码：

```
public double calculateDistance(int velocityX,double distance) {
    int extra = mSumDx % getIntervalWidth();
    double realDistance;
    if (distance < getIntervalWidth()) {
        realDistance = getIntervalWidth() - extra;
    }else {
        realDistance = distance - distance % getIntervalWidth() - extra;
    }
    return realDistance;
}
```

在这段校正的代码中，我们需要对 distance 进行校正，在校正之前已经知道滑动距离 mSumDx，但这个距离并不一定是当前 item 刚好被选中的初始距离（也就是卡片的大小显示最大时的状态）。我们知道，滑动距离是 getIntervalWidth()的倍数时，当前被选中的 item 是最大状态，所以用 mSumDx % getIntervalWidth()就可以得出当前滑动距离超出 item 刚好被选中时的初始距离的数值，如图 8-20 所示。

图 8-20

我们知道，需要让 item 的滑动距离正好是 getIntervalWidth()的整数倍，才可以让当前选中的 item 刚好最大。也就是说，我们需要再滑动 getIntervalWidth() – extra 这么大的距离。

所以，下面分两种情况进行校正。

（1）如果当前的滑动距离 distance 比较短，还没有 getIntervalWidth()长，那么就直接让它滑动距离 getIntervalWidth() − extra：

```
realDistance = getIntervalWidth() - extra;
```

（2）如果 distance 比较长，就需要先对 distance 进行裁剪，让 distance 刚好是 getIntervalWidth()的整数倍。可以通过 distance − distance % getIntervalWidth()对 distance 进行裁剪，将多余的部分裁剪掉，然后再加上余数，得出距离的校正值：

```
realDistance = distance - distance % getIntervalWidth() + getIntervalWidth() - extra;
```

上面给出的一段代码做了简化，因为校正后的 distance 已经是 getIntervalWidth()的倍数了，所以在 extra 中是可以不加 getIntervalWidth()的，简化后的距离的校正值就变为：

```
realDistance = distance - distance % getIntervalWidth() - extra;
```

这也就是上面代码中的公式了。

到这里，向左滑动的校正就讲完了，下面来看看效果吧。

扫码查看动态效果图

可以看到，在向左滑动时，每次都能正好停留在当前 item 被选中的初始位置。但如果我们向右回滚的话，问题就出现了。在向右回滚时，并不是每次都会停在 item 被选中的初始位置。在回滚到第 23 个 item 时，很明显该 item 并不是选中的初始状态，它的大小与第 24 个 item 差不多，所以我们就来看一看在向右回滚时如何进行校正，与向左滑动的校正方法有什么不同。

扫码查看动态效果图

向右回滚的校正

首先，大家需要了解一件事：在向右回滚的情况下，我们使用 int extra = mSumDx % getIntervalWidth();计算出的 extra 是否还是下图中的“超出距离”，如图 8-21 所示。

图 8-21

答案是“是的”，要理解回滚的“超出距离”，就需要知道 mSumDx 的值是什么。

如上图所标记的，mSumDx 是从中心点到第一个 item 的左上角的滑动距离总和，也就是第一个 item 从初始化的位置到现在的位置之间的距离。所以，mSumDx % getIntervalWidth()表示的就是当前滑动距离超出多少个一半卡片，通过 int extra = mSumDx % getIntervalWidth();得到的就是上图中的“超出距离”部分。

但问题来了，现在我们要校正的是向右回滚！如图 8-21 所示的状态，当前是停留在中心点的位置，我们只需要再向右回滚“超出距离”，就可以滑动到卡片中心点位置了。

同样，我们要分两种情况进行校正。

（1）如果当前的滑动距离 distance 比较短，还没有 getIntervalWidth()长，那么就直接让它滑动距离 extra：

```
realDistance = extra;
```

（2）如果 distance 比较长，就需要先对 distance 进行裁剪，让 distance 刚好是 getIntervalWidth()的整数倍。可以通过 distance − distance % getIntervalWidth()对 distance 进行裁剪，将多余的部分减掉，然后再加上余数，得出距离的校正值：

```
realDistance = distance - distance % getIntervalWidth() + extra;
```

所以，向右回滚的校正代码为：

```
public double calculateDistance(int velocityX,double distance) {
    int extra = mSumDx % getIntervalWidth();
    double realDistance;
    if (distance < getIntervalWidth()) {
        realDistance = extra;
    }else {
        realDistance = distance - distance % getIntervalWidth() + extra;
    }
    return realDistance;
}
```

将向左滑动和向右回滚的代码组合起来，就是完整的校正代码了：

```
public double calculateDistance(int velocityX,double distance) {
    int extra = mSumDx % getIntervalWidth();
    double realDistance;
    if (velocityX>0){
        if (distance < getIntervalWidth()) {
            realDistance = getIntervalWidth() - extra;
        }else {
            realDistance = distance - distance % getIntervalWidth() - extra;
        }
    }else {
        if (distance < getIntervalWidth()) {
            realDistance = extra;
        }else {
            realDistance = distance - distance % getIntervalWidth() + extra;
        }
    }
    return realDistance;
}
```

现在，无论向左滑动还是向右回滚，都可以正好停留在 item 被选中的初始位置了。

8.1.10 拓展 2：制作 3D 画廊

想要制作 3D 画廊要怎么做呢？在 vivo 的游戏空间中，3D 画廊的效果非常酷。

与拓展 1 中的方法类似，我们也只需要计算出旋转角度曲线，然后将值赋给 child.setRotationY(float rotation)即可。

扫码查看动态效果图

先列出旋转代码：

```
private void handleChildView(View child, int moveX) {
    float radio = computeScale(moveX);
    float rotation = computeRotationY(moveX);

    child.setScaleX(radio);
    child.setScaleY(radio);

    child.setRotationY(rotation);
}
```

这里首先使用 float rotation = computeRotationY(moveX);计算出旋转角度，然后利用 child.setRotationY(rotation);对 View 进行旋转。

最关键的 computeRotationY(moveX)的实现代码如下：

```
/**
 * 最大 Y 轴旋转角度
 */
private float M_MAX_ROTATION_Y = 30.0f;
private float computeRotationY(int x) {
    float rotationY;
    rotationY = -M_MAX_ROTATION_Y * x / getIntervalWidth();
    if (Math.abs(rotationY) > M_MAX_ROTATION_Y) {
        if (rotationY > 0) {
            rotationY = M_MAX_ROTATION_Y;
        } else {
            rotationY = -M_MAX_ROTATION_Y;
        }
    }
    return rotationY;
}
```

很明显，computeRotationY(moveX)其实是一个公式，那我们要怎么计算出这个公式呢？

首先，需要定义一个旋转最大值，以避免无限制地旋转，这里定义的最大值是 float M_MAX_ROTATION_Y = 30.0f；然后，在 item 初始化状态下（没有移动时），将旋转角度设置为 0，并假设移动到下一个 item 后，就会达到最大旋转角度。

根据上面的假设，可以画出对应的缩放直线，如图 8-22 所示。

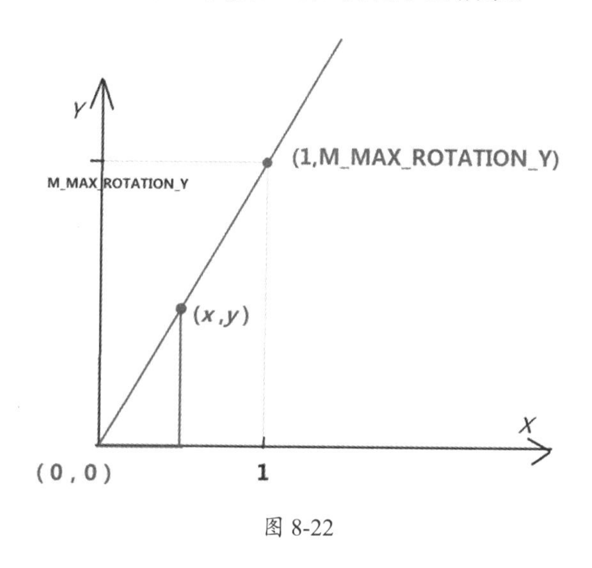

图 8-22

其中，

- *x* 轴：与缩放系数曲线中 *x* 轴表示的相同，都表示 item 距离中心点的距离。很明显，单位是 getIntervalWidth()。
- *y* 轴：表示旋转角度。

所以，根据三角形相似原理，就很容易得出：

```
y = M_MAX_ROTATION_Y * x / getIntervalWidth();
```

大家可能会问：为什么代码 y = M_MAX_ROTATION_Y * x / getIntervalWidth()中加了一个负号呢?

这是由我们使用的 child.setRotationY(rotation);中的 setRotationY 的旋转效果决定的，大家可以尝试把负号去掉，效果如图 8-23 所示，与我们想要的旋转效果刚好是相反的。

扫码查看彩色图

图 8-23

所以，我们需要加上负号，让旋转效果与我们想要的相同。在计算出 rotationY 后，需要进行最大值判断，使旋转角度不能超过旋转最大值：

```
if (Math.abs(rotationY) > M_MAX_ROTATION_Y) {
    if (rotationY > 0) {
        rotationY = M_MAX_ROTATION_Y;
    } else {
        rotationY = -M_MAX_ROTATION_Y;
    }
}
```

到这里，3D 旋转画廊就实现了，效果如图 8-24 所示。

扫码查看彩色图

图 8-24

至此，有关 3D 画廊的内容就全部讲完了。本节主要讲解了如何利用自定义 LayoutManager 实现 3D 画廊的旋转，虽然实现了效果，但也只是实现了一个 demo，或多或少地会存在一些问题，如果用于实战中，还是有很多不足的，这里主要是为了给大家讲解实现原理。在 GitHub 上，有一个利用 RecyclerView 实现 3D 画廊的工程，我的工程也参考了其中的代码，能够直接用于项目中，有需要源码的小伙伴，可以在 GitHub 上搜索 RecyclerCoverFlow 项目获取。

8.2 仿 QQ 列表滑动删除效果

在通过 ItemTouchHelper 实现的功能中，最先想到的当然是 QQ 列表里的侧滑功能。本节就做一个类似的功能，效果如图 8-25 所示。

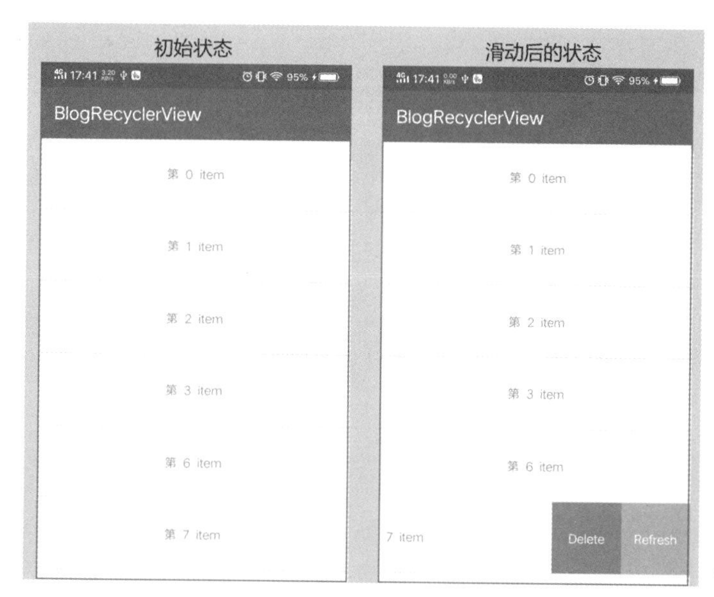

扫码查看彩色图

图 8-25

8.2.1　有问题的 ItemTouchHelper 之实现 demo

在本节中，我们首先会尝试使用 ItemTouchHelper 来实现图 8-25 所示的滑动一部分并停留的效果，但最终会发现，直接使用 ItemTouchHelper 是实现不了这种效果的，必须对 ItemTouchHelper 进行改造。因为实现仿 QQ 列表滑动删除效果的整体代码框架在本节中，所以大家即便对使用 ItemTouchHelper 已经很熟悉了，也务必把本节看完。

同样地，我们仍然在 8.1 节的竖屏代码的基础上进行修改，由于源码工程中的所有代码都被重写了一遍，所以这里的文件名会与 8.1 节中的不一样。本节会列出代码，但与 8.1 节中相同的部分就不再讲解了。

首先，我们想一下要如何实现图 8-25 所示的效果。从效果图中可以看到，当向左滑动 item 时，底部的操作栏是逐渐显露出来的，所以我们可以使用 FrameLayout 布局，以层叠结构对顶层滑动的 item 和底部的操作栏进行布局。当顶层的 item 被滑动后，底部的操作栏自然就显示出来了。

8.2.1.1　修改布局

首先，我们需要根据效果图中的效果，对 item 的布局进行修改（qq_delete_item_layout.xml）：

```
<?xml version="1.0" encoding="utf-8"?>
<FrameLayout
    xmlns:android="http://schemas.android.com/apk/res/android"
    android:layout_width="match_parent"
    android:layout_height="80dp"
    android:background="#FF4444">

    <LinearLayout
```

```
        android:id="@+id/view_list_repo_action_container"
        android:layout_width="wrap_content"
        android:layout_height="match_parent"
        android:layout_gravity="right"
        android:orientation="horizontal">

        <TextView
            android:id="@+id/operate_delete"
            android:layout_width="80dp"
            android:layout_height="match_parent"
            android:gravity="center"
            android:padding="12dp"
            android:text="Delete"
            android:textColor="@android:color/white"/>

        <TextView
            android:id="@+id/operate_refresh"
            android:layout_width="80dp"
            android:layout_height="match_parent"
            android:background="#8BC34A"
            android:gravity="center"
            android:padding="12dp"
            android:text="Refresh"
            android:textColor="@android:color/white"/>

    </LinearLayout>

    <TextView
        android:id="@+id/operate_tv"
        android:layout_width="match_parent"
        android:layout_height="match_parent"
        android:gravity="center"
        android:background="#ffffff"/>
</FrameLayout>
```

我们首先采用了层叠结构，将操作按钮放在右边，使上层的 item 撑满整个 item 空间。其次，大家可以在效果图中看到，当向左滑动并超过 delete 的宽度时，会显示更多的底部红色——这是怎么做到的呢？其实是通过给整个 FrameLayout 加红色背景做到的。因为 delete 按钮是没有背景色的，所以当滑动到或超过 delete 范围时，就会显示 FrameLayout 的红色背景。

8.2.1.2 QQDeleteAdapter

接下来，看一下 Adapter(QQDeleteAdapter.java)中的处理：

```
public class QQDeleteAdapter extends RecyclerView.Adapter<RecyclerView.ViewHolder> {

    private Context mContext;
    private ArrayList<String> mDatas;
    public QQDeleteAdapter(Context context, ArrayList<String> datas) {
        mContext = context;
        mDatas = datas;
```

```
    }

    @Override
    public RecyclerView.ViewHolder onCreateViewHolder(ViewGroup parent, int
viewType) {
        LayoutInflater inflater = LayoutInflater.from(mContext);
        return new QQDeleteAdapter.NormalHolder(inflater.inflate
(R.layout.qq_delete_item_layout, parent, false));
    }

    @Override
    public void onBindViewHolder(RecyclerView.ViewHolder holder, int position) {
        NormalHolder normalHolder = (NormalHolder) holder;
        normalHolder.mItemText.setText(mDatas.get(position));
    }

    @Override
    public int getItemCount() {
        return mDatas.size();
    }

    public class NormalHolder extends RecyclerView.ViewHolder {
        public TextView mRefreshTv;
        public TextView mDeleteTv;
        public TextView mItemText;

        public NormalHolder(View itemView) {
            super(itemView);
            mItemText = (TextView)itemView.findViewById(R.id.operate_tv);
            mDeleteTv = (TextView)itemView.findViewById(R.id.operate_delete);
            mRefreshTv = (TextView)itemView.findViewById(R.id.operate_refresh);
        }
    }
}
```

Adapter 中所做的处理也比较简单，主要就是应用 qq_delete_item_layout.xml 这个布局文件，在 NormalHolder 中初始化每个控件的实例。

8.2.1.3 ItemTouchHelper.CallBack

再来看一下 ItemTouchHelper.CallBack 的实现：

```
public class QQDeleteTouchHelperCallBack  extends ItemTouchHelper.Callback {
    private ArrayList<String> mDatas;
    private RecyclerView.Adapter<RecyclerView.ViewHolder> mAdapter;

    public QQDeleteTouchHelperCallBack(ArrayList<String> datas,
RecyclerView.Adapter<RecyclerView.ViewHolder> adapter) {
        mDatas = datas;
        mAdapter = adapter;
    }
```

```
    @Override
    public int getMovementFlags(RecyclerView recyclerView,
RecyclerView.ViewHolder viewHolder) {
        int dragFlags = 0;
        int swipeFlags = ItemTouchHelper.LEFT;
        int flags = makeMovementFlags(dragFlags, swipeFlags);
        return flags;
    }

    @Override
    public boolean onMove(RecyclerView recyclerView, RecyclerView.ViewHolder
viewHolder, RecyclerView.ViewHolder target) {
        return false;
    }

    @Override
    public void onSwiped(RecyclerView.ViewHolder viewHolder, int direction) {
    }

    @Override
    public void onChildDraw(Canvas c,RecyclerView recyclerView,RecyclerView.
ViewHolder viewHolder,float dX,float dY, int actionState, boolean isCurrentlyActive) {
        super.onChildDraw(c, recyclerView, viewHolder, dX, dY, actionState,
isCurrentlyActive);
    }
}
```

大家可以看到，在这个 CallBack 中只实现了 getMovementFlags，并且只让它实现了向左滑动。大家知道，在只实现 getMovementFlags 的情况下，就可以实现 item 跟着手指滑动的功能，所以其他函数都不需要写入 CallBack。那么我们就来看一看，当 item 向左滑动时，能否显示出底部的操作栏。

8.2.1.4 QQDeleteActivity

最后就是 Activity 的实现：

```
public class QQDeleteActivity extends AppCompatActivity {
    private ArrayList<String> mDatas = new ArrayList<>();
    private ItemTouchHelper mItemTouchHelper;
    @Override
    protected void onCreate(Bundle savedInstanceState) {
        super.onCreate(savedInstanceState);
        setContentView(R.layout.activity_qqdelete);

        generateDatas();
        RecyclerView mRecyclerView = (RecyclerView) findViewById(R.id.recycler_view);

        //线性布局
        LinearLayoutManager linearLayoutManager = new LinearLayoutManager(this);
        linearLayoutManager.setOrientation(LinearLayoutManager.VERTICAL);
```

```
        mRecyclerView.setLayoutManager(linearLayoutManager);

        //添加分割线
        mRecyclerView.addItemDecoration(new DividerItemDecoration
(this,DividerItemDecoration.VERTICAL));

        QQDeleteAdapter adapter = new QQDeleteAdapter(this, mDatas);
        mRecyclerView.setAdapter(adapter);

        mItemTouchHelper = new ItemTouchHelper(new QQDeleteTouchHelperCallBack
(mDatas,adapter));
        mItemTouchHelper.attachToRecyclerView(mRecyclerView);
    }

    private void generateDatas() {
        for (int i = 0; i < 200; i++) {
            mDatas.add("第 " + i + " 个item");
        }
    }
}
```

Activity 的实现与以前所使用的实现方法一样，分为两步：首先填充 RecyclerView，然后使用 ItemTouchHelper。

这样，整段代码就写完了，效果如图 8-26 所示。

扫码查看动态效果图

图 8-26

可以看到，滑动后，并没有显露出底部的操作栏，这是为什么呢？

8.2.2　有问题的 ItemTouchHelper 之显示出底部操作栏

8.2.2.1　没显示底部操作栏的原因

在第 7 章中，讲到 onChildDraw 时，提到以下代码：

```
    public void onChildDraw(Canvas c,RecyclerView recyclerView,RecyclerView. ViewHolder
viewHolder,float dX,float dY, int actionState, boolean isCurrentlyActive) {
```

```
        super.onChildDraw(c, recyclerView, viewHolder, dX, dY, actionState,
isCurrentlyActive);
    }
```

由此可知，所有 item 滑动过程中的视觉都是靠 onChildDraw 来实现的，也就是靠 super.onChildDraw 来实现的。下面给大家看一下 onChildDraw 的源码：

```
    private void draw(Canvas c, RecyclerView parent, View view,
            float dX, float dY) {
        c.save();
        c.translate(dX, dY);
        parent.drawChild(c, view, 0);
        c.restore();
    }
```

最终，onChildDraw 是依靠移动 translate 对应的 View 来实现的，而这个默认的 View 就是我们整个 item 的 View。上层被滑动的 TextView 和底部的操作栏都是整个 item 的 View 的一部分，所以当调用 translate 函数时它们两个会一起移动。那么，我们能不能指定只移动其中一个呢？

答案是可以的，这里有两种操作方法。

8.2.2.2 方法一：使用 getDefaultUIUtil()

ItemTouchHelper.Callback 的所有回调函数中凡是涉及 View 处理的，默认都是对整个 item 的 View 进行处理的。如果我们只想对整个 item 布局中的某一个控件进行处理，则可以注释掉默认的 super 函数，改用 getDefaultUIUtil 类中的方法指定对某一个 View 进行处理。

估计大家听得云里雾里的，所以我们就基于上面的例子，先来使用 getDefaultUIUtil 类，将 onChildDraw 改为：

```
    public void onChildDraw(Canvas c,RecyclerView recyclerView,RecyclerView.ViewHolder
viewHolder,float dX,float dY, int actionState, boolean isCurrentlyActive) {
    // super.onChildDraw(c, recyclerView, viewHolder, dX, dY, actionState,
isCurrentlyActive);
        getDefaultUIUtil().onDraw(c,recyclerView,((QQDeleteAdapter.NormalHolder)
viewHolder).mItemText,dX,dY,actionState,isCurrentlyActive);
    }
```

可以看到，这段代码做了两件事：

第一，将 super.onChildDraw 函数注释掉，不让它执行默认的针对全部 View 进行的 onChildDraw 操作。

第二，调用 getDefaultUIUtil()的 onDraw 方法。可以看到，该 onDraw 方法的所有参数与 onChildDraw 中参数的类型和顺序除了第三个不同，其他都是一致的，所以只需要把 onChildDraw 的第三个参数中操作的 View 改为顶部的 mItemText，其他参数都不需要改，直接传过去即可。

现在再来看一下效果图，如图 8-27 所示。

扫码查看动态效果图

图 8-27

可以看到，手指滑动时，只有顶层的 TextView 跟着手指滑动了。当 TextView 滑动后，底部的操作栏就显示出来了。

但问题仍然存在，因为 ItemTouchHelper 在处理滑动事件时，默认的操作是，当滑动超过阈值时就会把当前滑动的 item 自动滑动到边缘，从而使它在当前 item 中消失。所以，大家会看到，当超过滑动阈值并松开手指时，滑动的 TextView 不见了，底部的操作栏显示出来了。而使用 getDefaultUIUtil().onDraw()函数是没有办法限定顶层跟着手指滑动的 TextView 的最大滑动界限的，所以用这个方法虽然能实现显示出操作栏的效果，但并不能实现如图 8-25 所示的顶层的 TextView 只滑动一部分的效果。

既然说到了 getDefaultUIUtil()，而 getDefaultUIUtil()获取到的是 ItemTouchUIUtil 接口，那么我们就来讲一下它。

ItemTouchUIUtil 中有 4 个函数：

```
public interface ItemTouchUIUtil {

    void onDraw(Canvas c, RecyclerView recyclerView, View view,float dX, float dY,
int actionState, boolean isCurrentlyActive);


    void onDrawOver(Canvas c, RecyclerView recyclerView, View view,float dX, float
dY, int actionState, boolean isCurrentlyActive);


    void clearView(View view);


    void onSelected(View view);
}
```

它虽然是一个接口，但当我们调用这个接口中的函数时，都会间接调用它对应的实现类去完成具体的操作。也就是说，当我们通过接口调用某个函数时，其实就是在对这个 View 进行具体操作。它们与 ItemTouchHelper.Callback 中函数的对应关系如下。

- onDraw：对应 ItemTouchHelper.Callback 中 onChildDraw 的具体实现。
- onDrawOver：对应 ItemTouchHelper.Callback 中 onChildDrawOver 的具体实现。
- clearView：对应 ItemTouchHelper.Callback 中 clearView 的具体实现。
- onSelected：对应 ItemTouchHelper.Callback 中 onSelectedChanged 的具体实现。

在使用 ItemTouchUIUtil 时，需要注意的是，当我们在某一个函数中通过 ItemTouchUIUtil 中的函数对某一个 View 进行操作时，会屏蔽 super 默认操作，比如，上面对顶层的 TextView 进行操作时，我们通过 ItemTouchUIUtil 只对顶层的 TextView 进行了默认操作，并没有对整个 itemView 进行操作。但在 ItemTouchHelper.CallBack 的其他函数中，所有对 View 的操作默认都是对整个 item 所有子 View 的操作。所以，我们也需要在其他生命周期中屏蔽 super 函数，让操作代码只对特定的 View 生效，不然就会因为在各个函数中要处理不同的 View 而产生不必要的 bug。

所以，如果我们要通过 getDefaultUIUtil()对顶层的 TextView 进行处理，那么完整的处理代码应该是：

```
    public class QQDeleteTouchHelperCallBack  extends ItemTouchHelper.Callback {
        …
        @Override
        public void onChildDraw(Canvas c,RecyclerView
recyclerView,RecyclerView.ViewHolder viewHolder,float dX,float dY, int actionState,
boolean isCurrentlyActive) {
    //       super.onChildDraw(c, recyclerView, viewHolder, dX, dY, actionState,
isCurrentlyActive);
            getDefaultUIUtil().onDraw(c,recyclerView,((QQDeleteAdapter.NormalHolder)
viewHolder).mItemText,dX,dY,actionState,isCurrentlyActive);
        }

        @Override
        public void onChildDrawOver(Canvas c, RecyclerView recyclerView, ViewHolder
viewHolder, float dX, float dY, int actionState, boolean isCurrentlyActive) {
    //       super.onChildDrawOver(c, recyclerView, viewHolder, dX, dY, actionState,
isCurrentlyActive);
            getDefaultUIUtil().onDrawOver(c, recyclerView, ((QQDeleteAdapter.
NormalHolder)viewHolder).mItemText, dX, dY, actionState, isCurrentlyActive);
        }

        @Override
        public void clearView(RecyclerView recyclerView, ViewHolder viewHolder) {
    //       super.clearView(recyclerView, viewHolder);
            getDefaultUIUtil().clearView(((QQDeleteAdapter.NormalHolder)viewHolder).
mItemText);
        }

        @Override
```

```
    public void onSelectedChanged(ViewHolder viewHolder, int actionState) {
//        super.onSelectedChanged(viewHolder, actionState);
        getDefaultUIUtil().onSelected(((QQDeleteAdapter.NormalHolder)viewHolder).
mItemText);
    }
}
```

可以看到，这里把原函数的 super 函数都注释掉了，然后通过 ItemTouchUIUtil 中类的各个对应函数只对指定的顶层 TextView 进行处理。这才是正规使用 ItemTouchUIUtil 的方法。

因为在这里使用 ItemTouchUIUtil 并不能实现我们想要的功能，所以我们采用第二种方法。

8.2.2.3　方法二：自定义 translate 对象

我们重新来分析一下 super.onChildDraw 的代码：

```
private void draw(Canvas c, RecyclerView parent, View view,
        float dX, float dY) {
    c.save();
    c.translate(dX, dY);
    parent.drawChild(c, view, 0);
    c.restore();
}
```

这段默认代码的主要问题是，对整个 item 的 View 全部进行了平移。那么，我们能不能在不用这段代码的情况下只对特定的 View 进行平移呢？

可以将代码改为这样：

```
private int mMaxWidth = 500;
@Override
public void onChildDraw(Canvas c, RecyclerView recyclerView, ViewHolder viewHolder,
float dX, float dY, int actionState, boolean isCurrentlyActive) {
// super.onChildDraw(c, recyclerView, viewHolder, dX, dY, actionState,
isCurrentlyActive);
    if (actionState == ItemTouchHelper.ACTION_STATE_SWIPE) {
        if (dX < -mMaxWidth) {
            dX = -mMaxWidth;
        }
        ((QQDeleteAdapter.NormalHolder)viewHolder).mItemText.setTranslationX
((int) dX);
    }
}
```

首先，把 super.onChildDraw 注释掉，去掉默认操作，自己设定所有的移动操作。然后，对最大移动距离进行限定，这里限定的是 500，因为是向左移动，所以 dX 是负值，这样，大家也就能理解为什么使用 dX < −mMaxWidth 来限定最大移动长度了。最后，通过 mItemText.setTranslationX((int) dX);只移动顶层的 TextView，由于 dX 是负值，而向左移动本来也需要传入负数，所以这里直接传入 dX 作为移动参数即可，效果如图 8-28 所示。

从图 8-28 中可以看到，我们虽然实现了滑动 item 显示出操作按钮的功能，但在点击按钮的时候，item 会直接归位，并不会有动画效果。这难道是我们没有对按钮添加响应的原因吗？

我们给按钮添加响应后再试试看。

扫码查看动态效果图

图 8-28

同样地，因为给按钮添加的响应代码要写在 Adapter 中，而一般的处理事件都会放在 Activity 中，所以为了解耦，要定义一个接口，将原本需要在Adapter中处理的事件回调给Activity 处理：

```
public interface OnBtnClickListener {
    void onDelete(NormalHolder holder);
    void onRefresh(NormalHolder holder);
}
```

然后，在 Adapter 中添加接口和响应：

```
public class QQDeleteAdapter extends RecyclerView.Adapter<RecyclerView.ViewHolder> {

    private OnBtnClickListener mOnBtnClickListener;

    public void setOnBtnClickListener(OnBtnClickListener listener){
        mOnBtnClickListener = listener;
    }

    @Override
    public void onBindViewHolder(RecyclerView.ViewHolder holder, int position) {
        final NormalHolder normalHolder = (NormalHolder) holder;
        normalHolder.mItemText.setText(mDatas.get(position));
        if (mOnBtnClickListener != null){
            normalHolder.mDeleteTv.setOnClickListener(new OnClickListener() {
                @Override
                public void onClick(View v) {
                    mOnBtnClickListener.onDelete(normalHolder);
                }
            });
            normalHolder.mRefreshTv.setOnClickListener(new OnClickListener() {
```

```
                @Override
                public void onClick(View v) {
                    mOnBtnClickListener.onRefresh(normalHolder);
                }
            });
        }
    }
    ...
}
```

首先，添加一个设置函数 setOnBtnClickListener；然后，在 onBindViewHolder 中添加点击响应代码，并通过接口回调出去；最后，在 Activity 中做响应处理。具体代码如下：

```
public class QQDeleteActivity extends AppCompatActivity {
    private ArrayList<String> mDatas = new ArrayList<>();
    private ItemTouchHelper mItemTouchHelper;
    @Override
    protected void onCreate(Bundle savedInstanceState) {
        super.onCreate(savedInstanceState);
        setContentView(R.layout.activity_qqdelete);

        ...

        QQDeleteAdapter adapter = new QQDeleteAdapter(this, mDatas);
        adapter.setOnBtnClickListener(new OnBtnClickListener() {
            @Override
            public void onDelete(NormalHolder holder) {
                Toast.makeText(QQDeleteActivity.this,"点击
delete",Toast.LENGTH_SHORT).show();
            }

            @Override
            public void onRefresh(NormalHolder holder) {
                Toast.makeText(QQDeleteActivity.this,"点击
refresh",Toast.LENGTH_SHORT).show();
            }
        });
        mRecyclerView.setAdapter(adapter);

        mItemTouchHelper = new ItemTouchHelper(new QQDeleteTouchHelperCallBack
(mDatas,adapter));
        mItemTouchHelper.attachToRecyclerView(mRecyclerView);
    }
    ...
}
```

这里主要是给 Adapter 设置响应处理，在用户点击按钮时可以弹出一个 toast。

扫码查看动态效果图

可以看到，虽然加入了点击响应的效果，但是当我们点击时，按钮依然没有响应，而且 item 也立马归位了，没有显示归位动画。这是为什么呢？

首先，这是因为 ItemTouchHelper 会对整个 View 的事件进行拦截并处理。点击按钮时，因为按钮也是整个 item 的一部分，所以点击事件会被拦截，并不会传递到两个按钮那里，自然就不会有响应。其次，因为 ItemTouchHelper 本身就具有设计缺陷，在归位时是不会显示动画的。

这两个问题都是由 ItemTouchHelper 自身的原因造成的，所以利用原生的 ItemTouchHelper 是无法实现图 8-25 所示的效果的。我们需要对它进行改造，才能实现我们想要的功能。

8.2.3 改造 ItemTouchHelper

下面重新来感受一下图 8-25 所示的效果。

首先，原生的 ItemTouchHelper 中有 3 个问题需要解决。

扫码查看动态效果图

第一，能否确定一个滑动的最大长度，就像上面效果图中展示的，当手指滑动的长度超过这个长度后，ItemTouchHelper 就会显示出动画，自动回到定义的最大滑动长度的位置上。

第二，需要改造 ItemTouchHelper 的事件拦截代码，将在非滑动控件以外的区域所发生的点击事件交给控件本身处理。

第三，需要实现一个关闭动画。当调用关闭接口时，这个 item 会自动关闭。

源码中已经给大家实现了如图 8-29 所示的代码库。

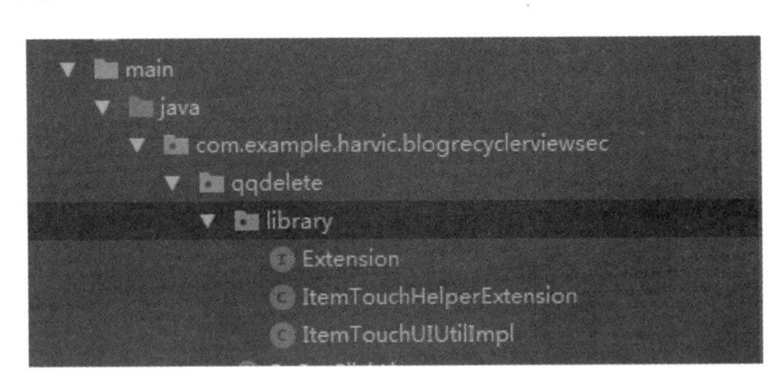

图 8-29

由于改造代码比较复杂，因此如果大家有兴趣的话，可以读一下源码，这里不再详细讲解，只讲一下所添加的功能。

首先，编写了一个 Extension 的接口：

```
public interface Extension {
    float getActionWidth();
}
```

这个接口只有一个方法 getActionWidth()，就是用于在 ItemTouchHelper 中得到用户指定的滑动最大宽度的。用户需要在 ViewHolder 中实现 Extension。

其次，在 ItemTouchHelperExtension 中添加了一个函数：

```
public void closeOpened();
```

用于将上一个开启的 item 复位。如果大家需要使所有开着的 item 一起关闭，则需要自己进行开发。（可以将开启的 item 保存在列表中，需要一起关闭时，遍历列表，逐个关闭。）

8.2.4　使用 ItemTouchHelperExtension 实现

8.2.4.1　改造 QQDeleteAdapter

根据上面的改造内容，我们只需要在 ViewHolder 中实现 Extension 的接口：

```
public class QQDeleteAdapter extends RecyclerView.Adapter<RecyclerView.ViewHolder> {

    private Context mContext;
    private ArrayList<String> mDatas;
    private OnBtnClickListener mOnBtnClickListener;

    public QQDeleteAdapter(Context context, ArrayList<String> datas) {
        mContext = context;
        mDatas = datas;
    }

    @Override
    public RecyclerView.ViewHolder onCreateViewHolder(ViewGroup parent, int
viewType) {
        LayoutInflater inflater = LayoutInflater.from(mContext);
        return new QQDeleteAdapter.NormalHolder(inflater.inflate
(R.layout.qq_delete_item_layout, parent, false));
    }

    @Override
    public void onBindViewHolder(RecyclerView.ViewHolder holder, int position) {
        final NormalHolder normalHolder = (NormalHolder) holder;
        normalHolder.mItemText.setText(mDatas.get(position));
        if (mOnBtnClickListener != null){
            normalHolder.mDeleteTv.setOnClickListener(new OnClickListener() {
                @Override
                public void onClick(View v) {
                    mOnBtnClickListener.onDelete(normalHolder);
                }
            });
            normalHolder.mRefreshTv.setOnClickListener(new OnClickListener() {
                @Override
                public void onClick(View v) {
                    mOnBtnClickListener.onRefresh(normalHolder);
                }
            });
        }
    }

    public void setOnBtnClickListener(OnBtnClickListener listener){
        mOnBtnClickListener = listener;
```

```
    }

    @Override
    public int getItemCount() {
        return mDatas.size();
    }

    public class NormalHolder extends RecyclerView.ViewHolder implements Extension {
        public TextView mRefreshTv;
        public TextView mDeleteTv;
        public TextView mItemText;
        public LinearLayout mActionRoot;

        public NormalHolder(View itemView) {
            super(itemView);
            mItemText = (TextView)itemView.findViewById(R.id.operate_tv);
            mDeleteTv = (TextView)itemView.findViewById(R.id.operate_delete);
            mRefreshTv = (TextView)itemView.findViewById(R.id.operate_refresh);
            mActionRoot = (LinearLayout)itemView.findViewById
(R.id.view_list_repo_action_container);
        }

        @Override
        public float getActionWidth() {
            return mActionRoot.getWidth();
        }
    }
}
```

可以看到，代码都没有改变，只是在 NormalHolder 中实现了 Extension 接口。根据布局可以知道 mActionRoot 是两个按钮的根节点，getActionWidth()中的返回值表示最终的最长移动距离，这里的最长移动距离是两个按钮的总长度。

8.2.4.2 改造 QQDeleteTouchHelperCallBack

QQDeleteTouchHelperCallBack 的代码如下：

```
public class QQDeleteTouchHelperCallBack extends
ItemTouchHelperExtension.Callback {
    private ArrayList<String> mDatas;
    private RecyclerView.Adapter<RecyclerView.ViewHolder> mAdapter;

    public QQDeleteTouchHelperCallBack(ArrayList<String> datas,
RecyclerView.Adapter<RecyclerView.ViewHolder> adapter) {
        mDatas = datas;
        mAdapter = adapter;
    }


    @Override
```

```
        public int getMovementFlags(RecyclerView recyclerView,
RecyclerView.ViewHolder viewHolder) {
            int dragFlags = 0;
            int swipeFlags = ItemTouchHelper.LEFT;
            int flags = makeMovementFlags(dragFlags, swipeFlags);
            return flags;
        }

        @Override
        public boolean onMove(RecyclerView recyclerView, RecyclerView.ViewHolder
viewHolder, RecyclerView.ViewHolder target) {
            return false;
        }

        @Override
        public void onSwiped(RecyclerView.ViewHolder viewHolder, int direction) {
        }

        @Override
        public void onChildDraw(Canvas c, RecyclerView recyclerView, ViewHolder
viewHolder, float dX, float dY, int actionState, boolean isCurrentlyActive) {
   //       super.onChildDraw(c, recyclerView, viewHolder, dX, dY, actionState,
isCurrentlyActive);
            if (actionState == ItemTouchHelper.ACTION_STATE_SWIPE) {
                ((QQDeleteAdapter.NormalHolder)viewHolder).mItemText.setTranslationX
((int) dX);
            }
        }
    }
```

首先，整个类派生的 CallBack 接口要改为改造好的 ItemTouchHelperExtension.Callback。然后，因为已经在 Extension 中获取了最长移动距离，并在源码中做了处理，所以在 onChildDraw 中就不再需要限制最长移动距离了，只需要指定移动的 View 即可。同样地，需要注释掉 super.onChildDraw 函数。

8.2.4.3 改造 QQDeleteActivity

改造 Activity 就比较简单了，我们只需要处理 ItemTouchHelper 的相关部分，有关 RecyclerView 的数据填充的部分都是一样的，而有关数据填充的代码，这里就省略了，大家可以查看源码。改造后的 QQDeleteActivity 的代码如下：

```
public class QQDeleteActivity extends AppCompatActivity {
    private ArrayList<String> mDatas = new ArrayList<>();
    private ItemTouchHelperExtension mItemTouchHelperExtension;
    @Override
    protected void onCreate(Bundle savedInstanceState) {
        super.onCreate(savedInstanceState);
        setContentView(R.layout.activity_qqdelete);

        …
```

```
        QQDeleteAdapter adapter = new QQDeleteAdapter(this, mDatas);
        adapter.setOnBtnClickListener(new OnBtnClickListener() {
            @Override
            public void onDelete(NormalHolder holder) {
                Toast.makeText(QQDeleteActivity.this,"点击
delete",Toast.LENGTH_SHORT).show();
                mDatas.remove(holder);
                adapter.notifyItemRemoved(holder.getAdapterPosition());
            }

            @Override
            public void onRefresh(NormalHolder holder) {
                Toast.makeText(QQDeleteActivity.this,"点击
refresh",Toast.LENGTH_SHORT).show();
                mItemTouchHelperExtension.closeOpened();
            }
        });
        mRecyclerView.setAdapter(adapter);

        mItemTouchHelperExtension = new ItemTouchHelperExtension(new
QQDeleteTouchHelperCallBack(mDatas,adapter));
        mItemTouchHelperExtension.attachToRecyclerView(mRecyclerView);
    }
    ...
}
```

首先，把原来的 ItemTouchHelper 换成 ItemTouchHelperExtension；然后，在点击按钮时不仅要弹出 toast，还要删除这个 item。同样地，在点击 Refresh 按钮时，需要调用 mItemTouchHelperExtension.closeOpened()来关闭这个 item。

这样，图 8-25 所示的效果就实现了。大家可能会注意到，当我们滑动一个新的 item 时，并没有任何地方调用 closeOpened，上一个 item 就会自动关闭，这是因为我在源码中做了处理。有一个 item 被开启时，前一个 item 就会自动关闭，大家不必自行处理。

好了，有关 ItemTouchHelper 的实战内容就介绍到这里了。根据讲解，大家应该可以看出，实现 ItemTouchHelper 的初衷是解决滑动删除和拖动换位的问题。所以，如果大家想实现除了滑动删除和拖动换位以外的效果，并坚持使用 ItemTouchHelper 来实现的话，就需要对它的源码进行改造；否则，就只能老老实实地通过拦截 Touch 事件来自己实现。

8.3 使用 SnapHelper 实现滑动对齐

这部分属于 RecyclerView 的基础知识，原本打算在上一章中进行讲解，但是因为要在前面讲滑动画廊效果，所以就安排在这里了。

在 8.1.9 节中，我们使用 fling 校正的原理实现了指定位置对齐，其实对于 RecyclerView 有专门用于对齐的工具来实现指定位置对齐，它就是 SnapHelper。

SnapHelper 最方便的地方在于它有很多已经实现好了的 SnapHelper 的实现类，可以直接使用。如果让我们自己定义一个 SnapHelper 的实现类，还是有点困难的。通过右边的二维码先来看看效果。

从效果图中可以看出，中间的 item 在滑动后始终是居中的。这就是 SnapHelper 的作用，它能够指定 item 在滑动后固定停在哪个位置。下面就来看一看 SnapHelper 怎么使用吧。

扫码查看动态效果图

8.3.1　SnapHelper 概述

我们先来看一下 SnapHelper 类的定义：

```
public abstract class SnapHelper extends RecyclerView.OnFlingListener {
    …
}
```

可以看到，abstract 关键字对 SnapHelper 进行了标记，说明 SnapHelper 是一个抽象类，是不能被直接使用的，必须派生子类，实现它内部的 abstract 函数，才能使用。SnapHelper 中标记为 abstract 的方法如下：

```
public abstract View findSnapView(LayoutManager layoutManager);
```

该方法的主要作用是找到当前的 snapView（需要对齐的 View）并返回，在滑动后，距离指定对齐位置最近的 View 就是需要对齐的 View，也就是 snapView。

```
public abstract int[] calculateDistanceToFinalSnap(@NonNull LayoutManager
layoutManager,@NonNull View targetView);
```

该方法返回一个二维数组，分别表示在 x 轴和 y 轴方向上需要修正的偏移量。参数中的 View targetView 就是通过上面的 findSnapView(LayoutManager layoutManager)返回的 View，即当前离对齐位置最近的 View、需要对齐的 View。这里的 calculateDistanceToFinalSnap 返回的值就是这个 snapView 在当前滑动距离的基础上需要校正的量，以使这个 View 在滑动后能刚好对齐到指定位置。

```
public abstract int findTargetSnapPosition(LayoutManager layoutManager, int
velocityX,int velocityY);
```

该方法的主要作用是根据速度找到 snapView 的 position 并返回，即找到滑动后，距离指定对齐位置最近的 View 的位置。参数 velocityX 和 velocityY 的意义与 public boolean fling(int velocityX, int velocityY)中的意义相同：

- velocityX 是横向滑动系数，系统会根据这个系数计算出应该滑动的距离，velocityX 大于 0 时表示向右滑动，小于 0 时表示向左滑动。
- velocityY 是纵向滑动系数，系统会根据这个系数计算出纵向滑动的距离，velocityY 大于 0 时表示向上滑动，小于 0 时表示向下滑动。

大家看到这 3 个函数估计有点发蒙。听起来容易，做起来难。单纯就 findSnapView(LayoutManager layoutManager)函数而言，想要只根据参数 LayoutManager 计算出最终需要校正的 View 的话，可能一点思路都没有，更何况要实现 3 个函数。思来想后，还不如直接用 8.1.9 节的方法来实现校正。

不要怕，Google 当然也知道实现这 3 个函数不容易，所以给我们提供了两个 SnapHelper 的实现类：LinearSnapHelper 和 PagerSnapHelper。

8.3.2 LinearSnapHelper 的使用

其实，LinearSnapHelper 使用起来非常简单，只需要两行代码：

```
LinearSnapHelper linearSnapHelper = new LinearSnapHelper();
linearSnapHelper.attachToRecyclerView(mRecyclerView);
```

首先，创建一个 LinearSnapHelper 的实例，然后调用 linearSnapHelper.attachToRecyclerView(mRecyclerView)将它与 RecyclerView 绑定即可。

下面通过一个 demo 来看一下效果。

首先是 item 布局（snap_helper_horizontal_item_layout.xml）：

```
<?xml version="1.0" encoding="utf-8"?>
<FrameLayout
    xmlns:android="http://schemas.android.com/apk/res/android"
    android:layout_width="wrap_content"
    android:layout_height="wrap_content">

    <ImageView
        android:id="@+id/item_image"
        android:layout_width="300dp"
        android:layout_height="200dp"
        android:scaleType="centerCrop"/>

</FrameLayout>
```

item 中只有一项，就是一张图片。这里所用到的图片都来自 8.1 节中的图片资源。

然后，看一下 Adapter 的实现：

```
public class SnapHelperAdapter  extends Adapter {
    private Context mContext;
    private ArrayList<String> mDatas;
    private int[] mPics = {R.mipmap.item1,R.mipmap.item2,R.mipmap.item3,
R.mipmap.item4,
            R.mipmap.item5,R.mipmap.item6};
    public SnapHelperAdapter(Context context, ArrayList<String> datas) {
        mContext = context;
        mDatas = datas;
    }

    @Override
    public ViewHolder onCreateViewHolder(ViewGroup parent, int viewType) {
        LayoutInflater inflater = LayoutInflater.from(mContext);
```

```
            return new NormalHolder(inflater.inflate
(R.layout.snap_helper_horizontal_item_layout, parent, false));
        }

        @Override
        public void onBindViewHolder(ViewHolder holder, int position) {
            final NormalHolder normalHolder = (NormalHolder) holder;
            normalHolder.mImg.setImageDrawable(mContext.getResources().
getDrawable(mPics[position%mPics.length]));
        }

        @Override
        public int getItemCount() {
            return mDatas.size();
        }

        public class NormalHolder extends ViewHolder {
            public ImageView mImg;
            public NormalHolder(View itemView) {
                super(itemView);
                mImg = (ImageView)itemView.findViewById(R.id.item_image);
            }
        }
    }
```

这是非常常规的定义 Adapter 的方法。在 onBindViewHolder 中，要为 img 绑定对应的图片。这段代码理解起来比较简单，这里就不再细讲了。

最后，再来看一看 Activity 的布局（activity_snap_helper.xml）：

```
<?xml version="1.0" encoding="utf-8"?>
<android.support.constraint.ConstraintLayout
    xmlns:android="http://schemas.android.com/apk/res/android"
    xmlns:tools="http://schemas.android.com/tools"
    android:layout_width="match_parent"
    android:layout_height="match_parent"
    tools:context=".snaphelper.SnapHelperActivity">

    <android.support.v7.widget.RecyclerView
        android:id="@+id/linear_recycler_view"
        android:layout_width="match_parent"
        android:layout_height="match_parent"/>
</android.support.constraint.ConstraintLayout>
```

布局很简单，只有一个 RecyclerView。

来看一下 Activity 中使用 RecyclerView 的代码：

```
public class SnapHelperActivity extends AppCompatActivity {
    private ArrayList<String> mDatas = new ArrayList<>();
    @Override
    protected void onCreate(Bundle savedInstanceState) {
        super.onCreate(savedInstanceState);
        setContentView(R.layout.activity_snap_helper);
```

```
        generateDatas();
        RecyclerView mRecyclerView = (RecyclerView)
findViewById(R.id.linear_recycler_view);

        //线性布局
        LinearLayoutManager linearLayoutManager = new LinearLayoutManager(this);
        linearLayoutManager.setOrientation(LinearLayoutManager.HORIZONTAL);
        mRecyclerView.setLayoutManager(linearLayoutManager);

        SnapHelperAdapter adapter = new SnapHelperAdapter(this, mDatas);
        mRecyclerView.setAdapter(adapter);

        LinearSnapHelper linearSnapHelper = new LinearSnapHelper();
        linearSnapHelper.attachToRecyclerView(mRecyclerView);
    }

    private void generateDatas() {
        for (int i = 0; i < 200; i++) {
            mDatas.add("第 " + i + " 个item");
        }
    }
}
```

这里首先对 RecyclerView 进行了填充，然后 LinearSnapHelper 就派上了用场。通过简单的两行代码就完成了对齐效果。可以通过扫描右侧二维码来看一下 LinearLayoutManager 的对齐效果。

扫码查看动态效果图

细心的同学会发现，这个效果就是 8.3 节开篇所实现的效果。是的，因为开篇的效果就是使用 LinearSnapHelper 实现的。

LinearSnapHelper 能够在滑动后将最靠近中间线的 item 移到中间线的位置。在中间只有一个 item 时，效果非常明显，在移动后，停下来的 item 总位于整个 RecyclerView 的中间位置。

扫码查看动态效果图

如果把 item 缩小，让一个屏幕中展示的 item 量变多，那会是什么效果呢？

不知道大家能不能看得懂效果图，LinearSnapHelper 使 item 卡片的中点始终保持在与 RecyclerView 中间线对齐的位置，如图 8-30 所示。

图 8-30

8.3.3　PagerSnapHelper 的使用

PagerSnapHelper 与 LinearSnapHelper 的对齐位置都是相同的，都是将要对齐的 item 的中间线与 RecyclerView 中间线对齐，唯一不同的是，LinearSnapHelper 一次可以滑动很多 item，而 PagerSnapHelper 则只能像翻页一样，一个 item 一个 item 地滑动，也就是说，无论你多么用力，最终的滑动结果是只能滑到下一页！

它使用起来依然非常简单，同样是使用两行代码：

```
PagerSnapHelper pagerSnapHelper = new PagerSnapHelper();
pagerSnapHelper.attachToRecyclerView(mRecyclerView);
```

所以，这里也就不再列出整个实现代码了，只需要把上面例子中的 LinearSnapHelper 替换为 PagerSnapHelper 即可。可以通过扫描右侧二维码看一下效果图。

扫码查看动态效果图

可以看到 PagerSnapHelper 实现的效果出来了，除了实现了中间线对齐，还实现了每次只能滑动一个 item 的效果。

关于 SnapHelper 的源码解析和自定义 SnapHelper 的内容，这里就不再多讲了，与 8.1.9 节中重写 onFling 的思路差不多。GitHub 上有很多自定义的 SnapHelper，感兴趣的同学可以看一看。对于对齐方式，会一个就行，原理都一样，只是实现方式不同而已。

第 9 章 精彩自定义控件实战

当你回首往事时，不以虚度年华而悔恨，不以碌碌无为而羞耻，那你就可以骄傲地跟自己讲，你不负此生。

——楚原

前面 8 章已经将自定义控件的绝大多数知识讲解完了，在本章中，我们将通过实战案例来讲解如何灵活应用自定义控件相关知识。

因为书本载体的限制，我们无法讲解大型的自定义控件实现原理，只能通过一些小而美的控件来讲述自定义控件的核心原理应用。当我们对自定义控件使用原理融会贯通后，大型自定义控件对我们来说也只不过是算法与功能的堆叠，大家自己慢慢拆解，也是可以实现出来的。

9.1 华为时钟

在华为荣耀 8 上有一个有意思的时钟效果，如图 9-1 所示。

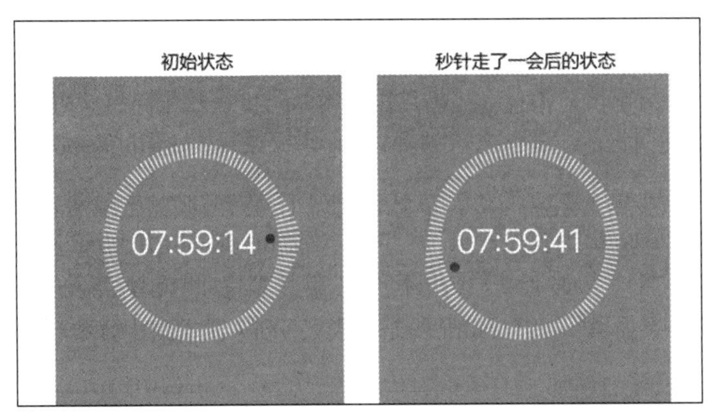

扫码查看动态效果图

图 9-1

可以看到，红点代表的是秒针，当红点移动时，圆形会突出一部分以显示当前秒针所在的位置。

最难的是如何实现突出部分。

9.1.1　实现原理

在《Android 自定义控件开发入门与实战》一书的 8.3 节和 8.4 节中，我们详细讲述了 PorterDuffXfermode 图像混合模式，并通过原图像模式和目标图像模式实现了圆角图形的效果。

这里依然使用 PorterDuffXfermode 来实现两个图像叠加，利用旋转遮罩图像来实现本节所展示的效果。原理如图 9-2 所示。

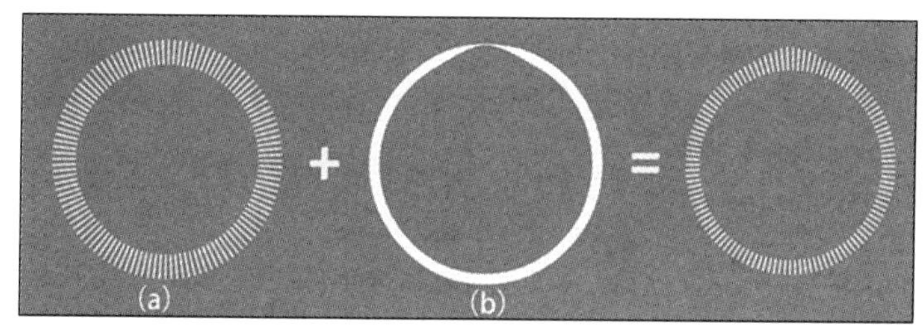

扫码查看彩色图

图 9-2

在图 9-2 中，图(a)表示原图像，图(b)表示遮罩图像。当我们利用遮罩图像覆盖显示原图像时，就会生成右图的目标图像，也就是本节所展示的效果，此时用到的叠加模式是 PorterDuff.Mode.DST_OUT，有关混合模式的内容比较复杂，这里就不再赘述了。如果对此不够了解，可以先看一下《Android 自定义控件开发入门与实战》的第 8 章，学习完混合模式的相关知识再来看本部分内容。

9.1.2　实现遮罩叠加

在实现效果之前，先准备两张图片，如图 9-3 所示。

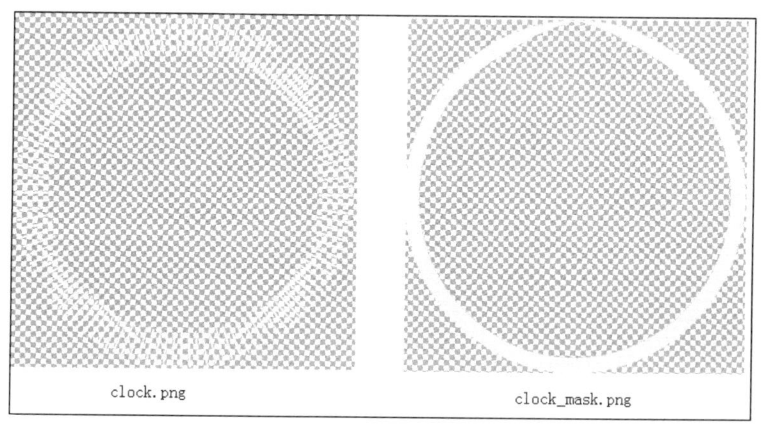

图 9-3

在图 9-3 中，左边是代表钟表指针的图，右边是遮罩图。

根据第 3 章中自定义的继承自 View 的方法，可以得到以下代码：

```
public class ClockImageView extends View {
    private Bitmap mClockMaskBitmap, mClockBitmap;
    private Paint mPaint;
    private Xfermode mXfermode;

    public ClockImageView(Context context) {
        super(context);
        init(context);
    }

    public ClockImageView(Context context, @Nullable AttributeSet attrs) {
        super(context, attrs);
        init(context);
    }

    public ClockImageView(Context context, @Nullable AttributeSet attrs, int
defStyleAttr) {
        super(context, attrs, defStyleAttr);
        init(context);
    }

    private void init(Context context) {
        mClockMaskBitmap = BitmapFactory.decodeResource(getResources(),
R.mipmap.clock_mask);
        mClockBitmap = BitmapFactory.decodeResource(getResources(),
R.mipmap.clock);

        mXfermode = new PorterDuffXfermode(PorterDuff.Mode.DST_OUT);

        mPaint = new Paint();
        mPaint.setAntiAlias(true);
    }

    @Override
    protected void onMeasure(int widthMeasureSpec, int heightMeasureSpec) {
        int widthMode = MeasureSpec.getMode(widthMeasureSpec);
        int heightMode = MeasureSpec.getMode(heightMeasureSpec);
        int widthSize = MeasureSpec.getSize(widthMeasureSpec);
        int heightSize = MeasureSpec.getSize(heightMeasureSpec);

        if (widthMode == MeasureSpec.AT_MOST && heightMode == MeasureSpec.AT_MOST) {
            setMeasuredDimension(mClockBitmap.getWidth(),
mClockBitmap.getHeight());
        } else if (widthMode == MeasureSpec.AT_MOST) {
            setMeasuredDimension(mClockBitmap.getWidth(), heightSize);
        } else if (heightMode == MeasureSpec.AT_MOST) {
            setMeasuredDimension(widthSize, mClockBitmap.getHeight());
        } else {
```

```
            setMeasuredDimension(widthMeasureSpec,heightMeasureSpec);
        }
    }
}
```

这段代码比较容易理解，在 init 中初始化了 bitmap 和 paint 对象，并在 onMeasure 中补充了 MeasureSpec.AT_MOST 的测量规则。有关 onMeasure 的写法，在第 3 章中已经详细讲述，这里就不再赘述了。

接下来就是在 onDraw 函数中实现两张图片的叠加绘制：

```
private RectF mClockRect;

private void init(Context context) {
    …
    mClockRect = new RectF();
}

@Override
protected void onDraw(Canvas canvas) {
    super.onDraw(canvas);

    mClockRect.set(0,0,mClockBitmap.getWidth(),mClockBitmap.getHeight());

    canvas.saveLayer(mClockRect,mPaint,Canvas.ALL_SAVE_FLAG);

    canvas.drawBitmap(mClockBitmap, 0,0, mPaint);
    mPaint.setXfermode(mXfermode);
    canvas.drawBitmap(mClockMaskBitmap, 0,0, mPaint);
    mPaint.setXfermode(null);

    canvas.restore();
}
```

需要注意的是，因为这里的两张图片都是有透明度的，我们需要保存图片的透明度，所以必须使用 canvas.saveLayer()函数来保存画布，而不能使用 canvas.save()函数。

因为 canvas.save()函数的实现为：

```
public int save() {
    return nSave(mNativeCanvasWrapper, MATRIX_SAVE_FLAG | CLIP_SAVE_FLAG);
}
```

可见，它只能保存位置和大小信息，并不能保存画布的透明度信息。

而 saveLayer 则会使用 ALL_SAVE_FLAG 来保存指定区域内的所有信息。

```
public int saveLayer(@Nullable RectF bounds, @Nullable Paint paint) {
    return saveLayer(bounds, paint, ALL_SAVE_FLAG);
}
```

有关 canvas.save()与 canvas.saveLayer()的具体使用，可以参考《Android 自定义控件开发入门与实战》一书的第 9 章，其中有详细讲解。

在使用 saveLayer 时，需要传入保存画布的区域。很明显，我们需要保存 bitmap 所在的区域，所以要声明一个变量 mClockRect 来保存 bitmap 的大小：

```
mClockRect.set(0,0,mClockBitmap.getWidth(),mClockBitmap.getHeight());
```

之后执行 setXfermode 的操作，先后绘制需要设置 Xfermode 的图片：

```
canvas.drawBitmap(mClockBitmap, 0,0, mPaint);
mPaint.setXfermode(mXfermode);
canvas.drawBitmap(mClockMaskBitmap, 0,0, mPaint);
mPaint.setXfermode(null);
```

最后，调用 canvas.restore()来复原画布。

在初步实现了画布叠加后，我们来使用一下这个自定义 View：

```
<?xml version="1.0" encoding="utf-8"?>
<LinearLayout
    xmlns:android="http://schemas.android.com/apk/res/android"
    xmlns:tools="http://schemas.android.com/tools"
    android:background="@android:color/holo_blue_light"
    android:layout_width="match_parent"
    android:layout_height="match_parent"
    tools:context=".ClockImageViewActivity">

    <com.clock.harvic.blogclockview.ClockImageView
        android:id="@+id/clock_img_view"
        android:layout_width="wrap_content"
        android:layout_height="wrap_content"/>

</LinearLayout>
```

这里给整个 LinearLayout 添加了蓝色背景，以使钟表看起来更清楚，运行之后的效果如图 9-4 所示。

扫码查看彩色图

图 9-4

至此，就初步完成了图片折叠的效果，下面来继续实现遮罩旋转。

9.1.3　实现遮罩旋转

9.1.3.1　初步实现遮罩旋转

根据实现原理可以知道，实现了遮罩旋转就能实现代表秒针的突出部分的旋转功能。

所以，我们先定义一个动画，并计算每次刷新界面时遮罩的旋转角度：

```
public static final int SECOND = 1000;
public static final int MINUTE = 60 * SECOND;
private float mNowClockAngle;
private ValueAnimator mClockAnimator;

public void performAnimation() {
    if (mClockAnimator != null && mClockAnimator.isRunning()){
        return;
    }
    mClockAnimator = ValueAnimator.ofFloat(0, 360);
    mClockAnimator.addUpdateListener(new ValueAnimator.AnimatorUpdateListener() {
        @Override
        public void onAnimationUpdate(ValueAnimator animation) {
            mNowClockAngle = (float) animation.getAnimatedValue();
            invalidate();
        }
    });
    mClockAnimator.setDuration(MINUTE);
    mClockAnimator.setInterpolator(new LinearInterpolator());
    mClockAnimator.setRepeatCount(Animation.INFINITE);
    mClockAnimator.start();
}
```

在整个动画开始前，先判断动画是否已经开始，如果动画已经开始了，就不再重新开始：

```
if (mClockAnimator != null && mClockAnimator.isRunning()){
    return;
}
```

当然，你也可以先取消（cancel）原来的动画，再重新开始。这都可以依个人的需求而定。

之后，将数值动画范围选为 0~360，即一圈的角度范围。同时，因为旋转一圈所用的时长是一分钟，所以我们将整个动画时长也设置为一分钟。

将动画循环属性设置为永久循环（Animation.INFINITE）。

然后，添加监听，实时监听数值的变化，并将当前的数值设为旋转角度。这样，在动画开始后，就可以使遮罩从 0 度开始不断旋转。

接下来实现根据 mNowClockAngle 来旋转遮罩的效果：

```
protected void onDraw(Canvas canvas) {
    super.onDraw(canvas);

    mClockRect.set(0,0,mClockBitmap.getWidth(),mClockBitmap.getHeight());
```

```
    canvas.saveLayer(mClockRect,mPaint,Canvas.ALL_SAVE_FLAG);

    canvas.drawBitmap(mClockBitmap, 0,0, mPaint);
    mPaint.setXfermode(mXfermode);
    //旋转画布
    canvas.rotate(mNowClockAngle, mClockBitmap.getWidth()/2,
mClockBitmap.getHeight()/2);
    canvas.drawBitmap(mClockMaskBitmap, 0,0, mPaint);
    mPaint.setXfermode(null);

    canvas.restore();
}
```

可以看到，与上面原本实现的 onDraw 的区别是，这里会在画遮罩前先将画布旋转 mNowClockAngle 角度，旋转中心为图片的中心点。

使用方式如下：

```
public class ClockImageViewActivity extends AppCompatActivity {

    @Override
    protected void onCreate(Bundle savedInstanceState) {
        super.onCreate(savedInstanceState);
        setContentView(R.layout.activity_clock_image_view);

        ClockImageView clockImageView = findViewById(R.id.clock_img_view);
        clockImageView.performAnimation();
    }
}
```

我们这里提供的 performAnimation()方法需要外部显示调用。很明显，这样做的原因是为了让外部更好地控制控件的行为。

扫码查看动态效果图

可以看到，这里已经实现了秒针的旋转，但需要注意的是，我们每次旋转都是从正上方（即 0°）开始的。而当前的时间并不一定刚好在 0 秒，动画开始时的时间更可能在某一分某一秒，比如 6:13:12，所以我们在初始旋转时需要考虑当前时间在哪一秒，直接将角度旋转到对应秒的角度上。

9.1.3.2　根据秒针位置校正初始化

首先，我们需要获取动画开始时当前时间的秒数，并得到旋转角度：

```
private float mInitClockAngle;
private Calendar mCalendar;

private void init(Context context) {
    …
    mCalendar = Calendar.getInstance();
}

public void performAnimation() {
    …
```

```
        mClockAnimator.addUpdateListener(new ValueAnimator.AnimatorUpdateListener() {
            @Override
            public void onAnimationUpdate(ValueAnimator animation) {
                mNowClockAngle = (float) animation.getAnimatedValue() + mInitClockAngle;
                invalidate();
            }
        });
        mClockAnimator.addListener(new AnimatorListenerAdapter() {
            @Override
            public void onAnimationStart(Animator animation) {
                mCalendar.setTimeInMillis(System.currentTimeMillis());
                mInitClockAngle = mCalendar.get(Calendar.SECOND) * (360/60); //每秒 6°
            }
        });
        …
    }
```

在上面的代码中，mInitClockAngle 用于保存动画开始时秒针所需要旋转的角度。

所以，我们需要在动画开始时添加监听：

```
mClockAnimator.addListener(new AnimatorListenerAdapter() {
    @Override
    public void onAnimationStart(Animator animation) {
        mCalendar.setTimeInMillis(System.currentTimeMillis());
        mInitClockAngle = mCalendar.get(Calendar.SECOND) * (360/60); //每秒 6°
    }
});
```

通过 mCalendar.get(Calendar.SECOND)得到当前的秒数，如当前时间是 6:13:12，获得的秒数就是 12，因为一圈是 360°，共 60 秒，所以每秒 6°（360/60），12 秒应该旋转的角度为 12*(360/60)°，初始化动画时秒针旋转角度的公式就是：

```
mInitClockAngle = mCalendar.get(Calendar.SECOND) * (360/60);
```

在得到动画开始时秒针的旋转角度后，计算画布旋转角度时就需要加上初始化时的旋转角度数：

```
mClockAnimator.addUpdateListener(new ValueAnimator.AnimatorUpdateListener() {
    @Override
    public void onAnimationUpdate(ValueAnimator animation) {
        mNowClockAngle = (float) animation.getAnimatedValue() + mInitClockAngle;
        invalidate();
    }
});
```

此时运行就可以看到，动画开始时不总是从 0° 开始了，而是会根据当前时间的秒数来调整旋转角度。

扫码查看动态效果图

9.1.4　显示时间

如图 9-5 所示，很明显，显示时间是使用 drawText 画上去的。在《Android 自定义控件开发入门与实战》中已经讲过，在使用 drawText 时，指定的起始位置是整个文字所在矩形的左上角坐标。

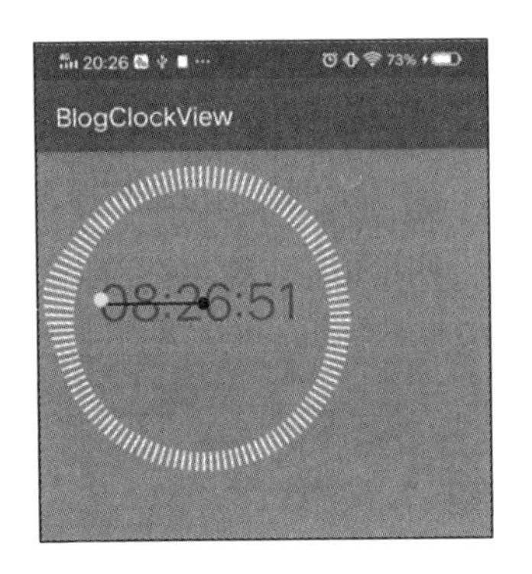

扫码查看彩色图

图 9-5

在图 9-5 中，黑色原点是图片中心点位置：(mClockBitmap.getWidth()/2,mClockBitmap.getHeight()/2)，而黄色原点位置就是文字的起始位置。黄色原点的 y 坐标与黑色原点的相同，都是 mClockBitmap.getHeight()/2；两者的 x 坐标相差文字所占区域的宽度的一半。

所以在初始化时，计算文字的起始位置坐标的代码为:

```
private int mDigitalTimeTextStartX;
private int mDigitalTimeTextStartY;
private void init(Context context) {
   …

   String defalutText = "00:00:00";
   Rect timeTextRect = new Rect();
   mPaint.setTextSize(dipToPx(context,40));
   mPaint.getTextBounds(defalutText, 0,
         defalutText.length(), timeTextRect);

   mDigitalTimeTextStartX = mClockBitmap.getWidth()/2 - timeTextRect.width() / 2;
   mDigitalTimeTextStartY = mClockBitmap.getHeight()/2;
}

public static int dipToPx(Context context, int dip) {
   float px = context.getResources().getDisplayMetrics().density;
   return (int) (dip * px + 0.5f);
}
```

首先，设置字体大小，需要注意的是 Paint.setTextSize(int size)函数的入参，单位是 px。后面会将字体大小写成自定义属性，由用户自己设置。用户设置的一般都是 dp 值，所以这里需要将 dp 转换成 px。这里写了个转换方法 dipToPx，核心原理就是根据屏幕密度将 dp 转换成 px 值。

然后，通过 Paint 类的 getTextBounds 获取要写的字的矩形大小。

```
mPaint.getTextBounds(defalutText, 0,defalutText.length(), timeTextRect);
```

最后，根据图 9-5 中的原理，计算出文字起始点坐标，难度不大，所以就不再细讲了。

在知道了绘制文字的起始位置后，就可以在绘图时实时获取当前的时间点，并把它画出来了：

```
private String mLastDigitalTimeStr;
protected void onDraw(Canvas canvas) {
    super.onDraw(canvas);

    …
    canvas.restore();

    updateTimeText(canvas);

}

private void updateTimeText(Canvas canvas) {
    long currentTimeMillis = System.currentTimeMillis();
    mCalendar.setTimeInMillis(currentTimeMillis);
    mLastDigitalTimeStr = String.format("%02d:%02d:%02d",
            mCalendar.get(Calendar.HOUR), mCalendar.get(Calendar.MINUTE),
mCalendar.get(Calendar.SECOND));
    mPaint.setColor(Color.RED);
    canvas.drawText(mLastDigitalTimeStr, mDigitalTimeTextStartX,
mDigitalTimeTextStartY, mPaint);
}
```

这里定义了一个变量 mLastDigitalTimeStr，用于存储当前时间的字符串。因为图层是每秒绘制一次，所以在每次绘制前需要重新获取当前时间。

我们写了一个函数 updateTimeText(canvas)来绘制文字，但需要注意的是，因为在画遮罩时对画布进行了旋转，所以需要在执行完 canvas.restore()以后再画文字；又因为我们在画文字时，并没有对 canvas 做任何操作，所以 updateTimeText(canvas)前后不需要再使用 canvas.save()和 canvas.restore()函数了。

效果如图 9-6 所示。

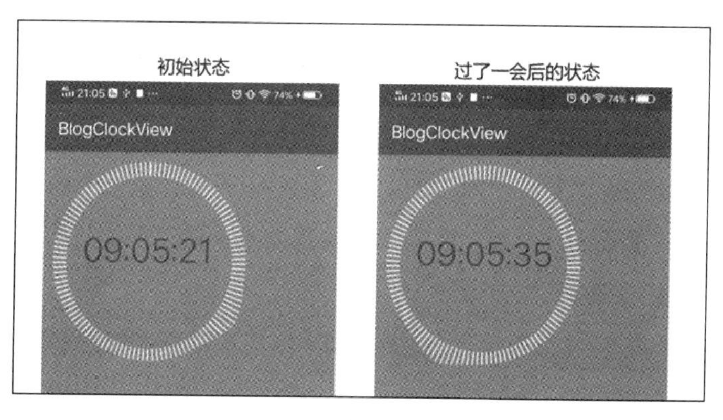

扫码查看动态效果图

图 9-6

这样，我们整个时钟的效果就完成了。

9.1.5 封装组件

对于自定义控件而言，一般可变的属性都需要以自定义属性的方式提供给使用方，以便其使用起来更加方便。

在这个自定义时钟里有两个可变的因素：文字大小和颜色。

9.1.5.1 自定义属性

在 values/attrs.xml 文件中针对该自定义 View 添加自定义属性：

```
<?xml version="1.0" encoding="utf-8"?>
<resources>
    <declare-styleable name="ClockImageView">
        <attr name="timeTextSize" format="dimension" />
        <attr name="timeTextColor" format="color" />
    </declare-styleable>
</resources>
```

有关自定义属性的知识可以参考《Android 自定义控件开发入门与实战》一书中的 12.1 节，这里主要定义了两个属性：timeTextSize 定义为尺寸值，timeTextColor 定义为颜色值。

9.1.5.2 初始化时提取值

我们需要在控件初始化时提取自定义属性的值，以判断用户是否指定了该属性的值：

```
public class ClockImageView extends View {

    private int mTextSize,mTextColor;

    public ClockImageView(Context context) {
        super(context);
        init(context);
    }

    public ClockImageView(Context context, @Nullable AttributeSet attrs) {
        this(context,attrs,0);
    }

    public ClockImageView(Context context, @Nullable AttributeSet attrs, int
defStyleAttr) {
        super(context, attrs, defStyleAttr);

        TypedArray typedArray = context.obtainStyledAttributes(
                attrs, R.styleable.ClockImageView);
        mTextSize = typedArray.getDimensionPixelSize(R.styleable.ClockImageView_
timeTextSize,
                dipToPx(context, 40));
        mTextColor = typedArray.getColor(R.styleable.ClockImageView_timeTextColor,
                Color.RED);
        typedArray.recycle();

        init(context);
```

```
        }
        ...
    }
```

这里有两点需要注意。

第一，因为并不是每个构造函数都有 AttributeSet attrs 入参，所以我们在提取时需要针对有 AttributeSet attrs 入参的构造函数进行特殊处理。这里有个诀窍是在入参最多的构造函数中实现相关代码，然后在其他有 attrs 入参的构造函数中调用该构造函数即可。这里是在 public ClockImageView(Context context, @Nullable AttributeSet attrs, int defStyleAttr)中实现的提取属性值的代码，在 public ClockImageView(Context context, @Nullable AttributeSet attrs)构造函数中，只需要调用 this(context,attrs,0);来处理即可。

第二，在生成 TypedArray 变量后，一定要调用 typedArray.recycle()来释放资源，不然会造成内存泄漏。

9.1.5.3　在代码中使用

这部分就很简单了，把原来在设置时写为固定值的地方改为变量即可。

设置字体大小：

```
mPaint.setTextSize(dipToPx(context,mTextSize));
```

设置字体颜色：

```
mPaint.setColor(mTextColor);
```

这样，就实现了自定义属性的提取与设置。下面尝试使用一下该自定义属性。

9.1.5.4　使用自定义属性

使用自定义属性的代码如下：

```
<?xml version="1.0" encoding="utf-8"?>
<LinearLayout
    xmlns:android="http://schemas.android.com/apk/res/android"
    xmlns:tools="http://schemas.android.com/tools"
    xmlns:app="http://schemas.android.com/apk/res-auto"
    android:background="@android:color/holo_blue_light"
    android:layout_width="match_parent"
    android:layout_height="match_parent"
    tools:context=".ClockImageViewActivity">

    <com.clock.harvic.blogclockview.ClockImageView
        android:id="@+id/clock_img_view"
        app:timeTextSize="5dp"
        app:timeTextColor="@android:color/holo_green_dark"
        android:layout_width="wrap_content"
        android:layout_height="wrap_content"/>

</LinearLayout>
```

首先，通过 xmlns:app 导入自定义属性。然后，通过 app:timeTextSize 和 app:timeTextColor

在布局代码中使用。效果如图 9-7 所示。

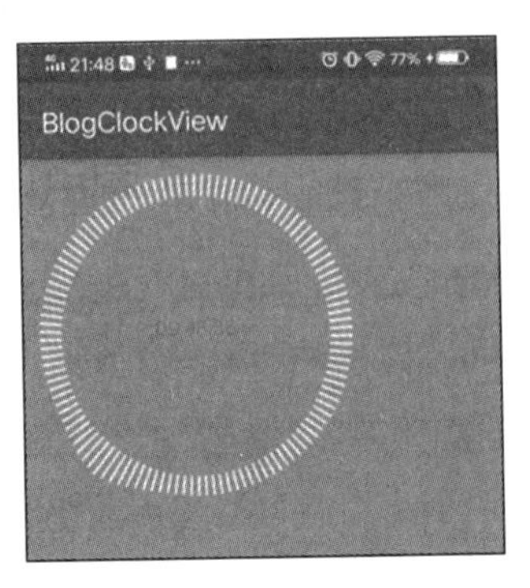

扫码查看彩色图

图 9-7

可以看到，此时文字的颜色和大小都变为指定值了。

从这个例子中可以看出，自定义一个控件其实涉及很多知识点，这里看起来很小的一个效果就涉及了图层叠加、公式计算、动画和自定义属性等。很多同学认为自定义控件难，难就难在一个小控件就涉及很多知识点，而这些知识点可能是平时没有注意积累的。这也正好说明了自定义控件好学，只要掌握了一个个知识点，多看多练，就能成为自定义控件高手，加油！

9.2 圆环动画

本节将从头自定义一个圆环动画，该自定义控件涉及绘图、计算、动画、控件封装等知识。我们先来看一下效果，如图 9-8 所示。

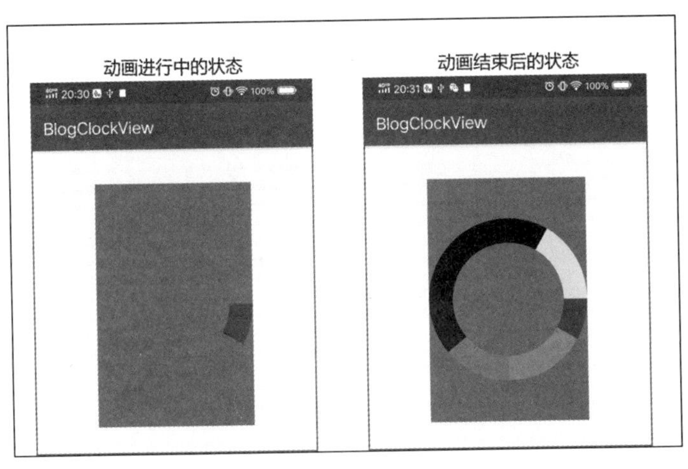

扫码查看动态效果图

图 9-8

从图 9-8 中可以看出，对于这个效果，我们需要实现以下几个功能。

- 绘制圆环扇形。

- 各个圆环扇形能完美拼接。
- 最终实现出来的效果是除圆环部分以外全部透明，从效果图中也可以看出圆环底部的绿色背景。
- 能实现动画逐渐显现的效果。

9.2.1　圆环扇形原理

圆环扇形是如何实现的呢？在 Canvas 的所有绘图函数中，有一个名为 Canvas.drawArc 的函数可以实现扇形的绘制。

我们先来看一下 Canvas.drawArc 函数的声明：

```
public void drawArc(@NonNull RectF oval, float startAngle, float sweepAngle, boolean useCenter,@NonNull Paint paint)
```

该函数用于画一条弧，弧是椭圆的一部分，而椭圆是从矩形来的。图 9-9 展示了根据矩形生成椭圆的情况。

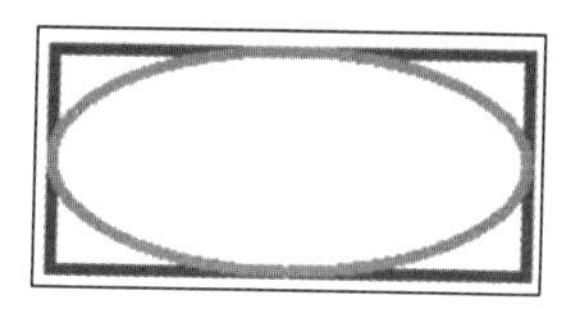

扫码查看彩色图

图 9-9

上图中的绿色椭圆是根据红色矩形生成的。同样地，弧就是椭圆的一部分，参数中的 RectF oval 就是用于生成这个椭圆的。

Canvas.drawArc 函数的相关参数如下。

- RectF oval：生成椭圆的矩形。
- float startAngle：弧开始的角度，以 *X* 轴正方向为 0°。
- float sweepAngle：弧持续的角度。
- boolean useCenter：是否有弧的两边。为 true 时，表示有两边；为 false 时，表示只有一条弧。

9.2.1.1　如果将画笔设为描边

将画笔设为描边的代码如下：

```
Paint paint=new Paint();
paint.setColor(Color.RED);
paint.setStyle(Paint.Style.STROKE);
paint.setStrokeWidth(5);

//带两边
RectF rect1 = new RectF(10, 10, 100, 100);
canvas.drawArc(rect1, 0, 90, true, paint);
```

```
//不带两边
RectF rect2 = new RectF(110, 10, 200, 100);
canvas.drawArc(rect2, 0, 90, false, paint);
```

效果如图 9-10 所示。

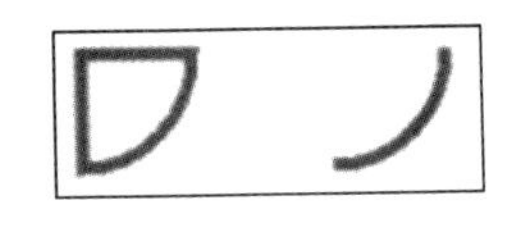

图 9-10

左侧为带两边的弧，右侧为不带两边的弧。

从这里的效果展示也可以看出，如果想实现圆环扇形，只需要将 Paint 设置为描边并且不带两边的弧。

9.2.1.2 将画笔设为填充

将画笔设为填充，只需要将 paint 的样式设置为 FILL 即可。

```
paint.setStyle(Style.FILL);
```

效果如图 9-11 所示。

图 9-11

从图 9-11 中可以看出，当画笔设为填充模式时，填充区域只限于圆弧的起点和终点所形成的区域。当带有两边时，会将两边及圆弧围成的内部全部填充；当没有两边时，则只填充圆弧部分。

9.2.1.3 描边宽度

下面再来看一下描边宽度与所在矩形之间的关系：

```
Paint paint = new Paint();
paint.setColor(Color.RED);
paint.setStyle(Paint.Style.STROKE);
paint.setStrokeWidth(5);

RectF rect = new RectF(100, 100, 500, 400);
canvas.drawRect(rect,paint);
paint.setColor(Color.GREEN);
paint.setStrokeWidth(100);
canvas.drawArc(rect, 0, 90, false, paint);
```

在上面代码中，我们画出了矩形，并将描边宽度增大，描边宽度与所在矩形的关系如图 9-12 所示。

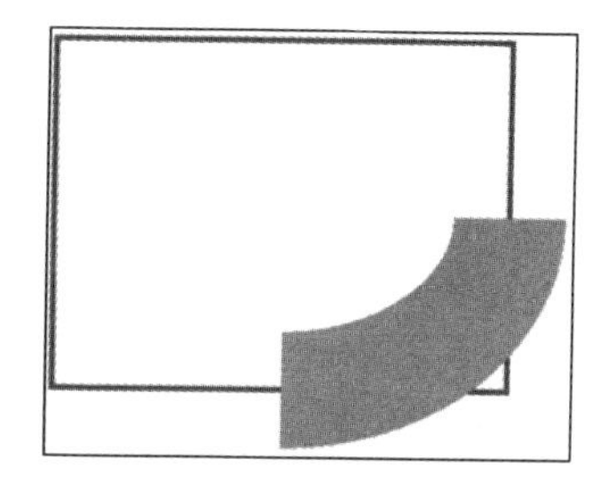

图 9-12

可以看到，由于描边具有一定的宽度，所以其会在矩形内部占一半，在矩形外部占一半。如果我们想在绘图时让描边全部在矩形内部怎么办呢？如图 9-13 所示。

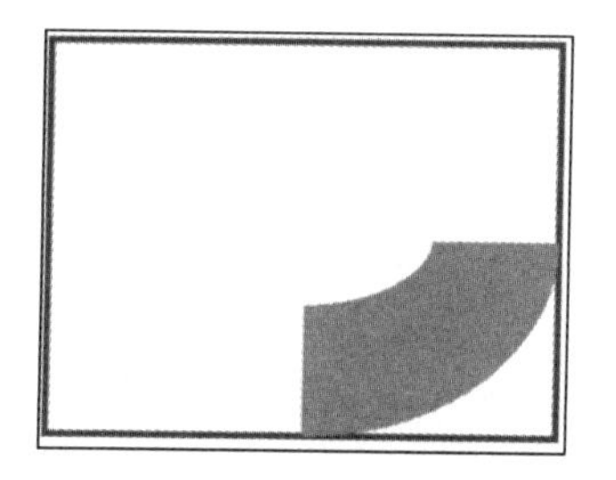

图 9-13

如果要使描边生成的扇形完全包裹在矩形的内部，唯一的方法就是将生成扇形的矩形缩小，向内缩小半个描边宽度即可。图 9-14 所示的蓝色矩形就是真正生成扇形的矩形，而此时生成的扇形在描边后就会完全被包裹在红色矩形内部。

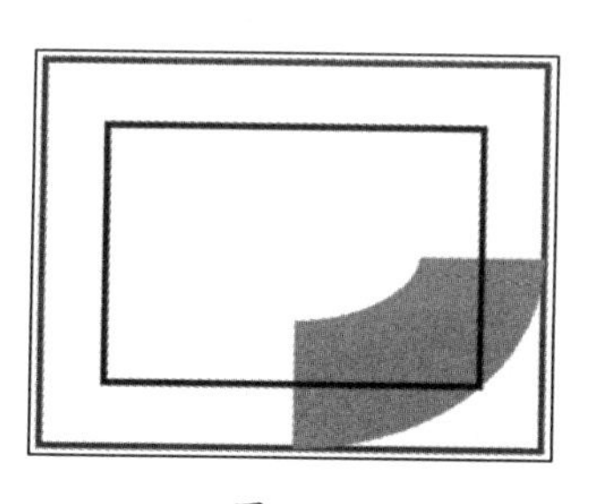

图 9-14

对应的代码如下：

```
Paint paint = new Paint();
paint.setColor(Color.RED);
paint.setStyle(Paint.Style.STROKE);
paint.setStrokeWidth(5);

int strokeWidth = 100;
//红色矩形
RectF rect = new RectF(100, 100, 500, 400);
canvas.drawRect(rect,paint);
```

```
    //扇形
    paint.setColor(Color.GREEN);
    paint.setStrokeWidth(strokeWidth);
    //将生成扇形的矩形上下左右各缩小半个描边宽度
    RectF rect2 = new RectF(100 + strokeWidth/2, 100 + strokeWidth/2, 500 - strokeWidth/2,
400-strokeWidth/2);
    canvas.drawArc(rect2, 0, 90, false, paint);
```

可能有的读者会问：知道这个知识点有什么用呢？其实，用处很大！我们要在一个矩形内画一个扇形，使这个扇形刚好充满这个矩形靠的就是这个知识。

9.2.2 初步实现控件圆环效果

在了解了基本原理后，我们来初步派生一个雏形，效果如图 9-15 所示。

扫码查看彩色图

图 9-15

这里实现出来的效果很简单：绿色区域是控件所占区域，在控件所占区域中间用粗描边画一个圆。

9.2.2.1 重写 onMeasure

首先，我们需要重写继承自 View 的 onMeasure，并实现自动测量：

```
public class PieView extends View {
    private Context mContext;
    private Paint mPaint;
    private int DEFAULT_DIMENSION;

    public PieView(Context context) {
        super(context);
        init(context);
    }

    public PieView(Context context, @Nullable AttributeSet attrs) {
        super(context, attrs);
        init(context);
    }
```

```
    public PieView(Context context, @Nullable AttributeSet attrs, int defStyleAttr) {
        super(context, attrs, defStyleAttr);
        init(context);
    }

    private void init(Context context) {
        mContext = context;
        mPaint = new Paint();
        DEFAULT_DIMENSION = dipToPx(context, 50);
    }


    @Override
    protected void onMeasure(int widthMeasureSpec, int heightMeasureSpec) {
        int widthMode = MeasureSpec.getMode(widthMeasureSpec);
        int heightMode = MeasureSpec.getMode(heightMeasureSpec);
        int widthSize = MeasureSpec.getSize(widthMeasureSpec);
        int heightSize = MeasureSpec.getSize(heightMeasureSpec);

        if (widthMode == MeasureSpec.AT_MOST && heightMode == MeasureSpec.AT_MOST) {
            setMeasuredDimension(DEFAULT_DIMENSION, DEFAULT_DIMENSION);
        } else if (widthMode == MeasureSpec.AT_MOST) {
            setMeasuredDimension(DEFAULT_DIMENSION, heightSize);
        } else if (heightMode == MeasureSpec.AT_MOST) {
            setMeasuredDimension(widthSize, DEFAULT_DIMENSION);
        } else {
            setMeasuredDimension(widthMeasureSpec, heightMeasureSpec);
        }
    }

    public int dipToPx(Context context, int dip) {
        float px = context.getResources().getDisplayMetrics().density;
        return (int) (dip * px + 0.5f);
    }
}
```

以上代码比较简单，主要是在 onMeasure 中将 layout_width/layout_height 适配为 wrap_content 的自测量模式。当 layout_width/layout_height 为 wrap_content 时，对应的宽高默认为 50dp。

9.2.2.2　计算相关位置信息

下面计算所要画的扇形的半径、描边宽度、所在矩形这些基本信息：

```
private int mRadius;
private int mCenterX, mCenterY;
private RectF mCircleRect;

private void init(Context context) {
    ...
    mCircleRect = new RectF();
}
```

```
@Override
protected void onSizeChanged(int w, int h, int oldw, int oldh) {
    super.onSizeChanged(w, h, oldw, oldh);

    int sideLength = Math.min(w, h);
    mRadius = sideLength / 2;
    mCenterX = w / 2;
    mCenterY = h / 2;

    //将描边宽度设定为圆半径的 0.3 倍
    float strokeWidth = mRadius * 0.3f;
    mPaint.setStrokeWidth(strokeWidth);

    float rectSide = mRadius - strokeWidth/2;
    mCircleRect.set(-rectSide,-rectSide,rectSide,rectSide);
}
```

我们需要获取该自定义控件的宽高，这里获取宽高的代码一般都在 onSizeChanged 函数中。

首先获取到当前宽高的最小值：int sideLength = Math.min(w, h);，然后找到以宽高最小值为边的圆半径，并且找到圆心位置：

```
mRadius = sideLength / 2;
mCenterX = w / 2;
mCenterY = h / 2;
```

对应的原理如图 9-16 所示。

扫码查看彩色图

图 9-16

在图 9-16 中，绿色矩形区域就是控件所占的大小，中心红点就是所要绘制的圆环中心位置。红色大圆的半径就是 mRadius。

接下来，我们假定描边宽度是整个圆宽度的 0.3 倍：

```
float strokeWidth = mRadius * 0.3f;
mPaint.setStrokeWidth(strokeWidth);
```

根据 9.2.1.3 节对于描边宽度的讲述，我们知道，要画一个最宽半径是 mRadius 的圆，它的实际矩形半径其实是需要减去描边宽度一半的：

```
float rectSide = mRadius - strokeWidth/2;
mCircleRect.set(-rectSide,-rectSide,rectSide,rectSide);
```

原理如图 9-17 所示。

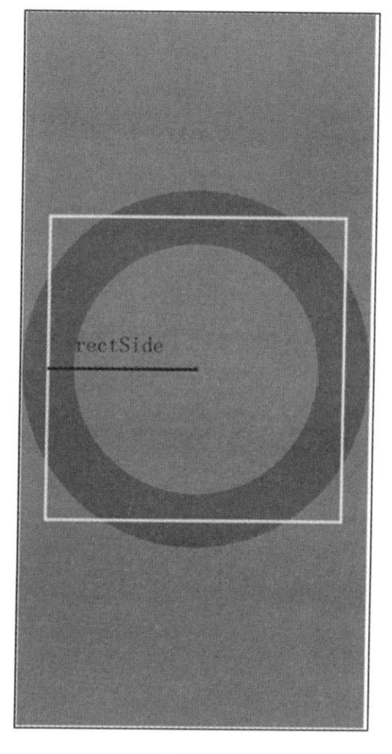

扫码查看彩色图

图 9-17

在图 9-17 中，利用黄色正方形所画出来的圆就是我们画扇形时所用的圆。rectSide 的长度是黄色正方形边矩的一半。这里假设红色圆心的坐标是(0,0)，求出来的矩形的 left\top\right\bottom 就是(–rectSide, –rectSide,rectSide,rectSide)。那么为什么要假设红色圆心的坐标为(0,0)呢？在 4.3 节中，我们详细说明了任何自定义控件的坐标起点都是左上角的(0,0)点，这里自定义的 PieView 当然也不例外，但是为了方便绘制扇形，会在绘制时将 Canvas 的原点坐标移到(mCenterX,mCenterY)的位置，这也就是为什么这里在计算 mCircleRect 的坐标时，以红色圆心作为(0,0)来计算的原因。

9.2.2.3　绘制扇形

在基本数据都计算完了以后，就需要在 onDraw 函数中将扇形绘制出来了。我们先绘制一个完整的扇形出来：

```
protected void onDraw(Canvas canvas) {
    super.onDraw(canvas);

    canvas.save();
```

```
    canvas.translate(mCenterX,mCenterY);

    mPaint.setStyle(Style.STROKE);
    mPaint.setColor(Color.RED);

    canvas.drawArc(mCircleRect,0,360,false,mPaint);

    canvas.restore();
}
```

为了方便绘制，先将 canvas 圆心移到中心点位置：canvas.translate(mCenterX,mCenterY);，然后便可绘制出扇形：canvas.drawArc(mCircleRect,0,360,false,mPaint);。

9.2.2.4 使用自定义控件 PiewView

在完成自定义控件 PieView 的功能以后，接下来就是使用它。因为目前还不涉及外部数据的设置，所以直接使用 xml 引入该控件即可：

```
<?xml version="1.0" encoding="utf-8"?>
<LinearLayout
   xmlns:android="http://schemas.android.com/apk/res/android"
   xmlns:tools="http://schemas.android.com/tools"
   android:layout_width="match_parent"
   android:layout_height="match_parent"
   android:gravity="center"
   tools:context="com.clock.harvic.blogwonderfulview.PieViewPrincipleActivity">

   <com.clock.harvic.blogwonderfulview.PieView
      android:id="@+id/pie_view"
      android:background="@android:color/holo_green_dark"
      android:layout_width="200dp"
      android:layout_height="300dp"/>

</LinearLayout>
```

效果就是 9.2.2 节开篇时所展示的效果，如图 9-18 所示。

扫码查看彩色图

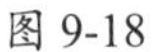

图 9-18

9.2.3　制作多彩圆环

在初步实现了单色圆环后，接下来，我们就试着实现多彩圆环，效果如图 9-19 所示。

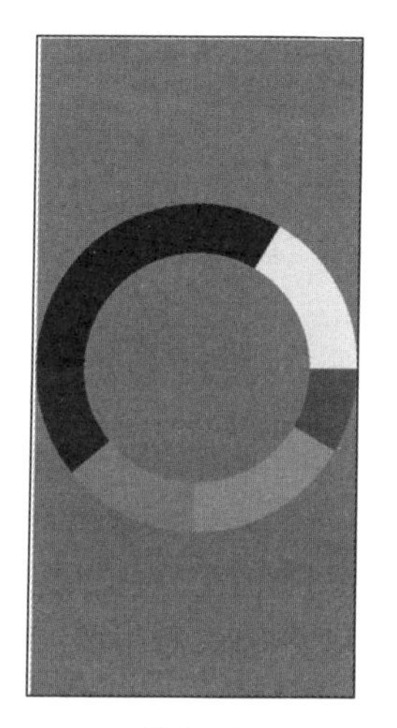

扫码查看彩色图

图 9-19

9.2.3.1　彩色扇形数据类

很明显，每个彩色扇形都需要有颜色和角度信息，所以要单独写一个数据类来保存每个扇形的一些数据信息：

```
public class PieChartBean {

    private int color;
    private float percentage;

    public PieChartBean(int color, float percentage) {
        this.color = color;
        this.percentage = percentage;
    }

    public int getColor() {
        return this.color;
    }

    public float getPercentage() {
        return this.percentage;
    }

}
```

在数据类 PieChartBean 中只有两个参数，color 表示扇形实例的颜色，percentage 表示扇形实例的度数。

9.2.3.2 设置数据

对于可变的数据，一般都需要留有接口给使用者，让他可以自由地设置数据。在这里，我们在 PieView 中提供一个函数，让用户可以在其中设置扇形所用到的数据。

```
private ArrayList<PieChartBean> mPieDataList = new ArrayList();

public void setData(ArrayList pieChatDatas) {
    mPieDataList.clear();
    if (pieChatDatas == null || pieChatDatas.size() == 0) {
        return;
    }
    mPieDataList.addAll(pieChatDatas);
}
```

对于设置数据，这里有一个技巧。有些同学喜欢直接赋值，即 mPieDataList=pieChatDatas;，这样很容易在使用时由于 mPieDataList 为空而导致崩溃。所以，一般情况下，我们需要保证 mPieDataList 不为空，在创建时就将它初始化，再将用户的数据通过 addAll 添加进来。

9.2.3.3 绘制多彩扇形

接下来就是改造 onDraw 函数，将原来绘制一个圆环的部分改为逐个绘制多彩扇形：

```
protected void onDraw(Canvas canvas) {
    super.onDraw(canvas);

    canvas.save();
    canvas.translate(mCenterX,mCenterY);

    mPaint.setStyle(Style.STROKE);
    mPaint.setColor(Color.RED);

    int startAngle = 0;
    for (PieChartBean chartBean:mPieDataList){
        float sweepAngle = chartBean.getPercentage();
        mPaint.setColor(chartBean.getColor());
        canvas.drawArc(mCircleRect,startAngle,sweepAngle,false,mPaint);
        startAngle += sweepAngle;
    }

    canvas.restore();
}
```

startAngle 表示开始绘制的角度，这里从 0°开始绘制，以 x 轴为正方向。sweepAngle 表示当前扇形的角度，当一个扇形绘制结束后，startAngle 累加该值，以开始绘制下一个扇形。

到这里，关于通过自定义控件 PieView 绘制多彩圆环的效果就实现出来了，接下来就是使用这个自定义控件的过程了。

9.2.3.4 使用 PieView

使用方法很简单，只需要构造一个 PieChartBean 的 List，并将数据传递给 PieView 实例即可：

```
public class PieViewPrincipleActivity extends AppCompatActivity {

    @Override
    protected void onCreate(Bundle savedInstanceState) {
        super.onCreate(savedInstanceState);
        setContentView(R.layout.activity_pie_view_principle);

        PieView pieView = findViewById(R.id.pie_view);
        ArrayList<PieChartBean> datas = new ArrayList<>();
        datas.add(new PieChartBean(Color.RED,30));
        datas.add(new PieChartBean(Color.GREEN,60));
        datas.add(new PieChartBean(Color.GRAY,50));
        datas.add(new PieChartBean(Color.BLUE,40));
        datas.add(new PieChartBean(Color.BLACK,120));
        datas.add(new PieChartBean(Color.YELLOW,60));
        pieView.setData(datas);
    }
}
```

效果如 9.2.3 节开篇时的多彩圆环效果图（图 9-19）所示。

9.2.4　实现渐显动画

9.2.4.1　动画原理

我们重新看一下图 9-8 所示的动画效果。

可以看到，这里定义了一个动画，在这个动画时长内逐渐将圆环从 0°到 360° 画出来。

扫码查看动态效果图

既然是讲原理，我们就尽量用简单的示例来讲解。假设我们用 360 秒把整个圆环匀速画出来，那么就是每秒画一度。简单列举两个场景来说一下，在 90 秒时，圆环应该显示出来 90° 所对应的图形，而在 120 秒时应该显示出来 120 度所对应的图形。

对应到显示的图像上，90° 和 120° 的图形分别对应图 9-20 红色框中的部分。

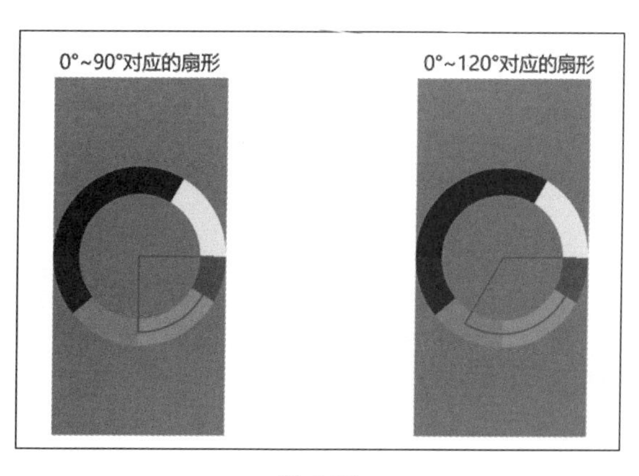

图 9-20

扫码查看彩色图

对应地，我们只需要在 90° 和 120° 时分别把相应红色框中的部分画出来即可。

所以，我们需要对上面画扇形的代码进行改造，当画扇形时，需要判断当前要画出来的角度。因为在以上代码中，扇形是利用 for 循环一段一段画出来的，所以如果当前的动画角度包含该段扇形完整区域，那就把该段扇形完全画出来。如果当前的动画角度不能包含这段扇形完整区域，那就将扇形的 sweep 角度设为截取的部分扇形段的角度。这里如果看不懂，可以继续往下看，下面有对原理进行具体讲解。

比如，图 9-21 中 120° 扇形区域的灰色部分，是截取出一部分进行显示的，截取部分的角度大小为 mAnimatedValue – startAngle。

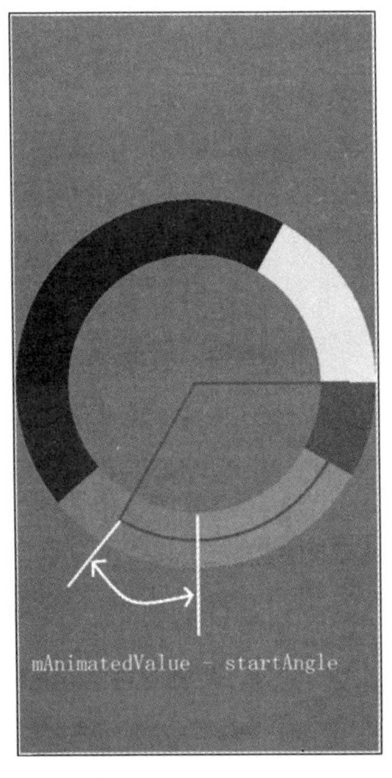

扫码查看彩色图

图 9-21

所以，我们只需要判断 mAnimatedValue – startAngle 与每个扇形的 sweepAngle 哪个更小即可，如果要显示的扇形区域能完整显示出当前的扇形区域，那此时的 mAnimatedValue – startAngle 肯定比这个扇形的 sweepAngle 要大。

先来看一下代码，再进行讲解：

```
int startAngle = 0;
for (PieChartBean chartBean : mPieDataList) {
    float sweepAngle = chartBean.getPercentage();
    float drawAngle = Math.min(sweepAngle, mAnimatedValue - startAngle);
    if (drawAngle > 0) {
        mPaint.setColor(chartBean.getColor());
        canvas.drawArc(mCircleRect, startAngle, drawAngle, false, mPaint);
    }
    startAngle += sweepAngle;
}
```

这段代码与之前的不同之处在于，在求此次要画扇形的 drawAngle 时，使用的是：

```
float drawAngle = Math.min(sweepAngle, mAnimatedValue - startAngle);
```

即看 mAnimatedValue -startAngle 与每个扇形的 sweepAngle 哪个更小，更小的那个值就是此次要画的扇形段的 sweep 角度。

如图 9-21 所示，我们看一下在 mAnimatedValue 取值为 120 时，整个圆环中扇形的计算过程：动画每取一个值，我们都会调用 invalidated()函数以重绘整个界面。所以，在 mAnimatedValue 取值为 120 进行重绘时，onDraw 函数会重新执行，并重新绘制整个图像。

执行到这段代码时，startAngle 初始值为 0，每一个扇形的 sweepAngle 是 30，而 mAnimatedValue – startAngle 的值是 120，很明显，这个扇形是可以完整被绘制的。在绘制完成后，startAngle 变为 30，并开始进行第二个扇形的判断逻辑。第二个扇形的 sweepAngle 的值是 60，而 mAnimatedValue – startAngle 此时的取值是 90，很明显，第二个扇形也是可以被完整绘制的，所以在第二个扇形被绘制后，startAngle 变为 90。第三个扇形的 sweepAngle 是 50，而 mAnimatedValue – startAngle 此时的值是 30，很明显，第三个扇形只能绘制 30°。

最后，这里之所以加上 if (drawAngle > 0)的判断，是因为 mAnimatedValue 的值是不变的，而 startAngle 会一直累加，当 startAngle 累加到超过 mAnimatedValue 时，求出来的 mAnimatedValue – startAngle 会是负值，此时应该停止绘图。所以，为了使逻辑简单一些，我们加入了对 drawAngle 角度的判断，只有它大于 0 时才进行绘制。

9.2.4.2　通过 PieView 绘制动画

首先，我们提供一个接口，让用户开始执行动画并设置一些动画的参数，这里为了方便起见，只给外部提供设置动画时长的参数，大家可以自行扩展：

```
    private ValueAnimator mProgressAnimator;
    private float mAnimatedValue;

    //设置进度条动画
    public void setProgressAnimation(long duration) {
        if (mProgressAnimator != null && mProgressAnimator.isRunning()) {
            mProgressAnimator.cancel();
            mProgressAnimator.start();
        } else {
            mProgressAnimator = ValueAnimator.ofFloat(0, 360).setDuration(duration);
            mProgressAnimator.setInterpolator(new AccelerateInterpolator());
            mProgressAnimator.addUpdateListener(new ValueAnimator.
AnimatorUpdateListener() {
                @Override
                public void onAnimationUpdate(ValueAnimator animation) {
                    mAnimatedValue = (float) animation.getAnimatedValue();
                    invalidate();
                }
            });
            mProgressAnimator.start();
        }
```

```
}
```

这段代码比较简单，意思就是如果动画正在运行，那么在调用这个接口时就会重新开始执行动画。如果这个动画还没有，就创建这个动画，并且添加 AnimatorUpdateListener，将每次要绘制的度数赋值给 mAnimatedValue 变量，并重新绘制整个控件界面。

然后，在绘图时根据 mAnimatedValue 画出当前进度的扇形图：

```
protected void onDraw(Canvas canvas) {
    super.onDraw(canvas);

    canvas.save();
    canvas.translate(mCenterX,mCenterY);

    mPaint.setStyle(Style.STROKE);
    mPaint.setColor(Color.RED);

    int startAngle = 0;
    for (PieChartBean chartBean : mPieDataList) {
        float sweepAngle = chartBean.getPercentage();
        float drawAngle = Math.min(sweepAngle, mAnimatedValue - startAngle);
        if (drawAngle > 0) {
            mPaint.setColor(chartBean.getColor());
            canvas.drawArc(mCircleRect, startAngle, drawAngle, false, mPaint);
        }
        startAngle += sweepAngle;
    }

    canvas.restore();
}
```

这些代码已经讲过了，这里就不再细讲了。

9.2.4.3 使用 PieView

扫码查看动态效果图

在实现 PieView 类后，只需要在 Activity 中使用它即可：

```
public class PieViewPrincipleActivity extends AppCompatActivity {

    @Override
    protected void onCreate(Bundle savedInstanceState) {
        super.onCreate(savedInstanceState);
        setContentView(R.layout.activity_pie_view_principle);

        PieView pieView = findViewById(R.id.pie_view);
        ArrayList<PieChartBean> datas = new ArrayList<>();
        datas.add(new PieChartBean(Color.RED,30));
        …
        pieView.setData(datas);
        pieView.setProgressAnimation(2000);
    }
}
```

动画效果如图 9-8 所示。

同样地，在理解了原理之后，可以将控件做得更炫酷一点，比如，加一个半透明圆环（如图 9-22 所示）。

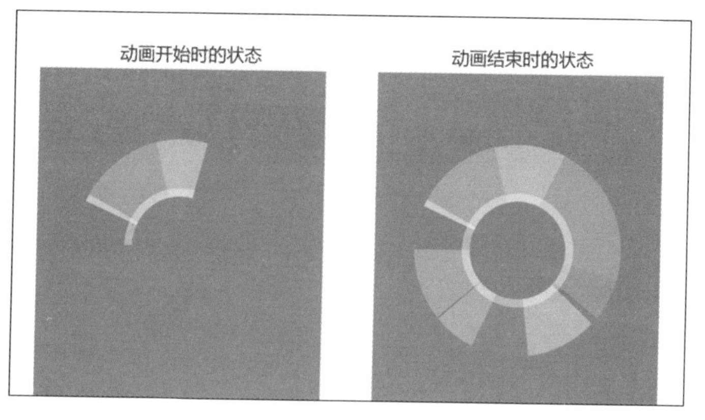

扫码查看动态效果图

图 9-22

本节采用了网上常见的动态圆环作为示例，来展示继承自 View 类的控件动画的实现过程。大家也可以在该案例的基础上进行改进，比如，给它加上触摸操作，当用户点击某段扇形时，使用色彩叠加的原理让这段扇形换一个颜色。提示一下，在实现触摸功能时，可以根据手指触摸位置判断当前位置是否在某段扇形所在区域中，如果在，就重新绘制该扇形并改变这段扇形的颜色。

类似地，通过这个实例可以复习一下我们学过的很多知识。

9.3　自定义控件与组合控件实战

在前面的章节中，我们着重讲述了继承自 View 和 ViewGroup 的完全自定义控件，但有关组合控件的实现却少有提及，组合控件虽然简单，却也是封装控件的一个重要部分。

一个非常常见的组装控件的实例，就是封装一个标题样式，一般标题都分为 3 部分，如图 9-23 所示。

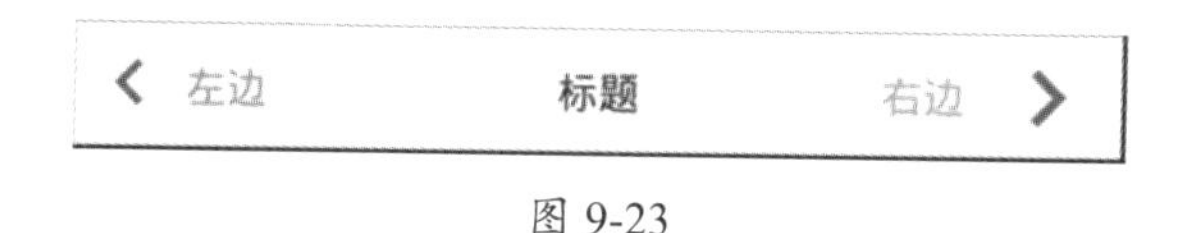

图 9-23

左边的返回图标和文字都是可以通过外部进行设置的，同样地，中间的文字和右边的图标、文字也是可以通过外部进行设置的。

这里不存在真正意义上的继承自 View 或 ViewGroup 的自定义控件，我们只需要把各种已有的 ImageView、TextView 进行组合即可。这就是组合控件。

根据这个组合控件的布局，可以延伸实现的标题效果如图 9-24 所示。

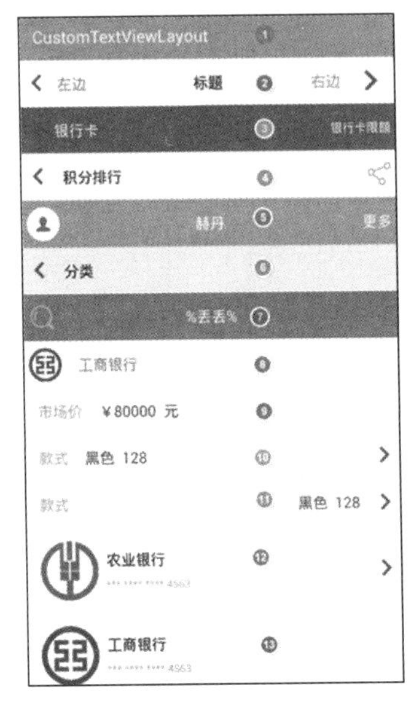

扫码查看彩色图

图 9-24

可以看到，单独使用组合控件的方法，也是一种实现自定义控件的方法。这种方法的一般作用就是将复杂的布局逻辑进行封装，给用户提供一种方便的交互接口。

有关这个标题样式的组装，并不是本节要实践的内容，如果想具体了解该项目，可以移步 GitHub，搜索 CustomTextLayout 项目进行了解。

本节所要实现的效果如图 9-25 所示，即实现小米手机中的圆形音量效果控件。

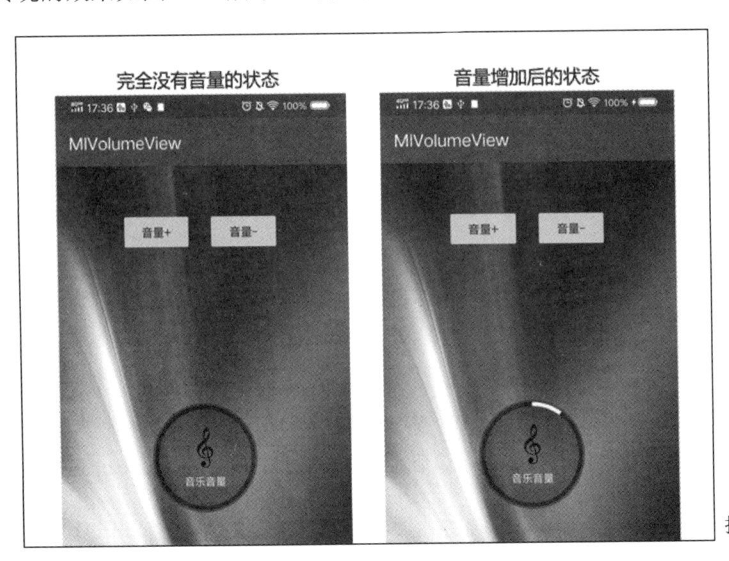

扫码查看动态效果图

图 9-25

在本节中，自定义的控件就是图 9-26 中标识当前音量的半透明控件，它的组合过程也如图 9-26 所示。

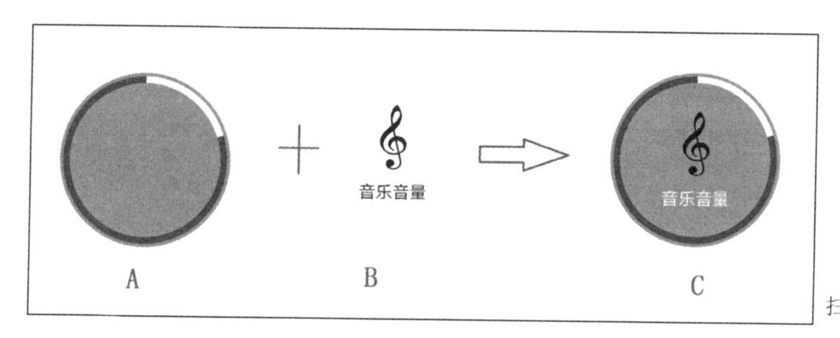

扫码查看彩色图

图 9-26

在图 9-26 中，控件 A 是一个基于 View 的自定义控件，主要实现了音量的加减展示效果；控件 B 是由 ImageView 和 TextView 组合产生的显示效果。

将它们组合，会形成最终提供给用户使用的自定义控件。这就是本节所要实现的音量效果控件的制作原理。

9.3.1　初步实现 VolumeView

本节要实现的效果如图 9-27 所示。

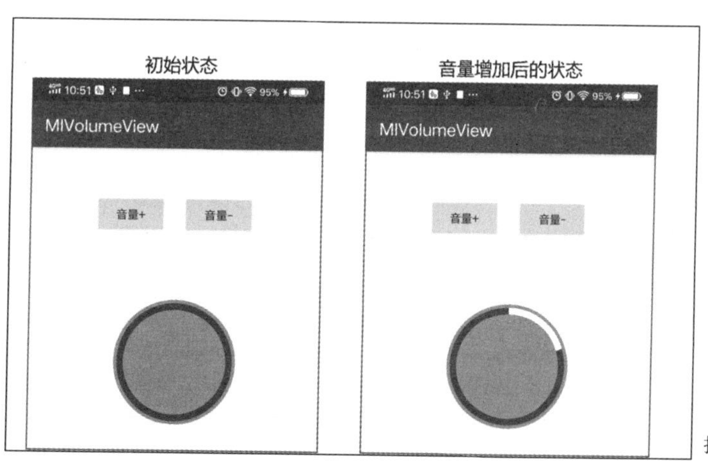

扫码查看动态效果图

图 9-27

可以看到，我们要实现的是音量的增加、减少动画。很明显，这个控件继承自 View 的自定义控件，实现起来与 9.2 节中的圆环动画差不多。

9.3.1.1　重写 onMeasure

根据我们学过的知识，自定义一个继承自 View 的控件 VolumeView，并重写 onMeasure 方法，当 layout_width/layout_height 取 wrap_content 时，将默认值设为 150dp，代码如下：

```
public class VolumeView extends View {
    private static int DEFAULT_DIMENSION;
    public VolumeView(Context context) {
        super(context);
        init(context);
    }

    public VolumeView(Context context, @Nullable AttributeSet attrs) {
        super(context, attrs);
        init(context);
    }

    public VolumeView(Context context, @Nullable AttributeSet attrs, int
defStyleAttr) {
        super(context, attrs, defStyleAttr);
        init(context);
    }

    private void init(Context context) {
        DEFAULT_DIMENSION = dipToPx(context, 150);
    }

    public int dipToPx(Context context, int dip) {
        float px = context.getResources().getDisplayMetrics().density;
        return (int) (dip * px + 0.5f);
    }

    @Override
    protected void onMeasure(int widthMeasureSpec, int heightMeasureSpec) {
        int widthMode = MeasureSpec.getMode(widthMeasureSpec);
        int heightMode = MeasureSpec.getMode(heightMeasureSpec);
        int widthSize = MeasureSpec.getSize(widthMeasureSpec);
        int heightSize = MeasureSpec.getSize(heightMeasureSpec);

        if (widthMode == MeasureSpec.AT_MOST && heightMode == MeasureSpec.AT_MOST) {
            setMeasuredDimension(DEFAULT_DIMENSION, DEFAULT_DIMENSION);
        } else if (widthMode == MeasureSpec.AT_MOST) {
            setMeasuredDimension(DEFAULT_DIMENSION, heightSize);
        } else if (heightMode == MeasureSpec.AT_MOST) {
            setMeasuredDimension(widthSize, DEFAULT_DIMENSION);
        } else {
            setMeasuredDimension(widthMeasureSpec, heightMeasureSpec);
        }
    }
}
```

这段代码我们已经讲过很多遍了，这里就不再赘述了。下面在 Activity 中使用这个 VolumeView（activity_volume.xml）：

```
<RelativeLayout xmlns:android="http://schemas.android.com/apk/res/android"
                xmlns:tools="http://schemas.android.com/tools"
                android:layout_width="match_parent"
```

```
            android:layout_height="match_parent"
            tools:context="com.clock.harvic.blogwonderfulview.VolumeActivity">

    <Button
        android:id="@+id/buttonAdd"
        android:layout_width="wrap_content"
        android:layout_height="wrap_content"
        android:layout_marginLeft="80dp"
        android:layout_marginTop="55dp"
        android:text="音量+" />

    <Button
        android:id="@+id/buttonDelete"
        android:layout_width="wrap_content"
        android:layout_height="wrap_content"
        android:layout_marginLeft="20dp"
        android:layout_marginTop="55dp"
        android:layout_toRightOf="@+id/buttonAdd"
        android:text="音量-" />

    <com.clock.harvic.blogwonderfulview.VolumeView
        android:id="@+id/volumeView"
        android:layout_width="wrap_content"
        android:layout_height="wrap_content"
        android:background="@android:color/holo_green_dark"
        android:layout_centerInParent="true"/>

</RelativeLayout>
```

这里主要设置了后面会用到的两个音量键，并给 VolumeView 控件设置了一个背景，以便可以清楚地看出它的大小和位置，效果如图 9-28 所示。

扫码查看彩色图

图 9-28

9.3.1.2　绘制背景

接着，我们将绘制音量的圆形背景和圆环背景，如图 9-29 所示。

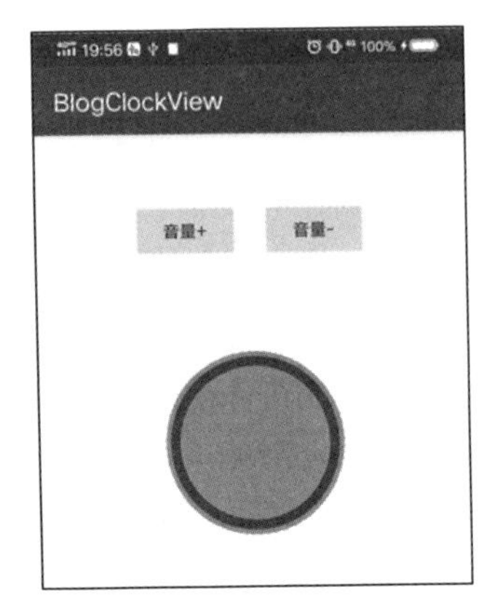

扫码查看彩色图

图 9-29

首先，我们需要定义并初始化一些变量：

```
private Paint mPaint = new Paint();
private int mBackgroundColor = 0x60000000;
private int mBorderWidth = 0;
private int mVolumeBgColor = 0x80000000;

private void init(Context context) {
    DEFAULT_DIMENSION = dipToPx(context, 150);
    mBorderWidth = dipToPx(context, 8);
}
```

这里定义了几个变量 mPaint 用于绘图，mBackgroundColor 是圆形背景颜色，mVolumeBgColor 是音量圆环背景颜色，mBorderWidth 是音量圆环宽度。

这里将 mBorderWidth 默认指定为 8dp。

然后，与 9.2 节中画扇形一样，我们在 onSizeChanged 中确定控件大小后，计算中心点坐标，确定各种与控件长宽相关的变量：

```
private int mRadius;
private int mVolumeRadius;
private int mCenterX, mCenterY;

@Override
protected void onSizeChanged(int w, int h, int oldw, int oldh) {
    super.onSizeChanged(w, h, oldw, oldh);
    mRadius = Math.min(w, h) / 2;
    mVolumeRadius = mRadius - mBorderWidth;

    mCenterX = w / 2;
    mCenterY = h / 2;
}
```

这里的代码逻辑与 9.2 节中的一样，就是求出整个控件的中心点位置(mCenterX,mCenterY)。

mRadius 是指背景圆形的半径，取控件最短边长的一半：mRadius = Math.min(w, h) / 2;。mVolumeRadius 是指音量的背景圆环的半径，其值是通过背景圆形半径减去 mBorderWidth 得到的。原理如图 9-30 所示。

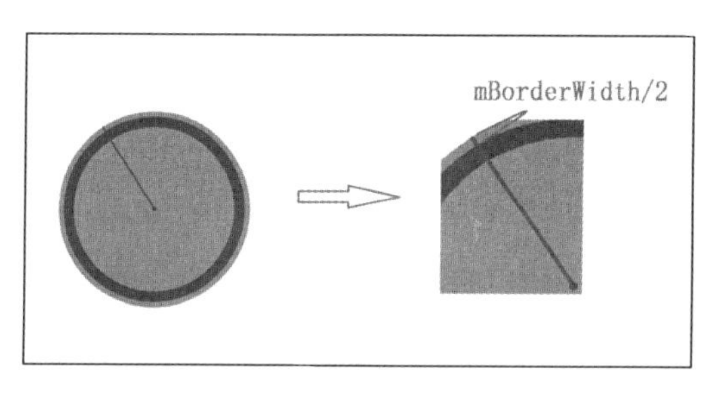

扫码查看彩色图

图 9-30

从图 9-30 中可以看到，中间红色圆圈的半径就是 mVolumeRadius，它的描边宽度是 mBorderWidth。我们知道，描边宽度为 mBorderWidth 时，画出来的描边效果是以要描边的线为中心线，在中心线两侧各画上宽度为 mBorderWidth/2 的色彩来完成描边效果的。所以，当 mVolumeRadius 的长度取 mVolumeRadius = mRadius – mBorderWidth;时，刚好能与外围的背景圆形相差宽度 mBorderWidth/2，这样看起来会好看一些。

接下来，我们就开始根据计算出来的数据进行绘制：

```
protected void onDraw(Canvas canvas) {
    super.onDraw(canvas);

    canvas.save();
    canvas.translate(mCenterX, mCenterY);
    mPaint.setColor(mBackgroundColor);
    mPaint.setStyle(Style.FILL);
    canvas.drawCircle(0, 0, mRadius, mPaint);

    mPaint.setStyle(Style.STROKE);
    mPaint.setColor(mVolumeBgColor);
    mPaint.setStrokeWidth(mBorderWidth);

    //画音量背景
    canvas.drawCircle(0, 0, mVolumeRadius, mPaint);

    canvas.restore();
}
```

这段代码比较简单，就是利用 canvas 画出背景圆的颜色和音量背景圆。

在将控件的绿色背景去掉后，效果如图 9-29 所示。

9.3.1.3　绘制音量

在不考虑动效的情况下，随便画出一个角度的音量状态图，效果如图 9-31 所示。

图 9-31

首先，初始化变量。因为我们需要画扇形，所以需要在 onSizeChanged 中初始化画扇形所用的矩形：

```
    private RectF mVolumeRect;
    private int mVolumeColor = Color.WHITE;
    @Override
    protected void onSizeChanged(int w, int h, int oldw, int oldh) {
        super.onSizeChanged(w, h, oldw, oldh);
        mRadius = Math.min(w, h) / 2;
        mVolumeRadius = mRadius - mBorderWidth;
        mCenterX = w / 2;
        mCenterY = h / 2;
        mVolumeRect = new RectF(-mVolumeRadius, -mVolumeRadius, mVolumeRadius,
mVolumeRadius);
    }
```

mVolumeRect 是画扇形所用的矩形，因为在绘图时会将中心点移到(mCenterX,mCenterY)，音量扇形与音量背景圆环在同一个位置，所以它所对应的圆的半径同样是 mVolumeRadius，对应的矩形就是 new RectF(–mVolumeRadius, –mVolumeRadius, mVolumeRadius, mVolumeRadius)。mVolumeColor 用于指定音量的颜色，默认是白色。

最后，在 onDraw 函数绘图过程中，把音量画出来：

```
    protected void onDraw(Canvas canvas) {
        super.onDraw(canvas);

        canvas.save();
        …

        //画音量
        mPaint.setColor(mVolumeColor);
        canvas.drawArc(mVolumeRect, -90, 90, false, mPaint);
        canvas.restore();
    }
```

这里需要注意的是，我们绘制扇形时，绘制扇形的函数是有起始方向的，0° 是沿 x 轴正方向的，沿顺时针方向扇形的角度逐渐增大。如果从正上方开始绘制扇形的话，需要从–90° 开始绘制，所以这里指定的 startAngle 参数为–90。

效果如图 9-31 所示。

9.3.2 实现音量动效

这里实现音量动效的原理与 9.2 节扇形逐渐增长的动效原理是相同的，都是通过动画使一个角度的扇形逐渐变为另一个角度的扇形。

9.3.2.1 音量划分

从图 9-23 中可以看出，每次音量增大时的弧度都是相同的，这说明我们需要事先对音量进行划分，每次增加相同的角度。

这里定义 3 个变量：

```
private int mVolumeNum;
private int mMaxVolume = 10;
private int mUniteDegree = 360 / mMaxVolume;
```

mMaxVolume 表示将整个音量区间划分为多少段，这里是划分为 10 段，所以每一段所对应的度数为 36°。每段所对应的度数用 mUniteDegree 来表示。mVolumeNum 表示当前的音量值，很明显，它的最大值是 10。

9.3.2.2 响应音量按键

接下来，需要提供两个接口，以便使用者增大和减小音量：

```
private boolean mIsVolumeUp = true;
/**
 * 增大音量
 */
public void volumeUp() {
    mIsVolumeUp = true;
    if (mVolumeNum < mMaxVolume) {
        mVolumeNum++;
        startAnim();
    }
}

/**
 * 减小音量
 */
public void volumeDown() {
    mIsVolumeUp = false;
    if (mVolumeNum > 0) {
        mVolumeNum--;
        startAnim();
    }
}
```

因为增大音量和减小音量的动画是不同的，所以这里定义了一个变量 mIsVolumeUp，用于标识当前是增大音量还是减小音量，以识别出当前的动作，做出对应的动画；当 mIsVolumeUp 为 true 时，表示增大音量。

可以看到，这里的 volumeUp()和 volumeDown()并没有做实质增大音量和减小音量的操作，而只是对 mVolumeNum 进行加减操作，然后调用 startAnim()做出对应的动画。

这里只是演示了动画控件的制作，如果大家想真的实现音量的增减，可以在这两个函数中补充上音量增大、减小的代码。

下面是 startAnim()函数的具体实现：

```
private int mAnimatedDegree;
private void startAnim() {
    ValueAnimator valueAnimator = ValueAnimator.ofInt(0, mUniteDegree);
    valueAnimator.setDuration(300);
    valueAnimator.addUpdateListener(new ValueAnimator.AnimatorUpdateListener() {
        @Override
        public void onAnimationUpdate(ValueAnimator animation) {
            mAnimatedDegree = (int) animation.getAnimatedValue();
            invalidate();
        }
    });
    valueAnimator.start();
}
```

因为每增大或减小一个音量，就是增大或减小 mUniteDegree 角度。所以，我们定义了一个动画，让它从 0 变化到 mUniteDegree，然后将变化过程中的动画保存在 mAnimatedDegree 中，并重新绘制界面。

大家可以重新看一下图 9-23 所示的效果，音量在增大时，是逐渐从 0 增加到 mUniteDegree 的；而音量在减小时，是逐渐从 0 减小到 mUniteDegree 的。

扫码查看动态效果图

所以，可以将绘制当前音量的部分修改为以下代码：

```
@Override
protected void onDraw(Canvas canvas) {
    super.onDraw(canvas);

    …

    if (mIsVolumeUp) {
        int num = mVolumeNum - 1 > 0 ? mVolumeNum - 1 : 0;
        canvas.drawArc(mVolumeRect, -90, mUniteDegree * num + mAnimatedDegree,
false, mPaint);
    } else {
        int num = mVolumeNum + 1;
        canvas.drawArc(mVolumeRect, -90, mUniteDegree * num - mAnimatedDegree,
false, mPaint);
    }

    canvas.restore();
}
```

因为在音量增加时，是先将 mVolumeNum 加 1，再执行动画的，所以在动画开始前，mVolumeNum 所表示的是动画结束时的音量，我们需要先执行 mVolumeNum – 1，以计算出当前还没有开始执行动画时的真正音量：

```
int num = mVolumeNum - 1 > 0 ? mVolumeNum - 1 : 0;
```

这里进行了>0 的判断，以防在 mVolumeNum – 1 的结果为负数时绘图不正确。此时的扇形绘制角度就是 mUniteDegree * num + mAnimatedDegree，其中 mUniteDegree * num 是指动画开始前的角度，mAnimatedDegree 是指当前动画应该增加的角度。

同样地，当音量减小时，需要利用 int num = mVolumeNum + 1;计算出在动画执行前的音量值。扇形的绘制角度是 mUniteDegree * num – mAnimatedDegree，其中 mUniteDegree * num 是指动画开始前的度数，mAnimatedDegree 是指当前动画应该减少的度数。

到这里，整个自定义控件的动画效果就完成了，接下来是在点击按钮时调用 volumeUp()和 volumeDown()的过程。

9.3.2.3 调用音量增大/减小接口

这部分的实现代码很简单，就是在点击“音量+”按钮时调用 mVolumeView.volumeUp();，在点击“音量–”按钮时调用 mVolumeView.volumeDown();：

```
public class VolumeActivity extends AppCompatActivity {
    private VolumeView mVolumeView;
    @Override
    protected void onCreate(Bundle savedInstanceState) {
        super.onCreate(savedInstanceState);
        setContentView(R.layout.activity_volume);

        mVolumeView =  findViewById(R.id.volumeView);

        findViewById(R.id.buttonAdd).setOnClickListener(new OnClickListener() {
            @Override
            public void onClick(View v) {
                mVolumeView.volumeUp();
            }
        });
        findViewById(R.id.buttonDelete).setOnClickListener(new OnClickListener() {
            @Override
            public void onClick(View v) {
                mVolumeView.volumeDown();
            }
        });

    }
}
```

到这里，整个 VolumeView 的效果就完成了。

扫码查看动态效果图

9.3.3 组合控件

现在，我们自定义的 VolumeView 就已经做完了，接下来就是将其与音乐图标和文字组合在一起。之前都是通过 Canvas 绘图在同一个自定义 View 中来完成的，但这种做法明显是相对复杂的。

9.3.3.1 组装控件

在这里，我们尝试使用组合组件的方法来实现添加音乐图标和文字的效果，组合原理如图 9-32 所示。

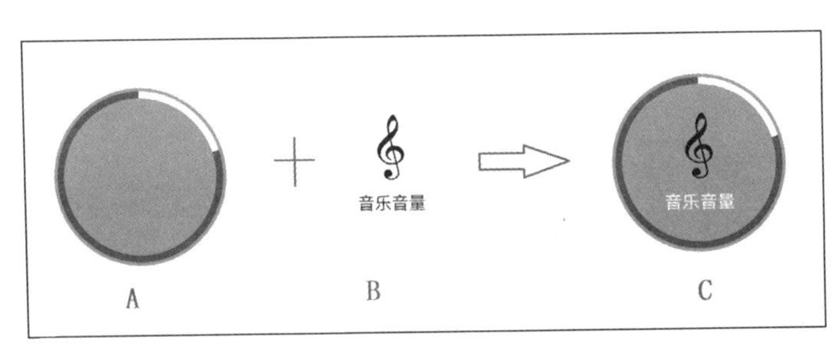

图 9-32

将该组合组件转化为布局代码就是（volume_layout.xml）：

```
<?xml version="1.0" encoding="utf-8"?>
<RelativeLayout xmlns:android="http://schemas.android.com/apk/res/android"
             xmlns:custom="http://schemas.android.com/apk/res-auto"
             android:layout_width="wrap_content"
             android:layout_height="wrap_content"
             android:layout_gravity="center"
             android:gravity="center"
             android:orientation="vertical">

    <com.clock.harvic.blogwonderfulview.VolumeView
       android:id="@+id/volume"
       android:layout_width="wrap_content"
       android:layout_height="wrap_content"/>

    <LinearLayout
       android:layout_width="wrap_content"
       android:layout_height="wrap_content"
       android:layout_centerInParent="true"
       android:orientation="vertical">

       <ImageView
          android:id="@+id/img_volume"
          android:layout_width="58dp"
          android:layout_height="48dp"
```

```
            android:layout_gravity="center"
            android:scaleType="fitXY"
            android:src="@mipmap/icon" />

        <TextView
            android:id="@+id/text"
            android:layout_width="wrap_content"
            android:layout_height="wrap_content"
            android:layout_below="@+id/img_volume"
            android:layout_gravity="center"
            android:layout_marginTop="8dp"
            android:text="铃声音量"
            android:textColor="@android:color/black"
            android:textSize="13sp" />
    </LinearLayout>

</RelativeLayout>
```

代码很简单，就是利用相对布局把 3 个控件组合成图 9-32 所示的样子。

写好布局代码后，我们需要定义一个 ViewGroup 对象来使用这个布局，所以下面自定义一个 Layout：

```
public class VolumeLayout extends FrameLayout {
    private VolumeView mVolumeView;
    public VolumeLayout(@NonNull Context context) {
        super(context);
        init(context);
    }

    public VolumeLayout(@NonNull Context context, @Nullable AttributeSet attrs) {
        super(context, attrs);
        init(context);
    }

    public VolumeLayout(@NonNull Context context, @Nullable AttributeSet attrs, int
defStyleAttr) {
        super(context, attrs, defStyleAttr);
        init(context);
    }

    private void init(Context context){
        LayoutInflater inflater = LayoutInflater.from(context);
        View view = inflater.inflate(R.layout.volume_layout, this);
        mVolumeView =  view.findViewById(R.id.volume);
    }

    /**
     * 增大音量
     */
    public void volumeUp() {
        mVolumeView.volumeUp();
```

```
    }

    /**
     * 减小音量
     */
    public void volumeDown() {
        mVolumeView.volumeDown();
    }
}
```

这里需要注意一下初始化部分的代码，其中一句很重要：

```
View view = inflater.inflate(R.layout.volume_layout, this);
```

这个 inflate 函数所对应的构造函数为：

```
public View inflate(@LayoutRes int resource, @Nullable ViewGroup root)
```

其中的第二个参数 ViewGroup root 用于指定将加载进来的布局作为哪个控件的子控件。这里指定了 this，表示会将其作为 VolumeLayout 的子控件，这时，在整个控件树 R.layout.volume_layout 中的所有控件都可以在 VolumeLayout 中通过 findViewById 查找到。

这里可以通过 mVolumeView = view.findViewById(R.id.volume); 查找到自定义的 VolumeView，因为我们对外使用的是 VolumeLayout，需要将 VolumeView 的所有操作进行重新包装，所以我们同样开放两个接口 volumeUp()和 volumeDown()供用户操作。

9.3.3.2 使用组装控件

因为我们已经将 VolumeView 封装在 VolumeLayout 中了，所以需要修改 Activity 的布局，将布局中的 VolumeView 控件修改为 VolumeLayout：

```
<RelativeLayout xmlns:android="http://schemas.android.com/apk/res/android"
            xmlns:tools="http://schemas.android.com/tools"
            android:layout_width="match_parent"
            android:layout_height="match_parent"
            tools:context="com.clock.harvic.blogwonderfulview.VolumeActivity">

    <Button
        android:id="@+id/buttonAdd"
        android:layout_width="wrap_content"
        android:layout_height="wrap_content"
        android:layout_marginLeft="80dp"
        android:layout_marginTop="55dp"
        android:text="音量+" />

    <Button
        android:id="@+id/buttonDelete"
        android:layout_width="wrap_content"
        android:layout_height="wrap_content"
        android:layout_marginLeft="20dp"
        android:layout_marginTop="55dp"
        android:layout_toRightOf="@+id/buttonAdd"
        android:text="音量-" />
```

```
    <com.clock.harvic.blogwonderfulview.VolumeLayout
        android:id="@+id/volumeView"
        android:layout_width="wrap_content"
        android:layout_height="wrap_content"
        android:layout_centerInParent="true"/>

</RelativeLayout>
```

同样地，在代码中使用时也需要修改：

```
public class VolumeActivity extends AppCompatActivity {
    private VolumeLayout mVolumeLayout;
    @Override
    protected void onCreate(Bundle savedInstanceState) {
        super.onCreate(savedInstanceState);
        setContentView(R.layout.activity_volume);

        mVolumeLayout = findViewById(R.id.volumeView);

        findViewById(R.id.buttonAdd).setOnClickListener(new OnClickListener() {
            @Override
            public void onClick(View v) {
                mVolumeLayout.volumeUp();
            }
        });
        findViewById(R.id.buttonDelete).setOnClickListener(new OnClickListener() {
            @Override
            public void onClick(View v) {
                mVolumeLayout.volumeDown();
            }
        });

    }
}
```

这样，整个功能就完成了，效果如图 9-33 所示。

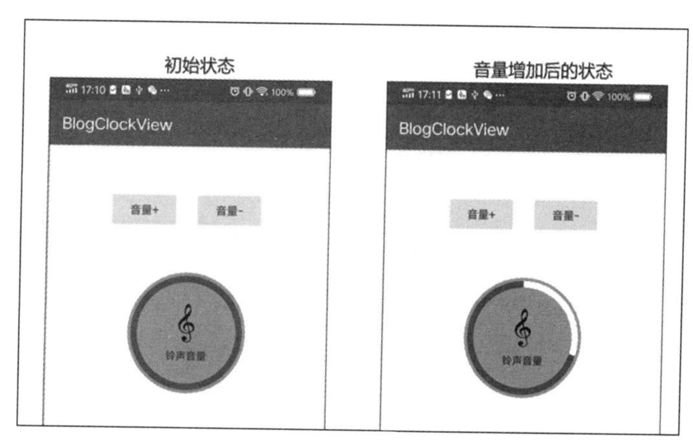

扫码查看动态效果图

图 9-33

如果你在整个 Activity 布局底部加上一张背景图，就会得到图 9-23 所示的效果。

从这里可以看出，通过组合已有控件，可以将多个控件封装在一起供外部使用，这也是一种自定义控件的实现方式。因为我们封装了控件的逻辑，所以可以减少整体代码复杂度，比把所有的布局放在一个页面来回操作代码要清晰得多。这种封装控件的技巧在代码开发中会经常用到。

第 10 章 Lottie 动画框架

你最大的竞争力就是永远保持能随时跳槽的能力，愿大家永远工作顺利，不受委屈。

10.1 Lottie 概述

一般，在纸质书中不会只讲开源框架的使用，因为纸质书出版周期较长，出版后不太容易对内容进行实时修改，等你看到本书时，Lottie 的版本可能已经很高了，一些原本的 bug 可能已经被修复，一些原始的使用方法也可能被废弃，所以本书更注重讲解 Lottie 框架的核心原理。原理性的东西，除非它重新架构，否则是不可能改变的。

近半年，我都在公司内部推动 Lottie 框架的使用，给 UI 和开发人员讲了很多次课，主要就是因为它太好用了，在很大程度上降低了 Android 原生自定义控件的开发成本。所以，我觉得有必要在本书即将结束时，把 Android 自定义控件史上革命性的产品介绍给大家。

10.1.1 Lottie 是什么

10.1.1.1 Lottie 起源

Lottie 是 Airbnb 开源的一套跨平台的、完整的动画效果解决方案，设计师可以使用 Adobe After Effects（简称 AE）设计出漂亮的动画之后，使用 Lottic 提供的 BodyMovin 插件将设计好的动画导出成 JSON 格式，这样就可以直接运用在 iOS、Android、Web 和 React Native 上，无须进行其他额外操作，如图 10-1 所示。

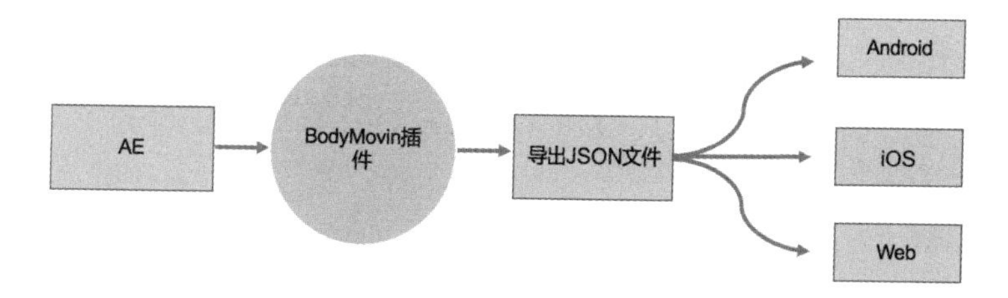

图 10-1

初次看图 10-1 时，可能看不太懂，这是整个 Lottie 的完整使用过程，具体步骤的解释如下。

（1）UI 同学使用 AE 做好动画效果。

（2）使用一个 AE 插件 BodyMovin 将 AE 中做好的动画导出来，导出来的格式是 JSON 格式。JSON 文件中存储的是整个 AE 动画及其显示的信息。

（3）使用 Lottie 框架可以实现在各平台上加载这个 JSON 文件，并实现与 AE 完全相同的效果。

可能有些同学会说："这有什么难度，gif 动画也能跨平台使用，用这个东西干啥？"这么说没错，但是既然说它好用，那就必然有它的优势，稍后会细讲，这里可以先理解个大概。

10.1.1.2　Airbnb 为什么做 Lottie

关于 Airbnb 做 Lottie 的完整原因，可以参考 Airbnb 官方网站（链接[3]）中的介绍，主要原因有如下几点：

- 开发与 UI 来回微调，太费时费力。
- 采用 gif、逐帧动画实现的效果都不理想。
- 自定义一个动画太复杂，开发及维护成本特别高，导致很多 App 上基本不怎么有动画。

10.1.1.3　为什么叫 Lottie

Lottie 取自德国一位著名女导演的名字 Lotte Reiniger（洛特·雷尼格），她导演了世界上首批动画故事片之一：《阿基米德王子历险记》（改编自《一千零一夜》），如图 10-2 所示。

扫码查看彩色图

图 10-2

这部动画片的惊人之处在于它是全部用剪刀和纸创造出来的惊人的动画艺术。《阿基米德王子历险记》这部剪纸动画长片不仅被公认为剪纸动画片领域中的经典之作，且有史学家认为这部作品是真正意义上的第一部动画长片。

作品记叙了这样一个故事：邪恶的巫师献给哈里发一匹魔法飞马，想以此换取和哈里发的女儿迪娜纱德的婚姻。阿基米德王子厌恶这笔交易，劝说父王拒绝了巫师。巫师为了报复王子，念咒语欺骗王子坐上飞马，飞马腾空飞去，开始了一段漫长的冒险之旅。旅途中，王子一路消灾解难，来到被施了魔法的瓦克岛，爱上了岛上的公主帕丽•巴奴，通过一段曲折的经历后，王子终于赢得了公主的心，带着公主回到了父王的宫殿。

10.1.2　Lottie demo 之基本功能

在本章对应的源码文件中有 LottieSamplc.apk，大家可以在自己手机上安装这个 APK，本节会以此 APK 来讲解 Lottie 的功能及优势，其源码可以在 GitHub 上搜索 lottie-android 工程找到，大家也可以 clone 下来自己编译运行。

demo 的运行界面如图 10-3 所示。

图 10-3

这里，我将它划分为 3 个区域。

第 1 个区域：是可以左右滑动的，这几个示例是官网上的，Lottie 能做的事情都在一行的几个功能示例中体现出来了。

第 2 个区域：是一个上下滑动的 listView，显示的是 Lottie 社区中各个开发者上传的最新的 Lottie 效果。

第 3 个区域：有几个可切换的 Tab 键，各有不同的功能，稍后会讲。

在这里需要注意的是，在点击第 2 区域中的效果时，程序可能会崩溃，这是因为 Lottie 是同时支持 Android、iOS 和 H5 的，而各个平台的支持程度不一样，比如，有些 H5 支持的功能，Android 无法支持，但 Android Lottie 框架还不是很完善，在不支持的时候程序就会崩溃，所以不必太担心。

10.1.2.1　App Tutorial

该功能的使用效果可通过扫描右侧二维码查看。

扫码查看动态效果图

底层的动画是加载 Lottie JSON 文件出现的。可以看到，底层的动画是可以与手势进行交互的，这就是 Lottie 框架的优势之一：可以与手势结合。单就这一点，就是 gif 动画和逐帧动画做不到的。

10.1.2.2 Dynamic Properties

该功能的使用效果可通过扫描右侧二维码查看。

扫码查看动态效果图

可以看到，在点击按钮之后，动画会做出相应的改变，这说明在动画运行中是可以通过代码改变动画属性的，这就是 Lottie 动画的第二个优势。

10.1.2.3 Animated Text

该功能的使用效果可通过扫描右侧二维码查看。

扫码查看动态效果图

从效果图中可以看出，程序针对每个字母进行了捕捉替换。这里的效果在整体理解了 Lottie 之后是很容易做出来的，Lottie 所对应的 View 其实是继承自 ImageView 的，所以它可以使用 SpannableStringBuilder 的 ImageSpan 替换指定的字符来实现这里的效果。

10.1.2.4 Dynamic Text

该功能的使用效果可通过扫描右侧二维码查看。

扫码查看动态效果图

从效果图中可以看出，在动画运行中是可以改变文字内容的，这也是通过改变动画中某些属性值来做到的，跟 Dynamic Properties 中的原理一样。

10.1.2.5 Bullseye

该功能的使用效果可通过扫描右侧二维码查看。

扫码查看动态效果图

这里除了可以拖动的天蓝色按钮，其他都是 Lottie JSON 实现的动画效果，这个天蓝色按钮是利用原生控件实现的额外的 View，它会跟着手指移动，而 Lottie 动画则捕捉手指位置，动态改变动画中元素的属性值，所以动画中的圆形看起来是可以跟着手指移动的，其实这也是通过改变 Lottie 动画中元素的属性值来做到的。

10.1.2.6 RecyclerView

该功能的使用效果可通过扫描右侧二维码查看。

扫码查看动态效果图

这里的效果很简单，就是与控件点击结合，根据点击事件加载不同的 Lottie 动画效果进行实现的。这里其实要讲的就是，这个 Lottie View 是可以响应各种事件的，像普通 View 一样。因为 Lottie View 是继承自 ImageView 的，所以 ImageView 能响应的操作，Lottie View 也都能够响应。

10.1.3　Lottie demo 之在线加载 Lottie

该功能的使用效果可通过扫描右侧二维码查看。

可以看到，在第二部分的上下滑动列表中有很多在线 Lottie 动画，点进去以后可以看到这个动画具体的动画内容。

扫码查看动态效果图

10.1.3.1　进度条与工具栏

在动画底部有个进度条，进度条上各个数字及按钮的意义如图 10-4 所示。

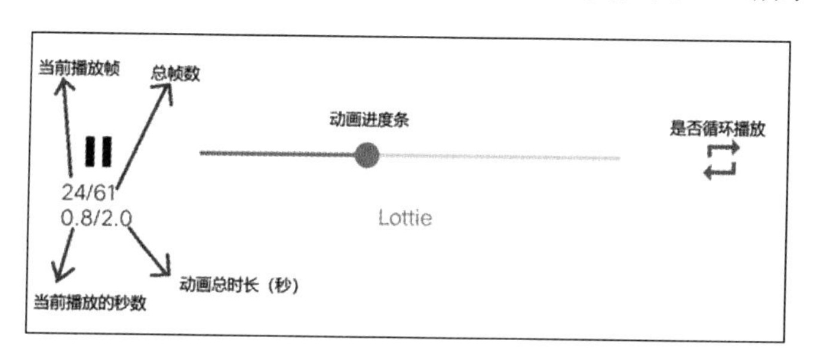

图 10-4

通过总帧数和动画总时长就可以计算出帧率，帧率 = 总帧数/总时长，所以这个动画的帧率就是 61/2.0 ≈ 30。

在动画下面有个工具栏，其完整的工具按钮如图 10-5 所示。

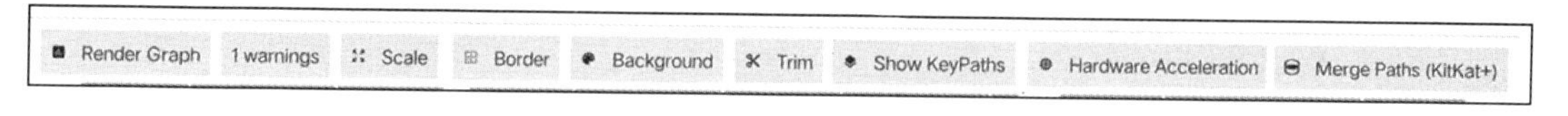

图 10-5

下面逐个讲解它们的作用。

10.1.3.2　工具栏之 Render Graph

点击该按钮后，将会弹出如图 10-6 左侧所示的渲染耗时的信息。

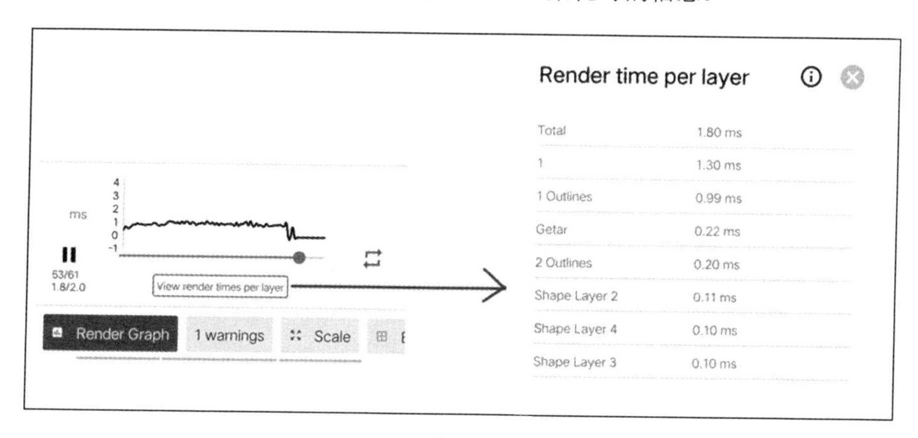

图 10-6

x 轴是进度条，表示当前动画的进度；*y* 轴表示当前帧渲染的耗时，单位是毫秒。从这里可以大概看出哪一帧比较耗时，可以用来优化动画的制作方式。

当点击按钮 View render times per Layer 时，会弹出如图 10-6 右侧所示的详细信息，它对应的是 AE 源文件中每一个图层所对应的渲染耗时。

10.1.3.3　工具栏之 Warnings

点击该按钮后，将会弹出如图 10-7 所示的警告信息。

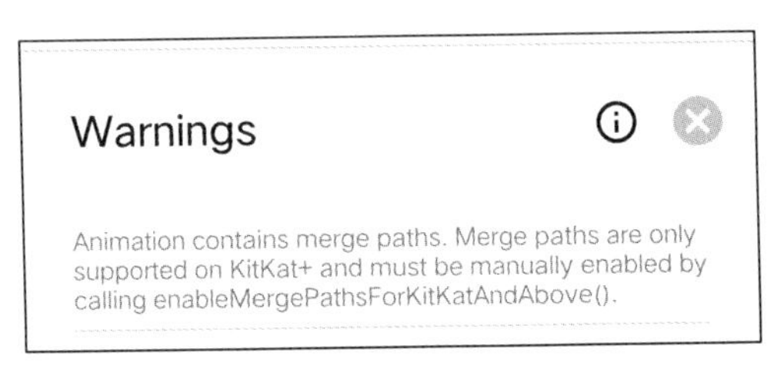

图 10-7

因为 Lottie 并不是对 AE 中所有的操作都支持，所以如果当前的 AE 文件中有 Lottie 不支持的操作，Warning 中就会提示。

10.1.3.4　工具栏之 Scale

点击该按钮后，将会弹出缩放条，拖动缩放条，可以对整个动画大小进行缩放，效果如图 10-8 所示。

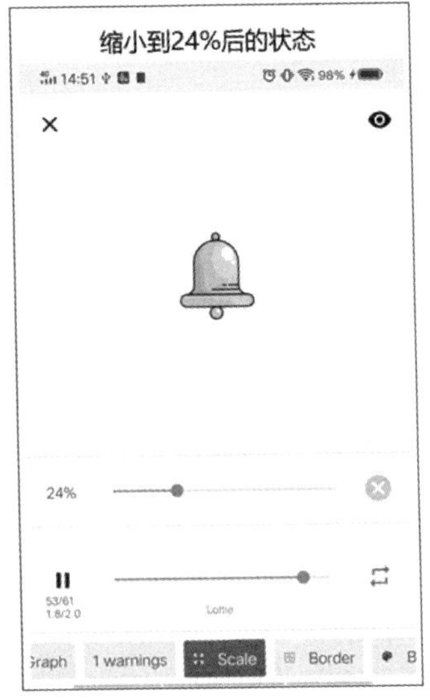

扫码查看动态效果图

图 10-8

前面提到过，LottieAnimationView 是继承自 ImageView 的，所以它天生具有 ImageView 的所有属性，进行整体缩放当然不在话下。

10.1.3.5　工具栏之 Border

点击该按钮后，会在源动画外侧显示一个黑边框，效果如图 10-9 所示。

图 10-9

在点击 Border 按钮后，会通过 setBackgroundResource 来给源 LottieAnimationView 添加一个带有黑框的背景图，这就是增加 Border 的原理。

10.1.3.6　工具栏之 Background

点击按钮后，会显示背景选择栏，当选中背景颜色后，整个动画的背景颜色将会变为对应颜色。

扫码查看彩色图

该效果是通过给播放动画的 LottieAnimationView 的父容器设置背景色来实现的。当动画的背景是透明色时，通过给父容器设置背景色就可以实现背景色的替换。这里的前提是，Lottie 动画中原本的背景就是透明的，如果原来的 Lottie 动画有纯色背景的话，这种实现方法就是不可行的，只能通过代码改变原 Lottie 动画的背景色来实现了。

10.1.3.7　工具栏之 Trim

点击 Trim 按钮后，会弹出开始帧索引和结束帧索引的修改框，如图 10-10 所示。

当修改开始帧索引或结束帧索引后，整个 Lottie 就从新的开始帧索引开始播放，直到新的结束帧索引结束。这就实现了裁剪动画时长的功能，效果可通过扫描右侧二维码查看。

扫码查看动态效果图

在该效果中，将开始帧索引从 0 变为 30，整个动画的播放就是从第 30 帧开始，从第 60 帧结束的。这说明 Lottie 支持对动画时长进行裁剪。

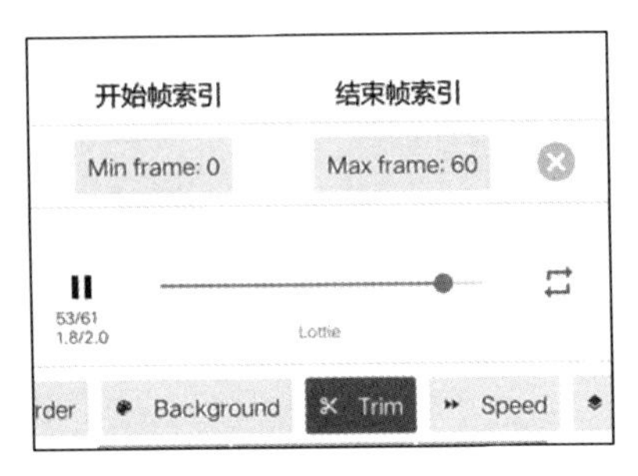

图 10-10

10.1.3.8 工具栏之 Speed

在点击 Speed 按钮后，会弹出速度选择栏，如图 10-11 所示。

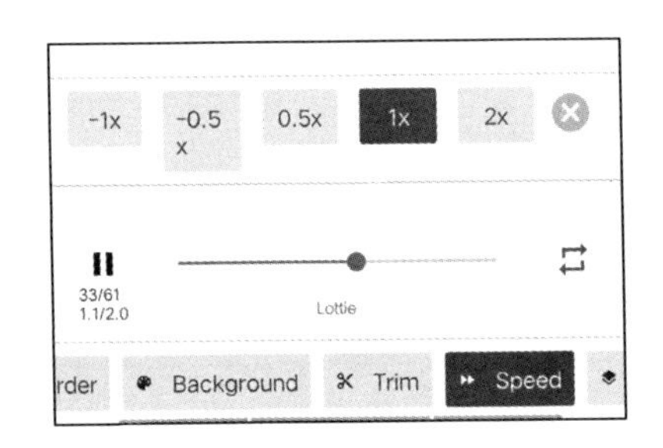

图 10-11

效果可通过扫描右侧二维码查看。

扫码查看动态效果图

可以看到，当设置的进度>1 时，动画播放是加速的，当<1 时，动画是慢放的。当设置的进度数值为正数时，动画是正向播放的；当设置的进度数值为负数时，动画是倒序播放的。

10.1.3.9 工具栏之 Show KeyPaths

点击该按钮后，将会显示出动画运行的详细步骤，如图 10-12 所示。

在这里列出针对每一帧做动画时所改变的属性值，当 Lottie 动画渲染效果出现问题时，可以根据这里的信息来找到哪一帧渲染的哪一个图层，进而定位问题。

10.1.3.10 工具栏之 Hardware Acceleration

该按钮的主要功能是开启硬件加速。我们都知道，硬件加速可以提高渲染效率，减少 CPU 的消耗，但问题是，在硬件加速状态下，有些系统函数无法使用，会导致动画效果与 AE 原效果不一致，所以大家可以根据自身的情况选择是否开启硬件加速。

扫码查看动态效果图

通过扫描右侧二维码可以看到在关闭与开启硬件加速状态下的渲染耗时。

从效果图中可以看出，在开启了硬件加速后，每一帧的渲染耗时明显减少。

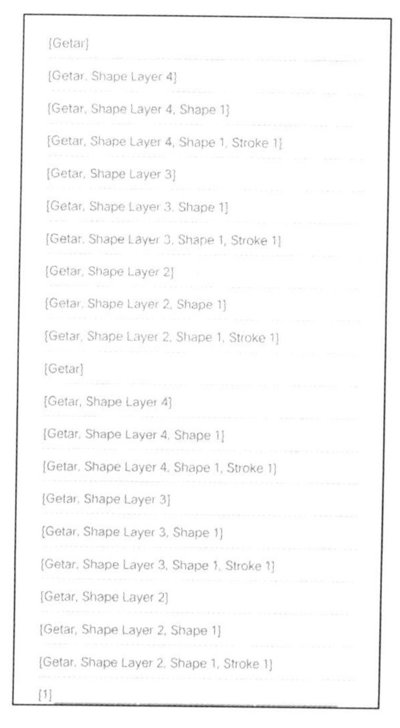

图 10-12

10.1.3.11　工具栏之 Merge Path（KitKat+）

该功能用来开启 Path.op (Path path, Path.Op op)函数，该函数的完整声明如下：

```
public boolean op (Path path, Path.Op op)
```

其中 Path.Op 是一个枚举类型，如下：

```
DIFFERENCE //差集
INTERSECT //交集
REVERSE_DIFFERENCE //结果与 DIFFERENCE 相反
UNION //并集
XOR //异或
```

这几个枚举类型的意义可以参考《Android 自定义控件开发入门与实战》1.4.3 节中区域相交的效果进行了解。

使用 Path 操作功能，一方面有 API 支持等级的限制——该函数在 API>=19 时才可用；另一方面，开启该功能会严重消耗性能，在低端手机上体验较差，所以默认情况下，该功能是关闭的，用户可以通过调用 enableMergePathsForKitKatAndAbove()函数来手动开启该功能。

该用例的实现效果可通过扫描右侧二维码查看。

可以看到，在开启 Merge Path 后，铃铛下面的圆圈就不见了，这是因为在开启 Path 操作时，可能会导致贝塞尔曲线降阶。将三阶曲线降为二阶曲线，将二阶曲线直接降为直线，导致与原有的视觉效果不一致。所以，应慎重选择使用该功能。

扫码查看动态效果图

10.1.4 Lottie demo 之其他功能

10.1.4.1 Lottie demo 之 Preview

当切换到 demo 的第二个 Tab 时，可以看出有 4 个功能，如图 10-13 所示。

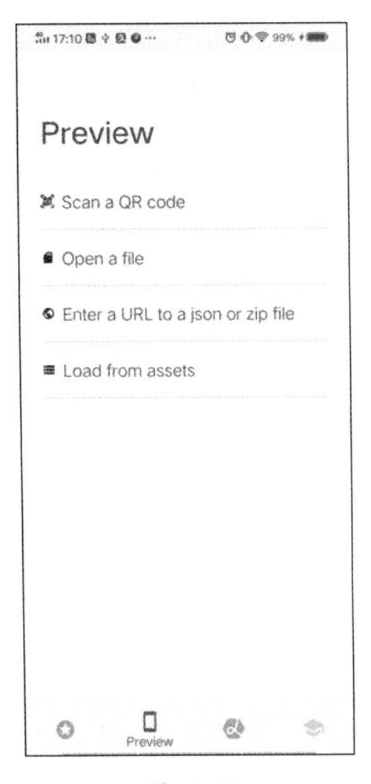

图 10-13

- Scan a QR code：根据一个二维码加载一个 Lottie JSON 文件，并播放动画。稍后讲到 Lottie 社区时，这个功能非常实用。
- Open a file：从 SD 卡中加载一个 Lottie JSON 文件。
- Enter a URL to a json or zip file：根据网址加载一个 JSON 文件或加载一个完整的资源包。资源包的概念，我们后面会讲到。
- Load from assets：从 Lottie demo 的 assets 文件夹中选择一个 JSON 文件加载。

10.1.4.2 Lottie demo 之 Lottiefiles

Lottiefiles 是 demo 底部的第三个 Tab，该 Tab 的界面如图 10-14 所示。

在该 Tab 的顶部有另外 3 个 Tab，分别是 Recent、Popular 和 Search。

- Recent：显示在 Lottie 社区中最新上传的 Lottie 动画。
- Popular：显示在 Lottie 社区中最受欢迎的 Lottie 动画。
- Search：搜索 Lottie 动画。

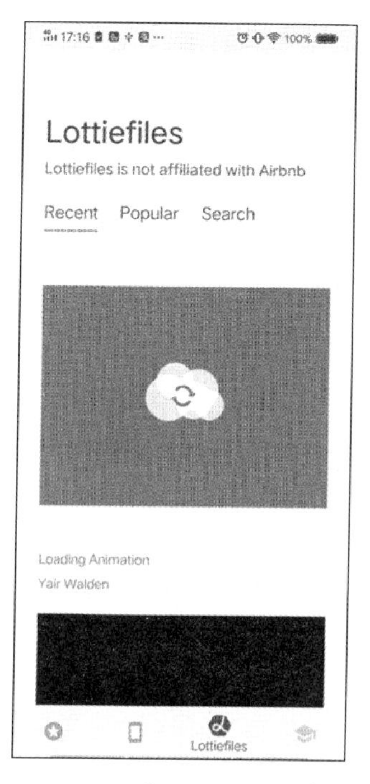

图 10-14

10.1.4.2　Lottie demo 之 Learn

在点击该 Tab 按钮后，将跳转到 Lottie 官方文档页面。

10.1.5　Lottie 社区

10.1.5.1　Lottie 社区主界面

在 Lottie 社区（链接[4]）中，可以看到很多 Lottie 开发者上传的开源的 Lottie 动画，该网站截图如图 10-15 所示。

图 10-15

点击任一一个动画，都会打开动画属性页面，截图及各个功能如图 10-16 所示。

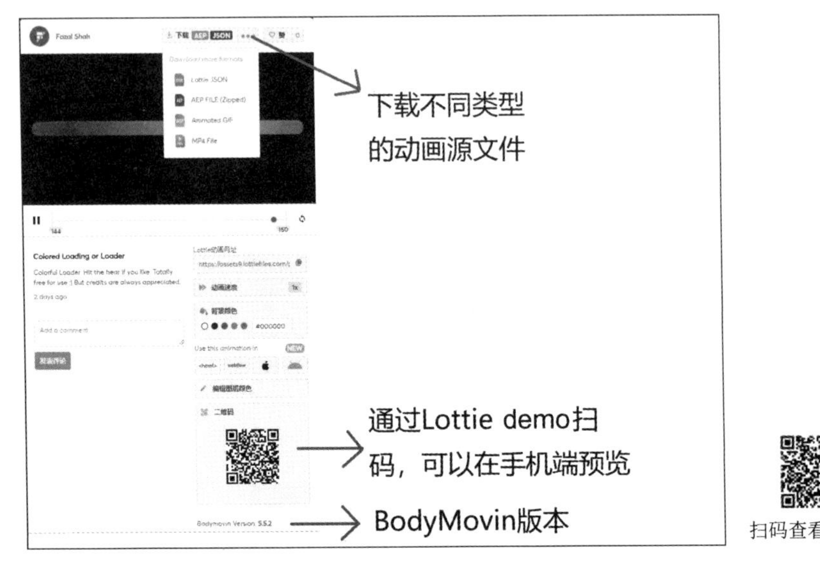

扫码查看彩色图

图 10-16

可以看到，我们不仅能改变动画的一些属性，还能下载该动画的 JSON 源文件和 AE 源文件。这样，我们就可以直接使用或修改后再使用这些 Lottie 动画了。

需要注意的是，在右侧底部有 BodyMovin 版本信息，这是根据 AE 源文件生成 JSON 文件的 BodyMovin 插件的版本信息，BodyMovin 版本不同，所支持的 AE 功能也不同，一般而言，版本越高，所支持的 AE 功能越丰富。

10.1.5.2 Lottie 社区之预览

在主界面的右上角，有一个预览（浏览）按钮，链接的地址是 https://lottiefiles.com/preview，该功能界面如图 10-17 所示。

图 10-17

可以将一个 JSON 文件或一个 zip 压缩包拖入图 10-17 所示的界面。因为 Lottie 是支持图片和字体样式的，所以当我们不仅想要预览一个单纯的 JSON 文件，还想要预览其中的图片或字体资源时，可以将 JSON 文件、相关的图片和字体资源一起打包成一个 zip 压缩包，然后将 zip 压缩包拖入该功能界面来预览。

当然，这种预览方式并不常用，稍后我们将讲解其他更常用的预览方法。

10.1.6　Lottie 动画优势

通过使用上面的 Lottie demo，可以看出 Lottie 相比逐帧动画和 gif 动画有如下几个优点。

（1）矢量图形，不会出现失真。

（2）占用空间小，仅一个 JSON 文件的大小。

（3）可以修改属性，动态生成简单交互动画。

（4）节省 UI、开发时长，仅需要交互完成即可。

（5）节省代码微调时间，AE 完成的即最终效果。

（6）多平台使用（Android、iOS、H5）。

10.2　Lottie 与 AE

在 10.1 节中，我们大致了解了 Lottie 的特性，本节将介绍 Lottie 的完整使用流程。

10.2.1　环境安装

10.2.1.1　AE 下载

这里使用的 AE 版本为 Adobe After Effects CC 2017 版。建议大家使用的与此版本保持一致，因为版本不同，支持的特性不同，会导致效果不一致，在学习时尽量使用与本书一致的版本（后面的工具也是如此），在理解原理后，就不用考虑使用哪个版本了，大家可以自行升级到最高版本进行研究。

10.2.1.2　安装 BodyMovin 插件

1．下载插件

这里使用的 BodyMovin 插件版本是 5.4.4，大家可以在我提供的资源包中找到。

想了解此插件可以在 GitHub 上搜索 airbnb，bodymovin.zxp 插件位于 airbnb/lottie-web/tree/master/build/extension/目录下。

2．安装插件

安装插件的步骤如下所示。

（1）先关闭 AE。

（2）将 bodymovin.zxp 的后缀改为 rar，然后用 WinRAR 将其解压，并将解压后的文件夹直接复制到 C:\Program Files (x86)\Common Files\Adobe\CEP\extensions 或 C:<username>\AppData\Roaming\Adobe\CEP\extensions 下（如图 10-18 所示）；在 macOS 下的路径是/Library/Application Support/Adobe/CEP/extensions/bodymovin。

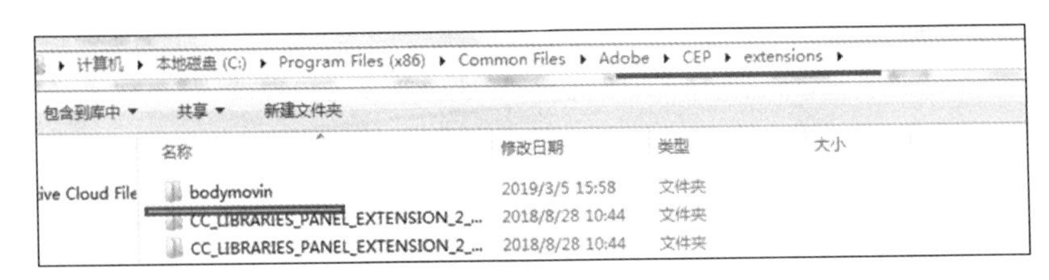

图 10-18

（3）修改注册表。在 Windows 系统下，打开注册表修改器，找到 HKEY_CURRENT_USER/Software/Adobe/CSXS.6，并在此路径下添加一个名为 PlayerDebugMode 的 KEY，并赋值为 1（如图 10-19 所示）；在 macOS 下，打开文件~/Library/Preferences/com.adobe.CSXS.6.plist 并在末尾添加一行，键为 PlayerDebugMode，值为 1。

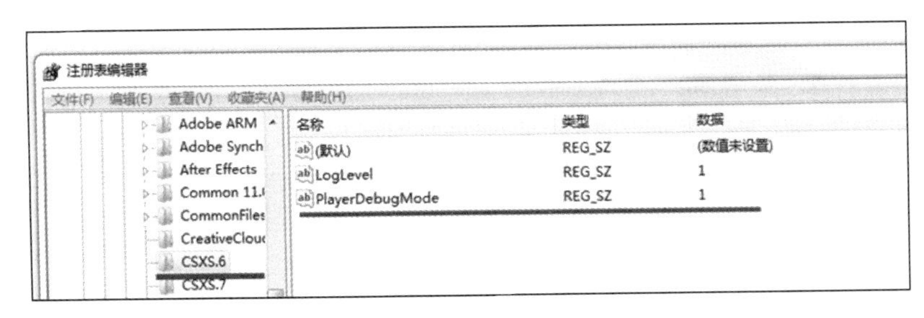

图 10-19

（4）在 AE 中进行设置，无论以何种方式安装 BodyMovin 插件，都需要在 AE 的“编辑→首选项→常规”中勾选允许脚本写入文件和访问网络（默认不开启）。

10.2.2　Lottie 完整使用流程

扫码查看动态效果图

在源文件中，有一个我做好的 AE 动画源文件（工动画.aep），其动画效果可通过扫描右侧二维码查看。

可以看到，这个动画是一个工字型图像，透明度会随着旋转渐变，同时图像会向右偏移，然后反向回到初始位置。关于 AE 的使用，不在本节讲解范围内，一般大家也无须掌握，只需要知道 AE 是如何与 Android 交互的即可。本节及之后讲到的有关 AE 支持及个别方案的讲解，只是为了让大家了解 AE 中的制作方式，因为只有知道在 AE 中怎么做，才能完整地推动这个组件使用。毕竟，出了问题，总需要开发人员来调试。

10.2.2.1　导出 JSON

打开资源文件中“工动画.aep”文件，按空格键，就可以自动播放动画文件，并看到大致的动画效果。从图 10-1 中可以知道，Lottie 加载的是 JSON 文件，所以要通过 BodyMovin 插件导出这个 AE 动画对应的 JSON 文件，操作过程如图 10-20 所示。

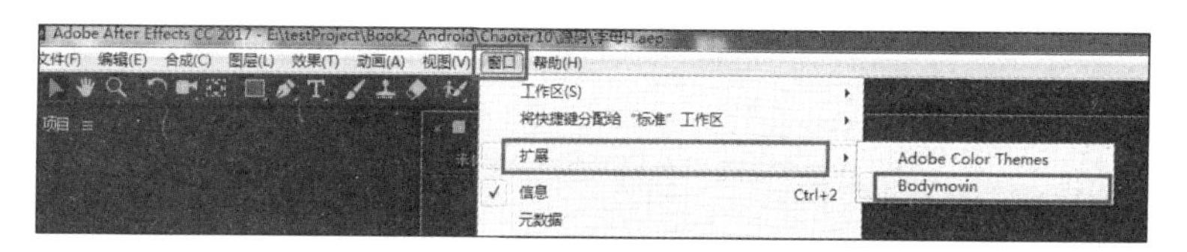

图 10-20

通过“窗口→扩展→Bodymovin”即可打开 BodyMovin 插件窗口，如图 10-21 所示。

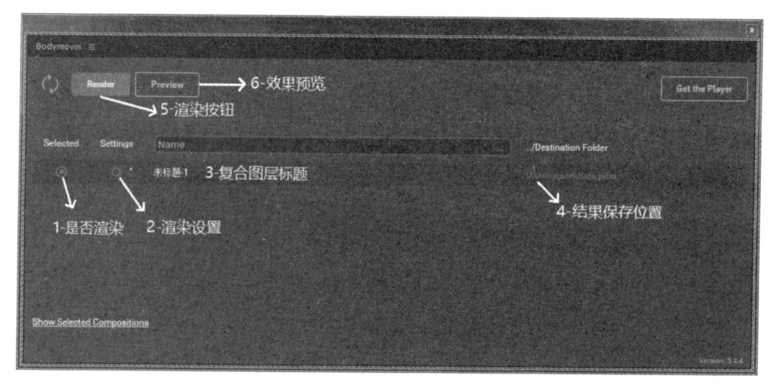

图 10-21

在这个界面中，有几个很重要的功能按钮，在图 10-21 中，我们使用 1、2、3、4、5、6 进行了标注。

1-是否渲染：默认是不选中的。当我们选中时，图标中间会有绿色填充，表示该复合图层将会被渲染；未选中时，图标中间没有绿色填充。

2-渲染设置：用于设置渲染结果的输出类型，点击后，弹出的界面如图 10-22 所示。

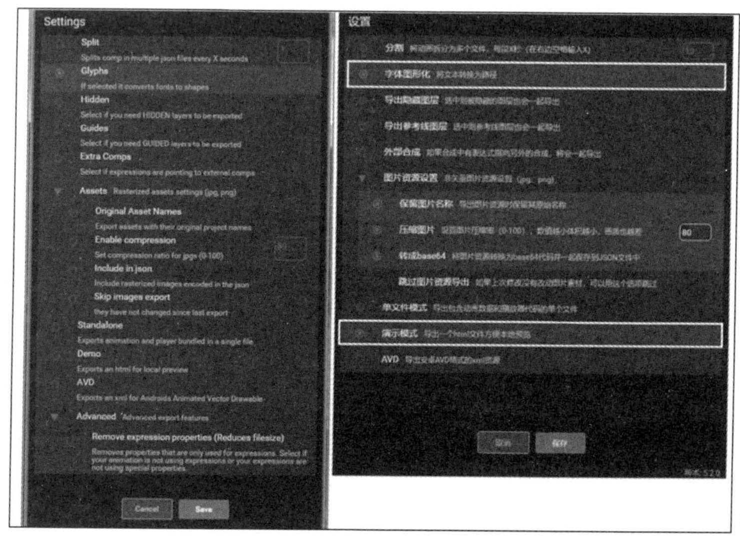

扫码查看彩色图

图 10-22

这里展示了中英文界面的对比，可以同时设置多个选项，当被选中后，该渲染设置项就会生效。每一项的中文表述已经很清楚了，这里就不再复述每一项的具体意义了，各位的 UI 设计师都会理解。

一般而言，对于 Android 开发而言，只选择 Glyphs（字体图形化）选项即可。这样，输出时只会有我们需要的资源和 JSON 文件。

如果你需要能够直接预览，则可以选中 Demo 选项，将会输出对应的 html 文件，可以直接打开给其他人预览。

默认情况下只选中 Glyphs，这里保持默认即可。

3-复合图层标题：这里展示当前复合图层的标题，我们就是根据这个标题来识别哪个是我们需要的动画，进而渲染它的。

4-结果保存位置：这里默认是没有地址的，我们必须手动指定它的保存位置。

5-开始渲染按钮：点击这个按钮后，就会开始渲染了。

6-效果预览按钮：用于渲染完成后进行预览，稍后会讲到。

现在，点击开始渲染按钮开始导出 JSON 文件。在渲染完成后，BodyMovin 出现的界面如图 10-23 所示。

图 10-23

打开保存位置的文件夹，即可看到渲染出来的所有资源文件，在这个工程中，只有 data.json 文件，如图 10-24 所示。

图 10-24

10.2.2.2 使用 data.json 文件

接下来就是在 Android 工程中使用这个 data.json 文件了，很显然，需要引入 Lottie 依赖。为了降低初期的使用难度，大家可以直接使用源码中的示例代码。该代码中已经引入了 Lottie

依赖，大家可以直接使用。下一节将详细讲解有关代码使用的问题。

使用 data.json 文件非常简单，只需要两步。

第 1 步，将 data.json 添加到工程的 assets 文件夹中，如图 10-25 所示。

图 10-25

第 2 步，在布局中直接使用：

```
<?xml version="1.0" encoding="utf-8"?>
<LinearLayout
    xmlns:android="http://schemas.android.com/apk/res/android"
    xmlns:app="http://schemas.android.com/apk/res-auto"
    xmlns:tools="http://schemas.android.com/tools"
    android:orientation="vertical"
    android:gravity="top"
    android:layout_width="match_parent"
    android:layout_height="match_parent"
    tools:context=".MainActivity">

    <Button
        android:id="@+id/btn_jump_height"
        android:layout_width="match_parent"
        android:layout_height="wrap_content"
        android:padding="20dp"
        android:layout_marginTop="10dp"
        android:text="更改属性"/>

    <com.airbnb.lottie.LottieAnimationView
        android:id="@+id/animation_view"
        android:layout_width="wrap_content"
        android:layout_height="wrap_content"
        app:lottie_autoPlay="true"
        app:lottie_loop="true"
        app:lottie_fileName="data.json"/>

</LinearLayout>
```

可以看到，这里直接引入了LottieAnimationView控件，Lottie动画所涉及的只有这一个View。它继承自 ImageView，所以支持 ImageView 的所有属性；另外，为了支持 Lottie 本身的特性，它也自定义了一些属性，这里涉及了以下 3 个。

- app:lottie_fileName="data.json"：Lottie 动画所对应的 JSON 文件地址是 assets 文件夹中的地址。在这里，data.json 前面没有任何其他地址，代码会直接到 assets/data.json 这个地址中读取文件。如果这里定义 app:lottie_fileName="third/data.json"，那么代码会到 assets/third/data.json 中读取文件。

- app:lottie_autoPlay="true"：是否自动播放，取值为 true 和 false。
- app:lottie_loop="true"：是否循环播放，取值为 true 和 false。

如此便可实现动画效果，运行后的效果可通过扫描与右侧二维码查看。

扫码查看动态效果图

可以看到，使用 Lottie 的整个过程非常简单，只需要将 UI 设计师给我们的 Lottie JSON 文件加载进来，就可以实现完整的动画效果。

下面来看一下 JSON 文件中的内容，并研究一下 JSON 中的字段是如何与 AE 中的动画对应起来的。

10.2.3 Lottie JSON 与 AE

本节将详细讲解 JSON 文件的结构，并将其与 AE 中的功能对应起来，以了解这个属性值的具体意义，进而更详细地了解 JSON 文件的组成。

10.2.3.1 核心框架

如果我们仅显示最外层的框架字段，那么代码如图 10-26 中的左侧部分所示。

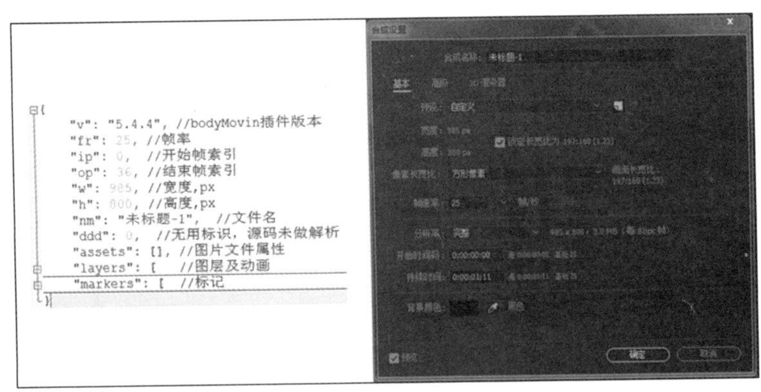

扫码查看大图

图 10-26

图 10-26 中的左侧部分表示 JSON 最外层框架字段，右侧部分表示在 AE 中复合图层“未标题-1”的合成设置选项页面。部分最外层框架字段的具体解释如下。

- fr：帧率，对应合成设置页面的“帧速率”选项。
- ip：开始帧索引，与合成设置里的选项没有直接对应关系。在合成设置里有一个开始时间码，它的格式是“时:分:秒:XX”，其中 XX 的取值范围是 0~99。我们知道在这个例子中，帧速率是 25 帧/秒，所以，如果开始时间码是 0:00:01:00，即从第一秒开始。那么，从第几帧开始呢？因为一秒有 25 帧，所以从第一秒开始，对应到的帧数就是第 25 帧（索引就是 24）。
- op：结束帧索引，即该动画从哪一帧结束。在 Lottie demo 中有一个动画裁剪的功能，就是通过改变开始帧索引和结束帧索引的值来实现的。
- w：动画宽度，对应合成设置的宽度参数。这里的 px 值仅是一个单位标识，跟我们理解的 px 不是同一个意思，并不是在 Android 屏幕上显示时所占的 px 数。在 Lottie 中，这个数值会根据屏幕分辨率进行缩放。

- h：动画高度，意义同 w。
- nm：该复合图层的名称，对应合成设置里的合成名称选项。
- assets：用于保存涉及的图片等资源信息。这里不存在图片，所以 assets 列表为空。
- layers：这个列表中含有组成这个复合图层的所有子图层的详细信息（包括图层显示信息与动画信息）。
- markers：如果我们对图层使用了标记功能，那么所有的标记将显示在这个字段对应的列表中。

10.2.3.2　Markers 标记

标记其实就是注释，是 AE 设计师给自己看的，所以我们一般用不到，但是因为涉及相关字段，所以还是需要了解一下。

在示例 AE 文件中，总共有 3 个标记，分别命名为标记一、标记二、标记三，如图 10-27 所示。

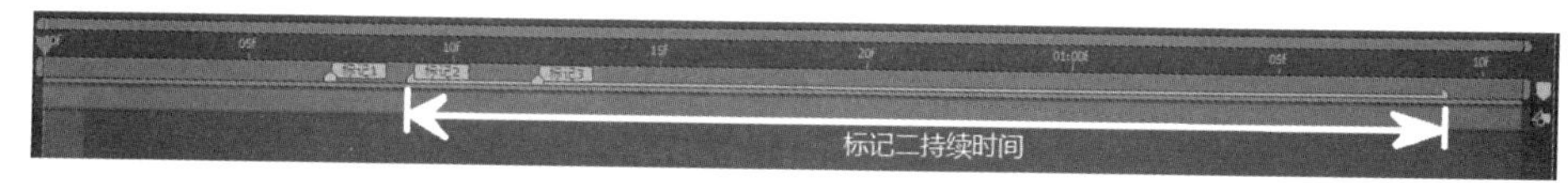

扫码查看大图

图 10-27

这里主要关注标记二的开始时间和持续时间即可。在图 10-28 中，左侧部分展示了 JSON 中 Markers 标记的内容，右侧部分展示了标记二的属性页面。

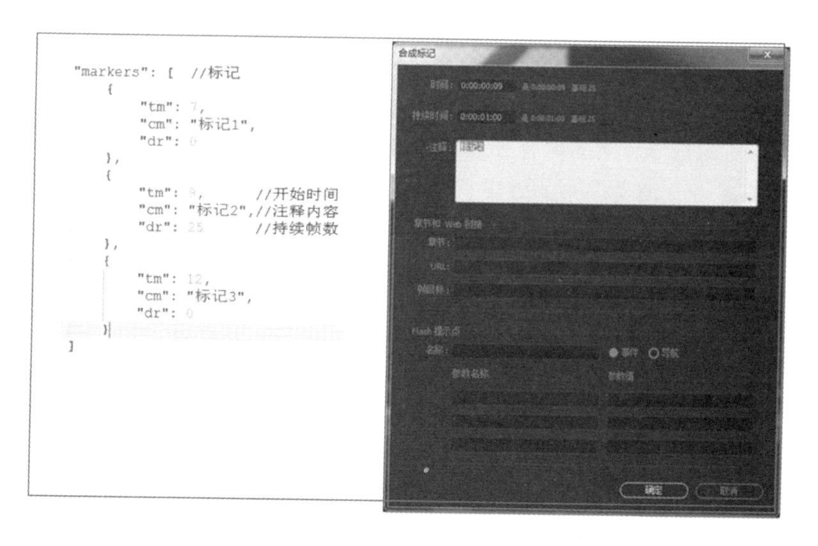

扫码查看大图

图 10-28

每个标记都有 tm、cm、dr 字段，每个字段在合成标记属性页面都可以找到对应的值。

- tm：表示开始时间。
- cm：表示注释内容，对应合成标记页面中的注释部分。
- dr：表示持续帧数，注意这不是持续时间，是帧数。

10.2.3.3 layers 标记

图 10-29 展示了示例 JSON 文件的 layers 标记下的所有字段。

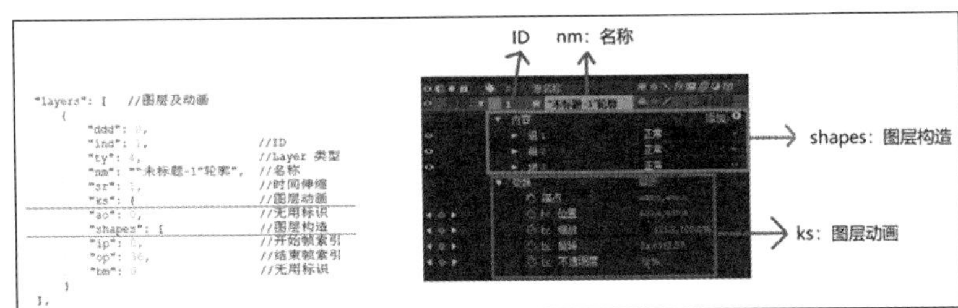

扫码查看大图

图 10-29

标记“无用标识”的是目前源码中没有解析的字段，后面讲解框架原理时，大家就可以去查看哪些字段有解析，哪些字段没有解析了。

在图 10-29 的右侧部分中，标注了图层属性与字段的关系。

- ty 字段：表示当前图层的类型。Lottie 支持 AE 中的所有图层类型，并会为每种图层枚举一个值——合成图层（0）、固态图层（1）、图片图层（2）、空对象（3）、形状图层（4）、文本图层（5）、未知图层（6），其中未知图层是兜底策略，以防有新增的图层样式，BodyMovin 识别不了。
- sr 字段：表示时间伸缩。一般动画是正常以速度播放的，但也能加速和慢速播放，而加速和慢速都是通过调整时间伸缩参数来实现的。
- ks 字段：对应 AE 中针对图层的变换操作组。这里存储着该图层动画的关键帧信息。
- shapes 字段：对应 AE 中的内容部分，存储的是 AE 动画的原始“长相”，即没有添加任何动画操作时，它渲染出来的效果。
- ip 字段：表示该图层的开始帧索引。我们知道一个 AE 复合图层可能由很多图层组成，每个图层开始时间和结束时间都不一定相同，而 ip 字段就表示当前这个图层的开始帧索引。
- op 字段：表示该图层的结束帧索引。

这里需要注意的是，每种图层类型都主要有两项内容：一个类似于这里的 shapes 字段，用来存储该图层原本（没有任何动画时）的“长相”；另一个是 ks 关键帧字段，用来存储该图层的动画信息。但是，由于图层类型不同，它们的 key 的命名也不相同，以便 Lottie 框架进行解析。这里就不一一列举所有类型的 key 的对应关系了，仅列举示例中形状图层的信息，后续的内容会讲解常用的图片图层和文本图层，其他图层的内容就靠大家自己探索了。

10.2.3.4　layers->ks 标记

下面来看一下 layers 中保存该图层动画关键帧信息的 ks 标记，如图 10-30 所示。

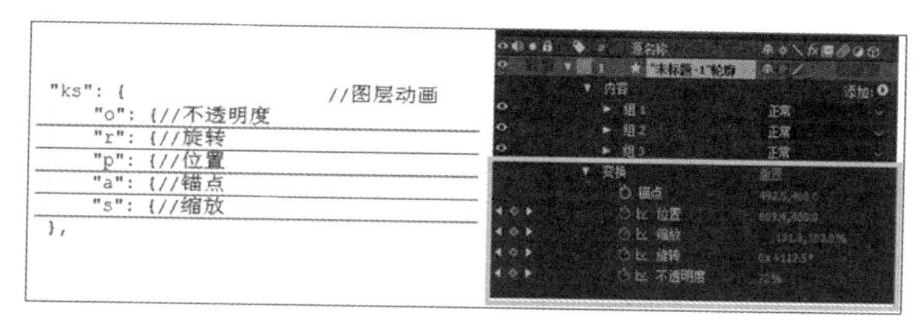

扫码查看大图

图 10-30

图 10-30 的左侧部分展示了 ks 标记下的所有字段。可以看到，每个字段在 AE 的变换栏下都是有对应功能的。

针对不透明度、旋转等功能添加关键帧的操作都是相同的，不同的是所展现出来的效果。大家可以翻看 o、r、p、a、s 字段中的内容，它们的关键帧的 Key 都是相同的。

图 10-31 展示了 o 标签下第二个关键帧所对应的 JSON 信息。

```
"k": [
    {
    {
        "i": {  //贝塞尔曲线起始控制点列表
            "x": [
                0.833
            ],
            "y": [
                0.833
            ]
        },
        "o": {  //贝塞尔曲线结束控制点列表
            "x": [
                0.167
            ],
            "y": [
                0.167
            ]
        },
        "t": 3,//(time)该关键帧所在Frame索引
        "s": [ //关键帧调整前的开始值
            100
        ],
        "e": [ //关键帧调整后的结束值
            10
        ]
    },
```

扫码查看大图

图 10-31

关键帧的核心字段的释义如下。

- i：贝塞尔曲线起始控制点列表，在 AE 中是可以对关键帧的控制点使用贝塞尔曲线的规则来控制的，稍后会加以讲解。
- o：贝塞尔曲线结束控制点列表，与 i 标记的区别是，一个是起始控制点，一个是结束控制点。
- t：关键帧所在的帧的索引，即该关键帧在哪一帧上。
- s：关键帧调整前的开始值。

- e：关键帧调整后的结束值，即下一个关键帧的开始值。

这里比较难理解的有两点，一个是贝塞尔曲线，一个是开始值和结束值的含义。

s 标记与 e 标记

图 10-32 展示了每个关键帧不透明度的数值。

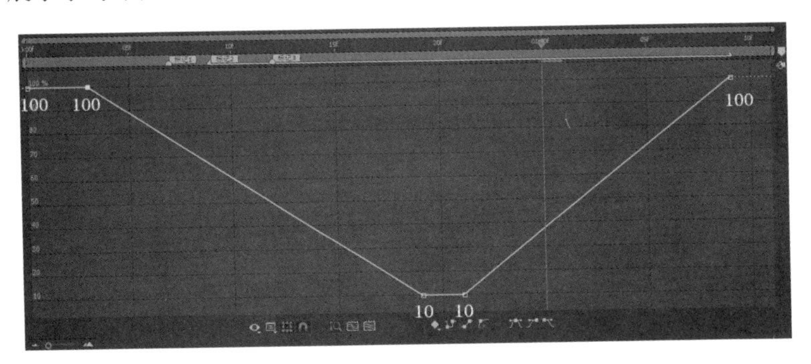

图 10-32

这里的 JSON 对应的是第二个关键帧，所以第二个关键帧的开始值即它改变前的不透明度数值（100），第二个关键帧的结束值是第三个关键帧的开始值（10）；s 标记的值是 100，e 标记的值是 10。

贝塞尔曲线

对 AE 比较了解的同学都知道，可以使用贝塞尔曲线来执行关键帧的变化，图 10-33 展示了显示出关键帧曲线信息的步骤。

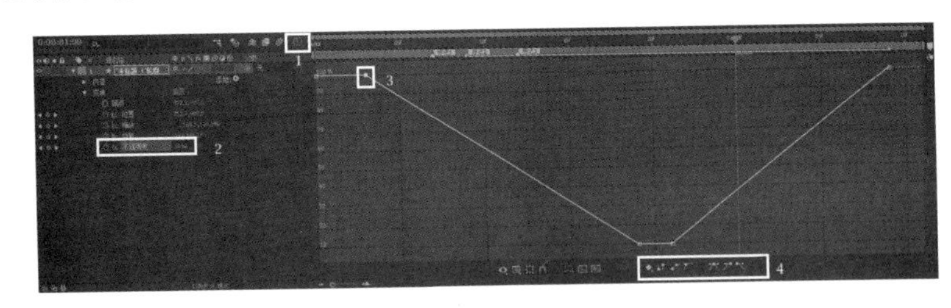

扫码查看大图

图 10-33

在图 10-33 中，有 1、2、3、4 这 4 个标记，意思分别如下所示。

- 标记 1：点击 AE 轨道上的这个按钮（图表编辑器），调出图表编辑器面板，如图 10-34 所示。
- 标记 2：点击变换中的任意一个有关键帧的效果，即可在图表编辑器面板中展示出该效果各个关键帧变化的曲线。
- 标记 3：从图表编辑器面板中，可以看到有很多关键节点，这些节点就是每个关键帧在图表上的表示方法，表示特效改变的关键帧所在位置及数据信息。
- 标识 4：通过这几个按钮，可以添加贝塞尔曲线控制节点，将生硬的变化折线改为圆滑的曲线。

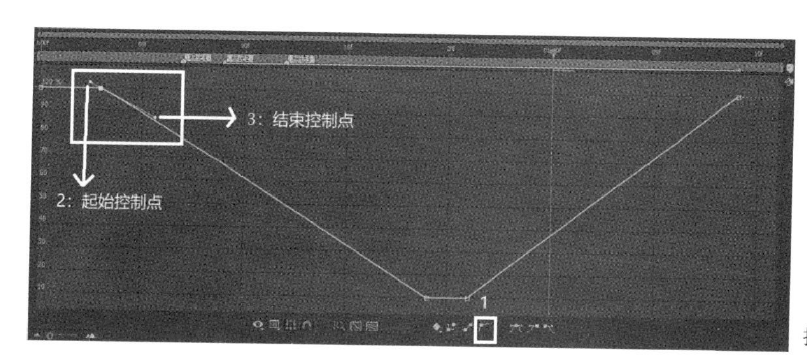

扫码查看大图

图 10-34

在选中第二个关键帧节点后，再点击上图标记 1 的按钮（将选定的关键帧自动转换为贝塞尔曲线），就会显示出该关键帧的贝塞尔曲线的控制点，起始控制点和结束控制点如图 10-34 所示，我们通过拖动起始控制点和结束控制点，便可以调整曲线的变化状态，使生硬的折线变为顺滑的曲线，如图 10-35 所示。

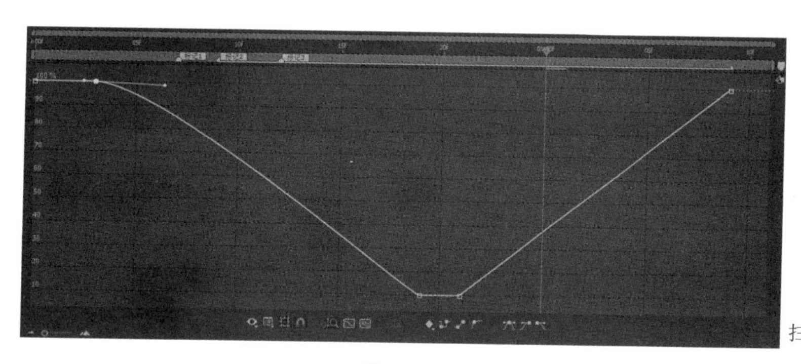

扫码查看大图

图 10-35

因为这个曲线其实是不透明度的变化情况，所以当曲线变化变得顺滑之后，不透明度的渐变也会显得比较流畅。

10.2.3.4　layers->shapes 标记

前面已经提到，shapes 标记是用来保存在没有动画的情况下图层的原始“长相”的。对应 AE 中的内容模块如图 10-36 所示。

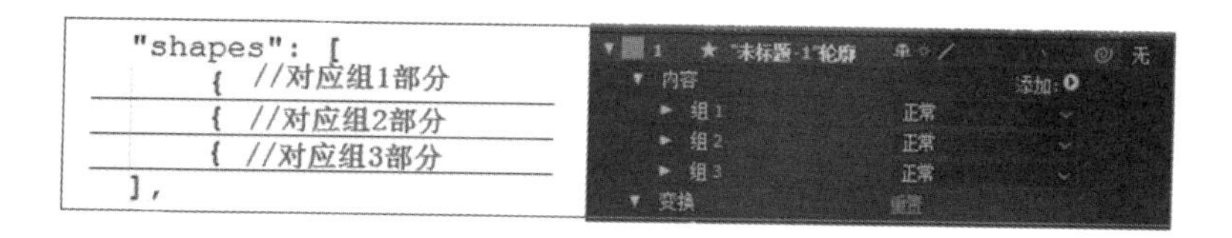

扫码查看大图

图 10-36

在图 10-36 中，左侧部分是 shapes 标签的组成，包含 3 组 JSON 字符串，对应 AE 内容模块中的 3 个组（组 1、组 2、组 3）。我们展开 shapes 标签中组 1 部分，来看一下各个字段与 AE 中内容面板的对应关系，如图 10-37 所示。

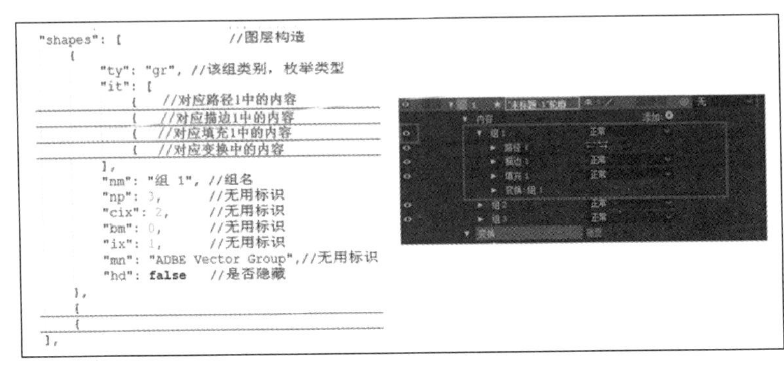

扫码查看大图

图 10-37

图 10-37 将组 1 的 JSON 字符数组进行了展开，可以看到，这部分内容表示了这个组的骨架性内容。

- ty：表示该组的类型。它是一个枚举类型，在解析时会根据不同的类型调用不同的解析器进行解析。gr 表示组成矢量图层的 group 类型。具体类型解析可以参考 Lottie 源码中 ContentModelParser 类的实现。
- it：表示组内的组成部分。它依然是一个数组形式，该标识的 value 有 4 组内容，分别对应组 1 中的路径 1、描边 1、填充 1 及变换里的内容。这里可以继续对组里的这 4 个类别分别添加关键帧，Body 会同样把它们解析出来，这里就不再深入分析 it 标签的组成内容了，一般不太会用到。大家有兴趣的话可以自己在 AE 中操作一下，然后看一下输出的 JSON 有什么不同。
- nm：表示该组的组名，在 AE 中是可以对组进行重命名的。
- hd：表示该组是否被隐藏，是否被隐藏可以参考 AE 中该组前的小眼睛标识，当这个小眼睛标识被点亮时是显示状态，否则是隐藏状态。

至此，本 AE 示例动画所涉及的所有属性及对应的 JSON 文件中各个标识的对应关系就讲解完了，想必大家已经对如何将 AE 动画解析为 JOSN 字符串有了大概的了解。下面再讲解一下图片图层和文本图层的使用。

10.2.4 图片图层的使用

上一节讲到了 AE 中目前共支持 6 种图层类型，BodyMovin 在进行解析时会根据不同的类型使用不同的解析方法。这里不打算对每一种图层进行解析，如果对 AE 中所有支持的方法都进行解析，可能需要重新出一本书了。这里只对常用的图片图层和文本图层进行解析，大家可以根据我的实验方法，自行对其他图层类型进行解析。

下图这个复合图层中只有一张图片，做的动画也非常简单，就是利用 3 个关键帧改变它的透明度，效果可通过扫描右侧二维码查看。

扫码查看动态效果图

导出的 JSON 文件如图 10-38 所示。

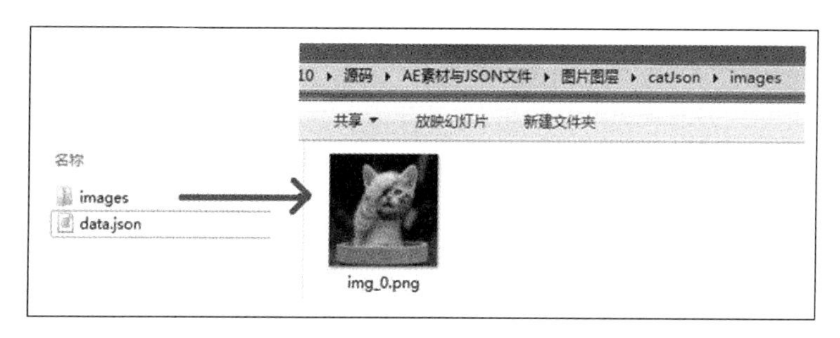

图 10-38

可以看到，除了 data.json 文件，还有一个 images 文件夹，其中的内容就是我们的图片，图片的命名是 BodyMovin 自动生成的，命名规则是 img_x，其中 x 表示在导出时的图片顺序索引，从 0 开始。

图 10-39 所示的是导出的 JSON 文件的核心框架。

```
{
    "v": "5.4.4",
    "fr": 25,
    "ip": 0,
    "op": 60,
    "w": 550,
    "h": 552,
    "nm": "cat",
    "ddd": 0,
    "assets": [
        {
            "id": "image_0",   //图片ID
            "w": 550,          //图片宽度
            "h": 552,          //图片高度
            "u": "images/",    //所在文件夹
            "p": "img_0.png",  //图片名称
            "e": 0             //无用标识
        }
    ],
    "layers": [
        {
            "ddd": 0,
            "ind": 1,
            "ty": 2,
            "nm": "cat.jpg",
            "cl": "jpg",
            "refId": "image_0",
            "sr": 1,
            "ks": {
            "ao": 0,
            "ip": 0,
            "op": 60,
            "st": 0,
            "bm": 0
        }
    ],
    "markers": []
}
```

扫码查看大图

图 10-39

可以看到，当涉及外部资源时，就会在 assets 标识中显示所涉及资源的列表，因为这里只有一张图片资源，所以 assets 列表中只有一组内容，标识了所用到图片的 ID、名称、所在文件夹等。

这里需要注意的是，assets 中的图片 id 是与 layers 中的 refId 相对应的，在进行图层渲染时，找到 refId 中的图片 id，就可以找到 assets 中对应的图片，如果我们需要修改图片的 id，就需要连同修改 refId。同样地，如果你想要修改 images 文件夹中的图片名字，则需要连同修改 JSON 文件中 assets 标识的图片名称，否则会出现找不到图片的情况。

10.2.5 文本图层的使用

下面的 AE 文件也很简单，就是新建一个文本图层，并为它创建几个旋转的关键帧，动画效果可通过扫描右侧二维码查看。

扫码查看动态效果图

如果直接导出 JSON 文件，则会报错，如图 10-40 所示。

图 10-40

这个错误需要通过以下步骤来解决。

（1）将 AE 改为英文版。在 Adobe After Effects CC 2017 中，找到安装目录（默认是 C:\Program Files\Adobe\Adobe After Effects CC 2017\Support Files\AMT），在 AMT 文件夹中找到 application.xml 文件，使用文本编辑器打开该文件，并将底部一行修改为：

```
<Data key="installedLanguages">en_GB</Data>
```

（2）选择工具框中的 Edit→Preference→General，勾选 Allow Scripts to Write Files and Access Network，如图 10-41 所示。

（3）重启 AE，再重新导出 JSON 文件即可。如图 10-42 所示，一般情况下是可以正常导出的，如果仍然出现无法获取字体轮廓的提示，则可以给文本换一种字体试一下。

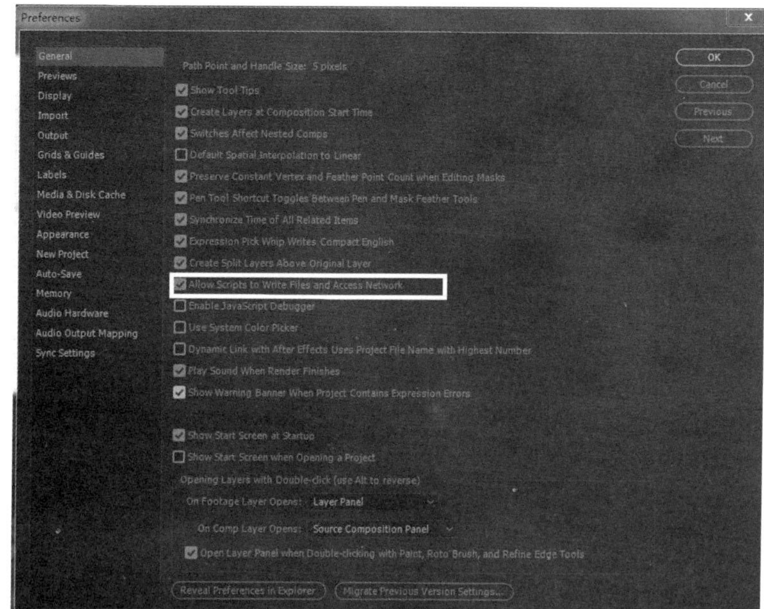

扫码查看大图

图 10-41

```
{
    "v": "5.4.4",
    "fr": 25,
    "ip": 0,
    "op": 60,
    "w": 762,
    "h": 539,
    "nm": "合成 1",
    "ddd": 0,
    "assets": [],
    "fonts": {
        "list": [
            {
                "fName": "FangSong",      //字体名
                "fFamily": "FangSong",  //字体族名
                "fStyle": "Regular",     //字体样式
                "ascent": 69.921875      //字体基线高度
            }
        ]
    },
    "layers": [
        {
            "ddd": 0,
            "ind": 1,
            "ty": 5,
            "nm": "大家好, 我是启舰",
            "sr": 1,
            "ks": {
            "ao": 0,
            "t": {
                "d": {
                    "k": [
                        {
                            "s": {
                                "s": 45,
                                "f": "FangSong",
                                "t": "大家好, 我是启舰",
                                "j": 0,
                                "tr": 0,
                                "lh": 54,
                                "ls": 0,
                                "fc": [
                                    0.263,
                                    0.192,
                                    0.094
                                ]
                            },
                            "t": 0
                        }
                    ]
                },
                "p": {},
                "m": {
                "a": []
```

扫码查看大图

图 10-42

可以看到，在导出的 JSON 字符串中，最重要的是增加了 fonts 标识，它表示 AE 中用到的所有文字字体列表。这里只用到了一种字体，所以在 fonts 标识对应的值的列表中只有一种字体。这里涉及了字体和字体族的概念，一个字体族中有很多种字体，两者是包含关系。

在 layers 标识符中，t 标识对应的是文本内容，后续会提到的动态改变文本内容，就是改变 t 标识所对应的 value。

10.2.6 Lottie 支持的 AE 功能列表

很显然，AE 特效需要先通过 BodyMovin 将文件转换成 JSON 文件，然后再通过 Lottie 框架在 Android 中加载出动画。这里有两步强依赖：

（1）依赖 BodyMovin 对 AE 功能是否支持导出。如果 BodyMovin 对 AE 的某个功能不支持导出，那么生成的 JSON 文件中就没有这个功能所对应的标识符。

（2）依赖 Lottie 框架是否对 JSON 中的标记支持解析及加载。从上面的 JSON 中也可以看出，Lottie 源码并没有对所有 JSON 字符做解析，有些字符是没有被解析的。

而当前 Lottie 对 AE 的哪些功能支持，哪些功能不支持呢？可以在其官网上查看。

部分截图如图 10-43 所示。

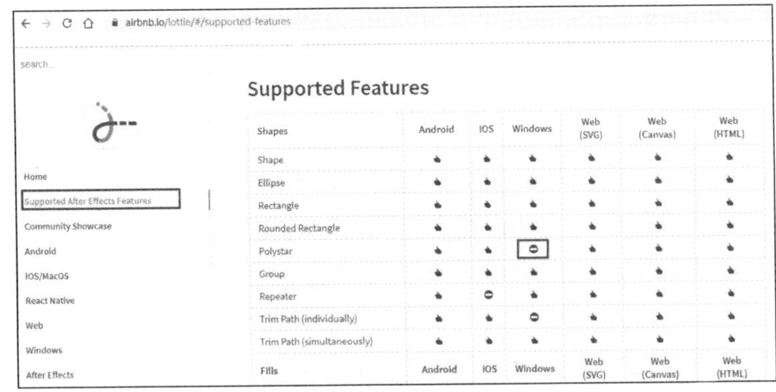

扫码查看大图

图 10-43

可以看到，这里标识了 AE 中的功能在各个平台的支持情况，竖大拇指的表情表示支持，画横线的图标表示不支持。比如，Polystar 功能，在其他平台都是支持的，在 Windows 平台是不支持的。这是为什么呢？

这是因为 Lottie 与 React Native\WEEX 的实现策略相同，虽然支持在各个平台上进行动画展示，但都是利用各个平台的原生控件和属性来实现的，这就会因为开发进展或平台本身特性限制，导致同一个 AE 功能在有些平台支持，有些平台不支持。就目前而言，WEB 端对 AE 功能支持的完整度最高。

到这里，有关 AE 与 JSON 之间关系的内容就讲解结束了，下一节来具体看一下在 Android 代码使用上的一些问题。

10.3　Lottie 的使用方法

10.3.1　初步使用 Lottie

本节只对 Lottie 的使用及其常用方法进行讲解，在 GitHub 的 lottie-android 仓库中有完整的 LottieSample 实例。

10.3.1.1　初步使用

在 Android 工程中使用 Lottie 的方法非常简单，只需要两步。

第 1 步，添加 Lottile 依赖：

```
implementation ('com.airbnb.android:lottie:2.7.0')
```

这里需要注意以下 3 点。

- Lottie 2.8.0 及以后的版本只支持 AndroidX，所以如果工程中有 Android Support 包依赖形式，则需要改为 AndroidX 依赖。
- Lottie2.8.0 及以后版本最低支持的 API 等级是 16，支持 14 和 15 的最后一个版本是 2.3.1。
- 如果在 Android API 版本小于 16 的应用中强制使用 Lottie，则可以在 AndroidManifest 中添加以下声明：

```
<uses-sdk tools:overrideLibrary="com.airbnb.lottie"/>
```

在强制使用 Lottie 时，需要在运行 Lottie 动画的部分加上 API 判断，确保不低于 API 16 的手机上不会运行 Lottie 代码，不然会导致崩溃。

第 2 步，使用 LottieAnimationView。

在使用 LottieAnimationView 前，需要先把用到的 JSON 文件放在 assets 文件夹内，如果在 AE 导出时有 images 文件夹，则将文件夹一并放入其中。

如图 10-44 所示，放入了 10.2 节中导出的演示图片图层用法的文件。

图 10-44

然后，就可以在布局文件中使用 LottieAnimationView 了（activity_main.xml）：

```
<?xml version="1.0" encoding="utf-8"?>
<LinearLayout
    xmlns:android="http://schemas.android.com/apk/res/android"
    xmlns:app="http://schemas.android.com/apk/res-auto"
    xmlns:tools="http://schemas.android.com/tools"
    android:layout_width="match_parent"
    android:layout_height="match_parent"
```

```
    android:gravity="center"
    tools:context=".MainActivity">

    <com.airbnb.lottie.LottieAnimationView
        android:id="@+id/animation_view"
        android:layout_width="100dp"
        android:layout_height="100dp"
        android:scaleType="centerCrop"
        app:lottie_autoPlay="true"
        app:lottie_imageAssetsFolder="images/"
        app:lottie_fileName="data.json"
        app:lottie_loop="true"/>

</LinearLayout>
```

以上代码中的 lottie_fileName、lottie_loop、lottie_autoPlay 等自定义属性的意义在 10.2 节中已经讲解过。

- app:lottie_imageAssetsFolder 是指如果 Lottie 中有图片，去 assets 目录下的哪个文件夹中去找。这里指定的路径是 images/，程序会自动去 assets/images/下查找。你指定哪个文件夹，它就会到哪个文件夹下去找。
- android:scaleType="centerCrop"是 Android 原有的方法，因为 LottieAnimationView 是继承自 ImageView 的，所以它可以使用 ImageView 的所有方法，并实现与 ImageView 相同的效果。

我们运行一下，效果可通过扫描右侧二维码查看。

扫码查看动态效果图

10.3.1.2 LottieAnimationView 自定义属性

Lottie 自定义属性的位置在 Lottie 源码的 res/values/attrs.xml 文件中，如图 10-45 所示。

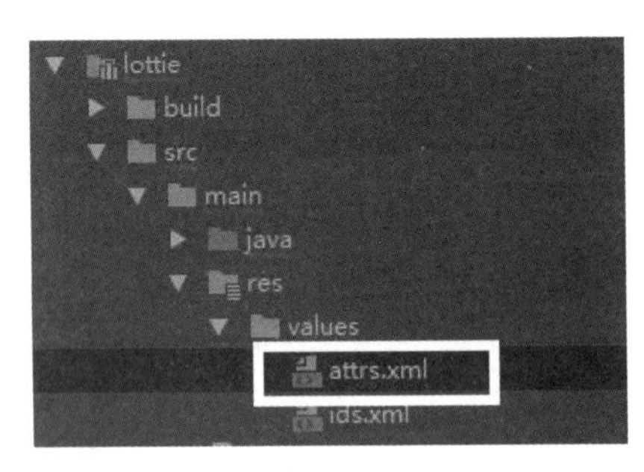

图 10-45

下面，对 attrs.xml 中自定义的属性进行解析，各属性的具体说明如下。

lottie_fileName

在进行本地加载时，该属性用于指定 JSON 文件名，默认从 assets 文件夹中查找 JSON 文件。如果在 assets 文件夹下找不到对应的 JSON 文件，就会抛出异常，前面的示例中已经用到。

lottie_rawRes

在进行本地加载时，JSON 文件除了可以放在 assets 文件夹下，也可以放在 raw 文件夹下，该属性用于指定在 raw 文件夹下的 JSON 文件名。

如图 10-46 所示，10.2 节中生成的文本图层的 JSON 文件就是放在 raw 文件夹下的。

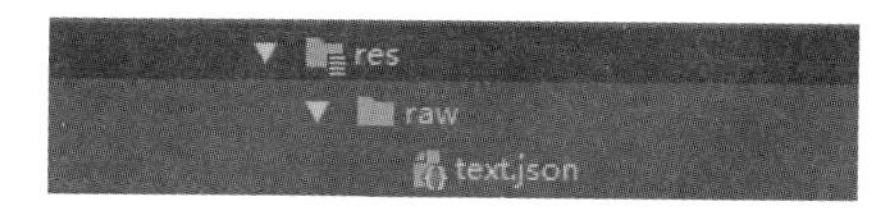

图 10-46

使用方法如下：

```
<com.airbnb.lottie.LottieAnimationView
    android:id="@+id/lottie_text_demo"
    android:layout_width="wrap_content"
    android:layout_height="wrap_content"
    android:scaleType="centerCrop"
    app:lottie_autoPlay="true"
    app:lottie_rawRes="@raw/text"
    app:lottie_loop="true"/>
```

这里需要注意的是利用 lottie_rawRes 引入资源时，JSON 文件名前需要使用"@raw/"引入，而且文件名不带.json 后缀。

lottie_url

当需要在 xml 中加载在线资源时，便可以使用 lottie_url 这个属性来加载，使用方法如下：

```
<com.airbnb.lottie.LottieAnimationView
    android:id="@+id/animationView"
    android:layout_width="256dp"
    android:layout_height="256dp"

    app:lottie_url="https://raw.githubusercontent.com/airbnb/lottie-android/
master/ LottieSample/src/main/res/raw/bullseye.json"
    app:lottie_autoPlay="true"
    app:lottie_loop="true"
    android:layout_gravity="center"/>
```

lottie_autoPlay

指定加载完成之后是否自动播放动画，取值为 true 或 false，不指定的情况下，默认为 false。

lottie_loop

指定是否循环播放，取值为 true 或 false，默认为 false，即只播放一次。

lottie_repeatMode

指定循环播放的顺序，取值为 repeat 或 reverse，repeat 表示正常循环播放，reverse 表示倒序播放，即从后向前播放。使用方法为：

```
<com.airbnb.lottie.LottieAnimationView
   …
   app:lottie_repeatMode="restart"
   app:lottie_loop="true"/>
```

lottie_repeatCount

指定循环次数，取值为整数类型。

lottie_imageAssetsFolder

指定图片文件在 assets 文件夹下的访问路径，该参数在 10.3.1.1 节中使用过。

lottie_progress

用于指定动画初次显示时的进度，类型为 float，取值范围为 0~1。比如，将上面例子中的文字类型动画的进度设为 0.8：

```
<com.airbnb.lottie.LottieAnimationView
   android:layout_width="wrap_content"
   android:layout_height="wrap_content"
   android:scaleType="centerCrop"
   app:lottie_progress="0.8"
   app:lottie_rawRes="@raw/text"/>
```

效果如图 10-47 所示。

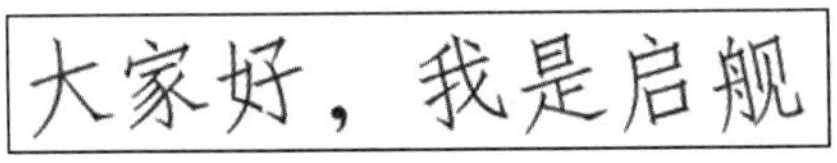

大家好，我是启舰

图 10-47

因为没有设置自动播放和循环播放，所以动画就会固定在进度为 80%的位置。如果设置了自动播放和循环播放，则会看不到初始化设置的进度效果。

lottie_enableMergePathsForKitKatAndAbove

指定是否开启 MergePath 属性（在 10.2 节已经详细讲解），取值为 true 或 false，默认为 false。

lottie_scale

用于设置画布的缩放大小。需要注意的是，这里指的是画布的大小，并不是其中图片的大小。我们知道，在 Lottie JSON 文件的开头，w 表示画布的宽度，h 表示画布的高度，如图片图层动画的 JSON 文件中的内容：

```
{
 "v": "5.4.4",
 "fr": 25,
 "ip": 0,
 "op": 60,
 "w": 100,
 "h": 100,
 "nm": "cat",
```

```
    ...
}
```

当设置了 lottie_scale = 2;之后，画布的大小就变成了(w*2,h*2)了，比如，这里的原大小(550,552)就变成了(550*2,552*2) = (1100,1104)。

这里需要注意的是lottie_scale与ImageView原有的android:scaleX和android:scaleY的区别。

假如，我们将LottieAnimationView的宽和高都设为wrap_content，让ImageView显示出它原本的大小，则有：

```
<com.airbnb.lottie.LottieAnimationView
    android:layout_width="wrap_content"
    android:layout_height="wrap_content"
    android:scaleType="centerCrop"
    app:lottie_autoPlay="true"
    app:lottie_imageAssetsFolder="images/"
    app:lottie_fileName="data.json"
    app:lottie_loop="true"/>
```

代码中加入 app:lottie_scale="2"后，原始图与放大图的对比如图 10-48 所示。

扫码查看彩色图

图 10-48

这里放大的原理是图片本身的大小变大了，所以当宽高设为 wrap_content 时，ImageView的宽高就与图片本身大小的宽高一致了。

如果我们使用如图 10-49 所示的代码，把 ImageView 的宽高限定为 100dp，则添加app:lottie_scale="2"后的效果如图 10-49 所示。

可以看到，当把图片原大小放大 2 倍后，ImageView 就只能显示出图片的 1/4。

另外，我们再来看一下 ImageView 中原有的 android:scaleX 参数。

该参数是让 ImageView 所占的原宽度沿 *x* 轴方向进行缩放的比例。注意，这里与 lottie_scale的区别是，scaleX 改变的是 ImageView 显示时所占的宽度的大小，而 lottie_scale 改变的是图片原图的画布大小。

使用 android:scaleX 参数前后的效果对比图如图 10-50 所示。

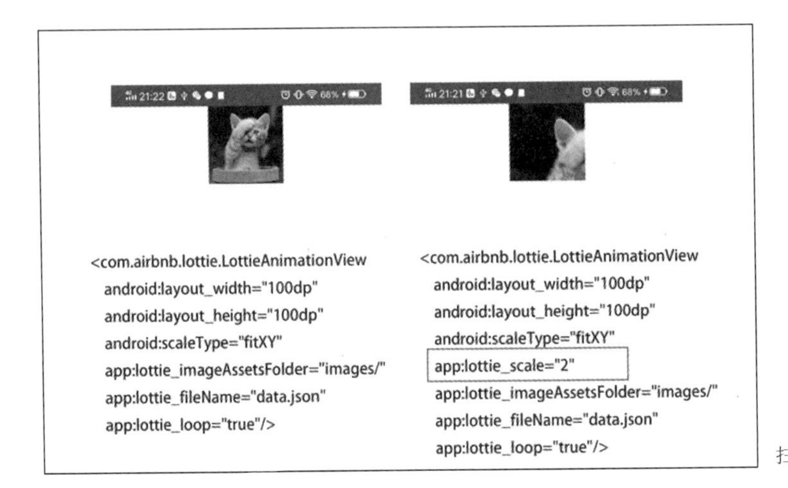

扫码查看彩色图

图 10-49

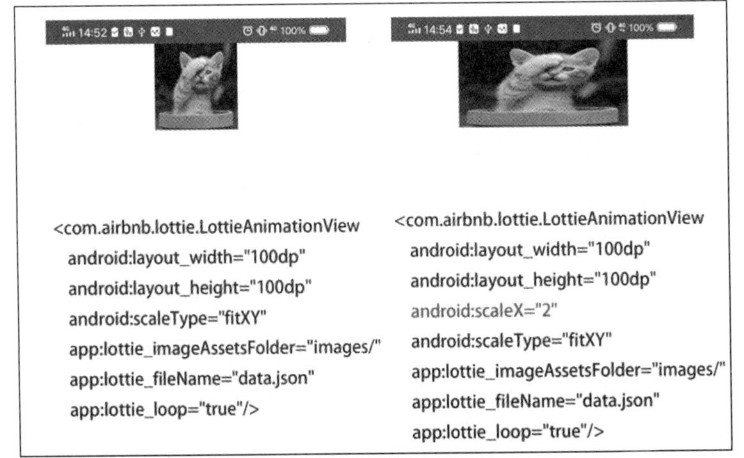

扫码查看彩色图

图 10-50

从对比图中可以明显看出，android:scaleX 参数的作用就是把显示的宽度进行缩放，不会改变原图的大小，只是改变显示的大小。

10.3.2 Lottie 在代码中的使用

上面讲了 Lottie 在 xml 中自定义属性的意义与使用方法，下面再来看一下在代码中是如何使用 Lottie 的，以及如何在代码中动态改变属性。

因为 Lottie 用于展示动画的 View 对象是 LottieAnimationView，所以很多功能都是围绕 LottieAnimationView 来实现的。一般情况下，我们只需要使用 LottieAnimationView 中的接口即可实现对应的功能。

10.3.2.1 动态加载文件

前面已经讲解了通过 Lottie 的自定义属性在初始化 xml 时加载 JSON 文件，当然，我们也可以用 LottieAnimationView 的函数来通过代码加载资源。

public void setAnimationFromUrl(String url)

在线加载一个 JSON 文件，url 地址可以是一个 JSON 文件地址，也可以是一个 zip 文件地址。如果是 zip 文件地址，则会将其中的 zip 文件自动解压并播放动画，所以在有图片资源的情况下，可以把所有相关资源打包成 zip 文件，通过 url 的形式加载。

因为我没有在线 zip 文件的地址，所以没办法给大家演示 zip 文件的加载过程。同样地，可以利用 Lottie 在线预览页面（链接[5]）查看加载 zip 文件的效果。在存放本章源码的文件夹中，为大家提供了一个官方提供的 zip 文件——ball_map.zip，大家可以用来尝试一下。

在线预览过程可通过扫描右侧二维码查看。

扫码查看动态效果图

public void setAnimationFromJson(String jsonString, @Nullable String cacheKey)

该函数用于加载本地的 JSON 文件。

- String jsonString：Lottie 动画的 JSON 文本的字符串。
- String cacheKey：表示是否使用缓存机制，如果传入 null，则表示不使用缓存机制，可以传入任意字符串，Lottie 框架会使用这个 cacheKey 来存取这个 jsonString 解析后的对象。

public void setAnimation(JsonReader reader, @Nullable String cacheKey)

构造一个 JsonReader 对象来读取其中的 jsonString 字符串，其实上面的 setAnimationFromJson 就是用它来实现的：

```
public void setAnimationFromJson(String jsonString, @Nullable String cacheKey) {
    setAnimation(new JsonReader(new StringReader(jsonString)), cacheKey);
}
```

10.3.2.2　替换文本

我们知道，Lottie 的动画实现其实是通过解析 Lottie JSON 文件来实现的，而 JSON 文件都是以 key-value 的形式出现的，所以解析后的 Lottie 属性肯定也是 key-value 的形式，我们只要在代码中找到对应的 key，改变它的 value，就可以实现替换操作了。这一段不理解没关系，下一节讲原理的时候还会详细叙述。

同样地，我们使用 10.2 节中所做的文本动画的 JSON 文件来做这个动画。

这部分的实现效果如图 10-51 所示。

这里实现的效果很好理解，就是当点击按钮时，替换原来的文本内容。

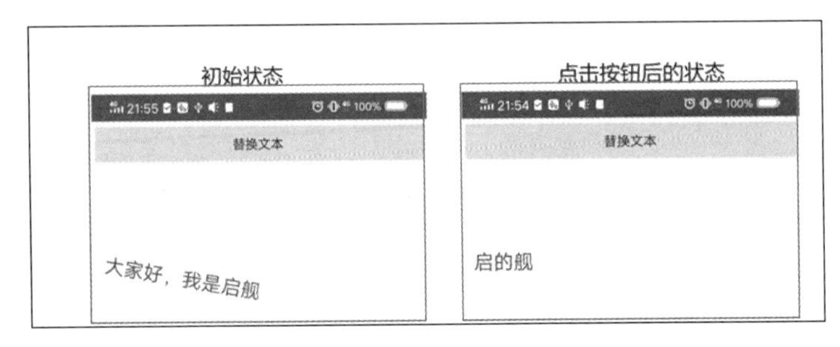

扫码查看动态效果图

图 10-51

需要注意的是，text.json 中用到的字体是仿宋，看一下 JSON 文件中的内容即可知晓：

```
{
  "v": "5.4.4",
  "fr": 25,
  "ip": 0,
  "op": 60,
  "w": 762,
  "h": 539,
  "nm": "合成 1",
  "ddd": 0,
  "assets": [],
  "fonts": {
    "list": [
      {
        "origin": 0,
        "fPath": "",
        "fClass": "",
        "fFamily": "FangSong",
        "fWeight": "",
        "fStyle": "Regular",
        "fName": "FangSong",
        "ascent": 69.921875
      }
    ]
  },
  …
}
```

那么问题来了，在 Lottie 中如何找到仿宋的字体呢？当然找不到了，需要我们在网上找到仿宋的字体文件，然后放在 assets/fonts/目录下，如图 10-52 所示。

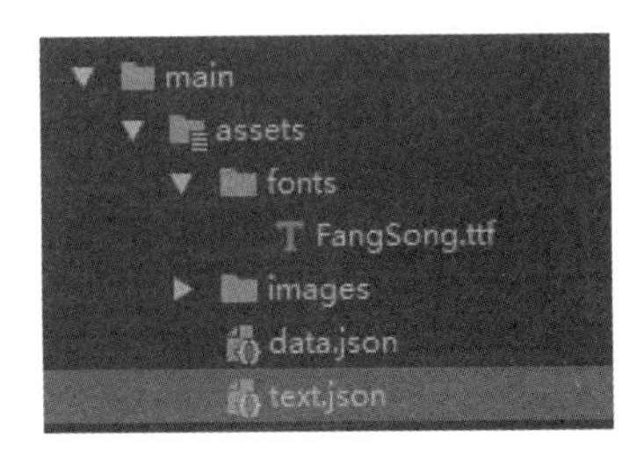

图 10-52

从图 10-52 中可以看出，除了会用到 text.json 文件，还会用到 assets/fonts 文件夹下的 FangSong.ttf 文件。

这里对于字体文件的命名必须要与 JSON 文件中的"fFamily": "FangSong"部分的 Value 值相同，必须命名为 FangSong.ttf，不然程序就会崩溃，找不到字体，如图 10-53 所示。

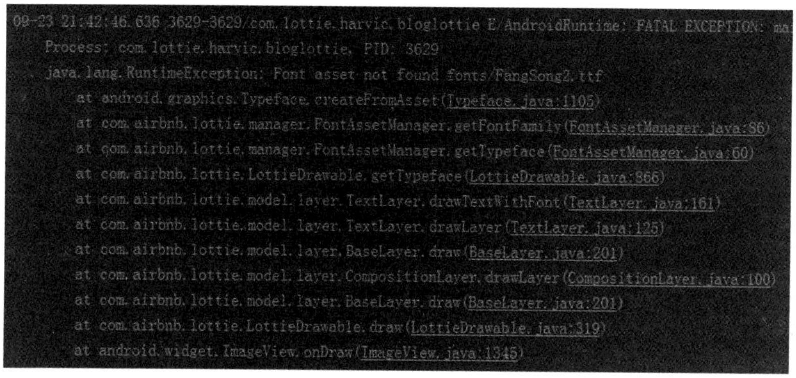

```
09-23 21:42:46.636 3629-3629/com.lottie.harvic.bloglottie E/AndroidRuntime: FATAL EXCEPTION: ma
    Process: com.lottie.harvic.bloglottie, PID: 3629
    java.lang.RuntimeException: Font asset not found fonts/FangSong2.ttf
        at android.graphics.Typeface.createFromAsset(Typeface.java:1105)
        at com.airbnb.lottie.manager.FontAssetManager.getFontFamily(FontAssetManager.java:86)
        at com.airbnb.lottie.manager.FontAssetManager.getTypeface(FontAssetManager.java:60)
        at com.airbnb.lottie.LottieDrawable.getTypeface(LottieDrawable.java:866)
        at com.airbnb.lottie.model.layer.TextLayer.drawTextWithFont(TextLayer.java:161)
        at com.airbnb.lottie.model.layer.TextLayer.drawLayer(TextLayer.java:125)
        at com.airbnb.lottie.model.layer.BaseLayer.draw(BaseLayer.java:201)
        at com.airbnb.lottie.model.layer.CompositionLayer.drawLayer(CompositionLayer.java:100)
        at com.airbnb.lottie.model.layer.BaseLayer.draw(BaseLayer.java:201)
        at com.airbnb.lottie.LottieDrawable.draw(LottieDrawable.java:319)
        at android.widget.ImageView.onDraw(ImageView.java:1345)
```

图 10-53

这就说明了一个问题，当 Lottie 找不到指定字体时不会改用系统默认字体，这就需要我们使用文本时引入字体，但这样会导致 APK 包体增大。

这个问题可以通过修改源码解决，下一节将详细讲解。

在引入 JSON 文件和字体文件后，就是使用 Lottie 文件的过程。

首先，在 xml 中使用 LottieAnimationView:

```xml
<?xml version="1.0" encoding="utf-8"?>
<android.support.constraint.ConstraintLayout
   xmlns:android="http://schemas.android.com/apk/res/android"
   xmlns:app="http://schemas.android.com/apk/res-auto"
   xmlns:tools="http://schemas.android.com/tools"
   android:layout_width="match_parent"
   android:layout_height="match_parent"
   tools:context=".LottieTextActivity">

   <Button
      android:id="@+id/btn_change_text"
      android:layout_width="match_parent"
      android:layout_height="wrap_content"
      android:text="替换文本"/>


   <com.airbnb.lottie.LottieAnimationView
      android:id="@+id/lottie_test_text"
      android:layout_width="match_parent"
      android:layout_height="match_parent"
      android:scaleType="fitXY"
      app:lottie_autoPlay="true"
```

```
        app:lottie_fileName="text.json"
        app:lottie_loop="true"/>

</android.support.constraint.ConstraintLayout>
```

这段代码的布局很好理解，就是当点击按钮时，改变 LottieAnimationView 中原有的文本内容。

然后，再来看一下在代码中是如何实现文本替换的：

```
private LottieAnimationView mLottieTextView;
@Override
protected void onCreate(Bundle savedInstanceState) {
    super.onCreate(savedInstanceState);
    setContentView(R.layout.activity_lottie_text);

    mLottieTextView = findViewById(R.id.lottie_test_text);
    findViewById(R.id.btn_change_text).setOnClickListener(new OnClickListener() {
        @Override
        public void onClick(View v) {
            TextDelegate delegate = new TextDelegate(mLottieTextView);
            delegate.setText("大家好，我是启舰", "启的舰");
            mLottieTextView.setTextDelegate(delegate);
        }
    });
}
```

可以看到，在点击按钮时，通过构造 TextDelegate 对象指定了替换原来的文本。

TextDelegate 的 setText 函数的声明方式如下：

```
public void setText(String input, String output)
```

该函数中的参数很容易理解，就是把指定的 text 替换为目的 text。input 内容必须与 JSON 文件中 t 字段的值完全一致，这里的 t 字段所对应的 text 内容就是用于显示出来的文字内容（如图 10-54 所示），我们替换的就是它，如果不一致，就会找不到这个文本，以至于在替换时替换失败。替换失败的表现就是点击替换按钮后没有反应。

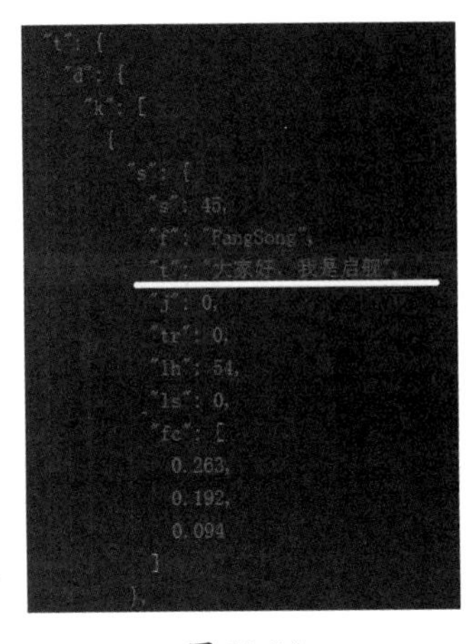

图 10-54

10.3.2.3　替换文本存在的问题

有时，大家可能会碰到这种情况：在字体初始化加载时是正常的，但只要点击按钮开始替换，程序就会崩溃（可通过扫描右侧二维码查看）。

扫码查看动态效果图

从动态效果图中可以看出，当点击替换文本按钮时，程序就直接崩溃了，如果查看日志，会发现似曾相识的错误，如图 10-55 所示。

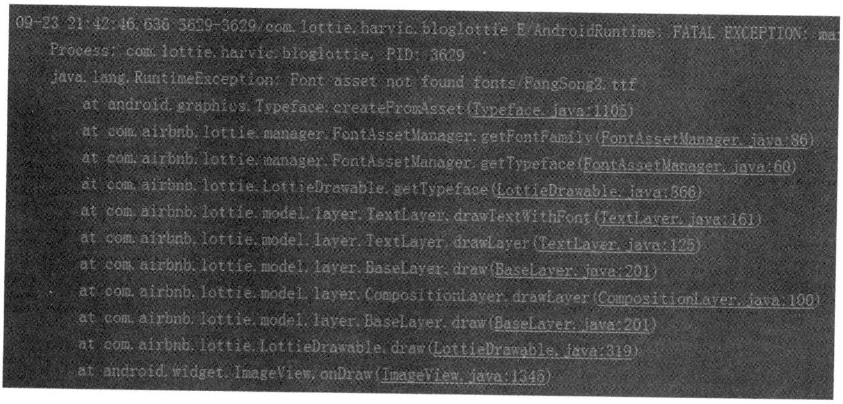

```
09-23 21:42:46.636 3629-3629/com.lottie.harvic.bloglottie E/AndroidRuntime: FATAL EXCEPTION: ma
    Process: com.lottie.harvic.bloglottie, PID: 3629
    java.lang.RuntimeException: Font asset not found fonts/FangSong2.ttf
        at android.graphics.Typeface.createFromAsset(Typeface.java:1105)
        at com.airbnb.lottie.manager.FontAssetManager.getFontFamily(FontAssetManager.java:86)
        at com.airbnb.lottie.manager.FontAssetManager.getTypeface(FontAssetManager.java:60)
        at com.airbnb.lottie.LottieDrawable.getTypeface(LottieDrawable.java:866)
        at com.airbnb.lottie.model.layer.TextLayer.drawTextWithFont(TextLayer.java:161)
        at com.airbnb.lottie.model.layer.TextLayer.drawLayer(TextLayer.java:125)
        at com.airbnb.lottie.model.layer.BaseLayer.draw(BaseLayer.java:201)
        at com.airbnb.lottie.model.layer.CompositionLayer.drawLayer(CompositionLayer.java:100)
        at com.airbnb.lottie.model.layer.BaseLayer.draw(BaseLayer.java:201)
        at com.airbnb.lottie.LottieDrawable.draw(LottieDrawable.java:319)
        at android.widget.ImageView.onDraw(ImageView.java:1345)
```

图 10-55

崩溃的原因是没有找到字体文件！很显然，只要把字体文件放在 assets/fonts 文件夹下即可。

但是，另一个问题来了，初始化的时候也有显示文字啊，为什么那时没有崩溃，而在替换文本的时候崩溃了呢？

这是因为在导出 JSON 文件时，选了一个选项，如图 10-56 所示。

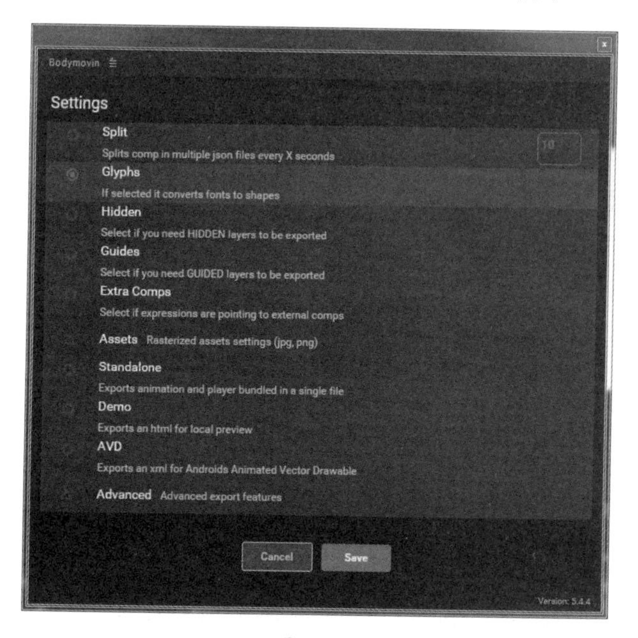

图 10-56

在导出设置时，如果你选择了 Glyphs 选项，就会出现这种情况，仔细看它的小字描述，意思是会把字体转曲（转成 shape 图层）。

所以，在初始化时，画出来的内容并不是通过 drawText 来写的文字，而是转曲后的 shape 图层，其实就是个矢量图，跟文字没有任何关系。当我们替换文本时，才会调用 drawText 来写替换过的文本。这时就会出现找不到字体的情况了。

对于文字绘图原理，会在下一节详细讲解，这里只需要知道出现的问题和解决方案即可。

解决方案一

很明显，第一个解决方案就是在 assets/fonts 下加上对应的字体即可。如果加上仿宋字体，则运行后的效果可通过扫描右侧二维码查看。

扫码查看动态效果图

可以看到，虽然程序不会崩溃，但仍然出现了问题，就是初始化显示时的字号很大，但替换字体后，字号就变小了。

这是因为在初始化绘制文字时，其实画的文字是 shape 图层上的，而不是真正调用 canvas.drawText 画出来的；而替换之后，是通过 canvas.drawText 画出来的。正是因为初始化和替换后不是利用同一种绘制方法，才导致的问题。对于框架而言，这是一个 bug，因为无论怎么画，都应该保证大小一致，而采用解决方案二就可以解决这个问题。

解决方案二

前面已经讲了，问题出现的主要原因是在 BodyMovin 中导出时使用了文字转曲功能，那我们能不能不让它转曲，直接保持文本的样式，在初始化绘图时使用 canvas.drawText 功能实现呢？

方法就是不要使用 Glyphs 选项，直接使用 Demo 选项，输入 JSON 文件即可，如图 10-57 所示。

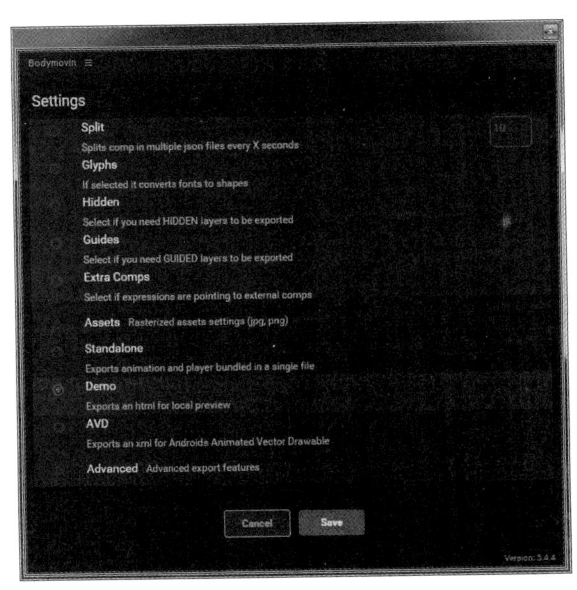

图 10-57

此时的运行效果就与 10.3.2.2 节实现的完全一致了——文本替换前后，文字大小完全一致。

10.3.2.4　替换图片资源

初始化完成后替换图片

在开发中，我们不仅需要替换文字，还经常需要替换图片，这里会展示替换图片的方法，效果可通过扫描右侧二维码查看。

扫码查看动态效果图

可以看到，当点击按钮后，原图片被替换成新图片，而且资源和动画是分开的，即便图片被替换了，动画仍然会保持不变，这就是 Lottie 厉害的地方。代码如下：

```
    public class LottieImgActivity extends AppCompatActivity {
        private LottieAnimationView mLottieAnimationView;
        @Override
        protected void onCreate(Bundle savedInstanceState) {
            super.onCreate(savedInstanceState);
            setContentView(R.layout.activity_lottie_img);

            mLottieAnimationView = findViewById(R.id.lottie_test_img);

            findViewById(R.id.btn_change_image).setOnClickListener(new
OnClickListener() {
                @Override
                public void onClick(View v) {
                    Bitmap bitmap = BitmapFactory.decodeResource(getResources(),
R.mipmap.flower);
                    mLottieAnimationView.updateBitmap("image_0", bitmap);
                }
            });
        }
    }
```

以上代码主要使用了 LottieAnimationView 的 updateBitmap 方法来实现，该方法的具体声明如下：

```
public Bitmap updateBitmap(String id, @Nullable Bitmap bitmap)
```

就是利用 bitmap 资源替换 JSON 文件中指定 id 值的图片。

- String id：对应 JSON 文件中图片的 id 值。
- Bitmap bitmap：表示要替换为的结果 bitmap。

在 JSON 文件中，图片的 id 值在 assets 中可以看到，对应的 key 为 id，如图 10-58 所示。

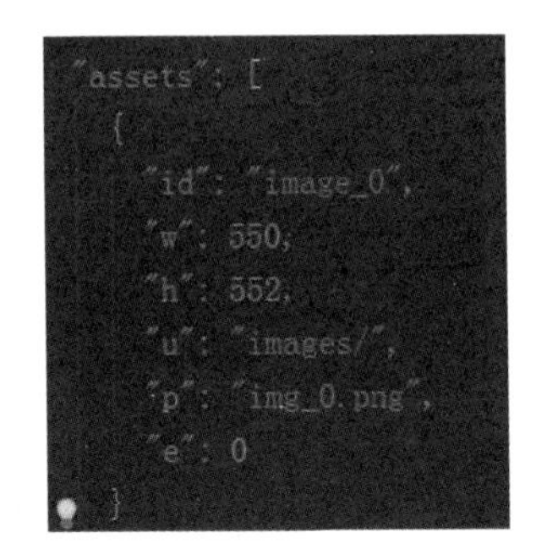

图 10-58

初始化时替换图片

上面展示了在点击按钮后再替换图片的过程，很明显，在点击按钮时，整个界面都已经显示出来了，如果我们想在初始化时就替换图片，比如，想在 JSON 文件加载完后，将加载的图片替换为网络图片，要怎么做呢？

假如我们直接在初始化时利用 updateBitmap 来试一下：

```
public class LottieImgActivity extends AppCompatActivity {
    private LottieAnimationView mLottieAnimationView;
    @Override
    protected void onCreate(Bundle savedInstanceState) {
        super.onCreate(savedInstanceState);
        setContentView(R.layout.activity_lottie_img);
        mLottieAnimationView = findViewById(R.id.lottie_test_img);

        //初始化时替换图片
        changeLottieImage();
    }

    private void changeLottieImage(){
        Bitmap bitmap = BitmapFactory.decodeResource(getResources(),
R.mipmap.flower);
        mLottieAnimationView.updateBitmap("image_0", bitmap);
    }
}
```

代码很简单，在初始化时直接调用 updateBitmap 来替换图片，效果可通过扫描右侧二维码查看。

扫码查看动态效果图

可以看到，并没有效果！这是为什么呢？

在下一节中，我们会讲到，JSON 文件中的 key-value 在初始化时会被提取到代码中，同样是以 key-value 的形式来保存的。存储这些 key-value 的类就是 LottieComposition。

上面的 updateBitmap 之所以没有运行出任何效果，是因为在初始化时 LottieComposition 对象还没有生成，当它生成时，会把你提前塞给它的 key-value 值覆盖掉，所以不会运行出任何效果。因此，我们需要监听它的初始化完成的时机，当 LottieComposition 初始化完成时再调用

updateBitmap。

```
public class LottieImgActivity extends AppCompatActivity {
    private LottieAnimationView mLottieAnimationView;
    @Override
    protected void onCreate(Bundle savedInstanceState) {
        super.onCreate(savedInstanceState);
        setContentView(R.layout.activity_lottie_img);
        mLottieAnimationView = findViewById(R.id.lottie_test_img);

        //初始化时替换图片
        changeLottieImage();
    }

    private void changeLottieImage(){
        LottieTask<LottieComposition> task =
LottieCompositionFactory.fromAsset(this, "data.json");
        task.addListener(new LottieListener<LottieComposition>() {
            @Override
            public void onResult(LottieComposition result) {
                mLottieAnimationView.setComposition(result);

                //加载图片
                Bitmap bitmap = BitmapFactory.decodeResource(getResources(),
R.mipmap.boy);
                mLottieAnimationView.updateBitmap("image_0", bitmap);

                //运行动画
                mLottieAnimationView.playAnimation();
            }
        });
    }
}
```

现在，大家可能还不能很好地理解这段代码，先会用即可，在下一节中，我们会讲解 Lottie 的实现原理，到时就理解了。

效果图可通过扫描右侧二维码查看。

扫码查看动态效果图

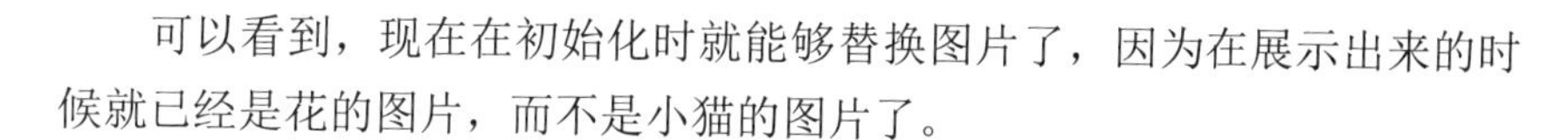

可以看到，现在在初始化时就能够替换图片了，因为在展示出来的时候就已经是花的图片，而不是小猫的图片了。

10.3.2.5 更改动画属性

在 10.2 节中，我们讲到了工字动画的效果，并使用旋转和缩放完成了 Lottie 动画效果（通过扫描右侧二维码查看）。

扫码查看动态效果图

在这一部分，我们将讲解如何在代码中监听动画的执行，将原本的大小放大 3 倍（通过扫描右侧二维码查看）。

扫码查看动态效果图

可以看到，在点击放大 3 倍按钮后，图片展示的大小没有变化，只是运动中的工字放大了 3 倍。

核心代码为：

```
public class ChangeLottieScaleActivity extends AppCompatActivity {
    private LottieAnimationView mLottieAnimationView;
    @Override
    protected void onCreate(Bundle savedInstanceState) {
        super.onCreate(savedInstanceState);
        setContentView(R.layout.activity_change_lottie_scale);

        mLottieAnimationView = findViewById(R.id.lottie_change_scale);

        findViewById(R.id.btn_change_scale).setOnClickListener(new
OnClickListener() {
            @Override
            public void onClick(View v) {
                changeLottieScale();
            }
        });
    }

    private void changeLottieScale(){
        mLottieAnimationView.addValueCallback(new KeyPath("“未标题-1”轮廓"),
LottieProperty.TRANSFORM_SCALE, new SimpleLottieValueCallback<ScaleXY>() {
            @Override
            public ScaleXY getValue(LottieFrameInfo<ScaleXY> frameInfo) {
                ScaleXY originScale = frameInfo.getStartValue();
                ScaleXY destScale = new
ScaleXY(originScale.getScaleX()*3f,originScale.getScaleY()*3f);
                return destScale;
            }
        });
    }
}
```

主要代码在 changeLottieScale 函数中。通过 LottieAnimationView 的 addValueCallback 函数，可以添加对关键帧的监听，该函数的具体声明如下：

```
public <T> void addValueCallback(KeyPath keyPath, T property,final
SimpleLottieValueCallback<T> callback)
```

该函数用于指定监听哪个属性的关键帧变化，下面对它的参数进行逐一讲解。

KeyPath keyPath

KeyPath 的构造函数为：

```
KeyPath(String... keys)
```

keys 用于指定获取动画关键帧的图层名，比如，在工字动画的 JSON 文件中，它的图层名如图 10-59 所示。

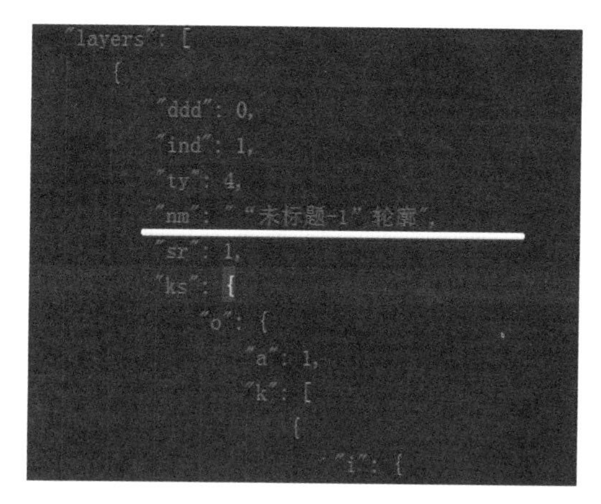

图 10-59

所以，在代码中可以看到，KeyPath 中传入的名字是“未标题-1”“轮廓”，不能有丝毫错误。为了减少错误发生，需要对 UI 设计师说明，图层命名时不要用一些乱七八糟的符号，尽量简化。

T property

该参数用于对动画属性进行枚举，用于找到具体是哪个图层中的哪个动画的关键帧信息。它的枚举值如下所示。

- LottieProperty.TRANSFORM_ANCHOR_POINT：对应锚点
- LottieProperty.TRANSFORM_POSITION：对应位置
- LottieProperty.TRANSFORM_OPACITY：对应透明度
- LottieProperty.TRANSFORM_SCALE：对应缩放
- LottieProperty.TRANSFORM_ROTATION：对应旋转

很明显，这几个属性其实就对应图层动画的几个动画方式，如图 10-60 所示。

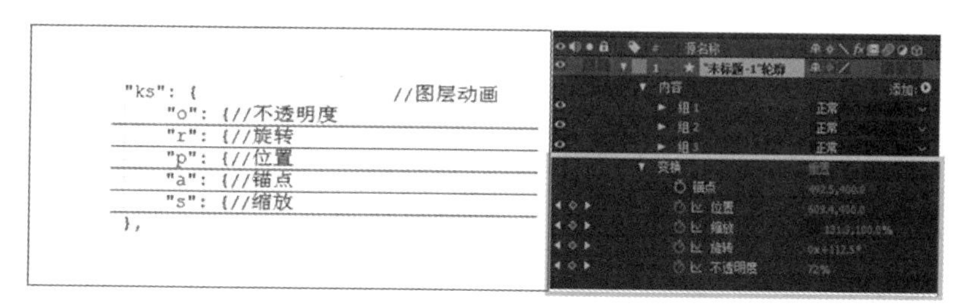

扫码查看大图

图 10-60

SimpleLottieValueCallback callback

在 SimpleLottieValueCallback 中，我们可以通过 LottieFrameInfo<T> frameInfo 来获取关键帧的信息，并通过返回新的值来改变关键帧的信息。

LottieFrameInfo 能够获取以下几个值。

- public float getStartFrame()：获取动画开始的关键帧索引。
- public float getEndFrame()：获取动画结束的关键帧索引。
- public T getStartValue()：获取动画开始时，该动画属性的数值。
- public T getEndValue()：获取动画结束时，该动画属性的数值。
- public float getLinearKeyframeProgress()：获取动画的当前线性进度。
- public float getInterpolatedKeyframeProgress()：获取动画插值器的当前进度，一般而言，线性进度和插值器进度是保持一致的，当我们加入贝塞尔曲线时，这个进度值就会不一样。
- public float getOverallProgress()：一般情况下，我们用不到这个进度值，当有回弹动画时，这个进度值就有意义了。

上面的信息获取比较容易理解，这里就不详细举例了，大家可以自己尝试一下。

10.3.2.6 改变填充色

其实，在 LottieProperty 类中，还有各种属性值，都是可以通过 LottieAnimationView 的 addValueCallback 函数来动态改变的。下面列出了 LottieProperty 类的属性值的备注，大家可以看一下：

```
/**
 * Property values are the same type as the generic type of their corresponding
 * {@link LottieValueCallback}. With this, we can use generics to maintain type
safety
 * of the callbacks.
 *
 * Supported properties:
 * Transform:
 *    {@link #TRANSFORM_ANCHOR_POINT}
 *    {@link #TRANSFORM_POSITION}
 *    {@link #TRANSFORM_OPACITY}
 *    {@link #TRANSFORM_SCALE}
 *    {@link #TRANSFORM_ROTATION}
 *
 * Fill:
 *    {@link #COLOR} (non-gradient)
 *    {@link #OPACITY}
 *    {@link #COLOR_FILTER}
 *
 * Stroke:
 *    {@link #COLOR} (non-gradient)
 *    {@link #STROKE_WIDTH}
 *    {@link #OPACITY}
 *    {@link #COLOR_FILTER}
 *
 * Ellipse:
 *    {@link #POSITION}
 *    {@link #ELLIPSE_SIZE}
 *
```

```
 * Polystar:
 *    {@link #POLYSTAR_POINTS}
 *    {@link #POLYSTAR_ROTATION}
 *    {@link #POSITION}
 *    {@link #POLYSTAR_INNER_RADIUS} (star)
 *    {@link #POLYSTAR_OUTER_RADIUS}
 *    {@link #POLYSTAR_INNER_ROUNDEDNESS} (star)
 *    {@link #POLYSTAR_OUTER_ROUNDEDNESS}
 *
 * Repeater:
 *    All transform properties
 *    {@link #REPEATER_COPIES}
 *    {@link #REPEATER_OFFSET}
 *    {@link #TRANSFORM_ROTATION}
 *    {@link #TRANSFORM_START_OPACITY}
 *    {@link #TRANSFORM_END_OPACITY}
 *
 * Layers:
 *    All transform properties
 *    {@link #TIME_REMAP} (composition layers only)
 */
```

在 Lottie 的官方 demo 中有一个动画，可通过扫描右侧二维码查看。

扫码查看动态效果图

可以看到，这里通过代码改变了机器人的衬衫颜色，它就是通过更改 LottieProperty.COLOR 属性来改变填充色的。

下面来做一个实验尝试一下，实验效果可通过扫描右侧二维码查看。

扫码查看动态效果图

可以看到，在点击改变颜色按钮后，工字底部横线由蓝色变为了红色。这是怎么做到的呢？

改变颜色的代码如下：

```
private void changeLottieScale() {
    mLottieAnimationView.addValueCallback(new KeyPath("“未标题-1”轮廓", "组 1", "
填充 1"), LottieProperty.COLOR, new SimpleLottieValueCallback<Integer>() {
        @Override
        public Integer getValue(LottieFrameInfo<Integer> frameInfo) {
            return new Integer(0xff00000);
        }
    });
}
```

从 addValueCallback 的声明中可以看到：

```
public <T> void addValueCallback(KeyPath keyPath, T property,final
SimpleLottieValueCallback<T> callback)
```

泛型 T 的取值与 property 的类型完全相同，这里因为 LottieProperty.COLOR 是 Integer 类型，所以 addValueCallback 中泛型值的类型全部都是 Integer。当你改变属性时，泛型的取值也遵循这个规则。

在构造 KeyPath 时，传入了多个字符串：

```
new KeyPath("“未标题-1”轮廓", "组 1", "填充 1")
```

这是为什么呢？

我们来看一下，在 AE 文件中底部的颜色是如何填充的，如图 10-61 所示。

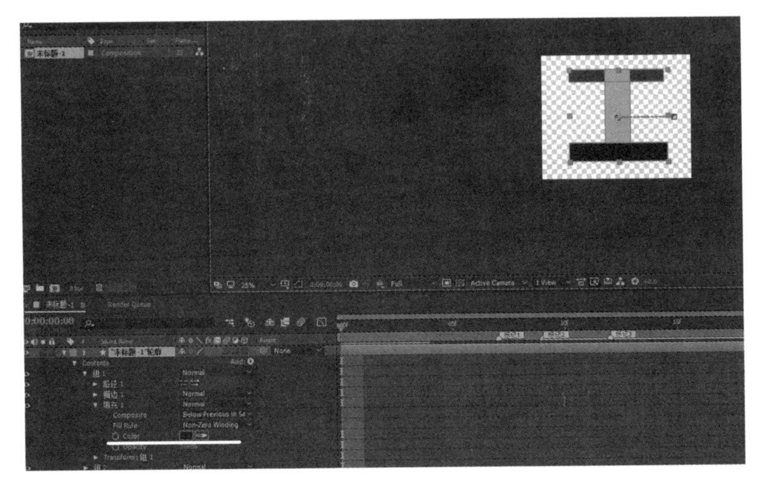

扫码查看大图

图 10-61

可以看到，填充的颜色 Color 是在填充 1 下的，而填充 1 需要通过“未标题-1”“轮廓”→“组 1”→“填充 1”这三级进行定位。

所以，我们是通过 KeyPath 定位到属性的上一级，再改变这一级的属性值的，如果没有定位到这一级，就会出错。为什么呢？因为这一级没有这个属性！当然无法改变。

另外，我们来看一下 JSON 文件，它的层级关系是与 AE 中相对应的，如图 10-62 所示。

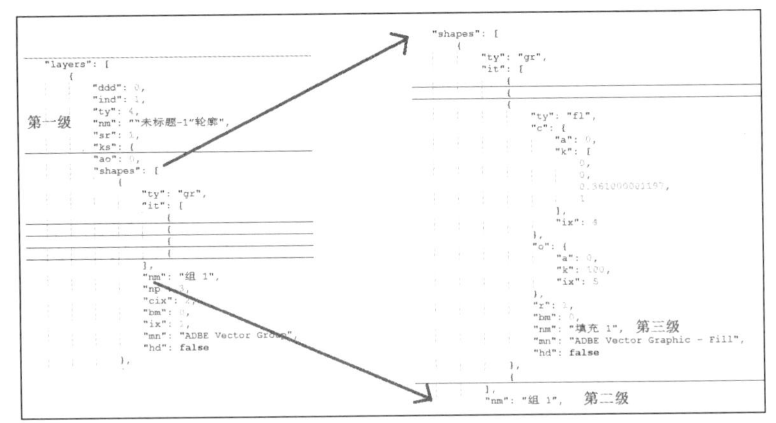

扫码查看大图

图 10-62

可以看到，JSON 文件中的等级关系及命名与 AE 中的完全一致。所以，我们改变属性时最重要的就是找到要改变属性的上一级，利用多级字符串绝对定位到这一级，然后改变它的属性。

到这里，有关 Lottie 框架的常见方法就讲完了，至于其他使用方法，大家可以通过研究 LottieAnimationView 中的方法自行实践一下。因为随着时间的流逝，方法会被弃用，所以如何使用 Lottie 并不是我们讲解的重点，我们的重点在于让大家了解这个框架及其原理。在下一节中，我们将详细讲解它的实现原理。

10.4　Lottie 核心原理

前面讲解了 Lottie 与 AE 配合使用的方法，本节将讲解 Lottie 框架是如何根据 JSON 解析出动画的，这是 Lottie 的核心内容，是 Lottie 之所以成为一个非常优秀的自定义控件的原因。

10.4.1　概述

我们在代码中只会用到 LottieAnimationView 来加载动画 JSON 文件，所以其他 Lottie 的类文件都是为 LottieAnimationView 服务的，因为只有它可以用来最终展示动画。

所以，我们就以 LottieAnimationView 为切入点，来看一下它是如何显示与做动画的。

首先，LottieAnimationView 是继承自 ImageView 的，所以，它继承自 View 的控件，而不是继承自 ViewGroup 的控件。（我们稍后会讲，它为什么选择继承自 ImageView。）

在前面的章节中讲过，在派生控件时，一般只考虑以下几个环节。

- 初始化：做一些必要的初始化操作，如提取自定义属性的值等。
- 测量（onMeasure）：测试自己的大小，如果是 ViewGroup，还需要根据子控件决定自己的大小。
- 布局（onLayout）：如果是继承自 View 的话，基本上不需要此环节；如果是继承自 ViewGroup 的话，则会在这个函数中布局它的子控件。
- 绘图（onDraw/dispatchDraw）：如果是继承自 View，则绘图操作是在 onDraw 函数中完成的，主要完成自身界面的绘制；如果是继承自 ViewGroup 的话，则绘图操作是在 dispatchDraw 函数中完成的，除了自己的界面，还需要绘制子控件的界面。

所以，这里就从这几个环节来逐个看一下 LottieAnimationView 是怎么做的，这样就完全了解了它的完整流程。

10.4.2　初始化

初始化过程的基本流程如图 10-63 所示。

下面根据图 10-63 对类进行逐个讲解，看一下它们在初始化时的作用。

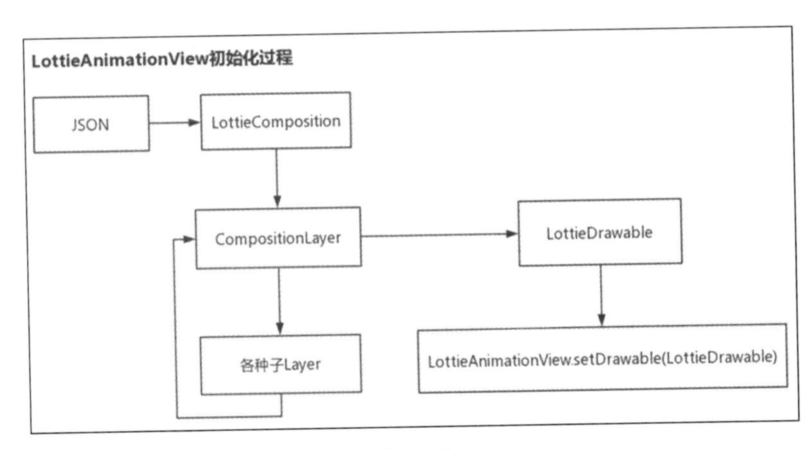

图 10-63

10.4.2.1 LottieComposition 解析

首先，初始化时会先将 JSON 文件进行解析，把所有的 key-value 解析成 JavaBean 形式的键值对进行存储，以便访问。存储这些键值对的类就是 LottieComposition。

先来看一下 LottieComposition 解析 JSON 的框架代码：

```
//解析 JSON 的框架代码
static LottieComposition fromJsonSync(Resources res, JSONObject json) {
    Rect bounds = null;
    float scale = res.getDisplayMetrics().density;
    int width = json.optInt("w", -1);
    int height = json.optInt("h", -1);

    if (width != -1 && height != -1) {
      int scaledWidth = (int) (width * scale);
      int scaledHeight = (int) (height * scale);
      bounds = new Rect(0, 0, scaledWidth, scaledHeight);
    }

    long startFrame = json.optLong("ip", 0);
    long endFrame = json.optLong("op", 0);
    float frameRate = (float) json.optDouble("fr", 0);
    String version = json.optString("v");
    String[] versions = version.split("[.]");
    int major = Integer.parseInt(versions[0]);
    int minor = Integer.parseInt(versions[1]);
    int patch = Integer.parseInt(versions[2]);
    LottieComposition composition = new LottieComposition(
        bounds, startFrame, endFrame, frameRate, scale, major, minor, patch);
    JSONArray assetsJson = json.optJSONArray("assets");
    parseImages(assetsJson, composition); //解析图片
    parsePrecomps(assetsJson, composition);
    parseFonts(json.optJSONObject("fonts"), composition); //解析字体
    parseChars(json.optJSONArray("chars"), composition); //解析字符
    parseLayers(json, composition);   //解析图层
```

```
        return composition;
    }
}
```

下面对这部分做进一步解析。

在 LottieComposition 开始的地方有个关键部分：

```
float scale = res.getDisplayMetrics().density;
int width = json.optInt("w", -1);
int height = json.optInt("h", -1);

if (width != -1 && height != -1) {
  int scaledWidth = (int) (width * scale);
  int scaledHeight = (int) (height * scale);
 bounds = new Rect(0, 0, scaledWidth, scaledHeight);
}
```

可以看到，在解析最外层 JSON 的"w"和"h"关键字时，根据当前屏幕密度进行了缩放，我们知道在将 dp 转为 px 时的公式为 px = dp * density，所以 JSON 文件中的 w 和 h 关键字所表示的数值的意思是 dp。

注意，这里的变量 bounds 表示的是 JSON 文件所占大小的矩形。后面会根据这个大小来创建 Bitmap，这个 Bitmap 就是 ImageView 加载的那个 Bitmap。

之后，就是从 JSON 中获取 startFrame、endFrame、frameRate、version 这些值，然后对图片、图层、字体等进行逐级解析。

具体解析方法就不细讲了，与上面解析 startFrame、endFrame 一样，也是解析 JSON 文件中对应的 key 的值。

在这些全部解析完之后，JSON 文件中所有的 key-value 值就都已经保存到 LottieComposition 对象中了。

10.4.2.2 CompositionLayer

稍后，我们会看到，LottieAnimationView 的绘制方式是根据 AE 中的图层顺序逐层绘制的，而逐层绘制时，每一层的“长相”、动画及具体的 draw 操作都是单独进行的。

在 10.2 节中提到，在 AE 中总共有 6 种图层样式：合成图层、固态图层、图片图层、空对象、形状图层、文本图层。

同样地，针对每种图层样式都有一个 Layer 类与之对应，来负责该类型图层的显示、动画操作。

- 合成图层：CompositionLayer
- 空对象：NullLayer
- 图片图层：ImageLayer
- 形状图层：ShapeLayer
- 固态图层：SolidLayer
- 文本图层：TextLayer

关于每个图层的绘图和动画执行过程，我们稍后会讲解。

这里需要说的是，在初始化环节的 LottieComposition 解析完成后，要根据 AE 中的图层顺序对各种 Layer 的初始值逐个进行初始化，比如，TextLayer 中的文字大小、文字内容等。

10.4.2.3　LottieDrawable

在 LottieComposition 和各种 Layer 初始化完成后，初始化操作基本上就完成了。

我们知道 ImageView 中装的其实是 Bitmap，前面也说到 Lottie 的绘画是逐层绘制的，所以为了更方便地操作画布，需要基于 Drawable 自定义一个 LottieDrawable 类。

这个 LottieDrawable 其实就是最终的画布，画布的大小就是 LottieDrawable 的大小，是在初始化 LottieDrawble 时，根据 LottieComposition 中保存的长宽来设置的：

```
public class LottieDrawable extends Drawable implements Drawable.Callback,
Animatable {
    …
    private void updateBounds() {
      if (composition == null) {
        return;
      }
      float scale = getScale();
      setBounds(0, 0, (int) (composition.getBounds().width() * scale),(int)
(composition.getBounds().height() * scale));
    }
}
```

在 LottieDrawable 初始化结束后，再通过 setImageDrawable 将 LottieDrawable 对象设置为 LottieAnimationView 的画布：

```
public class LottieAnimationView extends AppCompatImageView {
    …
    public void setComposition(@NonNull LottieComposition composition) {

        …
        setImageDrawable(lottieDrawable);
    }
}
```

这样，整个 LottieAnimationView 的初始化过程就结束了，把 JSON 中的属性全部提取出来，并初始化对应的变量，接下来就看一下其他阶段的实现方法吧。

10.4.3　测量与布局

因为 LottieAnimationView 继承自 ImageView，ImageView 的大小只有满足 layout_width="wrap_content"、layout_height="wrap_content"时，才会与内部的原图片大小相关。而原图片大小是在初始化时利用 LottieDrawable 中的 setBounds 函数设置好的。

所以，LottieAnimationView 是不存在自定义的测量与布局过程的，该过程直接利用

ImageView 原有的测量和布局函数即可实现。

10.4.4　绘图

因为 ImageView 中原图像的大小是初始化时在 LottieDrawable 中定义好的，所以绘图时的问题就是如何在 LottieDrawable 中把原图像画出来。

前面提到过，在 LottieDrawable 中进行绘图时是根据 AE 上的图层顺序逐层绘制的，如图 10-64 所示。

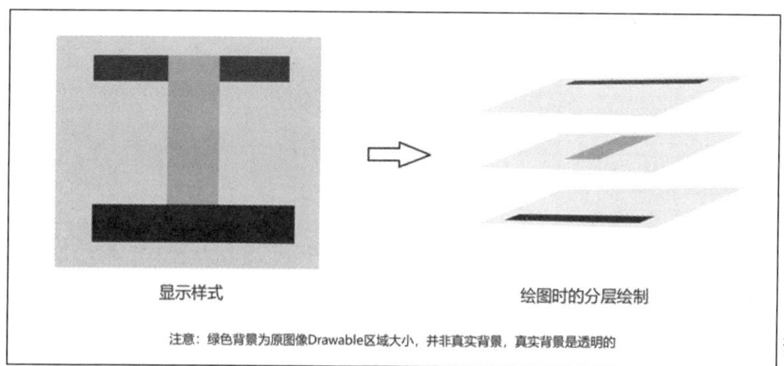

扫码查看彩色图

图 10-64

分层的顺序与 AE 中的图层顺序其实是一致的，如图 10-65 所示。

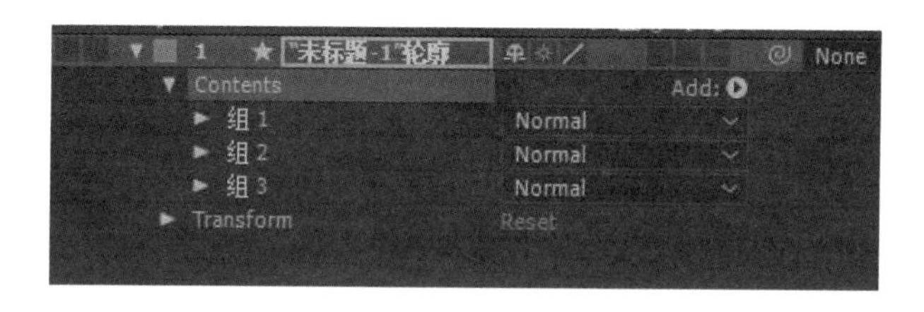

扫码查看彩色图

图 10-65

可以看到，整个绘制顺序及图层结构与 AE 中的完全相同。AE 中的复合图层在 Lottie 中进行拆分后，最终会被拆分成一层层子图层的样式，如图 10-66 所示。

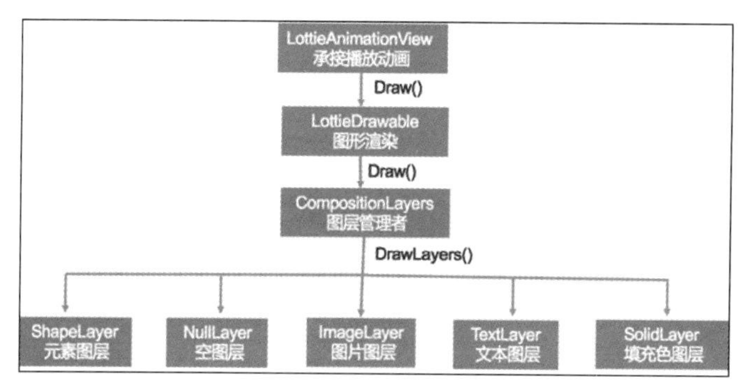

扫码查看大图

图 10-66

图 10-66 展示了在 onDraw 函数中每个类的执行顺序，可见，CompositionLayers 对应的是复合图层，是所有图层的管理者。

在 Lottie 中，是通过对复合图层中各个子图层进行遍历绘制来最终完成绘制效果的。各个子图层分别对应 ShapeLayer、NullLayer、ImageLayer、TextLayer、SolidLayer。

我们随便找一个 Layer 类看一下，如 TextLayer，看一下它的核心结构，就知道它主要会做哪些事了：

```
public class TextLayer extends BaseLayer {
  TextLayer(LottieDrawable lottieDrawable, Layer layerModel) {
    super(lottieDrawable, layerModel);
    …
  }

  @Override void drawLayer(Canvas canvas, Matrix parentMatrix, int parentAlpha) {
    canvas.save();
    …
  }

  @SuppressWarnings("unchecked")
  @Override
  public <T> void addValueCallback(T property, @Nullable LottieValueCallback<T>
callback) {
    super.addValueCallback(property, callback);
    …
  }
}
```

TextLayer 中最核心的函数就是以下 3 个。

- TextLayer 初始化：前面已经讲到过，初始化函数是在 LottieAnimationView 的初始化环节进行的，主要是将该图层的一些显示素材和动画关键帧信息，从 LottieComposition 赋值给各个 Layer，以便可以在绘图和执行动画时直接使用。
- drawLayer：核心的绘制图层操作就是在这个函数中完成的，它会根据初始化时的内容来绘制初次展示的内容。
- addValueCallBack：在 10.3 节中，尝试给动画添加了动画状态监听，以便在动画过程中实时知道当前关键帧的值，该操作最终就是通过该函数实现的。

大家可以再看一下其他 Layer 的实现，都是只有这 3 个核心类，因为绘制就是靠 DrawLayer 来实现的，如 SolidLayer：

```
public class SolidLayer extends BaseLayer {
  SolidLayer(LottieDrawable lottieDrawable, Layer layerModel) {
    super(lottieDrawable, layerModel);
    …
  }

  @Override public void drawLayer(Canvas canvas, Matrix parentMatrix, int
parentAlpha)
```

```
    {
      …
    }


    public <T> void addValueCallback(T property, @Nullable LottieValueCallback<T>
callback) {
      super.addValueCallback(property, callback);
      …
    }
  }
```

所以，当我们显示上有问题时，可以直接查看各个 Layer 的绘制代码进行问题排查，进而定位出是哪里的绘制出了问题。

10.4.5　如何动起来

图 10-67 展示了在 Lottie 中制作动画的过程。

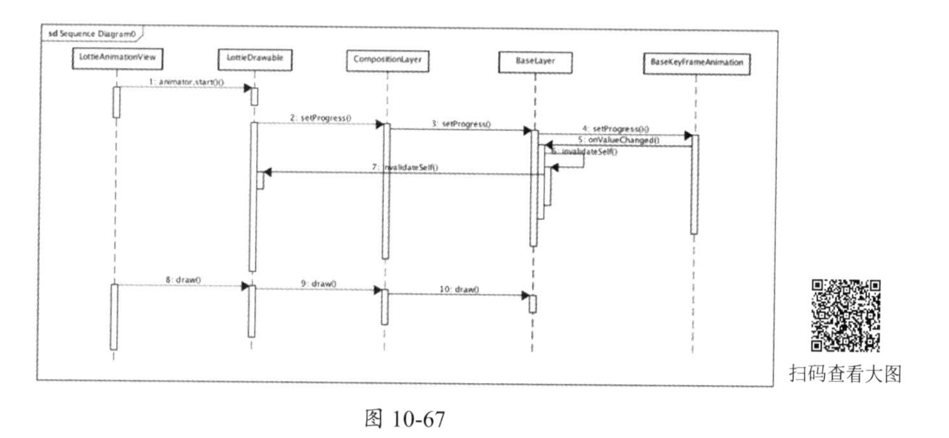

扫码查看大图

图 10-67

可以看到，其实原理很简单，在制作动画时，会通过 setProgress 函数将当前的进度进行逐级传递，先让各个 Layer 根据进度设置当前图层的变量，然后重绘。重绘时，同样对各个图层进行绘制，与初次显示时相同，只不过这次的变量改变了，所以画出来的图像也变了。这就实现了动画效果。

10.4.6　疑问解答

10.4.6.1　初始化时改变图像没有效果的原因

在 10.3 节中做过一个实验，当初始化时，直接使用 mLottieAnimationView.updateBitmap("image_0", bitmap);来实现替换图片是没有任何效果的。

我们也提到，在初始化时需要在 LottieComposition 被初始化以后，才会显示替换图片的效果。因为所有的 key-value 都保存在 LottieComposition 中，所以如果在 LottieComposition 没有被始化时，就利用 updateBitmap 来更换 key-value 值的话，将不会有任何替换效果。在 LottieComposition 被初始化时，这个 key 的 value 值会被 JSON 文件中的初始 value 所覆盖。

因此，我们需要监听 LottieComposition 的初始化过程，在它初始化完成后再做替换：

```
LottieTask<LottieComposition> task = LottieCompositionFactory.fromAsset(this,
"data.json");
task.addListener(new LottieListener<LottieComposition>() {
    @Override
    public void onResult(LottieComposition result) {
        mLottieAnimationView.setComposition(result);

        //加载图片
        Bitmap bitmap = BitmapFactory.decodeResource(getResources(),
R.mipmap.boy);
        mLottieAnimationView.updateBitmap("image_0", bitmap);

        //运行动画
        mLottieAnimationView.playAnimation();
    }
});
```

这段代码目前应该就容易理解了。

10.4.6.2 文本图层的绘制过程

在 10.3 节中讲解了文字转曲与不转曲的区别，在输出转曲后，就把文本转成了形状图层，也就是矢量图，这样可以直接利用绘图函数来绘制；而不进行转曲的话，是直接利用 canvas.drawText 来写文字的。下面我们在代码层面来看一下这个过程。

在讲解原理时，我们知道文字的绘制是在 TextLayer 中进行的，那下面就来看一下 TextLayer 中的绘制函数：

```
@Override
void drawLayer(Canvas canvas, Matrix parentMatrix, int parentAlpha) {
    canvas.save();
    …

    //1.初始化各种 paint
    if (colorAnimation != null) {
     fillPaint.setColor(colorAnimation.getValue());
    } else {
     fillPaint.setColor(documentData.color);
    }

    if (strokeColorAnimation != null) {
     strokePaint.setColor(strokeColorAnimation.getValue());
    } else {
     strokePaint.setColor(documentData.strokeColor);
    }

    if (strokeWidthAnimation != null) {
```

```
        strokePaint.setStrokeWidth(strokeWidthAnimation.getValue());
      } else {
        float parentScale = Utils.getScale(parentMatrix);
        strokePaint.setStrokeWidth(documentData.strokeWidth * Utils.dpScale() *
parentScale);
      }

      //2.根据不同的类型进行绘制
      if (lottieDrawable.useTextGlyphs()) {
        drawTextGlyphs(documentData, parentMatrix, font, canvas);
      } else {
        drawTextWithFont(documentData, font, parentMatrix, canvas);
      }

      canvas.restore();
    }
```

可以看到，这里首先是初始化各种 paint，然后根据不同的类型进行绘制，如果是转曲的，则调用 drawTextGlyphs 来进行绘制；如果是文本的，则调用 drawTextWithFont 来进行绘制。

正是因为这两个函数在绘制时都有 bug，所以才导致在 10.3 节中通过转曲绘制的文字大小与通过文本绘制的文字大小不同。所以，需要在这两个函数中对代码进行修复。至于如何修复这里就不提了，大家只要理解了整个 Lottie 的运行原理，能定位到问题代码，就不难进行修复了。

10.4.6.3 增加默认字体绘制

在 10.3 节中，我们看到，当用到文本，但没有在 assets/fonts 目录下放入对应字体的 ttf 文件时，就会引起程序崩溃。

那问题来了，难道不能使用系统默认字体吗？另外，在没有指定字体的情况下，就不能使用默认字体吗？

很显然，这是 Lottie 的一个不完善的地方，等你看到这部分的时候，Lottie 可能已经修复了这个问题，但这里说它的初衷并不是教你如何修复，而是教大家根据框架原理来定位源码位置并最终修复的技巧的。

定位问题

在上一节中，当没有指定字体时，程序就会崩溃，如图 10-68 所示。

```
09-23 21:42:46.636 3629-3629/com.lottie.harvic.bloglottie E/AndroidRuntime: FATAL EXCEPTION: ma
    Process: com.lottie.harvic.bloglottie, PID: 3629
    java.lang.RuntimeException: Font asset not found fonts/FangSong2.ttf
        at android.graphics.Typeface.createFromAsset(Typeface.java:1105)
        at com.airbnb.lottie.manager.FontAssetManager.getFontFamily(FontAssetManager.java:86)
        at com.airbnb.lottie.manager.FontAssetManager.getTypeface(FontAssetManager.java:60)
        at com.airbnb.lottie.LottieDrawable.getTypeface(LottieDrawable.java:866)
        at com.airbnb.lottie.model.layer.TextLayer.drawTextWithFont(TextLayer.java:161)
        at com.airbnb.lottie.model.layer.TextLayer.drawLayer(TextLayer.java:125)
        at com.airbnb.lottie.model.layer.BaseLayer.draw(BaseLayer.java:201)
        at com.airbnb.lottie.model.layer.CompositionLayer.drawLayer(CompositionLayer.java:100)
        at com.airbnb.lottie.model.layer.BaseLayer.draw(BaseLayer.java:201)
        at com.airbnb.lottie.LottieDrawable.draw(LottieDrawable.java:319)
        at android.widget.ImageView.onDraw(ImageView.java:1345)
```

图 10-68

通过定位错误代码发现，崩溃是由于在 TextLayer 中获取不到字体导致的，在 FontAssetManager.getTypeface 函数中：

```
private Typeface getFontFamily(String fontFamily) {
    Typeface defaultTypeface = fontFamilies.get(fontFamily);
    if (defaultTypeface != null) {
      return defaultTypeface;
    }

    //第 1 步：看是否已经加载过
    Typeface typeface = null;
    if (delegate != null) {
      typeface = delegate.fetchFont(fontFamily);
    }

    //第 2 步：看是否自定义的路径
    if (delegate != null && typeface == null) {
      String path = delegate.getFontPath(fontFamily);
      if (path != null) {
        typeface = Typeface.createFromAsset(assetManager, path);
      }
    }

    //第 3 步：直接在 fonts 目录下取字体文件
    if (typeface == null) {
      String path = "fonts/" + fontFamily + defaultFontFileExtension;
      typeface = Typeface.createFromAsset(assetManager, path);
    }

    fontFamilies.put(fontFamily, typeface);
    return typeface;
}
```

这里在获取 typeFace 时分 3 步：首先，判断是否加载过字体，如果加载过则会在 delegate 中保存，是可以直接获取的；然后，根据路径在 assets 路径下查找；最后，如果还没有找到，就直接到 fonts 目录下去找。

如果都找不到呢？那就直接返回 null 了，程序也就崩溃了。

修复问题

我们需要在都找不到的时候直接用 fontFamily 去创建一下字体，如果是系统已有字体，则是可以创建成功的；如果无法创建成功，则直接使用默认系统字体。所以，整个的修复逻辑应该是这样的（第 1 步、第 2 步的代码省略，只修改第 3 步）：

```
private Typeface getFontFamily(String fontFamily) {
    …

    if (typeface == null) {
      String path = "fonts/" + fontFamily + defaultFontFileExtension;
      try {
```

```
            typeface = Typeface.createFromAsset(assetManager, path);
        }catch (Exception e){
            e.printStackTrace();
            typeface = Typeface.create("", Typeface.NORMAL);
        }
    }
    fontFamilies.put(fontFamily, typeface);
    return typeface;
}
```

这样，Lottie 在加载文本时就不会崩溃了，在所有字体找不到的情况下会使用默认字体来显示。

10.4.6.4　Lottie 为什么要继承自 ImageView

这里分析一下 LottieAnimationView 要继承自 ImageView 的原因及好处。

假设我们要写 Lottie 这样一个框架，那么如何来实现 LottieAnimationView 呢？

首先，所有自定义控件在定义阶段都绕不开一个问题：是继承自 View 还是 ViewGroup？

如果继承自 View，那就必定要使用一个 View 控件来实现整个动画效果。能做到吗？

如果继承自 ViewGroup，那么由于 ViewGroup 的特性，它自己只是一个包裹组件，我们除了自定义这个控件，必定还需要生成很多继承自 View 的控件，以包裹在 ViewGroup 内部，实现完整功能。

所以，如果继承自 View，且能用一个控件实现，就最好不过了。

那么，为什么继承自 ImageView 呢？

我们继承自 View 的任何一个子控件都是利用该子控件原有的能力，以减少自定义的工作量。

很显然，ImageView 中真正显示的是一张图片，只要我们能实时更新图片内容就能把动画显示出来，而且 ImageView 本身已经具有裁剪、缩放功能，所以如果继承自 ImageView，就不仅可以实现 Lottie 的功能，还能利用 ImageView 原有的功能特性，使控件更方便地使用，这就是继承自 ImageView 的原因。

到这里，整个 Lottie 的使用及原理就讲完了。Lottie 是一个非常优秀的自定义控件，虽然目前还有一些 bug，而且有很多 AE 的功能不支持，但已经能够满足日常的动画需求了。我们在业务上已经用了半年多的时间，节省了很多开发时间，大家快点尝试起来吧。

反侵权盗版声明

举报电话：(010)88254396；(010)88258888

传　　真：(010)88254397

E-mail：dbqq@phei.com.cn

通信地址：北京市万寿路173信箱　电子工业出版社总编办公室

邮　　编：100036